新印象

NEW IMPRESSION

Unity 2020 游戏开发基础与实战

杜亚南 编著

编程技术 + 物理 / 粒子 / 动画 / 导航系统 +2D 游戏开发 +AR/VR 应用 +3D 游戏开发

- 案例素材文件
- 1020 分钟案例教学视频
- 300 多分钟 C# 入门视频

人民邮电出版社
北京

图书在版编目（CIP）数据

新印象Unity 2020游戏开发基础与实战 / 杜亚南编著. -- 北京 : 人民邮电出版社, 2021.10
ISBN 978-7-115-55364-5

Ⅰ. ①新… Ⅱ. ①杜… Ⅲ. ①游戏程序－程序设计
Ⅳ. ①TP317.6

中国版本图书馆CIP数据核字(2020)第229053号

内 容 提 要

这是一本技术讲解与项目案例相结合的 Unity 游戏开发教程。本书以简洁的语言对 Unity 的重点知识进行了讲解，配合详细的图文注释和大量的案例，让读者能够轻松快速地入门。同时本书后面的章节中也包含了游戏编程中的很多进阶知识，可供基础较好的读者进行拓展。

全书共 16 章。第 1～4 章为 Unity 基础部分，主要介绍 Unity 的基础操作和与编程相关的知识；第 5～10 章为 Unity 进阶部分，主要按照“物理系统→粒子系统→动画系统→导航系统→游戏界面系统→2D 游戏开发”这一流程介绍用 Unity 开发游戏的核心技术和思路；第 11～15 章为 Unity 拓展部分，主要介绍数据与网络、AR 和 VR 等高级技术的应用；第 16 章为 3D 游戏开发综合案例，以一个完整的游戏项目来讲解游戏开发的技术流程和设计思路。

随书提供学习资源，包含书中实例制作需要的素材，实例和技法演示的具体操作讲解视频，以及一套 C#语言及基础操作讲解视频，辅助读者学习。

本书主要面向 Unity 初学者，也适合具备 Unity 基础想更进一步学习或需要一本 Unity 工具书的读者。全书内容采用 Unity 2020 和 Visual Studio 2019 编写，读者可使用同样或更高的版本学习。

◆ 编　　著　杜亚南
责任编辑　张丹阳
责任印制　马振武

◆ 人民邮电出版社出版发行　　北京市丰台区成寿寺路 11 号
邮编　100164　　电子邮件　315@ptpress.com.cn
网址　https://www.ptpress.com.cn
涿州市般润文化传播有限公司印刷

◆ 开本：787×1092　1/16　　彩插：8
印张：19　　2021 年 10 月第 1 版
字数：799 千字　　2025 年 3 月河北第 19 次印刷

定价：129.80 元

读者服务热线：(010)81055410　印装质量热线：(010)81055316
反盗版热线：(010)81055315

综合案例：打造野外风景

- 教学视频　综合案例：打造野外风景
- 学习目标　掌握地形工具的使用方法，了解3D世界

第51页

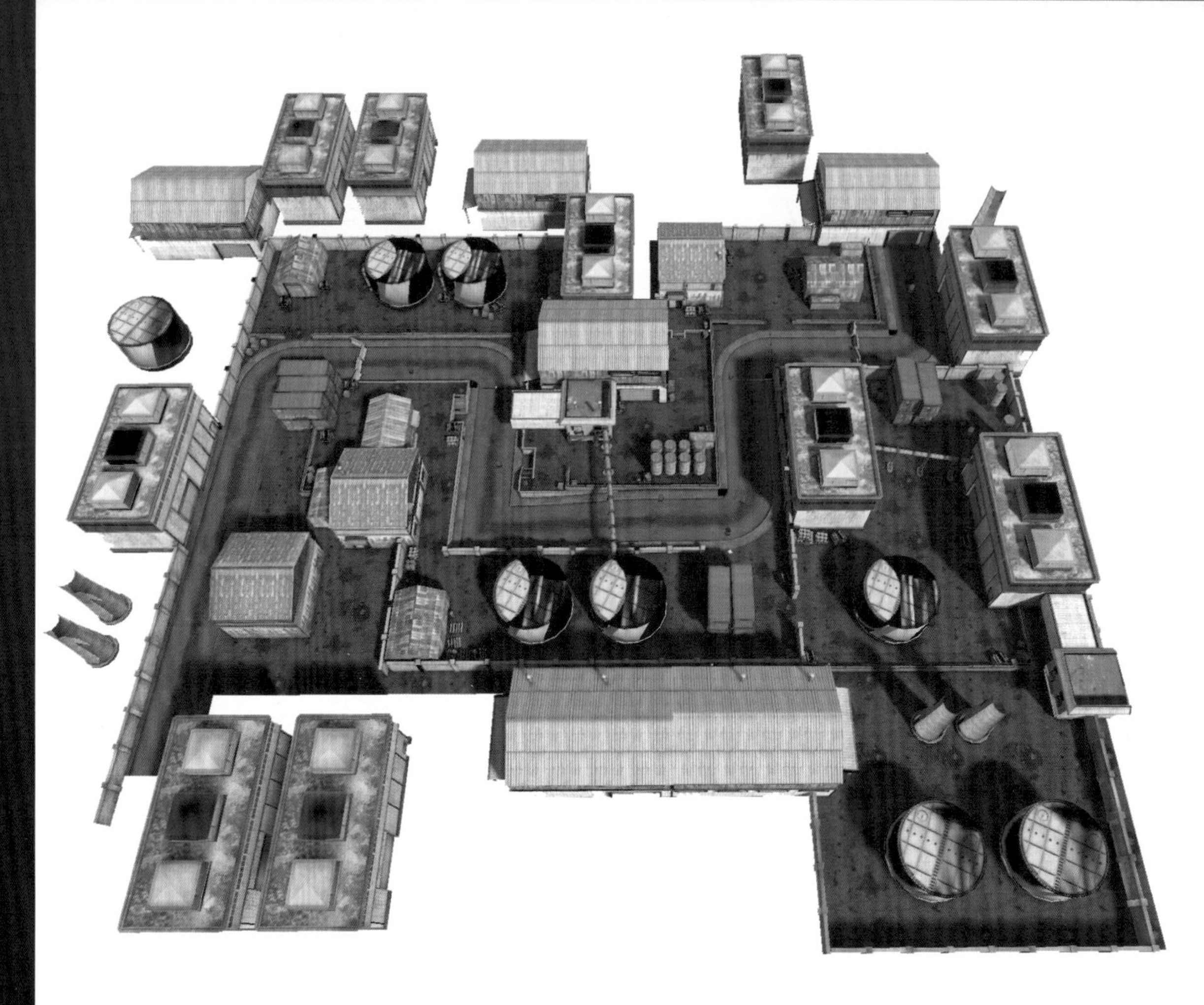

综合案例：爆破人

■ 教学视频 综合案例：爆破人

■ 学习目标 掌握爆破游戏的制作方法，熟悉Unity中常用的API

第73页

综合案例：寻宝游戏

- 教学视频　综合案例：寻宝游戏
- 学习目标　掌握寻宝游戏的制作方法，熟悉游戏中音效和特效与剧情的衔接技巧

第91页

综合案例：飞船大战

■ 教学视频 综合案例：飞船大战

■ 学习目标 掌握射击游戏的制作方法与物理碰撞在游戏中的应用

第110页

综合案例：魔法大战

■ 教学视频 综合案例：魔法大战

■ 学习目标 了解粒子在游戏中的重要性，掌握特效的处理方法

实例：制作烟花效果 第122页

■ 教学视频　实例：制作烟花效果

■ 学习目标　掌握烟花效果的制作方法，以及粒子的渐变、曲线的使用方法

实例：制作火焰雨技能效果 第123页

■ 教学视频　实例：制作火焰雨技能效果

■ 学习目标　掌握群体攻击技能的制作方法和粒子的应用技巧

实例：播放混合动画 第149页

■ 教学视频　实例：播放混合动画

■ 学习目标　掌握动画层和遮罩的使用方法

实例：动作游戏动画的切换 第153页

■ 教学视频　实例：动作游戏动画的切换

■ 学习目标　掌握角色动画的使用方法和动画切换的思路

实例：游戏主界面的应用 第197页

■ 教学视频　实例：游戏主界面的应用

■ 学习目标　熟悉游戏主界面的内容，掌握UI控件的使用方法

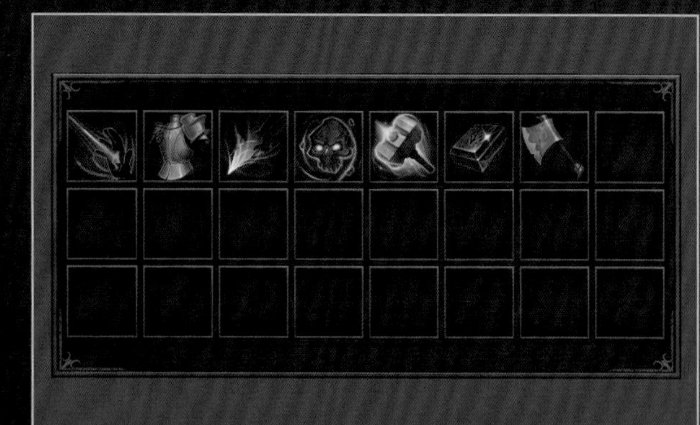

实例：背包界面的应用 第200页

■ 教学视频　实例：背包界面的应用

■ 学习目标　熟悉游戏背包界面的组成元素，掌握UI控件与布局组件的使用方法

综合案例：潜入游戏

- 教学视频　综合案例：潜入游戏
- 学习目标　掌握潜入游戏的制作方式，理解游戏与动画的联系

第157页

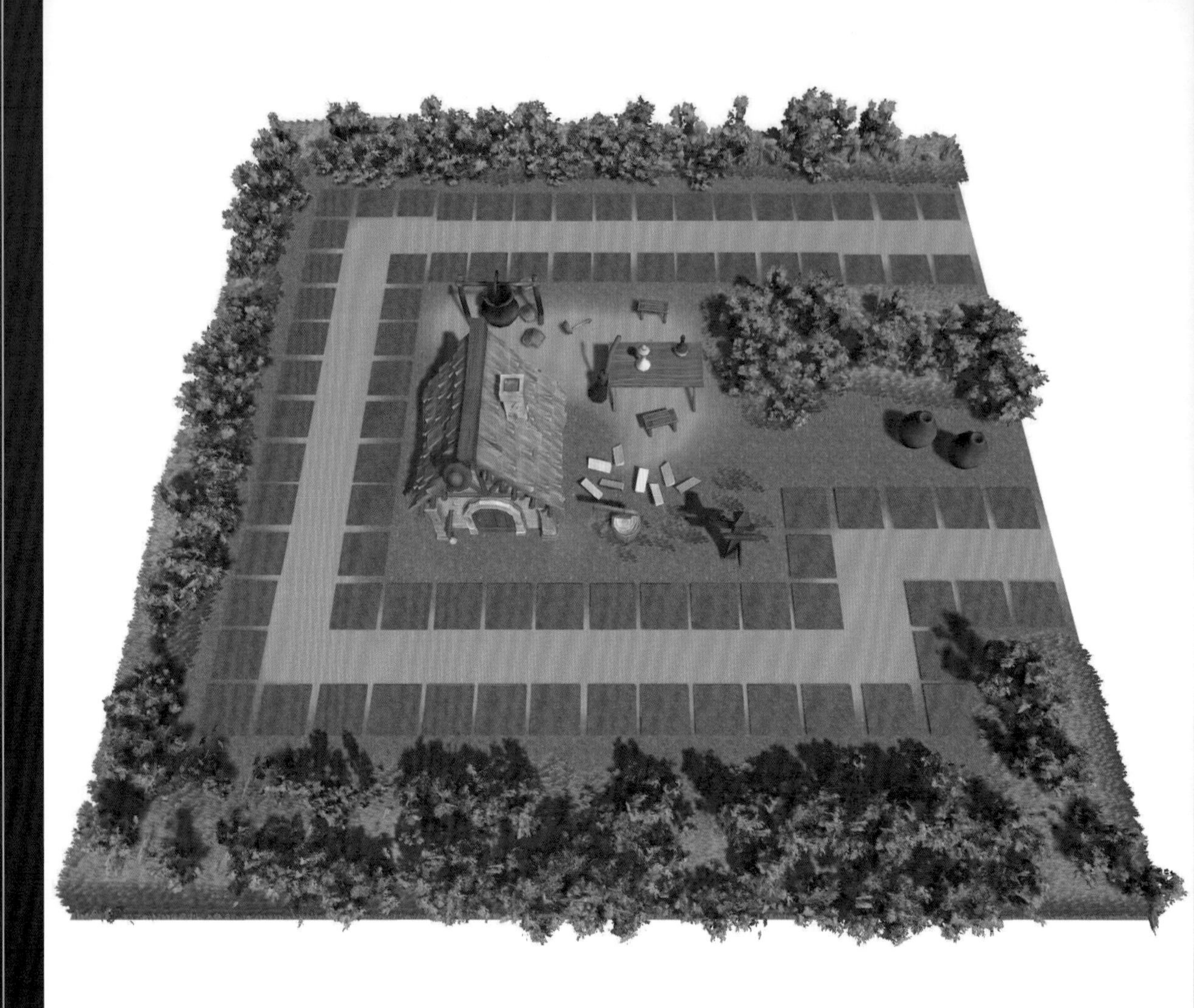

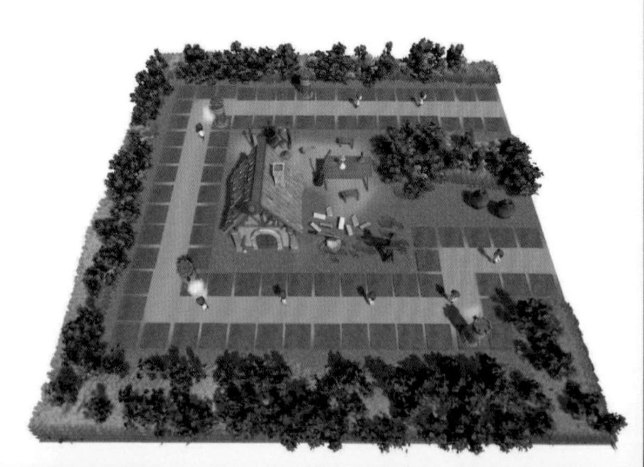

综合案例：塔防游戏

- 教学视频　综合案例：塔防游戏
- 学习目标　掌握塔防游戏的制作方法，理解游戏中导航与路线、地图的联系

综合案例：对话游戏

- 教学视频 综合案例：对话游戏
- 学习目标 掌握对话游戏的制作方法及使用脚本控制UI的方法

第202页

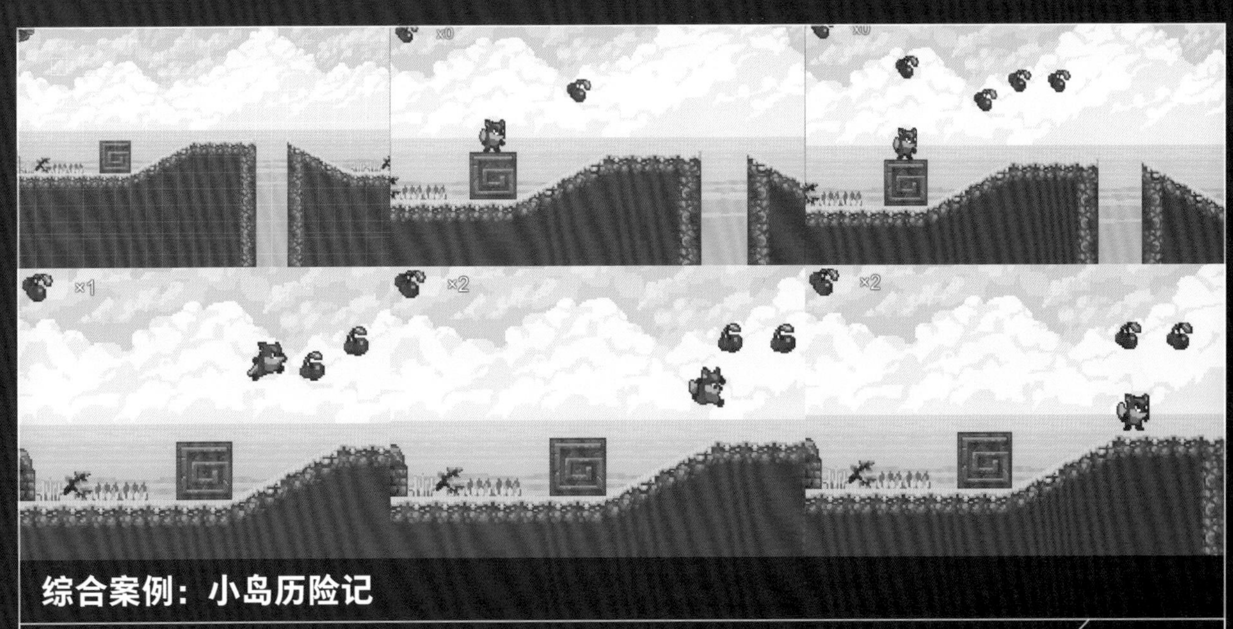

综合案例：小岛历险记

- 教学视频 综合案例：小岛历险记
- 学习目标 掌握2D横版游戏的制作方法，了解2D游戏的开发流程

第218页

综合案例：角色扮演游戏

■ 教学视频 综合案例：角色扮演游戏

■ 学习目标 掌握大型游戏的制作方法，了解3D游戏的开发流程

第289页

圣域之战

古老的亚特拉斯帝国

精彩案例展示

主角：新手上路

任务：击杀两个石头人

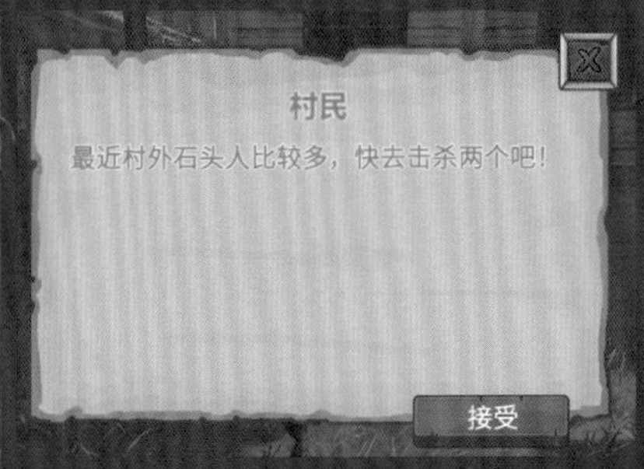

注意：出现敌人

紧急：血量减少

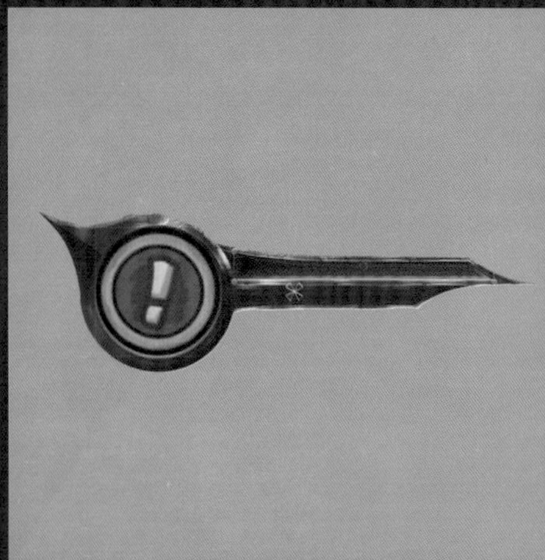

对话：找到玛尔

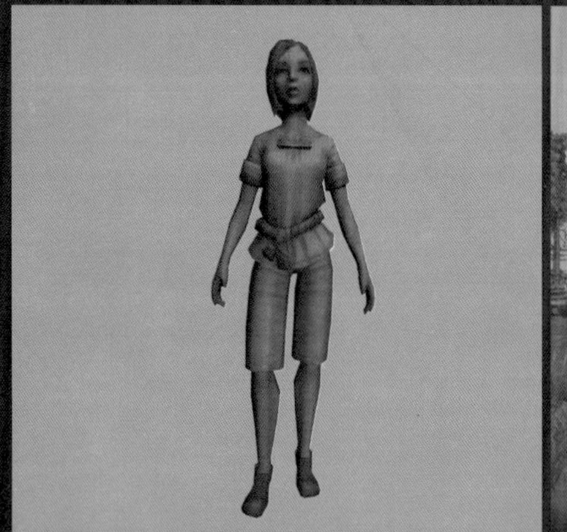

攻击：释放技能

精彩瞬间

第 1 回合——迷迭森林

第 2 回合——废弃矿洞

导读

版式说明

小萌：Unity初学者、爱好者，游戏公司程序员。

飞羽：Unity专业讲师。

课前问答：通过师生问答的形式说明本节的要点，帮助读者快速了解本节内容。

步骤：用图文结合的讲解，帮助读者厘清制作思路和熟练掌握操作方法。

Unity 2020游戏开发基础与实战

5.1 给物体添加重力

我看很多游戏都用到了物理特性，物理特性是做什么用的呢？

现在大多游戏都会用到物理特性，就拿你喜欢玩的射击游戏举例，以前的射击游戏，当子弹打到油桶或木箱上时，油桶和木箱可能不会发生任何变化。但是现在的射击游戏，当子弹打到油桶或木箱上时，油桶可能发生抖动或倒下，射中木箱时木箱还可能被打碎，并且碎片散落一地。这些效果受到的都是物理引擎的影响。

明白了，所以物理系统主要就是模拟真实的碰撞和重力吧？

嗯，此外生活中还有弹力、摩擦力和碰撞等物理特性，这些都可以通过Unity进行模拟。话不多说，我们一点一点来学习吧！

5.1.1 重力与刚体

在制作游戏的过程中，大多数人首次接触物理系统就是想为自己的游戏物体添加重力效果，使用Rigidbody组件即可使物体受到重力的影响。其实Rigidbody组件的作用不仅限于此，刚体不仅可以让游戏物体受到重力的影响，还会让该物体受到几乎所有的真实物理效果的影响，所以掌握好Rigidbody组件的应用，就能真正地控制游戏角色的物理特性。

技巧提示

若要对物体进行控制（如移动与旋转），既可以使用Transform组件，也可以使用Rigidbody组件，但是这两种方式的呈现效果是有区别的。使用Transform组件控制物体会将重点放到物体的位置和旋转上，而使用Rigidbody组件控制物体则会将重点放在物体的力、速度和扭矩上。如当一个添加了Transform组件的物体持续撞向墙体时，可能会发生物体穿过墙体或抖动等现象，但是使用Rigidbody组件控制物体时产生的现象会比较平滑。

为一个立方体添加Rigidbody组件，运行后即可看到

重要参数介绍

质量：物体的质量，以kg作为单位。

阻力：用于表示当物体移动时会受到的空气阻力，0为不受阻力影响。

角阻力：用于表示当物体根据扭矩旋转时受到的空气阻力大小。

Use Gravity（使用重力）：勾选该选项后，物体才会受到重力影响。

Is Kinematic（运动学）：勾选该选项后，刚体不会受到物理特性的影响，但是仍然可以触发物理检测等功能。

插值：有“无”、“插值”和“外推”3种插值方式。

无：不使用插值。

插值：根据上一帧的变化进行插值。

外推：根据下一帧的变化进行插值。

碰撞检测：有“离散的”、“持续”、“连续动态”和“Continuous Speculative”4种碰撞检测方式。

离散的：该选项为默认方式，表示不连续检测，比较节省性能，但高速物体可能会发生穿透现象而检测不到，如子弹穿墙。

持续：如果希望连续检测，那么被检测物体可以设置为此项（如墙体），但性能消耗较大。

连续动态：如果希望连续检测，那么快速移动的物体可以设置为此选项（如子弹），单性能消耗较大。

Continuous Speculative（连续检测）：性能消耗低于前两项连续检测，但仍然可能发生穿透现象。

Constraints（冻结）：冻结刚体在某个轴向的移动或旋转。

5.1.2 刚体类常用的属性方法

刚体的基本设置一般在组件中进行，但是刚体的用法大部分都是通过脚本中的代码控制的。在使用刚体之前，我们需要先了解刚体类常用的属性和方法，如表5-1所示。

技术专题：刚体休眠原理

物理引擎会实时地对所有具有物理特性的物体进行运算，所以为物体添加Rigidbody组件后，也就意味着对物理引擎添加了一个运算。但是具有物理特性的物体并非时时刻刻都在运动，如一个添加了Rigidbody组件的箱子在大多数时间内可能只是放置在地面上，所以为了节省性能，物理系统设置了休眠阈值。当判断物体的能量阈值低于该休眠阈值时，会设定该物体为休眠模式，省去了重复对该物体进行运动和碰撞检测的计算，节省了大量性能。

当处于休眠模式的刚体受到外界的影响时，刚体会被唤醒，继续参与物理运算。如果需要通过脚本来控制刚体的休眠状态，那么可以调用刚体的Sleep和WakeUp方法让刚体进入休眠或从休眠中被唤醒。

在一般情况下不需要修改物理引擎的休眠阈值。如果想要修改，那么可以执行“编辑>项目设置>物理”菜单命令，在“选项”面板中修改Sleep Threshold（休眠阈值）。

第5章 物理系统

08 执行“资源>创建>C#脚本”菜单命令创建一个脚本，并命名为PlayerControl，然后将其挂载到Player物体上。编写的脚本代码如下。

输入代码

09 执行“资源>创建>C#脚本”菜单命令创建一个脚本，然后将其挂载到Coin物体上，编写的脚本代码如下，游戏的运行情况如图5-46所示。

输入代码

运行游戏

图5-46

107

技巧提示：操作过程中可以用到的小技巧，帮助读者掌握工作中的快捷方法，让工作事半功倍。

技术专题：适用于大部分同类项目的知识点，帮助读者掌握游戏开发的核心技术。

运行游戏：展示代码运行后的结果，并以图文结合的形式演示操作效果。

输入代码：需打开Visual Studio编写脚本，并且每一行代码都有详细注释，帮助读者理解每行代码的设计意图。

学习建议

读者在阅读本书的过程中，若发现生涩难懂的内容，请观看教学视频。作者在视频中进行了详细的操作演示和延伸讲解。

读者在看见参数面板中的红色箭头时，请理解为界面切换、移动相关文件或加载相关文件；在看见参数面板中的序号时，请理解为操作顺序。

读者在学习过程中，若因图示过于复杂而无法厘清结构，可以打开“实例文件”并切换到对应位置进行学习。

在跟随书中步骤进行操作时，希望读者能有自己的想法，建议读者在书中内容的基础上进行相关参数和操作的修改，用辩证的方式去学习，才能更深刻地体会项目的工作模式。

读者完成书中的案例实训后，可以根据自己的想法对项目进行修改和扩充，编写出不同的效果，充分掌握书中的知识。

前言

编写动机

Unity是一款由Unity Technologies公司研发的游戏引擎。其强大的跨平台特性可以让使用者轻松地开发出基于Windows、macOS、Linux、WebGL、iOS、Android、PlayStation、Xbox、Wii、Nintendo 3DS和Nintendo Switch等平台的游戏与应用；除了支持2D和3D等不同游戏类型的开发，还支持AR、VR等其他领域的游戏开发，甚至还被广泛地应用于建筑可视化、机械可视化等交互类型的工具上。

目前，Unity已经更新到2020版本，并且已在多个版本中增添了中文语言包，但是目前市面上基于中文版本的Unity系统的教程较少。笔者经过深思熟虑，决定编写这本基于中文版本的Unity教程，为更多徘徊在Unity门外的读者提供一本新的学习手册。

关于本书

本书共16章。为了方便读者更好地学习，本书所有操作性内容均配有教学视频。

第1～4章：Unity基础部分。介绍Unity和Visual Studio的下载、安装与基本使用方法，包括使用Unity开发游戏所需的基础知识和API。掌握该部分内容，读者可了解Unity 3D世界并尝试进行编码。

第5～10章：Unity进阶部分。介绍使用Unity开发游戏的核心技术，包括物理系统、粒子系统、动画系统、导航系统、游戏界面系统。掌握该部分内容，读者可初步制作一系列简单的游戏。

第11～15章：Unity拓展部分。介绍使用Unity开发游戏的过程中可能会用到的一些高级技术，包括数据与网络、Lua、AR、VR和平台部署等。掌握该部分内容，读者可制作一些较为复杂的大型游戏。

第16章：3D游戏开发综合案例。本部分制作一个完整的游戏项目，读者按照游戏开发的技术流程和游戏的设计思路，可制作一个简单的角色扮演游戏。

作者感言

首先非常感谢人民邮电出版社数字艺术分社提供了一个非常好的平台，可以让我将多年积累的游戏开发经验分享出来。然后要感谢我的家人与朋友，他们在我写书期间不断地给予我支持，让我可以最终完成本书。

本书的问世对我来说有着十分重大的意义，在近十年的时间里我一直在线下进行面授教学，曾因帮助学员进入编程行业而倍感欣慰。但同时，我也逐渐意识到我所帮助的人非常有限，除了线下的学员们，还有很多编程爱好者可能因各种情况而不能进行系统的面授学习。所以在近两年的时间中我又开始进行线上教学，其中一些免费的公开课和专业系统的课程受到了大量游戏开发爱好者和初学者的支持和关注，“飞羽”的名字也逐渐响亮起来。但是即便如此，很多人依然告诉我，希望我能制作一些书面教程。深思熟虑后，我终于决定将游戏开发入门的所有基础知识编写为本书。本书详细地讲解了游戏开发从入门到进阶的所有重要内容和知识，书中无论是配图还是代码注释都非常详细，并且已经剔除很多不常用的内容，便于读者在短时间内掌握相关技术并熟练操作Unity。阅读本书所需的C#基础知识和项目部分以视频的形式提供。除了便于初学者入门，我还希望将本书打造成一本方便阅览查询Unity知识的工具书，以此给更多人带来帮助。

如果读者在学习过程中对Unity游戏编程有不同见解和意见，欢迎提出并一起讨论。由于水平有限，书中难免存在遗漏或瑕疵，欢迎读者指正。

飞羽（杜亚南）

2021年7月

资源与支持

本书由“数艺设”出品，“数艺设”社区平台（www.shuyishe.com）为您提供后续服务。

配套资源

素材文件（实例制作需要的素材，支持下载）

教学视频（实例和技法演示的具体操作过程视频，以及一套C#语言及基础操作的讲解视频，可在线观看）

资源获取请扫码　　**在线视频**

提示：

微信扫描二维码，点击页面下方的“兑”→“在线视频+资源下载”，输入51页左下角的5位数字，即可观看视频。

“数艺设”社区平台，为艺术设计从业者提供专业的教育产品。

与我们联系

我们的联系邮箱是szys@ptpress.com.cn。如果您对本书有任何疑问或建议，请您发邮件给我们，并请在邮件标题中注明本书书名及ISBN，以便我们更高效地做出反馈。

如果您有兴趣出版图书、录制教学课程，或者参与技术审校等工作，可以发邮件给我们；有意出版图书的作者也可以到“数艺设”社区平台在线投稿（直接访问 www.shuyishe.com 即可）。如果学校、培训机构或企业想批量购买本书或“数艺设”出版的其他图书，也可以发邮件联系我们。

如果您在网上发现针对“数艺设”出品图书的各种形式的盗版行为，包括对图书全部或部分内容的非授权传播，请您将怀疑有侵权行为的链接通过邮件发给我们。您的这一举动是对作者权益的保护，也是我们持续为您提供有价值的内容的动力之源。

关于“数艺设”

人民邮电出版社有限公司旗下品牌“数艺设”，专注于专业艺术设计类图书出版，为艺术设计从业者提供专业的图书、U书、课程等教育产品。出版领域涉及平面、三维、影视、摄影与后期等数字艺术门类，字体设计、品牌设计、色彩设计等设计理论与应用门类，UI设计、电商设计、新媒体设计、游戏设计、交互设计、原型设计等互联网设计门类，环艺设计手绘、插画设计手绘、工业设计手绘等设计手绘门类。更多服务请访问“数艺设”社区平台www.shuyishe.com。我们将提供及时、准确、专业的学习服务。

目录

第 1 章 基础知识

■ 学习目的

如果你的梦想是制作一款属于自己的游戏，那么欢迎你来到 Unity 的世界。通过本章你将了解游戏引擎的概念及 Unity 在游戏引擎中的优势，并学习搭建 Unity Hub 和 Unity 环境。除此之外，你还将学习 Unity 的编辑器界面和基础操作等入门知识。

■ 主要内容

- 认识游戏引擎
- Unity引擎的优势
- Unity Hub的安装
- Visual Studio的安装
- Unity的编辑器结构
- Unity的基础操作

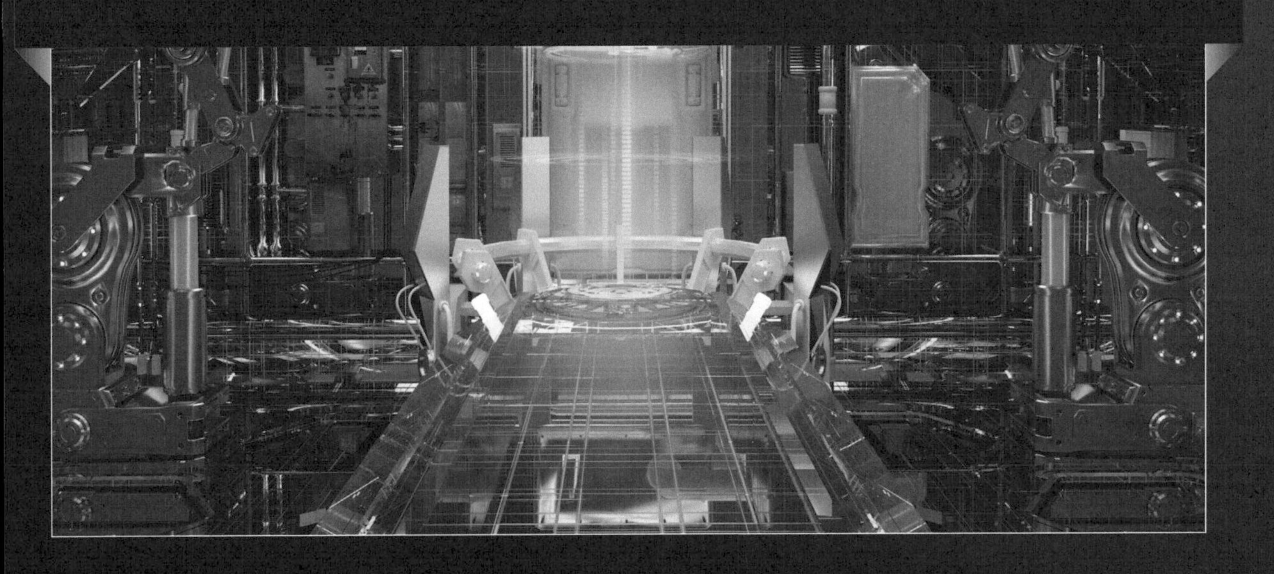

1.1 游戏引擎

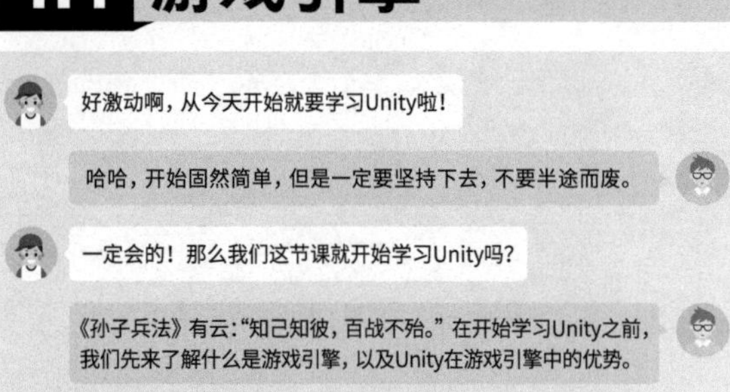

1.1.1 认识游戏引擎

在这里要恭喜你，从刚接触游戏制作开始就可以直接进行游戏引擎的学习。也就意味着，我们现在只需要努力掌握游戏开发所需知识中的一小部分，就可以制作出一款精致的游戏了。

在“游戏引擎”这个概念还未诞生的时候，一个游戏团队制作一款并不复杂的游戏也要近一年的开发周期。程序员在编写游戏的过程中，需不断地编写一些重复性的功能代码来逐渐完善整个游戏的框架内容。当开发新游戏的时候，程序员仍然需要从零开始写起，这个过程是非常耗时耗力的，如图1-1所示。

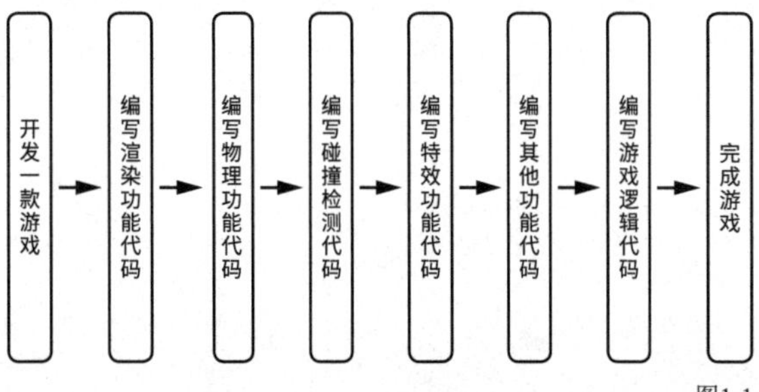

图1-1

针对上述情况，程序员把游戏中出现的一些固定的功能代码提取出来，并将它们重组为通用代码系统。随着通用代码系统的增多，游戏编程变得更加简单，游戏的制作周期大大缩短，游戏引擎的框架也随之诞生了。由此可知，游戏引擎就是这些通用代码系统的集合。除此之外，一款好的游戏引擎往往还包含多种多样的游戏功能和模块。一个很基本的游戏引擎需要包含图形渲染、动画系统、物理系统、多媒体系统和粒子系统等功能。强大的游戏引擎还会为这些模块搭配对应的编辑器。运用好编辑器可以节省编写代码的时间，让程序员把精力从编写功能代码方面转移到编写游戏逻辑方面，也就是图1-2所示的工作内容。Unity就是这样一款功能强大的游戏引擎。

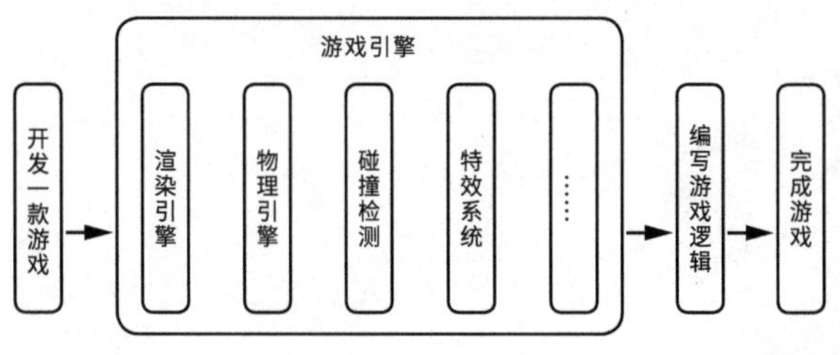

图1-2

看到这里，相信读者应该深有感触。曾经的游戏开发是一件很复杂的事情，而如今的游戏开发已经踩在“巨人”的肩膀上前行了。使用各种成熟的引擎功能，我们就可以在短时间内做出很棒的游戏。学完本书的内容，便能真正步入游戏开发领域的精彩世界。

1.1.2 Unity的优势

Unity作为一款商业引擎，不仅可以供大型团队开发游戏，对小型团队和个人开发者也非常友好。程序员能用它在短期内开发出令人惊叹的游戏。这主要归功于它所具备的以下5个优势。

1.基于C#的脚本

C#是微软公司在2000年发布的一种面向对象的编程语言。相对很多游戏引擎使用的C/C++语言，“年轻”的C#有着明显的易上手、高安全性的特点，可以让程序员快速上手，同时不必考虑内存等安全性问题，从而能全身心地投入游戏逻辑的开发当中。

2.面向组件的开发方式

很多游戏引擎使用面向对象的方式来开发游戏，Unity不仅使用面向对象的方式进行游戏开发，还创建了一种非常好用的面向组件的开发方式。该开发方式将不同的功能分散到不同组件当中，让程序员在编写组件的时候可以脱离游戏逻辑而仅考虑需要实现的功能，如图1-3所示。

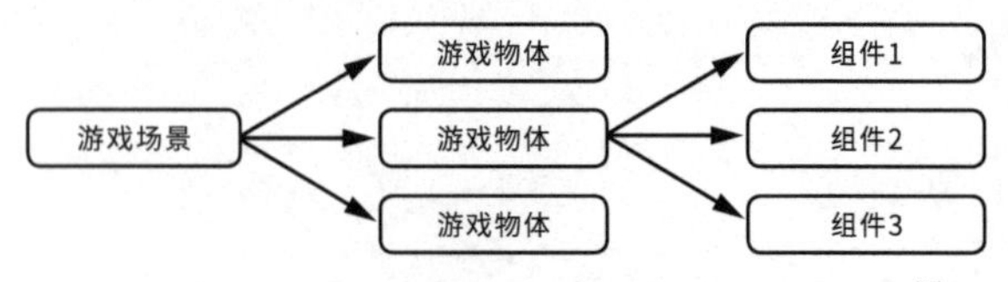

图1-3

3.“所见即所得”的编辑器

在当前的编程环境下，越来越多的编程工具更加注重编程时的“所见即所得”效果。Unity不仅可以在编程过程中实时看到运行效果，还可以在运行过程中实时进行编辑调试，这大大缩短了程序员的调试时间。除此之外，Unity还支持程序员设置自己的自定义界面来扩充编辑器功能，打造属于自己的编辑器，这个功能非常强大。Unity编辑器的默认界面如图1-4所示。

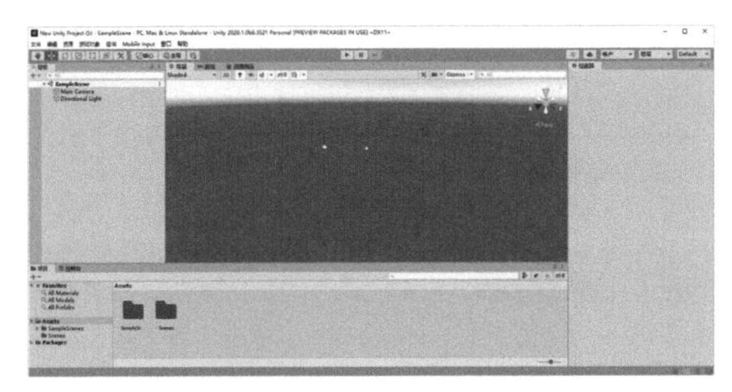

图1-4

4.良好的生态圈

Unity资源商店中包含了大量的优质素材和功能插件。使用插件往往可以节省大量的编程时间，甚至很多插件都做到了无须编写代码就可以实现丰富的功能。Unity资源商店如图1-5所示。

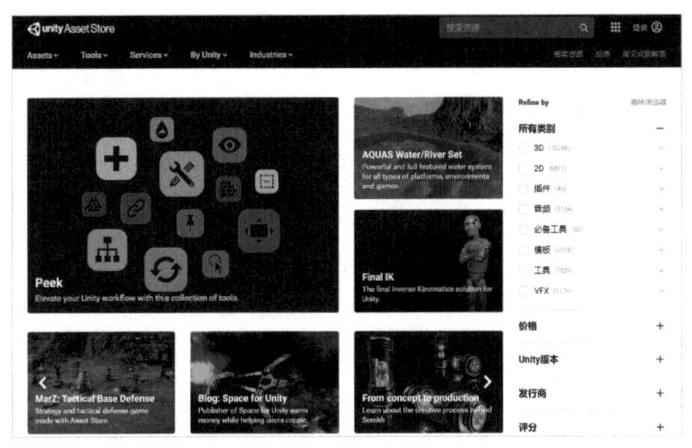

图1-5

5.支持跨平台

2005年发布之初，Unity仅支持Mac intosh平台，在后续的更新过程中又逐步添加了对多种平台的支持。如今Unity的跨平台功能已经非常全面了，编写一套代码就可以同时在PC、VR设备、移动设备和掌机等平台上运行，应用起来非常方便。

1.2 下载与安装

使用Unity做出一款游戏，可以同时在计算机、手机上运行，简直太方便了！

下面我们就来学习Unity的下载与安装。这里注意下，有时候我们会在一台设备上安装多个版本的Unity以便使用，而Unity多版本共存的问题曾经困扰过一大批的游戏开发者。在一台设备中安装多个版本的Unity常常会出现一些出人意料的小问题，并且在项目管理方面也会比较麻烦。而Unity Hub的出现解决了这个问题。这里我们先来学习Unity Hub的下载与安装。

1.2.1 Unity Hub的下载与安装

Unity Hub可以让程序员以非常简便的方式进行Unity的下载、项目的管理和多版本间的切换，是一个与Unity编辑器分离的独立程序。

1.Unity Hub的下载

打开Unity官网，在下载页面中可以看到可下载的Unity版本，单击任意一个按钮即可开始下载，如图1-6所示。

图1-6

技巧提示

Unity Hub不仅提供了支持Windows操作系统的版本，而且提供了支持macOS的版本。

下载完成后，双击安装文件按默认设置进行安装即可。安装完成后，桌面上将会显示Unity Hub图标，如图1-7所示。

图1-7

2.Unity Hub的安装

Unity分为收费版本和个人免费版本，在学习期间我们使用免费版本即可。双击打开Unity Hub，单击右上角的“设置”按钮⚙，这时需要登录自己的Unity账号。在“我的账户”中选择“登录”选项，如图1-8所示，即可进入Unity Hub Sign In（账户登录）界面。

图1-8

进入Unity Hub Sign In界面后，可通过扫描二维码登录，也可以通过单击计算机图标切换到其他登录界面，如图1-9所示。在新的界面中可以使用手机号码或电子邮箱进行登录，如图1-10所示。

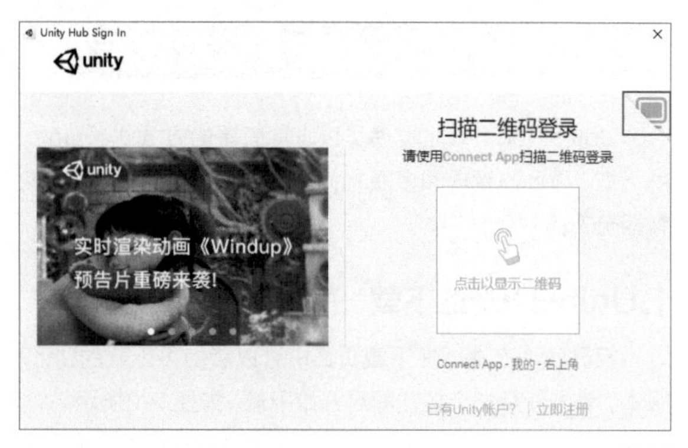

图1-9

图1-10

技巧提示

如果读者没有账号，那么单击右下角的“注册”按钮并按照要求申请一个账号，获得账号后登录即可。

账号登录成功后，单击“激活新许可证”按钮，如图1-11所示，即可打开“新许可证激活”对话框。

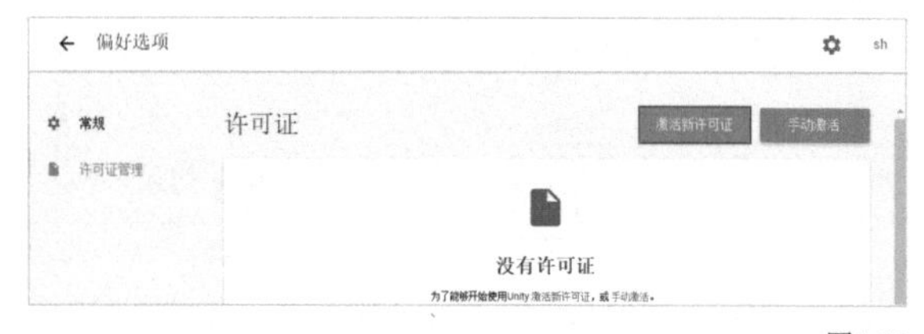

图1-11

在弹出的“新许可证激活”对话框中选择“Unity个人版”选项，单击“完成”按钮，如图1-12所示。

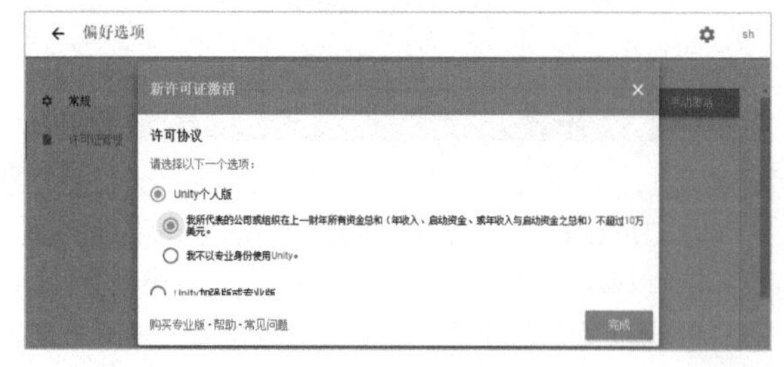

图1-12

技巧提示

“Unity个人版”许可证过期后只需要重新激活即可。“Unity个人版”包含了制作游戏所需的基本功能，对个人开发者而言已经足够；本书也会使用个人版进行讲解。“Unity加强版或专业版”包含制作一些大型商业游戏的高级功能，目前而言不会用到。

返回主界面，选择左侧的“安装”选项，然后单击“添加”按钮，在弹出的“添加Unity版本”对话框中选择一个想要安装的Unity版本，单击“下一步”按钮，如图1-13所示。

图1-13

在“添加Unity版本”对话框中选择为Unity添加的模块。这里选择Microsoft Visual Studio Community 2019、Documentation和“简体中文”3个模块，其他模块根据个人需求进行选择，最后单击“完成”按钮即可，如图1-14所示。

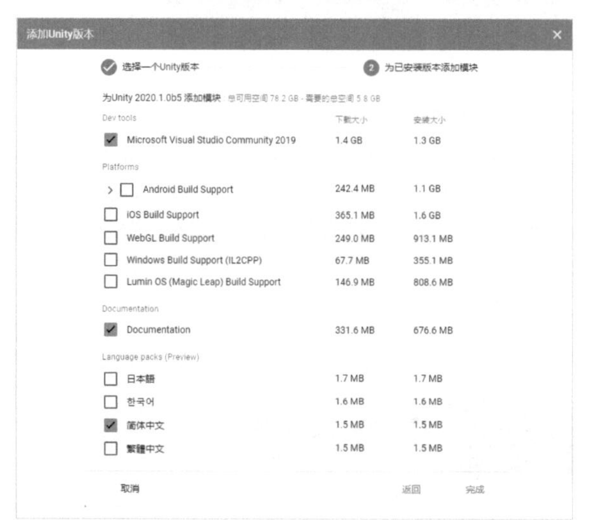

图1-14

技巧提示

不同版本的Unity提供的模块可能会不一样。有些需要的模块在安装时不勾选也没有关系，后期使用的时候可以单独安装。如果需要安装简体中文版本的Unity，那么这里不推荐安装预发布版本，因为该版本可能没有提供“简体中文”模块。

安装完成后选择“项目”选项，在这个界面中可添加已经存在的项目或创建新的项目，如图1-15所示。

图1-15

技巧提示

Unity目前有支持Windows操作系统和macOS的版本。不同的Unity版本对硬件的要求也不相同，目前安装Unity的最新版本需要满足以下3点。

第1点，Windows 7 SP1或macOS 10.12以上的操作系统。

第2点，包含SSE2指令集的CPU。

第3点，支持D×10（Shader Model 4.0）的显卡。

1.2.2 Visual Studio的下载与安装

安装Unity的时候，如果发现自己安装的版本没有提供Visual Studio Community 2019模块，就需要手动进行安装（如果已经安装了该模块，那么可以直接跳过本小节的内容）。打开Visual Studio官网，由于本书的学习需要，这里选择使用免费版，因此选择Community 2019版本进行下载，如图1-16所示。

图1-16

双击安装程序开始安装，等待一段时间后即可打开“正在安装”对话框。勾选“.NET桌面开发”选项，然后勾选“使用Unity的游戏开发”选项，并且取消勾选“Unity 2018.3 64位编辑器”（默认情况下自动安装Unity）选项，最后单击“安装”按钮 安装 ，如图1-17所示。

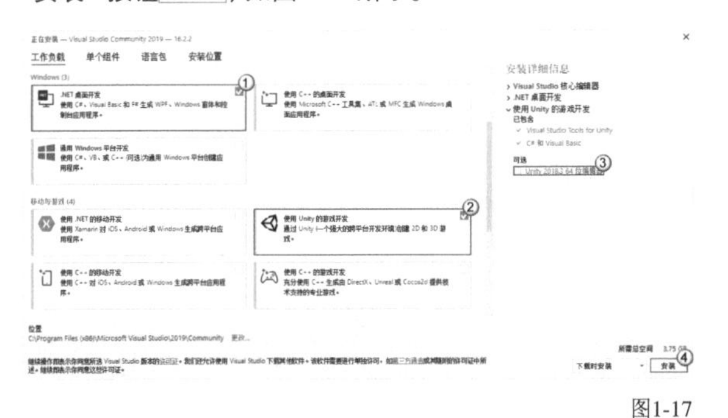

图1-17

安装完成后，再次打开即可使用。但是也有可能会弹出要求我们登录的提示，与Unity的安装一样，登录账号即可。如果没有账号，可以创建一个账号进行登录，如图1-18所示。

图1-18

1.3 认识编辑器

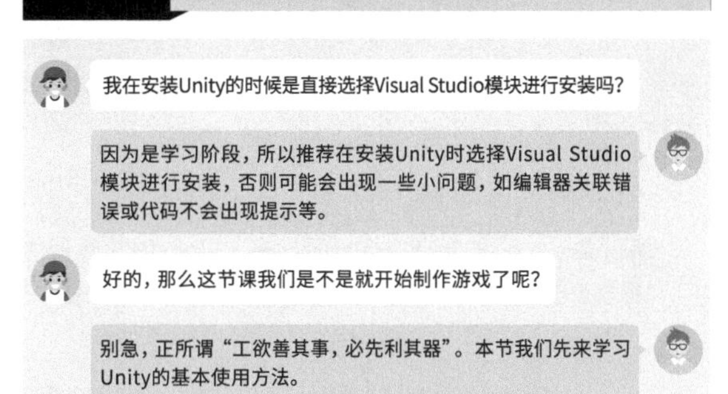

1.3.1 设置脚本编辑器与语言

打开Unity Hub，开始创建一个新的项目。这里使用默认的3D模板，待填写好项目名称并选择好项目保存的位置后，单击“创建”按钮 创建 ，如图1-19所示。

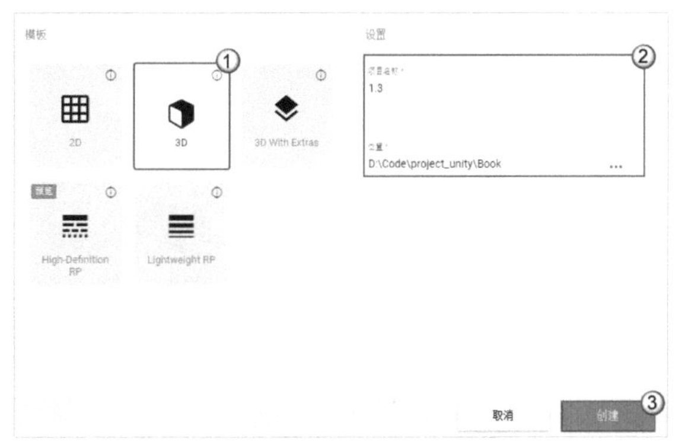

图1-19

第1个项目创建完成，接下来设置Unity默认的脚本编辑器和语言。执行“Edit>Preferences”菜单命令，打开Preferences（偏好）面板，然后选择External Tools（扩展工具）选项；在External Tools设置界面中设置External Script Editor（脚本编辑工具）为已安装好的Visual Studio 2019（Community或Professional），如图1-20所示。

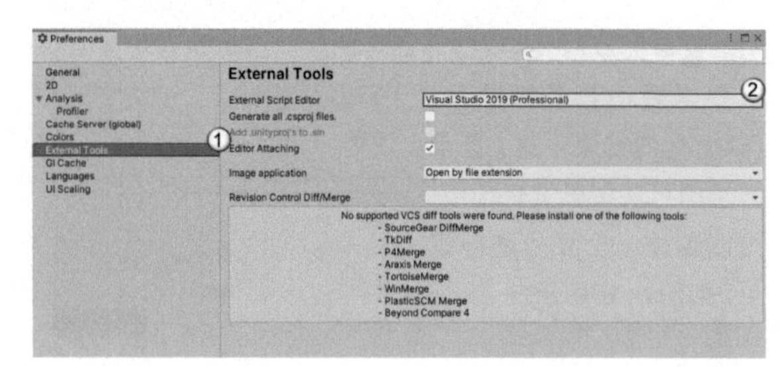

图1-20

切换到Languages（语言）设置界面，设置Editor Language（编辑器语言）为“简体中文（Experimental)”，如图1-21所示。

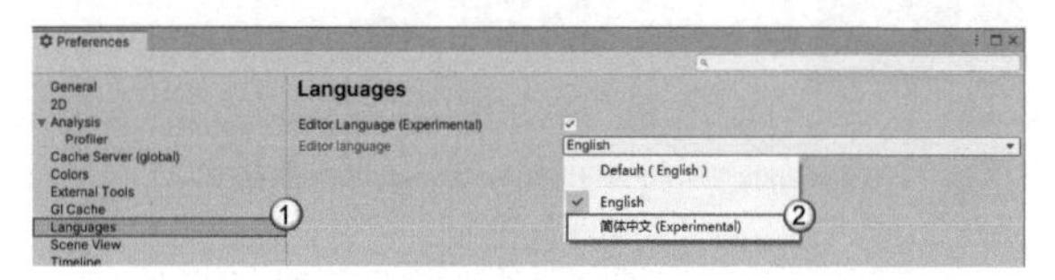

图1-21

技巧提示

只需要在Unity安装完成后设置一次脚本编辑器和语言，不需要每次创建项目都设置一次。

1.3.2 了解编辑器结构

Unity允许用户进行视图界面的自定义布局，我们可以方便地将面板拖曳到希望放置的位置上。Unity也提供了一些默认布局，在Unity界面的右上角找到Layout并展开它的下拉列表，选择2×3的默认布局，如图1-22所示。下面以该视图为例进行介绍。

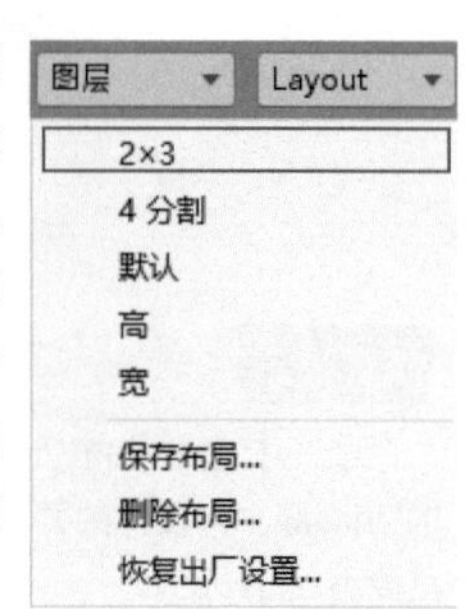

图1-22

编辑器以2×3的布局方式显示出来。Unity的编辑器主要由菜单栏、工具栏、状态栏、场景视图、游戏视图、“层级”面板、“项目”面板和“检查器”面板组成，如图1-23所示。

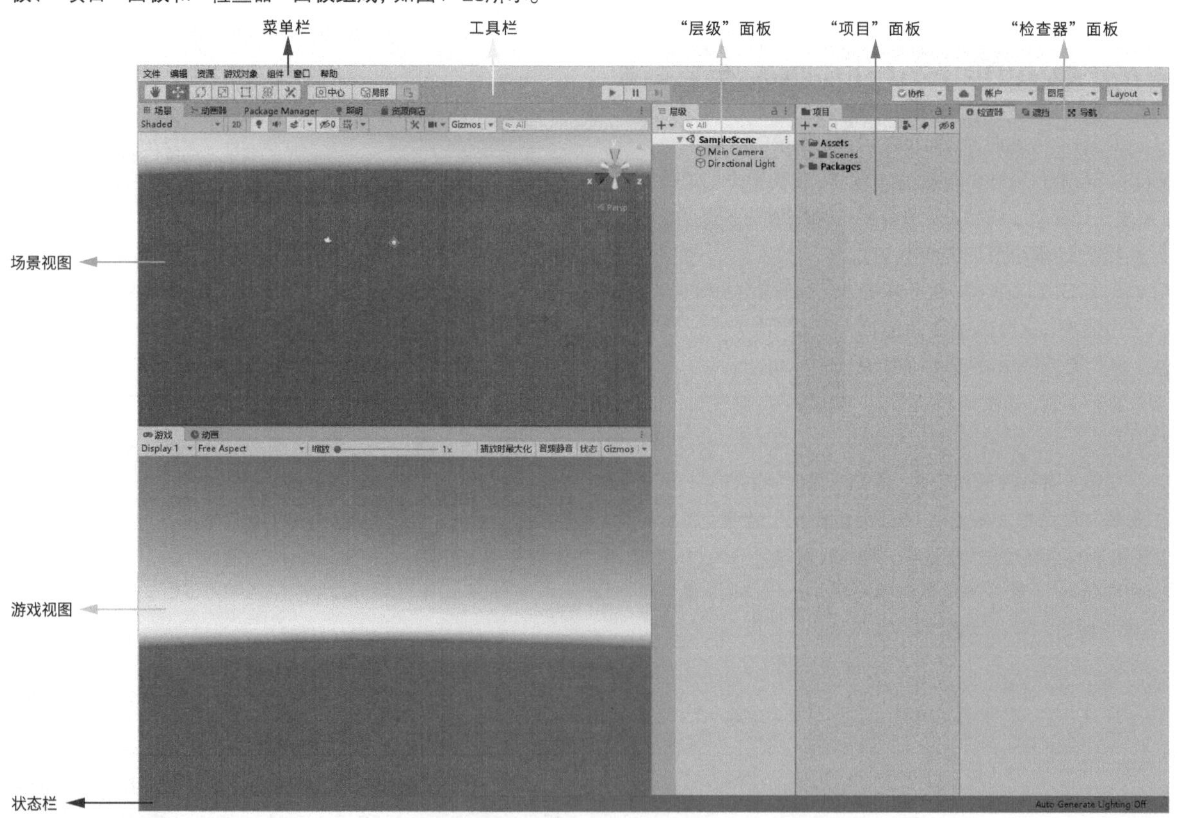

图1-23

技巧提示

尝试在下拉列表中选择不同的布局，并找到自己喜欢的布局。当然，我们也可以对布局进行自定义，然后在下拉列表中对自定义的布局进行保存。除此之外，Unity还支持删除布局和恢复出厂设置。

为了在后续的教学中让读者将教学内容看得更加清楚，本书选择以“单栏布局”的方式进行演示。单击“更多”按钮⋮，在下拉菜单中选择“单栏布局”选项，如图1-24所示。

图1-24

1.菜单栏

菜单栏中集合了Unity的各个功能，包括“文件”“编辑”“资源”“游戏对象”“组件”“窗口”和“帮助”7个主菜单，如图1-25所示。

单击菜单栏中的主菜单，可弹出对应的菜单命令。例如，单击“文件”菜单，即可弹出与文件相关的可用菜单命令，如图1-26所示。

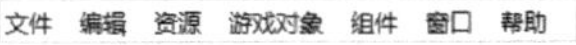

文件 编辑 资源 游戏对象 组件 窗口 帮助

图1-25

图1-26

2.工具栏

工具栏中集合了常用的场景变换工具、切换句柄工具、游戏控制工具、服务与账户工具、图层显示与布局工具。在游戏的开发过程中，对场景模型的控制、游戏的运行和编辑器的一些设定都在这里进行。工具栏如图1-27所示。

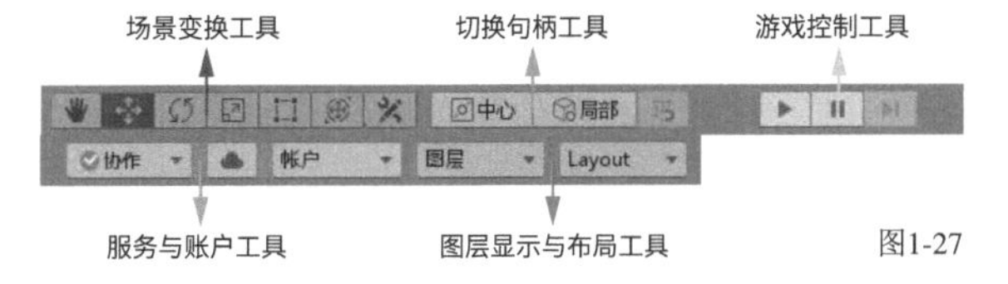

图1-27

3. 场景视图

场景视图是游戏编辑面板，我们通常在场景视图中浏览当前游戏场景并修改其内容。场景视图也是第一个让很多初学者感受到“所见即所得”的视图，该视图中显示了一块灰色背景，如图1-28所示。我们可以将“项目”面板中的模型直接拖曳到场景视图中，并搭建成我们希望的场景样式，如拖曳地面、房子，拖曳声音物体到需要播放声音的地方等。场景视图的存在使游戏的开发过程变得非常简单。

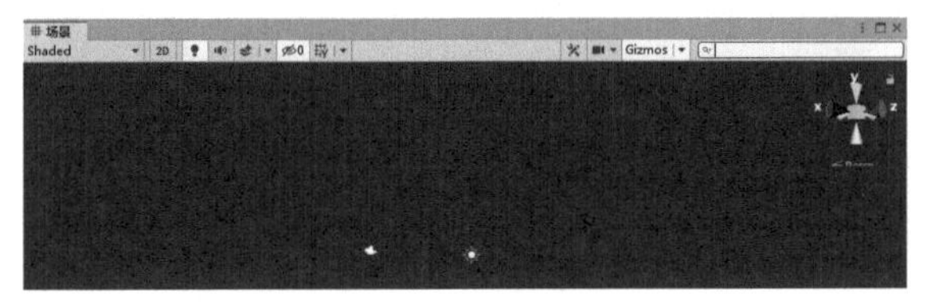

图1-28

4.游戏视图

游戏视图是游戏运行面板。当游戏运行后，该面板就会显示游戏的运行内容，用于进行游戏的试玩和测试，如图1-29所示。

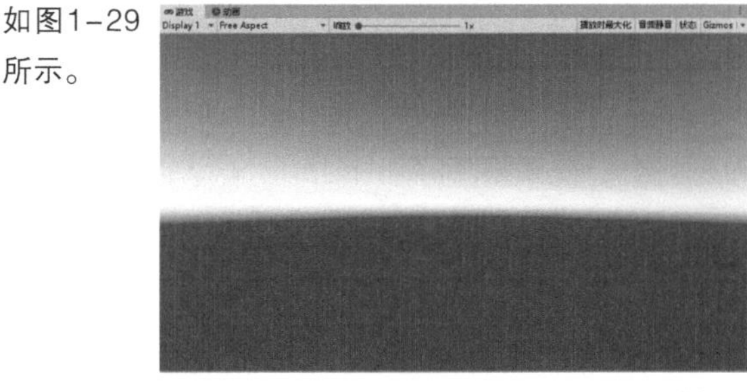

图1-29

5.“层级”面板

“层级”面板中显示了当前场景包含的游戏物体及游戏物体间的层级关系，可以在该面板中创建和删除游戏物体。注意，每个场景创建完成后，“层级”面板中会自动显示Main Camera（主摄像机）和Directional Light（定向光），如图1-30所示。如果不需要这两个选项，那么可以将它们删除。

图1-30

6.“项目”面板

“项目”面板中包含了Assets与Packages两个文件夹，如图1-31所示。Assets文件夹用于显示当前游戏的资源目录结构，游戏资源的导入和导出都在这个文件夹中进行。也就是说，不管我们导入的是游戏模型，还是音乐、视频、创建的材质及脚本文件等内容，都会在Assets文件夹中进行管理。Packages文件夹为2018版本开始加入的包文件夹。

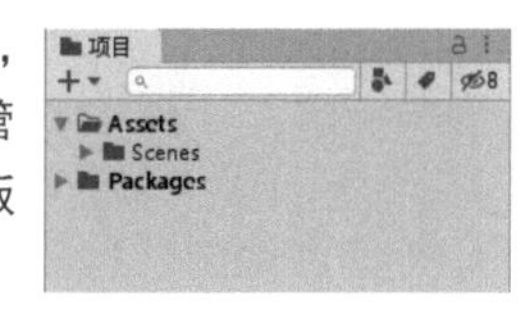

图1-31

7.“检查器”面板

“检查器”面板中显示了游戏物体的基础属性和游戏物体组件的基础属性，如图1-32所示。如果选择的游戏物体包含多个组件，那么在该面板上就会看到多个组件依次排列的情况。

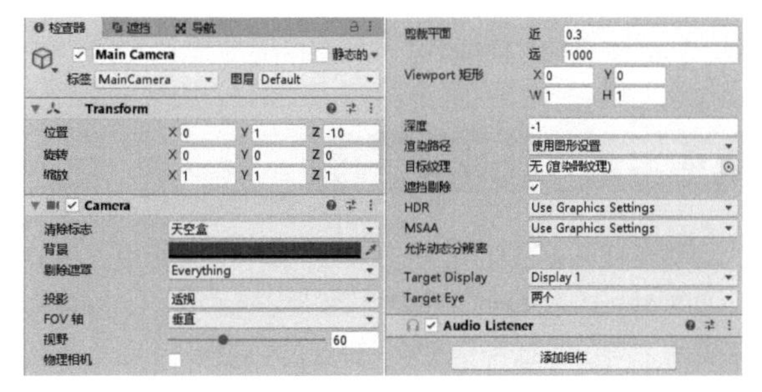

图1-32

8.状态栏

状态栏上会显示出新的内容，当单击状态栏上的输出内容后可以直接打开“控制台”面板。

9.“控制台”面板

“控制台”面板就是我们常说的输出面板，是游戏调试时必须要使用的面板，如图1-33所示。默认情况下“控制台”面板是隐藏的，可以执行“窗口>常规>控制台”菜单命令来调用该面板。

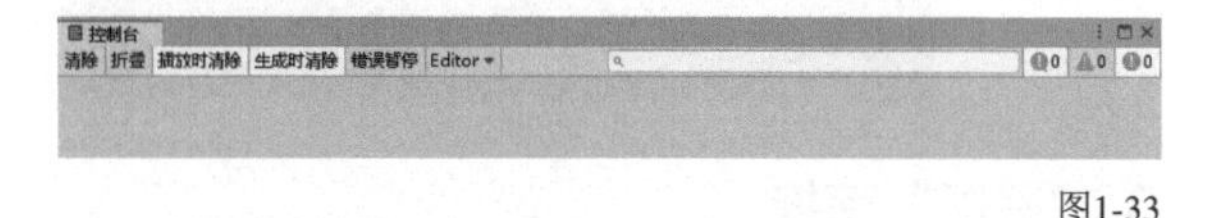

图1-33

10.“资源商店”面板

“资源商店”面板中包含了大量的素材和插件资源，也是一个常常会用到的面板。执行“窗口>资源商店”菜单命令即可打开“资源商店”面板，如图1-34所示。

图1-34

技巧提示

在Unity 2020.1之后的版本中，“资源商店”面板中只会显示Search online（在线搜索）按钮，单击该按钮后即可在系统浏览器中查找资源内容，如图1-35所示。

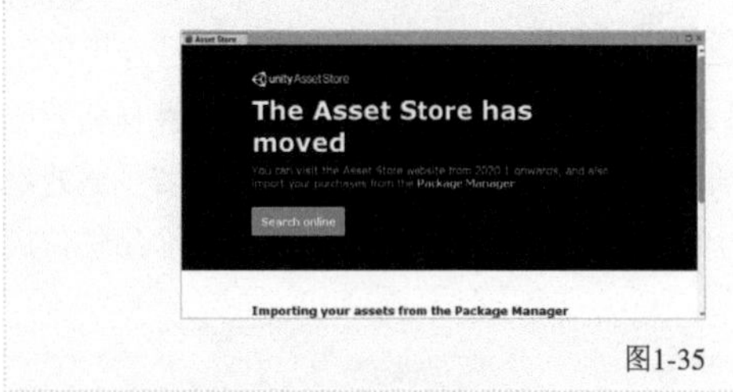

图1-35

1.3.3 管理项目文件

在游戏开发过程中，一般会在“项目”面板中进行文件的管理。除了支持导入各种格式的资源文件，Unity还支持导入和导出Unity的资源包。资源包中包含了大量的资源文件和脚本，使用起来非常方便快捷。

1.导入资源文件

导入普通的资源文件有如下两种方式，读者可根据自己的喜好选择合适的方式。

第1种方式，在桌面上创建一个文本文件或图片文件，准备将该文件导入Unity。在“项目”面板中的任意位置单击鼠标右键，在弹出的菜单中选择“导入新资源”选项，如图1-36所示。

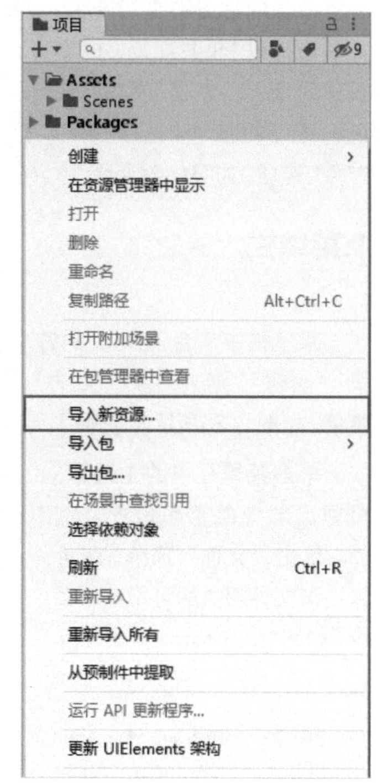

图1-36

在弹出的“导入新资源”对话框中选择要导入的资源，单击“导入”按钮 导入 即可将资源文件导入Unity，如图1-37所示。

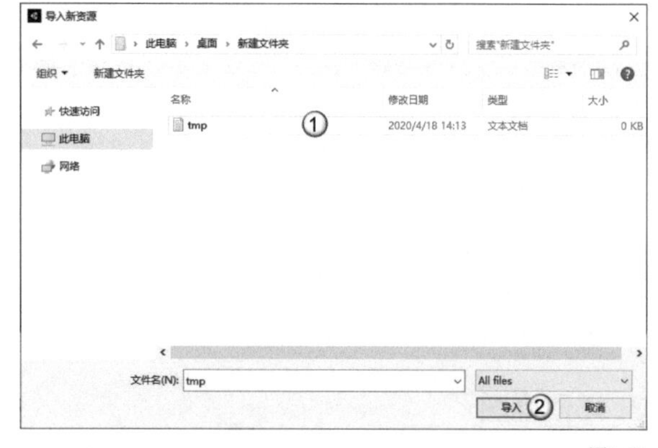

图1-37

第2种方式，将文件拖曳到“项目”面板中，也可完成文件的导入，如图1-38所示。

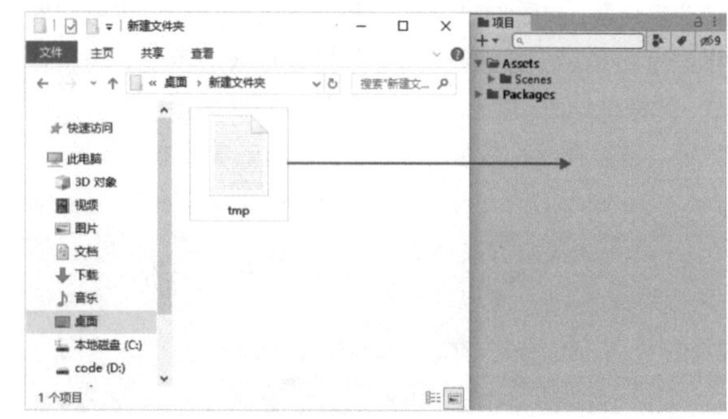

图1-38

2.导出资源包

尝试将刚导入的文件导出。在“项目”面板中选择希望导出的文件（如果想要导出多个文件，那么多选文件即可），然后单击鼠标右键，在弹出的菜单中选择“导出包”选项，如图1-39所示。

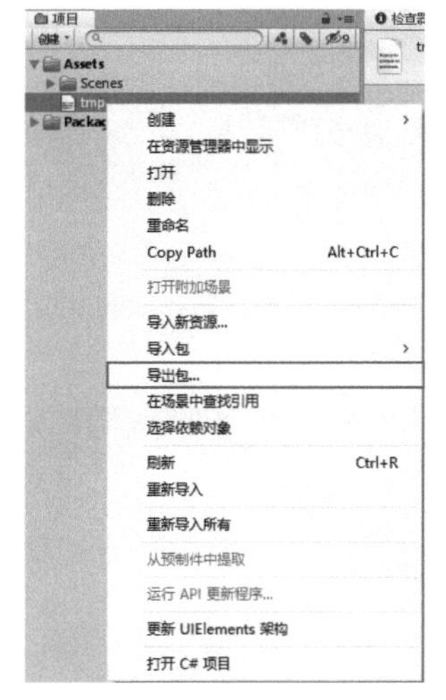

图1-39

在“导出项”对话框中勾选希望导出的文件，然后单击“导出”按钮导出...，如图1-40所示。设置资源包保存的位置和名称后保存即可。

图1-40

导出成功后，Unity资源包的扩展名为.unitypackage，如图1-41所示。

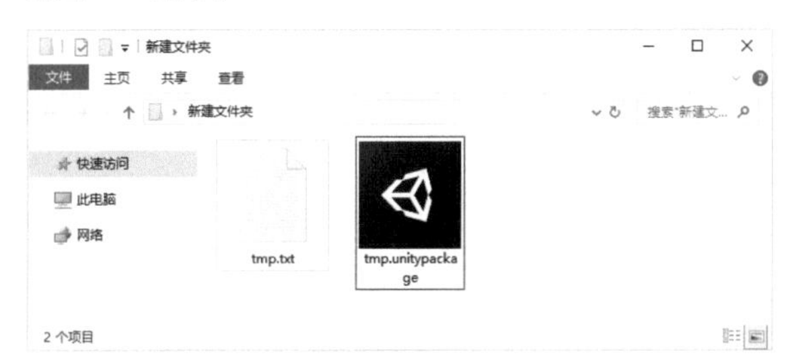

图1-41

3.导入资源包

除了可以导入普通的资源文件，Unity还可以导入资源包。资源包中包含了大量的资源文件和脚本。与导入资源文件的操作类似，导入资源包的方式有如下3种。

第1种方式，在“项目”面板中的任意位置单击鼠标右键，在弹出的菜单中选择“导入包>自定义包”选项，如图1-42所示。

图1-42

在弹出的对话框中选择需要导入的资源包，然后单击“打开”按钮打开(O)即可，如图1-43所示。

图1-43

第2种方式，将资源包拖曳到“项目”面板中，也可以完成资源包的导入，如图1-44所示。

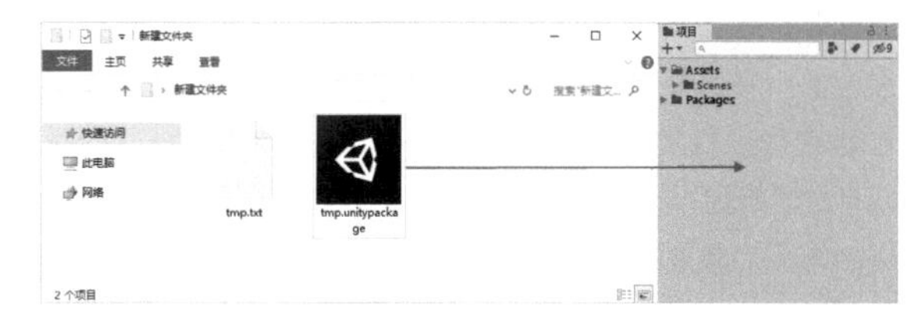

图1-44

第3种方式，双击资源包文件，在Import Unity Package（导入Unity资源包）对话框中勾选需要导入的资源文件，然后单击“导入”按钮导入即可，如图1-45所示。

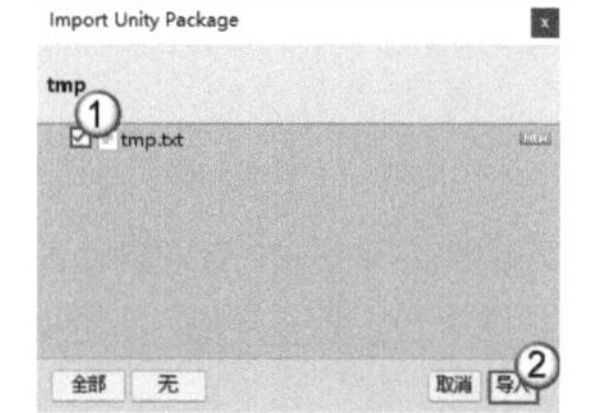

图1-45

技巧提示

如果要导入的资源文件在“项目”面板中已存在，则该资源文件不会显示在对话框中。

1.3.4 管理游戏物体

在Unity的“层级”面板中可以对场景中的游戏物体进行管理，层级列表中的每一项都对应着场景中的一个游戏物体。单击“创建”按钮+或在“层级”面板中的任意位置单击鼠标右键，在弹出的菜单中可以选择要创建的对象，也可以对游戏物体进行复制、粘贴、重命名和删除等基础操作，如图1-46所示。另外，菜单中有一个名为“副本”的选项，这个选项相当于直接进行“复制”和“粘贴”两个操作，使用起来非常方便，读者可以尝试操作一下。

图1-46

技巧提示

在实际工作中，一定要及时保存修改后的场景，执行“文件>保存”菜单命令或按Ctrl+S组合键都可保存场景。若场景名称后出现星号，则表示当前场景中已经有物体进行过修改但未保存，如图1-47所示，在这种情况下需及时保存。

图1-47

1.3.5 游戏场景设置

场景视图是在开发游戏的过程中使用频率非常高的视图面板。在场景视图中通过工具栏中的工具可以更加便捷地对模型进行实时修改。这也是Unity的特点（所见即所得）中“所见”的部分，如图1-48所示。下面对场景视图中的常用功能进行介绍。

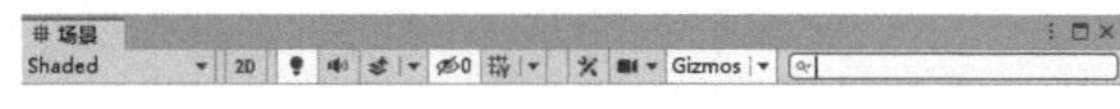

图1-48

重要参数介绍

Shaded（**绘制模式**）Shaded：设置当前场景的绘制模式，单击Shaded可以弹出绘制模式列表，切换为不同的绘制模式后，会显示出不同的场景效果。下面展示常用的3种模式。

Shaded（**正常**）：显示物体，如图1-49所示。

图1-49

Wireframe（**线框**）：显示线框，如图1-50所示。

图1-50

Shaded Wireframe（**混合**）：显示物体和线框，如图1-51所示。

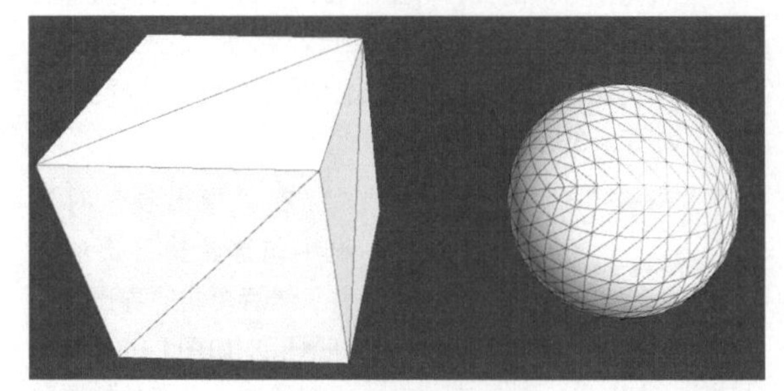

图1-51

2D：控制是否开启2D模式，一般在制作UI和2D游戏时使用，2D效果如图1-52所示。

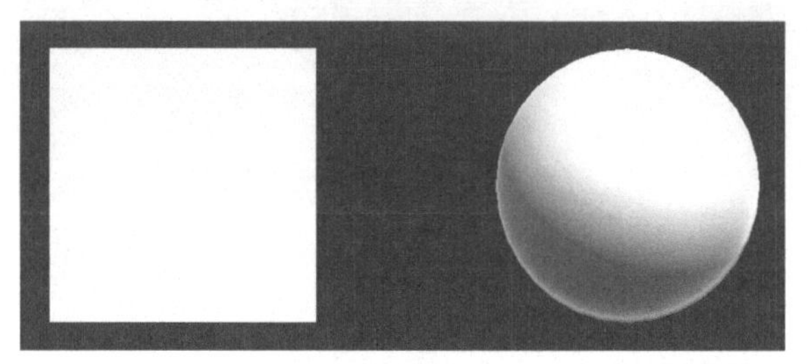

图1-52

灯光：控制场景灯光的开启和关闭，两种效果的对比如图1-53所示。

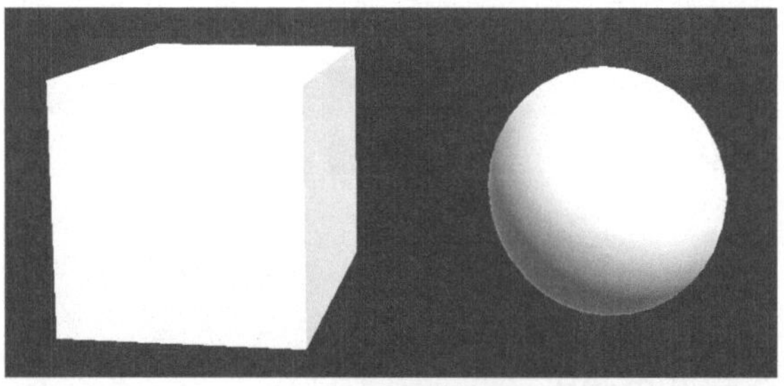

开

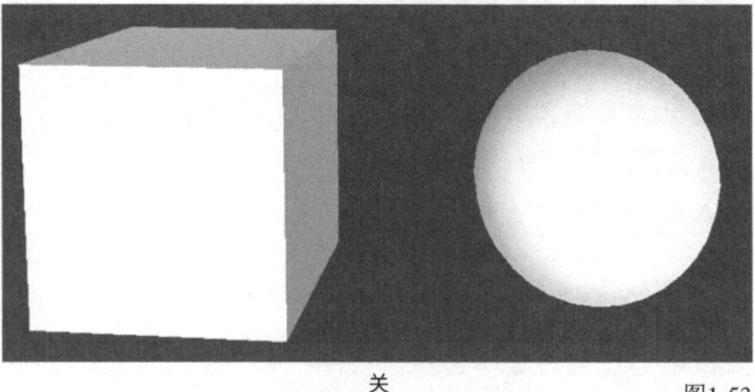

关

图1-53

声音：控制场景音频的开启与关闭。

效果：控制是否显示天空盒、雾和光晕等效果，可单击右侧的下拉按钮进行具体的效果设置，关闭效果后的物体如图1-54所示。

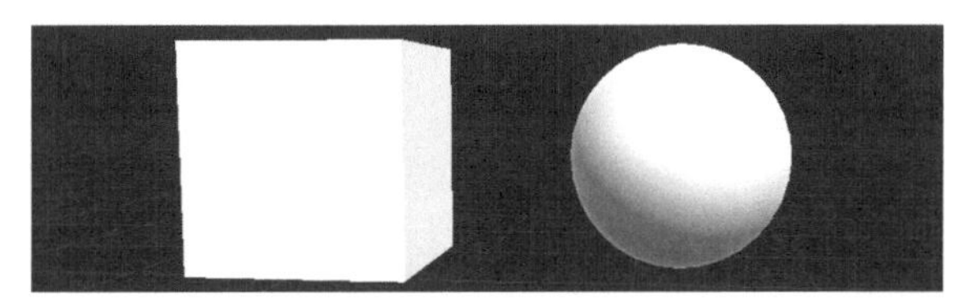

图1-54

Gizmos（小工具）Gizmos：控制物体标记的显示和隐藏，如图1–55所示。

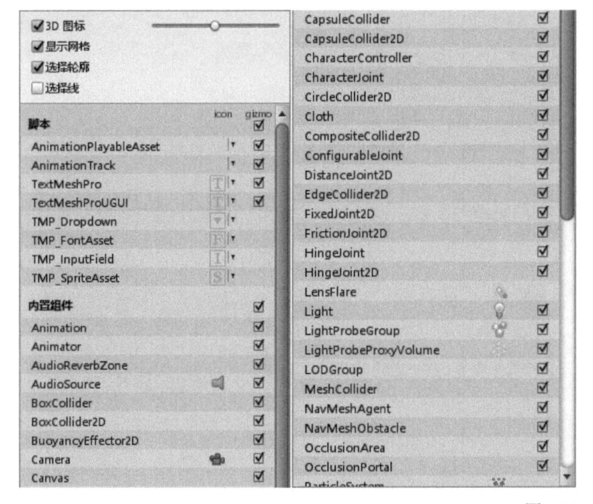

图1-55

Scene Camera（摄像机）：单击该按钮打开摄像机设置界面，在此可以进行摄像机的基本设置，如图1–56所示。

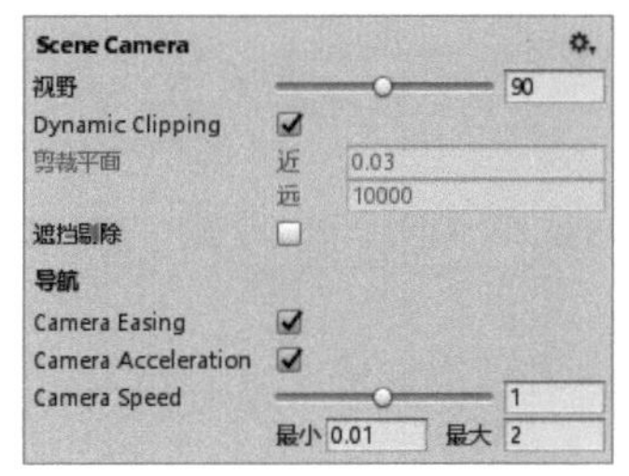

图1-56

搜索栏 All：搜索场景中存在的游戏物体，搜索到的物体会高亮显示，如图1–57所示。

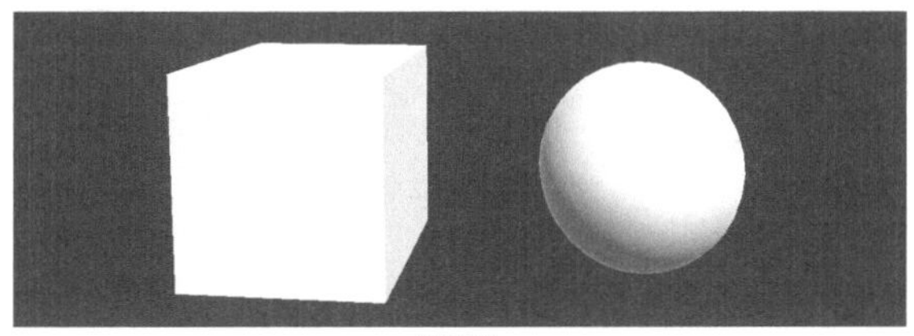

搜索前

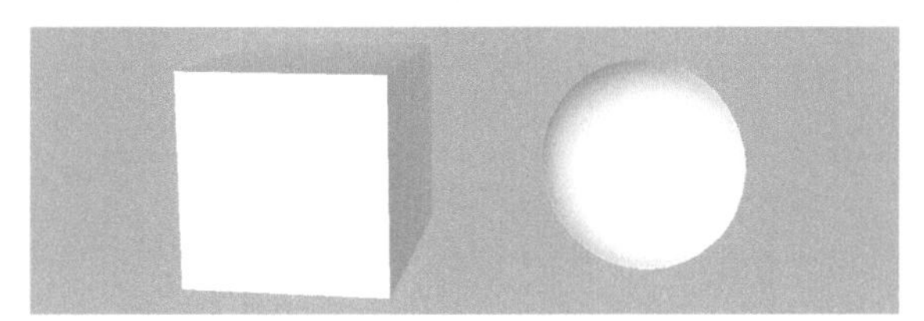

搜索后

图1-57

1.3.6 预览游戏

在游戏视图中单击"游戏运行"按钮▶即可运行当前游戏。除了"游戏运行"按钮▶，还有"游戏暂停"按钮⏸及"步骤运行"按钮⏭，如图1–58所示。

图1-58

运行游戏后，在游戏视图中可以预览正在运行的游戏。通过该视图中的一些选项，我们可以对游戏运行的效果进行修改，如图1–59所示。下面对游戏视图中的常用功能进行介绍。

图1-59

重要参数介绍

Display1（显示）Display 1：单击后可以看到下拉列表中还有更多选项，如图1–60所示。在默认情况下，摄像机都会渲染Display1。如果有多个摄像机渲染到不同的Display上，那么就可以选择不同的选项来显示不同的摄像机内容。

Free Aspect Free Aspect：单击后可以看到分辨率下拉列表，如图1–61所示。在此可以选择游戏视图显示的宽高比或固定分辨率，也可以单击"添加"按钮添加自己需要的分辨率。

图1-60

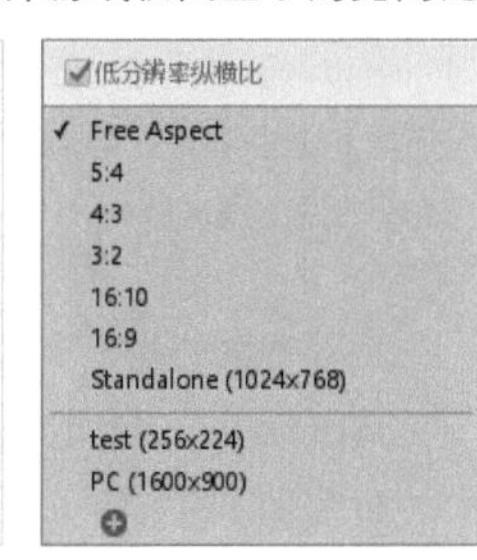

图1-61

缩放 缩放：调节当前游戏视图的显示缩放比例。

播放时最大化 播放时最大化：如果是激活状态，则游戏视图以最大化的方式运行游戏。

音频静音 音频静音：控制场景音频的开启与关闭。

状态 状态：如果是激活状态，则会显示游戏运行的一些信息，如图1–62所示。

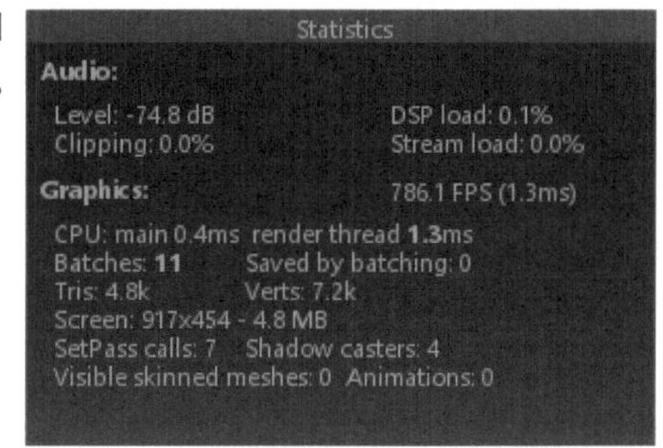

图1-62

Gizmos（小工具）Gizmos：控制游戏物体标记的显示和隐藏，与场景视图中的Gizmos相似。

1.3.7 管理“控制台”面板

“控制台”面板是输出信息的地方，是游戏开发调试过程中较常用的面板。调用“控制台”面板时，可以看到“控制台”面板中也有一些选项，如图1-63所示。下面对“控制台”面板中的常用功能进行介绍。

图1-63

技巧提示

游戏的开发过程并不总是一帆风顺的，伴随着游戏的开发，Bug会逐渐增多，我们通常会借助“控制台”面板对Bug进行调试和修复。可以说，“控制台”面板使用得越熟练，就可以越快速地找到项目中存在的问题。

重要参数介绍

清除：清空当前“控制台”面板中的全部信息。

折叠：控制相同信息是单行显示还是多行显示，如图1-64所示。

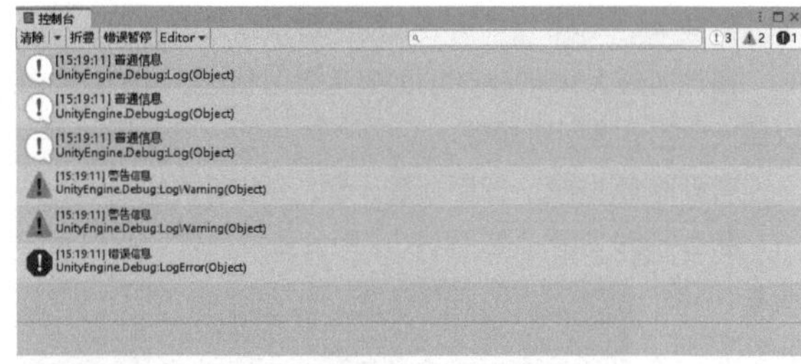

多行显示

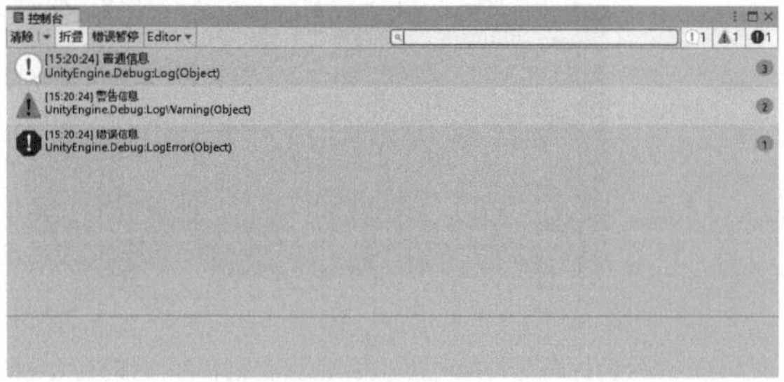

单行显示

图1-64

普通、警告、错误：控制是否显示普通信息、警告信息和错误信息，分别如图1-65～图1-67所示。

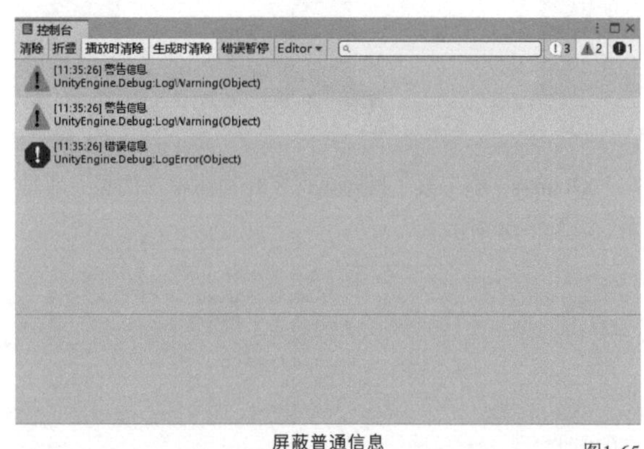

屏蔽普通信息

图1-65

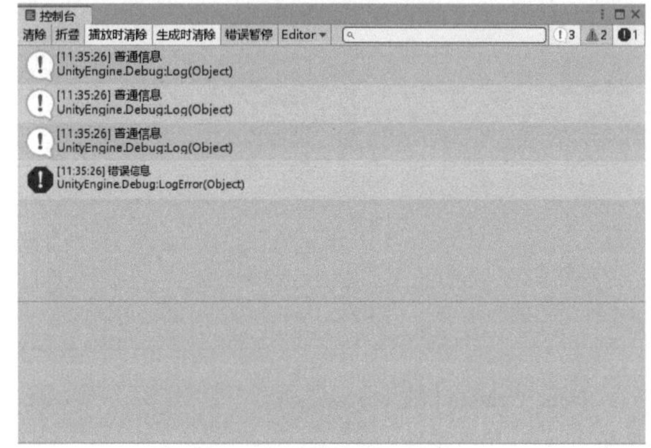

屏蔽警告信息

图1-66

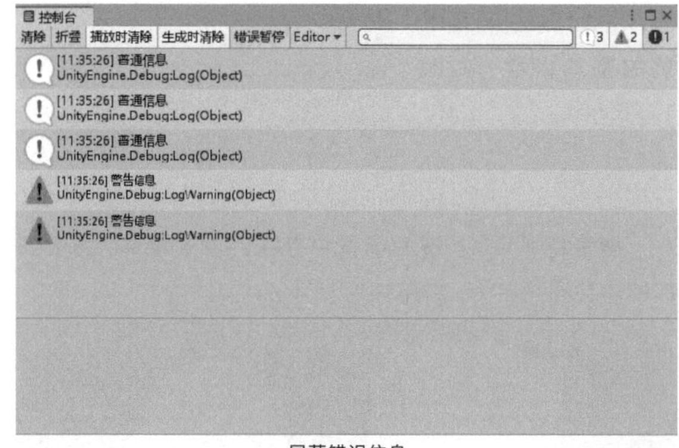

屏蔽错误信息

图1-67

第2章 打造3D游戏世界

■ 学习目的

炫酷的游戏场景往往可以在第一时间吸引玩家的目光。玩家通过游戏的氛围和画面的制作水准判断游戏是否可玩，所以打造出绚丽的游戏场景是一件非常重要的事情。本章将带领大家认识 Unity 的 3D 坐标系，并学会使用 Unity 内置工具打造出精彩的游戏世界。

■ 主要内容

- Unity坐标系的使用
- Unity中物体的操作
- 3D模型的概念
- 地形的创建与使用
- 树木、草细节等的创建
- 水效果的创建

2.1 操控物体

终于开始学习Unity了，从这节课开始我们就会进入3D世界了吧，我已经迫不及待了！

哈哈，不要急，进入3D世界之前，首先需要了解3D世界中的坐标系，并熟悉物体在3D世界中的坐标位置描述后，才能更进一步了解3D世界。

2.1.1 了解3D坐标系

在学习Unity之前，如果你已经了解了一些其他的游戏引擎，那么就会知道有一些游戏引擎是专门用来制作2D游戏（可以理解为二维游戏或平面游戏）的。2D游戏使用的坐标系一般是大家熟知的笛卡儿坐标系，如图2-1所示。从原点开始，向右伸出一条横轴，这条轴为x轴的正方向轴；向上伸出一条纵轴，这条轴为y轴的正方向轴。

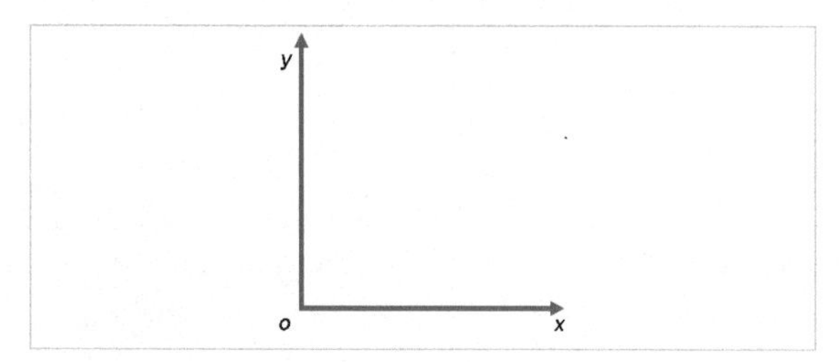

图2-1

虽然Unity也支持2D游戏的开发，但其本质还是一款标准的3D游戏开发引擎。若空间涉及3D，2D坐标系就满足不了用户的需求了，这时需要在2D坐标系上添加一个新的深度轴，使其成为3D坐标系。不过不同的3D软件所使用的坐标系可能是不同的，接下来介绍两种常用的3D坐标系。

1.左手坐标系

伸出你的左手，放于头部的左侧，并且掌心朝外（与视线方向相同），然后握紧拳头。伸出大拇指，向右并朝向x轴的正方向；伸出食指，向上并朝向y轴的正方向；伸出中指并垂直于掌心，朝向掌心的方向，这时候中指指向的方向就是z轴的正方向，这个坐标系就叫作左手坐标系，如图2-2所示。

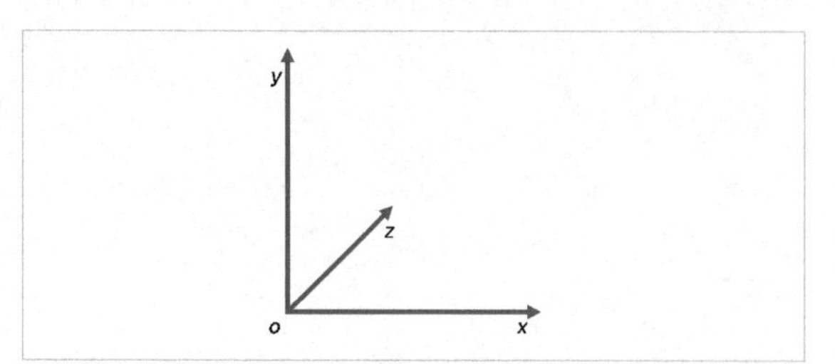

图2-2

2.右手坐标系

与左手坐标系的判断方法同理，伸出右手，放于头部的右侧，并且掌心朝内（与视线方向相对），然后握紧拳头。伸出大拇指，向右朝向x轴的正方向；伸出食指，向上并朝向y轴的正方向；伸出中指并垂直于掌心，朝向掌心的方向，这时候中指指向的方向就是z轴的正方向，这个坐标系就叫作右手坐标系，如图2-3所示。

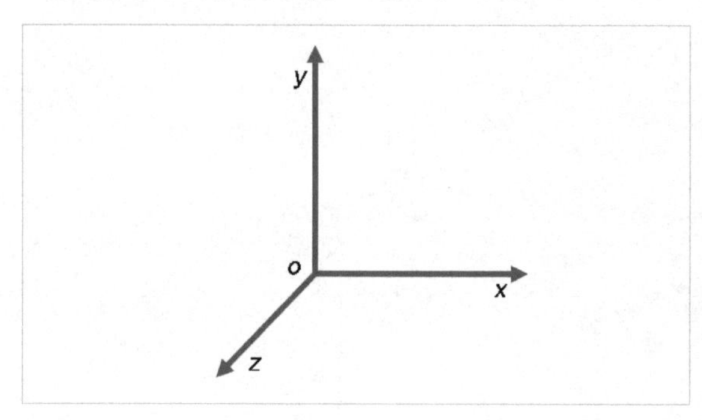

图2-3

2.1.2 世界坐标系与本地坐标系

世界坐标系与本地坐标系之间有着紧密的联系，了解了坐标系的概念，我们才能在Unity的3D世界中清楚地知道每一个物体所处的位置。

1. 世界坐标系

在Unity的3D世界中有一个固定的左手坐标系，凡是添加到Unity中的物体都会有一个相对这个坐标系的位置。这个坐标系就是世界坐标系，通过世界坐标系就可以对每个物体进行定位。知道了每个物体在世界坐标系中的位置，也就能了解到这些物体在3D世界中的位置和关系。这个概念有点类似经纬度，在地球上，无论我们是哪一个国家和地区的人，所使用的都是同一个经纬度。只要你说出所在的经纬度，就能定位到你所处的位置。

2.本地坐标系

除了世界坐标系，每一个在Unity 3D世界中的物体还拥有一个属于自己的左手坐标系，也叫作本地坐标系。在生活中，有时候遇到问路的人，你可能会说它就在我正前方200m的位置。这一描述并不是通过经纬度来指路的，而是以自己为坐标原点进行指路的，以自己为原点的坐标系其实就类似本地坐标系。

在Unity中，世界坐标系和本地坐标系之间的关系如图2-4所示，为了使大家看得更加清楚，这里使用2D坐标系描述一个圆在坐标系中的位置。

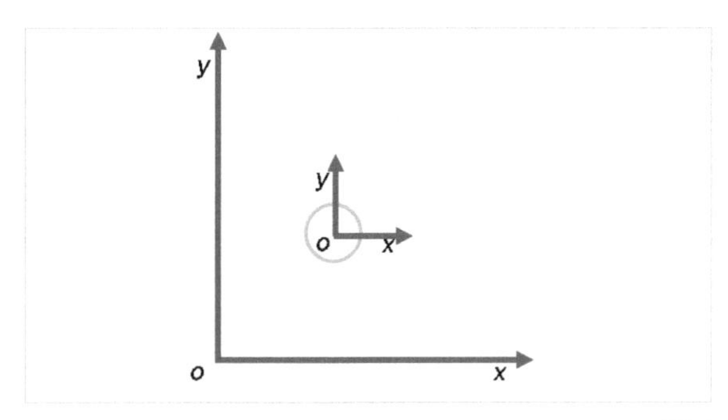

图2-4

2.1.3 创建实物

了解了Unity的3D坐标系后，我们就可以学习如何在Unity中创建实物了。

1.创建3D对象

在“层级”面板中单击“创建”按钮+，可在弹出的菜单中选择创建的对象。想要创建3D物体，就要在“3D对象”选项中进行查找，其中有“立方体”“球体”和“胶囊”等物体可供选择，如图2-5所示。

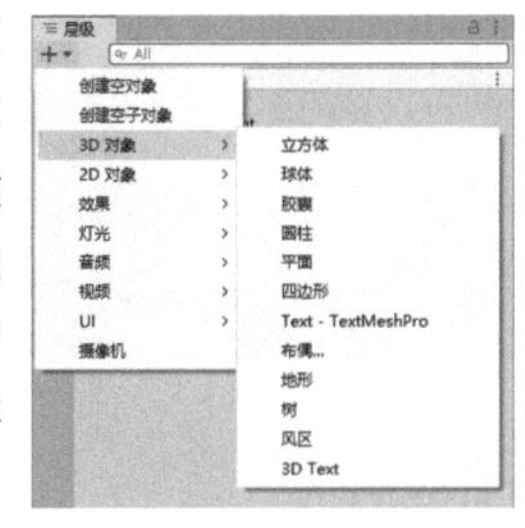

图2-5

技巧提示

其他对象也是同样的创建方式，我们还可以创建空对象（可以理解为一个透明的容器）和2D对象等。

2.查看对象属性

在“层级”面板中执行“创建>3D对象>立方体”命令创建一个立方体，可以看到立方体模型显示在了场景视图中，同时在“层级”面板中显示一个Cube物体，该物体对应了场景视图中的立方体，如图2-6所示。无论是单击“层级”面板中的Cube物体还是选择场景视图中的模型，都可以激活该物体的“检查器”面板，并可进一步对其属性进行调节，如图2-7所示。

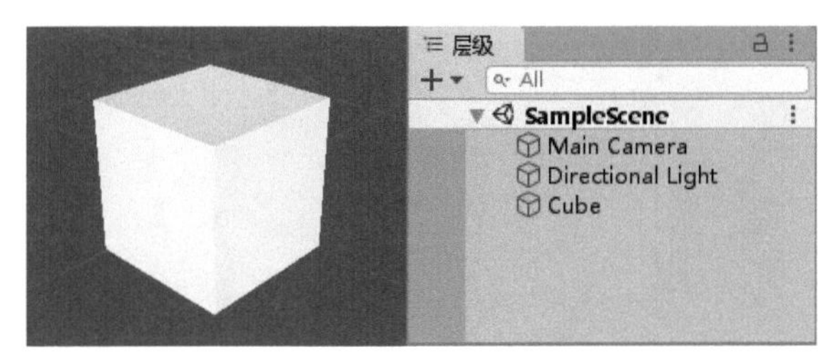

图2-6

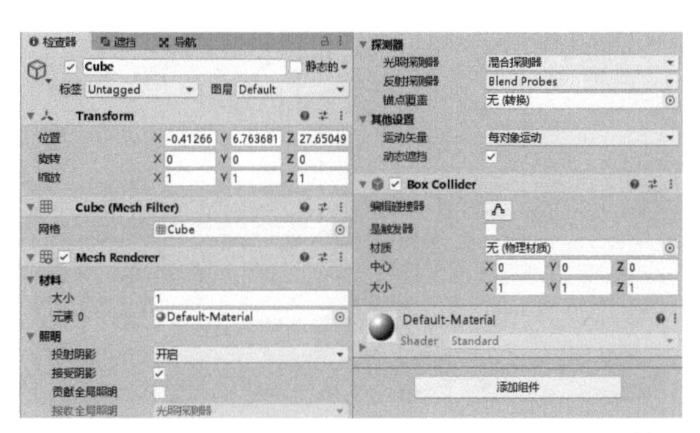

图2-7

技巧提示

如果在场景视图中没有找到立方体，那么可以在“层级”面板中双击Cube物体，使其居中显示在场景视图中。

2.1.4 物体中心点

在Unity中，每一个物体都有一个中心点，当对该物体进行移动、旋转等操作时，都会以该中心点为基准进行操作。

1.单个物体的中心点

在“层级”面板中执行“创建>3D对象>立方体”命令创建一个立方体，选择该立方体后就可以看到这个立方体的移动坐标系。这个坐标系的原点就是这个立方体的中心点，如图2-8所示。

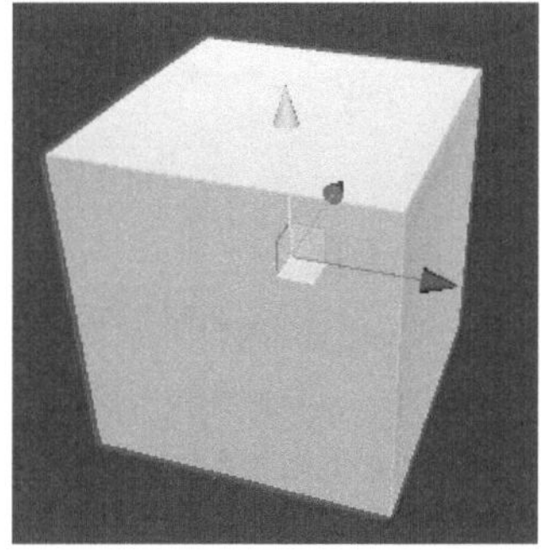

图2-8

2.多个物体的中心点

在“层级”面板中执行“创建>3D对象>立方体”命令再次创建一个立方体，然后场景视图中同时框选两个立方体，这时候中心点可能仍然在单个立方体的中心，如图2-9所示。当然，也可能在两个立方体的中心，如图2-10所示。

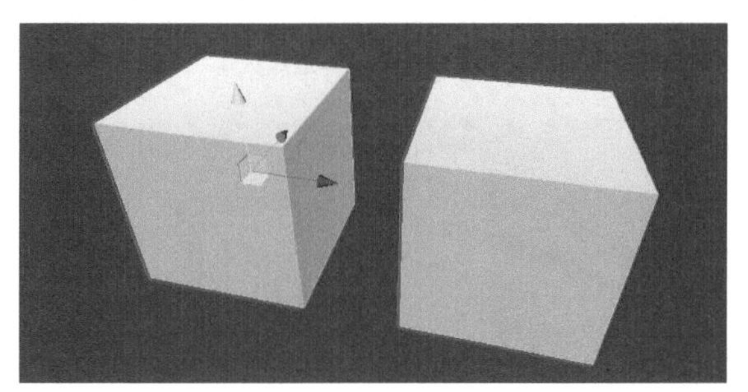

图2-9

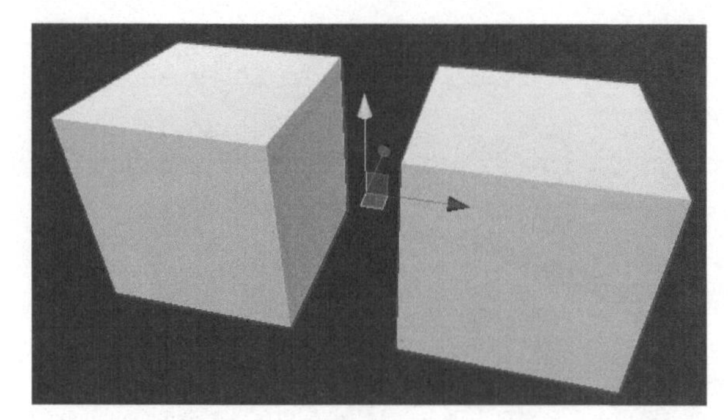

图2-10

根据不同的需求，可以切换中心点的位置来进行不同的操作。单击工具栏上的“轴心/中心”按钮即可进行中心点的切换，如图2-11所示。

轴心 全局

图2-11

2.1.5 物体的操作

创建了3D物体后，接下来就来介绍如何操作这些物体。Unity的工具栏中有“手形工具”“移动工具”“旋转工具”“缩放工具”“矩形工具”“移动、旋转或缩放选定对象”和“自定义操作工具”等7种工具，如图2-12所示。

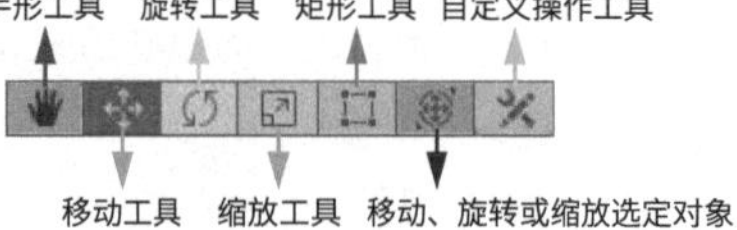

图2-12

1.手形工具

“手形工具”（快捷键为Q）可以拖曳场景视图进行预览或滑动鼠标滚轮控制屏幕和物体的远近程度，但是这两种方式都不能直接对物体进行操作。

技巧提示

除此之外，单击鼠标滚轮并进行移动同样可以起到拖曳场景视图的作用。

在任意操作工具被激活的状态下，在场景视图上单击鼠标右键，就会自动激活“手形工具”的旋转功能，这时候不要松开鼠标右键，移动鼠标指针就可以看到视图被旋转了。视图当前的旋转状况可以在场景视图右上角的坐标系中看到，如图2-13所示。也可以单击坐标系上的轴进行视图的移动。

图2-13

2. 移动工具

“移动工具”（快捷键为W）可以将场景中的游戏物体在x、y、z轴上进行移动。

选择场景中的物体后，物体上会显示移动操作轴，如2.1.4小节中图2-8所示的3个不同方向的箭头，这时单击其中任意一个轴，不松开鼠标左键，移动鼠标指针即可在该轴向上移动物体。拖曳z轴（蓝色），并向正方向移动，如图2-14所示。

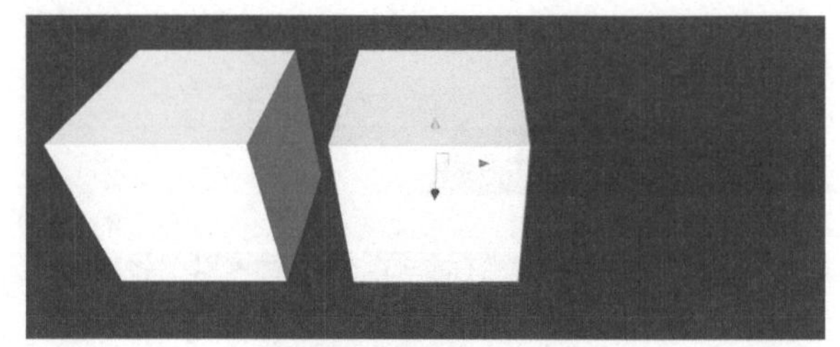

移动前

移动后

图2-14

技巧提示

红色轴代表x轴，绿色轴代表y轴，蓝色轴代表z轴。

除此之外，使用移动操作轴上的块面也可以快速改变模型位置。我们看到坐标系的原点在每两个轴之间还有一个块面，不同颜色的块面代表不同的平面。拖曳蓝色块面代表物体在xy平面上移动，拖曳红色块面代表物体在yz平面上移动，拖曳绿色块面代表物体在xz平面上移动。

3.旋转工具

“旋转工具”（快捷键为E）可以将游戏物体在x、y、z轴上进行旋转。

选择场景中的物体后，物体上会显示旋转操作轴。这时选择其中一个轴向，不松开鼠标左键，然后移动鼠标指针即可绕该轴进行旋转，如图2-15所示。

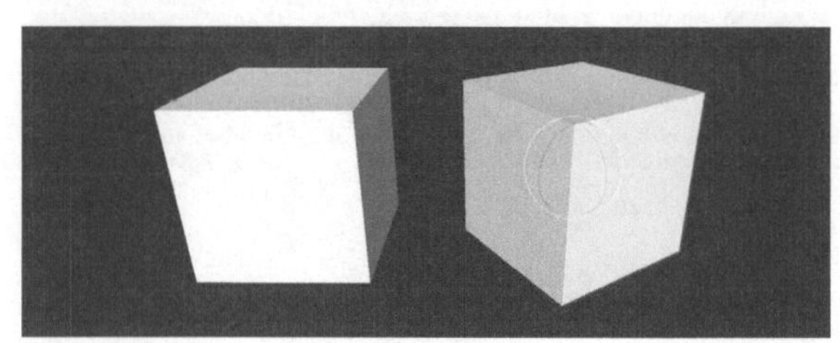

图2-15

技巧提示

当物体旋转之后，再切换为“移动工具”进行移动操作，可能会发现移动操作轴也进行了旋转。这时若希望这个物体在世界坐标系内进行水平方向上的移动就很困难了，此时需要单击“局部/全局”按钮对移动操作轴的方位进行改变，然后进行移动操作，如图2-16所示。

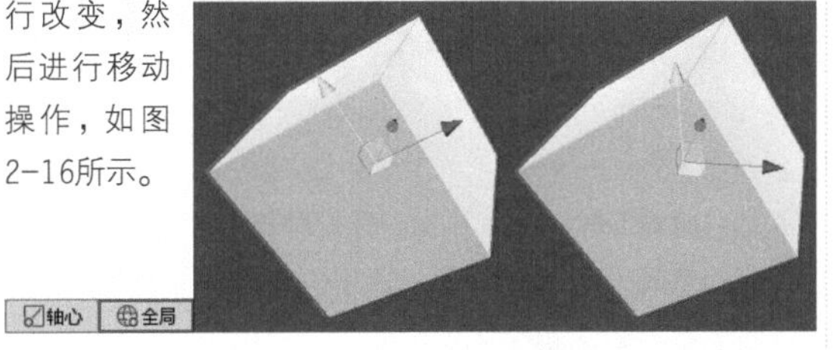

图2-16

4.缩放工具

“缩放工具”（快捷键为R）可以将游戏物体在x、y、z轴上进行缩放。

激活该工具后，物体上会显示缩放操作轴，单击其中任意一个轴，不松开鼠标左键，移动鼠标指针即可在该轴向上缩放物体，如图2-17所示。单击缩放操作轴中心点的小立方体，不松开鼠标左键，移动鼠标指针即可整体缩放该物体，如图2-18所示。

图2-17

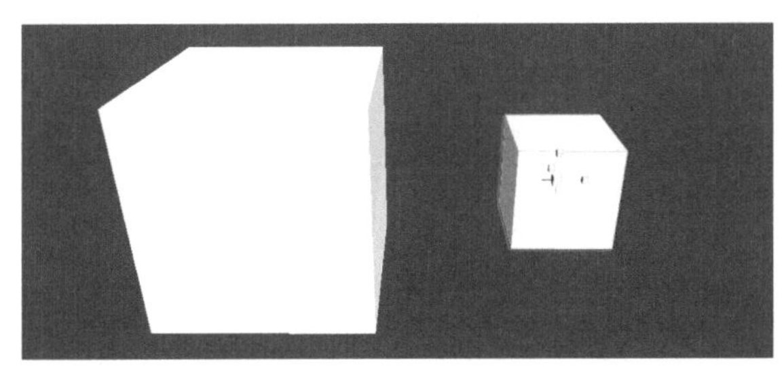

图2-18

5.矩形工具

“矩形工具”（快捷键为T）可以对2D物体进行移动、缩放等平面操作。

激活该工具后，物体上会显示矩形操作工具，但是只能在x和y轴上进行操作。这个工具一般用于UI的制作和2D游戏物体的操作，它既可以使物体移动；也可以选择物体的4个角进行拖曳，使其实现缩放，如图2-19所示。

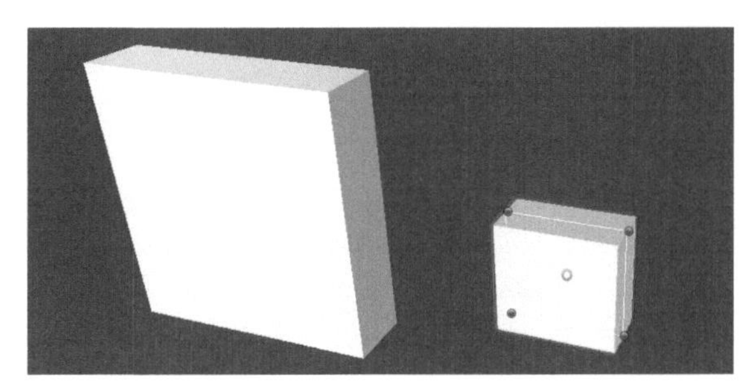

图2-19

6. 移动、旋转或缩放选定对象

“移动、旋转或缩放选定对象”工具（快捷键为Y）可以对游戏物体进行移动、旋转和缩放等综合性的操作。

激活该工具后，物体上将同时显示之前的移动、旋转和缩放操作轴，可同时进行之前的多种操作，如图2-20所示。

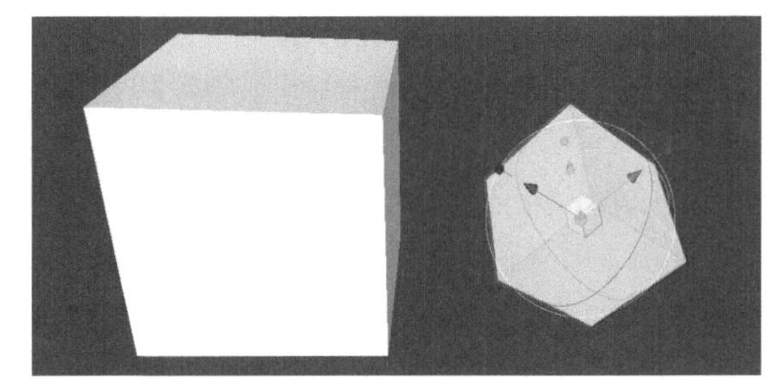

图2-20

实例：制作电脑桌

素材位置 无
实例位置 实例文件>CH02>实例：制作电脑桌
难易指数 ★☆☆☆☆
学习目标 掌握基本操作工具、熟悉3D物体的属性

本例将实现电脑桌的制作，效果如图2-21所示。

图2-21

1.实现路径

01 创建一个立方体作为桌面。

02 创建两个立方体作为桌腿。

03 创建一个立方体作为桌柜。

04 创建一个立方体作为打印机的桌板。

05 创建两个立方体作为桌板的支柱。

2.操作步骤

01 在“层级”面板中执行“创建>3D对象>立方体”命令创建一个立方体，并命名为Table。然后选择该物体，按R键激活“缩放工具”，接着对该物体进行缩放。将其作为桌面，如图2-22所示。

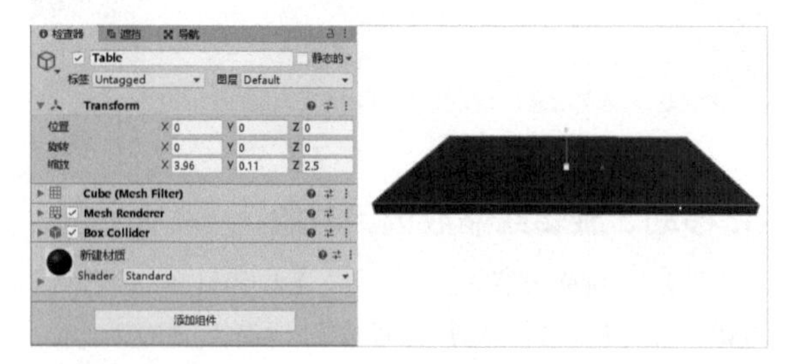

图2-22

技巧提示

在实际的工作中，对创建的游戏物体进行重命名，可以方便管理，保证思路清晰。另外，读者可根据情况随机缩放模型的尺寸，也可以修改“检查器”面板中的“缩放”参数。

02 创建一个立方体，并命名为Leg。然后选择该物体，按R键激活“缩放工具”，接着对该物体进行缩放。将其作为桌腿，如图2-23所示。

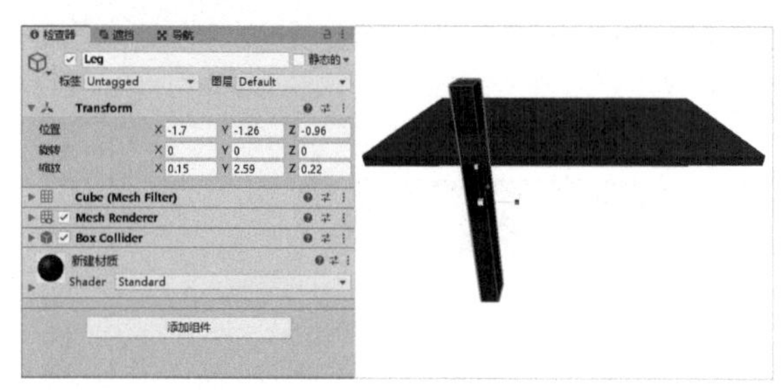

图2-23

03 在场景视图中选择Leg物体，按W键激活“移动工具”，将桌腿移动到图2-24所示的位置。

04 在场景视图中选择Leg物体，按Ctrl+D组合键将其复制一份，然后将复制的桌腿放置到图2-25所示的位置。

图2-24

图2-25

05 创建一个立方体，并命名为Cabinet。然后选中该物体，按R键激活“缩放工具”，接着对该物体进行缩放。将其作为柜子，并放置到图2-26所示的位置。

图2-26

06 创建一个立方体，并命名为Board。然后选中该物体，按R键激活“缩放工具”，接着对该物体进行缩放。将其作为打印机的桌板，并移动到图2-27所示的位置。

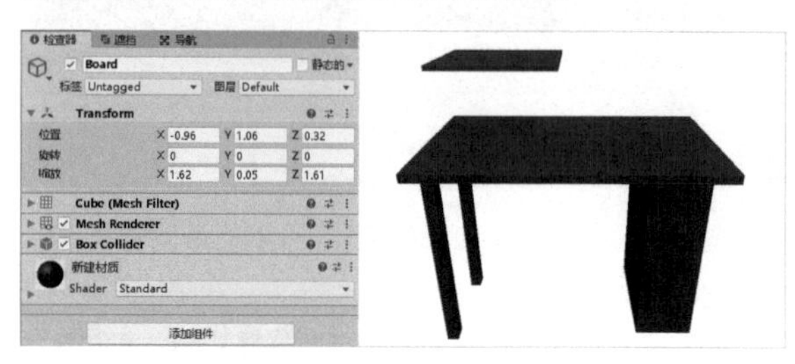

图2-27

07 创建一个立方体，并命名为Pillar。然后选中该物体，按R键激活“缩放工具”，接着对该物体进行缩放。将其作为打印机桌板的支柱，制作完成后复制一份，将这两个支柱移动到图2-28所示的位置。

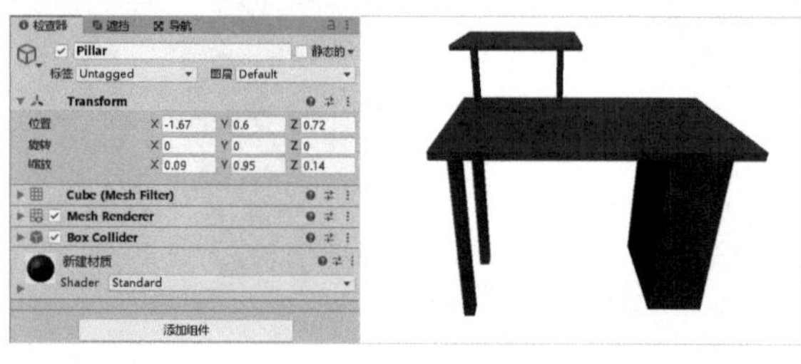

图2-28

2.2 3D模型

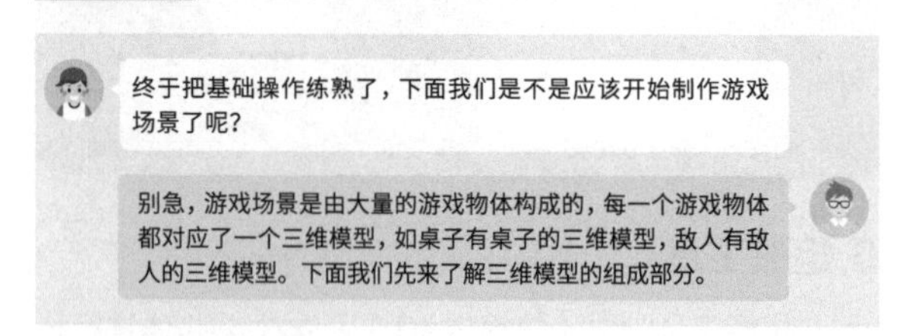

2.2.1 网格

游戏物体的形状是由网格决定的，网格由多个面构成，每个面又由多个三角形构成。

1.理解3D模型

在了解网格之前，需要先了解什么是3D模型。在前面的小节中，我们已经使用Unity内置的3D模型（立方体）在场景中创建了一个游戏物体。除此之外，Unity还提供了球体、胶囊、圆柱、平面和四边形等模型，如图2-29所示。

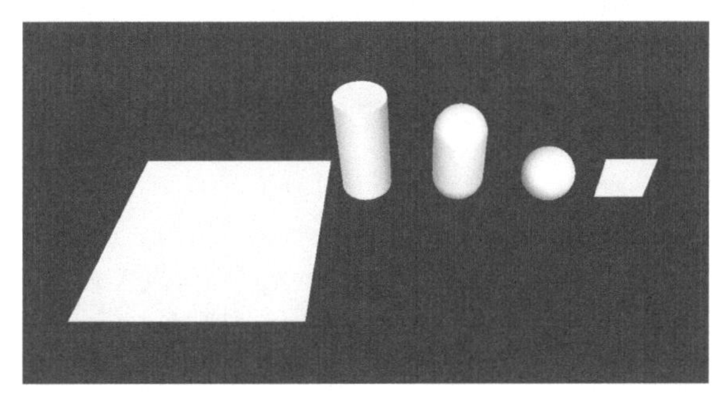

图2-29

除了内置的模型，Unity还支持从外部导入模型，如一张桌子、一个柜子、一把椅子或一些装饰物等，如图2-30所示。

图2-30

2.网格过滤器

Unity是如何将各种各样的模型展现在一个3D世界中的呢？下面通过一个立方体来进行说明。选择创建的立方体，然后在“检查器”面板中找到Mesh Filter（网格过滤器）组件。注意，这里的“网格”显示为Cube，如图2-31所示。

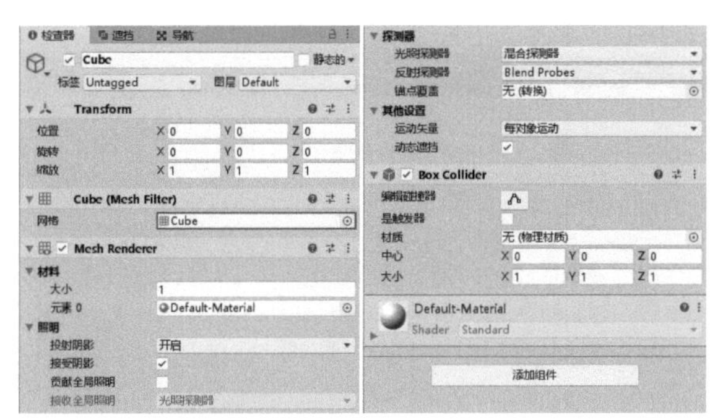

图2-31

技巧提示

组件是Unity的一大特色，关于组件的用法，将在后面的章节中进行详解。

3.Select Mesh（网格选择）

Cube就是该模型所使用的网格，单击Cube右侧的“选择”按钮⊙，打开网格选择面板，如图2-32所示。在该面板中可选择其他网格，场景中的立方体会随着所选的其他网格改变为对应的形状。由此可知，模型的形状是由网格来控制的，网格保存了模型的顶点信息。若选择Capsule（胶囊网格），场景中的立方体则显示为胶囊体，如图2-33所示。

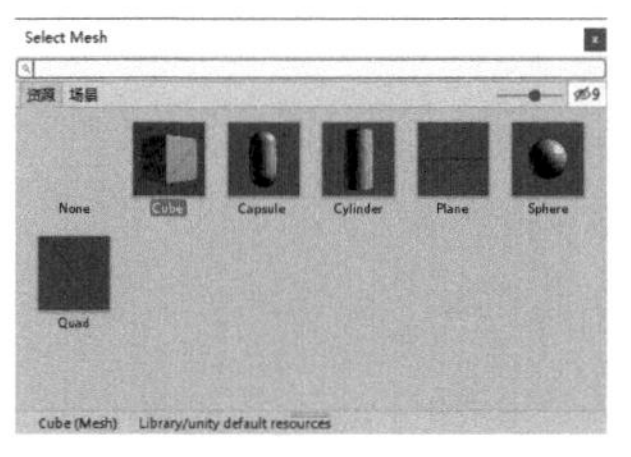

图2-32

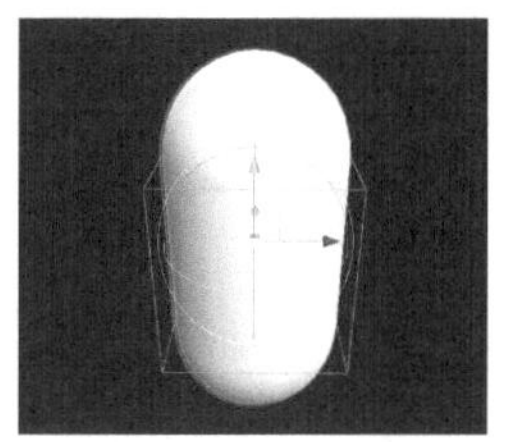

图2-33

技巧提示

Unity中的“选择”按钮⊙代表可以打开面板进行选择，所以如果在后面的章节中看到“选择”按钮⊙，那么都可以单击，继续在弹出的面板中查找并使用相应内容。

2.2.2 材质

一个模型如果仅有网格信息，那么这个模型也就只会显示其形状，但是我们要知道每个模型都不仅有形状信息，还应该有不同的颜色、贴图，这就需要修改其材质。在“项目”面板中执行“创建>材质”命令，即可在“项目”面板中看到创建好的材质文件，如图2-34所示。

图2-34

选择创建好的材质文件，在“检查器”面板中就可以看到该材质的相关信息，可以尝试修改其信息，相关的修改会在下方的材质球中显示出来，如图2-35所示。

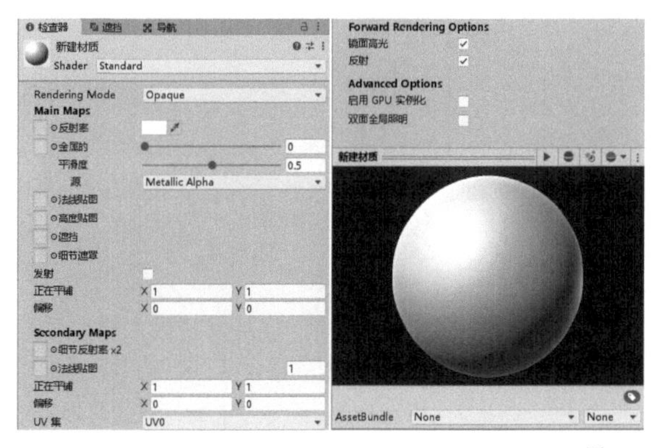

图2-35

1.着色器

材质决定了显示的内容，但是具体如何显示就需要由着色器来决定了。Shader就是着色器，我们可以尝试选择其他着色器来查看效果。不同的着色器提供了不同的属性。有的着色器只能提供颜色信息，有的只能提供贴图信息，有的只能提供透明度信息等。当然，我们还可以自己编写着色器，得到独特的显示效果，部分着色器属性如图2-36~图2-38所示。

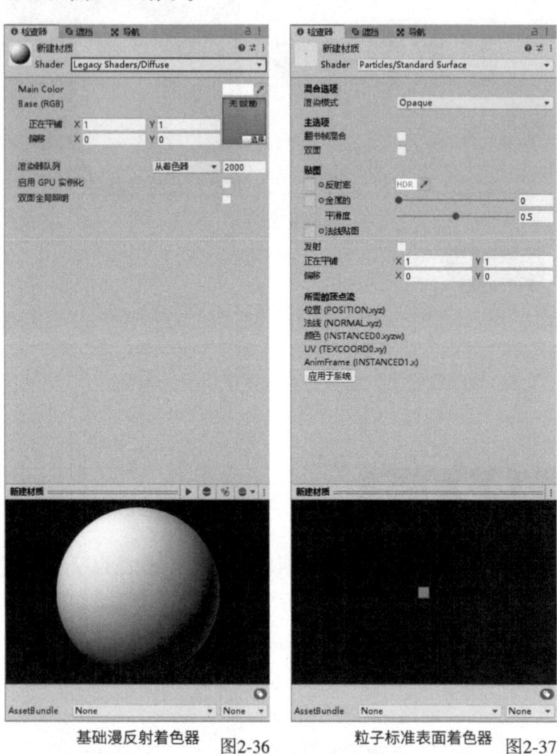

基础漫反射着色器 图2-36　　粒子标准表面着色器 图2-37

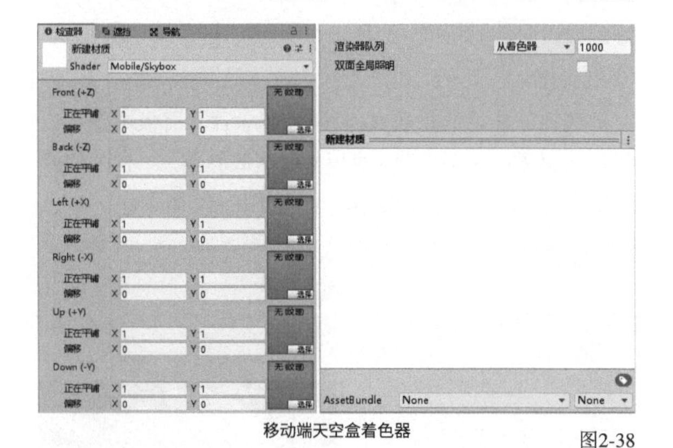

移动端天空盒着色器 图2-38

2.材质的使用

材质的使用方式非常简单，既可以将导入的材质直接拖曳到场景视图中的物体上进行应用，又可以在物体的Mesh Renderer（网格渲染器）组件中进行材质的选择，如图2-39所示。

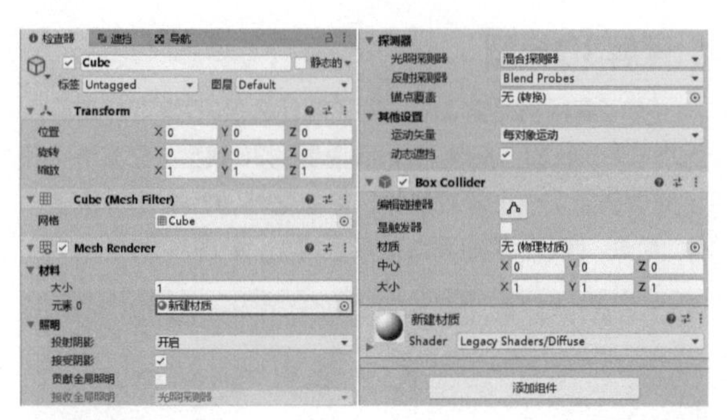

图2-39

技巧提示

通过Unity提供的创建材质的文件，我们可以选择想要的颜色或贴图，再将材质应用到模型上，模型就会显示出对应的颜色或贴图。如果你导入一张图片，并希望将其作为模型贴图来显示，那么可以直接将图片拖曳到模型上，Unity会自动为模型创建材质。当然，材质的用法非常多，在以后的学习或工作中，我们还要持续地对材质部分进行学习。

2.2.3 资源商店

在制作游戏的过程中，我们可能需要为游戏添加一些图片、模型等资源，最简单的方式就是从Unity的资源商店中搜索并下载资源。执行“窗口>资源商店”菜单命令打开“资源商店”面板，可通过逐页查找并使用合适的资源；也可以在搜索栏中输入具体的资源名称，再按Enter键查找结果，如图2-40所示。

技巧提示

商店中的每个游戏资源都是完整的，而且种类、风格多样，读者可以根据自己的需求寻找合适的资源，包括场景和角色资源等。本书统一使用Unity提供的免费资源。

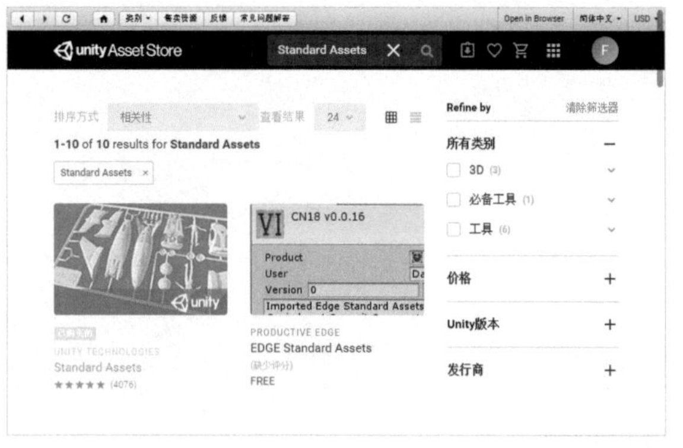

图2-40

打开查找到的资源并进行下载，然后单击“导入”按钮 导入 完成资源的导入，如图2-41所示。

图2-41

实例：导入商店资源

素材位置　无

实例位置　实例文件>CH02>实例：导入商店资源

难易指数　★★☆☆☆

学习目标　掌握导入资源的方法

本例将实现商店资源的导入，结果如图2-42所示。

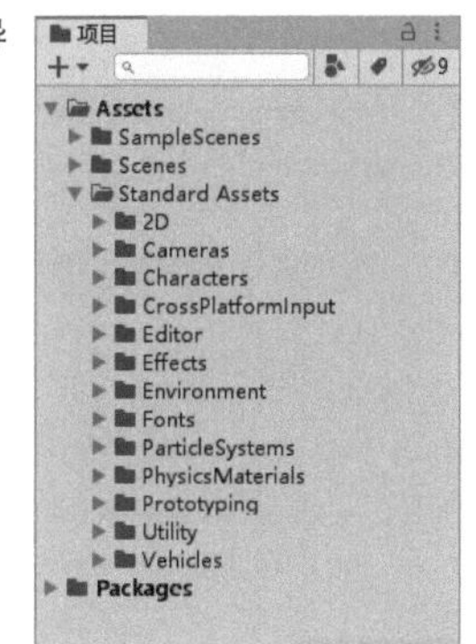

图2-42

1.实现路径

01 打开Unity 2020的资源商店。

02 跳转到浏览器中并打开商店。

03 登录Unity账号。

04 下载并导入资源。

2.操作步骤

01 执行"窗口>资源商店"菜单命令打开资源商店，如图2-43所示。

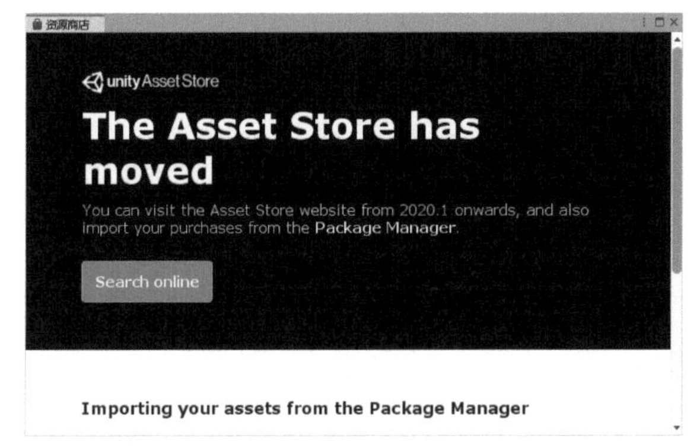

图2-43

02 单击Serach online(在线搜索)按钮Search online，浏览器将自动运行并打开资源商店，如图2-44所示。

图2-44

03 单击Sign in(登录)按钮Sign in，在登录界面中使用自己的Unity账号进行登录，如图2-45所示。

图2-45

04 在搜索框中输入Standard Assets并搜索，如图2-46所示。

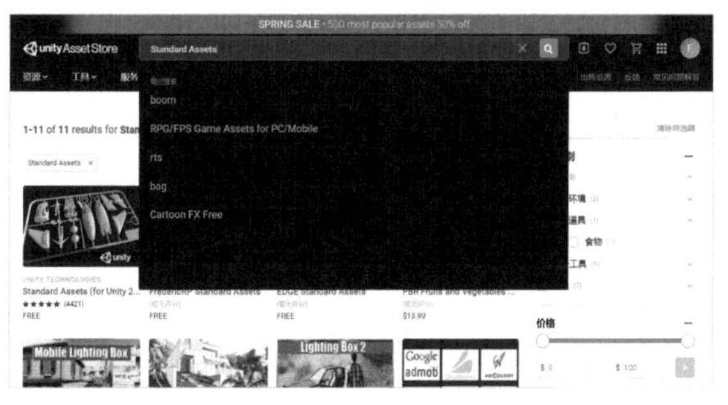

图2-46

05 打开Standard Assets资源界面，资源下载完成后，单击"在Unity中打开"按钮在Unity中打开，如图2-47所示。

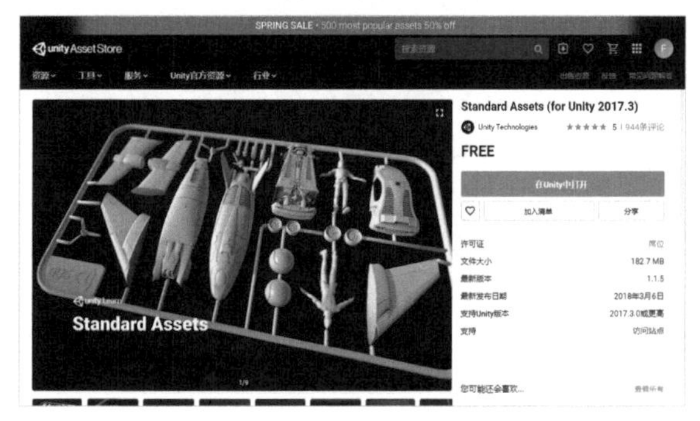

图2-47

06 在弹出的对话框中单击“打开Unity Editor”按钮 打开 Unity Editor ，如图2-48所示。

图2-48

07 这时将自动打开Package Manager（包管理器）面板，并弹出我们要下载的资源信息，单击右下角的Download（下载）按钮 Download 进行资源的下载，如图2-49所示。

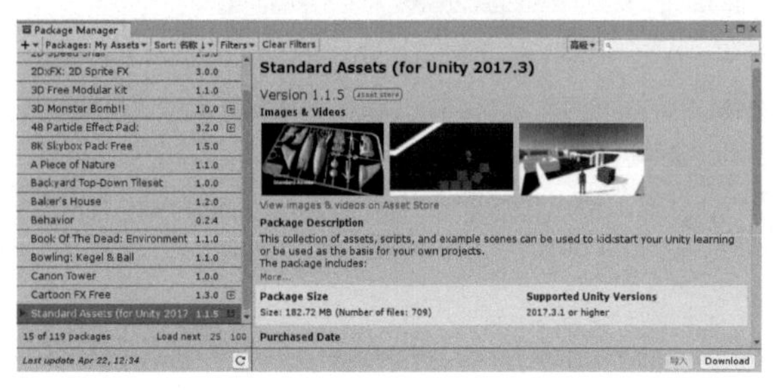

图2-49

08 浏览下载进度条，待下载完成后，单击“导入”按钮 导入 ，即可进入导入界面，如图2-50所示。

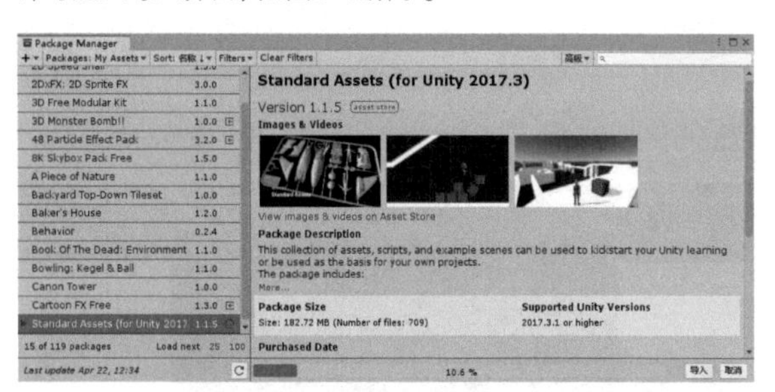

图2-50

09 在导入界面中单击“导入”按钮 导入 ，如图2-51所示。完成资源的导入，此时资源已加载到“项目”面板中，如图2-52所示。

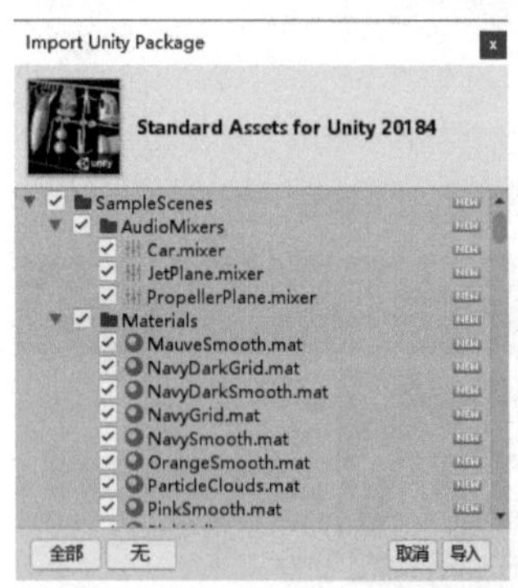

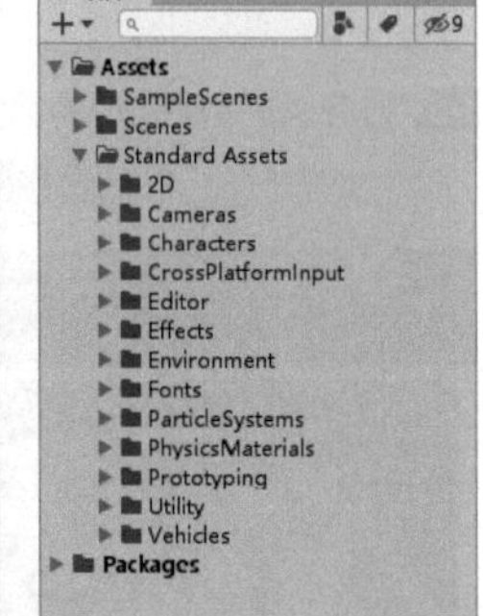

图2-51　　图2-52

10 新版本的Unity使用本资源可能会报错，解决的方法很简单：在“项目”面板中双击Standard Assets/Utility/SimpleActivatorMenu脚本，并将其修改为如下代码。

```
using System;
using UnityEngine;

#pragma warning disable 618
namespace UnityStandardAssets.Utility
{
  public class SimpleActivatorMenu : MonoBehaviour
  {
    // An incredibly simple menu which, when given references
    // to gameobjects in the scene
    public UnityEngine.UI.Text camSwitchButton;
    public GameObject[] objects;

    private int m_CurrentActiveObject;

    private void OnEnable()
    {
      // active object starts from first in array
      m_CurrentActiveObject = 0;
      camSwitchButton.text = objects[m_CurrentActiveObject].name;
    }

    public void NextCamera()
    {
      int nextactiveobject = m_CurrentActiveObject + 1 >= objects.Length
? 0 : m_CurrentActiveObject + 1;

      for (int i = 0; i < objects.Length; i++)
      {
        objects[i].SetActive(i == nextactiveobject);
      }

      m_CurrentActiveObject = nextactiveobject;
      camSwitchButton.text = objects[m_CurrentActiveObject].name;
    }
  }
}
```

2.3 3D场景元素

真没想到一个模型还有这么多的内容。

那当然，在制作3D游戏时，除了会导入外部资源，你还将不可避免地创建一些复杂地形，如高山、河流，以及一些花草和树木。接下来就一起动手学习创建3D游戏场景要用到的技术吧。

技巧提示

确保项目中已经下载并导入了Standard Assets资源。

2.3.1 地形

在学习创建地形之前，我们要知道Unity中的地形制作工具并不能满足所有地形的需求，因为用地形工具创建的游戏地形只是对地面进行抬高和降低。当在创建一些复杂的地形时，有可能需要通过建模来制作，即配合模型使用，如通过建模软件制作拱桥、山洞等模型。也就是说，要想制作高复杂度、高精良度的地形，不要一味地认为使用Unity中的地形工具就能制作出游戏需要的全部效果，而是需要与模型进行配合才能得到合适的效果。

在“层级”面板中执行“创建>3D对象>地形”命令，即可在场景视图中创建一个基本的平面地形。然后在“层级”面板中双击创建的地形，让地形在场景视图中居中显示，如图2-53所示。

图2-53

选择创建的地形，在“检查器”面板中可以看到地形工具栏，如图2-54所示，接下来依次对地形工具栏中的工具进行讲解。

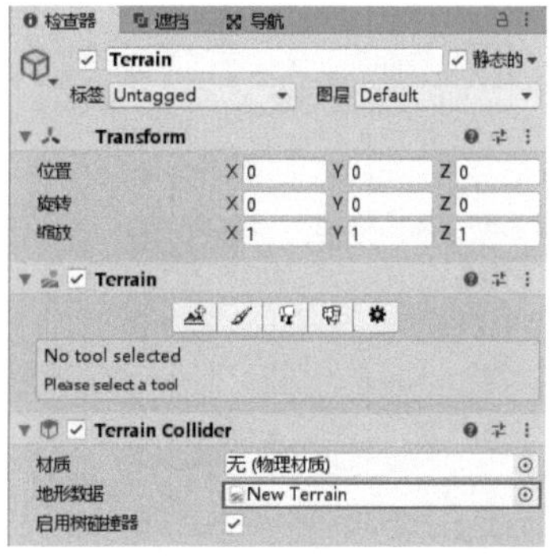

图2-54

技巧提示

由于Unity的版本比较多，因此创建地形的工具可能不完全相同，但是相应的功能不会有太大的变化，有可能只是调整了按钮和选项的位置。读者要灵活地对应自己的Unity学习地形部分。

1.创建相邻地形

如果要对当前地形进行扩展，那么就需要创建相邻地形。单击工具栏中的“创建相邻地形”按钮，然后在场景视图中滚动鼠标滚轮将地形缩小，这时地形周围显示出高亮的4个矩形线框，单击其中一个即可在该位置创建相邻地形，如图2-55所示。

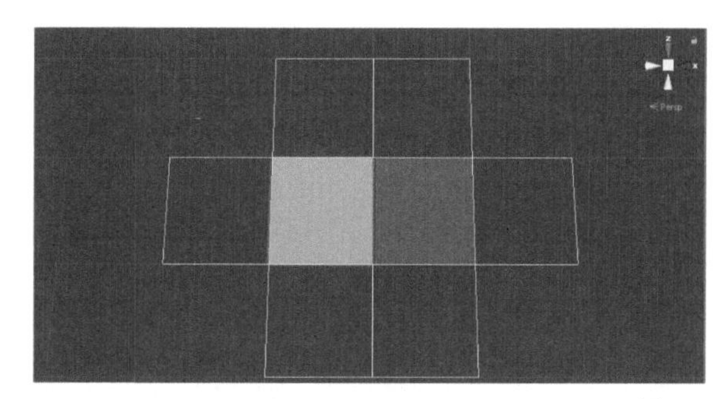

图2-55

如果想要修改地形的大小等属性，那么可以单击工具栏中的“地形设置”按钮进行设置，如图2-56所示。

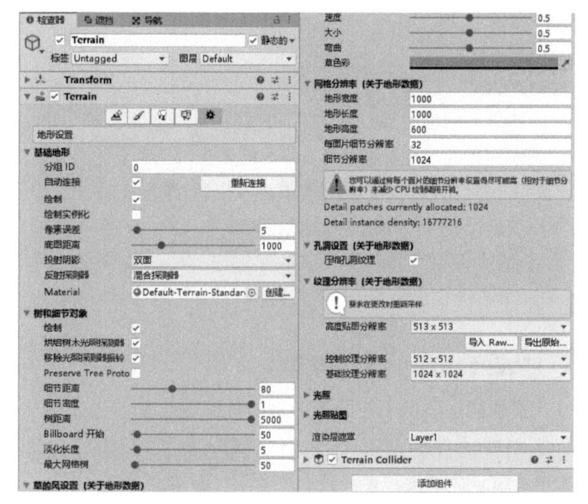

图2-56

重要参数介绍

像素误差：贴图与生成地形之间映射的精度，数值越大，精度越低，渲染成本越低。

投射阴影：是否接收阴影。

绘制：是否绘制树木、草和细节等内容。

树距离：超过指定距离外的树不会被显示。

速度：风吹草的速度。

地形宽度：地形的宽。

地形长度：地形的长。

地形高度：地形的高。

2.使用地形刷

当地形的基本参数设置完成后，就可以继续在地形中绘制高山、低谷等内容。单击工具栏中的“绘制地形”按钮即可切换到地形编辑界面，展开其下拉列表，其中包含了不同功能的画笔，如图2-57所示。

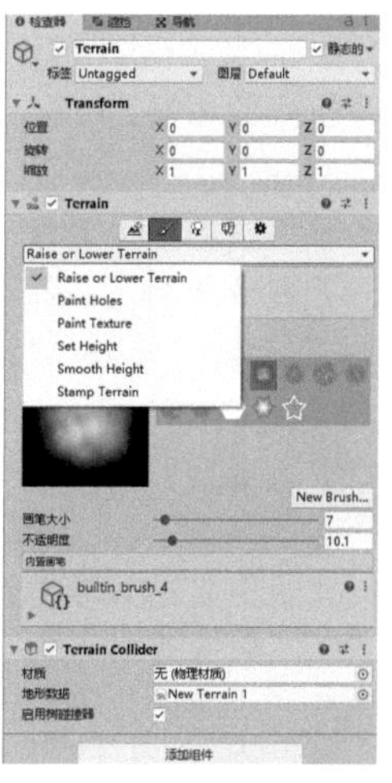

图2-57

Raise or Lower Terrain（抬高或降低地形）

该功能主要用于对地形进行抬高和降低。先选择一个笔刷样式并确定其大小，然后在场景视图中的地形上进行单击，可一定程度地抬高地形；在单击的同时按住Shift键可降低地形。按住鼠标左键不放并在地形表面进行移动，可以将移动后的表面进行抬高，如图2-58所示。如果希望降低抬高的速度，那么可以降低笔刷的不透明度。

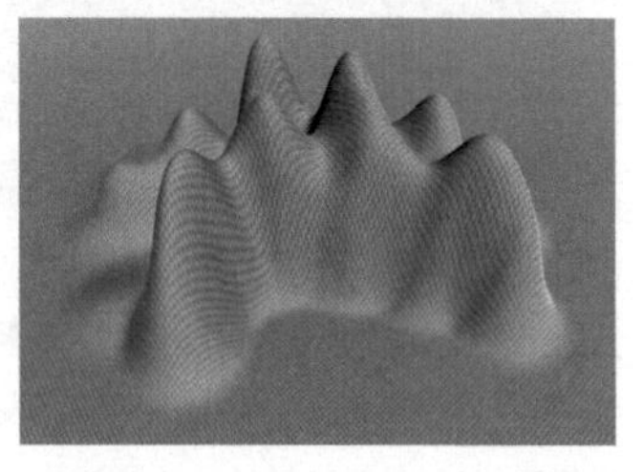

图2-58

技巧提示

这里可能会发现一个现象，抬高的地形是可以降低的，但是没有抬高的地形（平面）却不能降低，这就涉及了地形的高度问题。系统默认的地形高度为0，而最低高度也是0，所以我们不能在平面中降低地形，需要先将地形的整体高度抬高，再局部调节地形。关于如何整体抬高地形，需要使用Set Height（设置高度）画笔工具，后面会对其进行讲解。

Paint Holes（绘制坑洞）

该功能主要用于在地形中进行坑洞的绘制。先选择一个笔刷样式并确定其大小，然后在场景视图中的地形上进行单击，可以看到绘制区域的地形网格已经被遮罩删除，如图2-59所示。

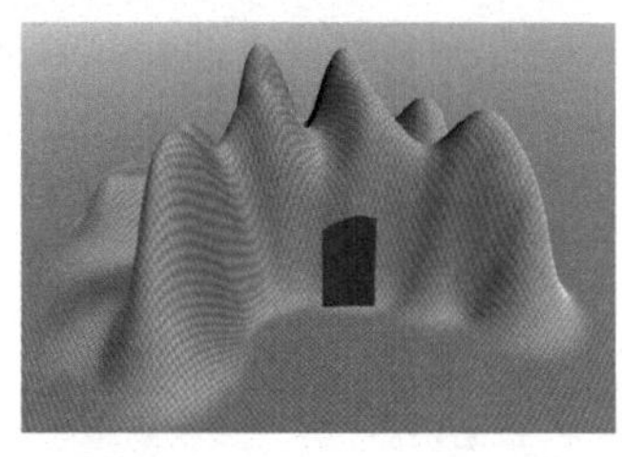

图2-59

Paint Texture（绘制纹理）

该功能主要用于对地形进行纹理的绘制。在绘制纹理之前，需要先添加不同样式的图层，如草皮、沙石图层等，激活图层后，才可以在地形上进行绘制，如图2-60所示。

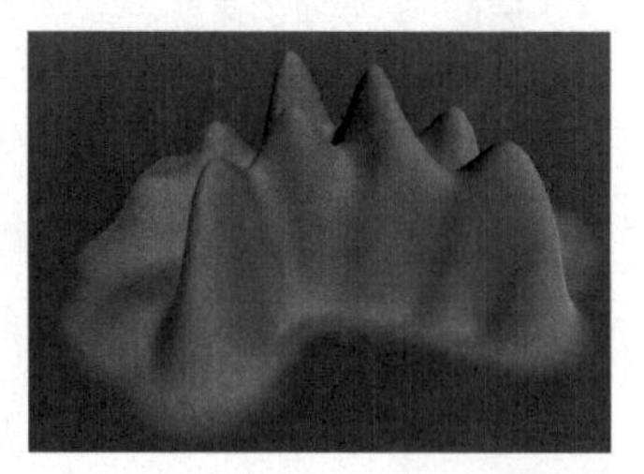

图2-60

技术专题：绘制纹理

先添加图层，再绘制纹理。图层的创建方式很简单，单击"编辑地形层"按钮（编辑地形层...），在弹出的菜单中选择Create Layer（创建层）选项进行图层的创建，如图2-61所示。当然，也可以执行删除图层等操作。

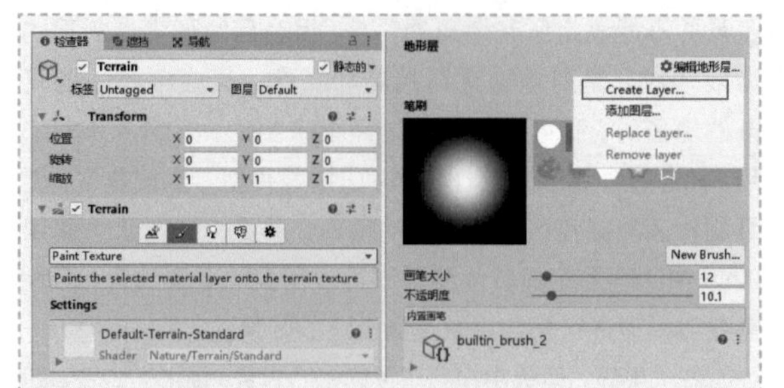

图2-61

在弹出的新面板中双击地面纹理即可创建一个该纹理样式的图层，这里选择GrassHillAlbedo纹理，如图2-62所示。草皮图层创建完成后，可以看到Unity会将第一个纹理作为默认纹理对地形进行绘制，如图2-63所示。

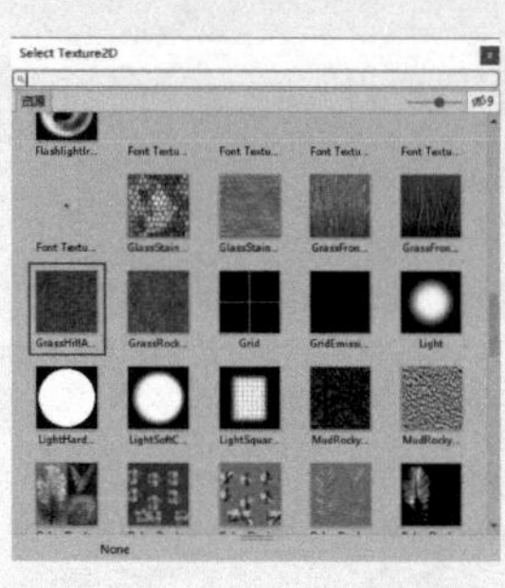

图2-62

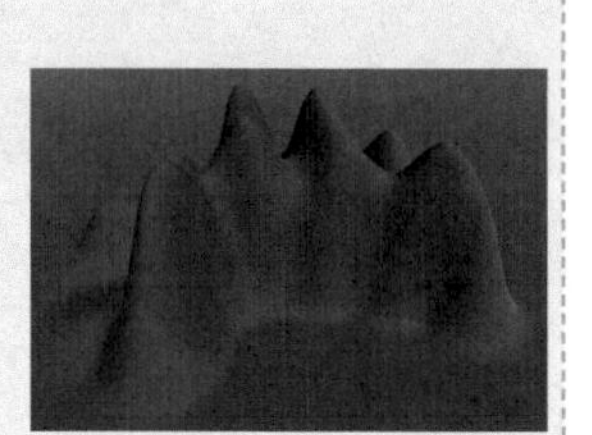

图2-63

按照同样的方法创建一个新的图层，并选择SandAlbedo纹理，然后在"地形层"一栏中选择创建的沙石图层，如图2-64所示。调节笔刷的样式和大小，即可在地面上进行纹理的绘制，如图2-65所示。

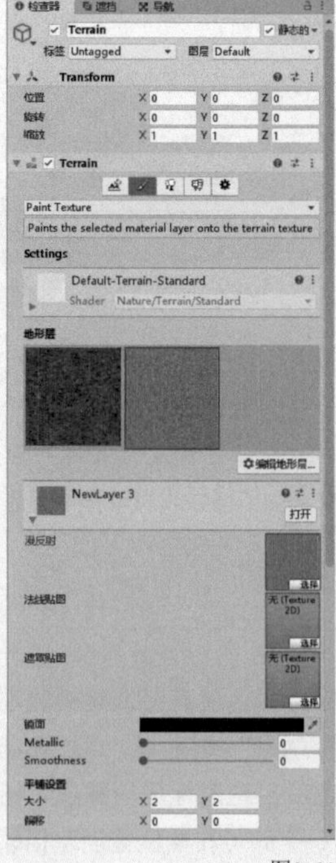

图2-64

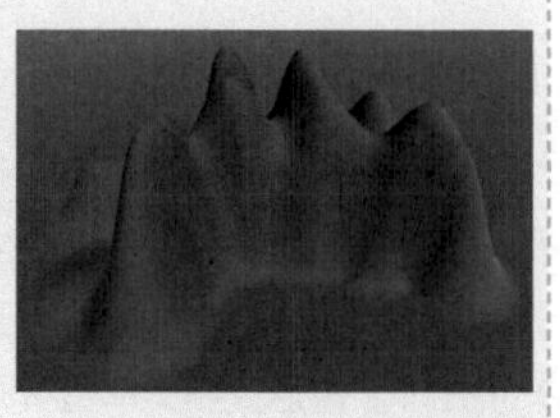

图2-65

Set Height（设置高度）

该功能主要用于调整地形高度。将地形抬高到一定的高度后，我们可以在地面上对地形进行降低操作，以此来制作一些河道、悬崖等场景，如图2-66所示。

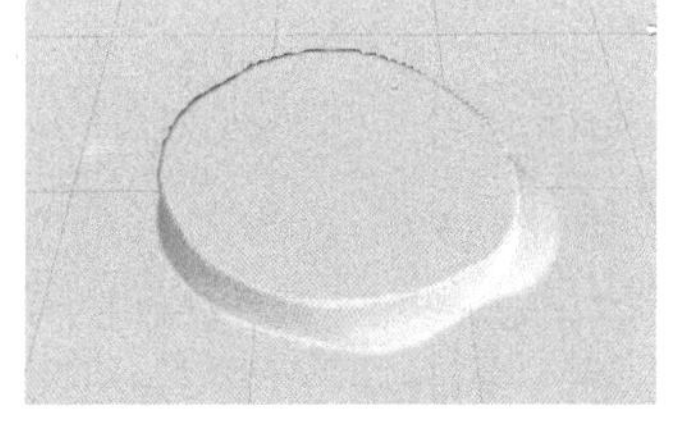

图2-66

技术专题：抬高地面

先在“检查器”面板中设置一个地形高度或按住Shift键单击地形上的某个位置，以获取该位置的高度，接下来单击“展平瓦片”按钮展平瓦片即可将该高度应用于当前地形，如图2-67所示。

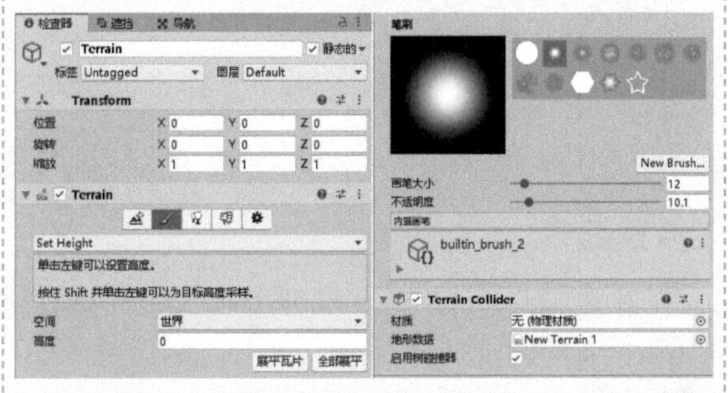

图2-67

如果有相邻地形，那么单击“全部展平”按钮全部展平即可将相邻地形也设置为同样的高度。

Smooth Height（平滑处理）

该功能主要用于对地形进行平滑处理。将鼠标指针移动到地形中的棱角部分，然后进行左右涂抹，即可看到棱角被平滑处理，如图2-68所示。

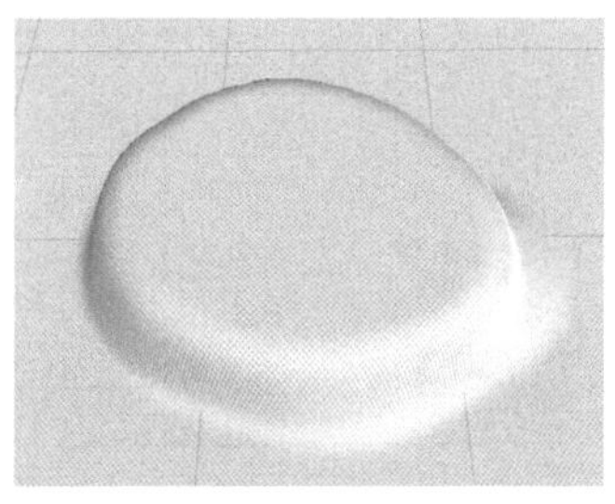

图2-68

Stamp Terrain（图章操作）

该功能主要用于对地形进行图章操作。先选择好笔刷样式和图章高度，然后在地形上选择合适的位置并进行单击，即可创建一个该样式的图章，如图2-69所示。

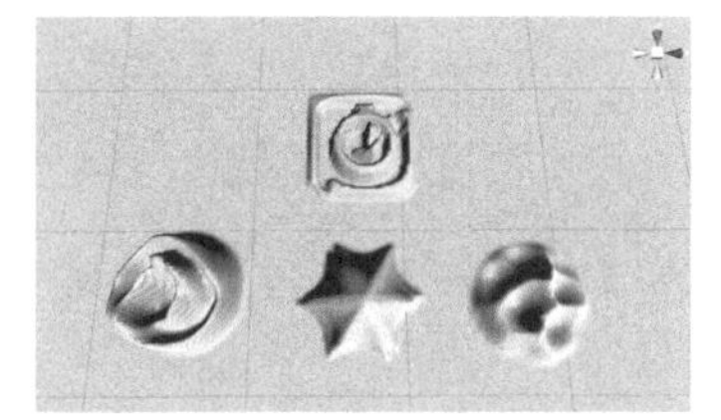

图2-69

技巧提示

“最大值<-->添加”滑动条用于在添加高度与最大值之间混合。除此之外，还可以单击New Brush按钮New Brush...添加新的笔刷样式，如图2-70所示。添加方法与之前添加纹理图层的方法一致，这里不赘述。

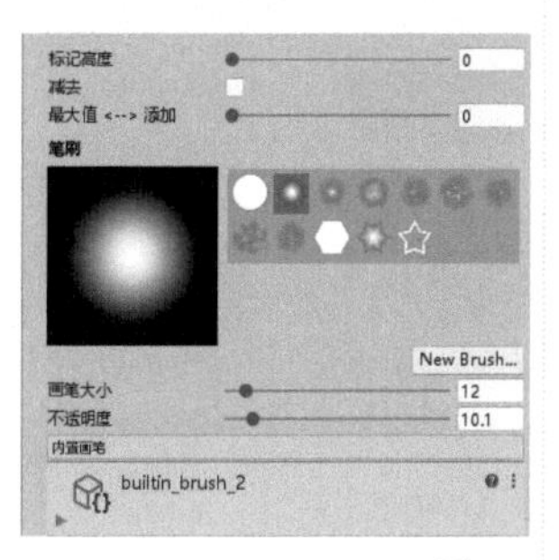

图2-70

2.3.2 树木

制作地形是搭建3D场景的第一步，制作了地形后，就需要在地形上添加一些树木，使场景看起来更加真实。单击地形工具栏中的“绘制树”按钮即可切换到树木编辑界面。

1.添加树木

添加树木的方式与添加地面纹理的方式相似，但是增加了一些与树木相关的属性。单击“编辑树”按钮编辑树...，在弹出的菜单中选择Add Tree（添加树）选项，如图2-71所示，即可在弹出的Add Tree对话框中查找并应用树模型。

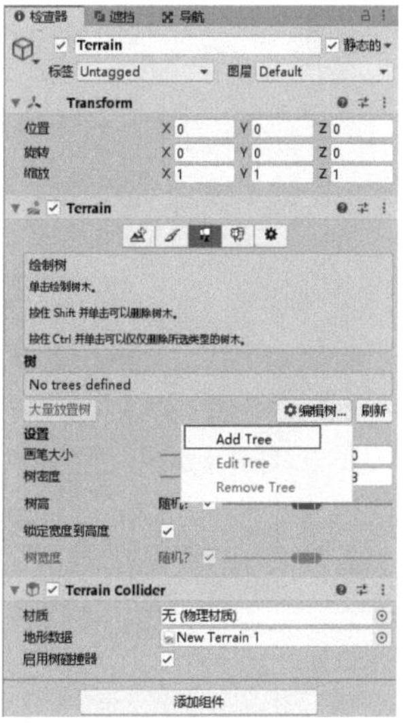

图2-71

重要参数介绍

树高：通过复选框和滑动条控制树的高度。勾选复选框，在滑动条中可以设置高度的范围，树则在这个范围内随机选择一个数值作为高度；如果没有勾选复选框，那么就只能选择固定的高度。

树密度：控制树的密度。

树宽度：控制树的宽度。该属性不能被修改，取消勾选“锁定宽度到高度”选项，即可单独设定宽度。

在弹出的Add Tree对话框中单击“选择”按钮，在弹出的面板中选择树模型，如图2-72所示。当然我们也可以直接在“项目”面板中选择模型并拖曳到Tree Prefab（树木预制件）选项框中。

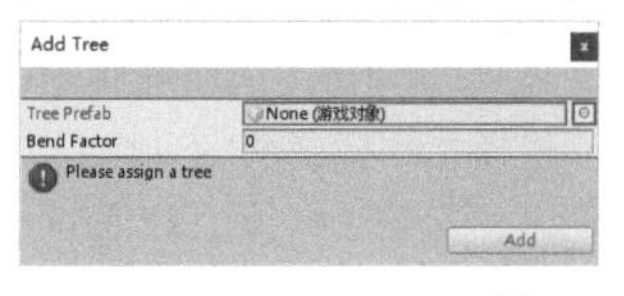

图2-72

重要参数介绍

Bend Factor（树木弯曲因子）：该参数会受风力的影响。

技巧提示

前面提到过，Unity中的“选择”按钮代表可以打开选择面板，而通过“选择”按钮左侧的选项框可直接应用相应内容，即将“项目”面板中的对象拖入选项框中，操作方式将更为便捷。

2.放置树木

树模型添加完成后，接下来使用该树木在地形上绘制图案。与绘制纹理的方法类似，在“树”一栏中选择想要放置的树木，如图2-73所示。然后在场景视图中进行单击即可完成树木的放置，如图2-74所示。

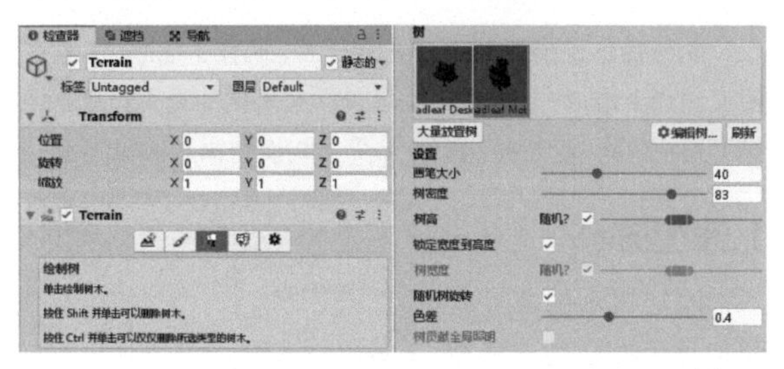

图2-73

图2-74

2.3.3 草细节

除了地形和树木外，为地表添加细节也是制作地形的必要操作，添加一些花、草可让地表更加生动、逼真。单击地形工具栏中的“绘制细节”按钮即可切换到草细节编辑界面。

1.添加细节

添加游戏场景中的花、草等细节的操作与添加树木的操作类似，单击“编辑细节”按钮，在弹出的菜单中选择Add Grass Texture（添加草纹理）选项，如图2-75所示，即可在弹出的Add Grass Texture对话框中查找并应用草模型。

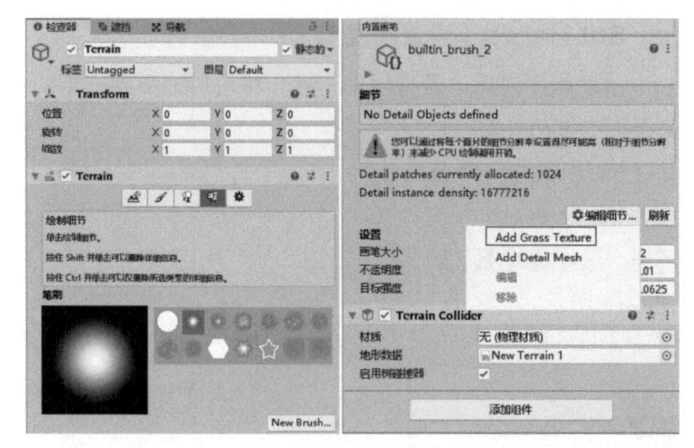

图2-75

在Add Grass Texture对话框中添加细节时，还可以设定细节的宽、高、颜色等属性，最后单击Add（添加）按钮 Add ，如图2-76所示。

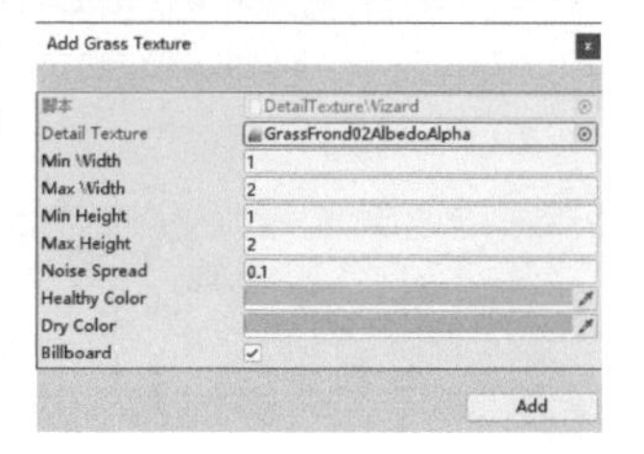

图2-76

2.放置细节

草细节添加完成后，接下来使用该细节在地形上绘制图案。与绘制树的方法类似，在“细节”一栏中选择想要放置的细节，如图2-77所示。然后在场景视图中进行单击即可完成细节的放置，如图2-78所示。

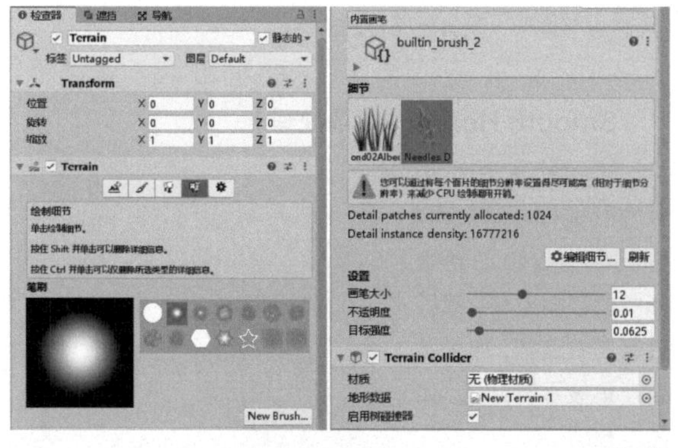

图2-77

图2-78

2.3.4 水效果

水效果是以预制件的形式存在于从商店中导入的Standard Assets资源中，该效果需在地面模型中通过降低部分地面来存放水效果。水效果预制件文件存放在“项目”面板中的3个文件夹中，如图2-79所示。选择其中一个水效果并将其拖曳到场景视图的相应位置，运行游戏即可看到动态的水效果，如图2-80所示。

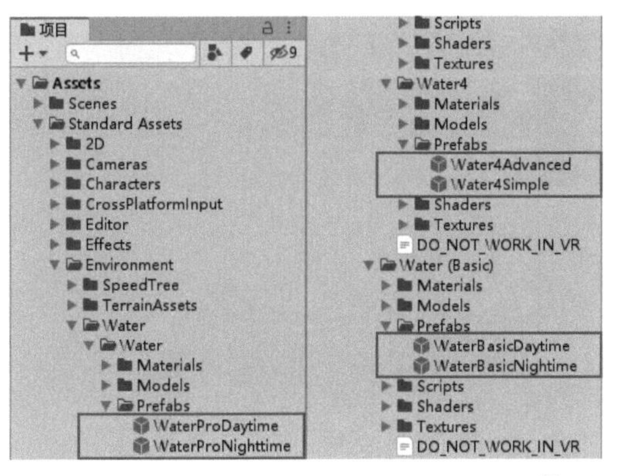

图2-79

图2-80

技巧提示

这里第一次使用了预制件，预制件可以理解为文件化的游戏物体，在后面的章节中会具体讲解预制件的创建和使用。

2.4 综合案例：打造野外风景

素材位置　无
实例位置　实例文件>CH02>综合案例：打造野外风景
难易指数　★★☆☆☆
学习目标　掌握地形工具的使用方法，了解3D世界

本例将实现游戏地形的处理，效果如图2-81所示。

图2-81

2.4.1 游戏描述

在制作游戏之前，了解游戏的玩法有助于掌握技术点的使用方法并理解游戏的制作逻辑。

1. 玩法介绍

该地形是一处野外场景，包含悬崖、高山、山谷和河流，整个游戏世界山清水秀，可控制角色预览山中的风景。

2.实现路径

01 创建并抬高地形。

02 绘制草皮和沙石。

03 添加草和水。

04 导入角色并完成预览。

> **技巧提示**
>
> 本例使用“实例：导入商店资源”导入的Standard Assets完成案例的制作。

2.4.2 创建地形

01 在“层级”面板中执行“创建>3D对象>地形”命令，在场景中创建一个地形，如图2-82所示。

图2-82

02 选择创建的地形，然后在“检查器”面板中单击“绘制地形”按钮，并展开其下拉列表选择Set Height画笔，接着设置地形的“高度”为10；单击“展平瓦片”按钮展平瓦片，将整体地形抬高，如图2-83所示，效果如图2-84所示。

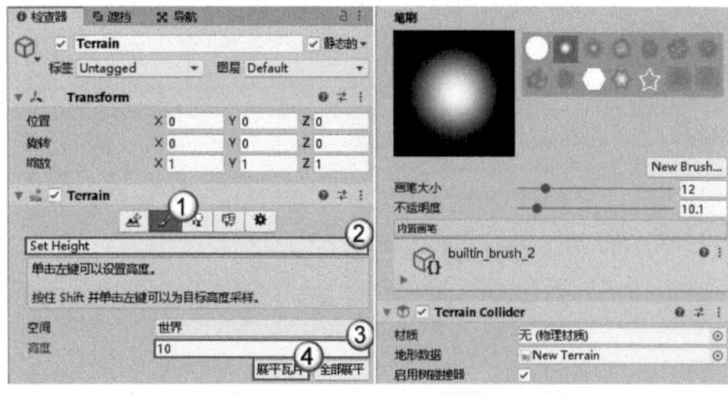

图2-83

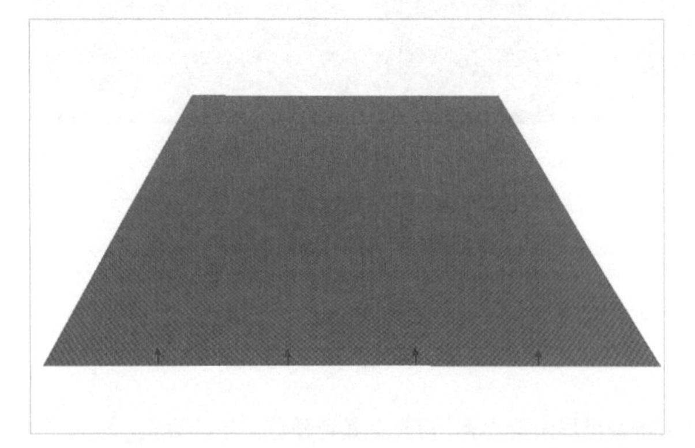

图2-84

03 选择Raise or Lower Terrain画笔，然后在“笔刷”一栏中选择builtin_brush_2，如图2-85所示。返回场景视图，在地形上绘制图2-86所示的高山。

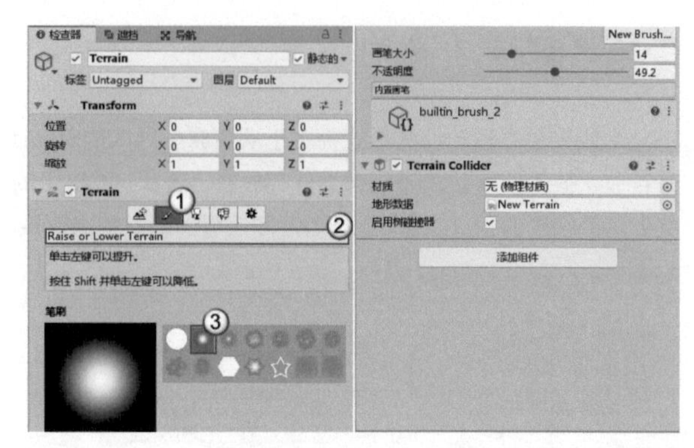

图2-85

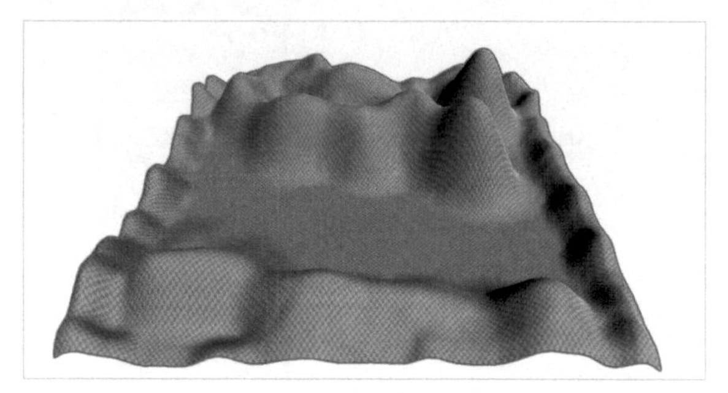

图2-86

04 按住Shift键与鼠标左键，然后平稳地在平地上绘制出一条河流，绘制完成后松开鼠标左键，效果如图2-87所示。

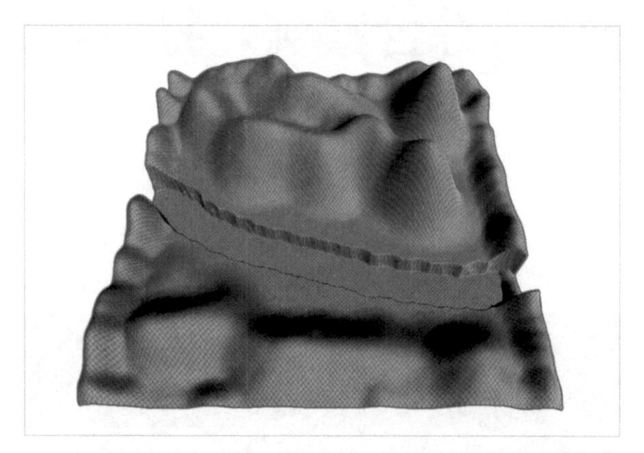

图2-87

05 选择Smooth Height画笔，然后在“笔刷”一栏中选择builtin_brush_1对河道边缘进行平滑处理，如图2-88所示。对河道边缘的锐利部分进行擦拭后的效果如图2-89所示。

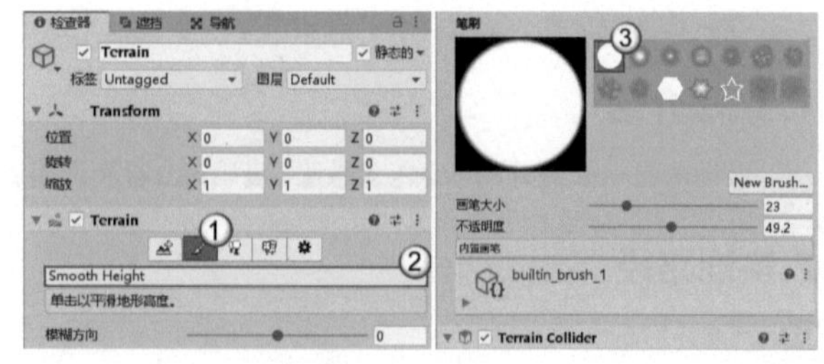

图2-88

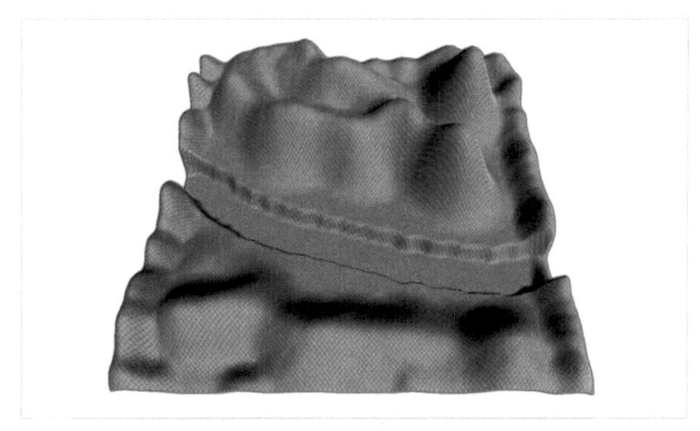

图2-89

2.4.3 绘制地表

01 选择Paint Texture画笔，然后单击“编辑地形层”按钮 编辑地形层... ，在弹出的菜单中选择Create Layer来创建一个地形层，如图2-90所示。接着在弹出的对话框中查找并应用GrassHillAlbedo纹理。添加完成后，地表已经被该纹理覆盖，效果如图2-91所示。

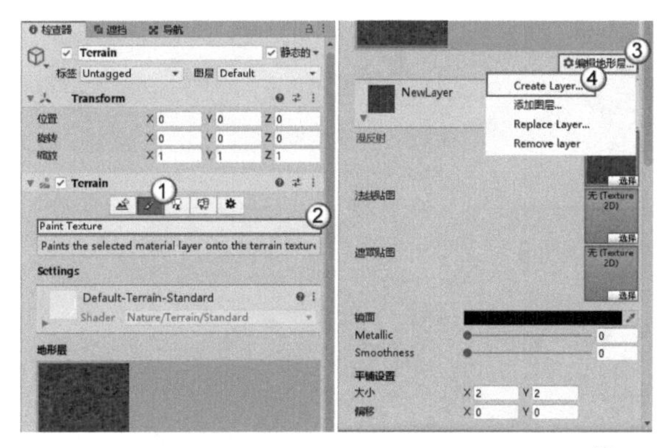

图2-90

图2-91

02 按照同样的方式添加SandAlbedo纹理，如图2-92所示。选择新添加的纹理，并在河道上进行绘制，效果如图2-93所示。

图2-92

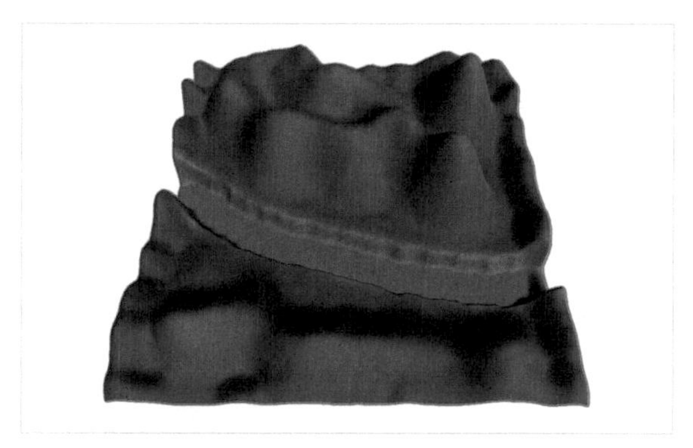

图2-93

2.4.4 添加植被和河流

01 将“项目”面板中的Standard Assets/Environment/Water/Water/Prefabs/WaterProDaytime预制件拖曳到河道中，如图2-94所示。

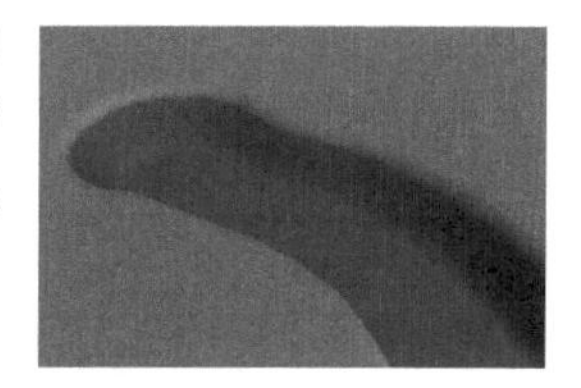

图2-94

02 单击工具栏中的“绘制细节”按钮，然后单击“编辑细节”按钮 编辑细节... ，在弹出的菜单中选择Add Grass Texture选项，接着在弹出的对话框中选择Detail Texture（细节纹理）为GrassFrond02AlbedoAlpha，如图2-95所示。返回场景视图，在地形上绘制花草，如图2-96所示。

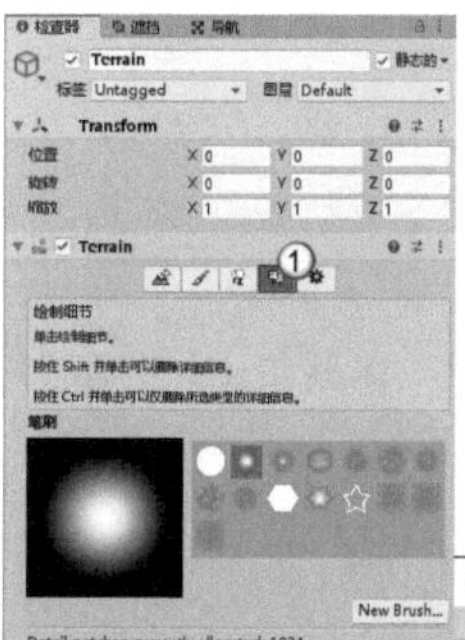

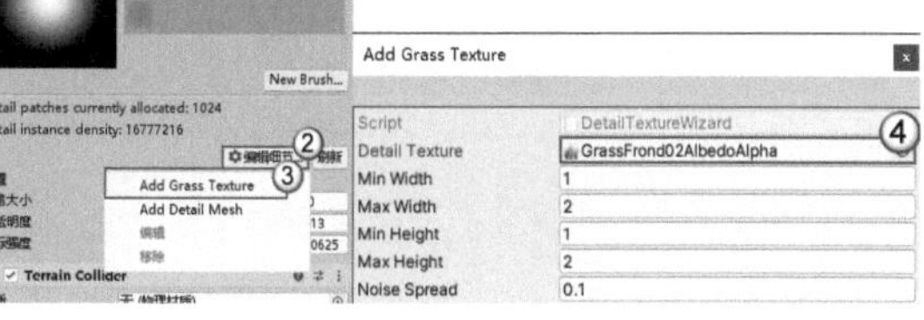

图2-95

图2-96

03 单击工具栏中的“绘制树”按钮，然后单击“编辑树”按钮，在弹出的菜单中选择Add Tree选项，接着在弹出的对话框中选择任意一个树模型，如图2-97所示。返回场景视图，在地形上绘制树木，如图2-98所示。

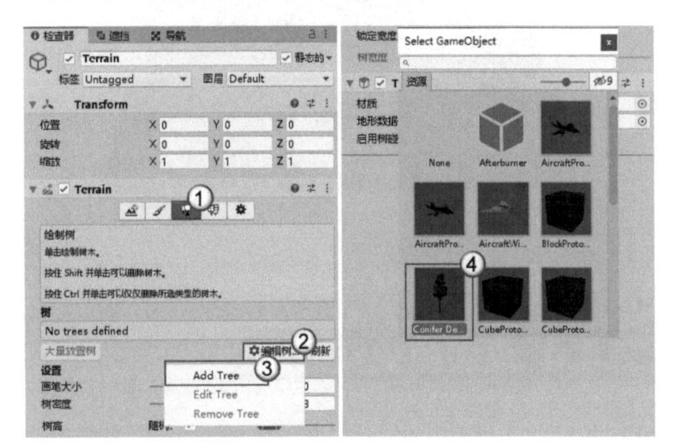

图2-97

图2-98

2.4.5 角色预览

01 将“项目”面板中的Standard Assets/Characters/FirstPersonCharacter/Prefabs/RigidBodyFPSController预制件拖曳到场景中，该预制件为一个第一人称的角色控制物体，如图2-99所示。

图2-99

02 开始运行游戏，游戏的运行情况如图2-100所示。

预览效果，使用鼠标控制转向

按方向键控制移动，按空格键进行跳跃

图2-100

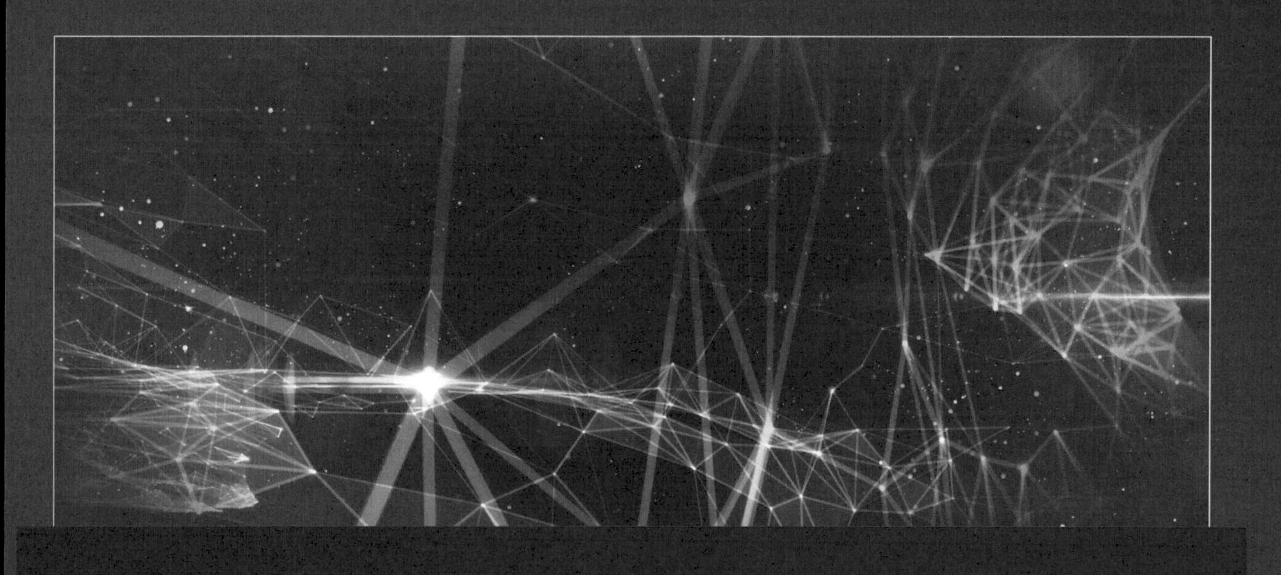

第3章 游戏脚本基础

■ 学习目的

Unity 作为一款较为完善的游戏引擎，封装了很多复杂的游戏编程逻辑，能让用户轻松体验到开发游戏的乐趣。除此之外，其面向组件的开发功能也让游戏编程进入了另一种思维领域。本章将学习 Unity 的核心部分，即常用的 API 接口和组件的编程，同时也会学习一些在游戏编程之前必须掌握的数学知识。

■ 主要内容

- 组件的使用
- 组件脚本的生命周期
- 向量的计算与使用
- 预制件的使用
- 常用API的使用
- 输入控制的使用

3.1 第一个组件脚本

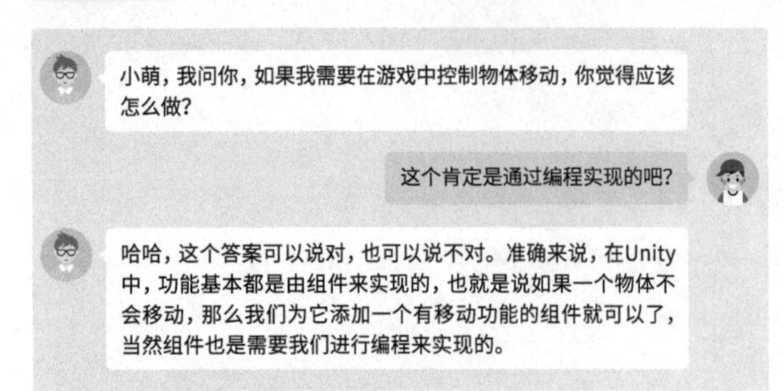

3.1.1 什么是组件

在Unity中，游戏物体是不具备任何功能的，如果想要为其添加功能，那么就需要为它添加该功能的组件，而每一个组件其实就是一个引擎内部的组件脚本或是由自己编写的组件脚本。也就是说，一个游戏物体（Game Object）会包含多个组件（Component），每一个组件又是一个组件脚本。本书选择使用C#语言来编写脚本。

技巧提示

组件是Unity中的重要组成部分，是Unity的灵魂所在，只有掌握了组件的使用和编程方法，才能更好地驾驭Unity。

下面通过一个例子来说明怎样创建一个自己需要的游戏物体。假设在游戏场景中有一个立方体，它需要表示它在游戏世界中的位置、旋转和缩放信息，同时会不停地进行自转，并受到重力的影响而下落。此外当玩家按空格键时，它会立刻停止旋转和下落。当然，若要满足这些功能，就需要先创建一个立方体，创建完成后你会发现在立方体的“检查器”面板中已经包含了Transform（转换）组件、Mesh Filter组件、Mesh Renderer组件和Box Collider（盒状碰撞器）组件等，如图3-1所示。

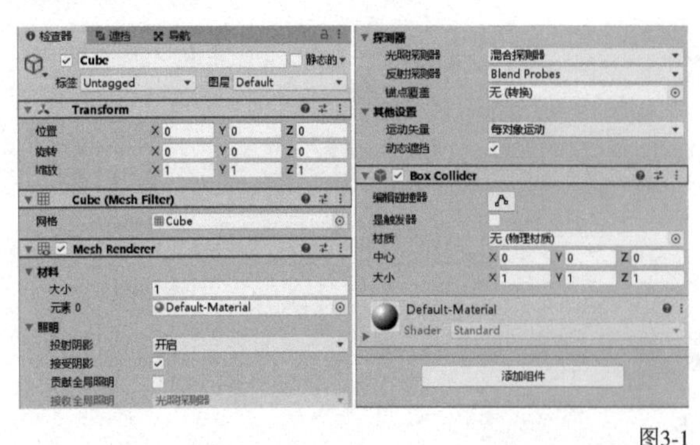

图3-1

重要参数介绍

Transform：描述了一个物体在3D世界中的位置、旋转和缩放信息。它是每一个游戏物体都具有的组件，也是不能被删掉的必备组件。

Mesh Filter：规定了该物体使用哪个网格显示。

Mesh Renderer：包含了该物体与渲染相关的属性。

Box Collider：设定了该物体在物理世界中的碰撞样式及大小。

我们现在已经知道，若要满足上述功能，需要给立方体添加自动旋转组件、物理组件和控制组件。Unity已经为我们提供了物理组件，并没有提供剩下的两个组件。那么接下来就需要我们来编写这两个功能的组件脚本，以丰富立方体的功能，编辑思路如图3-2所示。

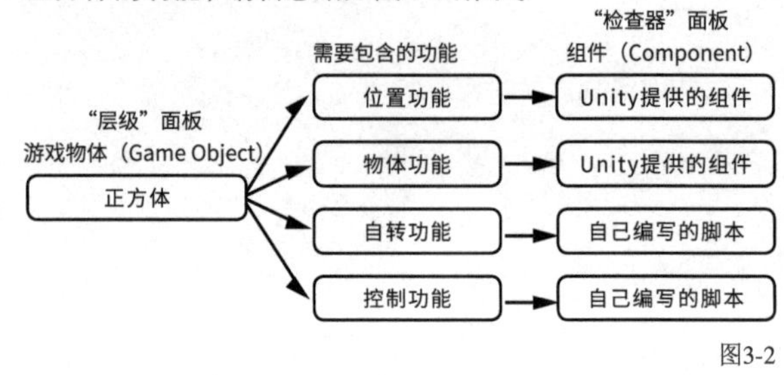

图3-2

3.1.2 组件脚本的创建

组件脚本的创建很简单，在“项目”面板中执行“创建>C#脚本”命令即可创建一个脚本，脚本的名称为MyComponent，如图3-3所示。

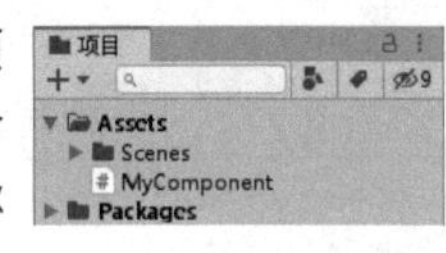

图3-3

双击“项目”面板中的MyComponent脚本文件，可以看到该脚本的脚本代码如下。

```
using System.Collections;
using System.Collections.Generic;
using UnityEngine;

public class MyComponent: MonoBehaviour
{
    // Start is called before the first frame update
    void Start()
    {

    }

    // Update is called once per frame
    void Update()
    {

    }
}
```

在该脚本代码中，可以看到它自动生成了一个与文件名相同的类。如果我们需要对该文件进行重命名，那么也需要在文件内部对类进行重命名，以保证名称的一致性。同时也可以发现，脚本中的MyComponent类是继承自MonoBehaviour类的，只要继承自MonoBehaviour类，那么该类就是一个组件类。如果删掉父类或修改父类为其他类，那么这个脚本就是一个普通的C#脚本而非组件脚本。

技巧提示

一定要注意，不是所有的C#脚本都是组件，只有继承了Mono Behaviour类的C#脚本才是一个组件脚本。

3.1.3 组件的使用

在使用组件编程之前，要先学会组件的基本使用方法，如对组件进行添加、移除等操作。

1. 添加组件

添加组件的方式非常简单，有以下两种。

第1种方式是添加自己编写的组件。在“项目”面板中执行“创建>C#脚本”命令创建一个脚本，创建的脚本就会在“项目”面板中显示出来。默认脚本的名称为NewBehabiourScript，可直接将其拖曳到游戏物体的“检查器”面板中，如图3-4所示；也可将其拖曳到“层级”面板中的对象上，如图3-5所示；还可将其拖曳到场景视图中的游戏物体上，如图3-6所示。这些操作都可以为游戏物体完成脚本组件的添加。

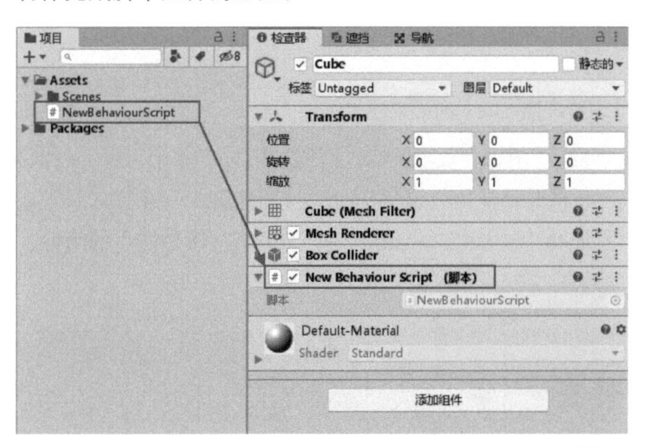

图3-4

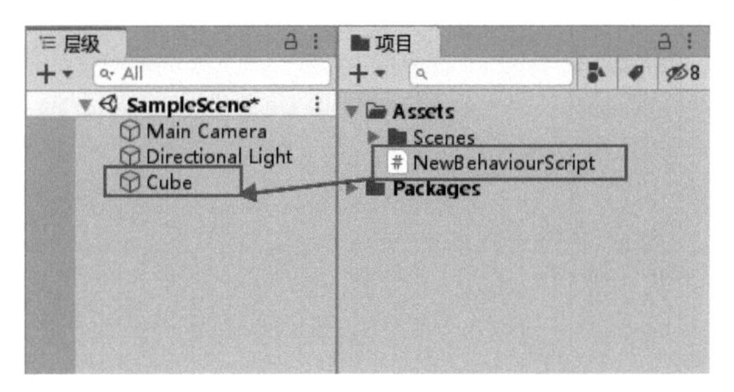

图3-5

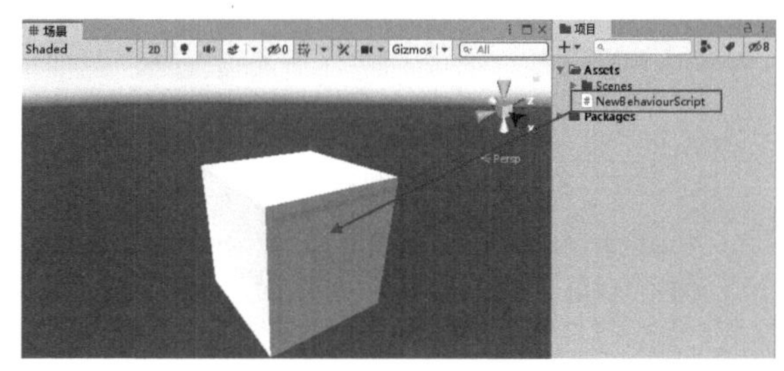

图3-6

第2种方式是添加Unity内置的组件。选择需要添加组件的游戏物体，然后单击“组件”菜单，接着选择需要添加的组件，如图3-7所示。

图3-7

除此之外，选择需要添加组件的游戏物体，然后单击“检查器”面板下方的“添加组件”按钮 添加组件 ，在弹出的菜单中也可以选择需要添加的组件。当然，在搜索框中输入组件名称来搜索组件，这种方式操作起来更加方便，如图3-8所示。

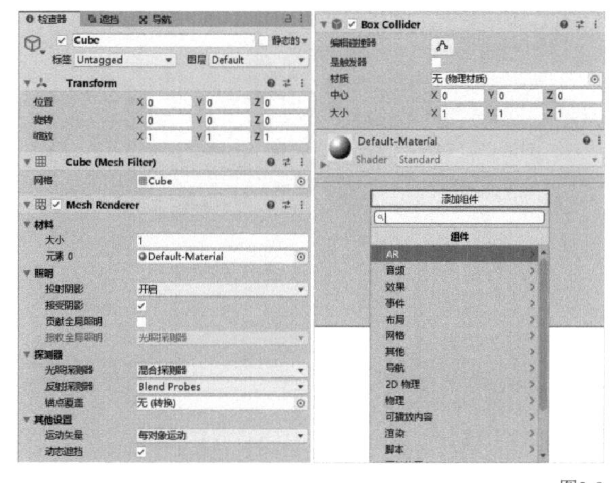

图3-8

2. 组件的其他操作

选择游戏物体，在其任意组件的右上角都可以看到“更多”按钮 ⋮ ，单击该按钮即可弹出该组件的其他操作，如调整该组件在“检查器”面板中的位置（向上移动或向下移动）、移除组件和复制组件等，如图3-9所示。

图3-9

技术专题：区分两种粘贴组件的方式

图3-9中显示有一个复制和两个粘贴选项，这里重点区分两种粘贴组件的方式，在场景中创建两个立方体，如图3-10所示。

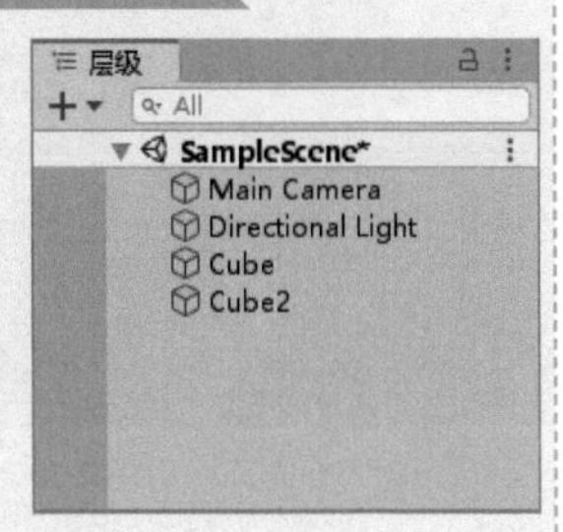

图3-10

为了区分两个立方体的碰撞器，修改第1个立方体的Box Collider组件的数据信息，并设置“大小”的3个轴均为2，如图3-11所示。然后单击“更多”按钮⁝并选择“复制组件”选项，完成该组件的复制，如图3-12所示。

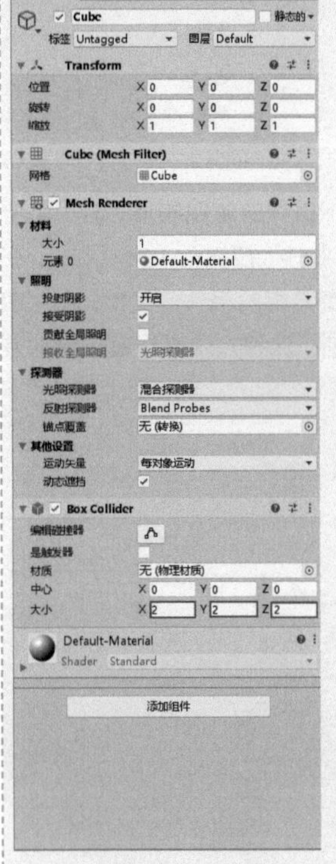

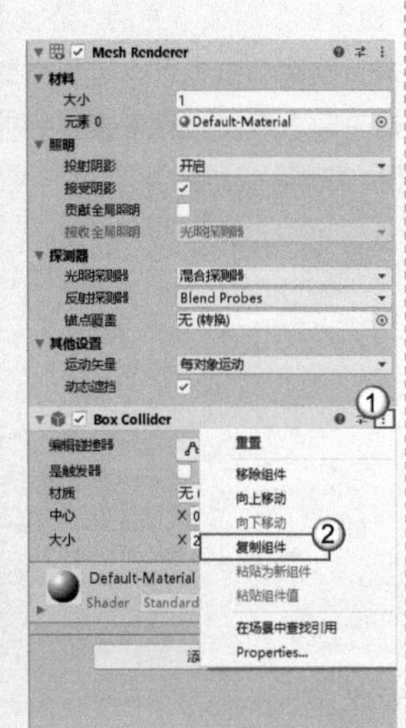

图3-11　　图3-12

按照同样的方式，在第2个立方体的Box Collider组件中单击“更多”按钮⁝并选择“粘贴为新组件”选项，即会发现系统自动将复制的第1个立方体的Box Collider组件进行粘贴，如图3-13所示。也就是说，这个操作对第2个立方体的碰撞器没有产生任何影响，第2个立方体上拥有了两个碰撞器组件。

在第2个Box Collider组件中单击“更多”按钮⁝并选择“粘贴组件值”选项，可以看到第2个立方体上并没有新增复制的组件，而是仅仅将复制的组件的数值粘贴到了该组件上，如图3-14所示。在以后的使用过程中，使用哪种粘贴方式要视情况而定。

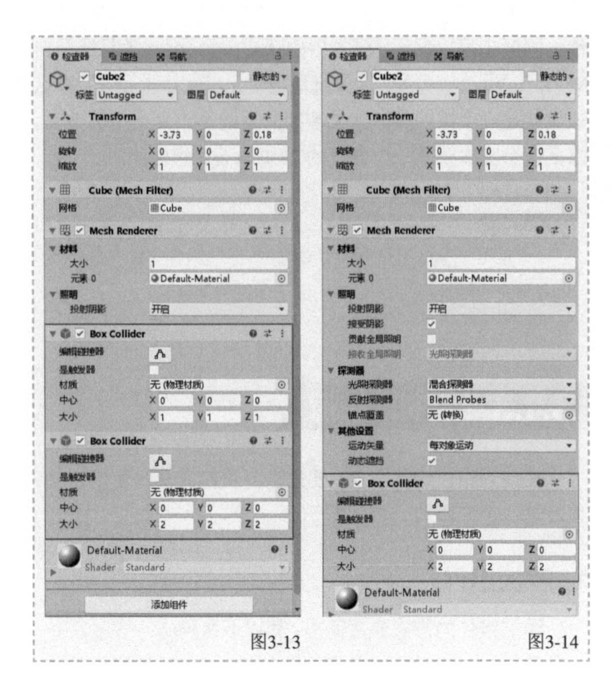

图3-13　　图3-14

3.1.4 脚本的生命周期

生命周期就是组件在运行时的整个生命时间，生命周期方法就是在这个生命周期内被自动调用的方法。你也可以这样想，当编写的脚本挂载到游戏物体上时，这些方法并不需要马上被调用，而是在某一时刻自动调用，这些方法就可以被认为是生命周期方法。

1.常用生命周期方法

在“项目”面板中双击创建的MyComponent脚本，Unity将自动使用Visual Studio打开该脚本。在脚本中可以看到Start方法和Update方法，这两个方法是常用的组件生命周期方法，代码如下。

```
using System.Collections;
using System.Collections.Generic;
using UnityEngine;

public class MyComponent: MonoBehaviour
{
    // Start is called before the first frame update
    void Start()
    {

    }

    // Update is called once per frame
    void Update()
    {

    }
}
```

2.其他生命周期方法

除了Start方法和Update方法，还有一些其他生命周期方法在游戏的开发过程中较为常用，接下来就来看一看这些生命周期方法的调用时间，如表3-1所示。

表3-1

方法名称	调用时间
Awake	最早调用，所以一般可以在此实现单例模式
OnEnable	组件激活后调用，在Awake后会调用一次
Start	在Update之前调用一次，在OnEnable之后调用，可以在此设置一些初始值
FixedUpdate	固定频率调用方法，每次调用与上次调用的时间间隔相同
Update	帧率调用方法，每帧调用一次，每次调用与上次调用的时间间隔不相同
LateUpdate	在Update每调用完一次后，紧跟着调用一次
OnDisable	与OnEnable相反，组件未激活时调用
OnDestroy	被销毁后调用一次

技巧提示

看完上述表格后，读者应该在心里对这些方法有一个大概印象，并在后续的学习过程中逐渐了解并掌握这些方法。

3.1.5 多个脚本的执行顺序

当一个游戏物体挂载了多个脚本时，每一个脚本都会有各自的生命周期方法，这时候就会产生一个问题。举例来说，现在有两个脚本，在第1个脚本的Start方法中设置了一个变量，在第2个脚本的Start方法中要输出这个变量。这时我们有可能会正确地看到变量输出，也可能看不到正确的变量输出，原因就是我们不知道这两个Start方法被调用的先后顺序。如果不希望在程序出现Bug后找不到问题所在，那么在遇到类似的情况后一定要注意顺序问题。

若出现顺序问题，接下来就需要解决顺序问题。执行“编辑>项目设置”菜单命令，打开Project Settings（项目设置）对话框，然后选择“脚本执行顺序”选项，在“脚本执行顺序”设置界面中单击“创建”按钮+添加需要调整顺序的脚本，然后通过拖曳来设定脚本的正确执行顺序，如图3-15所示。

图3-15

技巧提示

除此之外，在“项目”面板中单击任意一个脚本，然后在“检查器”面板的右上角单击Execution Order按钮Execution Order...，也可以打开“脚本执行顺序”设置界面。

3.2 游戏物体

终于理解物体和组件的关系了，那么一款游戏是不是就是由很多个不同的物体组成的呢？

准确来说一款游戏通常由多个场景组成，而每一个场景都是由无数个游戏物体组成的。接下来我们来看一看游戏物体的基本属性和设置吧。

3.2.1 物体名称和激活状态

每一个游戏物体都有属于自己的名称，通过名称我们可以很方便地识别对应的游戏物体并进行管理。同时每一个物体都有激活状态，当物体设置为非激活状态后，物体就会在场景中隐藏起来。

1.修改名称

创建任意一个游戏物体，该物体不仅会显示在场景视图中，还会显示在“层级”面板中。如果想对其名称进行修改，那么有以下两种方法。

第1种方法，在“层级”面板中选择要修改名称的游戏物体，然后稍微停顿一下，再次进行单击即可对其名称进行修改，如图3-16所示。

图3-16

技巧提示

如果选择物体并快速进行双击，该操作不是为物体重命名，而是在场景视图中将物体居中显示。

第2种方法，在“层级”面板中选择要修改名称的游戏物体，然后在“检查器”面板中对物体的名称进行修改，如图3-17所示。

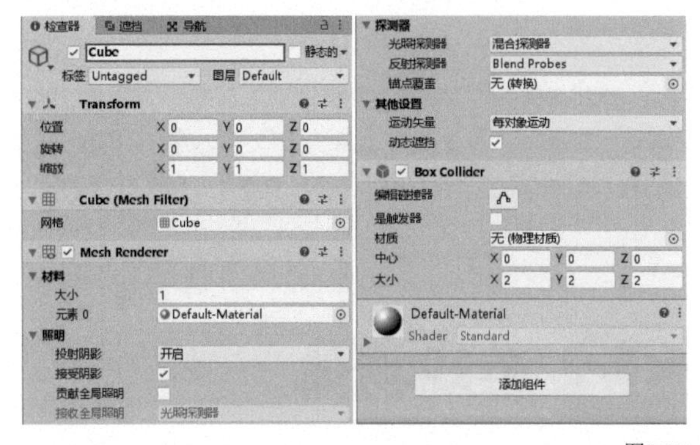

图3-17

2.激活状态

物体创建成功后，可在“检查器”面板中的物体名称左侧看到一个复选框，这个复选框用于确定物体的激活状态，默认创建的物体都是已激活状态，如图3-18所示。

图3-18

非激活状态如图3-19所示，该物体就会在场景视图中隐藏起来，同时在“层级”面板中显示为浅灰色，表示不可被选择，如图3-20所示。

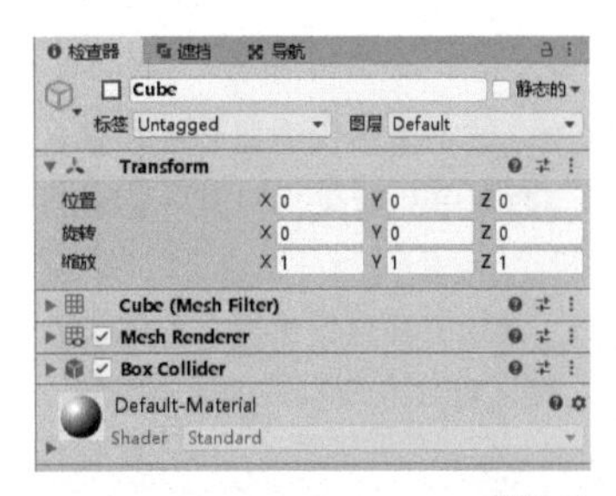

图3-19

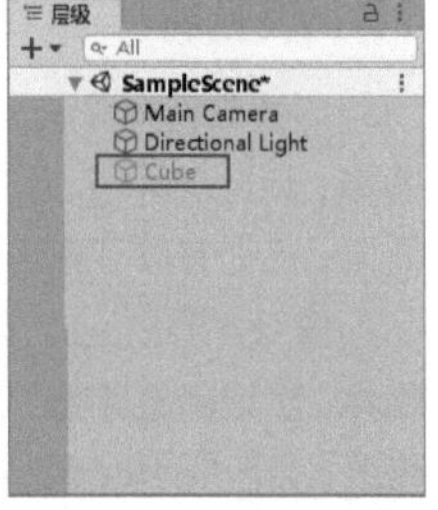

图3-20

3.2.2 给物体设定一个标签

信息化时代，很多人会有一部甚至多部手机，而每一部手机都会有一个属于该手机的唯一标识码，所以即便是同种款式的手机也可以通过唯一的标识码进行区分。在学校，同学们把水杯统一放到教室后面的桌子上，这时为了方便区分，一般都会在杯子上贴上一个标签，并写上自己的名字，方便进行识别。Unity中的游戏物体使用的也是类似的区分方法，同样的游戏物体可能会在场景中添加数十个，甚至上百个，这时对这些物体进行区分便成了一件非常重要的事情。在Unity中，每一个游戏物体都会包含一个标签（Tag），只要给予不同物体不同的标签，就可以对这些物体进行区分。除此之外，还可以对重要的物体进行标签的设置，在后期只需寻找标签就可以确定哪个物体是当初设定好的重要物体。

1.使用系统标签

标签的设置非常简单，选择需要添加标签的游戏物体，在“检查器”面板中展开“标签”的下拉列表，就可以看到一些系统设定好的标签的名称，选择其中一个进行标签的设置，如图3-21所示。

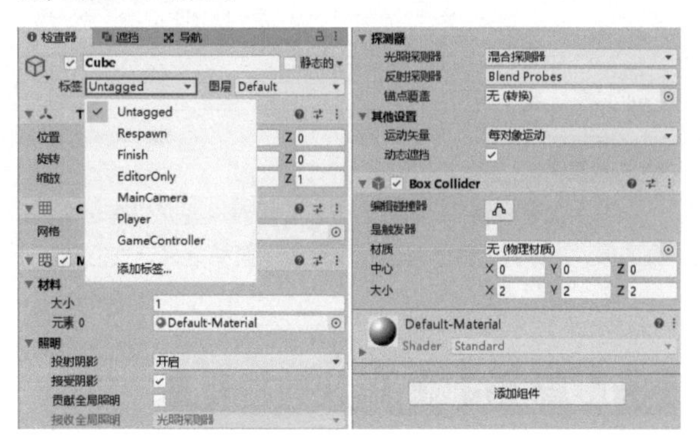

图3-21

2.自己创建标签

除了提供标签名，下拉列表中还提供了“添加标签”选项，可供用户自定义添加标签，如图3-22所示。

图3-22

选择“添加标签”选项即可打开添加标签的界面，单击“创建”按钮 + ，在弹出的面板中输入标签名称，最后单击Save（保存）按钮 Save 即可创建一个自定义标签，如图3-23所示。

重新展开游戏物体的标签设置下拉列表，可以发现自定义标签在下拉列表中显示了出来，单击该标签即可将游戏物体的标签设置为添加的新标签，如图3-24所示。

图3-23

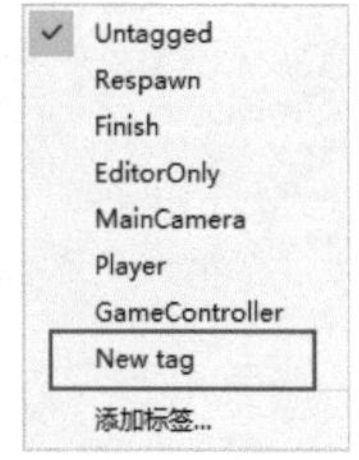

图3-24

3.2.3 给物体设定一个图层

除了添加标签外，还有一种方式也可以进行物体类型的区分，那就是设定图层（Layer）。相对标签，图层更趋向于区分不同种类或特性的物体，如在角色扮演游戏中，为狼添加一个叫作敌人的标签，为主角添加一个叫作玩家的标签，但是我们可以把这两个角色都设置为角色图层。我们在使用时常常会通过标签找到某些特定的物体；而通过图层则可设定属于某个图层的物体是否与其他物体进行碰撞，以及该图层的物体是否需要进行渲染等逻辑操作。

1.使用系统图层

为游戏物体设定图层的方式与设定标签的方式类似，选择游戏物体，在“检查器”面板中展开“图层”的下拉列表，就可以看到一些由系统设定好的图层的名称，选择一个图层进行图层的设定，如图3-25所示。

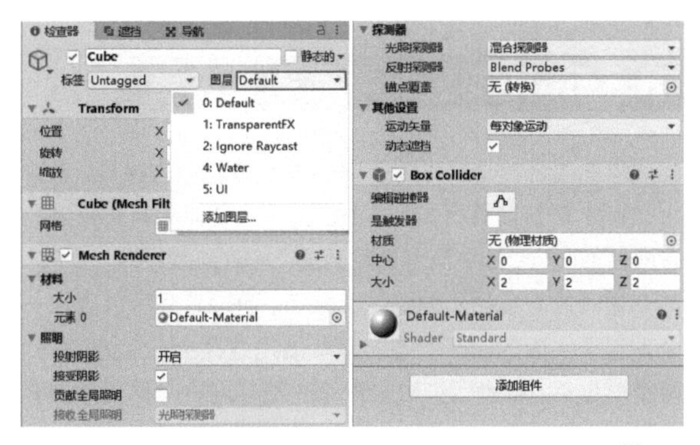

图3-25

2.自己创建图层

图层的创建很简单，在“图层”列表中的输入框中填写图层名称即可创建图层。由于列表中的前8层是系统设置好的图层，因此不能对它们的名称进行更改，只能从第9层开始设置，如图3-26所示。

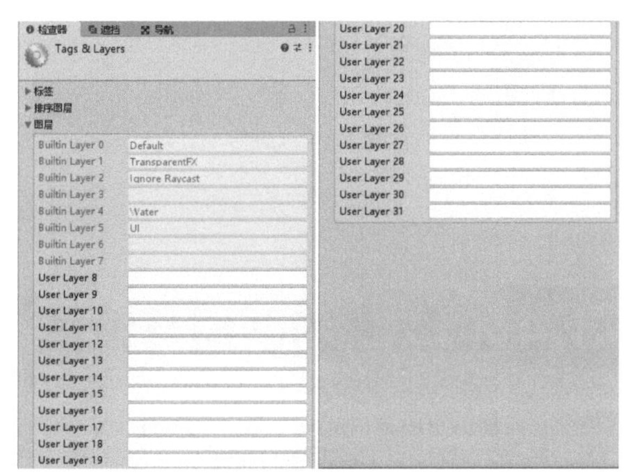

图3-26

技巧提示

图层与标签不同，除了名字，图层还可以用序号索引来表示。由图3-26所示可知，图层最多只能有32个，所以不要添加过多的自定义图层。

3.3 线性代数

据说要制作出一款很棒的游戏少不了应用数学知识，是这样的吗？

没错，虽然Unity已经让游戏的编程变得很简单，但是如果想实现一些特殊的功能和效果或想要对三维世界有更加深入的了解，那么就一定不能缺少数学知识的帮助。尤其是线性代数中的一些基础内容，是学习游戏开发必须要了解的知识。不过不用担心，目前为止并不会用到非常高深的知识，接下来我们就一起来了解线性代数中的标量和向量的相关知识。

3.3.1 标量与向量

在日常生活中，标量的运用非常广泛，那么什么是标量呢？标量就是一个单独的数字，该数字通常表示标量的大小，如温度、路程、体积和时间等。而向量则除了具有大小，还具有方向，如图3-27所示。

本书以$\boldsymbol{a}$的方式来表示a向量，向量的值用（x，y）来表示。如何得知一个向量的值为多少呢？只需要将该向量的尾端与坐标系原点重合，向量头部坐标点的位置就是该向量的值，图3-27所示$\boldsymbol{a}$的值为（1,3）。

如果两个向量的长度和方向相同，即为相等向量。向量的尾端并不一定都在坐标原点上，一般将向量的尾部放在原点只是为了看起来更加方便，图3-28所示的向量均为相等向量。

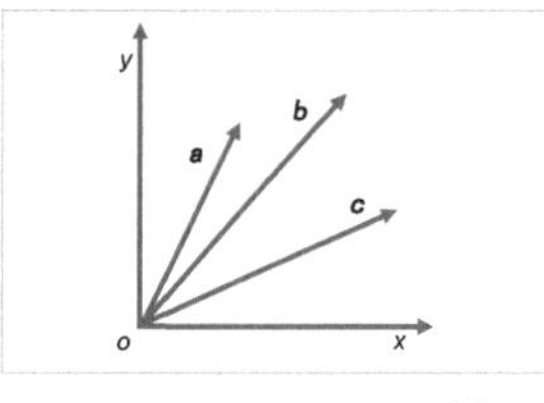

图3-27

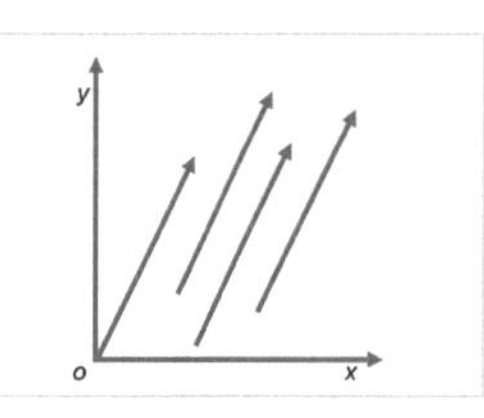

图3-28

向量的模即为向量的长度，是一个实数。它的计算公式非常简单，如果一个向量为（x,y），那么这个向量的模为$\sqrt{x^2+y^2}$。在三维世界中，向量的模为$\sqrt{x^2+y^2+z^2}$。

向量的长度等于1，即向量的模为1，该向量就叫作单位向量。在制作游戏的过程中，有时候只需要知道向量的方向而不需要知道向量的大小，这时候常常会使用单位向量来表示方向。我们把一个向量转化为单位向量的过程叫作单位化或标准化。

3.3.2 向量的加法

向量的加法非常简单，将相加的两个向量所对应的分量相加即可，公式为$a+b=(x_a+x_b, y_a+y_b)$，如$a=(1,2)$，$b=(2,1)$，那么$c=a+b=(1+2,2+1)=(3,3)$。当然，也可以通过图形来表示，如图3-29所示。

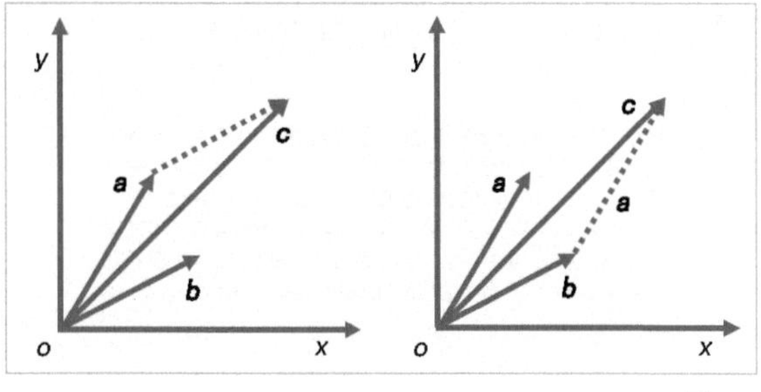

图3-29

计算两个向量相加时，只需将一个向量平移，让该向量的尾部与另一个向量的头部重合，这时候从原点到该向量头部的向量即为相加后的向量。由图3-29所示可知，向量的加法是遵循平行四边形法则的，满足加法的交换律。

3.3.3 向量的减法

向量的减法与加法相反，只需要将两个向量的分量相减即可，公式为$a-b=(x_a-x_b, y_a-y_b)$，如$a=(5,3)$，$b=(2,1)$，那么$c=a-b=(5-2,3-1)=(3,2)$。同样也可以通过图形来表示，如图3-30所示。

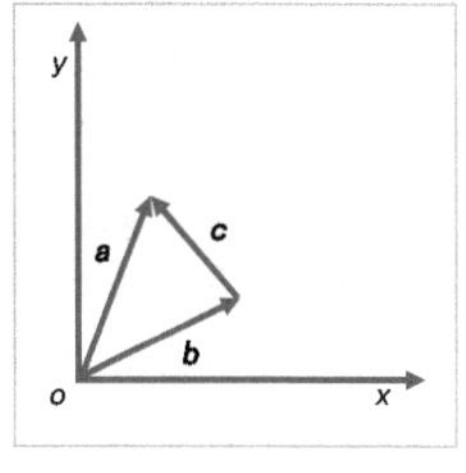

图3-30

由图3-30所示可知，由b头部指向a头部的向量即为$a-b$的结果向量。向量的减法在游戏中非常常用，假如知道玩家角色的坐标和敌人角色的坐标，这里的坐标其实就等于从原点开始的向量，所以我们把玩家角色的坐标和敌人角色的坐标相减就可以得到一个从敌人指向玩家的向量，让敌人沿着该向量行走就会看到敌人角色朝玩家角色走过去了。

3.3.4 点乘获取夹角角度

除了加法和减法计算，向量还有一种计算方式，叫作点乘或点积。点乘的计算结果为一个标量，计算方式为$a \cdot b = x_a x_b + y_a y_b$。更多时候，你会使用点乘在几何意义上的计算方式，这里用三角函数来表示点乘在几何意义上的计算方式，公式为$a \cdot b = |a||b|\cos\theta$。同样也可以通过图形来表示，如图3-31所示。

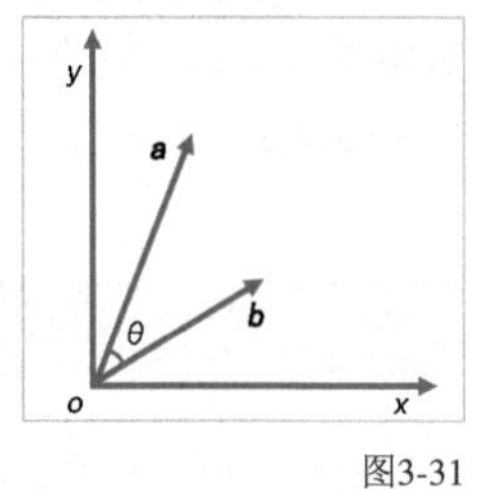

图3-31

其中$|a||b|$代表向量a与b的模。在游戏中，当得知两个向量后，常常会需要用到这两个向量的夹角来进行游戏逻辑的判断，在上面的公式中你应该发现了，向量的点乘公式中包含两个向量的夹角θ，所以我们可以逆向通过反余弦函数来得到夹角θ的计算公式，即：$\theta = \arccos\left(\frac{a \cdot b}{|a||b|}\right)$。

当计算夹角的时候，向量的长度为非必要条件，因为无论两个向量的长度为多少，它们的夹角都是不会变的。所以我们可以对上面的公式再次进行简化，将两个向量单位化，这时候两个向量的模即为1，上述公式即可简化为$\theta = \arccos(a \cdot b)$。

当点乘结果为0时，证明两个向量是相互垂直的。

3.3.5 叉乘获取平面垂直向量

现在思考一下，假定在你的游戏中有一个斜面，无论什么物体碰到该斜面，该斜面都会将此物体向斜面垂直的方向弹射出去，那么该怎么得到这个垂直向量呢?

这时候就会用到向量的叉乘了，通过叉乘可以确定一个垂直于平面的向量。在游戏的编程过程中，当我们得到两个向量后，就可以通过这两个向量得到一个平面。计算这两个向量的叉乘，即可得到一个垂直于该平面的向量。假定$a=(x_a, y_a, z_a)$，$b=(x_b, y_b, z_b)$，则叉乘的计算公式为$a \times b=(y_a z_b - z_a y_b, z_a x_b - x_a z_b, x_a y_b - y_a x_b)$。

叉乘的结果向量也可以通过右手坐标系来得到，将右手握拳，伸出食指对准向量a，伸出中指对准向量b，这时伸出大拇指，并确保大拇指与食指、中指垂直，大拇指指向的方向即为叉乘后得到的向量的方向，如图3-32所示。叉乘得到的结果分别为指向书外和指向书内。

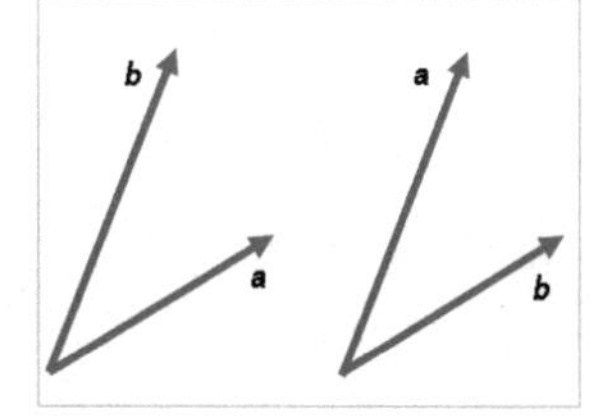

图3-32

3.4 预制件的创建与使用

游戏中有很多游戏物体，然后物体之间又存在着很多数学运算，看起来制作一个完整的游戏还是比较麻烦的。

其实也不是，大多数的复杂数学运算已经由Unity封装好，我们直接使用Unity提供的API就可以了。至于一个游戏中会有很多游戏物体，要考虑到这其中的大多数游戏物体都是相同的，如大量相同的敌人、场景中的子弹和相同的建筑物等。这时每添加一个游戏物体就需要添加组件并为其设置参数，就会面临大量无用、繁杂的工作。针对这种情况我们可以使用预制件，预制件就是用来帮助我们解决这些问题的。

3.4.1 创建预制件

我们可以把预制件理解为一个模具，当创建好一个预制件并设置好预制件的组件参数后，只需要把预制件实例化，就可以产生游戏物体。如在场景中创建一个子弹物体，当设置好子弹的组件和参数后，将其制作为一个预制件；在之后的操作中，若需要子弹，只需要将该预制件实例化即可，而无须再关心子弹需要添加什么组件和参数。总而言之，预制件好比一个便捷的复制系统，可以帮助我们快速复制出多个相同的游戏物体，同时还可以达到在一个游戏物体上修改后，在所有复制体上同步进行修改的目的。

1.生成预制件

预制件的创建非常简单，只需要将“层级”面板中的游戏物体拖曳到“项目”面板中，即可看到该游戏物体已经变成一个预制件并保存在“项目”面板的列表中了，如图3-33所示。

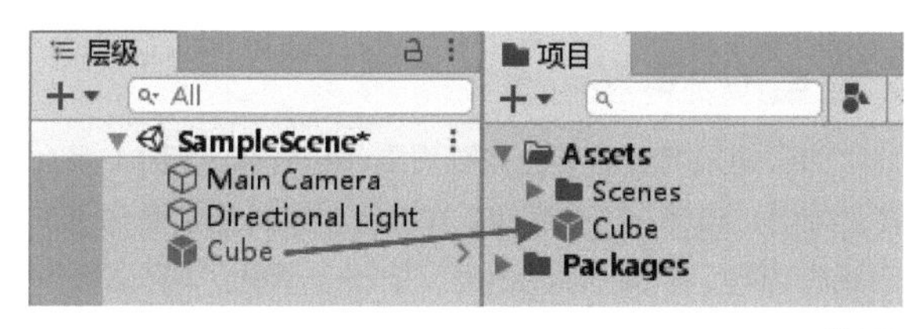

图3-33

技巧提示

预制件的图标为蓝色，当游戏物体成为预制件后，游戏物体也会自动变成该预制件的一个实例。

2.预制件的实例化

将预制件进行实例化的过程和生成预制件的过程十分类似，只需要将“项目”面板中的预制件拖曳到“层级”面板中即可，并可拖曳多次，生成多个实例物体，如图3-34所示。

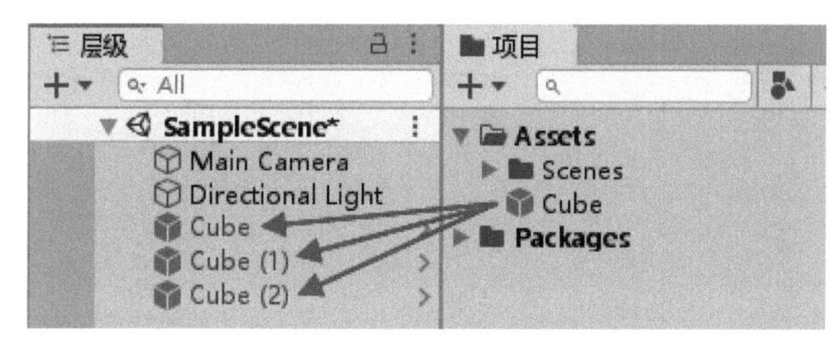

图3-34

技巧提示

将预制件实例化后的物体进行复制，复制体依然作为预制件的实例存在。删除预制件后，与其关联的实例物体均会由蓝色变为红色，此时把红色物体拖曳到“项目”面板中重新生成预制件即可修复关联。

3.4.2 编辑预制件

当一个预制件创建了与其对应的多个实例，此时如果对其中一个实例进行编辑，那么只会修改该实例，而不会影响其他实例，如图3-35所示。

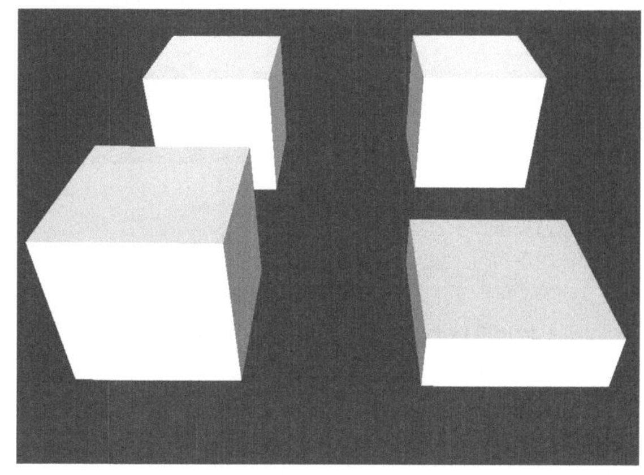

图3-35

如果希望同时对所有实例进行修改，那么就需要对预制件进行编辑，进入预制件的编辑模式有多种方法，如下所示。

1.预制件选项组

在“层级”面板中选择预制件的任意一个实例物体，然后在“检查器”面板中可以看到它比普通物体增加了一个“预制件”选项组，单击“打开”按钮 打开 ，如图3-36所示。

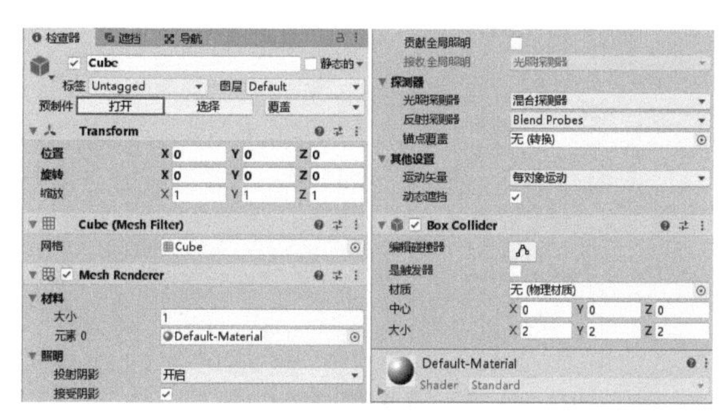

图3-36

技巧提示

单击“选择”按钮 选择 可以快捷地找到该实例的预制件。

2.打开预制件

在“项目”面板中选择预制件，然后在预制件的“检查器”面板中单击“打开预制件”按钮 打开预制件 ，如图3-37所示。

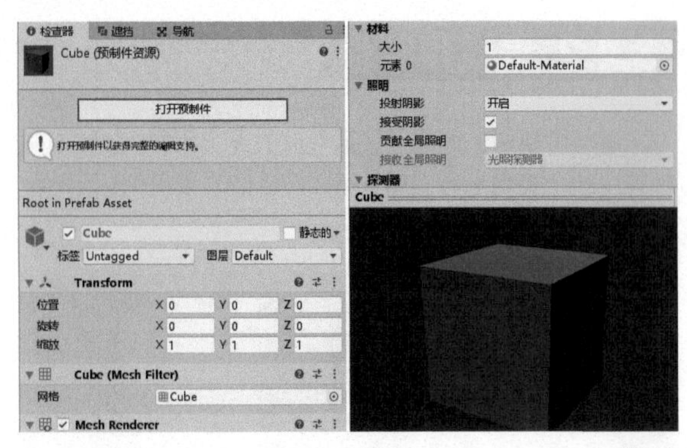

图3-37

3.双击预制件

在“项目”面板中双击预制件即可快速进入编辑模式，此时在“层级”面板中显示了一个新的场景，场景中仅有预制件存在，如图3-38所示。修改此预制件，即可对预制件及其实例物体进行修改。这里将预制件在y轴上进行缩放，单击“返回”按钮退出预制件的编辑场景，此时预制件的所有实例都进行了修改，如图3-39所示。

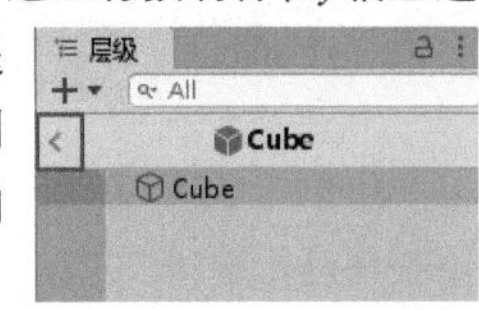

图3-38

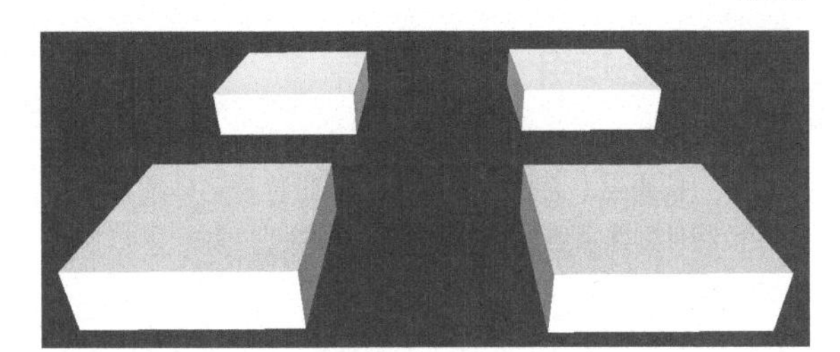

图3-39

技巧提示

编辑预制件后，系统会将修改的内容自动进行保存，但是仍然建议在修改完成后按Ctrl+S组合键进行保存，再退出预制件的编辑场景。

3.4.3 添加组件与子物体

现在我们已经可以在预制件编辑模式下对预制件进行各种修改。除此之外，我们还可以更加便捷地对组件和子物体进行添加和删除，有以下两种方式。

1.修改预制件实例物体

在“层级”面板中选择任意一个预制件的实例物体，然后单击“添加组件”按钮为其添加任意一个组件，可以看到仅有该实例被添加了该组件，并且组件的图标显示有“加号”，证明现在仅该实例包含该组件，如图3-40所示。

如果是为该实例添加子物体，那么也会看到子物体的图标显示有“加号”，如图3-41所示。

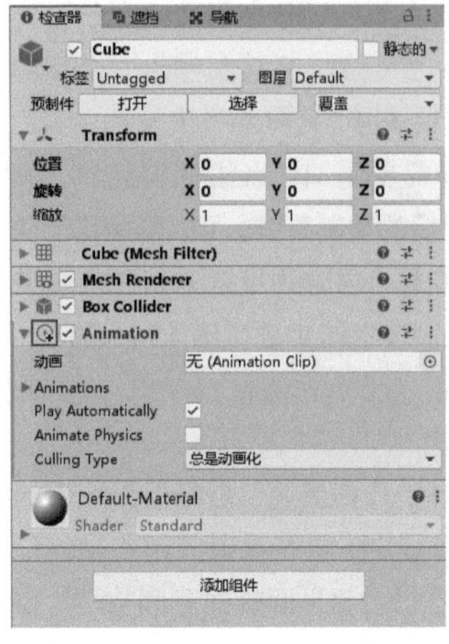

图3-40

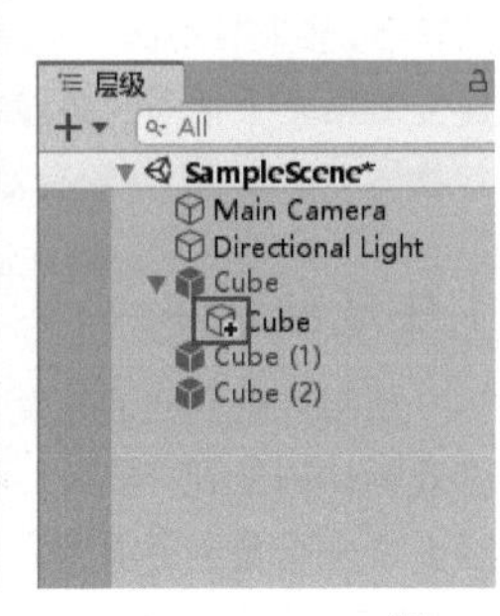

图3-41

2.应用预制件和所有实例

如果希望将该组件应用到预制件和所有实例中，那么需要展开“覆盖”下拉菜单，其中包含即将为预制件添加的组件内容，单击“应用所有”按钮即可为预制件和全部实例添加该组件，如图3-42所示。

除此之外，找到要添加的组件并单击“更多”按钮或在该组件的名称上单击鼠标右键，然后在弹出的菜单中选择“Added Component>应用到预制件”选项，也可以将该组件应用到预制件上，如图3-43所示。

图3-42

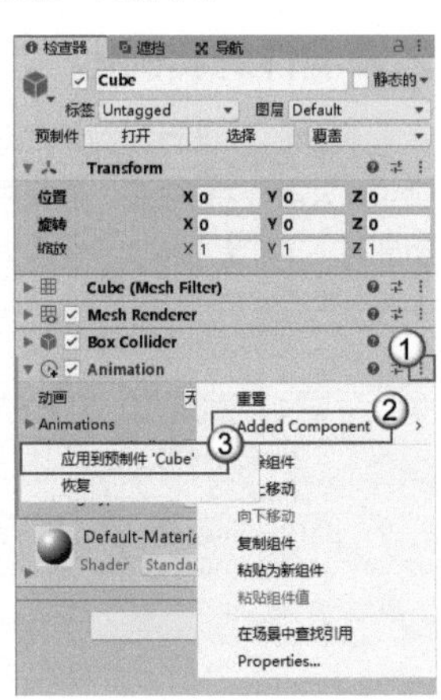

图3-43

技巧提示

除了可以看到“应用到预制件”选项，还可以看到“恢复”选项，该选项为将预制件恢复到改变之前状态的操作，我们可以理解为撤销操作。

3.4.4 预制件变体

现在我们已经会创建一个预制件，并能在场景中添加多个实例了。接下来有一个需求：在场景中添加多个立方体预制件，其中有一半的预制件为正常大小，另外一半的预制件为立方体的一半大小，这应该怎么快速实现呢？

使用设置预制件变体的方式来实现非常方便。在“项目”面板中选择预制件，然后单击鼠标右键，在弹出的菜单中选择“创建>预制件变体”选项，即可为此预制件创建一个变体，如图3-44所示。

预制件变体是基于预制件生成的，它的特点是修改预制件变体的内容不会影响预制件。选择一个预制件变体生成的实例，然后修改其组件的数值。我们修改后的数值仅应用于预制件变体而不影响原预制件，因此需要在“检查器”面板中展开“覆盖”下拉菜单，选择修改后的组件，单击“应用”按钮 应用 ，即可选择是应用改变到预制件变体上还是应用到原预制件上，如图3-45所示。

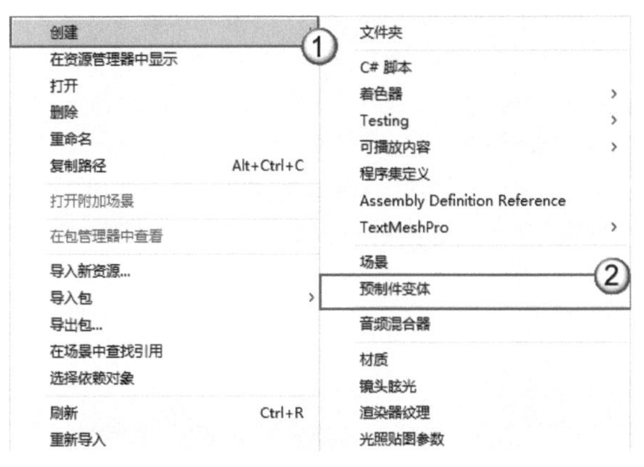

图3-44

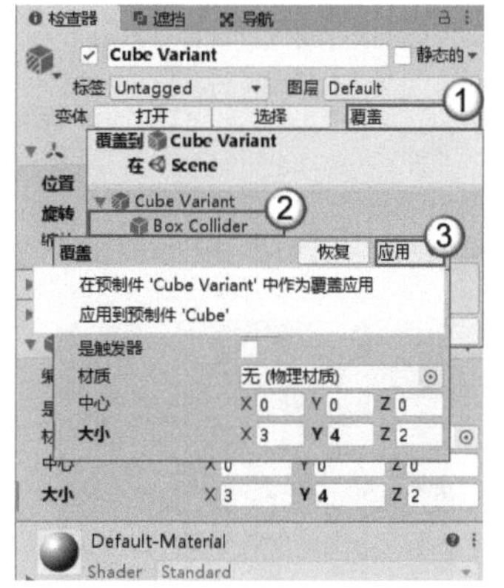

图3-45

技巧提示

预制件变体的使用方法与预制件相同，这里不赘述。

操作演示：搭建像素游戏场景

素材位置 无
实例位置 实例文件> CH03>操作演示：搭建像素游戏场景
难易指数 ★☆☆☆☆
学习目标 掌握预制件的使用方法与子物体的应用方法

本例将实现游戏场景的搭建，效果如图3-46所示。

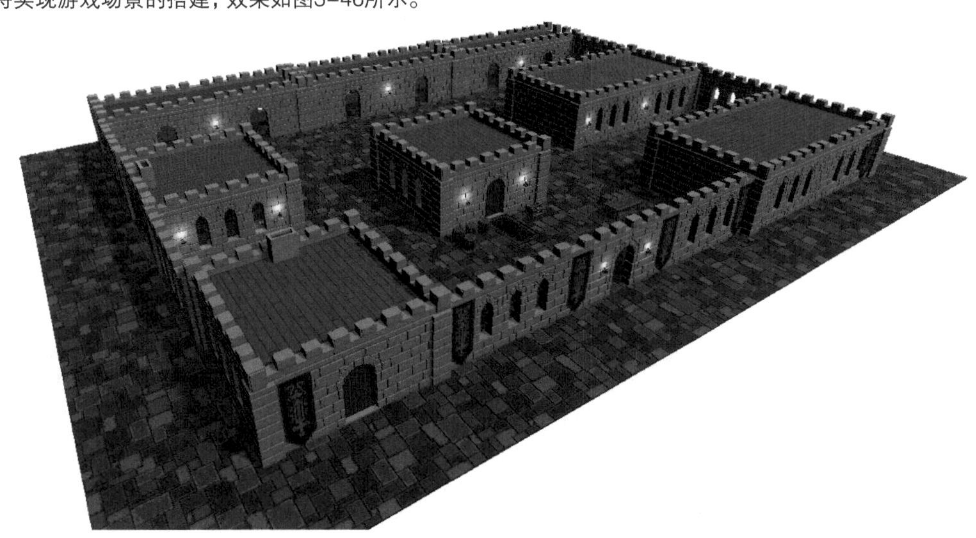

图3-46

1.实现路径

01 下载资源并导入地板。

02 完成地板的拼接。

03 导入建筑到场景视图中。

04 导入墙门到场景视图中。

05 导入装饰物到场景视图中。

2.操作步骤

01 执行“窗口>资源商店”菜单命令，在资源商店中下载并导入Voxel Castle Pack Lite。资源导入完成后，将“项目”面板中的Pup Up Productions/Voxel Castle Pack Lite/Prefabs/Floors/ FloorRoughStone预制件拖曳到场景视图中，模型如图3-47所示。

02 复制多个地板并拼接成为一个地面，这里我们在横向、纵向上分别拼接10块，如图3-48所示。

图3-47

图3-48

03 在“层级”面板中执行“创建>空对象”命令创建一个空物体，并命名为Floor，然后将“层级”面板中的地板物体全都设置为Floor的子物体，如图3-49所示。

04 将“项目”面板中的Pup Up Productions/Voxel Castle Pack Lite/Prefabs/Complete Rooms文件夹中的房屋预制件拖曳到场景视图中，并摆放为图3-50所示的效果。

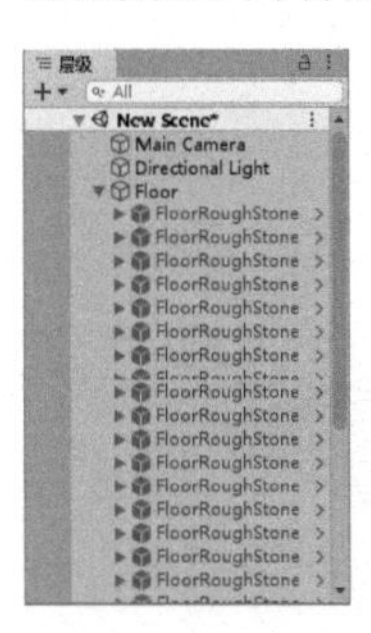

图3-49

图3-50

技巧提示

拖曳该文件夹下的任意一个房屋预制件即可，后续也是同样的操作方式。

05 在“层级”面板中执行“创建>空对象”命令创建一个空物体，并命名为House，然后将“层级”面板中的房屋物体全都设置为House的子物体，如图3-51所示。

06 将“项目”面板中的Pup Up Productions/Voxel Castle Pack Lite/Prefabs/Walls文件夹中的墙体预制件拖曳到场景视图中，并摆放为图3-52所示的效果。

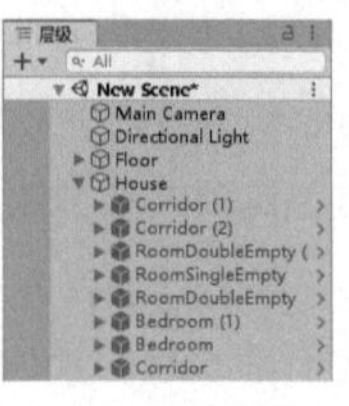

图3-51

图3-52

07 在“层级”面板中执行“创建>空对象”命令创建一个空物体，并命名为Walls，然后将“层级”面板中的墙壁物体全都设置为Walls的子物体，如图3-53所示。

08 将“项目”面板中的Pup Up Productions/Voxel Castle Pack Lite/Prefabs文件夹中的各种预制件拖曳到场景视图中。该文件夹中包含一些装饰物品，如旗子、地毯和木桶等，将它们拖曳到场景视图中并进行缩放，然后放置到合适的位置，效果如图3-54所示。

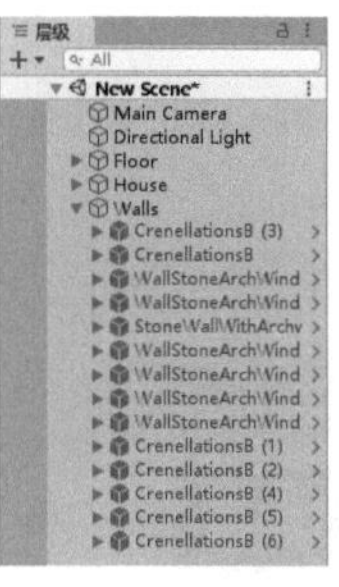

图3-53

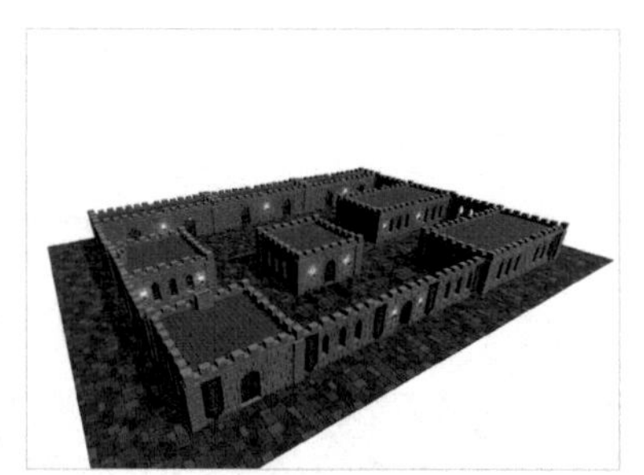

图3-54

3.5 游戏常用API

我以为从一开始就可以学习游戏编程，没想到还需要先掌握这么多的预备知识。

基础知识掌握得好，才可以在编程的过程中更好地运用。接下来我们就要开始学习与编程相关的知识了，Unity的其中一个优点就是提供了很多游戏中常用的API，可以让用户更加轻松地处理编程逻辑，下面我们就一起来看看有哪些常用的API吧。

3.5.1 Vector3常用属性方法

在三维世界中，最重要的就是确定物体在三维世界中的位置、大小和缩放等信息。在Unity中，Vector3结构体就是用来表示这些信息的，此外也用Vector2来表示二维世界中的信息。

Vector3结构体由x、y、z这3个数值组成，表示了一个向量；除了可以用来表示向量外，还可以用来表示位置、旋转和缩放等信息。所以在使用Vector3的时候一定要先确定这里的Vector3表示的是什么信息，再进行使用。使用以下方法可以创建一个Vector3结构体，即Vector3 v = new Vector3(1, 1, 1)，Vector3结构体的部分常用属性方法如表3-2所示。

表3-2

属性方法	详解
normalized	返回一个规范化向量
magnitude	返回向量的模
sqrMagnitude	返回向量的模的平方
zero	静态属性，返回Vector3（0,0,0）
one	静态属性，返回Vector3（1,1,1）
forword	静态属性，返回Vector3（0,0,1）
back	静态属性，返回Vector3（(0,0,-1）
left	静态属性，返回Vector3（-1,0,0）
right	静态属性，返回Vector3（1,0,0）
up	静态属性，返回Vector3（0,1,0）
down	静态属性，返回Vector3（0,-1,0）
Angle	静态方法，返回两个向量的夹角
Distance	静态方法，返回两个点间的距离
Lerp	静态方法，插值运算
Dot	静态方法，两个向量点乘
Cross	静态方法，两个向量叉乘

3.5.2 Quaternion常用属性方法

Quaternion结构体代表一个四元数，包含一个标量和一个三维向量，用于描述物体的旋转。四元数是一个四维空间的高阶复数，效率高于欧拉角，并且四元数不会造成万向节锁现象，所以游戏物体的旋转在Unity脚本中默认用四元数表示。但是因为四元数看起来并不直观，所以常常将欧拉角和四元数进行相互转换以便使用。Quaternion结构体的部分常用属性方法如表3-3所示。

表3-3

属性方法	详解
identity	单位旋转，相当于无旋转
eulerAngles	转换为欧拉角
Quaternion	使用x、y、z、w分量构造四元数
Angle	返回两个旋转之间的角度
Euler	通过欧拉角创建一个四元数
LookRotation	返回forward向量与参数向量旋转相同的四元数，可以理解为看向某向量

3.5.3 Debug常用属性方法

编程时调试是不可缺少的，Unity中用于调试的方法均在Debug类中。Debug类的部分常用方法如表3-4所示。

表3-4

方法	详解
Log	在“控制台”面板中输出一条消息
LogWarning	在“控制台”面板中输出一条警告消息
LogError	在“控制台”面板中输出一条错误消息
DrawLine	在指定的起始点和终点之间绘制一条直线
DrawRay	在指定的起始点向一个向量绘制一条直线

操作演示：调试示例

素材位置 无

实例位置 实例文件>CH03>操作演示：调试示例

难易指数 ★☆☆☆☆

学习目标 掌握Unity编程中的常用调试方法

本例将实现Unity编程中的普通调试和画线调试，如图3-55和图3-56所示。

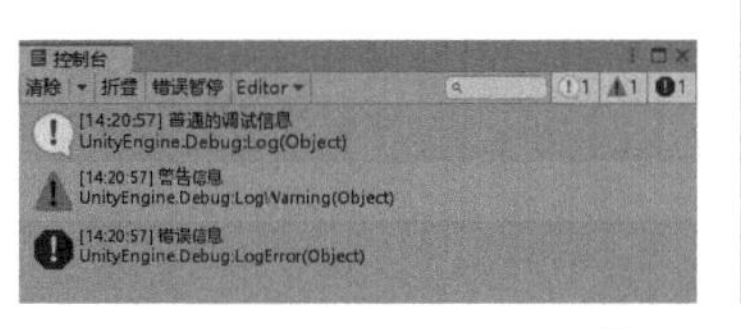

图3-55

图3-56

1.实现路径

01 创建一个脚本并挂载到空物体上。

02 在脚本中添加普通输出调试方法。

03 在脚本中添加画线功能调试方法。

2.操作步骤

01 在“项目”面板中执行“创建>C#脚本”命令创建一个脚本，并命名为DebugTest，然后在“层级”面板中执行“创建>创建空对象”命令创建一个空物体，并命名为Debug。接着将脚本拖曳到Debug物体上，脚本即可作为组件添加到该物体中，如图3-57所示。

图3-57

02 这时的Debug物体并不会显示出来，该空物体只是为了运行添加的组件脚本。双击DebugTest脚本，并输入以下内容，运行结果如图3-58所示。

输入代码

```
using UnityEngine;
public class DebugTest : MonoBehaviour
{
    void Start() {
        Debug.Log("普通的调试信息");
        Debug.LogWarning("警告信息");
        Debug.LogError("错误信息");
    }

    void Update() {
    }
}
```

运行结果

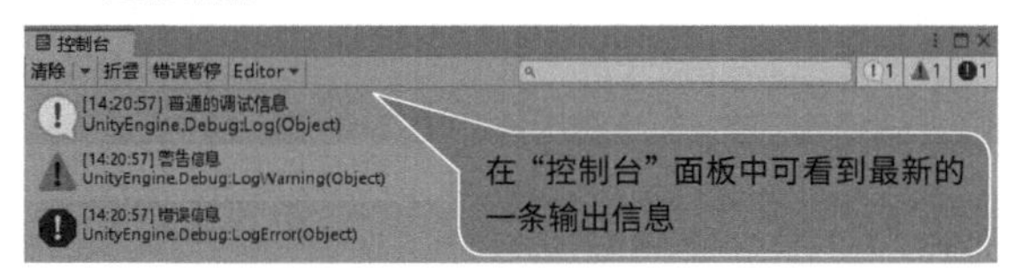

图3-58

03 双击DebugTest脚本，将其修改为如下代码，运行结果如图3-59所示。

输入代码

```
using UnityEngine;
public class DebugTest : MonoBehaviour
{
    void Start() {
    }

    void Update() {
      //绘制一条从(0, 0, 0)到(0, 10, 0)的红线，
//这里的两个Vector3为两个位置
        Debug.DrawLine(new Vector3(0, 0, 0), new Vector3(0, 10, 0), Color.
red);
      //绘制一条从原点开始朝向向量(10, 0, 0)的蓝线，
//这里的第1个Vector3为位置，第2个Vector3为向量
        Debug.DrawRay(new Vector3(0, 0, 0), new Vector3(10, 0, 0), Color.
blue);
    }
}
```

运行结果

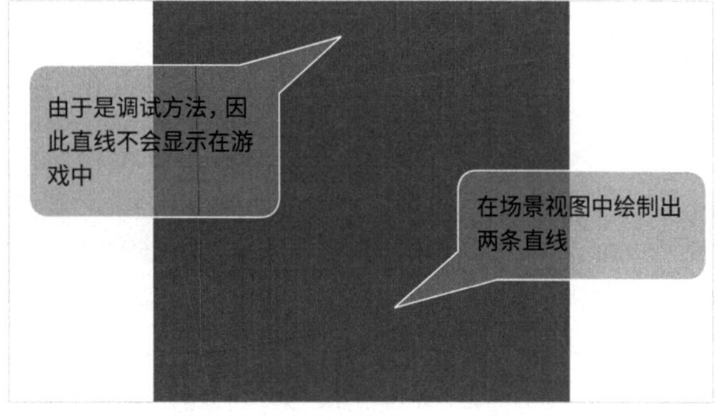

图3-59

技巧提示

因为要持续进行绘制，所以把绘制代码放在Update方法中。如果还不清楚Start方法和Update方法的区别，那么请先学习“3.1.4 脚本的生命周期”小节。

3.5.4 GameObject常用属性方法

在游戏场景中，每一个游戏物体都对应了一个GameObject类的对象，所以一个GameObject对象可以是一棵树、一个敌人、一颗子弹或一个灯光等。GameObject类的部分常用属性方法如表3-5所示。

表3-5

属性方法	详解
activeInHierarchy	游戏物体在场景中真正的激活状态
activeSelf	游戏物体在场景中设置的激活状态
tag	游戏物体的标签
layer	游戏物体的图层
transform	游戏物体的Transform组件
name	游戏物体的名称，为继承属性
AddComponent	添加组件
GetComponent	得到某个组件
GetComponents	得到多个组件
GetComponentInChildren	在子物体上得到组件
GetComponentInParent	在父物体上得到组件
SetActive	设置物体的激活状态
Find	静态方法，在场景中根据名称寻找游戏物体并返回
FindWithTag	静态方法，在场景中根据标签寻找游戏物体并返回
FindGameObjectsWithTag	静态方法，在场景中根据标签寻找多个游戏物体并返回
Destroy	静态方法，移除并销毁一个游戏物体，为继承方法
Instantiate	静态方法，复制一个游戏物体，一般用此方法实例化预制件，为继承方法
DontDestroyOnLoad	静态方法，设置此游戏物体在切换场景时不会销毁，为继承方法

技术专题：区分activeInHierarchy和activeSelf

activeInHierarchy表示游戏对象在场景中真正的激活状态，activeSelf仅代表游戏物体当前设置的激活状态。如果场景中有一个物体B为物体A的子物体，物体A设置为非激活状态，那么此时这两个物体均为非激活状态。即物体B的activeInHierarchy为false，activeSelf为true。

3.5.5 Time常用属性方法

游戏的流程常常受到时间的影响，可能需要通过时间对游戏进行暂停、加速或减速等操作。Time类为Unity中的时间类，包含了游戏中的时间信息。其部分常用属性方法如表3-6所示。

表3-6

属性方法	详解
deltaTime	上一帧到这一帧所花的时间
fixedDeltaTime	固定间隔时间
time	游戏开始到现在所花的总时间
timeScale	时间缩放值，默认为1.0

3.5.6 Mathf常用属性方法

在游戏的开发过程中，数学运算是必不可少的，只有用好数学运算，才可以做出更华丽的效果。Mathf结构体为Unity提供了数学运算合集，其中包含了很多常用的数学运算，可以免去编写公式的过程，从而直接得到想要的结果。Mathf结构体的部分常用属性方法如表3-7所示。

表3-7

属性方法	详解
Deg2Rad	角度转弧度
Rad2Deg	弧度转角度
PI	圆周率，也就是3.141592653……
Abs	绝对值
Sin/Cos/Tan	正弦/余弦/正切
Asin/Acos/Atan	反正弦/反余弦/反正切
Clamp	将数字限制到一个范围内
Clamp01	将数字限制在0~1内
Lerp	线性插值
Max	返回最大值
Min	返回最小值
Sqrt	返回平方根

3.5.7 Application常用属性方法

对编写好的程序进行控制和权限的管理，需要使用Unity提供的Application类。Application类的部分常用属性方法如表3-8所示。

表3-8

属性方法	详解
dataPath	游戏数据文件夹路径
persistentDataPath	持久化游戏数据文件夹路径
streamingAssetsPath	StreamingAssets文件夹路径
temporaryCachePath	临时文件夹路径
runInBackground	控制在后台时是否运行
OpenURL	打开一个URL
Quit	退出

3.5.8 Scene常用属性方法

一个游戏通常由多个场景组成，所以场景的控制和切换在游戏的开发中也是一个很重要的课题。Unity提供了Scene结构体来代表一个场景，同时提供了SceneManager类来进行场景的管理。Scene结构体的部分常用属性方法如表3-9所示。

表3-9

属性方法	详解
buildIndex	返回场景在Build Settings中的索引
isLoaded	返回场景是否已经加载
name	场景名称
path	场景的相对路径
GetRootGameObject	返回场景中的所有根游戏物体

SceneManager类的部分常用属性方法如表3-10所示。

表3-10

属性方法	详解
sceneCount	当前已加载场景的数量
CreateScene	创建一个场景
GetActiveScene	得到当前激活场景
GetSceneByName	通过名称返回已加载场景
LoadScene	加载场景
LoadSceneAsync	异步加载场景
SetActiveScene	激活场景
UnloadSceneAsync	移除并且销毁场景

3.5.9 Transform常用属性方法

Transform组件是每一个游戏物体都会包含的一个组件，管理着该游戏物体的位置、旋转、缩放信息和该物体与其他物体的父子关系。Transform组件在脚本中为Transform类，所以掌握Transform类是掌握Unity的第一步。Transform类的部分常用属性方法如表3-11所示。

表3-11

属性方法	详解
position	在世界坐标系中的位置
rotation	在世界坐标系中的旋转
eulerAngles	在世界坐标系中的欧拉角旋转
localPosition	相对于父物体的位置
localRotation	相对于父物体的旋转
localScale	相对于父物体的缩放
localEulerAngles	相对于父物体的欧拉角旋转
forward	在世界坐标系中的自身坐标系的蓝色轴向量
up	在世界坐标系中的自身坐标系的绿色轴向量
right	在世界坐标系中的自身坐标系的红色轴向量
LookAt	旋转物体使forward向量指向目标点，也就是看向某个目标点
Rotate	旋转物体
RotateAround	绕着某点旋转物体
Translate	在某一方向与距离上进行移动
childCount	当前Transform的子Transform个数
parent	当前Transform的父Transform
DetachChildren	解除所有子Transform的关联
Find	查找对应子Transform
GetChild	得到对应子Transform
IsChildOf	是否为子Transform
SetParent	设置父Transform

技术专题：区分Transform与Vector3中的向量

以up向量为例，Transform中的up向量永远为该物体的绿色轴指向的向量，因此会随着绿色轴的旋转而变化；而Vector3中的up只是一个固定值。

3.6 输入控制

这么多的API，怎么记得住呢？

哈哈，不用怕，对API有一个大概的印象就可以了。如提起了某个功能，可以联想到有对应的API能够实现，再去查找就可以了，后面用得多了也就能记住了。

那后面要多练习了，接下来我们还是继续学习API吗？

剩下的API我们在后面的章节中慢慢学习，接下来我们开始学习输入控制。玩家在玩游戏的时候，无论该游戏属于哪个平台、哪种类型，输入控制都是必须要为游戏设置的。Unity作为一款跨平台的游戏引擎，对输入的支持方式也是多种多样的，如键盘、鼠标、手柄、摇杆、移动设备触屏、陀螺仪和现在比较火热的AR、VR等。玩家通过游戏基于的平台和游戏特性选择合适的输入控制，就可以体验到更加刺激的游戏效果了。

3.6.1 键盘和鼠标

目前计算机游戏应用还占有非常大的比例，所以在制作计算机游戏时，避免不了使用键盘和鼠标来进行输入和控制，接下来就开始讲解Unity对键盘和鼠标的操控。键盘和鼠标的输入十分简单，Input类提供了简单而实用的键盘和鼠标操作方式，如表3-12所示。

表3-12

属性方法	详解
anyKey	任何按键按下都返回true
anyKeyDown	任何按键按下第一帧都返回true
inputString	该帧的键盘输入
mousePosition	鼠标指针当前的坐标位置
GetKey	按下按键期间返回true
GetKeyDown	按下按键瞬间返回一次true
GetKeyUp	松开按键瞬间返回一次true
GetMouseButton	按下鼠标键返回true
GetMouseButtonDown	按下鼠标键瞬间返回一次true
GetMouseButtonUp	松开鼠标键瞬间返回一次true

在脚本中监听键盘和鼠标输入的方式非常简单，代码如下。

```
void Update()
{
  //这里的参数也可直接使用字符，如"A"
  if (Input.GetKeyDown(KeyCode.A))
  {
    Debug.Log("按下了A键");
  }
  if (Input.GetKey(KeyCode.A))
  {
    Debug.Log("持续按下A键");
  }
  if (Input.GetKeyUp(KeyCode.A))
  {
    Debug.Log("松开了A键");
  }
  //这里的参数，0为鼠标左键，1为鼠标右键，2为鼠标滚轮
  if (Input.GetMouseButtonDown(0))
  {
    Debug.Log("按下鼠标左键");
  }
  if (Input.GetMouseButton(0))
  {
    Debug.Log("持续按下鼠标左键");
  }
  if (Input.GetMouseButtonUp(0))
  {
    Debug.Log("松开鼠标左键");
  }
}
```

3.6.2 虚拟轴

除了键盘和鼠标，Unity还提供了一种非常常用的输入方式，即虚拟轴输入。在了解虚拟轴输入之前，先要了解什么是虚拟轴。

1.虚拟轴按键

市面上常见的一些游戏，除了支持键盘和鼠标的输入，还支持手柄或摇杆等游戏设备的输入。如果用代码来实现，那么就需要为不同的设备编写不同的输入逻辑。虚拟轴的出现大大简化了这些操作，虚拟轴可将不同的游戏设备按键映射到一套虚拟轴中。因此程序员只需要编写一套虚拟轴的输入逻辑，即可让游戏支持多种输入方式。

技巧提示

除此之外，有些游戏还支持按键的修改，用户可以设置自己习惯的按键来控制游戏，虚拟轴也可以很方便地实现按键修改的功能。

那么虚拟轴到底是什么？简单来说，虚拟轴就是一个数值在-1～1内的数轴，这个数轴上重要的数值就是-1、0和1。当使用按键模拟一个完整的虚拟轴时需要用到两个按键，即将按键1设置为负轴按键，按键2设置为正轴按键。在没有按下任何按键的时候，虚拟轴的数值为0；在按下按键1的时候，虚拟轴的数值会从0～-1进行过渡；在按下按键2的时候，虚拟轴的数值会从0～1进行过渡，如图3-60所示。

按键1　没按键　按键2
-1　0　1

图3-60

2.输入管理器

Unity提供了输入管理器来对虚拟轴进行统一的管理，执行“编辑>项目设置>Input Manager”菜单命令，即可打开Project Settings面板，如图3-61所示。虚拟轴的属性如表3-13所示。

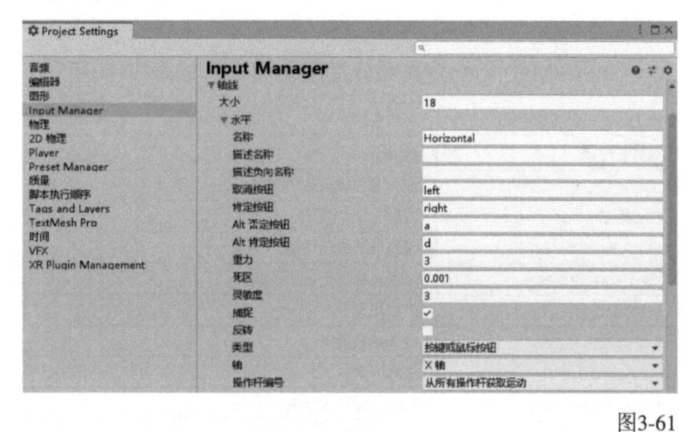

图3-61

表3-13

属性	详解
名称	轴的名称，如Horizontal
描述名称	正轴的描述性信息，仅用于查看
描述负向名称	负轴的描述性信息，仅用于查看
取消按键	正轴按键，如左方向键
肯定按键	负轴按键，如右方向键
Alt 否定按键	正轴备选按键，如A键
Alt 肯定按键	负轴备选按键，如D键
重力	松开按键后，虚拟轴恢复到0的速度
死区	低于此数值范围，都会被认为是0
灵敏度	按下按键后，虚拟轴从0到目标值的速度
捕捉	启用后，按下反方向键，轴数值会设置为0
反转	启用后，交换正轴与负轴按键
类型	控制该虚拟轴的设备类型
轴	将设备的实际操作轴设置为此虚拟轴
操作杆编号	控制虚拟轴的设备编号

使用虚拟轴

根据上述属性可对虚拟轴进行修改，但是如果希望能为自己的游戏创建一些定制化的控制，那么就需要创建新的虚拟轴了，接下来讲解如何创建新的虚拟轴。在Project Settings面板中选择虚拟轴的名称，然后单击鼠标右键，可选择对该虚拟轴进行复制或删除操作，如图3-62所示。

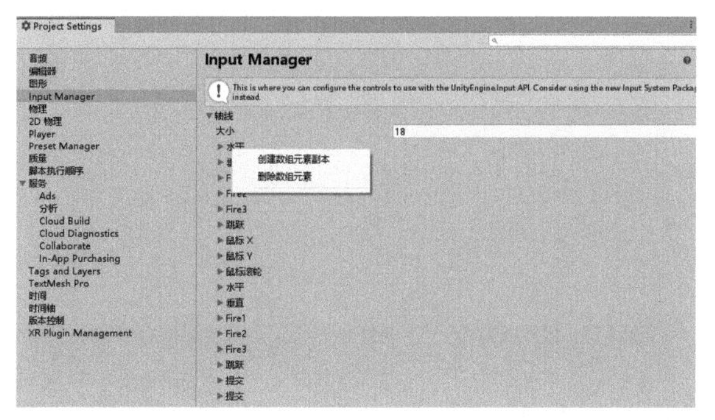

图3-62

从图3-62所示可以看到，Unity已经设置了游戏中常用的一些虚拟轴，接下来讲解一些常用的虚拟轴，如表3-14所示。

表3-14

虚拟轴	名称	详解
水平	Horizontal	水平轴，键盘A/D键、←/→键控制
垂直	Vertical	垂直轴，键盘W/S键、↑/↓键控制
鼠标X	MouseX	鼠标沿x轴方向移动
鼠标Y	MouseY	鼠标沿y轴方向移动
鼠标滚轮	MouseScrollWheel	鼠标滚轮滚动

创建一个空物体，并命名为Test；创建一个脚本，并命名为TestControl，然后将脚本拖曳到Test物体上，并在该脚本中获取虚拟轴的数值，代码如下。

```
void Update()
{
  //获取水平轴数值，-1代表按了左方向键，1代表按了右方向键，0代表没有按键
  float horizontal = Input.GetAxis("Horizontal");
  Debug.Log(horizontal);
}
```

使用虚拟按键

在设置虚拟轴时，如果仅仅设置单个轴向的按键，那么这个虚拟轴就会变成一个虚拟按键，Unity已经设置了一些游戏中常用的虚拟按键，接下来讲解一些常用的虚拟按键，如表3-15所示。

表3-15

虚拟按键	名称	详解
Fire1	Fire1	鼠标左键或左Ctrl键
Fire2	Fire2	鼠标右键或左Alt键
Fire3	Fire3	鼠标滚轮或左Shift键
跳跃	Jump	Space键
提交	Submit	Return键
取消	Cancel	Escape键

在脚本中监听虚拟按键的方式也非常简单，代码如下。

```
void Update()
{
  if (Input.GetButtonDown("Fire1"))
  {
    //按下按键瞬间输出一次
    Debug.Log("Fire键按下");
  }

  if (Input.GetButton("Fire1"))
  {
    //按下按键，在松开前持续输出
    Debug.Log("按Fire键中");
  }

  if (Input.GetButtonUp("Fire1"))
  {
    //松开按键瞬间输出一次
    Debug.Log("Fire键被释放");
  }
}
```

3.6.3 手机触摸

智能手机的普及和网络性能的大幅提升，有越来越多的人喜欢在手机上玩游戏。手机游戏的轻量化使得玩家可以在任何地点、任何时间玩游戏，如今也就有越来越多的游戏厂商开始进入手游领域。使用手机玩游戏就是通过触摸屏幕玩游戏，屏幕触摸使用Input中的touch方法实现。touch方法仅能在模拟器或真机中使用，代码如下。

```
void Start()
{
  //开启多点触摸
  Input.multiTouchEnabled = true;
}

void Update()
{
  //判断单点触摸
  if (Input.touchCount == 1)
  {
    //触摸位置
    Debug.Log(Input.touches[0].position);
    //触摸阶段
    switch (Input.touches[0].phase)
    {
      case TouchPhase.Began:
        Debug.Log("开始触摸");
        break;
      case TouchPhase.Moved:
        Debug.Log("触摸中并且在移动");
        break;
      case TouchPhase.Ended:
        Debug.Log("触摸结束");
        break;
      case TouchPhase.Canceled:
        Debug.Log("触摸取消");
```

```
            break;
        case TouchPhase.Stationary:
            Debug.Log("触摸但未移动");
            break;
    }
}
//判断多点触摸，如两个点触摸
if (Input.touchCount == 2)
{
    //两个点触摸位置
    Debug.Log(Input.touches[0].position);
    Debug.Log(Input.touches[1].position);
}
}
```

实例：虚拟轴的使用

素材位置 无

实例位置 实例文件> CH03>实例：虚拟轴的使用

难易指数 ★★☆☆☆

学习目标 通过角色的移动来熟悉虚拟轴的使用方法

本例将实现用刚体控制球体运动，效果如图3-63所示。

图3-63

1.实现路径

01 下载并导入角色资源。

02 编写角色控制脚本，使角色进行移动。

03 编写摄像机控制脚本进行摄像机跟随。

技巧提示

本例使用“操作演示：搭建像素游戏场景”导入的Voxel Castle Pack Lite完成案例的制作。

2.操作步骤

01 执行“窗口>资源商店”菜单命令，在资源商店中下载并导入Easy Primitive People。然后将“项目”面板中的Easy Primitive People/Prefab/Patient预制件拖曳到场景视图中，并命名为Player，接着设置Player的“标签”为Player，如图3-64所示。

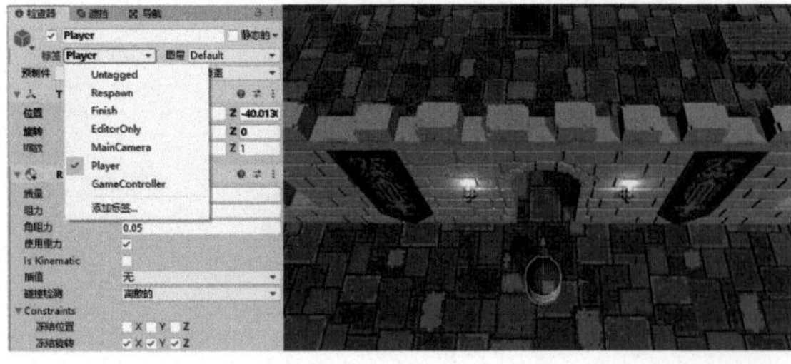

图3-64

02 在“项目”面板中执行“创建>C#脚本”命令创建一个脚本，并命名为PlayerControl，然后将其添加到Player物体上，编写的脚本代码如下。

输入代码

```
using UnityEngine;
public class PlayerControl : MonoBehaviour
{
    void Update()
    {
        //获取水平虚拟轴
        float horizontal = Input.GetAxis("Horizontal");
        //获取垂直虚拟轴
        float vertical = Input.GetAxis("Vertical");
        //创建一个向量，该向量为用户按下按键对应的向量
        //这里让horizontal控制x轴移动，vertical控制z轴移动
        Vector3 dir = new Vector3(horizontal, 0, vertical);

        //如果向量不为0，证明玩家一定按了方向键
        if (dir != Vector3.zero)
        {
            //玩家转向dir向量的方向
            transform.rotation = Quaternion.LookRotation(dir);
            //Update是按帧刷新的，如果参数不乘以Time.deltaTime，
//代表的含义为每帧移动2m
            //所以这里做一个转换，让2乘以帧时间间隔Time.deltaTime
//即可转换单位，从每帧移动2m变为每秒移动2m
            //转换单位还可以同步不同设备的速度，
```

```
//因为不同的设备可能有不同的帧率，所以如果不转换单位，
//那么可能看到不同设备下的移动速度是不同的
        transform.Translate(Vector3.forward * 2 * Time.deltaTime);
      }
   }
}
```

03 在“项目”面板中执行“创建>C#脚本”命令创建一个脚本，并命名为CameraControl，然后将其挂载到Camera上。编写的脚本代码如下，游戏的运行情况如图3-65所示。

输入代码

```
using UnityEngine;
public class CameraControl: MonoBehaviour
{
   //保存向量
   private Vector3 vector;
   //玩家角色的Transform组件
   private Transform player;

   void Start()
   {
      //通过标签获取玩家角色的Transform组件
      player = GameObject.FindWithTag("Player").transform;
      //获取摄像机到玩家角色的向量
      vector = player.transform.position - transform.position;
   }

   void Update()
   {
      //执行向量计算，更新摄像机的位置来进行跟随
      transform.position = player.transform.position - vector;
   }
}
```

技巧提示

本例初次提到了摄像机，摄像机的使用方法会在第4章中细讲，这里我们仅仅实现摄像机的跟随功能。

运行游戏

图3-65

技巧提示

目前角色移动到墙体上会穿墙而过，当学习了第5章后，可以尝试为角色添加Rigidbody（刚体）组件。Rigidbody组件可以让角色拥有碰撞效果。

3.7 综合案例：爆破人

素材位置　无
实例位置　实例文件> CH03>综合案例：爆破人
难易指数　★★★☆☆
学习目标　掌握爆破游戏的制作方法，熟悉Unity中常用的API

本例将实现爆破游戏的制作，效果如图3-66所示。

图3-66

3.7.1 游戏描述

在制作游戏之前，了解游戏的玩法有助于掌握技术点的使用方法并理解游戏的制作逻辑。

1.玩法介绍

在本例的爆破人游戏中，玩家控制角色在场景中四处走动，但是注意不要接触到敌人，在一定距离内接触到敌人则游戏失败。玩家可放置炸弹，通过销毁敌人来保护自己。

2.实现路径

01 下载资源并导入场景和角色。

02 实现角色的移动。

03 添加判断功能，当炸弹和敌人的距离小于3m时，对敌人进行销毁。

04 添加判断功能，当角色和敌人的距离小于3m时，追踪角色；当角色和敌人的距离小于2m时，角色死亡。

05 按U键释放炸弹，并且每2s内只能释放一个炸弹。

06 更新摄像机的位置并跟随角色。

3.7.2 项目准备

01 执行“窗口>资源商店”菜单命令，在资源商店中下载并导入RPG/FPS Game Assets for PC/Mobile。资源导入完成后，双击“项目”面板中的RPG_FPS_game_assets_industrial/Map_v1，场景效果如图3-67所示。

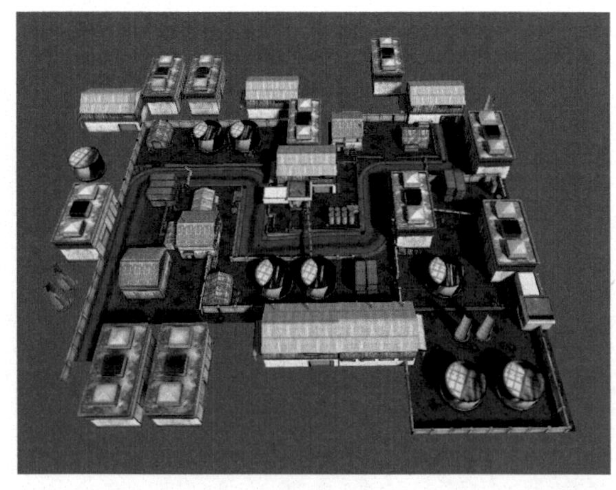

图3-67

02 在“层级”面板中执行“创建>摄像机”命令创建一个摄像机，然后在Transform组件中设置“位置”的X属性为51，Y属性为6，Z属性为-37；设置“旋转”的X属性为18，Y属性为360，Z属性为0；设置“缩放”的X属性为1，Y属性为1，Z属性为1，如图3-68所示。

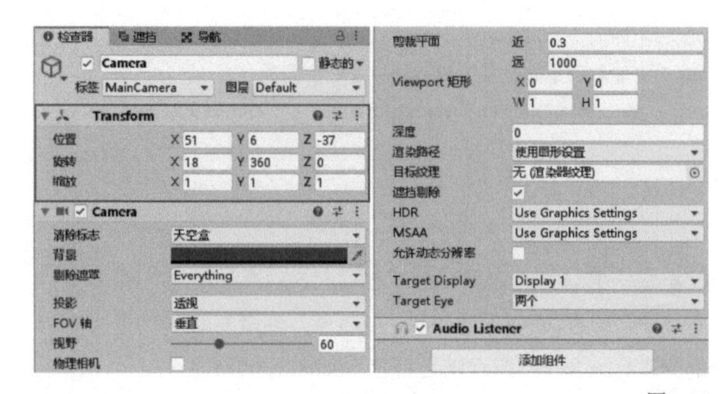

图3-68

03 执行“窗口>资源商店”菜单命令，在资源商店中下载并导入Easy Primitive People。资源导入完成后，将“项目”面板中的Easy Primitive People/Prefab/Santa拖曳到场景视图中，同时将该游戏物体命名为Player，设置其“标签”为Player，如图3-69所示。

图3-69

3.7.3 角色控制

01 在“项目”面板中执行“创建>C#脚本”命令创建一个脚本，并命名为PlayerControl，然后将其挂载到Player物体上。编写的脚本代码如下，游戏的运行情况如图3-70所示。

输入代码

```
using UnityEngine;
public class PlayerControl : MonoBehaviour
{
  void Update()
  {
    //移动部分代码
    //获取水平虚拟轴
    float horizontal = Input.GetAxis("Horizontal");
    //获取垂直虚拟轴
    float vertical = Input.GetAxis("Vertical");
    //创建一个向量，该向量为玩家按下按键对应的向量
    //这里让horizontal控制x轴移动，vertical控制z轴移动
    Vector3 dir = new Vector3(horizontal, 0, vertical);

    //如果向量不为0，证明玩家一定按了方向键
    if (dir != Vector3.zero)
    {
      //玩家角色转向dir向量的方向
      transform.rotation = Quaternion.LookRotation(dir);
      //Update是按帧刷新的，如果参数不乘以Time.deltaTime，
//代表的含义为每帧移动2m
      //所以这里做一个转换，
```

```
//让2乘以帧时间间隔Time.deltaTime即可转换单位，
//从每帧移动2m变为每秒移动2m
        //转换单位还可以同步不同设备的速度，
//因为设备不同可能帧率也不同，所以如果不转换单位，
//可能看到不同设备的移动速度不同
        transform.Translate(Vector3.forward * 2 * Time.deltaTime);
    }
  }
}
```

运行游戏

图3-70

02 单击“添加组件”按钮 添加组件 ，在弹出的菜单中查找并添加Rigidbody组件，如图3-71所示，游戏的运行情况如图3-72所示。

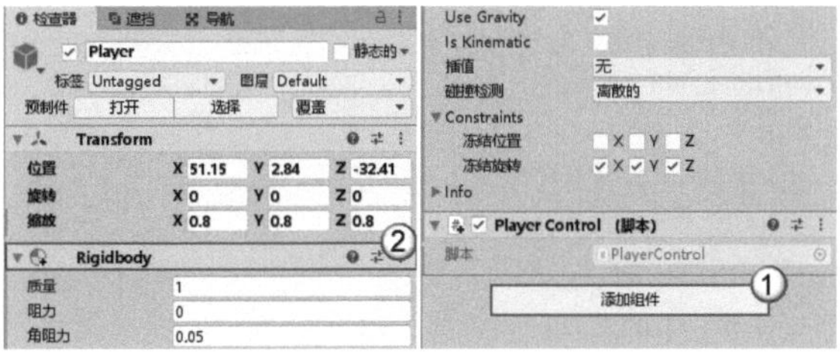

图3-71

运行游戏

图3-72

3.7.4 放置炸弹

01 执行“窗口>资源商店”菜单命令，在资源商店中下载并导入3D Monster Bomb!!和Procedural fire。资源导入完成后，将“项目”面板中的JKT_ART/mon_00/Mon__00预制件拖曳到场景视图中，并命名为Bomb，效果如图3-73所示。

图3-73

02 在“项目”面板中执行“创建>C#脚本”命令创建一个脚本，并命名为BombControl，然后将其挂载到Bomb物体。编写的脚本代码如下，游戏的运行情况如图3-74所示。

输入代码

```
using UnityEngine;

public class BombControl : MonoBehaviour
{
  //爆炸效果预制件，关联“项目”面板中的ErbGameArt/Procedural fire/
//Prefabs/Explosion预制件
  public GameObject EffectPre;
  void Start()
  {
    //2s后执行Boom()方法
    Invoke("Boom", 2f);
  }

  //爆炸
  void Boom()
  {
    //爆炸效果
    GameObject effect = Instantiate(EffectPre, transform.position,
//transform.rotation);
    //2s后删除爆炸效果
    Destroy(effect, 2f);
    //获取场景中的敌人
    GameObject[] enemys = GameObject.FindGameObjectsWithTag
//("Enemy");
    //遍历敌人
    foreach (GameObject enemy in enemys)
    {
      //判断该敌人和炸弹间的距离是否小于3m
      if (Vector3.Distance(transform.position, enemy.transform.position) <
```

```
3f)
        {
            //小于3m，炸到敌人，对敌人进行销毁
            Destroy(enemy);
        }
    }
    //销毁炸弹自身
    Destroy(gameObject);
  }
}
```

运行游戏

图3-74

03 运行完成后，将“层级”面板中的Bomb拖曳到“项目”面板中生成预制件，然后删除“层级”面板中的Bomb，接着为“项目”面板中的Bomb添加一个Enemy标签，以备后面使用，如图3-75所示。

图3-75

3.7.5 安排敌人

01 将“项目”面板中的Easy Primitive People/Prefab/Zombie预制件拖曳到场景视图中，并命名为Enemy，然后设置其“标签”为Enemy，如图3-76所示。

图3-76

02 在“项目”面板中执行“创建>C#脚本”命令创建一个脚本，并命名为EnemyControl，然后挂载到Enemy物体上。编写的脚本代码如下。

输入代码

```
using UnityEngine;
public class EnemyControl : MonoBehaviour
{
  //玩家角色
  private GameObject player;
  void Start()
  {
    //通过标签值获取玩家角色
    player = GameObject.FindWithTag("Player");
  }

  void Update()
  {
    //获取与玩家角色的距离
    float distance = Vector3.Distance(player.transform.position,
//transform.position);
    //如果距离小于3m，追踪玩家角色
    if (distance < 3)
    {
      //看向玩家角色
      transform.LookAt(player.transform);
      //向玩家角色移动
      transform.Translate(Vector3.forward * 1f * Time.deltaTime);
    }
    //如果距离玩家角色小于2m，玩家角色死亡，游戏结束
    if (distance < 2)
    {
      Debug.Log("玩家角色死亡，游戏结束");
      Time.timeScale = 0;
    }
  }
}
```

03 脚本编写完成后，将“层级”面板中的Enemy拖曳到“项目”面板中生成预制件，然后在场景中布置多个敌人，如图3-77所示。

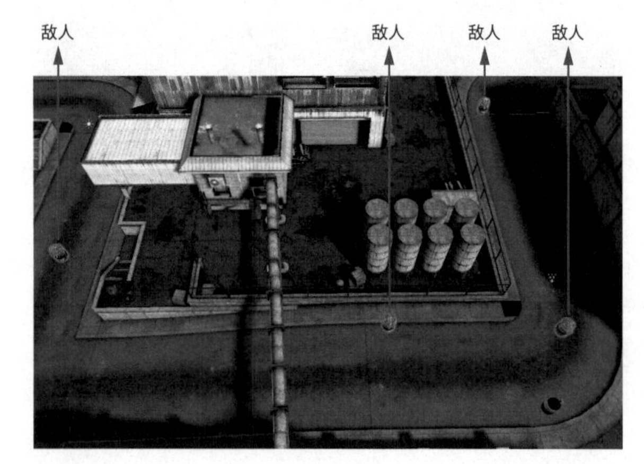

图3-77

3.7.6 释放炸弹

完善主角控制，通过按键使主角释放炸弹。双击PlayerControl脚本，将其修改为如下代码，游戏的运行情况如图3-78所示。

输入代码

```
using UnityEngine;
public class PlayerControl : MonoBehaviour
{
    //炸弹预制件，关联“层级”面板中创建好的炸弹预制件
    public GameObject BombPre;
    //炸弹CD计时器
    private float CD = 2;

    void Update()
    {
        //移动部分代码
        //获取水平虚拟轴
        float horizontal = Input.GetAxis("Horizontal");
        //获取垂直虚拟轴
        float vertical = Input.GetAxis("Vertical");
        //创建一个向量，该向量为玩家按下按键对应的向量
        //这里让horizontal控制x轴移动，vertical控制z轴移动
        Vector3 dir = new Vector3(horizontal, 0, vertical);

        //如果向量不为0，证明玩家一定按了方向键
        if (dir != Vector3.zero)
        {
            //玩家角色转向dir向量的方向
            transform.rotation = Quaternion.LookRotation(dir);
            //Update是按帧刷新的，如果参数不乘以Time.deltaTime，
//代表的含义为每帧移动2m
            //所以这里做一个转换，让2乘以帧时间间隔Time.deltaTime
//即可转换单位，从每帧移动2m变为每秒移动2m
            //转换单位还可以同步不同设备的速度，
//因为设备不同可能帧率也不同，所以如果不转换单位，
//可能看到不同设备的移动速度不同
            transform.Translate(Vector3.forward * 2 * Time.deltaTime);
        }

        //计时器时间增加
        CD += Time.deltaTime;
        //如果按下U键
        if (Input.GetKeyDown(KeyCode.U))
        {
            //2s的CD
            if (CD > 2)
            {
                //重置CD
                CD = 0;
                //释放炸弹
                Instantiate(BombPre, transform.position, transform.rotation);
            }
        }
    }
}
```

运行游戏

图3-78

3.7.7 摄像机跟随

在“项目”面板中执行“创建>C#脚本”命令创建一个脚本，并命名为CameraControl，然后挂载到摄像机上。编写的脚本代码如下，游戏的运行情况如图3-79所示。

输入代码

```
using UnityEngine;
public class MainControl : MonoBehaviour
{
    //保存向量
    private Vector3 vector;
    //玩家角色的Transform组件
    private Transform player;
    void Start()
    {
        //通过标签获取玩家角色的Transform组件
        player = GameObject.FindWithTag("Player").transform;
        //获取从摄像机到玩家角色的向量
        vector = player.transform.position - transform.position;
    }

    void Update()
    {
        //执行向量计算，更新摄像机的位置来进行跟随
        transform.position = player.transform.position - vector;
    }
}
```

运行游戏

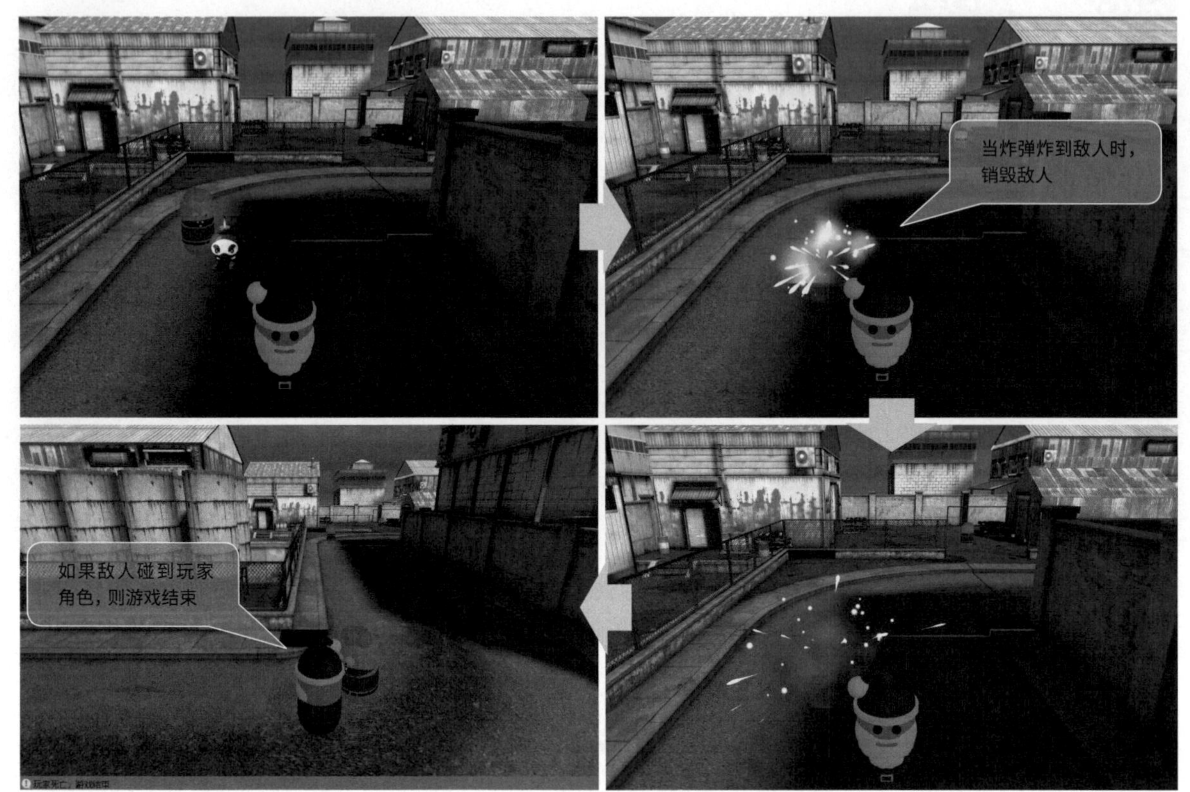

图3-79

技巧提示

本书出现的所有实例，其中编写的代码并不一定就是解决游戏需求的最佳方式，主要目的是希望读者能够对章节内容的学习进行总结。运行游戏时可能会卡顿，这种情况是正常的，并非代码的问题。

第4章 游戏场景

■ 学习目的

要想制作出精致的游戏场景，不仅要学会如何搭建游戏场景，还要赋予场景合适的灯光和音效，提供较好的摄像机方位和参数设置，才能让游戏场景看起来赏心悦目。本章将带领读者进入一个有声有色的游戏世界。读者掌握摄像机、多媒体等的使用方法后，可将这些元素与游戏内容更好地进行衔接。

■ 主要内容

- 各类灯光的使用方法
- 光照烘焙的使用方法
- 摄像机的使用方法
- 音频的播放方法
- 视频的播放方法
- 角色控制器的使用方法

4.1 场景灯光

公司让我去优化之前做的场景，可是我感觉我的地形和花草树木等模型已经添加得很好了，没有优化的空间了，这可怎么办呀？

你的场景搭建得还不错，只是几乎没有用到光照效果。游戏场景中的氛围非常重要，其主要就在于光照效果。光照效果可以帮助烘托出卡通游戏轻松可爱的游戏氛围，也可以帮助烘托出仿真游戏具有真实感的游戏氛围。简而言之，掌握好光照的使用方法，你就可以让同一间房子体现出轻松、恐惧等不同效果。

4.1.1 巧用各式灯光

在前面的章节中，我们已经掌握了模型是如何添加的，在添加模型的时候你可能会发现另外一种效果，那就是阴影，如图4-1所示。

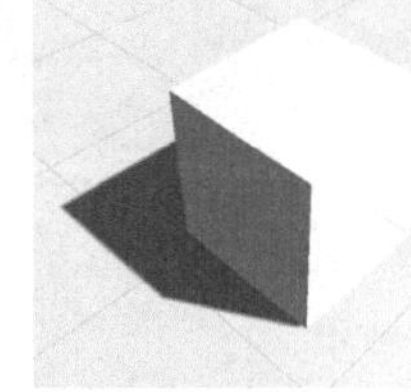

图4-1

场景中的模型之所以会出现阴影，那是因为每当创建一个新的场景时，场景中都会自动添加定向光来模拟日常光。其实除了定向光，还有多种类型的灯光可以选择，接下来就依次对这些灯光进行讲解。

1.定向光

定向光类似平行光源，因此会发射出平行的光线。但是这种灯光比较特殊，因为它并没有固定的光线起始坐标，也就是说光线并不是从定向光的坐标处开始发出的。那么只要有一个定向光，场景中的所有物体都会被认为有一个定向光角度的光线从无穷远处照射而来，并产生阴影效果，如图4-2所示。

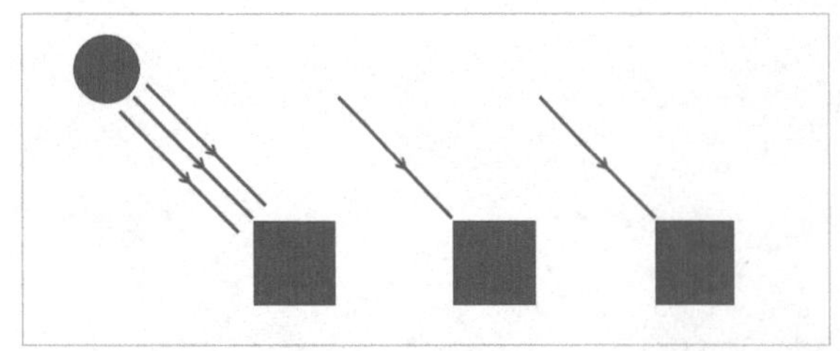

图4-2

也就是说，定向光在场景中的位置并不会影响光照效果，我们可以将定向光放在高空、地面，甚至可以将定向光放置于房间之外，但房间内部依然会受到其光线的影响。所以在开发游戏的过程中，每个场景或多或少都会用到定向光，以保证场景的可视度。

下面创建一个定向光，为了使表现的效果统一，先将“层级”面板中自动创建的Directional Light删除。然后在“层级”面板中执行“创建>灯光>定向光”命令，创建完成后即可在场景视图中看到灯光效果，如图4-3所示。定向光的“检查器”面板如图4-4所示。

图4-3

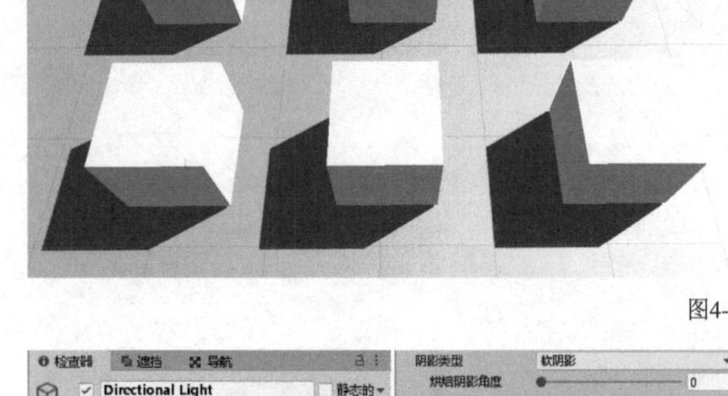

图4-4

重要参数介绍

类型： 控制灯光的类型，有“定向”“点”“区域”和“聚光”4种模式。

颜色： 控制灯光的颜色。

模式： 控制灯光的光照模式，有“实时”“混合”和“烘焙”3种模式。

强度： 控制灯光的明亮程度。

间接乘数： 改变间接光的强度。

阴影类型： 改变灯光照射后产生的阴影，有“硬阴影”“软阴影”“无阴影”3种模式。“软阴影”的效果最好，但是也更耗费资源。

剪影： 灯光照明的纹理遮罩。

绘制光晕： 是否显示光晕效果。

眩光： 指定灯光的光晕对象。

剔除遮罩： 设定受灯光照射的图层。

2.点光源

点光源发射从一个位置向四周发射光线，并且光照强度会逐渐递减，直至为0；类似现实中的蜡烛和灯泡，其光线示意如图4-5所示。

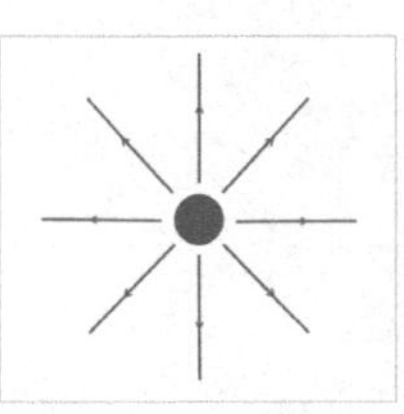

图4-5

在性能上，点光源比定向光更加耗费资源，尤其是点光源的阴影。如果开启点光源的阴影，那么将会消耗大量的资源，所以在游戏的开发过程中一定要根据情况决定是否开启阴影，点光源的照明效果如图4-6所示。

图4-6

3.聚光灯

聚光灯就如同现实中的聚光灯一样，光线从一点发出，并向外照射，照射范围如同一个锥形，其光线示意如图4-7所示。生活中的壁灯、照射灯和手电筒等也均为聚光灯，可以把聚光灯理解为带了灯罩的点光源。

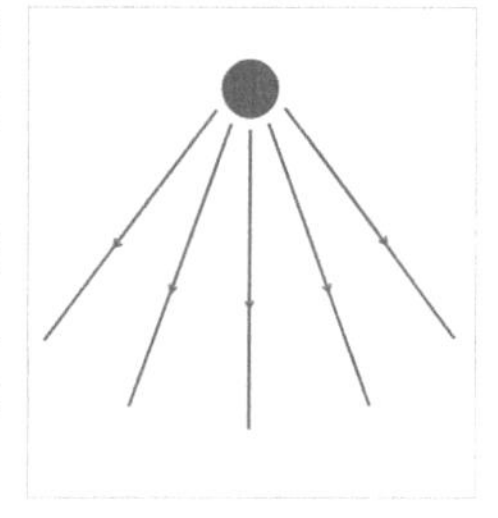

图4-7

在性能上，聚光灯比点光源更耗费性能，聚光灯的照明效果如图4-8所示。

图4-8

技巧提示

与点光源一样，阴影也是较为耗费资源的一项，需要按照情况来决定是否开启阴影。

4.区域光

区域光与上述灯光不同，它不是从点发射出光线，而是从面发射出光线。区域光提供了一个矩形平面，这个平面已经设置好了大小和方向，之后该平面将会向z轴面一起均匀地发射光线。区域光类似照相馆中的柔光灯，所以发射出的光线十分柔和。使用好区域光，可以更好地为游戏场景营造对应的氛围，光线示意如图4-9所示。

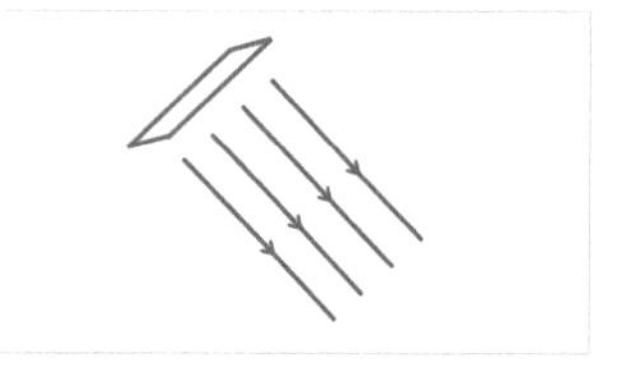

图4-9

区域光不支持实时照明，只支持烘焙照明，所以不存在性能的消耗问题。下个小节中将专门介绍光照烘焙，区域光的照明效果如图4-10所示。

图4-10

4.1.2 光照烘焙

随着设备性能的提高，游戏场景的制作也会趋于华丽和复杂，使用的灯光便会越来越多样。因此也考验着程序员对灯光的运用能力，但是大量的实时灯光对性能的消耗还是非常大的。针对这类问题，在移动端游戏或是游戏中有着大量拥有固定阴影的静态物体的情况下，Unity会将灯光制作成光照贴图，之后该物体就不用参与阴影的计算了。这种方法可以节约大量性能，这个过程就是烘焙。

1.创建烘焙

在使用Unity的灯光时，除了区域光仅支持烘焙模式，其余灯光均支持实时和烘焙模式，此外还有混合模式（混合模式可同时支持实时模式和烘焙模式）。接下来使用区域光介绍如何进行光照烘焙。

选择希望参与烘焙的游戏物体，如立方体和地面，然后在“检查器”面板中展开“静态的”下拉列表，选择Contribute GI选项，如图4-11所示。

图4-11

技巧提示

如果使用的是区域光，那么现在已经可以看到效果了；如果使用的是其他灯光，那么需要将“模式”设置为“已烘焙”后才可以看到效果，如图4-12所示。

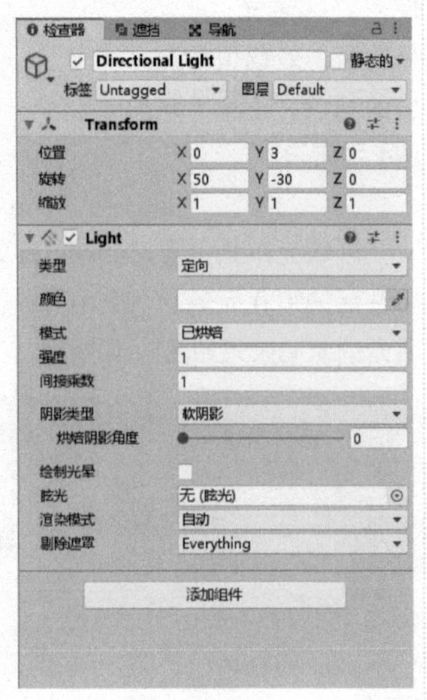

图4-12

为了更加清晰地表现效果，我们在场景视图中添加6个立方体，将地面和3个立方体设置为Contribute GI，使其接受烘焙，另外3个立方体不进行设置，对比效果如图4-13所示。

图4-13

Unity的烘焙默认为自动烘焙，我们也可将其设置为手动烘焙。执行“窗口>渲染>照明设置”菜单命令打开“照明”面板，在该面板中取消勾选“自动生成”选项，之后若想烘焙只需要单击“生成照明”按钮，在这个面板中还可以对其他全局光照效果进行设置，如图4-14所示。

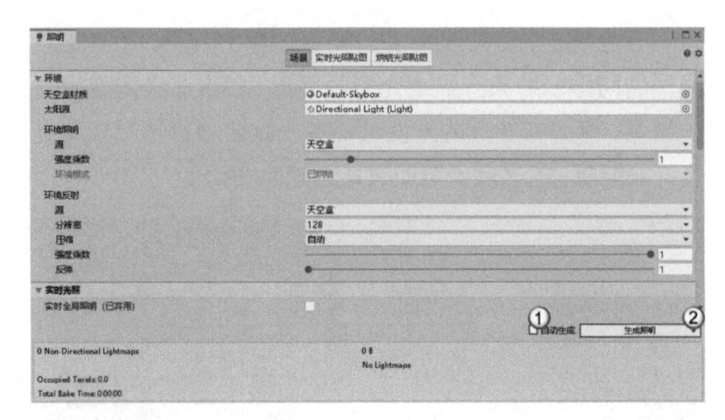

图4-14

2.设置环境光

在“照明”面板中，除了可以设置烘焙，还可以在“环境”一栏中对环境光进行设置。环境光是一种较为特殊的光源，它并不属于灯光，但是会对整个场景进行照明，如图4-15所示。

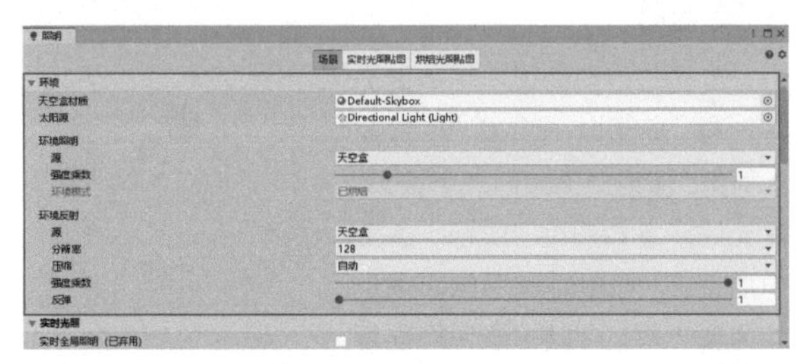

图4-15

重要参数介绍

天空盒材质：设置场景中的天空盒材质。该材质既可以在资源商店中加载外部资源，又可以在“项目”面板中创建材质球。将材质球的Shader设置为Skybox类型，即可创建自己的天空盒材质。

太阳源：设置一个定向灯光作为太阳源使用。

环境照明：设置环境光。环境光有“天空盒”“渐变”和“颜色”3种光源，可对其进行强度和模式的设置。

环境反射：设置环境光的反射效果，可以进行反射源和质量等的设置。

技巧提示

除了环境光，还可以进一步地对光照条件进行调节，如烘焙、光照贴图等；对雾效果、光晕和炫光效果等也可进行设置。

操作演示：制作游戏夜晚场景

素材位置　无
实例位置　实例文件>CH04>操作演示：制作游戏夜晚场景
难易指数　★☆☆☆☆
学习目标　了解灯光对游戏场景的影响

本例将实现夜晚场景的制作，效果如图4-16所示。

图4-16

1.实现路径

01 下载资源并导入场景。

02 关掉场景中的灯光效果。

03 为建筑的室内布光。

2.操作步骤

01 执行“窗口>资源商店”菜单命令，在资源商店中下载并导入Furnished Cabin。资源导入完成后，双击“项目”面板中的FurnishedCabin/Scenes/Demo，场景效果如图4-17所示。

图4-17

02 由于制作的场景是夜晚场景，因此需要将“层级”面板中的灯光物体，即Directional Light、PFB_Building_Full/Light Probe Group和PFB_Building_Full/PFB_Building_Base/LightsGroup均设置为非激活状态，以便模拟该场景在夜间的效果，如图4-18所示。

图4-18

03 将场景视图移动到建筑内部，虽然灯光已经全部变为非激活状态，但是建筑内部依然具有灯光，这是因为该场景已经设置过光照烘焙，如图4-19所示。

图4-19

04 在“层级”面板中选择任意一个游戏物体，然后按Ctrl+A组合键即可将该场景中的游戏物体全部选择，接着在“检查器”面板中取消勾选“静态的”选项，如图4-20所示。

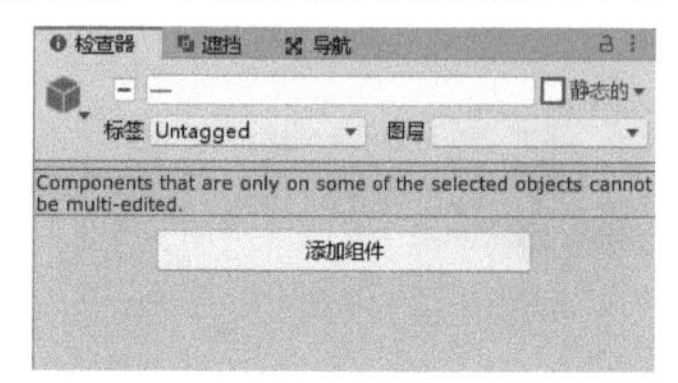

图4-20

05 执行“窗口>渲染>照明设置”菜单命令，在打开的“照明”面板中单击“生成照明”按钮 生成照明 ，如图4-21所示。稍等片刻即可看到建筑内部已经没有灯光的照明效果，此时场景变暗，如图4-22所示。

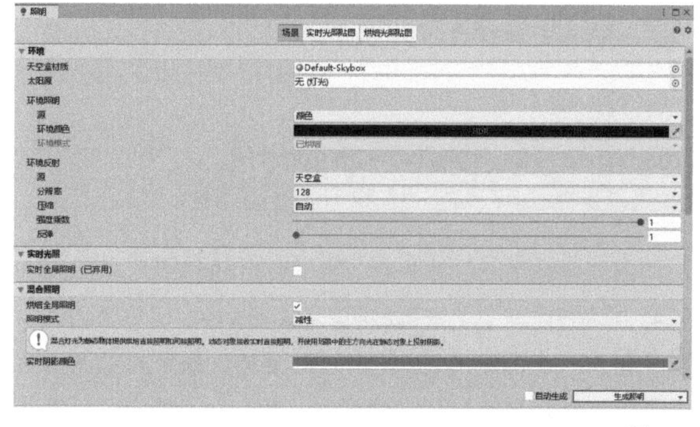

图4-21

图4-22

06 在“层级”面板中执行“创建>灯光>点光源”命令，在场景中创建一个灯光，然后将其复制多个，并布置到图4-23所示的位置，即可完成夜晚的室内场景效果的制作。

图4-23

4.2 场景摄像机

加上灯光效果后，我的场景果然好看了很多，但是游戏运行后还是感觉画面有点奇怪。

哈哈，即使再好的场景，在运行游戏时也只会通过摄像机将场景展示给玩家，所以掌握好摄像机的用法也是非常重要的。你想一想，在第一人称游戏中，摄像机会充当角色的眼睛，将角色看到的内容展示给玩家；在第三人称游戏中，摄像机往往在主角的上方，以俯视视角来看角色及周围的场景；在冒险类游戏中，可能会在每一个房间的合适位置都放置一个摄像机，当玩家每进入一个房间时，都会展示该房间摄像机中呈现的内容，从而从摄像角度方面制造紧张感。

4.2.1 选择合适的摄像机

每当创建了新的场景后，除了会自动创建灯光，Unity还会自动创建一个场景摄像机。在Unity中，每一个场景中至少包含一个摄像机，运行游戏后会将该摄像机中的内容展示给玩家。熟练运用摄像机后，在一个场景中就可以使用多个摄像机，通过多个摄像机的配合，就能够制作多种视角效果。

技巧提示

一般把主要用到的摄像机叫作主摄像机，并给予它Main Camera标签，创建场景时自动创建的摄像机就是一个主摄像机。

不同的游戏可能会有不同的主摄像机视角，在第一人称游戏里，我们常常把摄像机放在主角头部的位置来代替角色的眼睛。当角色运动或旋转时，画面也会跟着变化，这样能带给玩家更好的沉浸感，如《反恐精英》《雷神之锤》和《半条命》等游戏都采用了该视角，VR游戏也常常选择这种方式来使用摄像机，其视角示意如图4-24所示。

有一些游戏既想做到第一人称效果，又想看到角色本身，这就是第三人称，如《绝地求生》和《女神异闻录》等游戏都采用了该视角。第三人称摄像机一般会放在角色后面并跟随角色，其视角示意如图4-25所示。

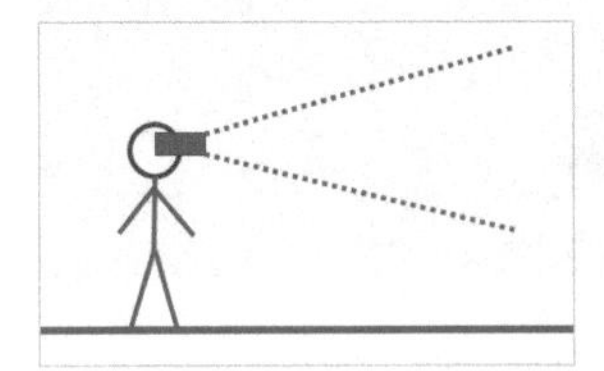

图4-24

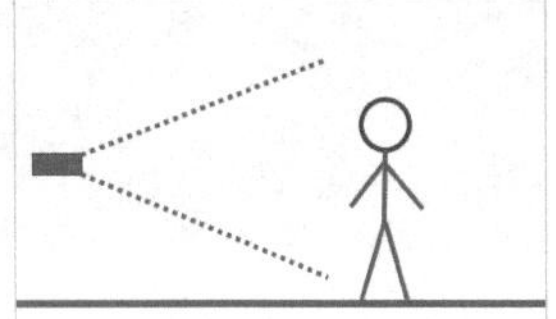

图4-25

一些俯视视角的游戏常常会把摄像机放在空中向下俯视，这样不但可以看到角色前方的内容，而且能看到角色周围所有的内容，如《星际争霸》《暗黑破坏神》和《英雄联盟》等游戏都采用了该视角，其视角示意如图4-26所示。

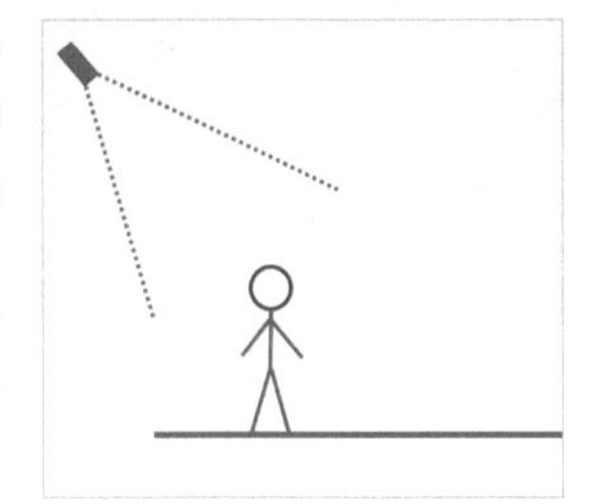

图4-26

除了这些常用的摄像机视角，还有很多其他视角，在之后的游戏开发过程中会逐渐接触到，这里就不逐一列举了。

4.2.2 透视摄像机与正交摄像机

摄像机的投影方式分为透视和正交两种，一般3D效果使用透视，2D效果使用正交，在开发游戏的过程中要根据情况切换投影方式。

1. 透视摄像机

透视摄像机有着近大远小的效果，与我们在现实中看到的相同。正是因为透视摄像机存在近大远小的效果，所以当两个同样大小的物体到摄像机的距离不同时，我们可以看到物体的大小随距离的增加而减小，因此它们之间有明显的距离感，如图4-27所示。透视摄像机广泛运用在各种3D游戏中，Unity的3D项目默认使用的就是透视摄像机，屏幕显示的画面如图4-28所示。

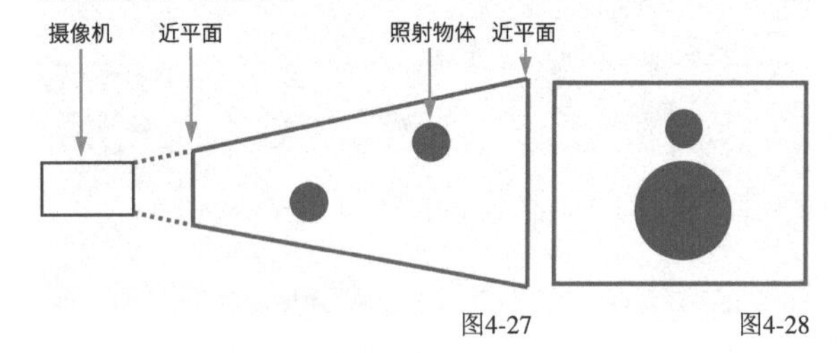

图4-27　　图4-28

2.正交摄像机

正交摄像机没有透视摄像机具有的近大远小的效果，如图4-29所示，所以当两个同样大小的物体到摄像机的距离不同时，其显示出的大小仍然是相同的，自然也不会产生距离感。这种摄像机一般用于照射平面，常常用在2D游戏和UI的开发上，屏幕显示的画面如图4-30所示。

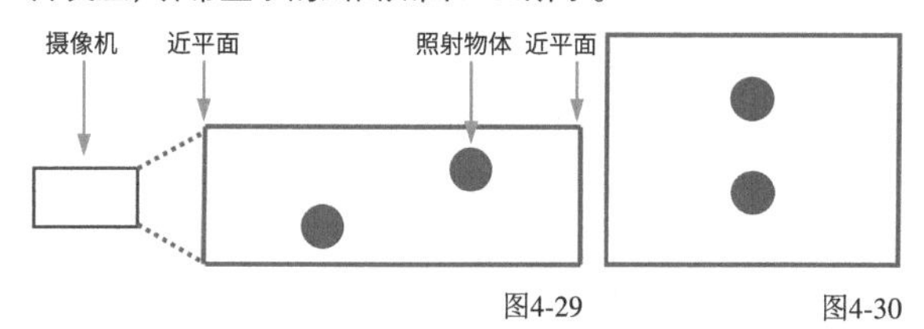

图4-29　图4-30

4.2.3 摄像机的显示设置

要想掌握摄像机的用法，先要了解摄像机的常用属性。选择场景中的摄像机，其“检查器”面板如图4-31所示。

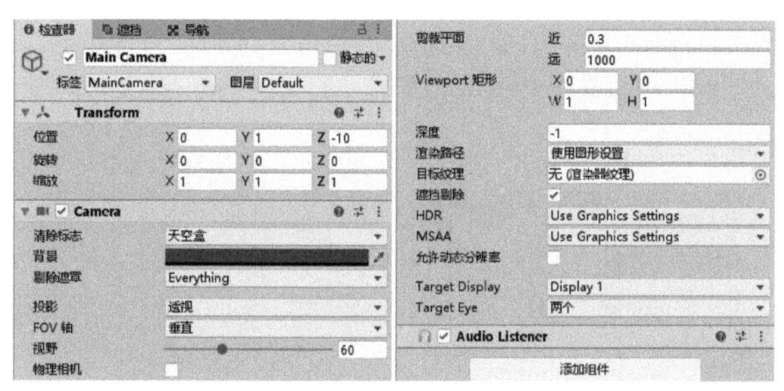

图4-31

重要参数介绍

清除标志：设置空白区域内的显示信息，默认为天空盒。也就是说摄像机照射到的空白区域均会用天空盒来进行填充，除此之外还有“纯色”“仅深度”和“不清除”3种选项。

技巧提示

每个摄像机都不能确保整个屏幕内都显示游戏物体，有时候摄像机会照射到很多空白区域（物体外的其余部分就是空白区域）。默认的天空盒效果如图4-32所示。

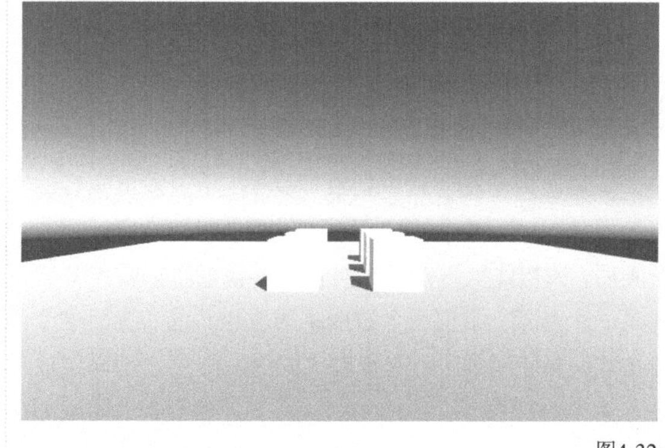

图4-32

纯色：代表空白区域用纯色来进行填充，纯色可以在“背景”选项中设置为自己需要的颜色，效果如图4-33所示。

图4-33

仅深度：该选项常被用来混合多个摄像机的内容。

技术专题：摄像机深度可以呈现的效果

在离地面较远的位置创建一个球体，然后在“层级”面板中执行“创建>摄像机”命令创建一个摄像机，接着将摄像机调整到只能照射到球体的位置上，如图4-34所示。

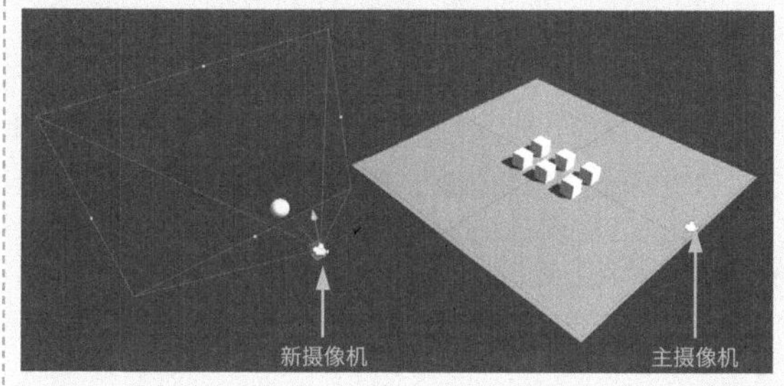

图4-34

选择新建的摄像机，在“检查器”面板中设置“清除标志”为“仅深度”，同时确保新摄像机的深度属性值大于主摄像机的深度属性值，即可看到两个摄像机的内容产生了融合，如图4-35所示。从这个例子中可以看出，该模式清除了摄像机的深度信息，然后将深度交由深度属性来进行控制。

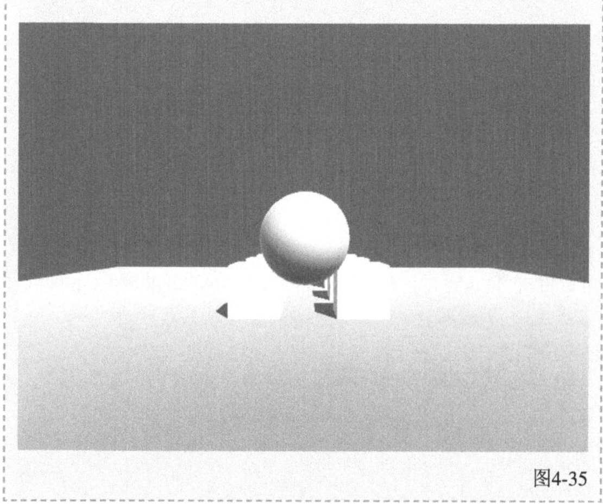

图4-35

不清除：同样可进行融合使用，但是由于不清除深度信息，因此可能会造成显示混乱，所以该选项很少使用。

剔除遮罩：设定摄像机照射的图层，默认为Everything（所有图层）。可以取消照射某个图层，若如此做，则该图层下的所有物体将不会在摄像机中显示出来。如将摄像机照射图层设置为图4-36所示的图层，然后将立方体置于摄像机的照射范围内，可以发现立方体没有显示出来，如图4-37所示。

0: Default
1: TransparentFX
2: Ignore Raycast
✓ 4: Water
5: UI
添加图层...

图4-36

图4-37

投影：设定摄像机的投影方式是“透视”还是“正交”，除了可以设置投影的方式，还可以设置该投影方式下的“远近平面距离”“视野”和“视窗大小”等属性。

目标纹理：目标纹理可以将摄像机的照射内容投影到一个渲染器纹理之上，然后将该纹理应用到各类游戏物体上，玩家在看该游戏物体时，看到的就是摄像机中的内容。

技术专题：目标纹理的使用

在“项目”面板中执行“新建>渲染器纹理”命令，即可创建出一个渲染器纹理，然后在“层级”面板中执行“创建>摄像机”命令创建一个摄像机，将刚创建出的渲染器纹理应用到新摄像机的目标纹理上，如图4-38所示。

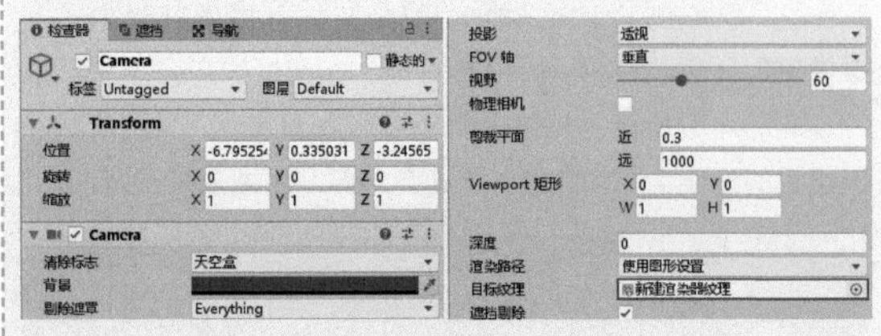

图4-38

在场景中创建一个平面，将纹理拖曳到平面上，即可看到该平面显示了新摄像机照射的内容，如图4-39所示。

图4-39

4.3 多媒体应用

现在我的场景已经搭建完成了，有一处我添加了瀑布效果，但是运行了游戏之后发现没有瀑布的感觉，这是怎么回事呢？

那是因为你并没有为瀑布添加音效，虽然声音在游戏中不能被看见，但是是烘托气氛的重要助力。同样一个场景，若有不同类型的背景音乐，就会渲染出不同的场景气氛，甚至很多游戏在通关之后，留给玩家印象最深的就是游戏中的配乐。

4.3.1 为角色添加耳朵

如果想要在游戏中听到声音，那么就要为我们的角色添加耳朵。Unity中的Audio Listener（音频监听器）组件即为我们的“耳朵”，只要确保场景中存在一个音频监听器，就可以听到场景中播放的声音。在游戏场景中，每个摄像机都会自动添加Audio Listener组件。选择场景中的摄像机，在“检查器”面板中即可看到Audio Listener组件，如图4-40所示。

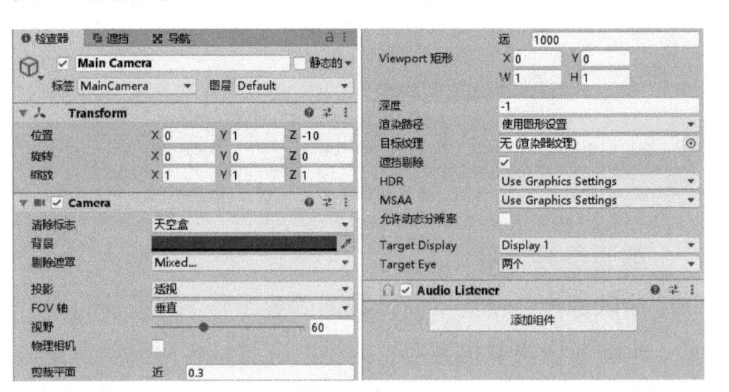

图4-40

技巧提示

添加多个摄像机后运行游戏，“控制台”面板中会不断输出提示信息，说明游戏中有多个音频监听器，这时候只需要删除多余的Audio Listener组件，只保留一个摄像机上的Audio Listener组件即可。

4.3.2 为场景添加音频源

音频源用于在游戏中播放声音，在希望发出声音的物体上添加Audio Source（音频源）组件，待设定好播放的音频后，该物体就可以发出声音了。我们可以想象音频源就是一个音箱，希望哪个游戏物体发出声音，就为这个游戏物体装备上音箱，再选择播放的内容即可。下面尝试在立方体中添加Audio Source组件，其“检查器”面板如图4-41所示。

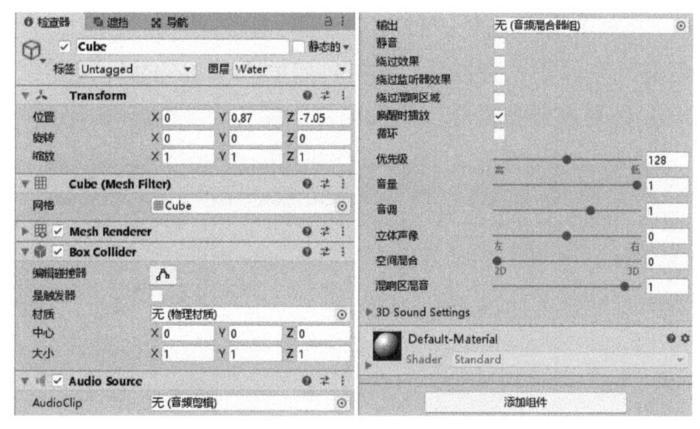

图4-41

重要参数介绍

AudioClip（音频剪辑）：该属性用于添加一个音频剪辑。将普通的音乐文件添加到Unity后，即可变成音频剪辑，Unity中常使用的音频格式有WAV、MP3、AIF和OGG。

静音：当前音频源是否静音。

唤醒时播放：勾选该选项后，只要该物体为激活状态即会开始播放。

循环：该音频播放结束后是否循环播放。

音量：音频播放的声音大小。

音调：声音频率，可以将声音加速或减速。

空间混合：设置音频源为3D音频源还是2D音频源，3D音频源会随着距离的增加而减小音量。

3D Sound Settings（3D声音设置）：当音频源为3D时，可对音频的扩张、衰减距离等进行设置。

4.3.3 通过脚本控制音频效果

在大多数时候，音频的播放都会通过脚本来进行控制。Audio Source组件对应的类为AudioSource，Audio Source的常用属性方法如表4-1所示。

表4-1

属性方法	详解
clip	要播放的音频剪辑，音频剪辑对应的类为AudioClip
isPlaying	当前是否正在播放音频
loop	是否循环该音频剪辑
mute	设置音频静音
playOnAwake	是否开启唤醒时播放
time	播放位置时间
volume	音量大小
Pause	暂停播放
Play	播放设定好的音频剪辑
PlayOneShot	播放一次音频剪辑
Stop	停止播放
UnPause	恢复暂停播放
PlayClipAtPoint	静态方法，在世界空间的某一点播放音频

实例：控制音频的播放和暂停

素材位置　素材文件>CH04>实例：控制音频的播放和暂停

实例位置　实例文件>CH04>实例：控制音频的播放和暂停

难易指数　★☆☆☆☆

学习目标　掌握音频系统的使用方法

1.实现路径

01 创建Resources文件夹并导入音频。

02 创建空物体并为其添加Audio Source组件。

03 编写脚本控制音频的播放，单击开始音频的播放；单击鼠标右键停暂音频的播放。

2.操作步骤

01 在“项目”面板中执行“创建>文件夹”命令创建一个Resources文件夹，然后打开“素材文件>CH04>实例：控制音频的播放和暂停>test.mp3”并导入Resources文件夹中，如图4-42所示。

图4-42

02 在“层级”面板中执行“创建>创建空对象”命令创建一个空物体用于播放声音，并为空物体添加Audio Source组件，如图4-43所示。

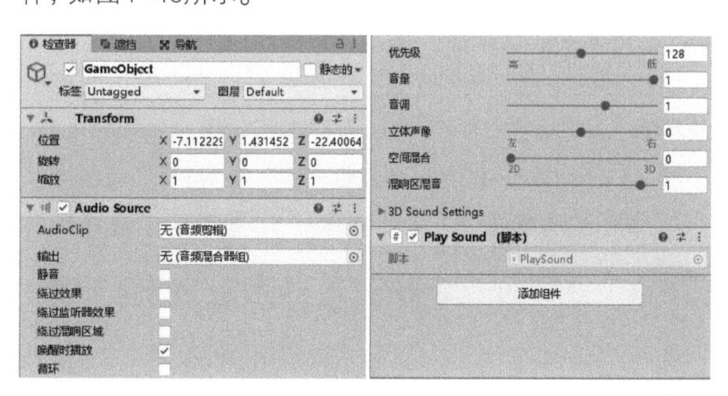

图4-43

03 在“项目”面板中执行“创建>C#脚本”命令创建一个脚本，并命名为PlaySound，然后将其添加到空物体上。编写的脚本代码如下。

输入代码

```
public class PlaySound : MonoBehaviour
{
```

```
//播放器，也就是音频源
private AudioSource player;
//音频剪辑
private AudioClip clip;
void Start()
{
    //获得该游戏物体身上的音频源
    player = GetComponent<AudioSource>();
    //Resources.Load用来读取Resources文件夹中的文件，
//泛型中填写读取的类型，参数中填写读取的文件名称
    player.clip = Resources.Load<AudioClip>("test");
}

void Update()
{
    //单击播放音频
    if (Input.GetMouseButtonDown(0))
    {
        player.Play();
    }
    //单击鼠标右键暂停播放音频
    if (Input.GetMouseButtonDown(1))
    {
        player.Stop();
    }
}
}
```

运行结果

单击即可开始音频的播放；单击鼠标右键即可暂停音频的播放。

4.3.4 完成视频的播放

在游戏的开发过程中，常常会配合游戏的进程来播放一些高质量的视频，这样可以在很大程度上提高游戏的观感，也更容易让玩家融入游戏中。因此除了音频，Unity还支持视频的播放，可体现出一些特殊的画面效果。要想播放视频，首先要在“项目”面板中导入所要播放的视频文件，如导入一个MP4格式的视频文件，然后在“项目”面板中执行“新建>渲染器纹理”命令创建一个“新建渲染器纹理”，如图4-44所示。

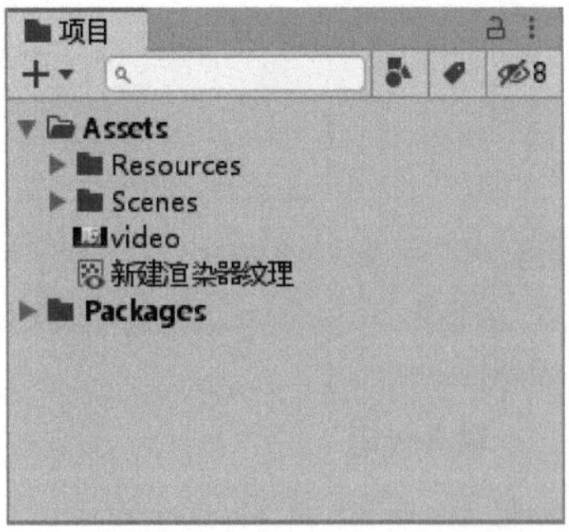

图4-44

在“层级”面板中执行“创建>UI>Raw Image”命令创建一个原始图像控件，双击创建的Raw Image（原始图像），即可在场景视图中看到创建的图像，如图4-45所示。

图4-45

为Raw Image添加Video Player（视频播放器）组件，并设置“渲染模式”为“渲染器纹理”；同时将“项目”面板中的“新建渲染器纹理”添加到Raw Image组件中的“纹理”选项框和Video Player组件中的“目标纹理”选项框中；再将导入的视频添加到Video Player组件中的“视频剪辑”选项框中，如图4-46所示，运行结果如图4-47所示。

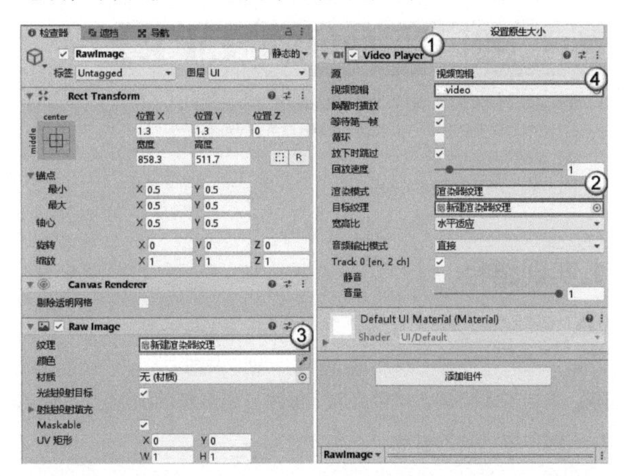

图4-46

图4-47

实例：播放电视画面

素材位置　素材文件>CH04>实例：播放电视画面
实例位置　实例文件>CH04>实例：播放电视画面
难易指数　★★☆☆☆
学习目标　掌握视频系统的使用方法

本例将实现电视画面的播放，效果如图4-48所示。

图4-48

1.实现路径

01 为电视模型创建一个四边形屏幕。

02 导入视频文件。

03 为电视模型添加Video Player组件。

04 实现播放视频功能。

技巧提示

本例使用“操作演示：制作游戏夜晚场景”中导入的Furnished Cabin进行制作。

2.操作步骤

01 双击“项目”面板中的Furnish edCabin/Scenes/Demo，将电视机置于场景视图中心，如图4-49所示。

02 在“层级”面板中执行“创建>3D对象>Quad”命令创建一个四边形，然后在Transform组件中设置“位置”的X属性为3.22，Y属性为1.128，Z属性为1.156；设置“旋转”的X属性为0；Y属性为90，Z属性为0，设置“缩放”的X属性为1.24，Y属性为0.66，Z属性为1，如图4-50所示。

图4-49

图4-50

03 设置Quad为PFB_Building_Full/PFB_TV的子物体，并微调Quad的位置和大小，使其与电视画面的大小相同，效果如图4-51所示。

04 打开“素材文件>CH04>实例：播放电视画面>Video.mp4”，并将其拖曳到“项目”面板中，然后在“项目”面板中执行“创建>渲染器纹理”命令创建一个渲染器纹理文件，并命名为TV，如图4-52所示。

图4-51

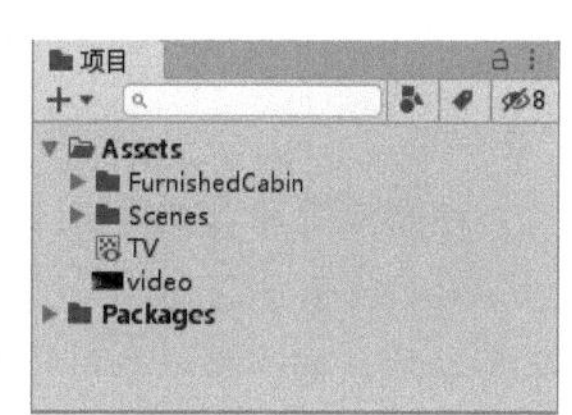

图4-52

05 为PFB_Building_Full/PFB_TV添加Video Player组件，然后将Video.mp4添加到Video Player组件中的“视频剪辑”选项框中，并设置“渲染模式”为“渲染器纹理”“目标纹理”为TV，如图4-53所示。

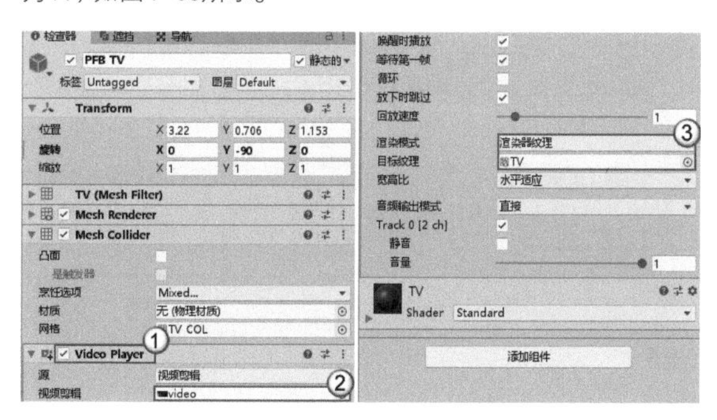

图4-53

06 选择TV文件，在“检查器”面板中设置“大小”为1920×1080，如图4-54所示。然后将TV文件拖曳到场景视图或“层级”面板中的Quad物体上，游戏的运行情况如图4-55所示。

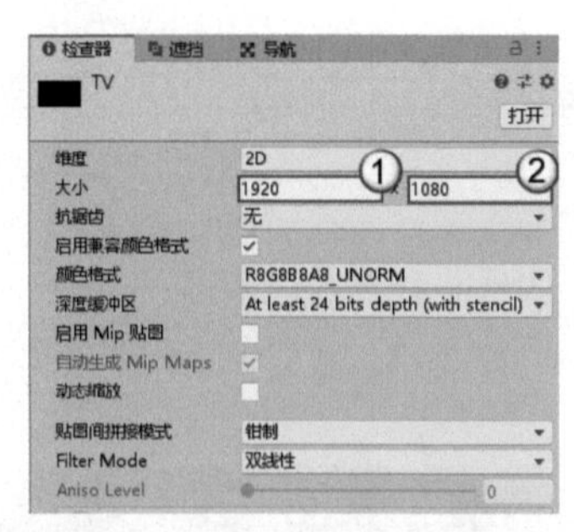

图4-54

运行结果

图4-55

4.4 玩家角色控制

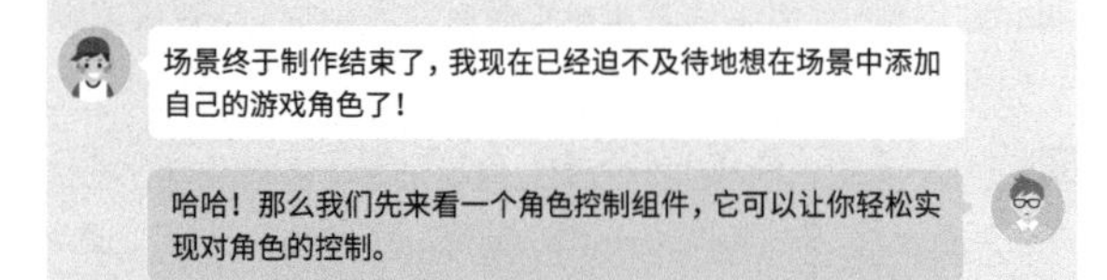

4.4.1 角色控制器

在游戏的开发过程中，完善角色控制需要花费不少心思，Unity提供了Character Controller（角色控制器）组件来帮助用户进行简单的角色控制。除此之外，Character Controller组件还提供了一个胶囊体的碰撞外形，接下来我们就来进行学习。

在场景中添加一个平面作为地面，再添加一个胶囊并命名为Player，作为场景中的角色，然后为角色添加Character Controller组件，如图4-56所示。

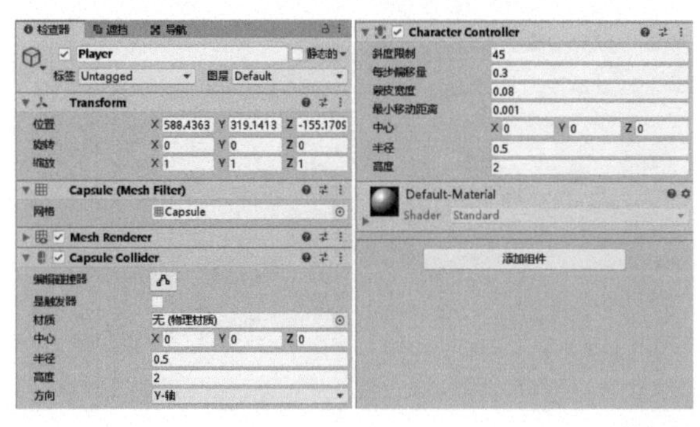

图4-56

重要参数介绍

斜度限制： 设置爬坡的斜率上限。

每步偏移量： 设置爬坡台阶的偏移量。

蒙皮宽度： 设置角色皮肤的宽度。

最小移动距离： 设置移动最小值，如果移动距离小于该值，则不会移动。

中心： 设置中心位置的坐标点。

半径： 设置碰撞胶囊的半径。

高度： 设置碰撞胶囊的高度。

4.4.2 通过脚本控制角色移动

本小节将使用脚本来控制角色移动，为胶囊添加Character Controller组件并实现按方向键进行移动。在“项目”面板中执行“创建>C#脚本”命令创建一个脚本，并命名为PlayerControl，然后将其添加到Player物体上。编写的脚本代码如下，运行结果如图4-57所示。

输入代码

```
public class PlayerControl : MonoBehaviour
{
  //角色控制器
  private CharacterController characterController;
  void Start()
  {
    //获取物体身上的角色控制器
    characterController = GetComponent<CharacterController>();
  }

  void Update()
  {
    //获取水平输入轴
    float horizontal = Input.GetAxis("Horizontal");
    //获取垂直输入轴
    float vertical = Input.GetAxis("Vertical");
    //创建一个移动方向向量
    Vector3 dir = new Vector3(horizontal, 0, vertical);
    //移动，Move()方法不会受到重力影响，移动到地面外面不会掉落
    characterController.Move(dir * 2 * Time.deltaTime);
    //移动，SimpleMove()方法也可移动，受到重力影响，
//并且参数单位已经为s，无须转换
    //characterController.SimpleMove(dir * 2 );
  }
}
```

运行结果

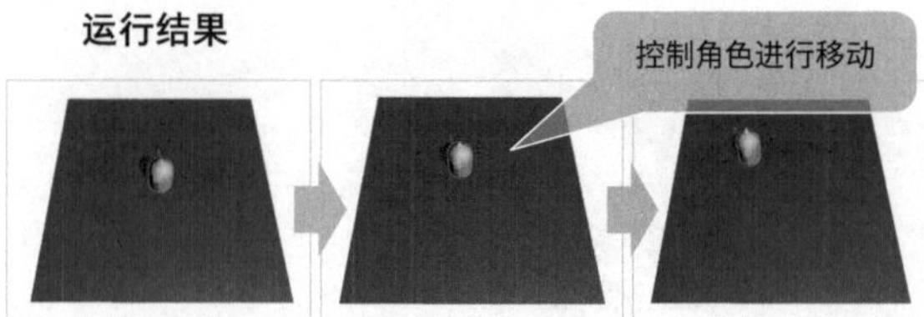

图4-57

技术专题：判断角色控制器是否位于地面

在制作游戏的过程中，常常需要判断当前角色是否已碰撞到地面，然后根据结果进行不同的逻辑操作。例如，我们常常在游戏中为游戏角色制作跳跃功能，制作逻辑一般是先判断角色是否碰撞到地面，如果没有碰撞到地面，那么证明其位于空中，这时候不允许跳跃；但是如果角色碰撞到地面，证明其目前不在空中，这时才允许角色进行跳跃，这样就能很好地防止角色因连续跳跃而飞到空中。下面分别展示角色碰撞到地面允许跳跃的状态和角色没碰撞到地面不允许跳跃的状态，如图4-58所示。

Character Controller为我们提供了isGrounded属性，我们可以在脚本中通过直接获取该属性来判断当前角色是否碰撞到地面。灵活使用该属性可以使后续的编程更加简单，但是有些时候该属性出现的结果并不符合我们的预期，这时就要想办法判断角色是否接触地面。针对判断的方法，我们可以使用第5章中的碰撞回调进行编写，或是通过射线来进行地面碰撞检测，具体使用哪种方式可以根据游戏的需求来决定。

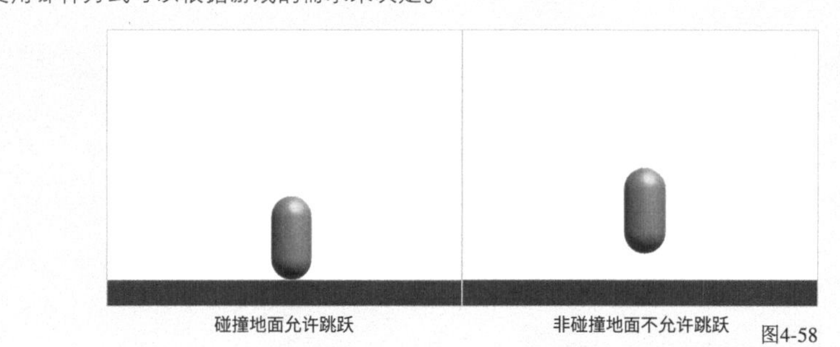

图4-58

4.5 综合案例：寻宝游戏

素材位置 无
实例位置 实例文件>CH04>综合案例：寻宝游戏
难易指数 ★★★☆☆
学习目标 掌握寻宝游戏的制作方法，熟悉游戏中音效和特效与剧情的衔接技巧

本例将制作寻宝游戏，效果如图4-59所示。

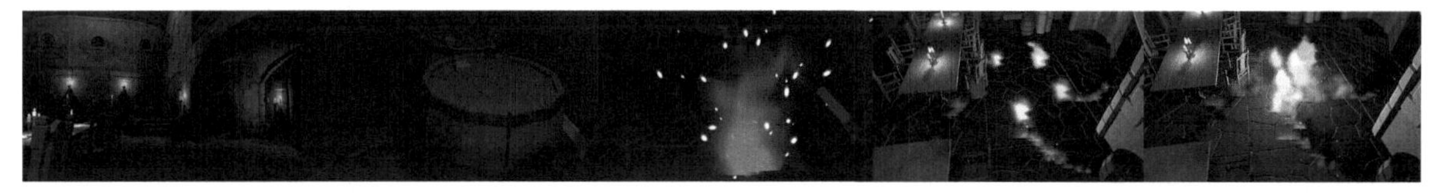

图4-59

4.5.1 游戏描述

在制作游戏之前，了解游戏的玩法有助于掌握技术点的使用方法并理解游戏的制作逻辑。

1.玩法介绍

在本例的寻宝游戏中，角色可以在场景中随意走动，并通过开启木桶和宝箱完成寻找3枚金币的任务，当找到第3枚金币时即可获得本局游戏的胜利。游戏胜利时，将播放胜利特效。

2. 实现路径

01 下载资源并导入场景，导入角色。

02 下载资源并播放背景音乐。

03 添加判断功能，当宝箱与角色的距离小于1.5m时，角色可获得一枚金币，同时播放吃金币的音效；当获得的金币数量大于或等于3时，播放游戏胜利的特效。

04 添加判断功能，当宝箱与角色的距离小于2m时，随机产生一枚金币。

4.5.2 项目准备

01 执行“窗口>资源商店”菜单命令，在资源商店中下载并导入Ultimate Low Poly Dungeon。资源导入完成后，双击“项目”面板中的BrokenVector/UltimateDungeonPack/Scenes/Mage Room Demo，场景效果如图4-60所示。

02 该场景资源中包含一个玩家角色，可通过该角色实现基本的移动功能。运行游戏，并按方向键进行移动，如图4-61所示。

图4-60

图4-61

4.5.3 播放背景音乐

执行“窗口>资源商店”菜单命令，在资源商店中下载并导入Sound FX-Retro Pack和Free Fantasy Adventure Music Pack。资源导入完成后，在“层级”面板中执行“创建>空对象”命令创建一个空物体，并命名为BgmPlayer。为该物体添加Audio Source组件，将Free Fantasy Adventure Music Pack/Bards_Solo__1_Min_Harp添加到Audio Source组件中的AudioClip选项框中，将其设置为该物体的音频，如图4-62所示。

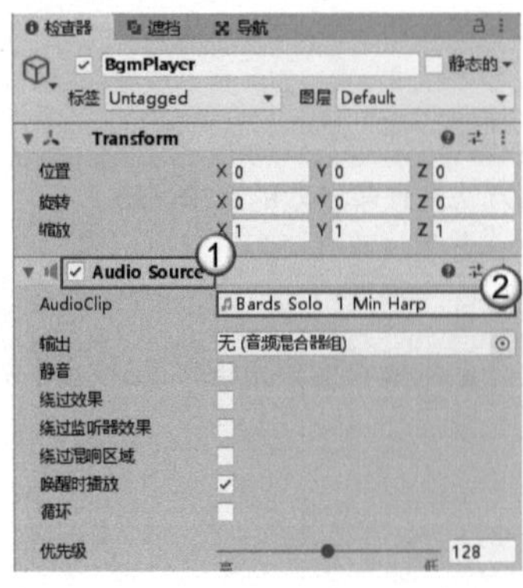

图4-62

4.5.4 创建金币特效

01 执行“窗口>资源商店”菜单命令，在资源商店中下载并导入Procedural fire。资源导入完成后，将“项目”面板中的Zero Rare/Retro Sound Effects/Audio文件夹重命名为Zero Rare/Retro Sound Effects/Resources。在“项目”面板中执行“创建>C#脚本”命令创建一个脚本，并命名为CoinControl，编写的脚本代码如下。

输入代码

```
using UnityEngine;
public class CoinControl : MonoBehaviour
{
  //胜利特效，关联了“项目”面板中的ErbGameArt/Procedural fire/
Prefabs/RotatorPS2
  public GameObject EffectPre;
  //玩家角色
  private Transform player;
  //金币数量
  public static int Count = 0;
  //音乐播放器组件
  private AudioSource audioSource;
  void Start()
  {
    //通过标签找到玩家角色，本例场景的玩家角色是场景内置提供的，
//获取玩家角色需要额外获取一次子物体
    player = GameObject.FindWithTag("Player").transform.GetChild(0);
    //获取音乐播放器组件
    audioSource = GetComponent<AudioSource>();
  }

  void Update()
  {
    //获得自身与玩家角色的距离
    float dis = Vector3.Distance(transform.position, player.position);
    //如果距离小于1.5m
    if (dis < 1.5f)
    {
      //金币数量加1
      Count++;
      //播放吃金币音效
      audioSource.PlayOneShot(Resources.Load<AudioClip>("Coin/
coin_01"));
      //输出当前金币数量
      Debug.Log("获得金币，当前金币为: " + Count);
      //如果金币数量大于或等于3
      if (Count >= 3)
      {
        //实例化胜利特效
        GameObject go = Instantiate(EffectPre, transform.position,
transform.rotation);
        //8s后删除特效
        Destroy(go, 8f);
      }
      //删除该脚本
```

```
      Destroy(this);
      //稍延迟后销毁物体自身
      Destroy(gameObject, 0.3f);
    }
  }
}
```

02 将“项目”面板中的ErbGameArt/Procedural fire/Prefabs/Magic fire 2预制件拖曳到场景视图中，并命名为Coin，然后将CoinControl脚本挂载到Coin物体上；为Coin物体添加Audio Source组件，如图4-63所示。游戏的运行情况如图4-64所示。

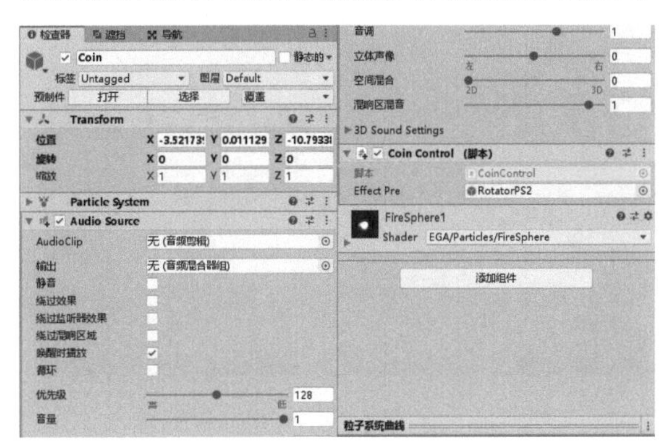

图4-63

运行游戏

图4-64

4.5.5 编写宝箱脚本

01 将Coin物体拖曳到“项目”面板中生成一个金币预制件，然后删除“层级”面板中的Coin物体，接着在“项目”面板中执行“创建>C#脚本”命令创建一个脚本，并命名为ChestControl。编写的脚本代码如下，游戏的运行情况如图4-65所示。

输入代码

```
using UnityEngine;
public class ChestControl : MonoBehaviour
{
  //关联制作的金币预制件
  public GameObject CoinPre;
  //玩家角色
  private Transform player;
  void Start()
  {
    //通过标签找到玩家角色，本例场景的玩家角色是场景内置提供的，获取玩家角色需要额外获取一次子物体
    player = GameObject.FindWithTag("Player").transform.GetChild(0);
  }

  void Update()
  {
    //获得自身与玩家角色的距离
    float dis = Vector3.Distance(transform.position, player.position);
    //如果距离小于2m并按住鼠标左键
    if (dis < 2 && Input.GetMouseButtonDown(0))
    {
      //随机数，增加概率
      if (Random.Range(0, 10) > 5)
```

```
            {
                //如果满足概率，创建一枚金币
                Instantiate(CoinPre, transform.position, Quaternion.identity);
            }
            //删除宝箱物体
            Destroy(gameObject);
        }
    }
}
```

运行游戏

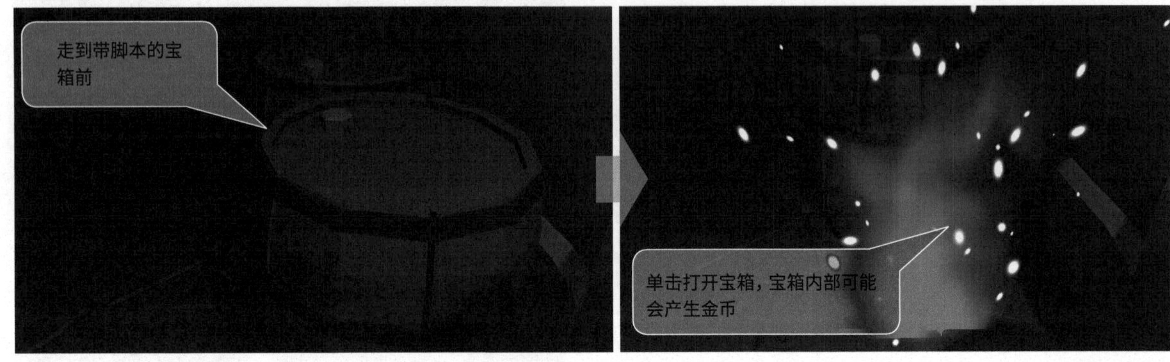

图4-65

02 当寻找到3枚金币后，在第3枚金币的位置播放游戏胜利的特效，效果如图4-66所示。

图4-66

第5章 物理系统

■ 学习目的

仅有精美的游戏画面是不够的，我们还需要为游戏场景添加逼真的物理特性，物理特性有助于完善画面的效果和细节。场景中的角色、被炸飞的物体等都体现了物理特性。本章将完善游戏世界的物理特性，力求打造一个真实的物理世界，并使用这些物理特性表现一些动态事件。

■ 主要内容

- 物理刚体的使用方法
- 物理关节的使用方法
- 物理碰撞和触发检测方法
- 物理碰撞器的使用方法
- 物理材质的使用方法
- 射线的碰撞检测方法

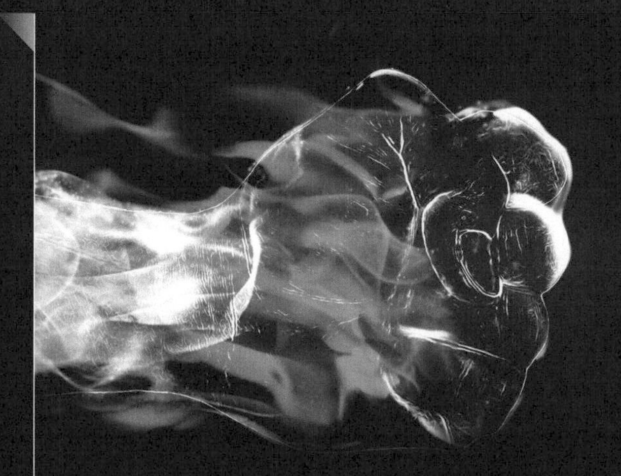
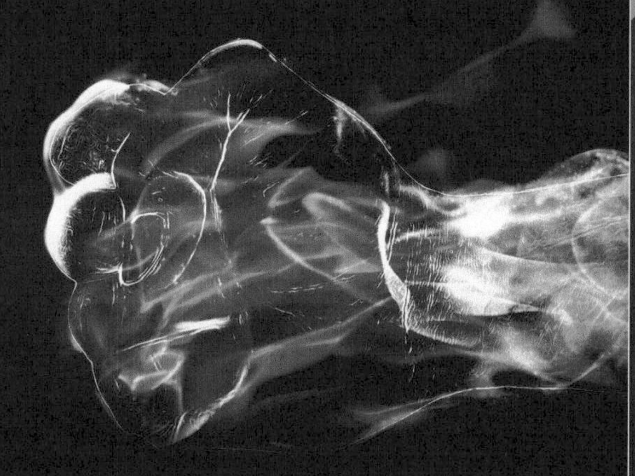

5.1 给物体添加重力

我看很多游戏都用到了物理特性，物理特性是做什么用的呢?

现在大多游戏都会用到物理特性，就拿你喜欢玩的射击游戏举例，以前的射击游戏，当子弹打到油桶或木箱上时，油桶和木箱可能不会发生任何变化。但是现在的射击游戏，当子弹打到油桶或木箱上时，油桶可能发生抖动或倒下，射中木箱时木箱还可能被打碎，并且碎片溅落一地。这些效果受到的都是物理引擎的影响。

明白了，所以物理系统主要就是用于模拟真实的碰撞和重力吧?

嗯，此外生活中还有弹力、摩擦力和碰撞等物理特性，这些都可以通过Unity进行模拟。话不多说，我们一点一点来学习吧!

5.1.1 重力与刚体

在制作游戏的过程中，大多数人首次接触物理系统就是想为自己的游戏物体添加重力效果，使用Rigidbody组件即可使物体受到重力的影响。其实Rigidbody组件的作用不仅限于此，刚体不仅可以让游戏物体受到重力的影响。还会让该物体受到几乎所有的真实物理效果的影响，所以掌握好Rigidbody组件的应用，就能真正地控制游戏角色的物理特性。

技巧提示

若要对物体进行控制（如移动与旋转），既可以使用Transform组件，也可以使用Rigidbody组件，但是这两种方式的呈现效果是有区别的。使用Transform组件控制物体会将重点放到物体的位置和旋转上，而使用Rigidbody组件控制物体则会将重点放在物体的力、速度和扭矩上。例如，当一个添加了Transform组件的物体持续撞向墙体时，可能会发生物体穿过墙体或抖动等现象，但是使用Rigidbody组件控制物体时产生的现象会比较平滑。

为一个立方体添加Rigidbody组件，运行后即可看到该立方体向下掉落，这时的立方体就拥有了物理特性，其“检查器”面板如图5-1所示。

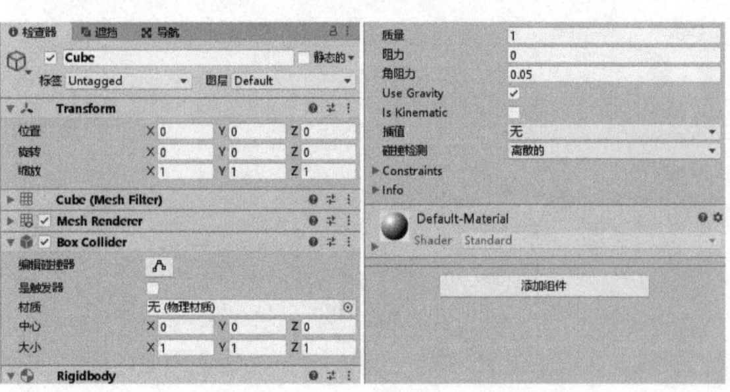

图5-1

重要参数介绍

质量： 物体的质量，以kg作为单位。

阻力： 用于表示当物体移动时会受到的空气阻力，0为不受阻力影响。

角阻力： 用于表示当物体根据扭矩旋转时受到的空气阻力大小。

Use Gravity（**使用重力**）：勾选该选项后，物体才会受到重力影响。

Is Kinematic（**运动学**）：勾选该选项后，刚体不会受到物理特性的影响，但是仍然可以触发物理检测等功能。

插值： 有“无”“插值”和“外推”3种插值方式。

无： 不使用插值。

插值： 根据上一帧的变化进行插值。

外推： 根据下一帧的变化进行插值。

碰撞检测： 有“离散的”“持续”“连续动态”和“Continuous Speculative”4种碰撞检测方式。

离散的： 该选项为默认方式，表示不连续检测，比较节省性能，但高速物体可能会发生穿透现象而检测不到，如子弹穿墙。

持续： 如果希望连续检测，那么被检测物体可以设置为此项（如墙体），但性能消耗较大。

连续动态： 如果希望连续检测，那么快速移动的物体可以设置为此选项（如子弹），但性能消耗较大。

Continuous Speculative（**连续检测**）：性能消耗低于前两项连续检测，但仍然可能发生穿透现象。

Constraints（**冻结**）：冻结刚体在某个轴向的移动或旋转。

5.1.2 刚体类常用的属性方法

刚体的基本设置一般在组件中进行，但是刚体的用法大部分是通过脚本中的代码控制的。在使用刚体之前，我们需要先了解刚体类常用的属性和方法，如表5-1所示。

表5-1

方法	详解
position	刚体的位置
rotation	刚体的旋转
velocity	刚体的速度
AddForce	向刚体添加一个力
AddExplosionForce	向模拟爆炸的刚体添加一个力
AddTorque	向刚体添加一个扭矩
MovePosition	移动刚体
MoveRotation	旋转刚体
IsSleeping	是否在休眠状态
Sleep	让刚体进入至少一帧的休眠
WakeUp	唤醒刚体

技术专题：刚体休眠原理

物理引擎会实时地对所有具有物理特性的物体进行运算，所以为物体添加Rigidbody组件后，也就意味着对物理引擎添加了一个运算。但是具有物理特性的物体并非时时刻刻都在运动，如一个添加了Rigidbody组件的箱子在大多数时间内可能只是放置在地面上，所以为了节省性能，物理系统设置了休眠阈值。当判断物体的能量阈值低于该休眠阈值时，会设定该物体为休眠模式，省去了重复为该物体进行运动和碰撞检测的计算，节省了大量性能。

当处于休眠模式的刚体受到外界的影响时，刚体会被唤醒，继续参与物理运算。如果希望通过脚本来控制刚体的休眠状态，那么可以调用刚体的Sleep和WakeUp方法让刚体进入休眠或从休眠中被唤醒。

在一般情况下不需要修改物理引擎的休眠阈值。如果想要修改，那么可以执行“编辑>项目设置>物理”菜单命令，在“选项”面板中修改Sleep Threshold（休眠阈值）。

操作演示：通过刚体控制球体运动

素材位置　无
实例位置　实例文件>CH05>操作演示：通过刚体控制球体运动
难易指数　★☆☆☆☆
学习目标　掌握刚体在脚本中的控制方法

本例将实现使用刚体控制球体运动，效果如图5-2所示。

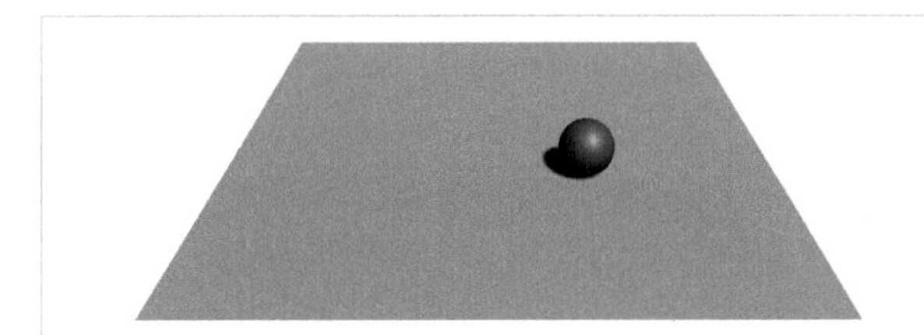
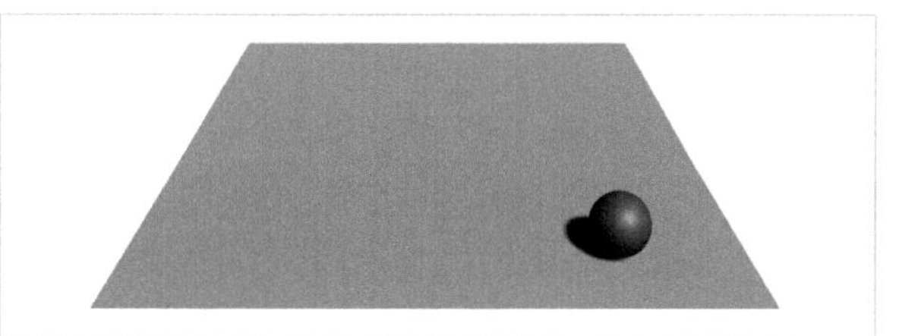

图5-2

1.实现路径

01 搭建场景。

02 为物体添加Rigidbody组件。

03 使用脚本控制其移动方向和该方向上的速度。

2.操作步骤

01 执行“游戏对象>3D对象>球体”菜单命令在场景中创建一个球体，并命名为Player；执行“游戏对象>3D对象>平面”菜单命令在场景中创建一个平面，并将其置于球体的下方，作为场景中的地面，如图5-3所示。

02 为Player添加Rigidbody组件，如图5-4所示。

图5-3

图5-4

03 执行“资源>创建>C#脚本”菜单命令创建一个脚本，并命名为PlayerControl，将其挂载到Player物体。编写的脚本代码如下，运行结果如图5-5所示。

输入代码

```
public class PlayerControl : MonoBehaviour
{
    //刚体
    private Rigidbody rbody;

    void Start()
    {
        //获取玩家角色刚体组件
        rbody = GetComponent<Rigidbody>();
    }

    void Update()
    {
        //获取水平轴数值
        float horizontal = Input.GetAxis("Horizontal");
        //获取垂直轴数值
        float vertical = Input.GetAxis("Vertical");
        //获取移动方向向量
        Vector3 dir = new Vector3(horizontal, 0, vertical).normalized;
        //给刚体该方向上的速度
```

```
    rbody.velocity = dir * 2;
  }
}
```

运行结果

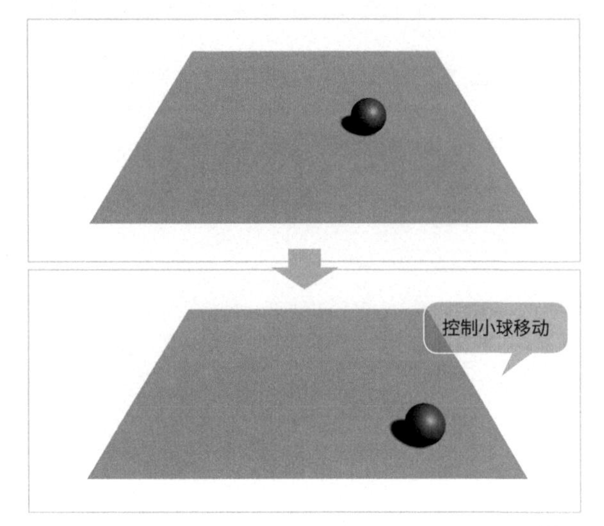

图5-5

5.2 给物理世界添加碰撞

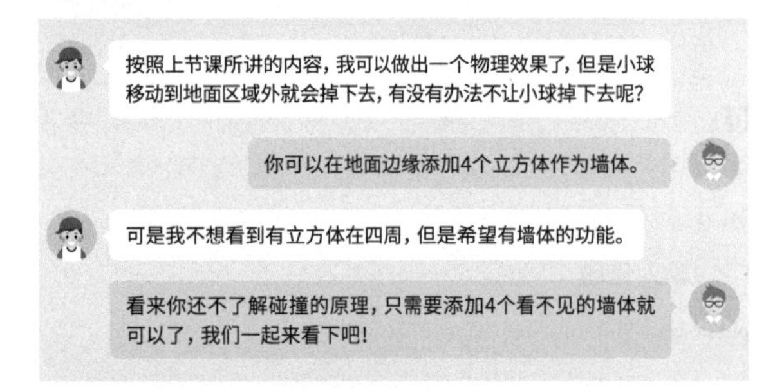

5.2.1 墙体的碰撞

在上一小节的示例中，如果在地面上添加一个立方体，那么你会发现立方体如同墙体一般，在运动的过程中球体会受到立方体的阻挡，两者发生碰撞，如图5-6所示。

图5-6

立方体本身没有碰撞功能，也就是说球体在正常情况下会穿过立方体。但是在创建立方体时Unity会自动为其添加Box Collider组件，该组件可使立方体拥有碰撞功能，其“检查器”面板如图5-7所示。

图5-7

重要参数介绍

编辑碰撞器：用于编辑边界体积。单击该选项后即可看到立方体的每个边缘都会有高亮显示的线框，每个面的中间都有一个小点。单击小点并进行拖曳，即可看到线框也随之进行缩放，而这个线框就是这个立方体的盒状碰撞器，如图5-8所示。

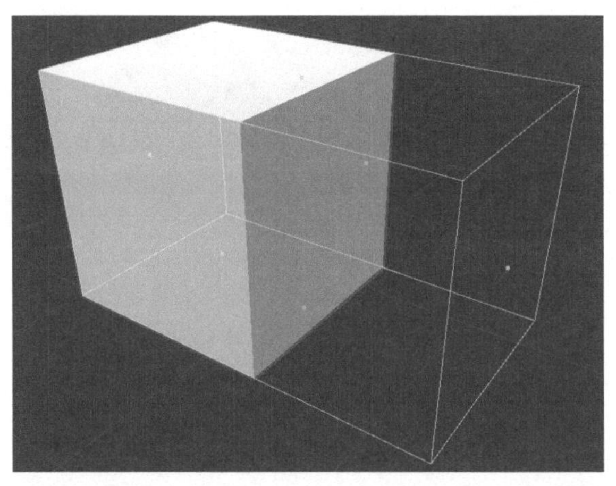

图5-8

是触发器：如果勾选该选项，那么该碰撞器就会被当作触发器来响应触发事件，同时忽略碰撞。

材质：该碰撞器与其他碰撞器交互时使用的物理材质。

中心：碰撞器在物体本地坐标系中的位置。

大小：碰撞器在x、y、z轴上的缩放。

碰撞器的大小随立方体的变化而变化，也就是说物体之间发生的碰撞主要是碰撞器在起作用。如果将立方体附带的碰撞器组件删除，那么该立方体也就不再具有碰撞功能了，球体也就能穿墙而过了。同理，我们可以在一个空物体上添加碰撞器组件，那么这个空物体也会具有碰撞功能。

技巧提示

通常使用Box Collider作为墙体、箱子和房子等各种立方体物体的碰撞器。

5.2.2 球体碰撞器

球体碰撞器与立方体碰撞器类似，只是碰撞体从立方体变成了球体。一般生活中的各类球体均使用Sphere Collider（球体碰撞器）来进行碰撞。执行“游戏对象>3D对象>球体”菜单命令在场景中创建一个球体，即可看到球体附带的Sphere Collider组件，如图5-9所示，其“检查器”面板如图5-10所示。

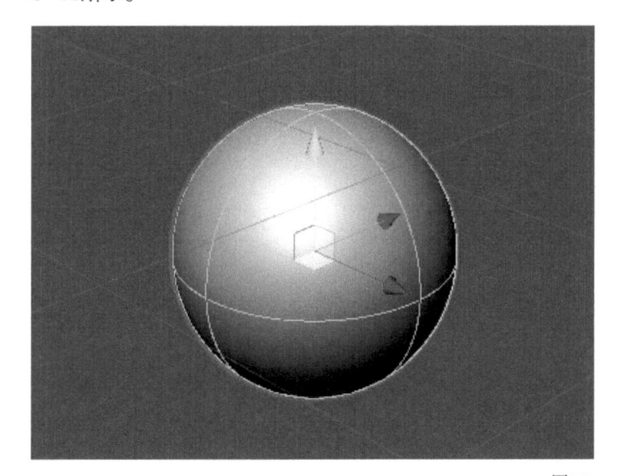

图5-9

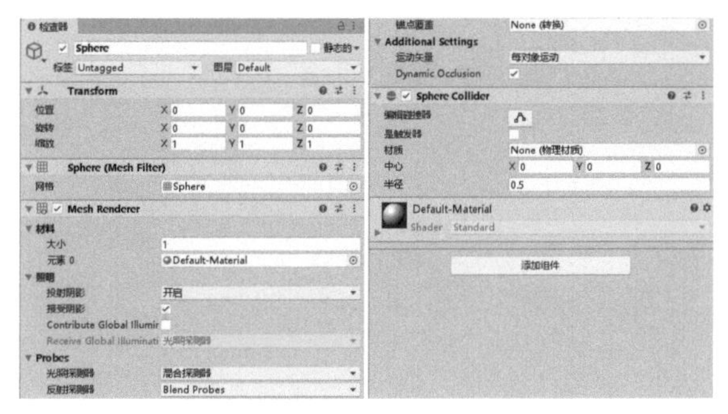

图5-10

重要参数介绍

中心：碰撞器在物体本地坐标系中的位置。

半径：球体碰撞器的半径大小。

5.2.3 胶囊碰撞器

大多数游戏中的角色都需要一个碰撞器与其他碰撞器进行交互，但是角色一般都是人物模型，而无论是使用盒状碰撞器还是球体碰撞器都不能为人物模型做出合适的碰撞效果。这时可以使用另外一种碰撞器，也就是胶囊碰撞器，胶囊碰撞器常用于处理角色的碰撞。执行“游戏对象>3D对象>胶囊”菜单命令在场景中创建一个胶囊体，即可看到胶囊附带的Capsule Collider（胶囊碰撞器）组件，如图5-11所示，其“检查器”面板如图5-12所示。

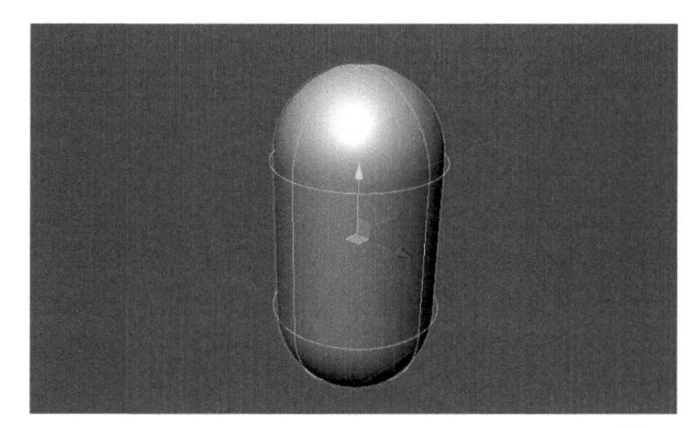

图5-11

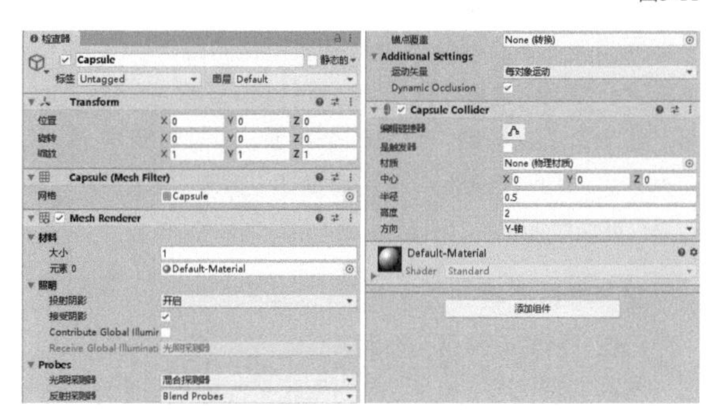

图5-12

重要参数介绍

中心：碰撞器在物体本地坐标系中的位置。

半径：胶囊碰撞器的半径大小。

高度：胶囊碰撞器的高度。

方向：胶囊碰撞器的方向。

技巧提示

由于Capsule Collider的形状比较特殊，因此如果制作的游戏并不复杂，那么可以直接使用胶囊碰撞器模拟人体，这样可以模拟出头、脚小，身体大的特点。如果你的游戏需要碰撞得很精准，那么还可以使用多个胶囊碰撞器来模拟人体的各个部位，如用两个胶囊碰撞器来分别模拟角色的上臂和下臂。

5.2.4 地形碰撞器

除了各种物体、角色需要产生碰撞，地形也是需要产生碰撞的。执行“游戏对象>3D对象>地形”菜单命令在场景中创建一个地形，即可看到地形附带的Terrain Collider（地形碰撞器）组件。该碰撞器可以使地形表面与其他碰撞器产生交互，其“检查器”面板如图5-13所示。

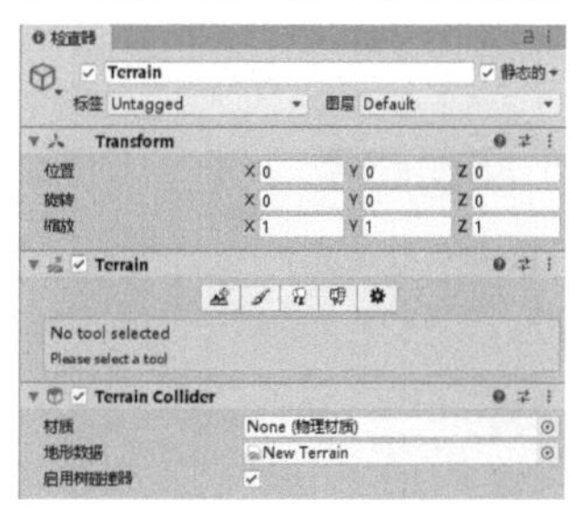

图5-13

重要参数介绍

材质：该碰撞器与其他碰撞器交互时使用的物理材质。

地形数据：用于存储高度图、地形纹理、细节网格和树木的数据文件，该文件自动在“项目”面板中生成。

启用树碰撞器：勾选该选项后，将开启树木碰撞器。

5.2.5 网格碰撞器

虽然使用上述碰撞器就可以模拟出大部分物体的碰撞，但是在某些情况下还需要对一些游戏物体进行精准碰撞，如雕塑、汽车等物体，这时就可能会用到网格碰撞器。网格碰撞器会使用物体自身的网格来进行精确的碰撞。执行“游戏对象>3D对象>平面”菜单命令在场景中创建一个平面，即可看到平面附带的Mesh Collider（网格碰撞器）组件，其“检查器”面板如图5-14所示。

图5-14

重要参数介绍

凸面：触发器是否为凸面。

烹饪选项：用于启用或禁用网格烹饪的某些选项。

材质：该碰撞器与其他碰撞器交互时使用的物理材质。

网格：碰撞网格。

操作演示：制作简易赛车

素材位置　无

实例位置　实例文件>CH05>操作演示：制作简易赛车

难易指数　★★☆☆☆

学习目标　掌握各种碰撞器的使用方法

本例将制作简易赛车，效果如图5-15所示。

图5-15

1.实现路径

01 制作简易赛车的各个部位。

02 使用脚本控制赛车的转动和速度。

技巧提示

为了熟悉各种碰撞器的使用方法，本例不使用制作好的赛车模型。

2.操作步骤

01 执行“游戏对象>3D对象>平面”菜单命令在场景中创建一个平面，作为场景中的地面，并命名为Plane，如图5-16所示。

图5-16

02 执行“游戏对象>3D对象>立方体”菜单命令在场景中创建一个立方体用于模拟汽车车身，并命名为Car，如图5-17所示。

03 执行“游戏对象>创建空对象”菜单命令在场景中创建一个空物体用于模拟轮胎，并命名为Wheel，然后将其设置为Car的子物体。执行“游戏对象>3D对象>圆柱”菜单命令在场景中创建一个圆柱体，然后删除圆柱体的Capsule Collider组件，并将其设置为Wheel的子物体。接着将Wheel复制3份，并将这4个Wheel调整到合适的位置，效果如图5-18所示。

图5-17

图5-18

04 为Car添加Rigidbody组件，然后设置“质量”为1000，如图5-19所示。接下来为每个Wheel添加Wheel Collider（车轮碰撞器）组件，如图5-20所示。

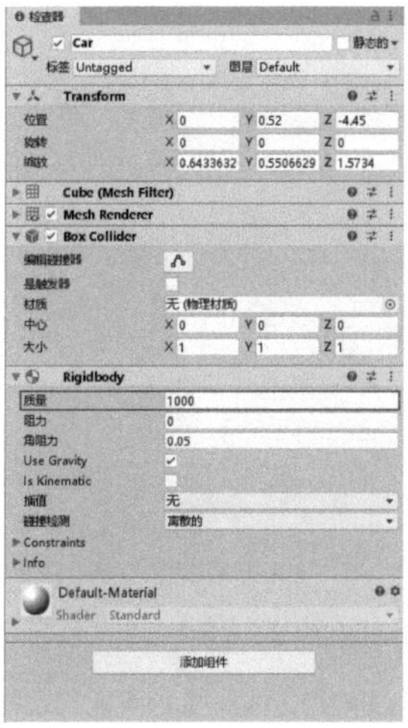

图5-19

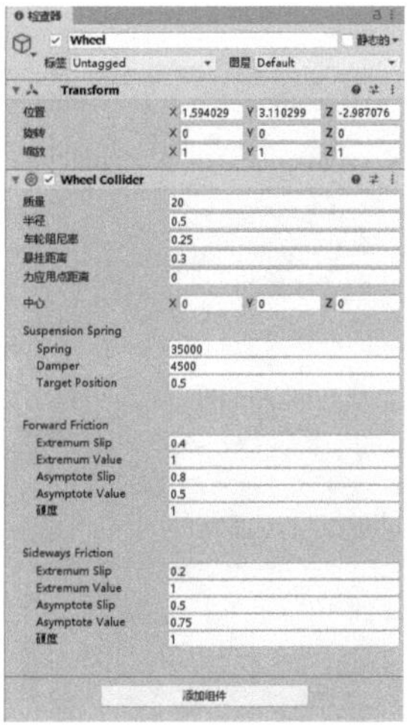

图5-20

05 将车轮碰撞器的中心和半径调整到合适的位置和大小，让轮胎与车轮碰撞器接近重合，如图5-21所示。

图5-21

06 执行“资源>创建>C#脚本”菜单命令创建一个脚本，并命名为CarControl，然后将其挂载到Car物体上。编写的脚本代码如下，运行结果如图5-22所示。

输入代码

```
public class CarControl : MonoBehaviour
{
  //关联两个前轮物体
  public WheelCollider[] frontWheels;
  //关联两个后轮物体
  public WheelCollider[] backWheels;

  void Update()
  {
    //获取水平轴数值
    float horizontal = Input.GetAxis("Horizontal");
    //获取垂直轴数值
    float vertical = Input.GetAxis("Vertical");
    //遍历前轮
    foreach (WheelCollider  wheel in frontWheels)
    {
      //给前轮设置最大转弯角度为30。
      wheel.steerAngle = horizontal * 30;
    }
    //遍历后轮
    foreach (WheelCollider wheel in backWheels)
    {
      //给后轮设置最大动力为200
      wheel.motorTorque = vertical * 200;
    }
  }
}
```

运行结果

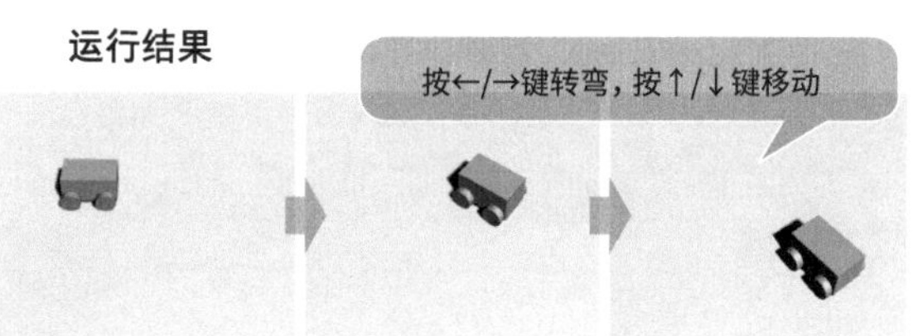

图5-22

5.3 物理关节与材质

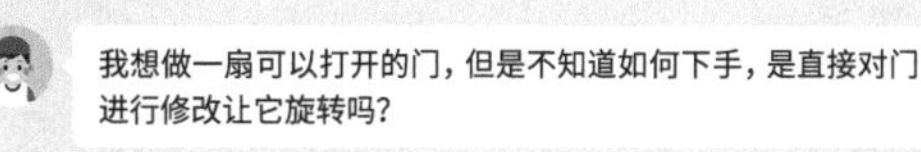

我想做一扇可以打开的门，但是不知道如何下手，是直接对门进行修改让它旋转吗？

直接对门进行旋转就可以了，但是物理引擎还提供了另外一种方式，那就是铰链关节。此外还有一些其他物理关节可以使用。话不多说，接下来我们就开始进行学习！

5.3.1 铰链关节

铰链关节可以将两个刚体组合在一起，然后通过物理约束让两个刚体产生铰链约束，所以常常使用铰链关节来模拟门的开关等效果，下面我们来简单地使用一下铰链关节。在场景中创建一个立方体，接着为其添加Hinge Joint（铰链关节）组件，添加完成后该立方体也会自动添加Rigidbody组件。正常情况下添加了Rigidbody组件后运行游戏，该立方体会下落，但是为其添加Hinge Joint组件后运行游戏，会发现因为关节约束，立方体不会下落了，其“检查器”面板如图5-23所示。

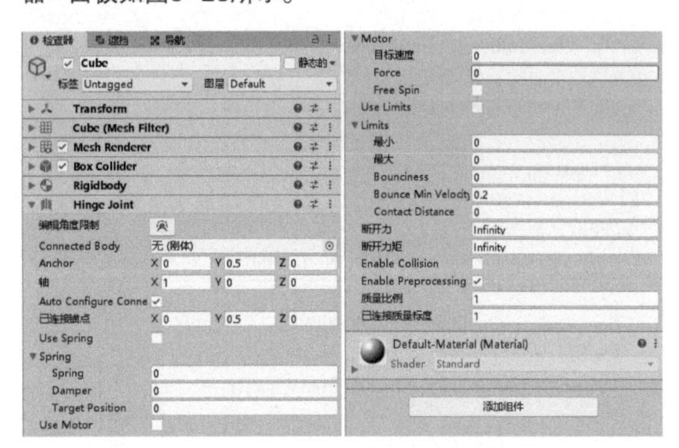

图5-23

重要参数介绍

Edit Angular Limits（**编辑关节角度限制**）：勾选Use Limits（使用限制）选项，单击该按钮后可在场景视图中调整限制角度，如图5-24所示。

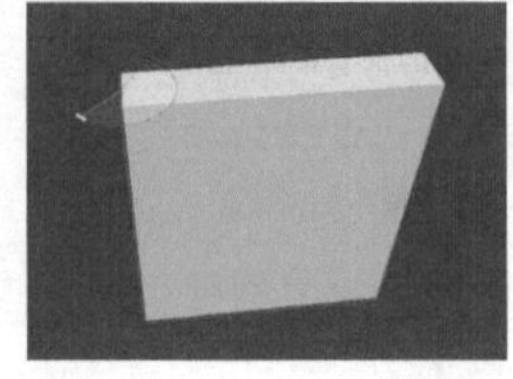

图5-24

Connected Body（**连接刚体**）：可以设置为另一个物体的刚体，未设置关节则连接到世界。

Anchor（**锚点**）：轴的锚点位置。

轴：关节轴的方向。

Use Spring（**使用弹簧**）：是否使用弹簧。

Spring（**弹簧力**）：弹簧的弹力。

Damper（**阻尼**）：数值越大，速度越慢。

Target Position（**目标角度**）：弹簧会朝着该角度变化。

Use Motor（**使用动力**）：使用电机动力运动。

目标速度：目标速度。

Force（**力**）：力的大小，为了达到目标速度而施加的力。

Free Spin（**自由旋转**）：勾选该选项后，电机将不会停止。

Limits（**限制**）：限制角度范围，勾选后可设置最小和最大角度。

断开力：破坏此关节需要的力。

断开力矩：破坏此关节需要的力矩。

操作演示：通过铰链关节控制门的转动

素材位置　无
实例位置　实例文件>CH05>操作演示：通过铰链关节控制门的转动
难易指数　★☆☆☆☆
学习目标　掌握铰链关节的使用方法

本例将实现用立方体模拟门的转动，效果如图5-25所示。

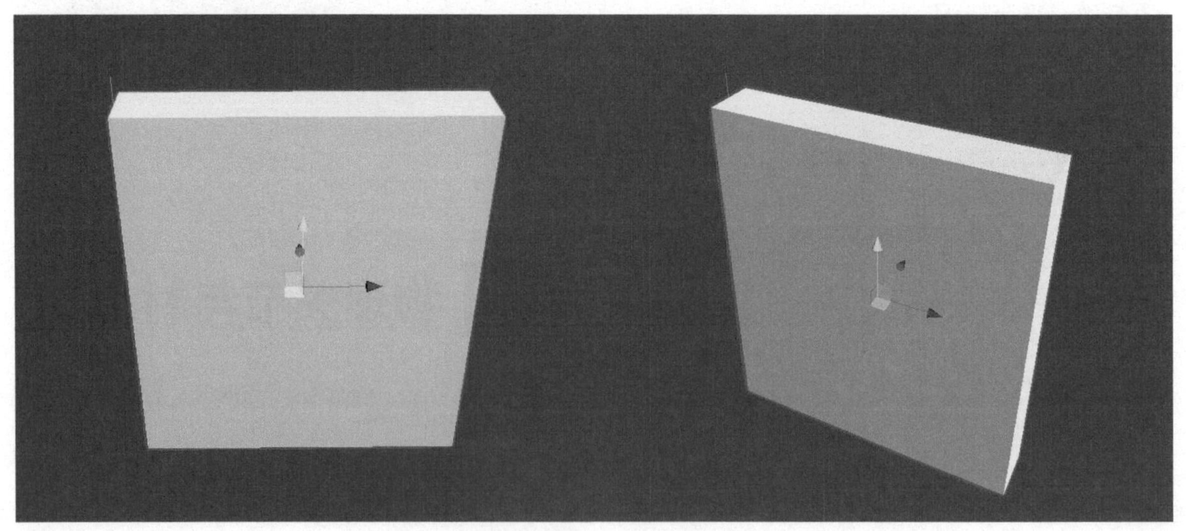

图5-25

1.实现路径

01 模拟一个普通的门。

02 为门添加铰链关节。

03 设置铰链关节让门播放动画。

2.操作步骤

01 执行“游戏对象>3D对象>立方体”菜单命令在场景中创建一个立方体用于模拟一扇门，并命名为Door，如图5-26所示。

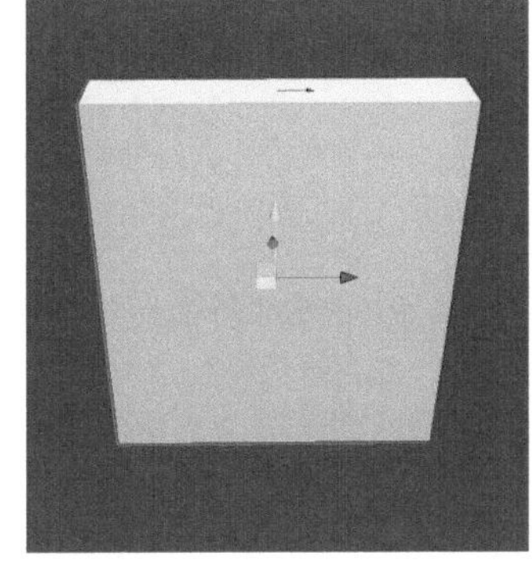

图5-26

02 为Door添加Hinge Joint组件，立方体顶部的箭头表示铰链关节。现在可以看到铰链关节在*x*轴方向上，也就证明目前铰链是绕*x*轴旋转的，需要将其改为在*y*轴方向上，让立方体绕*y*轴旋转。更改的方式很简单，设置“轴”的X属性为0，Y属性为1即可，如图5-27所示。

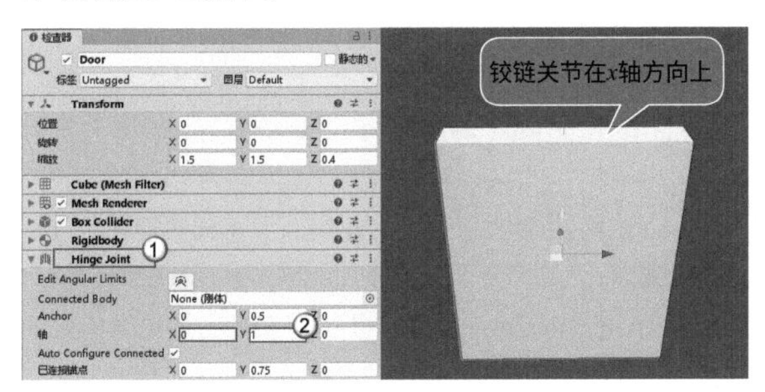

图5-27

03 将铰链放在立方体的左侧，然后修改铰链关节的位置，设置Anchor的X属性为-0.5，如图5-28所示。

图5-28

04 铰链位置设置完成后，就可以开始测试结果了。勾选Use Motor选项，并将Motor属性下的Target Velocity和Force都设置为20，如图5-29所示，运行结果如图5-30所示。

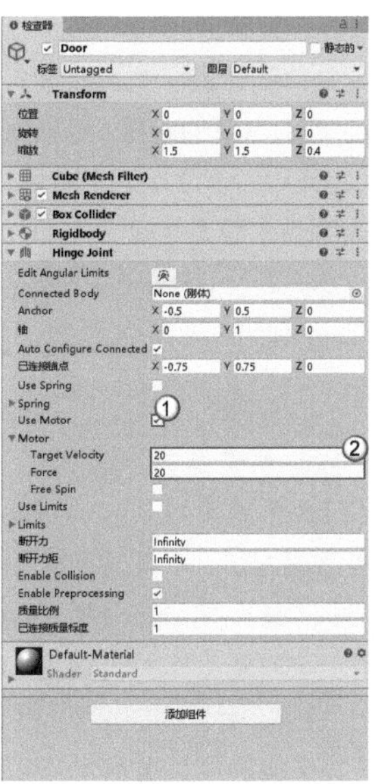

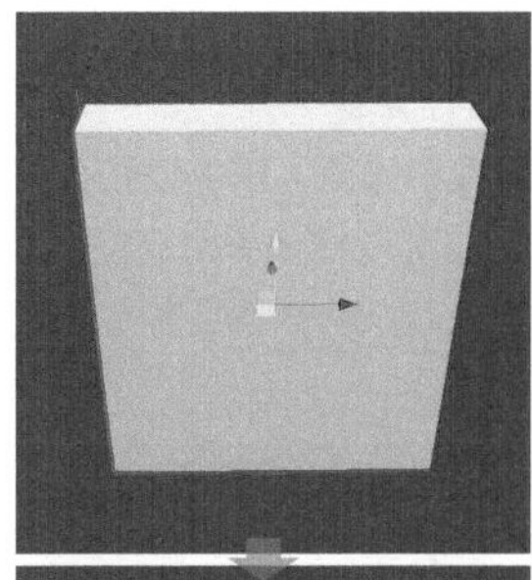

图5-29 图5-30

5.3.2 弹簧关节

弹簧关节和铰链关节的使用方法类似，但是功能有所不同。弹簧关节可以连接两个刚体，让两个刚体像弹簧一样运动，如图5-31所示。添加Spring Joint（弹簧关节）组件后，物体的“检查器”面板如图5-32所示。

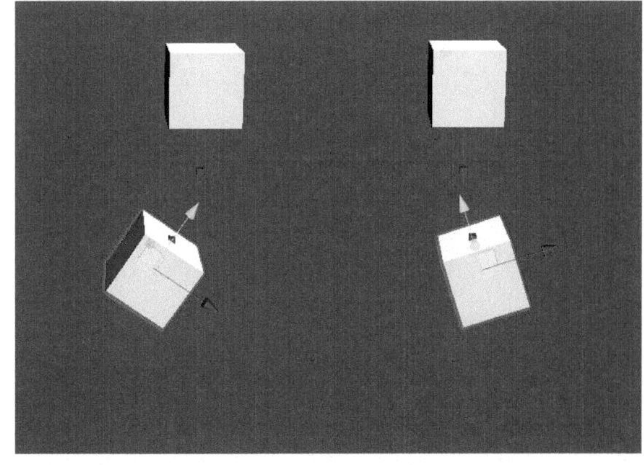

图5-31

图5-32

Spring Joint组件中的属性大多可参考Hinge Joint组件的，除此之外，还可以对弹簧关节进行最小距离和最大距离的设置。注意该距离是指不施加力时的距离，也就是说当两个物体的间距超过最大距离时，会拉近两个物体，直到两个物体的距离在最小距离和最大距离之间。

5.3.3 固定关节

若希望两个物体保持相对固定的位置并一起运动，那么将这两个物体设置为父子级关系就可以了。但是还有另外两种情况无法使用上述解决方法，一是这两个物体已经有各自的父子级关系了，二是当施加外力的时候希望这两个物体因外力而分离。这时候固定关节就可以派上用场了。

固定关节可以让两个不是父子级的刚体像有父子级关系一样进行运动，而且当外界施加一个断开力后这两个刚体会断开。固定关节的使用方法类似铰链关节，添加Fixed Joint（固定关节）组件后，物体的“检查器”面板如图5-33所示。

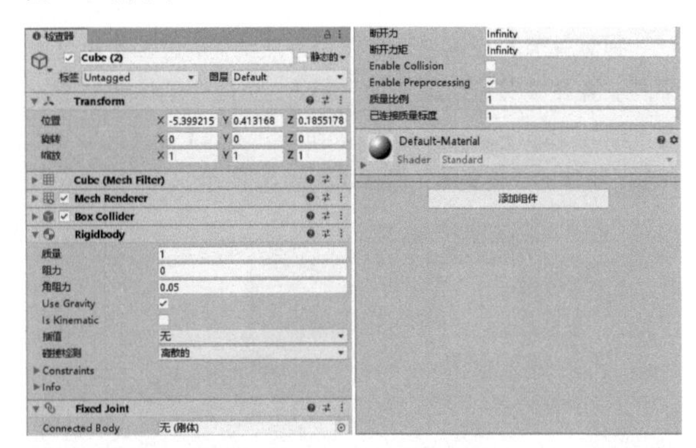

图5-33

5.3.4 物理材质

有时候我们需要对物理世界中的材质进行设置，如同样一个立方体，在游戏中既可以是一个木箱，又可以是一块石头、一个海绵。由于同一个游戏物体需要呈现不同的特性，并且摩擦力、弹力也都不相同，因此需要通过材质来体现不同的物体特性了。下面通过一个示例说明物理材质的用法。

这里有两个平面，设置一个平面为50°斜坡，另一个平面为地面。在斜坡上放置一个立方体并紧贴着斜面（立方体与地面的夹角也为50°），然后为立方体添加Rigidbody组件，运行游戏后就会看到立方体开始向下滚动，如图5-34所示。

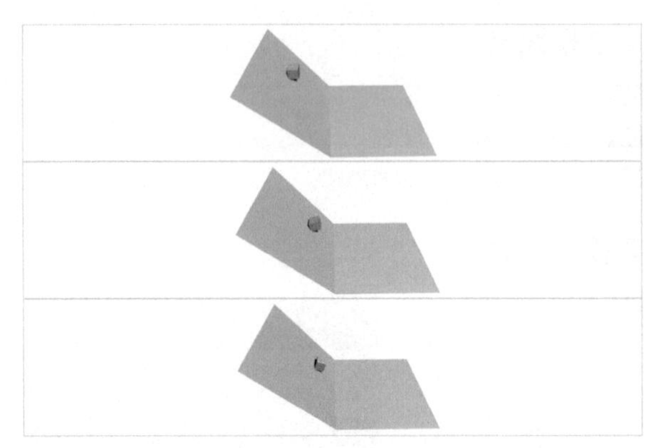

图5-34

若希望在这个斜坡上的物体都向下滑动下去，而非滚动下去，该怎么做呢？

这就需要创建物理材质。在“项目”面板中执行“新建>物理材质”命令创建一个物理材质，然后将其命名为“斜坡”。在“项目”面板中选择“斜坡”，即可在“检查器”面板中看到该物体的物理材质的属性，如图5-35所示。

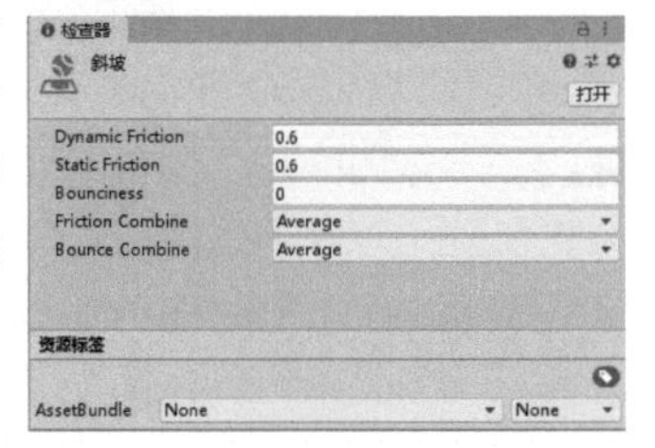

图5-35

重要参数介绍

Dynamic Friction（**动摩擦力**）：数值范围为0～1。

Static Friction（**静摩擦力**）：静摩擦力，数值范围为0～1。

Bounciness（**弹力**）：数值范围为0～1。0代表无弹力，1代表弹力最大。

Friction Combine（**摩擦力组合**）：摩擦力的组合模式。

Average（**平均值**）：使用两个摩擦力的平均值。

Minimum（**最小值**）：使用两个摩擦力中的最小值。

Multiply（**乘积**）：使用两个摩擦力的乘积。

Maximum（**最大值**）：使用两个摩擦力中的最大值。

Bounce Combine（**弹力组合**）：与“摩擦力组合”类似。

将动摩擦力、静摩擦力均设置为0，并将该材质拖曳到斜坡上的Mesh Collider组件的“材质”选项框中，如图5-36所示，运行结果如图5-37所示。

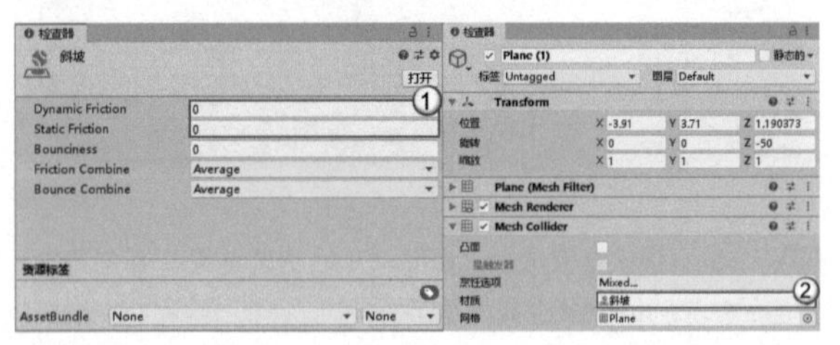

图5-36

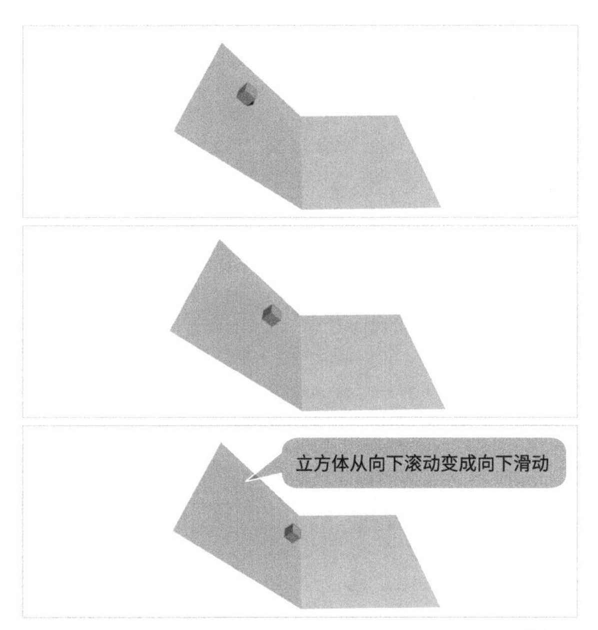

图5-37

5.4 碰撞与触发检测

物理世界真是太好玩了，不过因为物理环境的存在，有些效果也不好做，如我想制作一个手雷掉落在地上的爆炸效果，我还需要计算手雷什么时候碰到地面吗？

不用这么麻烦，除了上述物理特性，Unity还可以监听刚体的碰撞事件，通过碰撞检测就可以很容易实现你想要的效果了。

5.4.1 碰撞检测

在游戏中常常会通过处理物体间的碰撞来动态地处理一些事件，如魔法球碰撞到敌人产生魔法效果，烟雾弹碰撞到地面产生烟雾等。在Unity中，当两个游戏物体发生碰撞时，可以在脚本中通过碰撞监听方法来处理碰撞，在碰撞时便能动态地产生火花、烟雾等效果了。

要在Unity中实现碰撞检测，首先要求两个游戏物体都具有碰撞器组件，其次要求至少有一个游戏物体具有刚体组件，这样就可以正确检测到两个物体之间的碰撞了。一般对于地面或建筑这种相对固定的游戏物体，我们只会为其添加碰撞器组件而不会添加刚体组件，使其作为静态碰撞器；而对于游戏角色这种随时都会移动的游戏物体，我们会选择为其同时添加刚体组件和碰撞器组件。

实施碰撞检测，我们需要在脚本中调用以下3个方法，并将该脚本挂载到发生碰撞的两个物体之一，代码如下。

```
public class NewBehaviourScript : MonoBehaviour
{
  //该脚本挂载的游戏物体产生碰撞时会调用该方法，
//参数中包含了碰撞的一些信息
  private void OnCollisionEnter(Collision collision)
  {

}

//碰撞时触发
private void OnCollisionStay(Collision collision)
{

}

  //结束碰撞时调用的方法
  private void OnCollisionExit(Collision collision)
  {

  }
}
```

5.4.2 触发检测

在Unity中，除了可以对游戏物体进行碰撞检测，还可以对其进行触发检测。在前面的5.2节中我们可以看到大多数碰撞器都有一个“是触发器”选项，勾选该选项后，该碰撞器就会变成一个触发器。触发器并不会产生碰撞，当一个游戏物体碰到碰撞器时会发生碰撞，但是碰到触发器则会穿过触发器而不会产生碰撞。触发检测脚本中的方法与碰撞检测的类似，代码如下。

```
public class NewBehaviourScript : MonoBehaviour
{
  //进入触发区域调用，参数为碰撞器
  private void OnTriggerEnter(Collider other)
  {

  }
  //在触发区域中调用
  private void OnTriggerStay(Collider other)
  {

  }
  //离开触发区域调用
  private void OnTriggerExit(Collider other)
  {

  }
}
```

技巧提示

触发器非常有用，如在一个空房间中创建一个触发器，一旦判断有玩家角色进来就动态地创建一个敌人；也可以在NPC附近创建一个触发器，当玩家角色进来时NPC会看向玩家角色并发生对话；也可以将游戏中的金币设置为触发器，当玩家角色碰到金币时销毁金币，并触发吃金币的事件。

实例：逃脱游戏

素材位置　无
实例位置　实例文件>CH05>实例：逃脱游戏
难易指数　★★☆☆☆
学习目标　掌握迷宫游戏的制作方法和碰撞器和触发器的使用方法

本例将实现角色从迷宫中逃脱的游戏，游戏效果如图5-38所示。

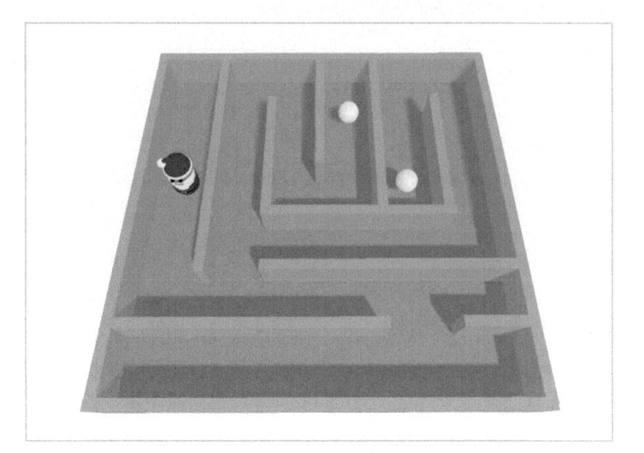

图5-38

1.实现路径

01 创建迷宫地形。

02 创建金币，并复制多个放置到迷宫中。

03 创建脚本，为角色添加移动功能。

04 修改脚本，使角色吃完迷宫中的金币后获胜；若角色碰撞墙壁则游戏失败。

2.操作步骤

01 执行“游戏对象>3D对象>平面”菜单命令在场景中创建一个平面，作为游戏中的地面，并命名为Plane，如图5-39所示。

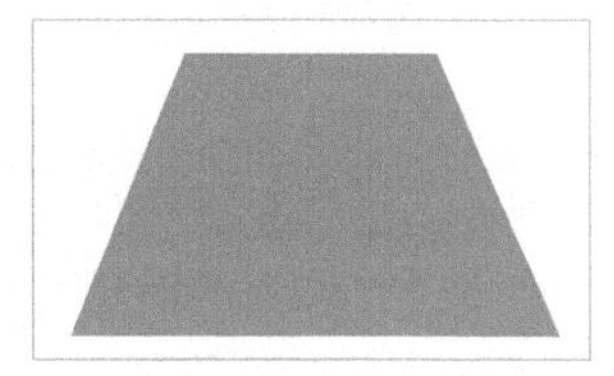

图5-39

02 执行“游戏对象>3D对象>立方体”菜单命令在场景中创建一个立方体，并命名为Wall。然后为Wall设置一个Enemy标签，接着对其进行拉伸并放置到地面边缘，作为游戏中的墙壁，如图5-40所示。

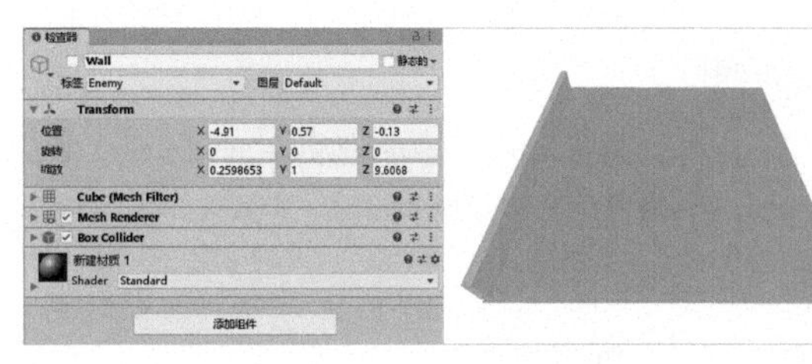

图5-40

03 将Wall复制多份，然后放到其他位置用作其他墙体，并布置为图5-41所示的样式。

04 执行“游戏对象>3D对象>球体”菜单命令在场景中创建一个球体，并命名为Coin。该球体作为角色碰撞后可以吃掉的金币，然后为球体设置一个Coin标签，设置完成后在球体附带的Sphere Collider组件中勾选“是触发器”选项，如图5-42所示。

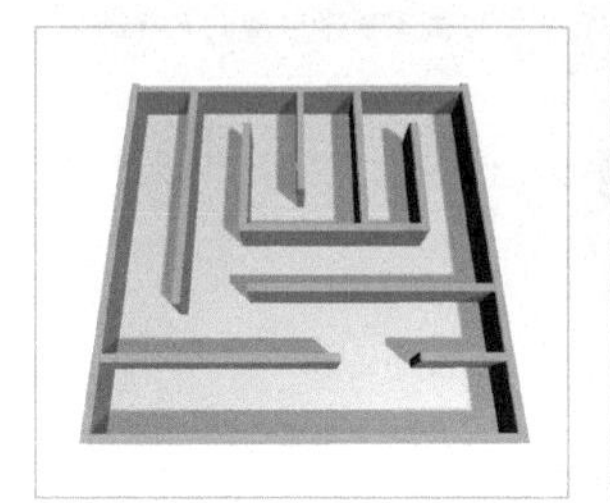

图5-41

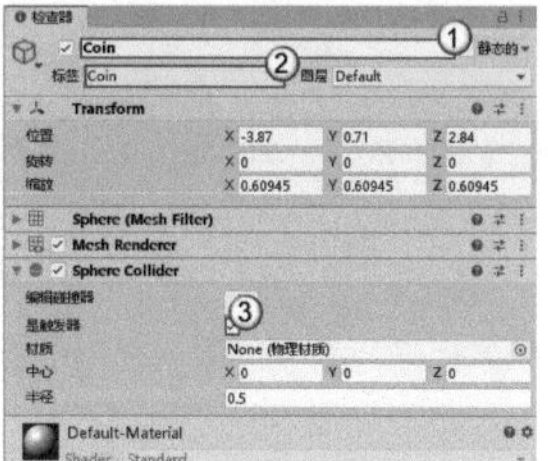

图5-42

05 金币设置完成后，将其复制为多份，然后随机布置在游戏场景中，效果如图5-43所示。

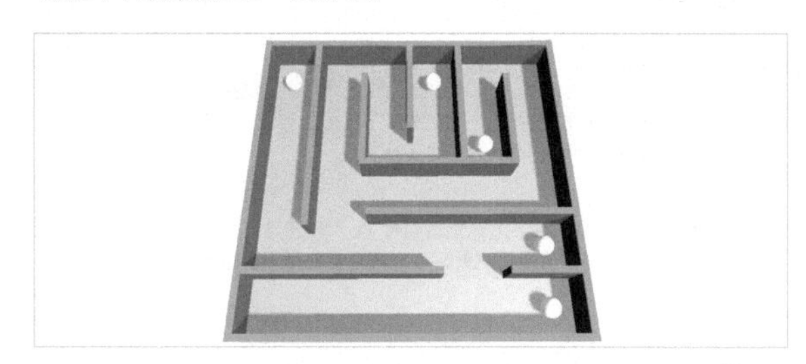

图5-43

06 执行“窗口>资源商店”菜单命令，在打开的资源商店中搜索并导入Easy Primitive People(人物角色资源)，然后将“项目”面板中的Easy Primitive People/Prefab/Santa预制件拖曳到场景视图中的起始位置，并命名为Player，如图5-44所示。

07 为Player添加Rigidbody组件，并勾选“冻结旋转”选项，保证角色可以站立起来；然后为Player设置一个Player标签，如图5-45所示。

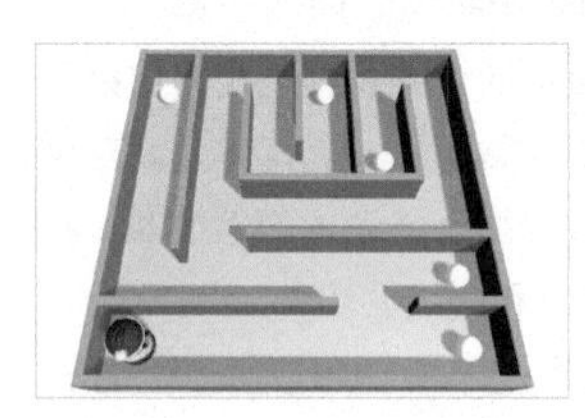

图5-44

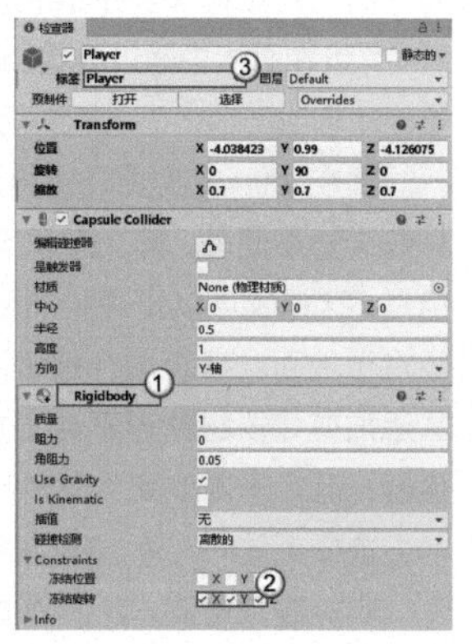

图5-45

08 执行“资源>创建>C#脚本”菜单命令创建一个脚本，并命名为PlayerControl，然后将其挂载到Player物体上。编写的脚本代码如下。

输入代码

```
using UnityEngine;

public class PlayerControl : MonoBehaviour
{
  //刚体
  private Rigidbody rbody;
  //吃到的金币个数
  private int CoinCount;

  void Start()
  {
    //获取刚体组件
    rbody = GetComponent<Rigidbody>();
  }

  void Update()
  {
    //获取水平轴数值
    float horizontal = Input.GetAxis("Horizontal");
    //获取垂直轴数值
    float vertical = Input.GetAxis("Vertical");
    //移动方向向量
    Vector3 dir = new Vector3(horizontal, 0, vertical);
    //如果向量存在，证明按下键盘上的方向键了
    if (dir != Vector3.zero)
    {
      //转向该向量
      transform.rotation = Quaternion.LookRotation(dir);
      //向前方移动
      rbody.velocity = 3 * dir.normalized;
    } else
    {
      //停止移动
      rbody.velocity = Vector3.zero;
    }
  }

  //发生碰撞
  private void OnCollisionEnter(Collision collision)
  {
    //如果碰到敌人，这里是墙壁
    if (collision.collider.tag == "Enemy")
    {
      //游戏结束
      Debug.Log("游戏失败，游戏结束");
      //游戏停止
      Time.timeScale = 0;
    }
  }

  //增加金币的方法
  public void AddCoin()
  {
    //增加金币个数
    CoinCount++;
    //如果吃够5个金币
    if (CoinCount >= 5)
    {
      //游戏结束
      Debug.Log("游戏成功，游戏结束");
      //游戏停止
      Time.timeScale = 0;
    }
  }
}
```

09 执行“资源>创建>C#脚本”菜单命令创建一个脚本，然后将其挂载到Coin物体上。编写的脚本代码如下，游戏的运行情况如图5-46所示。

输入代码

```
using UnityEngine;

public class CoinControl : MonoBehaviour
{
  private void OnTriggerEnter(Collider other)
  {
    if (other.tag == "Player")
    {
      //如果触发执行，证明玩家角色碰到金币，增加玩家现有金币
      other.GetComponent<PlayerControl>().AddCoin();
      //删除自己
      Destroy(gameObject);
    }
  }
}
```

运行游戏

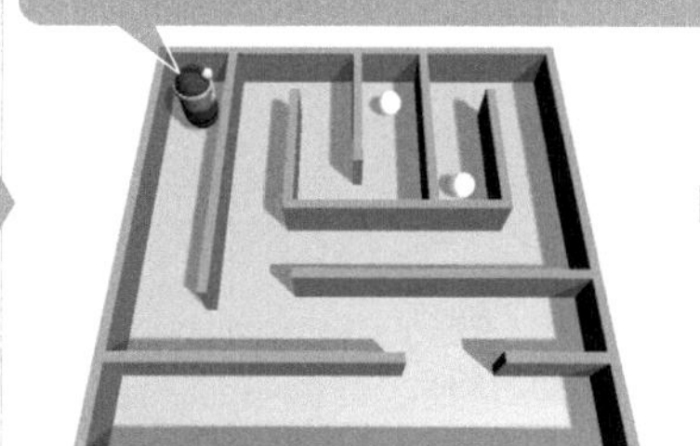
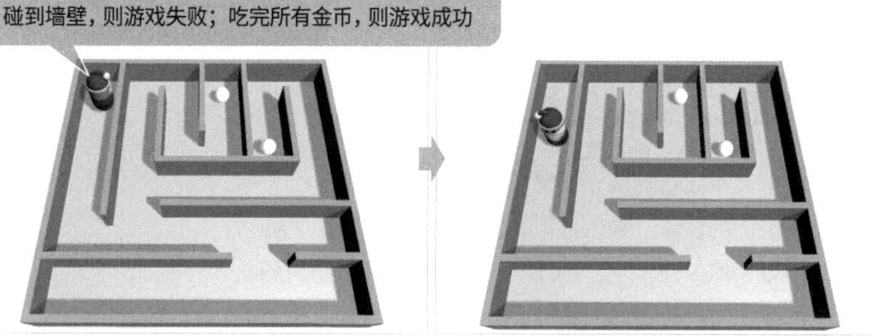

图5-46

5.5 可以碰撞的射线

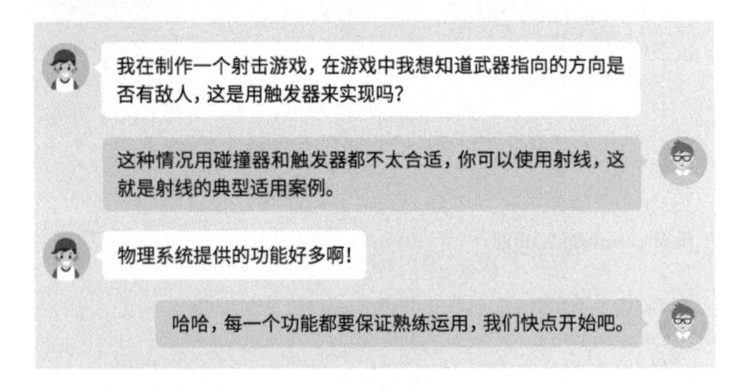

5.5.1 射线碰撞检测

射线就是从一个固定点向一个方向发射出的一条直线，在发射过程中需要判断该条射线有没有与游戏物体发生碰撞。射线既可以用来检测射击游戏中武器指向的目标，又可以判断鼠标指针是否指向了游戏世界中的游戏物体；还可以通过从敌人位置向前方发射射线来判断敌人的前方是否有其他角色。射线的创建非常简单，代码如下。

```
void Update()
{
    //方式1：从屏幕（摄像机）一点向游戏世界发射一条射线，该射线常用于检测鼠标指针有没有选择游戏物体
    Ray ray = Camera.main.ScreenPointToRay(Input.mousePosition);
    //方式2：创建从一个点到一个方向的射线
    //Ray ray2 = new Ray(Vector3.zero, Vector3.up);
    //声明一个射线碰撞信息类
    RaycastHit hit;
    //进行碰撞检测并返回结果，检测信息会写入碰撞信息类中
    bool res = Physics.Raycast(ray, out hit);
    //如果产生了碰撞
    if (res)
    {
        //进行碰撞代码的编写，这里输出了碰撞点；运行后鼠标指针在游戏视图中指向的游戏物体就会看到碰撞坐标输出
        Debug.Log(hit.point);
    }
}
```

5.5.2 射线多碰撞检测

射线除了可以检测单个碰撞物体，还可以检测多个位于同一条射线上的物体。我们可以想象一个肉串，肉串上的竹签就是游戏中的射线，竹签上的每一块肉都是我们检测的物体。射线除了可以检测碰撞物体，还可以选择与哪些图层的物体发生碰撞，检测方式如下。

```
void Update()
{
    //从屏幕（摄像机）一点向游戏世界发射一条射线，该射线常用于检测鼠标指针有没有选择游戏物体
    Ray ray = Camera.main.ScreenPointToRay(Input.mousePosition);
    //声明一个碰撞信息数组
    RaycastHit[] hits;
    //射线检测，并返回所有的碰撞信息
    hits = Physics.RaycastAll(ray);
    hits = Physics.RaycastAll(Vector3.zero, Vector3.up);
    //添加射线检测的距离设置
    hits = Physics.RaycastAll(ray, 100);
    hits = Physics.RaycastAll(Vector3.zero, Vector3.up, 100);
    //只与第10个图层上的物体碰撞
    hits = Physics.RaycastAll(ray, 1000, 1<<10);
    hits = Physics.RaycastAll(Vector3.zero, Vector3.up, 1000, 1 << 10);
}
```

技术专题：射线与图层的碰撞

有时在射线碰撞检测的过程中，我们并不希望射线对所有的物体都进行碰撞检测。例如，有一个场景，场景中放置了地面和房屋，我们希望通过射线检测判断我们当前单击的地面的坐标是多少，这时我们就需要让射线忽略与房屋的碰撞，而图层也就派上用场了。

在前面的3.2节中我们认识了图层，也学习了给不同的物体设置不同的图层，图层的设置面板如图5-47所示。

图5-47

现在如果我们要实现射线只与地面发生碰撞，我们就需要先将地面与房屋设置为不同的图层，然后在脚本中进行射线碰撞检测。在前两个小节中我们知道射线碰撞检测的方法有很多种，这里使用其中一种射线碰撞检测的API来进行讲解，即Physics.RaycastAll(Ray ray,float maxDistance,int layerMask)。我们在该API中可以看到，有些射线的碰撞检测方法中包含了layerMask（图层遮罩）选项，而layerMask可以让我们设定该射线对哪个图层或不与哪个图层进行碰撞检测。

例如，将地面图层设置为10，那么在layerMask参数中填写1<<10就代表只与第10个图层进行碰撞检测，这样即便射线碰撞到房屋也不会进行检测。这种方法非常简单而且十分实用。

实例：点亮和熄灭蜡烛

素材位置 无
实例位置 实例文件>CH05>实例：点亮和熄灭蜡烛
难易指数 ★☆☆☆☆
学习目标 掌握射线检测的方法

本例将实现蜡烛的点亮和熄灭，游戏效果如图5-48所示。

点亮 熄灭 图5-48

1.实现路径

01 下载并导入资源。

02 创建一个空物体，并通过脚本关联鼠标指针和射线。

03 判断射线是否碰撞了蜡烛，如果碰撞则点亮或熄灭。

技巧提示

游戏中常常有单击某物体来产生互动的逻辑需求，如在游戏中可能会通过单击来选择某个角色或某个物体，这种需求我们都可以使用射线来实现。

2.操作步骤

01 执行“窗口>资源商店”菜单命令，在打开的资源商店中搜索并下载Dark Fantasy Kit [Lite]。资源导入完成后，双击“项目”面板中的RunemarkStudio/DarkFantasyKit[Free]/Scenes/DemoScene，场景效果如图5-49所示。

图5-49

02 我们可以在场景中看到很多蜡烛，依次单击每只蜡烛并分别为它们设置一个Candle标签。然后为所有的蜡烛添加Capsule Collider组件，否则射线无法进行碰撞检测，如图5-50所示。

03 执行“游戏对象>创建空对象”菜单命令，在场景中创建一个空物体，并命名为CandleControl，如图5-51所示。

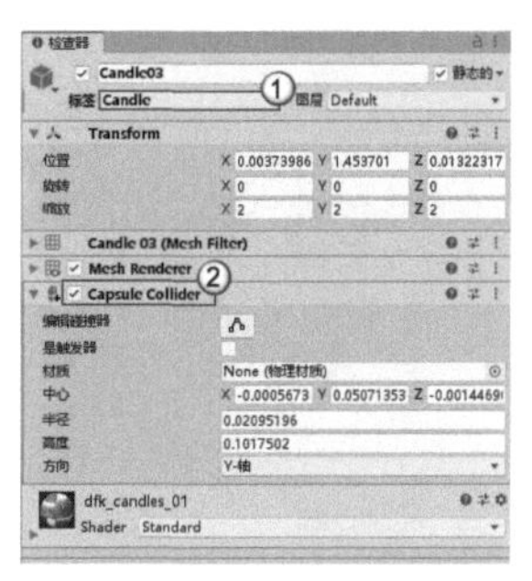

图5-50

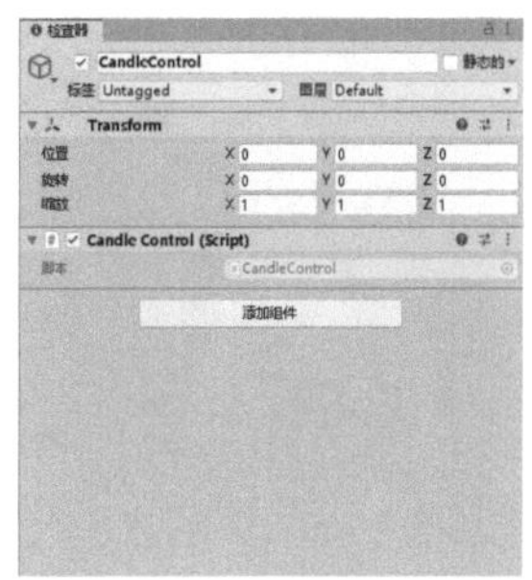

图5-51

04 执行“资源>创建>C#脚本”菜单命令创建一个脚本，并命名为CandleControl，然后将该脚本挂载到Candle物体上。编写的脚本代码如下，游戏的运行情况如图5-52所示。

输入代码

```
using UnityEngine;

public class CandleControl : MonoBehaviour
{
    void Update()
    {
        //这里我们使用射线检测方式判断是否单击游戏物体
        //单击鼠标左键
        if (Input.GetMouseButtonDown(0))
        {
```

```
        //获取鼠标指针位置的射线
        Ray ray = Camera.main.ScreenPointToRay(Input.mousePosition);
        //碰撞信息
        RaycastHit hit;
        //如果发生碰撞
        if (Physics.Raycast(ray, out hit))
        {
          //如果发生碰撞，游戏物体的标签为Candle
          if (hit.collider.tag == "Candle")
          {
            //判断蜡烛子物体，也就是火苗物体是否激活
            if (hit.transform.GetChild(0).gameObject.activeSelf == true)
            {
              //熄灭火苗
              hit.transform.GetChild(0).gameObject.SetActive(false);
            } else
            {
              //激活火苗
              hit.transform.GetChild(0).gameObject.SetActive(true);
            }
          }
        }
      }
    }
  }
```

运行游戏

图5-52

5.6 综合案例：飞船大战

素材位置　无
实例位置　实例文件>CH05>综合案例：飞船大战
难易指数　★★★☆☆
学习目标　掌握射击游戏的制作方法与物理碰撞在游戏中的应用

本例将制作射击游戏，效果如图5-53所示。

图5-53

5.6.1 游戏描述

在制作游戏之前，了解游戏的玩法有助于掌握技术点的使用方法并理解游戏的制作逻辑。

1.玩法介绍

在本例的飞船大战游戏中，玩家控制飞船在云雾中飞行，同时在飞船的前方将不时出现敌机；玩家可向敌机开火并达成毁灭敌机的目的；不要碰撞敌机，否则会被敌机销毁。

2.实现路径

01 下载资源并导入飞船。

02 限定飞船的移动范围；若碰到敌机，则游戏结束。

03 优化天空盒效果，让飞船置身于云层之中。

04 敌机向玩家飞船方向飞来，超出摄像机位置后销毁，碰到子弹也被销毁。

05 生成敌机计时器，随机生成敌机。

06 发射子弹，5s后自动销毁，触及物体后销毁。

5.6.2 导入玩家飞船

01 执行“窗口>资源商店”菜单命令，在资源商店中下载并导入Star Sparrow Modular Spaceship，该资源为多个宇宙飞船模型资源。资源导入完成后，将“项目”面板中的StarSparrow/Prefabs/StarSparrow1预制件拖曳到“层级”面板中，作为游戏中的玩家飞船，并命名为Player，模型效果如图5-54所示。

图5-54

02 在“层级”面板中选择Player并单击鼠标右键，在弹出的菜单中选择“创建空对象”选项，将其作为游戏中的开火点，然后将其命名为FirePoint，如图5-55所示。

03 将FirePoint物体放置在飞船的前方，然后在Transform组件中设置“位置”的Z属性为7，如图5-56所示。

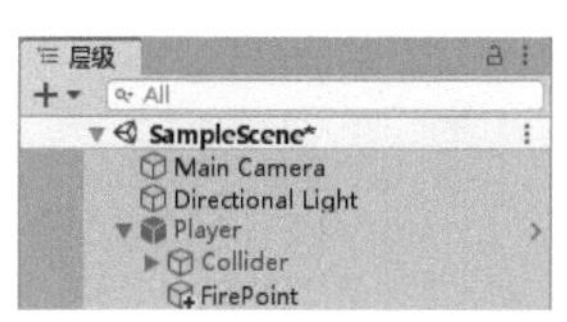

图5-55

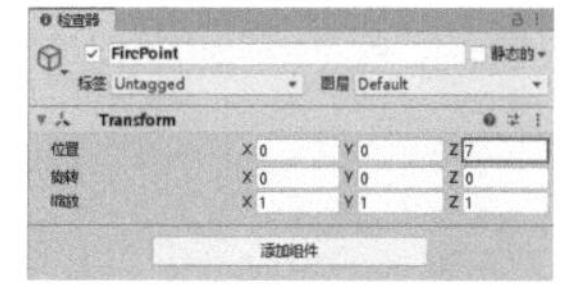

图5-56

5.6.3 移动飞船

01 为Player添加Rigidbody组件，如图5-57所示。

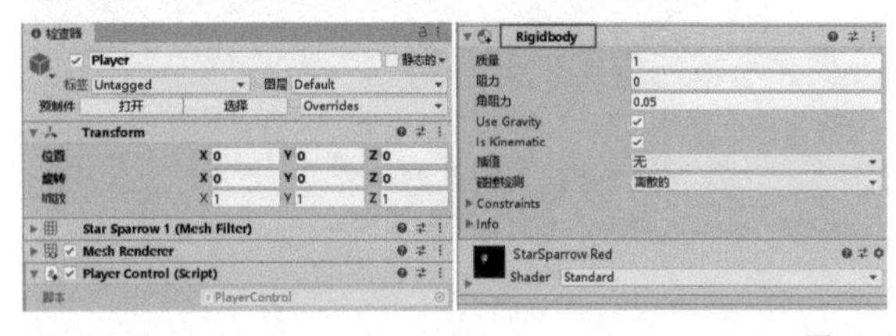

图5-57

02 执行“资源>创建>C#脚本”菜单命令创建一个脚本，并命名为PlayerControl，然后挂载到Player物体上。编写的脚本代码如下，游戏的运行情况如图5-58所示。

输入代码

```
using UnityEngine;

public class PlayerControl : MonoBehaviour
{
    void Update()
    {
        //横向飞行
        //获得水平轴数值
        float horizontal = Input.GetAxis("Horizontal");
        //如果不为0，证明我们按下了左或右方向键
        if (horizontal != 0)
        {
            //移动
                transform.position -= Vector3.left * 10f * Time.deltaTime *
horizontal;
            //这里我们设定一个范围，限制飞机不能无限远移动
            if (transform.position.x < -10 || transform.position.x > 10)
            {
                //超出范围，复原位置
                    transform.position += Vector3.left * 10f * Time.deltaTime *
horizontal;
            }
        }
        //纵向飞行，为了使代码清晰，我们将横向飞行和纵向飞行分开写
        //获得垂直轴数值
        float vertical = Input.GetAxis("Vertical");
        //如果不为0，证明我们按下了上或下方向键
        if (vertical != 0)
        {
            //移动
            transform.position += Vector3.up * 10f * Time.deltaTime * vertical;
            //同样设定一个垂直移动的范围
            if (transform.position.y < -10 || transform.position.y > 10)
            {
                //超出范围，复原位置
                transform.position -= Vector3.up * 10f * Time.deltaTime * vertical;
            }
        }
    }

    //如果碰到敌人
    private void OnCollisionEnter(Collision collision)
    {
        //游戏结束
        Debug.Log("游戏结束");
        //游戏停止，这里我们停止游戏，在后期学会UI设计后，
//可尝试自行制作一个游戏结束画面
        Time.timeScale = 0;
    }
}
```

运行游戏

图5-58

5.6.4 天空环境

01 执行“窗口>资源商店”菜单命令打开资源商店，在资源商店中下载并导入8K Skybox Pack Free。然后在摄像机上挂载一个Skybox（天空盒）组件，接着设置“自定义天空盒”为“项目”面板中的8K Skybox Pack Free/Skyboxes/Material/sky-4，如图5-59所示。

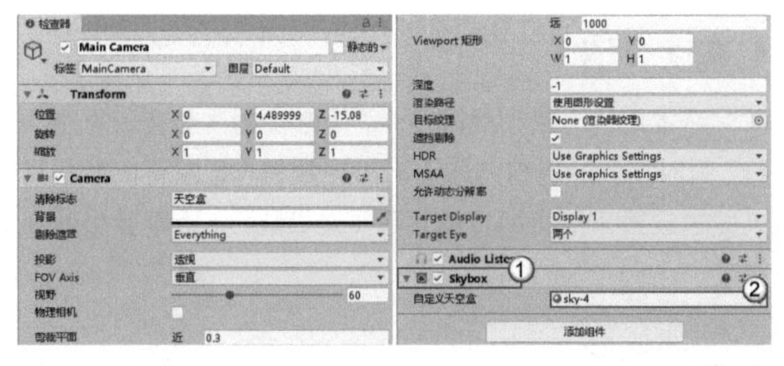

图5-59

02 设置完成后，飞船已经具有在空中翱翔的效果了，效果如图5-60所示。

图5-60

5.6.5 导入敌人飞船

01 将“项目”面板中的StarSparrow/Prefabs/StarSparrow2预制件拖曳到“层级”面板中，并命名为Enemy，同时为其设置一个Enemy标签；然后在Transform组件中设置“旋转”的Y属性为180，使其朝向玩家飞机，如图5-61所示。

02 为Enemy添加一个Rigidbody组件，并取消勾选Use Gravity选项，如图5-62所示。

03 敌机向玩家飞船方向飞来，当超出摄像机位置后销毁即可。执行“资源>创建>C#脚本”菜单命令创建一个脚本，并命名为EnemyControl，然后将其挂载到Enemy物体上，如图5-63所示。编写的脚本代码如下，游戏的运行情况如图5-64所示。

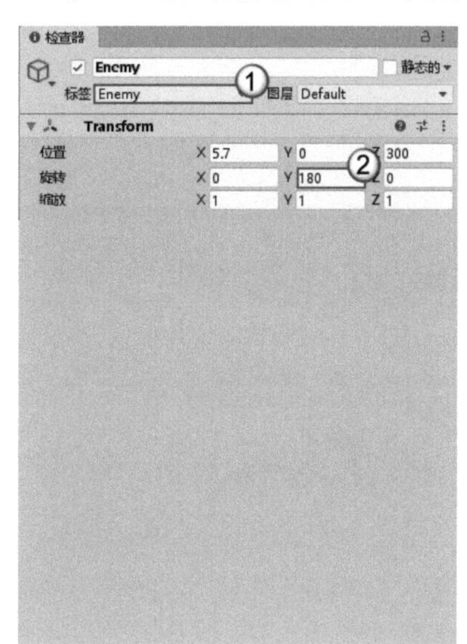

图5-61

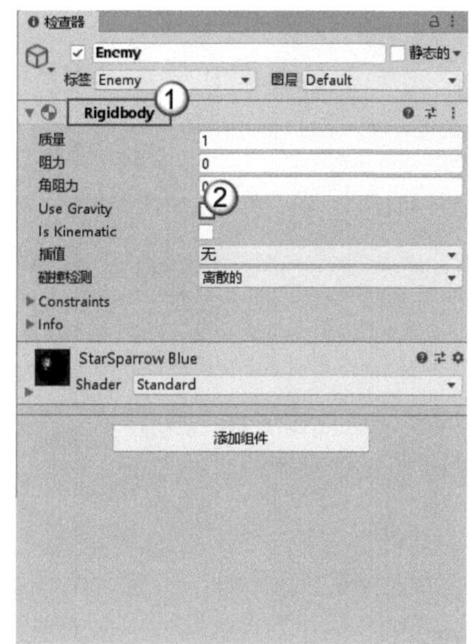

图5-62

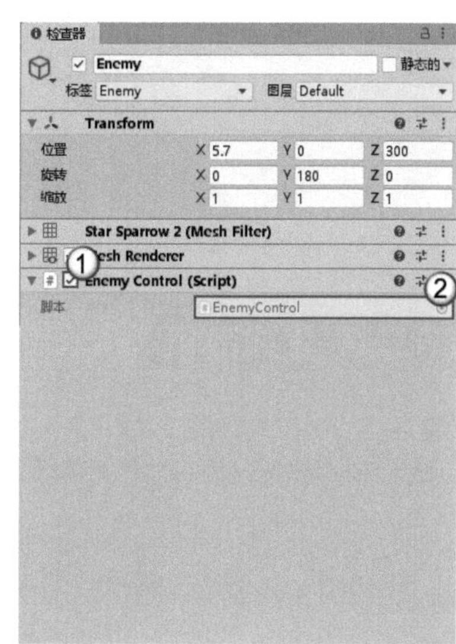

图5-63

输入代码

```
using UnityEngine;

public class EnemyControl : MonoBehaviour
{
    void Update()
    {
        //移动
        transform.position -= Vector3.forward * 100f * Time.deltaTime;
        //超过摄像机位置后
        if (transform.position.z < -20)
        {
            //销毁自身
            Destroy(gameObject);
        }
    }

    private void OnTriggerEnter(Collider other)
    {
        //如果碰到子弹
        if (other.tag == "Bullet")
        {
            //销毁自身
            Destroy(gameObject);
        }
    }
}
```

运行游戏

图5-64

5.6.6 生成敌机

01 执行“游戏对象>创建空对象”菜单命令创建一个空物体，并命名为EnemyPoint，然后在Transform组件中，设置“位置”的Z属性为500，“旋转”的Y属性为180，如图5-65所示。

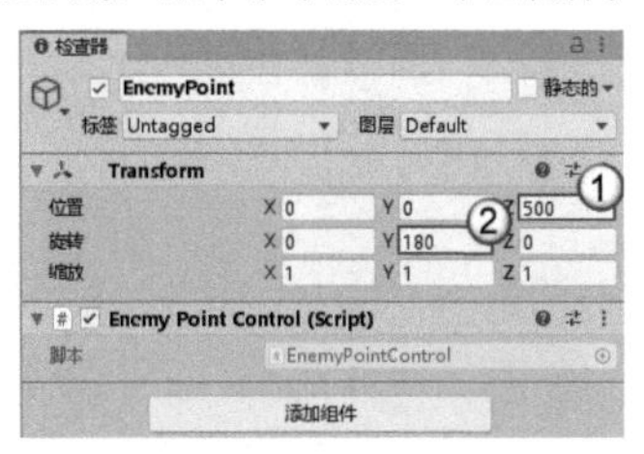

图5-65

02 执行“资源>创建>C#脚本”菜单命令创建一个脚本，并命名为EnemyPointControl，然后将其挂载到EnemyPoint物体上。编写的脚本代码如下，游戏的运行情况如图5-66所示。

输入代码

```
using UnityEngine;

public class EnemyPointControl : MonoBehaviour
{
    //关联敌机预制件Enemy
    public GameObject EnemyPre;
    //生成敌机计时器
    private float timer = 0;
    //生成敌机CD
    private float CD = 1f;

    void Update()
    {
        //计时器计时
        timer += Time.deltaTime;
        //如果计时器时间到
        if (timer > CD)
        {
            //重置计时器
            timer = 0;
            //重置CD
            CD = Random.Range(0.3f, 3f);
            //随机一个敌机生成位置
            Vector3 pos = transform.position + Vector3.left * Random.Range(-10f, 10f) + Vector3.up * Random.Range(-10f, 10f);
            //实例化敌机
            Instantiate(EnemyPre, pos, transform.rotation);
        }
    }
}
```

运行游戏

图5-66

5.6.7 添加玩家攻击

01 执行“游戏对象>3D对象>圆柱”菜单命令在场景中创建一个圆柱，并命名为Bullet，同时为其设置一个Bullet标签。然后在Transform组件中，设置“旋转”的X属性为90；设置“缩放”的X属性为0.5，Z属性为0.5；在Capsule Collider组件中勾选“是触发器”选项，再为其添加Rigidbody组件，并取消勾选Use Gravity选项，如图5-67所示。

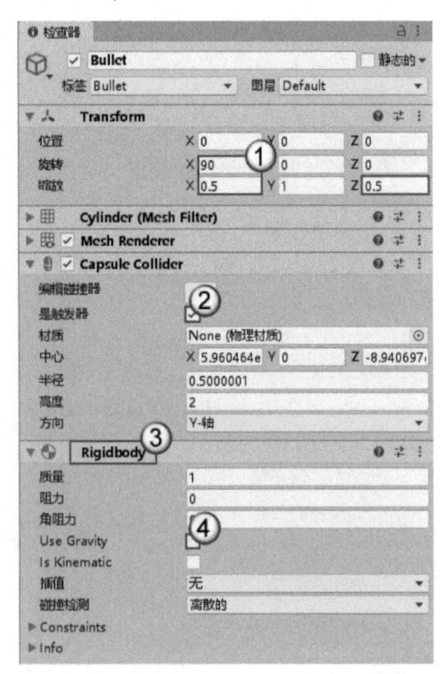

图5-67

02 执行“资源>创建>C#脚本”菜单命令创建一个脚本，并命名为BulletControl，然后挂载到Bullet物体上。编写的脚本代码如下。

输入代码

```
using UnityEngine;

public class BulletControl : MonoBehaviour
{
  void Start()
  {
    //5s后自动销毁
    Destroy(gameObject, 10f);
    //设定一个速度
    GetComponent<Rigidbody>().velocity = Vector3.forward * 50;
  }

  private void OnTriggerEnter(Collider other)
  {
    //触发后销毁
    Destroy(gameObject);
  }
}
```

03 将Bullet拖曳到“项目”面板中生成预制件，然后删除场景中的Bullet。接着继续完善PlayerControl的脚本，编写的代码如下，游戏的运行情况如图5-68所示。

输入代码

```
using UnityEngine;

public class PlayerControl : MonoBehaviour
{
  //子弹预制件，这里关联创建好的Bullet预制件
  public GameObject BulletPre;
  //子弹发射位置
  private Transform firePoint;

  void Start()
  {
    firePoint = transform.Find("FirePoint");
  }

  void Update()
  {
    //横向飞行
    //获取水平轴数值
    float horizontal = Input.GetAxis("Horizontal");
    //如果不为0，证明我们按下了左右键
    if (horizontal != 0)
    {
      //移动
        transform.position -= Vector3.left * 10f * Time.deltaTime *
horizontal;
      //这里我们设定一个范围，限制飞机不能无限远移动
      if (transform.position.x < -10 || transform.position.x > 10)
      {
        //超出范围，复原位置
          transform.position += Vector3.left * 10f * Time.deltaTime *
horizontal;
      }
    }
    //纵向飞行，这里为了使代码清晰，我们将横向飞行和纵向飞行分开写
    //获取垂直轴数值
    float vertical = Input.GetAxis("Vertical");
    //如果不为0，证明我们按下了上或下方向键
    if (vertical != 0)
    {
      //移动
      transform.position += Vector3.up * 10f * Time.deltaTime * vertical;
      //同样设定一个垂直移动的范围
      if (transform.position.y < -10 || transform.position.y > 10)
      {
        //超出范围，复原位置
          transform.position -= Vector3.up * 10f * Time.deltaTime *
vertical;
      }
    }

    //按下空格键发射子弹
    if (Input.GetKeyDown(KeyCode.Space))
    {
      Instantiate(BulletPre, firePoint.position, firePoint.rotation);
    }
  }

  //如果碰到敌人
  private void OnCollisionEnter(Collision collision)
  {
    //游戏结束
    Debug.Log("游戏结束");
    //游戏停止，这里我们停止游戏，在后期学会UI设计后，
//可尝试自行制作一个游戏结束画面
    Time.timeScale = 0;
  }
}
```

运行游戏

图5-68

技巧提示

虽然我们可以正常玩该游戏，但是子弹的旋转方向可能会发生错误。这里只需要将FirePoint（发射点）物体旋转到与Bullet相同的方向，参数设置如图5-69所示。

检查器

FirePoint 静态的

标签 Untagged 图层 Default

Transform

	X	Y	Z
位置	0	0	10
旋转	90	0	0
缩放	1	1	1

添加组件

图5-69

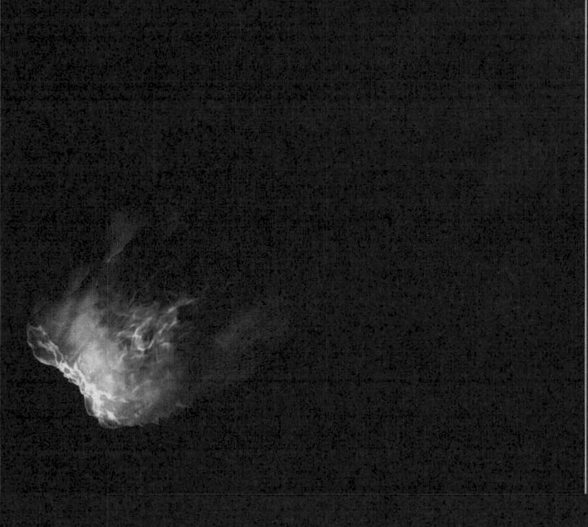

第 6 章 粒子系统

■ 学习目的

在制作 3D 游戏的过程中，有一部分游戏物体是我们用普通方式难以制作出来的，如雨滴、烟雾和各种魔法效果，这时就需要通过粒子系统进行制作。掌握粒子系统并没有大家想象中的那么难，你可以把粒子系统想象成无数个小的图片，然后通过设定显示的图片和运动轨迹来形成各种华丽效果。

■ 主要内容

- 粒子系统的基本使用方法
- 粒子系统发射器的设置
- 粒子系统渲染效果的设置
- 粒子系统常用模块的设置
- 线段渲染器的使用方法
- 拖尾渲染器的使用方法

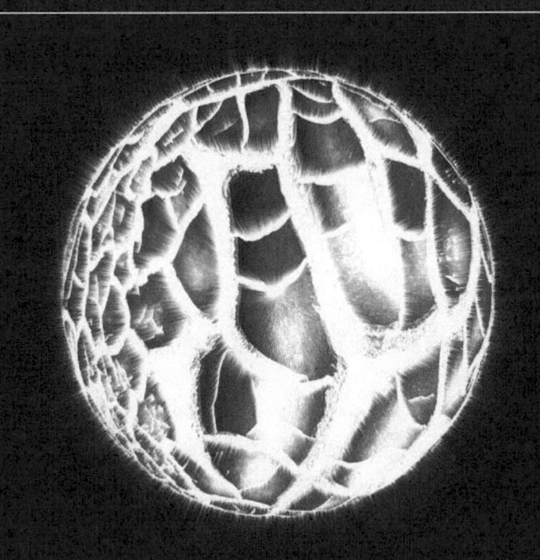

6.1 粒子系统的使用

现在我的游戏场景和主角已经制作完成了，那么能不能给场景添加下雨或下雪等天气效果呢？

这个当然可以，你可以使用粒子系统来实现。粒子系统不仅可以制作你所提到的天气效果，还能制作各种魔法、技能和爆炸等效果。除此之外，我们还可以在资源商店中直接使用成品粒子效果，活用资源商店可以让你节省很多的开发时间。不过我们仍需要对粒子效果的制作进行进一步的学习，以便制作出符合游戏画面的特殊效果。

6.1.1 添加粒子系统

在添加粒子系统之前，我们先要对粒子系统有一个大概的了解。粒子系统由粒子和发射器两部分组成，粒子都是由发射器创建并发射的，粒子系统的运行过程类似生活中的烟花、香水和喷雾剂等的喷射状态。在粒子系统中，我们可以通过设定发射器的形状，粒子的视觉样式、速度和存活时间等各种属性，然后进行不同的搭配来产生丰富多样的粒子效果。

在创建粒子系统之前，需要先添加一些粒子样式，这可以在资源商店中通过导入官方提供的Standard Assets资源包得到。完成资源的导入后，该资源包中的Standard Assets>ParticleSystems>Prefabs文件夹下包含多种成品粒子效果，如烟雾和火焰等，如图6-1所示。我们可以将这些预制件拖曳到场景视图中进行预览，部分效果如图6-2所示。

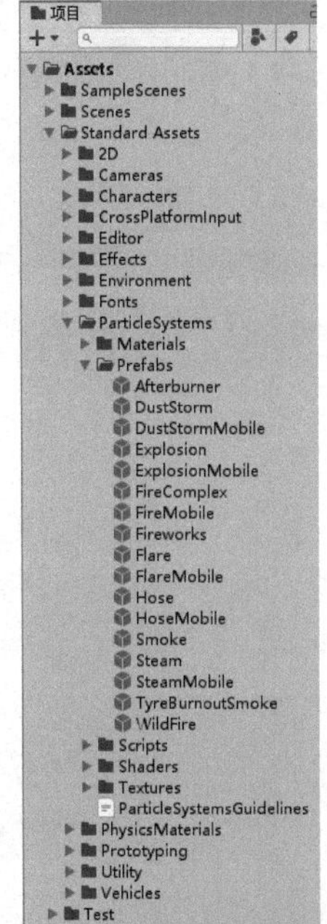

图6-1

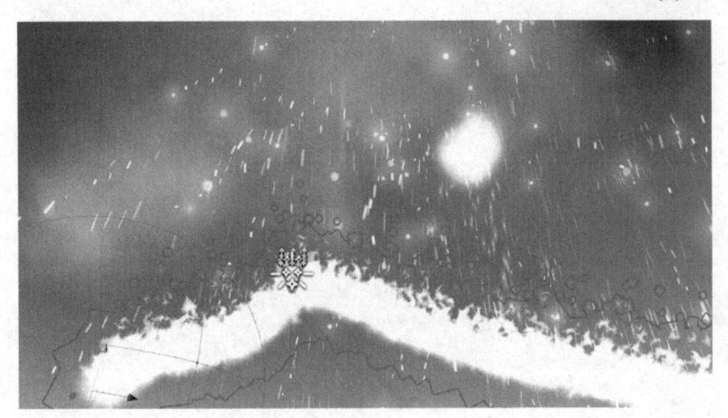

图6-2

在“层级”面板中执行“创建>效果>粒子系统”命令，即可在场景中创建出一个基础的粒子系统，效果如图6-3所示。

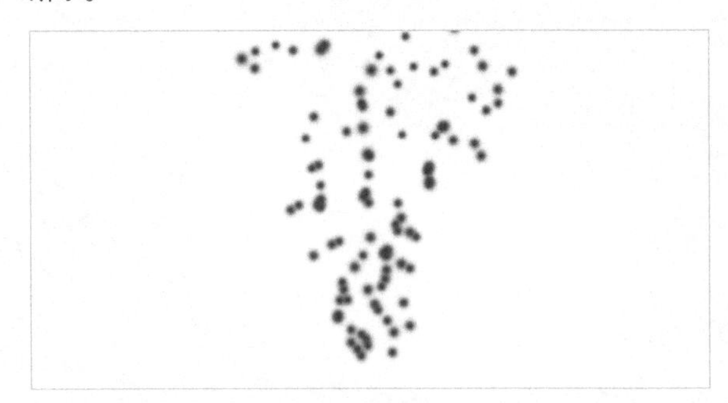

图6-3

6.1.2 粒子系统的基本属性

在制作粒子特效之前，我们需要先对粒子系统的常用属性进行了解。选择创建的粒子系统，在Particle System（粒子系统）组件中可以看到制作粒子效果的各种基本属性，“检查器”面板如图6-4所示。

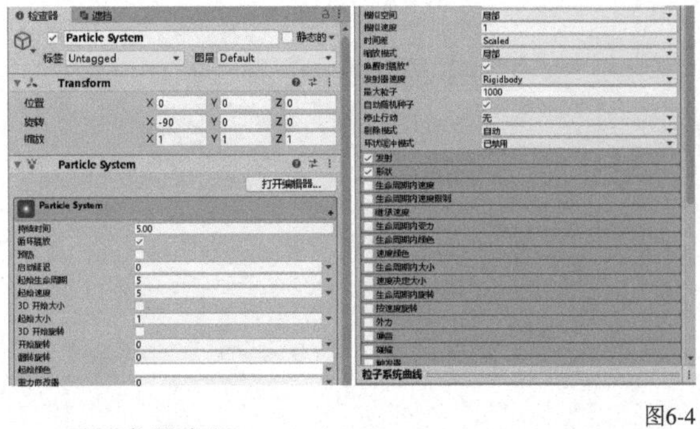

图6-4

重要参数介绍

持续时间：粒子系统的总持续时间，单位为s，默认粒子系统在5s内会持续生成粒子。

循环播放：勾选该选项后，激活循环播放状态，即在粒子的持续时间结束后会从头开始进行循环播放。

预热：勾选该选项后，粒子在最初时播放循环一个周期后的状态，而不会从一开始就逐渐产生粒子。以雨天效果为例，如果不勾选该选项，那么会有一个从不下雨到雨逐渐下大的过程；而如果勾选该选项，那么该场景一开始就已经在下着大雨了。

启动延迟：粒子系统发射粒子的延迟时间。

技巧提示

在Particle System组件中，部分选项框的右侧有一个黑色的三角形图标，单击后可以切换该选项为曲线、随机或渐变等模式。

起始生命周期：粒子从发射出来到消失的存活时间。

起始速度：粒子的初始速度。

3D开始大小：是否使用3D模式设置粒子在3个轴向上的大小。

起始大小：粒子的初始大小。

3D开始旋转：是否使用3D模式设置粒子在3个轴向上的旋转。

开始旋转：粒子的初始旋转。

翻转旋转：设定部分粒子相对其他粒子反方向旋转。

起始颜色：粒子的初始颜色。

重力修改器：重力数值，默认0为不使用重力。

模拟空间：粒子相对于局部坐标系、世界坐标系，或基于自定义物体坐标系进行模拟。

模拟速度：粒子的模拟速度。

时间差：设定粒子是否受到增量时间的影响。

缩放模式：粒子受到哪个模式的影响而缩放，有"层级""局部""形状"3种模式。

层级：受自身缩放影响，也受父级缩放影响。

局部：受自身缩放影响。

形状：不受缩放影响。

唤醒时播放：是否自动播放。

发射器速度：粒子系统在移动时是通过刚体还是通过转换组件进行计算。

最大粒子：粒子数量限制，超过限制数量后不会发射新粒子。

自动随机种子：让每次播放模拟的效果都不同。

停止行动：粒子系统播放完成并且所有粒子消失后，可以选择一个停止行动，如禁用、销毁和回调。

剔除模式：粒子离开屏幕后执行的操作。

环状缓冲模式：粒子不会在生命周期内结束，而在存活到最大粒子缓冲区已满时，用新粒子取代旧粒子。

6.2 粒子的效果设置

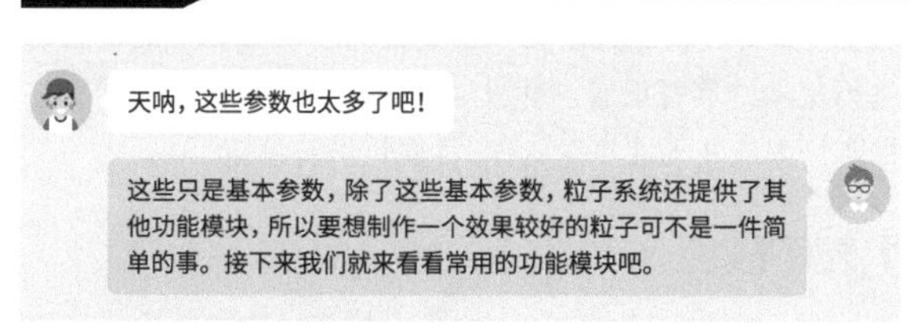

6.2.1 粒子发射器

粒子的发射控制是制作粒子特效中的重要一环，它决定了粒子发射时的初始状态，也决定了特效最终的形态。在Particle System组件中，"发射"模块默认为启用状态，单击该模块即可展开模块属性，"检查器"面板如图6-5所示。

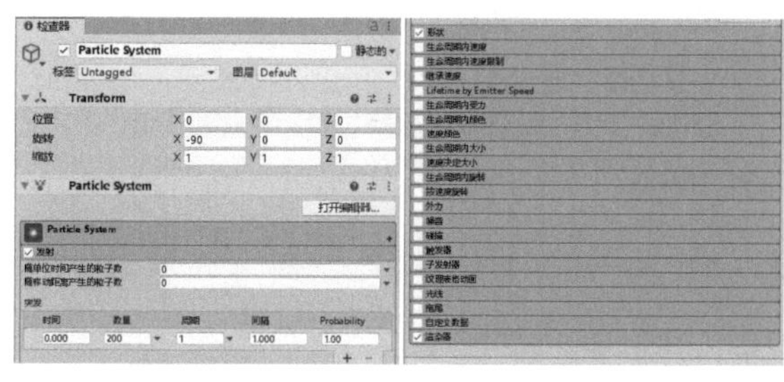

图6-5

重要参数介绍

随单位时间产生的粒子数：单位时间内产生的粒子数量。

随移动距离产生的粒子数：单位距离内产生的粒子数量。

突发：在特定时间发射额外的粒子，图6-6所示为粒子的突发效果。

图6-6

6.2.2 发射器形状

在Particle System组件中，"形状"模块包含了设置发射器形状的内容，默认该模块激活并为锥体形状，"检查器"面板如图6-7所示。粒子发射器包含的形状非常多，每个形状也都有对应的形状属性，如锥体具有角度、半径等属性。我们可以尝试将锥体修改为球体或盒状等其他形状，以此观察不同形状的发射器是如何进行粒子发射的。除此之外，还有一些重要的共有属性，接下来我们就来了解这些属性。

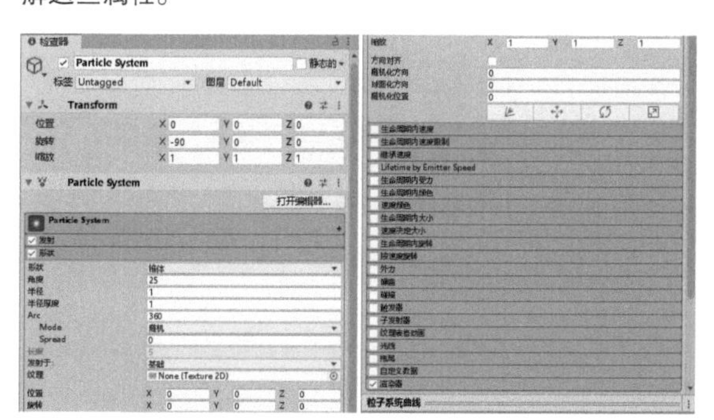

图6-7

重要参数介绍

纹理：粒子用来进行颜色采样的纹理贴图。

位置：改变发射器的位置。

旋转：改变发射器的旋转。

缩放： 改变发射器的缩放。

方向对齐： 根据初始移动方向来对齐粒子。

随机化方向： 用随机方向来代替初始方向。

球面化方向： 用随意一个从中心点向外发射粒子的方向来代替初始方向。

随机化位置： 随机移动起始位置，最大到该值。

技巧提示

除了这些属性，Unity还提供了对粒子进行基本操作的快捷工具，可快速对粒子的形状、位置、旋转和缩放进行修改，工具栏如图6-8所示。

图6-8

6.2.3 粒子渲染效果

在Particle System组件中，“渲染器”也是默认激活的粒子模块。该模块规定了粒子是如何进行渲染的，可以在该模块设置粒子为不同类型的渲染模式并对每种渲染模式进行详细的设置，“检查器”面板如图6-9所示。

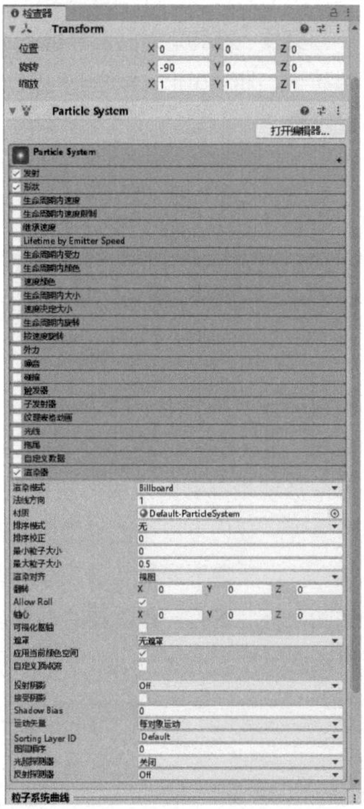

图6-9

重要参数介绍

渲染模式： 粒子使用的渲染模式。

法线方向： 数值范围为0～1，值为0时向外指向粒子发射方向，值为1时指向摄像机。

材质： 渲染粒子时使用的材质。

排序模式： 粒子的排序模式，不同的排序模式会影响显示的粒子。

排序矫正： 较小的值会让粒子显示在其他透明物体或粒子之前。

最小粒子大小： 粒子的最小尺寸。

最大粒子大小： 粒子的最大尺寸。

渲染对齐： 设定粒子对齐方式，是面向摄像机还是与世界坐标对齐等。

轴心： 设定单个粒子的轴心位置偏移。

可视化枢轴： 在场景视图中显示每个粒子的轴心。

遮罩： 当有遮罩时，设置粒子的显示行为。

投射阴影： 粒子接受阴影的方式。

接受阴影： 设定粒子接受阴影，只有不透明材料才可以接受阴影。

Sorting Layer ID（**图层ID**）：设置粒子的排序图层。

图层顺序： 渲染器在排序图层中的顺序。

6.2.4 粒子速度

除了前面所讲的3个模块，其他功能模块在默认情况下都是非激活状态，如果想要使用某个功能模块，那么需要先激活该模块。这里介绍其他常用功能模块中的“生命周期内速度”模块，“检查器”面板如图6-10所示。

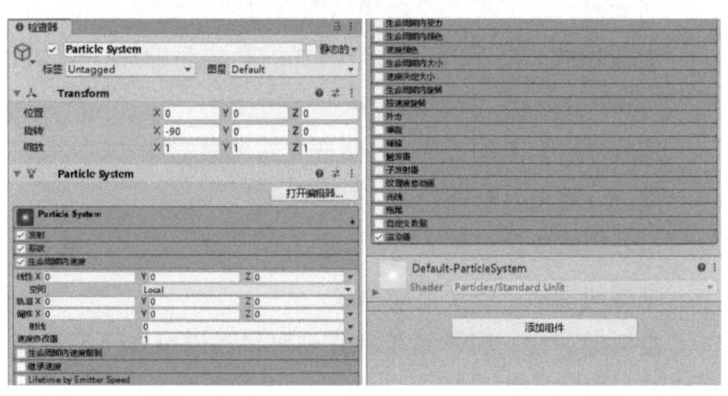

图6-10

重要参数介绍

线性： 设置粒子在3个轴向上的线性速度。

空间： 设置使用的坐标系为世界坐标系还是本地坐标系。

轨道： 让粒子围绕3个轴进行旋转。

偏移： 旋转中心点的偏移设置。

射线： 粒子远离中心位置的径向速度。

速度修改器： 修改粒子的速度倍数。

6.2.5 粒子颜色、大小与旋转

对粒子来说，常常需要设置的就是颜色、大小和旋转属性，在前面的设置中我们已经学习了对起始状态的粒子进行基本的属性设置。除此之外，我们还可以对粒子在生命周期内或基于速度内的这3种属性进行设置。

1.粒子颜色

在“颜色”选项组中，“生命周期内颜色”和“速度颜色”功能模块都可以对粒子的颜色进行设置。“生命周期内颜色”模块是基于生命周期进行颜色的设置，而“速度颜色”模块是基于速度进行颜色的设置，“检查器”面板如图6-11所示。

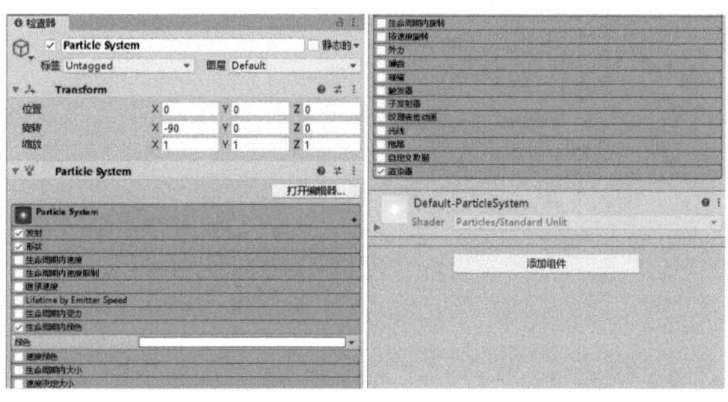

图6-11

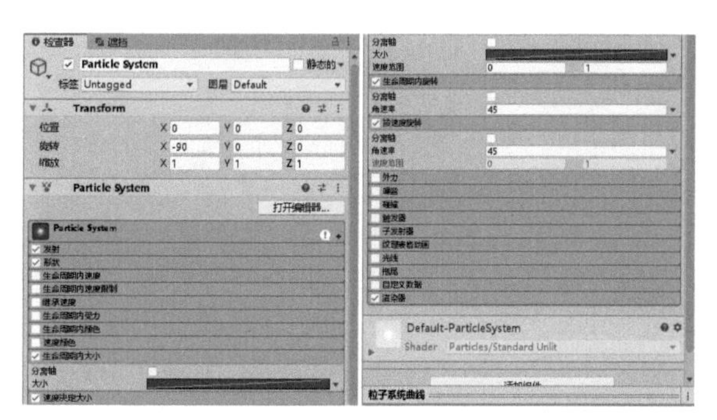

图6-15

技术专题：粒子的渐变调节

要想进一步对粒子的颜色进行调节，可使用“生命周期内颜色”模块对粒子进行渐变处理，丰富粒子的效果。执行“游戏对象>效果>粒子系统”菜单命令在场景中创建一个粒子系统，如图6-12所示。

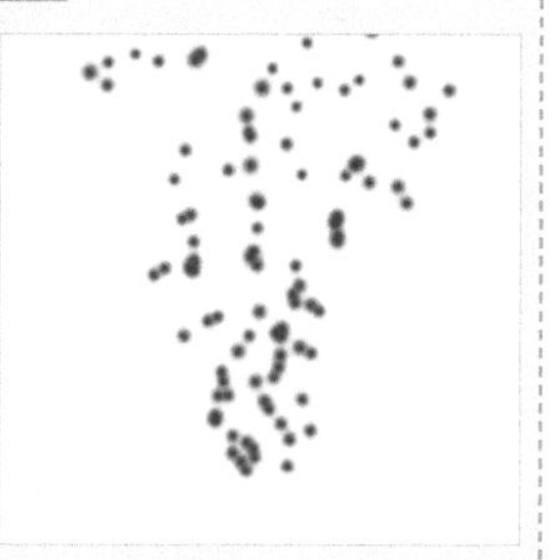

图6-12

在“生命周期内颜色”模块的“颜色”选项中，通过“颜色”面板对颜色和Alpha值进行设置。颜色条上方的色标用于对Alpha值进行设置，颜色条下方的色标用于对颜色值进行设置，在颜色条上、下方的空白部分进行单击还可以添加新的色标。这里添加一个中间区域的颜色色标，如图6-13所示。另外，颜色选择界面中有两种模式可供选择，第1种模式为默认的“混合”模式，可让色标中间的颜色呈渐变色；第2种模式为“非渐变”模式。

双击新添加的颜色色标，设置颜色为（R:131，G:242，B:248）；同时设置第1个色标的颜色为（R:64，G:248，B:25），最后一个色标的颜色为（R:255，G:13，B:246）。渐变颜色设置完成后，粒子就能在生命周期内呈现所设置的颜色了，如图6-14所示。

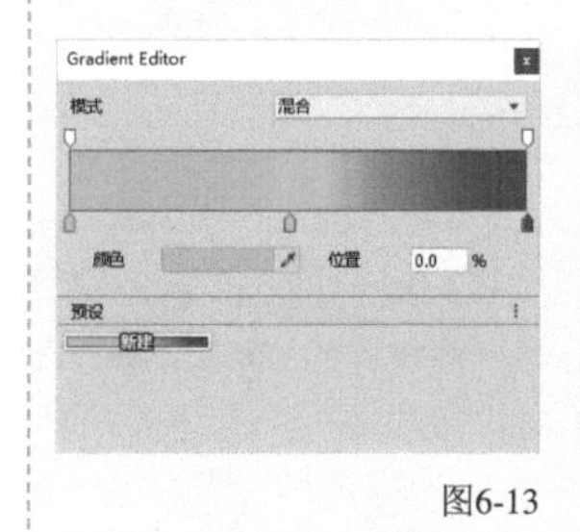

图6-13

图6-14

2.粒子大小与旋转

与“颜色”模块类似，在“生命周期内大小”和“速度决定大小”模块中可以对粒子的大小进行设置。在“生命周期内旋转”和“按速度旋转”模块中可以对粒子的旋转进行设置，“检查器”面板如图6-15所示。

技术专题：粒子的形态调节

要想进一步对粒子的形态进行调节，可使用“生命周期内大小”模块对粒子的曲线进行调节，丰富粒子的效果。执行“游戏对象>效果>粒子系统”菜单命令在场景中创建一个粒子系统，如图6-16所示。

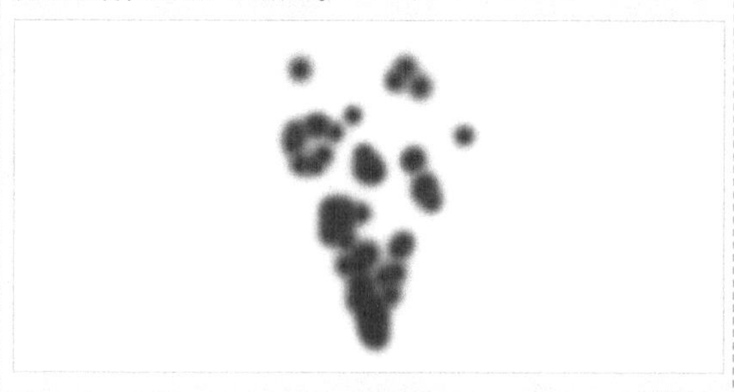

图6-16

单击“生命周期内大小”模块的“大小”选项框，通过面板底部一栏提供的常用的曲线样式可对曲线进行设置，如图6-17所示。

图6-17

如果没有一个样式可以满足我们的需求，那么还可以手动设置曲线样式。在曲线上的任意一处位置单击鼠标右键，选择“添加密钥”选项，如图6-18所示。

图6-18

这时会出现一个曲线操纵杆，拖曳曲线操纵杆完成曲线的编辑，参数及效果分别如图6-19和图6-20所示。

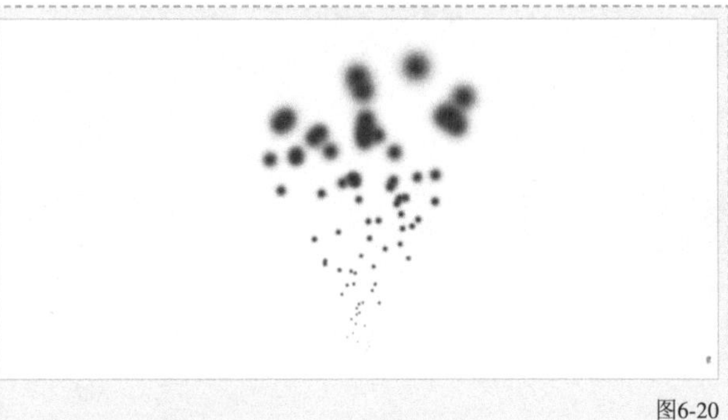

图6-19　　图6-20

实例：制作烟花效果

素材位置　无

实例位置　实例文件>CH06>实例：制作烟花效果

难易指数　★★☆☆☆

学习目标　掌握烟花效果的制作方法，以及粒子的渐变、曲线的使用方法

本例将实现烟花效果，效果如图6-21所示。

图6-21

1.实现路径

01 生成一个带颜色的粒子。

02 为粒子设置发射状态。

03 模拟烟花效果。

2.操作步骤

01 执行"游戏对象>效果>粒子系统"菜单命令在场景中创建一个粒子系统，然后在Particle System组件中对粒子的基本属性进行设置。先为粒子添加重力效果，设置"重力修改器"为0.3，然后设置"起始生命周期"为1～3的常数随机数；再设置"起始颜色"为随机颜色，即起点颜色为（R:64，G:248，B:25）～终点颜色为（R:13，G:22，B:255）的随机值，参数及效果分别如图6-22和图6-23所示。

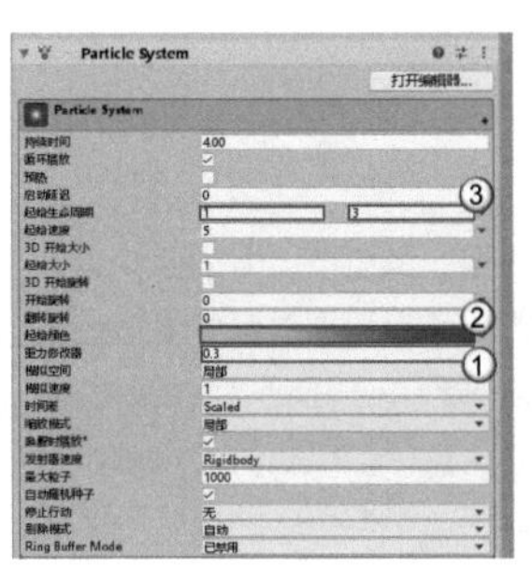

图6-22　　图6-23

02 在"发射"模块中设置"随单位时间产生的粒子数"为0；并设置一个突发粒子效果，即设置"数量"为500，"间隔"为0.010，参数及效果分别如图6-24和图6-25所示。

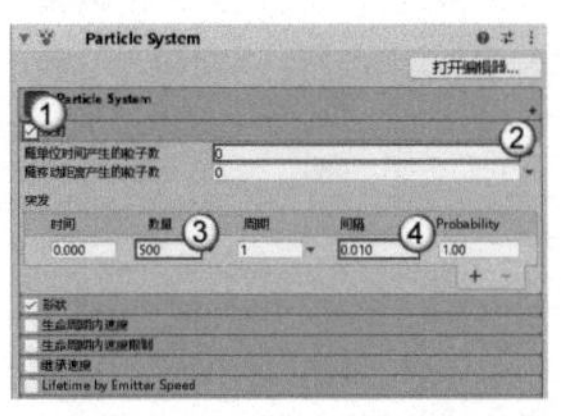

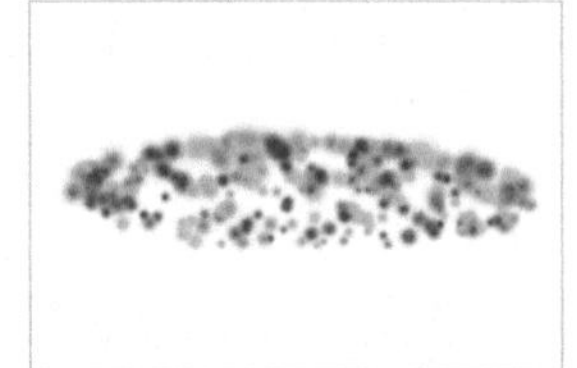

图6-24　　图6-25

03 在"形状"模块中设置粒子的"形状"为"球体"，参数及效果分别如图6-26和图6-27所示。

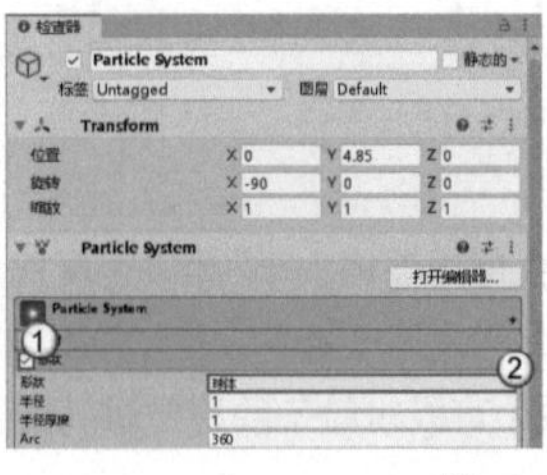

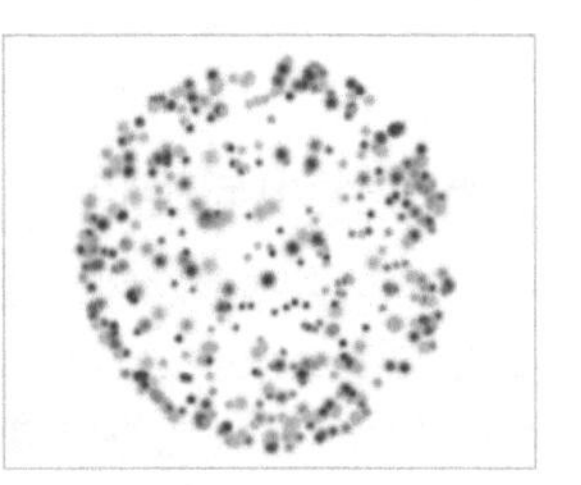

图6-26　　图6-27

04 如果每个粒子都突然出现，会给人一种很突兀的感觉，所以这里为烟花粒子添加一个从无到有的状态。在“生命周期内大小”模块中为粒子设置一个曲线。曲线的形态如图6-28所示，效果如图6-29所示。

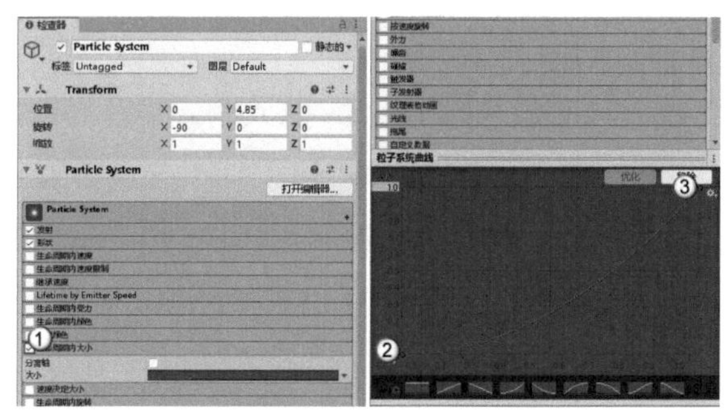

图6-28

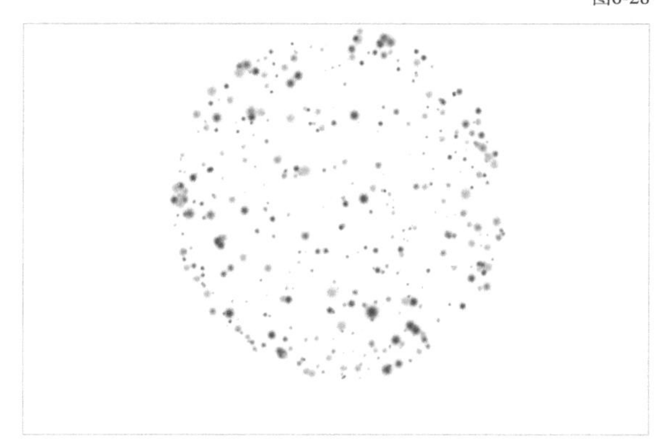

图6-29

05 在“渲染器”模块中设置“渲染模式”为“伸展Billboard”，如图6-30所示，一个简单的烟花效果就制作完成了，效果如图6-31所示。除此之外，我们还可以对其他属性进行优化，以制作出更好的效果。

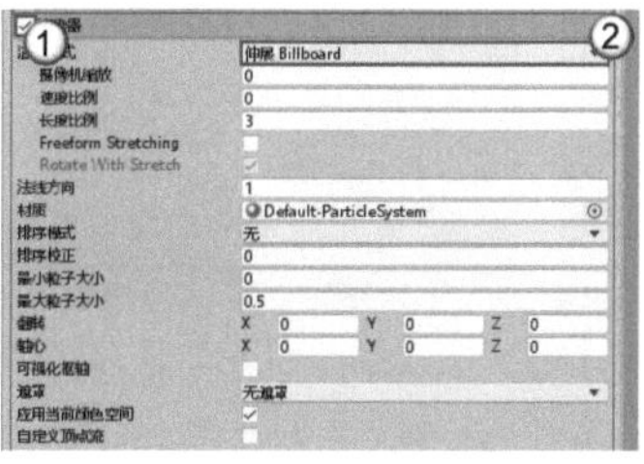

图6-30

图6-31

技巧提示

“生命周期内大小”模块是基于生命周期进行粒子大小的设置，而“速度决定大小”模块是基于速度进行粒子大小的设置；“生命周期内旋转”模块是基于生命周期进行粒子旋转的设置，而“按速度旋转”模块是基于速度进行的粒子旋转设置。

6.2.6 其他功能模块

除了上面讲解的模块，粒子系统还包含了其他功能丰富的模块，如果我们在游戏项目中用到了粒子系统的某个功能，那么可以在这些模块中寻找对应的模块来实现。下面对粒子系统中全部的模块进行总结，如表6-1所示。

表6-1

模块	详解
基础模块	控制粒子的基础属性和初始属性
发射	控制粒子发射数量等属性
形状	控制粒子发射器的形状，影响粒子发射的路线
生命周期内速度	控制粒子在生命周期内的速度
生命周期内速度限制	控制粒子在生命周内受到的阻力等速度限制
继承速度	控制粒子系统移动时发射粒子的速度
Lifetimeby Emitter speed	基于发射器速度的生命周期
生命周期内受力	控制粒子在生命周期内受到的力
生命周期内颜色	控制粒子在生命周期内的颜色变化
速度颜色	控制粒子随速度进行颜色变化
生命周期内大小	控制粒子在生命周期内的大小变化
速度决定大小	控制粒子随速度进行大小变化
生命周期内旋转	控制粒子在生命周期内的旋转
按速度旋转	控制粒子随速度进行旋转
外力	控制风力等对粒子的影响
噪音	控制粒子随噪音属性进行运动
碰撞	控制粒子的碰撞
触发器	控制粒子的触发
子发射器	控制每个粒子在其他粒子系统中同样发射粒子
纹理表格动画	控制粒子显示图片帧动画
光线	控制粒子是否拥有灯光特性
拖尾	控制粒子是否拥有拖尾特性
自定义数据	控制给粒子添加的自定义数据
渲染器	控制粒子的渲染属性

实例：制作火焰雨技能效果

素材位置 无
实例位置 实例文件>CH06>实例：制作火焰雨技能效果
难易指数 ★★★☆☆
学习目标 掌握群体攻击技能的制作方法和粒子的应用技巧

本例将实现火焰雨技能效果，如图6-32所示。

图6-32

1.实现路径

01 下载并导入资源。

02 创建一个粒子系统，并设置火焰效果。

03 为火焰效果添加控制脚本，使其可以移动并爆炸。

04 添加空物体作为火焰雨的发射点。

2.操作步骤

01 执行“窗口>资源商店”菜单命令，在打开的资源商店中搜索并导入Standard Assets（用其中的火焰资源）和Low-Poly Simple Nature Pack（场景资源）。双击“项目”面板中的NaturePackLite/Scenes/Demo，场景效果如图6-33所示。

图6-33

02 执行“游戏对象>效果>粒子系统”菜单命令在场景中创建一个粒子系统，然后选择创建好的粒子系统，在Particle System组件中可以看到默认的“起始生命周期”为5，但是该时间较长，因此需要设置为1；并设置“模拟空间”为“世界”，参数及效果分别如图6-34和图6-35所示。

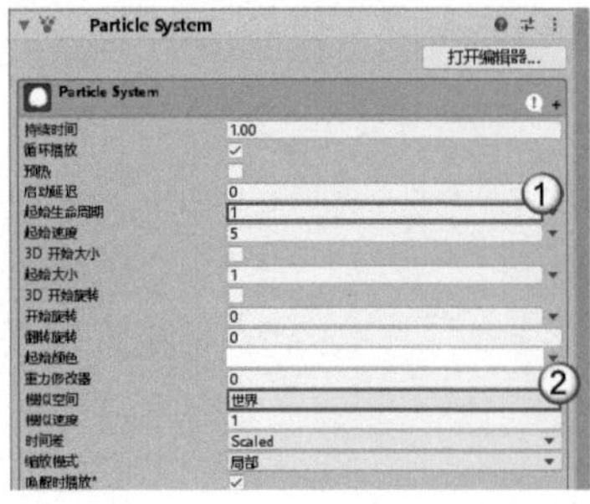

图6-34

图6-35

03 在“渲染器”模块中设置“材质”为ParticleFirecloud（火焰材质），如图6-36所示，效果如图6-37所示。

图6-36

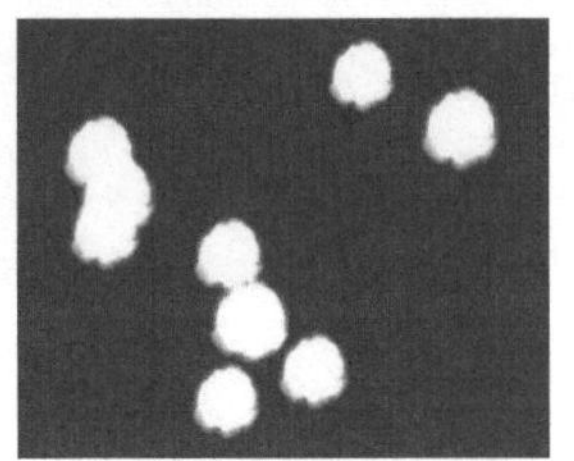

图6-37

技巧提示

除此之外，还可以尝试应用烟雾等其他材质。

04 在“形状”模块中保持“形状”为“锥体”，然后设置“角度”为0、“半径”为0.2，参数及效果分别如图6-38和图6-39所示。

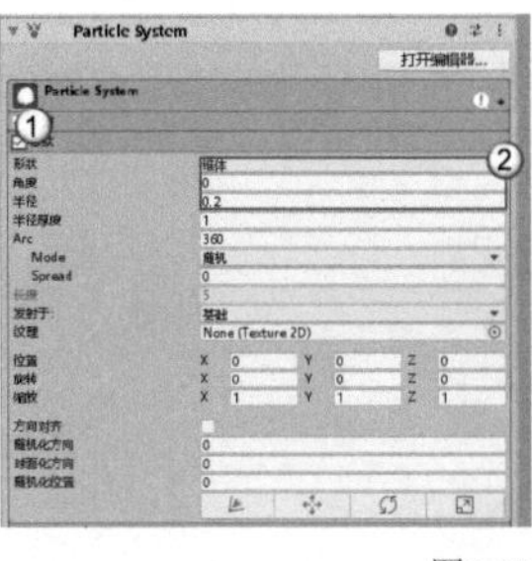

图6-38

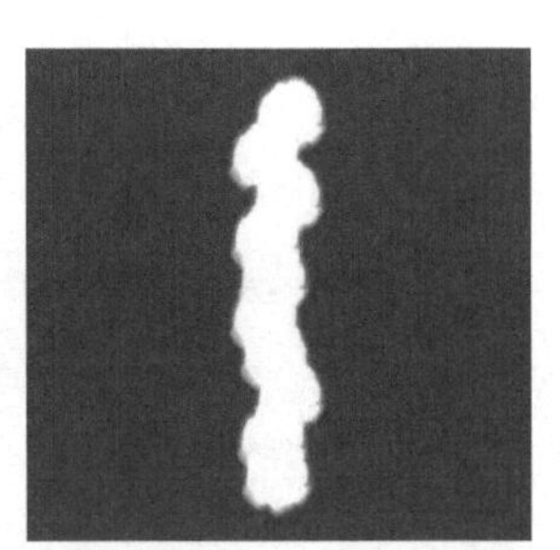

图6-39

05 在“生命周期内大小”模块中调整曲线为由高到低，其大致形状如图6-40所示，效果如图6-41所示。

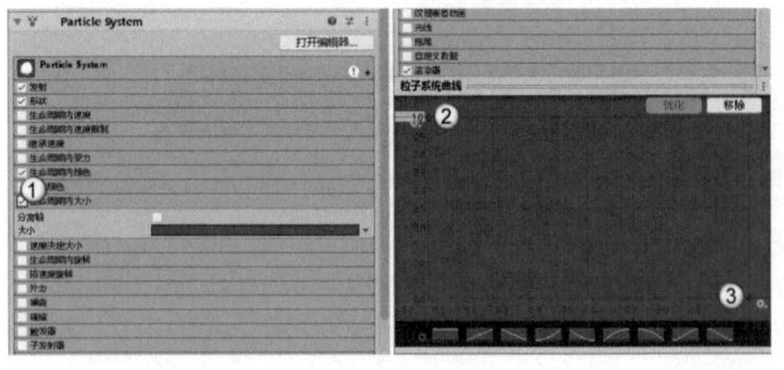

图6-40

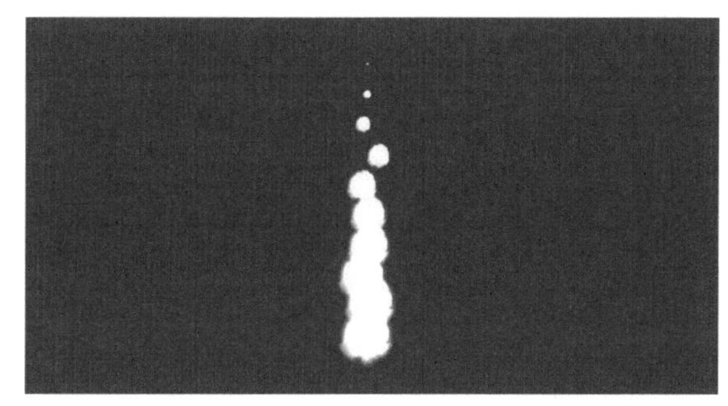

图6-41

06 在"发射"模块中设置"随单位时间产生的粒子数"为50，同时修改"生命周期内颜色"为(R:255，G:0，B:0)~(R:246，G:235，B:0)的渐变色，如图6-42所示，火焰效果如图6-43所示。

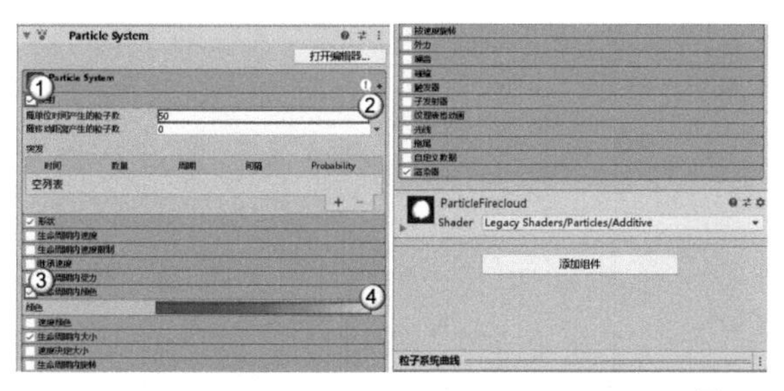

图6-42

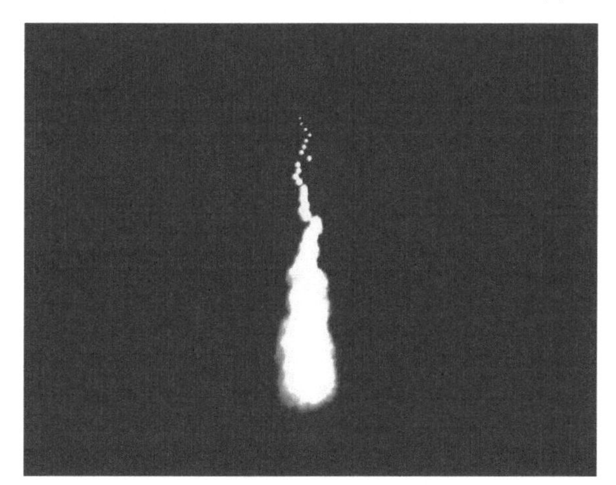

图6-43

07 为该火焰效果添加Rigidbody组件和Sphere Collider组件，然后勾选"是触发器"选项，如图6-44所示。

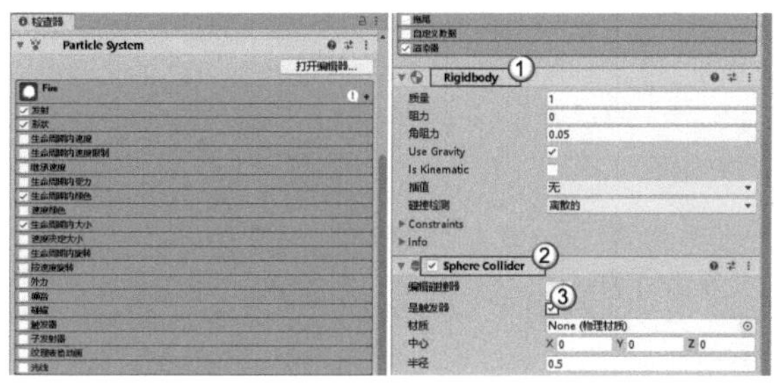

图6-44

08 通过脚本来控制火焰粒子的速度和碰撞效果。执行"资源>创建>C#脚本"菜单命令创建脚本，并命名为FireControl，然后将其挂载到火焰上；接着将火焰拖曳到"项目"面板中生成一个预制件，并命名为Fire。编写的脚本代码如下。

输入代码

```
using UnityEngine;

public class FireControl : MonoBehaviour
{
  //爆炸效果，在组件上关联此预制件为Standard Assets/ParticleSystems/Prefabs/ExplosionMobile
    public GameObject EffectPre;
    //刚体
    private Rigidbody rBody;
    void Start()
    {
      //获得刚体组件
      rBody = GetComponent<Rigidbody>();
    }

    void Update()
    {
      //设置火焰速度
      rBody.velocity = new Vector3(-0.1f, -7f, 0);
    }

    private void OnTriggerEnter(Collider other)
    {
      //创建一个爆炸效果
       GameObject go = Instantiate(EffectPre, transform.position, transform.rotation);
      //延时销毁爆炸效果
      Destroy(go, 0.5f);
      //销毁当前火焰
      Destroy(gameObject);
    }
}
```

09 执行"游戏对象>创建空对象"菜单命令创建一个空物体，作为火焰发射器，并命名为FirePoint。然后执行"资源>创建>C#脚本"菜单命令添加一个脚本，并命名为FireSkill，接着将其挂载到FirePoint物体上。编写的脚本代码如下，游戏的运行情况如图6-45所示。

输入代码

```
using UnityEngine;

public class FireSkill : MonoBehaviour
{
   //关联火焰预制件
   public GameObject FirePre;
   //计时器
   private float timer = 0;
```

```
void Update()
{
    //计时器时间增加
    timer += Time.deltaTime;
    //每0.5s调用
    if (timer > 0.5f)
    {
        //计时器清0
        timer = 0;
        //实例化一个火焰，随机化x和z轴位置
        Instantiate(FirePre, new Vector3(Random.Range(-5, 5), 10, Random.
Range(-5, 5)), Quaternion.identity);
    }
}
}
```

运行游戏

图6-45

6.3 线条效果

我想在我的游戏地图中用线条绘制一些辅助路线供新手玩家识别路线，这个应该怎么做？

这个简单，用“线段渲染器”绘制线段就可以了。除此之外，还有一个十分类似的“拖尾渲染器”，我们一起来看看吧！

6.3.1 线段渲染器

“线段渲染器”可用于在3D世界中绘制线段，对线段进行宽度、样式和颜色的设置，可起到丰富游戏功能的作用。

1.添加组件

在任意游戏物体上添加Line Renderer（线段渲染器）组件，即可通过该组件进行线段的绘制；或执行“游戏对象>效果>线”菜单命令创建一个线段渲染器物体，其“检查器”面板如图6-46所示。

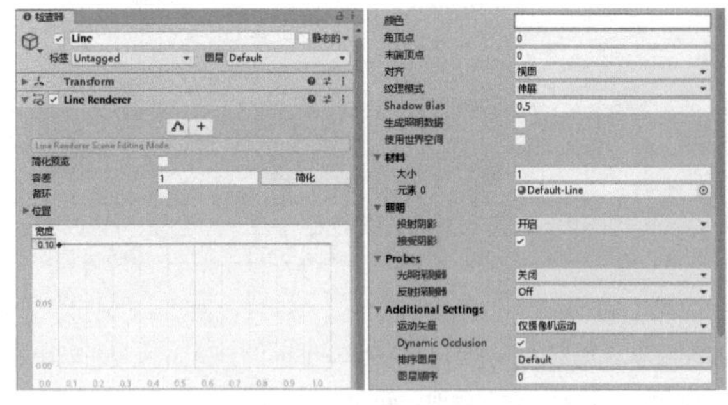

图6-46

重要参数介绍

简化预览：显示简化线段预览。

容差：评估从线上删除哪些点，数值越大，线条越简单。

循环：勾选该选项后，会自动连接线段的首、尾点。

位置：当前线段点的数量和具体位置。

宽度：线段宽度设置，也可以设置一条曲线来应用于宽度。

颜色：线段颜色设置，也可以设置渐变色。

角顶点：每个角添加多少个顶点，数值越大越平滑。

末端顶点：每个端点添加多少个顶点，数值越大越平滑。

材料：线段所使用的材质。

使用“线段渲染器”并不难：先设置“线段渲染器”所使用的材质，然后设置需要的宽度和颜色，最后单击“创建”按钮+并在场景视图中进行单击，即可在单击位置添加线段端点，如图6-47所示。

除此之外，还可以在“位置”属性上通过填写坐标的方式来添加端点，展开“位置”选项即可设置，如图6-48所示。

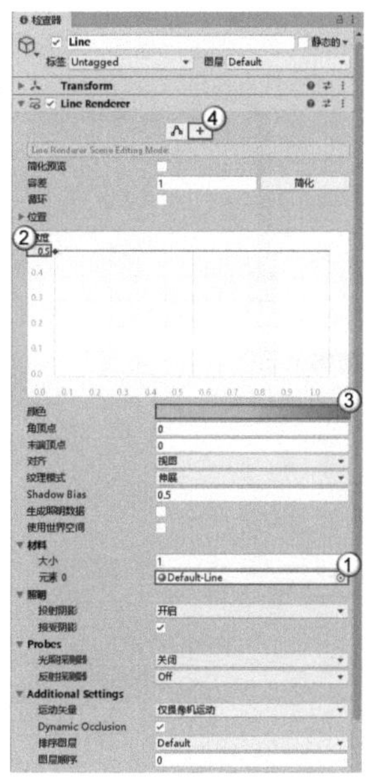

图6-47

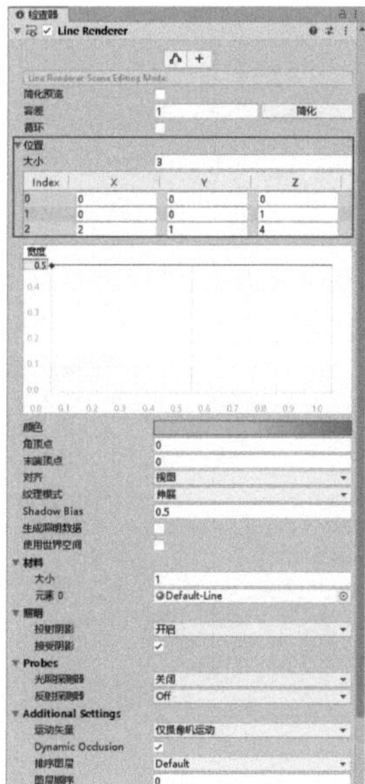

图6-48

2.画线效果的应用

一些游戏或应用可能会包含画线需求，这里展示一些游戏中使用到的画线效果，如图6-49和图6-50所示。

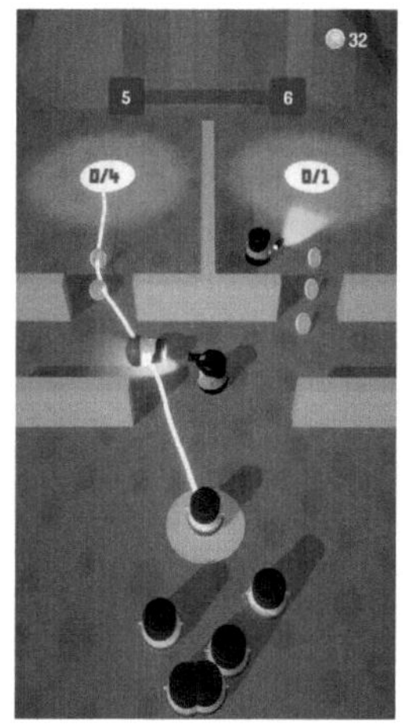

图6-49

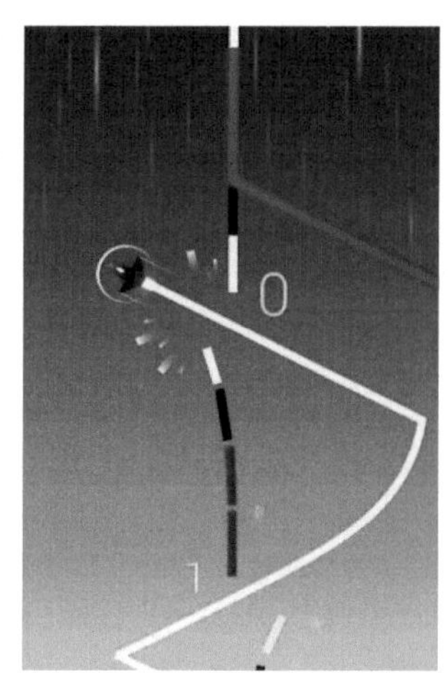

图6-50

操作演示：使用脚本绘制动态线条

素材位置　无

实例位置　实例文件>CH06>操作演示：使用脚本绘制动态线条

难易指数　★☆☆☆☆

学习目标　掌握线段渲染器的使用方法与动态线条的绘制方法

本例将实现使用脚本绘制动态线条，效果如图6-51所示。

图6-51

1.实现路径

01 通过代码设置线段的颜色和宽度。

02 通过代码设置起点与终点的宽度。

03 通过代码设置线段端点的个数并添加线段端点。

2.操作步骤

执行“游戏对象>效果>线”菜单命令创建一个线段渲染器物体，然后执行“资源>创建>C#脚本”菜单命令创建一个脚本，并命名为LineTest；然后将其挂载到线段渲染器物体上。编写的脚本代码如下，运行结果如图6-52所示。

输入代码

```
using UnityEngine;

public class LineTest : MonoBehaviour
{
    //线段渲染器
    private LineRenderer lineRenderer;
    void Start()
    {
        //获取线段渲染器组件
        lineRenderer = GetComponent<LineRenderer>();
        //可以通过代码设定起点和终点的颜色
        lineRenderer.startColor = Color.red;
```

```
        lineRenderer.endColor = Color.blue;
        //可以通过代码设定起点和终点的宽度
        lineRenderer.startWidth = 1f;
        lineRenderer.endWidth = 0.5f;
        //设置线段端点的个数并添加线段端点
        lineRenderer.positionCount = 3;
        lineRenderer.SetPosition(0, Vector3.zero);
        lineRenderer.SetPosition(1, new Vector3(10, 0, 0));
        lineRenderer.SetPosition(2, new Vector3(10, 10, 0));
    }
}
```

运行结果

图6-52

实例：模拟画图

素材位置　无
实例位置　实例文件>CH06>实例：模拟画图
难易指数　★★☆☆☆
学习目标　掌握在屏幕上画线的方法

本例将通过线段渲染器实现画图效果，效果如图6-53所示。

图6-53

1.实现路径

01 创建一个立方体，作为绘图背景板。

02 设置摄像机的投影模式。

03 通过代码设置当前端点的个数。

04 通过代码设置起点和终点的颜色和宽度。

05 通过代码设置按住鼠标左键开始画线的条件。

06 通过代码设置松开鼠标左键删除画线。

2.操作步骤

01 执行“游戏对象>3D对象>立方体”菜单命令在场景中创建一个立方体，作为游戏中的背景板，然后在Cube的Transform组件中设置“位置”的X属性为0，Y属性为1，Z属性为0；设置“缩放”的X属性为20，Y属性为10，Z属性为1，如图6-54所示。

02 设置摄像机的“投影”为“正交”，然后在Transform组件中设置“位置”的X属性为0，Y属性为1，Z属性为-10，如图6-55所示。

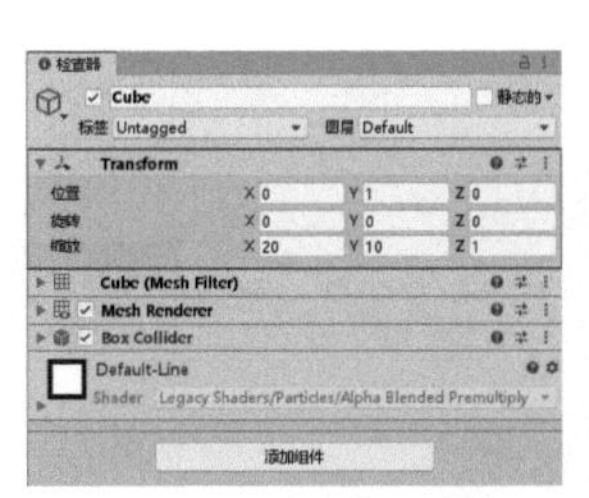

图6-54

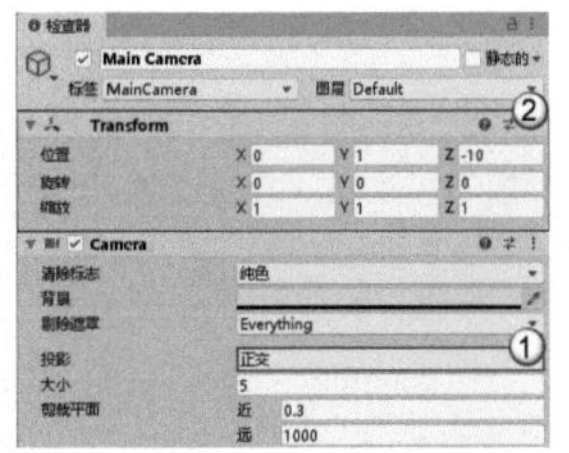

图6-55

03 执行“游戏对象>效果>线”菜单命令创建一个线段渲染器物体。然后执行“资源>创建>C#脚本”菜单命令创建一个脚本，并命名为LineControl，接着将其挂载到线段渲染器物体上。编写的脚本代码如下，游戏的运行情况如图6-56所示。

输入代码

```
using UnityEngine;

public class LineControl : MonoBehaviour
{
    //线段渲染器
```

```
    private LineRenderer lineRenderer;
    //当前添加的端点个数
    private int count = 0;
    void Start()
    {
        //获取线段渲染器组件
        lineRenderer = GetComponent<LineRenderer>();
        //通过代码设定起点和终点的颜色
        lineRenderer.startColor = Color.red;
        lineRenderer.endColor = Color.blue;
        //通过代码设定起点和终点的宽度
        lineRenderer.startWidth = 0.5f;
        lineRenderer.endWidth = 0.5f;
    }

    void Update()
    {
        //如果按住鼠标左键，开始画线
        if (Input.GetMouseButton(0))
        {
            //获得鼠标指针射线
            Ray ray = Camera.main.ScreenPointToRay(Input.mousePosition);
            //碰撞信息
            RaycastHit hit;
            //判断射线是否打到游戏物体上
            if (Physics.Raycast(ray, out hit))
            {
                //证明鼠标指针碰到游戏物体，为线段添加一个端点
                lineRenderer.positionCount = ++count;
                //设置新添加的端点，这里向摄像机方向偏移一段距离，
//防止被物体挡住
                lineRenderer.SetPosition(count - 1, hit.point + Vector3.back * 2);
            }
        }
        //松开鼠标左键删除画线
        if (Input.GetMouseButtonUp(0))
        {
            //清除端点个数
            lineRenderer.positionCount = 0;
            count = 0;
        }
    }
}
```

运行游戏

图6-56

6.3.2 拖尾渲染器

“拖尾渲染器”可用于绘制各种形式的拖尾效果，起到丰富游戏画面的作用。

1.添加组件

“拖尾渲染器”的用法与“线段渲染器”的用法十分相似，如果想让某个游戏物体具有拖尾效果，那么就需要在该游戏物体上添加Trail Renderer（拖尾渲染器）组件；或执行“游戏对象>效果>拖尾”菜单命令创建一个自带“拖尾渲染器”的游戏物体，其“检查器”面板如图6-57所示。

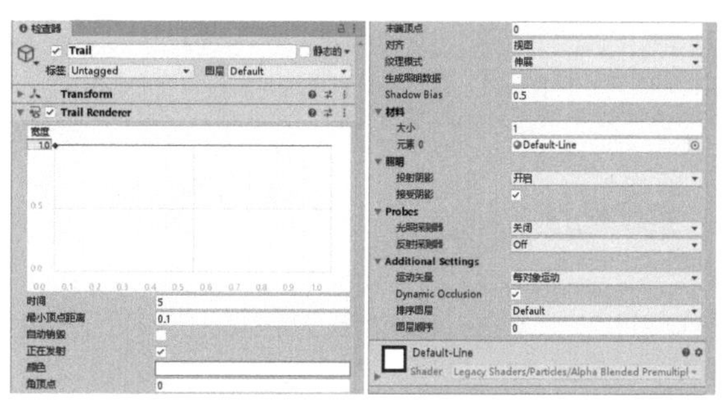

图6-57

重要参数介绍

宽度：拖尾宽度设置，也可设置一条曲线来应用于宽度。

时间：拖尾时间，以s为单位。

最小顶点距离：在拖尾上生成新顶点的距离。

自动销毁：无拖尾时销毁游戏物体。

正在发射：暂停拖尾生成。

颜色：线段颜色设置，也可以设置渐变色。

角顶点：每个角添加多少个顶点，数值越大越平滑。

末端顶点：每个端点添加多少个顶点，数值越大越平滑。

材料：线段所使用的材质。

2.拖尾效果的应用

“拖尾渲染器”在游戏中的用处非常大，如各种魔法效果后面的拖尾、武器挥舞后的拖尾和高速移动物体后的拖尾等，如图6-58和图6-59所示。

图6-58

图6-59

操作演示：使用脚本制作拖尾旋转效果

素材位置 无
实例位置 实例文件>CH06>操作演示：使用脚本制作拖尾旋转效果
难易指数 ★☆☆☆☆
学习目标 掌握拖尾渲染器的使用方法

本例将实现使用脚本制作拖尾旋转效果，效果如图6-60所示。

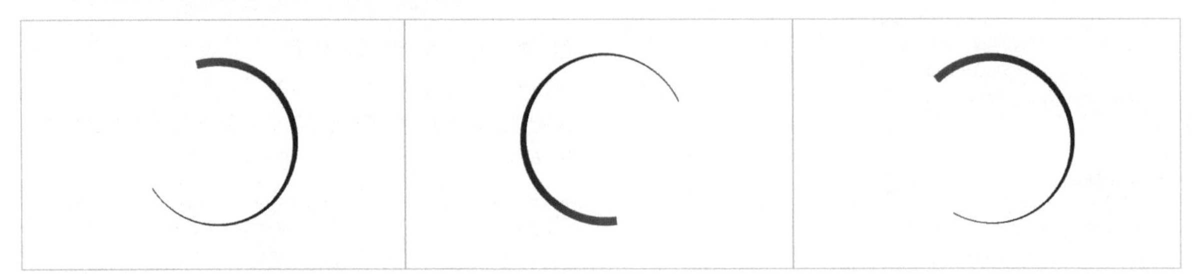

图6-60

1.实现路径

01 通过代码设置旋转原点。
02 通过代码设置起点和终点的颜色和宽度。
03 通过代码设置拖尾时间。
04 通过代码设置拖尾绕原点旋转。

2.操作步骤

执行“游戏对象>效果>拖尾”菜单命令创建一个拖尾渲染器物体，然后执行“资源>创建>C#脚本”菜单命令创建一个脚本，并命名为TrailTest，接着将其挂载到拖尾渲染器物体上。编写的脚本代码如下，运行结果如图6-61所示。

输入代码

```
using UnityEngine;

public class TrailTest : MonoBehaviour
{
    //拖尾渲染器
    private TrailRenderer trailRenderer;
    //原点
    private Vector3 center;

    void Start()
    {
        //设置一个点作为旋转原点
        center = transform.position - Vector3.left * 10;
        //获取拖尾渲染器组件
        trailRenderer = GetComponent<TrailRenderer>();
        //可以通过代码设定起点和终点的颜色
        trailRenderer.startColor = Color.red;
        trailRenderer.endColor = Color.blue;
        //可以通过代码设定起点和终点的宽度
        trailRenderer.startWidth = 1f;
        trailRenderer.endWidth = 0.1f;
        //拖尾时间
        trailRenderer.time = 0.5f;
    }

    void Update()
    {
        //围绕原点进行旋转
        transform.RotateAround(center, Vector3.forward, Time.deltaTime * 360);
    }
}
```

运行结果

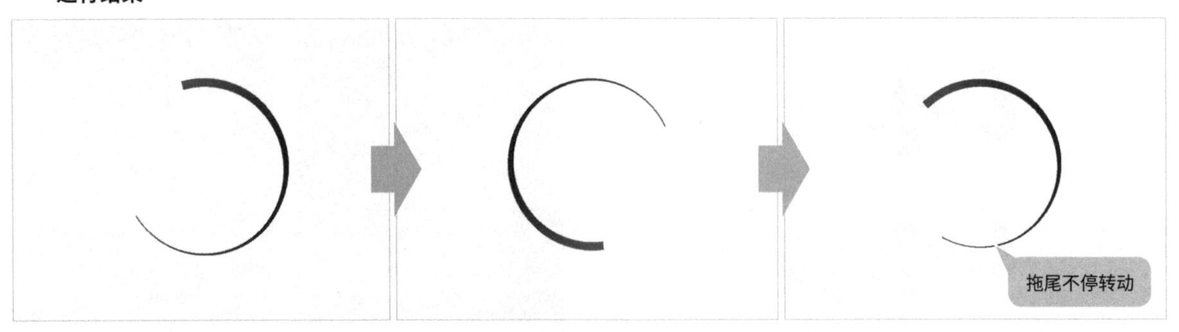

图6-61

6.4 综合案例：魔法大战

素材位置　无
实例位置　实例文件>CH06> 综合案例：魔法大战
难易指数　★★★☆☆
学习目标　了解粒子在游戏中的重要性，掌握特效的处理方法

本例将制作游戏中的魔法效果，如图6-62所示。

图6-62

6.4.1 游戏描述

在制作游戏之前，了解游戏的玩法有助于掌握技术点的使用方法并理解游戏的制作逻辑。

1.玩法介绍

在本例的魔法大战游戏中，敌人不断在场景中生成，角色可随时进行侦查并可发动两种技能进行攻击；若敌人被击中，则敌人死亡。

2.实现路径

01 下载资源并导入场景和角色。

02 在场景中单击，角色向单击位置发射出一个魔法球，同时鼠标左键和右键分别用于控制两种不同的魔法球。

03 让火焰朝前方移动，接触敌人时产生爆炸效果。

04 在场景中随机生成敌人。

05 敌人受到魔法攻击，完成销毁。

6.4.2 创建项目

01 执行“窗口>资源商店”菜单命令，在资源商店中下载并导入POLYDesert（成品地形资源）、Easy Primitive People和Cartoon FX Free（成品粒子特效资源）。资源导入完成后，双击“项目”面板中的Runemark Studio/Freebies/Polygon Desert Pack/DesertScene，场景效果如图6-63所示。

图6-63

02 将“项目”面板中的Easy Primitive People/Prefab/Cop预制件拖曳到场景视图中，并命名为Player，如图6-64所示。

图6-64

6.4.3 角色控制

执行“资源>创建>C#脚本”菜单命令创建一个脚本，并命名为PlayerControl，然后将其挂载到Player物体上。编写的脚本代码如下，游戏的运行情况如图6-65所示。

输入代码

```
using UnityEngine;

public class PlayerControl : MonoBehaviour
{
    //以下两个魔法效果可以使用粒子系统自己制作，这里我们使用成品粒子资源
    //火焰魔法1，这里关联“项目”面板中的JMO Assets/Cartoon FX/
//CFX4 Prefabs/Fire/CFX4 Fire预制件，该预制件为火焰效果
    //为了做出火焰移动效果，这里将该预制件的粒子“模拟空间”从“局部”设置为“世界”。
    public GameObject FirePre1;
    //火焰魔法2，这里关联“项目”面板中的JMO Assets/Cartoon FX/
//CFX3 Prefabs/Fire/CFX3 Fire Shield预制件
    public GameObject FirePre2;
    //火焰魔法1的CD
    private float fire1CD = 0.4f;
    //火焰魔法2的CD
    private float fire2CD = 1f;
    //发射魔法间隔计时器
    private float time;

    void Update()
    {
        //计时器时间增加
        time += Time.deltaTime;
        //获取鼠标指针射线
        Ray ray = Camera.main.ScreenPointToRay(Input.mousePosition);
        //碰撞信息
        RaycastHit hit;
        //碰撞检测，判断射线是否打到游戏物体上
        if (Physics.Raycast(ray, out hit))
        {
            //角色看向发射方向
            transform.LookAt(new Vector3(hit.point.x, transform.position.y, hit.point.z));
            //如果按下鼠标左键
            if (Input.GetMouseButton(0))
            {
                //发射火焰1
                Fire(FirePre1, fire1CD);
            }
            //如果按下鼠标右键
            else if (Input.GetMouseButton(1))
            {
                //发射火焰2
                Fire(FirePre2, fire2CD);
            }
        }
    }

    //发射火焰，参数为发射的火焰预制件与火焰间隔CD
    void Fire(GameObject firePre, float fireCD)
    {
        //判断CD是否满足
        if (time > fireCD)
        {
            //重置CD
            time = 0;
            //实例化火焰预制件
            Instantiate(firePre, transform.position, transform.rotation);
        }
    }
}
```

运行游戏

图6-65

6.4.4 编写魔法脚本

01 在“项目”面板中为使用的两个火焰预制件，即CFX3 Fire Shield和CFX4 Fire添加Sphere Collider组件，然后勾选“是触发器”选项，设置“半径”为0.37；接着再为这两个预制件添加Rigidbody组件，并且取消勾选Use Gravity选项，分别如图6-66和图6-67所示。

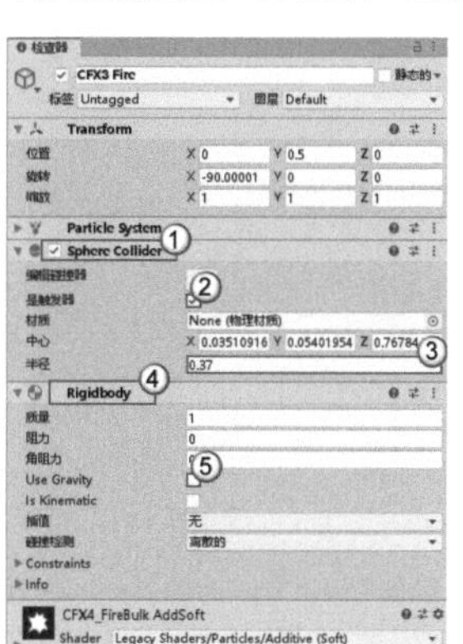

图6-66

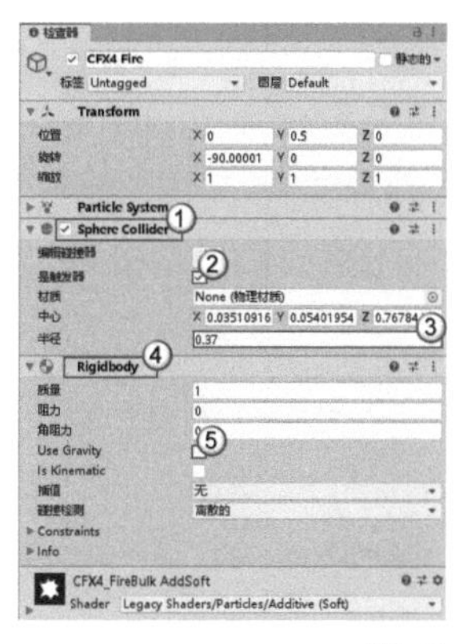

图6-67

02 为创建的两个火焰预制件编写脚本，执行“资源>创建>C#脚本”菜单命令创建一个脚本，并命名为FireControl，然后将其挂载到两个火焰预制件上。编写的脚本代码如下，游戏的运行情况如图6-68所示。

输入代码

```
using UnityEngine;

public class FireControl : MonoBehaviour
{
    //爆炸效果预制件，关联“项目”面板中的JMO Assets/Cartoon FX/
//CFX Prefabs/Explosions/CFX_Explosion_B_Smoke+Text预制件
    public GameObject ExplosionPre;
    //移动速度
    private float speed = 10f;

    void Start()
    {
        //5s后销毁自身
        Destroy(gameObject, 5f);
        //给刚体一个移动速度
        GetComponent<Rigidbody>().velocity = transform.forward * speed;
    }

    //碰撞到敌人销毁自身
    private void OnTriggerEnter(Collider other)
    {
        //判断是不是敌人
        if (other.tag == "Enemy")
        {
            //碰撞到敌人
            //显示爆炸效果
            Instantiate(ExplosionPre, transform.position, Quaternion.identity);
            //销毁自身
            Destroy(gameObject);
        }
    }
}
```

运行游戏

图6-68

6.4.5 敌人孵化点

执行“游戏对象>创建空对象”菜单命令创建一个空物体并命名为EnemyPoint，然后执行“资源>创建>C#脚本”菜单命令创建一个脚本，并命名为EnemyPointControl。创建完成后将脚本添加到EnemyPoint物体上，再将EnemyPoint拖曳到“项目”面板中制作成预制件。编写的脚本代码如下，游戏的运行情况如图6-69所示。

输入代码

```
using UnityEngine;

public class EnemyPointControl : MonoBehaviour
{
    //敌人预制件，关联“项目”面板中的Easy Primitive People/Prefab/Robber
预制件
    public GameObject EnemyPre;
    //计时器
    private float timer;
    //产生下一个敌人的时间
    private float CD;
    void Start()
    {
        //随机产生一个敌人的时间
        CD = Random.Range(5, 10);
    }

    void Update()
    {
        //因为我们将实例化的敌人添加了到子物体中，
//所以这里判断有没有子物体，没有子物体再实例化敌人
        if (transform.childCount == 0)
        {
            //计时器时间增加
            timer += Time.deltaTime;
            if (timer > CD)
            {
                //实例化一个敌人
                Transform enemy = Instantiate(EnemyPre, new Vector3(transform.
position.x, 1, transform.position.z), Quaternion.identity).transform;
                //设置敌人为子物体
                enemy.SetParent(transform);
                //让敌人面向摄像机
                    enemy.LookAt(new Vector3(Camera.main.transform.position.x,
enemy.transform.position.y, Camera.main.transform.position.z));
                //完成后重新随机CD
                cd = Random.Range(5, 10);
                //重置计时器
                timer = 0;
            }
        }
    }
}
```

运行游戏

图6-69

6.4.6 编写敌人脚本

01 执行“资源>创建>C#脚本”菜单命令创建一个脚本，并命名为EnemyControl。然后将其添加到Robber预制件上，并为预制件设置一个Enemy标签，设置完成后再为预制件添加Capsule Collider组件，如图6-70所示。

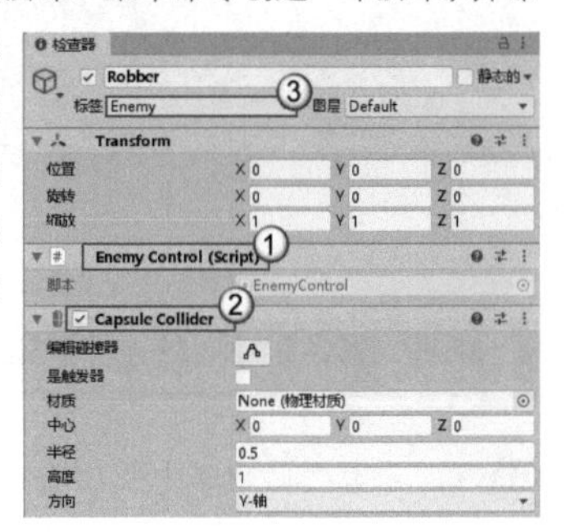

图6-70

02 为EnemyControl添加的脚本代码如下，游戏的运行情况如图6-71所示。

输入代码

```
using UnityEngine;

public class EnemyControl : MonoBehaviour
{
    private void OnTriggerEnter(Collider other)
    {
        //进入触发状态证明受到魔法攻击，销毁自己
        Destroy(gameObject);
    }
}
```

运行游戏

图6-71

技巧提示

在学完后面章节的内容后，可以为该游戏的添加计分或计时等功能进行优化。

第 7 章 动画系统

■ 学习目的

动画不仅可以赋予角色生命，还能将角色的性格展示出来。动画的制作没有想象中的那么困难，因为 Unity 为我们提供了十分强大的动画系统，使我们既可以创建自己的动画，又可以轻松地使用外部导入的动画。本章将介绍动画和动画器组件的使用方法及动画的制作方法，并深入讲解游戏与动画之间的联系。

■ 主要内容

- Animation(动画) 组件的使用方法
- Animator(动画器) 组件的使用方法
- 反向动力学的使用方法
- 动画曲线的使用方法
- 帧事件的使用方法
- 动画层的使用方法
- 动画遮罩的使用方法

7.1 动画

我的游戏制作到了室内阶段，但是现在遇到了一个问题，我的游戏需求是走到门的正前方，门会自动打开；然后走进室内，室内有一个电梯，走到电梯上会自动上升到二楼。这些需求应该都属于动画吧，那么这些动画需要在外部做好再导入进来吗？

没错，这些都属于动画。如果你要制作人物动作、怪物动作等复杂的动画，那么应该先使用其他建模软件进行制作再导入Unity。但是如果你的需求比较简单，那么直接在Unity中制作动画就行了。Unity中包含了两种动画系统，我们先学习Animation（动画）系统。

7.1.1 动画组件

Animation系统是Unity从旧版本延续下来的动画系统，它的使用流程非常简单，只需要为模型添加Animation组件，然后通过动画剪辑修改动画的关键帧，最后为Animation组件应用该动画剪辑即可。下面介绍如何为游戏物体添加动画组件并创建动画剪辑。

1.动画组件的添加

选择需要创建动画的游戏物体，并为其添加Animation组件，如图7-1所示。

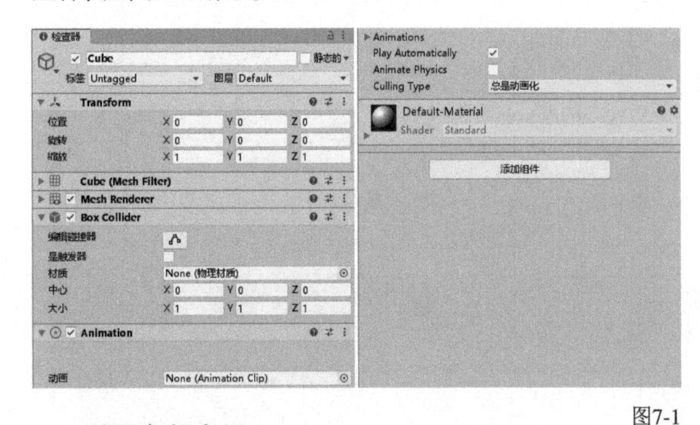

图7-1

重要参数介绍

动画：默认使用的动画剪辑。

Animations（**动画**）：可以使用的动画剪辑数组。

Play Automatically（**自动播放**）：勾选后会自动播放默认的动画剪辑。

Animate Physics（**动画物理**）：勾选后动画将使用物理循环来驱动。

Culling Type（**剔除方式**）：控制动画组件的剔除方式。

总是动画化：即使离开屏幕，动画也依旧执行，不会进行动画剔除。

BasedOnRenderers（**基于渲染**）：当渲染不可见时，动画将会被禁用。

2.动画剪辑的创建

执行"面板>动画>动画"菜单命令打开"动画"面板，保持选择该动画物体，即可看到创建动画剪辑的提示，如图7-2所示。

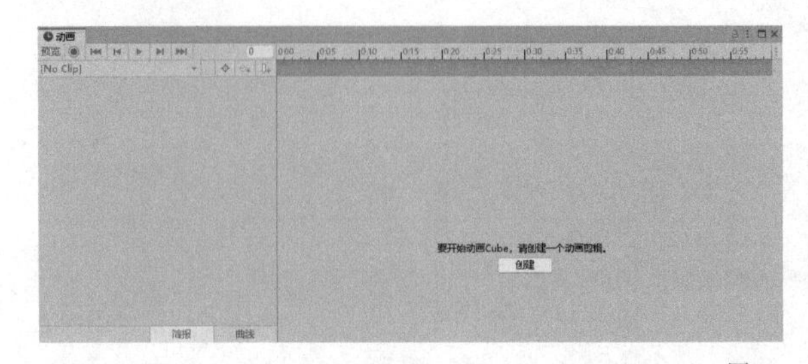

图7-2

每个动画组件都可以创建多个动画剪辑。单击"创建"按钮 创建 ，待选择了动画剪辑的保存位置和修改名称后，即可创建第一个动画剪辑，如图7-3所示。

图7-3

重要参数介绍

新建动画剪辑 New Animation ：选择要编辑的动画剪辑或创建新的动画剪辑。

预览 预览 ：是否开启场景预览模式。

记录关键帧：是否开启关键帧记录模式。

转到剪辑开头：转到动画剪辑开头。

上一个关键帧：跳转至上一个关键帧。

播放：播放动画剪辑。

下一个关键帧：跳转至下一个关键帧。

动画剪辑结尾：跳转至动画剪辑结尾。

筛选：按选择筛选。

关键帧：添加关键帧。

帧事件：添加帧事件。

技巧提示

动画剪辑创建完成后，在"项目"面板中即可看到创建完成的动画剪辑。选择该动画剪辑，在"检查器"面板中可选择动画的循环模式，默认情况下仅播放一次，也可以更改为"循环模式"等，如图7-4所示。

图7-4

7.1.2 通过属性制作动画

动画的制作就是属性的变化，如位置属性变化就会产生移动动画，旋转属性变化就会产生旋转动画。因此制作动画的第一步就是要明确制作的动画类型及相关属性，再将该属性添加到“动画”面板中。下面以立方体的位置移动为例进行动画的说明。

先为立方体添加Animation组件，然后创建一个动画剪辑，接着单击“添加属性”按钮 添加属性 为新建的动画添加动画属性。可以选择的动画属性均为物体组件具有的基础属性，也就意味着我们可以添加各种组件，然后分别为这些组件制作动画。这里我们选择添加“位置”属性，所以单击Position右侧的“添加”按钮+，如图7-5所示。

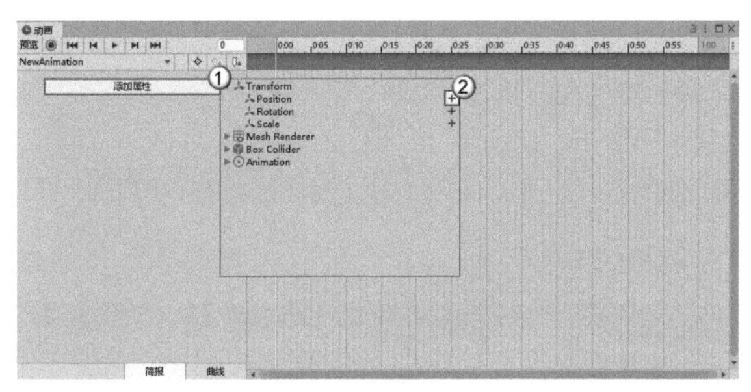

图7-5

添加属性后，观察右侧的时间线面板，系统将自动在第0s和第1s处生成两个关键帧，代表动画剪辑的头部和尾部。然后选择时间线上的0:30（图中白色竖线指向的位置），在左侧面板修改已添加的属性数值，如将Position.x设置为10，即可生成一个关键帧，如图7-6所示。

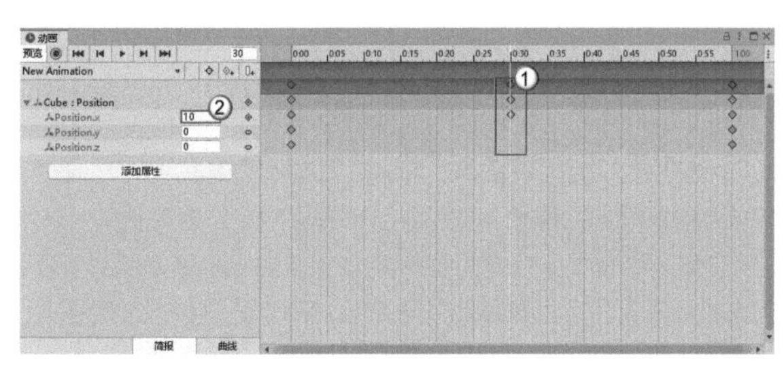

图7-6

动画剪辑设置完成后，需要将“项目”面板中的动画剪辑关联到立方体的Animation组件中，如图7-7所示。

图7-7

运行游戏，立方体开始执行移动动画。因为在第0.5s处修改了立方体在*x*轴的位置，所以生成的动画效果就为0.5s内从原点沿*x*轴方向移动10个单位，接下来在0.5s内再回到起始位置。第0s、第0.5s和第1s时物体的位置如图7-8所示。

图7-8

技术专题：添加关键帧的另外3种方式

除了上述方法，关键帧的添加方式还有多种。第1种方式，单击“关键帧记录模式”按钮◉，然后通过在场景中拖曳游戏物体的位置来添加或修改关键帧；第2种方式，单击“添加关键帧”按钮手动添加关键帧；第3种方式，在时间线上选择需要添加的关键帧的位置后，在“检查器”面板中找到Transform组件的“位置”属性，然后单击鼠标右键，选择“添加密钥”选项，如图7-9所示。

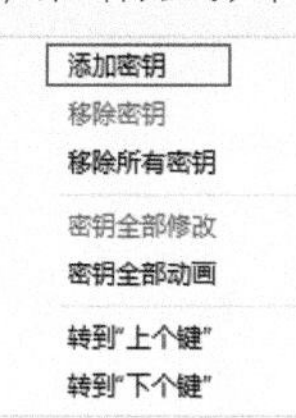

图7-9

7.1.3 通过动画曲线控制平滑效果

在“动画”面板中单击左下角的“曲线”按钮 曲线 即可切换到曲线显示模式，可在曲线模式中清楚地看到位置属性的变化和关键帧的位置，如图7-10所示。

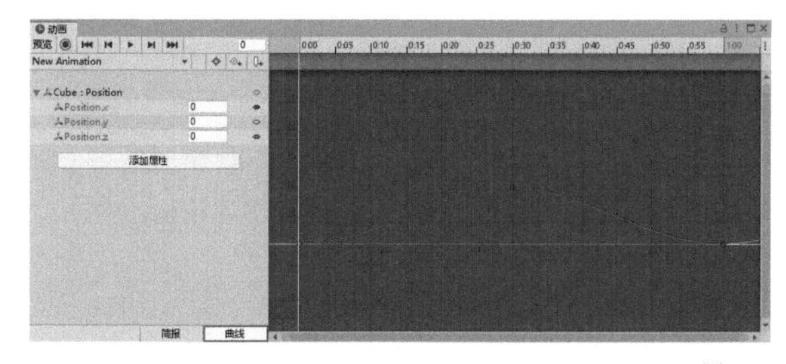

图7-10

在动画曲线编辑设置界面中，可直接对关键帧进行修改，如对曲线中间的关键帧进行拖曳，如图7-11所示。

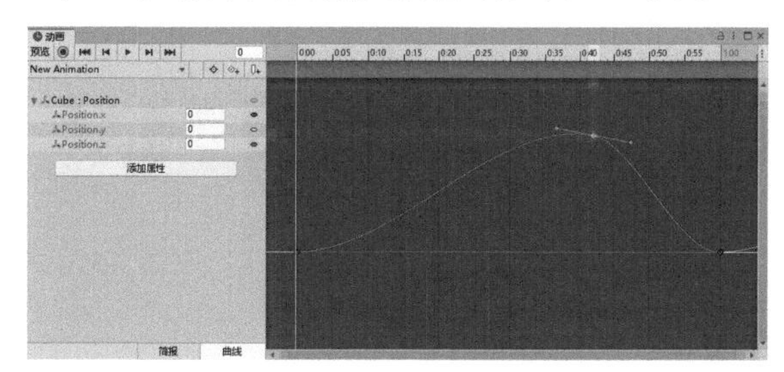

图7-11

技术专题：动画曲线的操作

在动画曲线编辑设置界面中，选择关键帧并单击鼠标右键即可看到关键帧控制菜单，可对关键帧处的曲线控制等操作进行切换，如图7-12所示。

Delete Key选项可删除当前关键帧，Edit Key选项可修改当前关键帧的具体数值和时间，如图7-13所示。

其他选项均为曲线操纵杆的设置，读者可对该菜单中的选项一一进行选择并观察效果。这里要重点注意“断开”选项，当选择了“断开”选项后，即为将曲线操纵杆断开，断开后可对“左切线”和“右切线”分别进行设置，如图7-14所示。

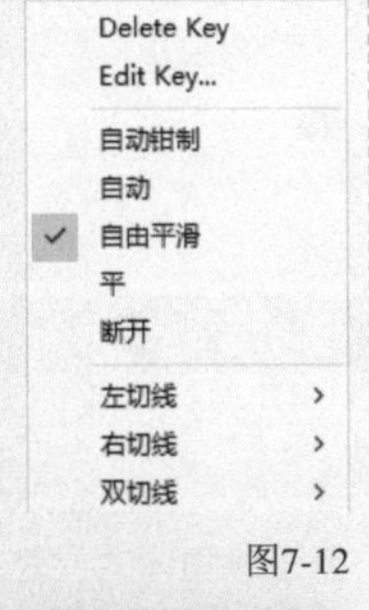

图7-12

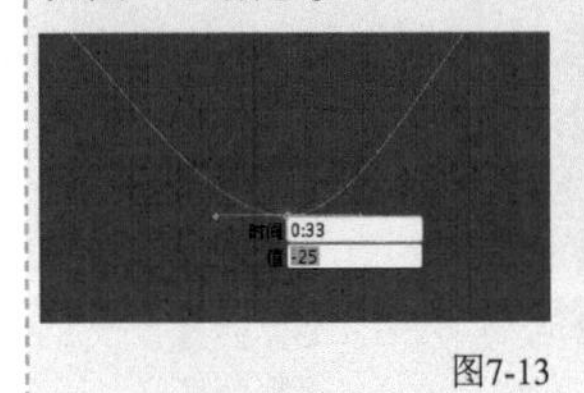

图7-13

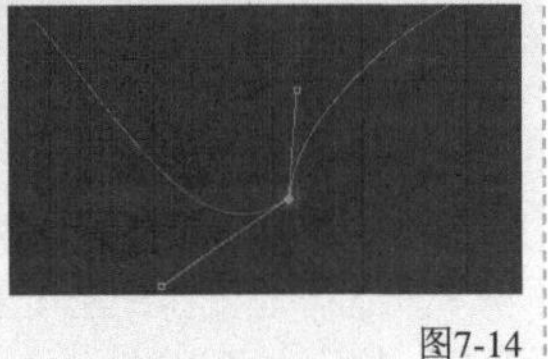

图7-14

7.1.4 执行一个帧事件

对基本的位移动画来说，它是通过物体向左右两侧来回移动实现的。现在大家来思考一个小需求，为这个简单的动画添加一个功能，即当立方体移动到最右侧的时候播放一个爆炸效果。要想制作这样一个效果，仅靠动画是很难实现的，我们就需要配合代码来完成这类需求。

在某一帧触发一个脚本事件，在事件中用代码来配合动画执行，这就是帧事件。帧事件可以完美解决上述需求，在“项目”面板中执行“创建>C#脚本”命令创建一个脚本，并命名为Test，然后将其添加到有移动动画的立方体上。编写的脚本代码如下。

输入代码

```
public class Test ： MonoBehaviour
{
  public void AnimationFunc()
  {
    Debug.Log("爆炸啦");
  }
}
```

在动画时间线上选择需要添加关键帧的位置，这里我们选择在0:30处添加一个关键帧，因此将时间线移动到0:30处，然后单击“添加帧事件”按钮即可，如图7-15所示。

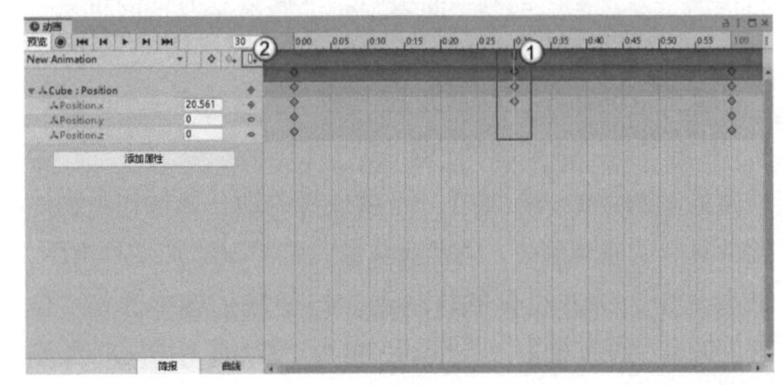

图7-15

选择新添加的关键帧，然后在“检查器”面板中选择脚本中创建的方法，如图7-16所示，运行结果如图7-17所示。

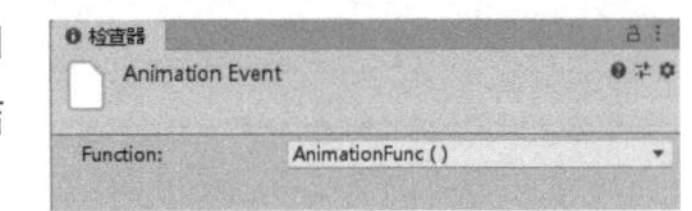

图7-16

运行结果

图7-17

技巧提示

灵活运用帧事件可以做很多事情，当动画执行到某个关键位置时，我们可以添加不同的特效或播放不同的音频。例如，角色播放的挥拳动画，可以在挥拳动画中找到一个合适的位置来添加关键帧，同时当动画播放到该位置时播放挥拳的音频，并在拳头处产生挥拳特效。又如在走路动画中，可以在角色的左、右脚触地时分别添加一个关键帧，然后在关键帧上播放鞋子碰到地面的音频，这样当角色通过该动画走路时就会发出鞋子碰到地面的声音。

操作演示：制作门的开关动画

素材位置　无
实例位置　实例文件>CH05>操作演示：制作门的开关动画
难易指数　★★☆☆☆
学习目标　掌握旧版动画系统的使用方法

本例将实现门的开与关，效果如图7-18所示。

开　　　　关

图7-18

1.实现路径

01 下载资源并导入门，对第一扇门做开、关门的动画。

02 修改影响门进行开关的轴向。

03 使用脚本控制门的开关，单击鼠标左键播放开门动画，单击鼠标右键播放关门动画。

2.操作步骤

01 执行“窗口>资源商店”菜单命令，在资源商店中下载并导入Door Free Pack Aferar，该资源为多种类型的房门资源。资源导入完成后，在“项目”面板中双击01AssetStore/DoorPackFree/Scenes/Demo，场景效果如图7-19所示。

图7-19

02 在“层级”面板中选择Door001/01_low，该物体为第一扇门，旋转该物体的z轴就会影响门的开与关，所以为该物体添加Animation组件，如图7-20所示。

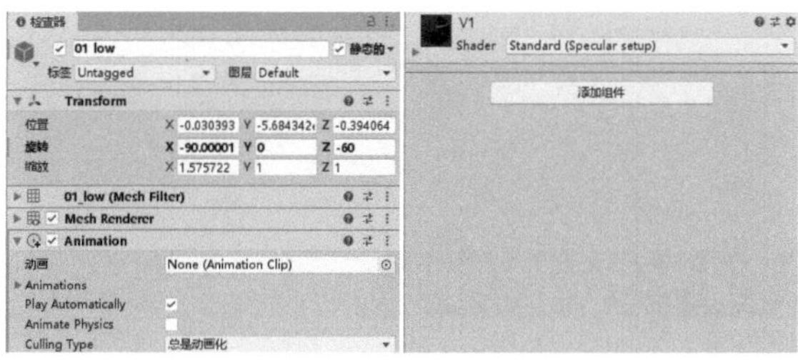

图7-20

03 执行“面板>动画>动画”菜单命令打开“动画”面板，然后单击“创建”按钮+创建一个动画剪辑，并命名为Open，接着单击“添加属性”按钮 添加属性 添加一个Rotation属性，如图7-21所示。

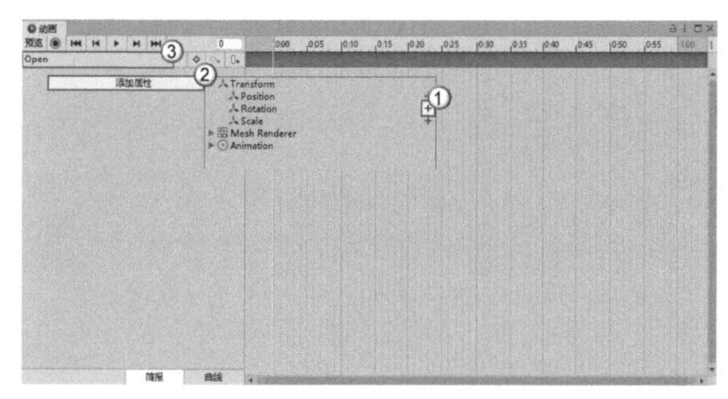

图7-21

04 将时间线移动到第0s处，然后设置Rotation.z为0，如图7-22所示。

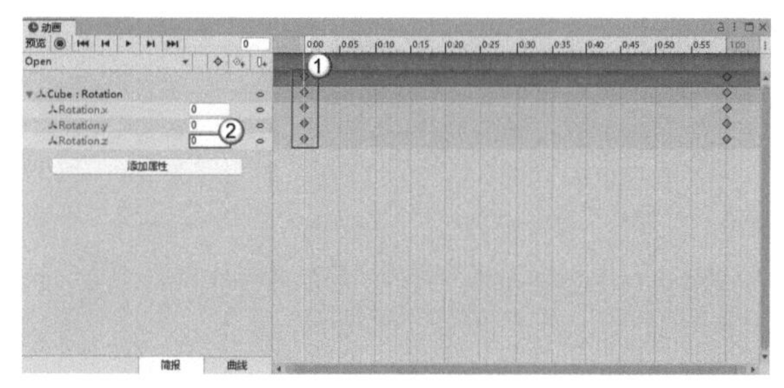

图7-22

05 将时间线移动到第1s处，然后设置Rotation.z为-100，保存该动画后，创建一个新的动画剪辑并命名为Close，如图7-23所示。

图7-23

06 与Open动画相同，在Close动画中，单击“添加属性”按钮 添加属性 并添加Rotation属性；然后将时间线移动到第0s处，设置Rotation.*z*为-100，如图7-24所示；再将时间线移动到第1s处，设置Rotation.z为0，如图7-25所示。

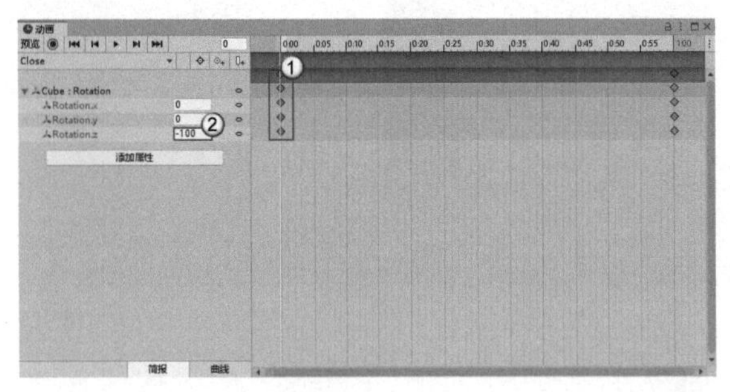

图7-24

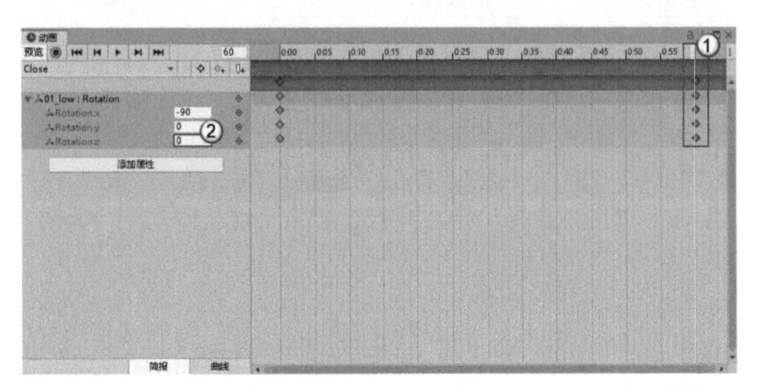

图7-25

07 在“层级”面板中选择Door001/01 low，然后在“检查器”面板中取消勾选“静态的”选项，如图7-26所示。

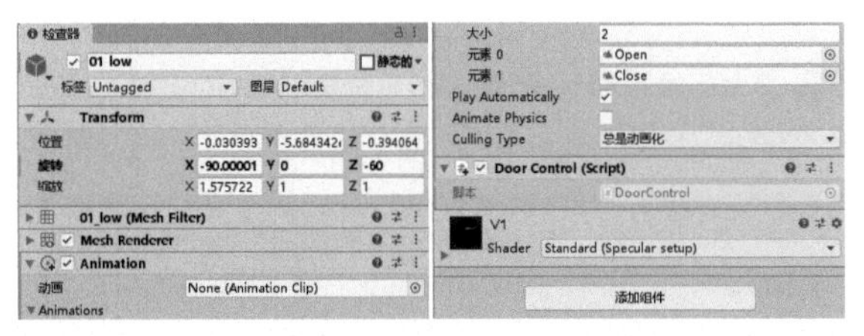

图7-26

08 在“项目”面板中执行“创建>C#脚本”命令创建一个脚本，并命名为DoorControl，然后将其挂载到01 low上。编写的脚本代码如下，运行结果如图7-27所示。

输入代码

```
using UnityEngine;

public class DoorControl ： MonoBehaviour
{
    //动画组件
    private Animation ani;
    //门是否打开
    private bool isOpen = true;

    void Start()
    {
        //获取动画组件
        ani = GetComponent<Animation>();
    }

    void Update()
    {
        //单击鼠标左键播放开门动画
        if (Input.GetMouseButtonDown(0))
        {
            //如果没有动画正在播放并且门处于关闭状态
            if (ani.isPlaying == false && isOpen == false)
            {
                //播放开门动画
                ani.Play("Open");
                //设置门状态为打开
                isOpen = true;
            }
        }
        //单击鼠标右键播放关门动画
        if (Input.GetMouseButtonDown(1))
        {
            //如果没有动画正在播放并且门处于打开状态
            if (ani.isPlaying == false && isOpen == true)
            {
                //播放关门动画
                ani.Play("Close");
                //设置门状态为关闭
                isOpen = false;
            }
        }
    }
}
```

运行结果

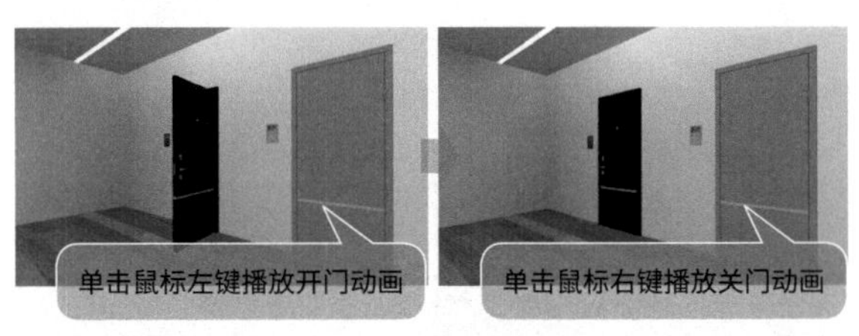

图7-27

7.2 动画器

动画真有趣！但是我自己做的动画可以用，而从外部导入的角色动画却播放不了，这个是怎么回事？

别急，刚才我们说的是旧版的动画系统，你导入的动画可能使用的是新版的动画系统，因为动画不兼容，所以你当然播放不了。接下来我们就来学习新版的动画系统。

7.2.1 动画器组件

Animation系统在制作一些简单动画的时候十分方便，

使用起来也很简单，但是当动画的数量增多，如在一个角色包含几十种甚至上百种动画的情况下，Animation系统就比较吃力了。所以Unity提供了新版的Animator（动画器）系统，新版动画系统可以方便地管理大量动画及动画间的切换和过渡，同时也区分了普通动画和人物骨骼动画。选择要制作动画的游戏物体，为其添加Animator组件，“检查器”面板如图7-28所示。

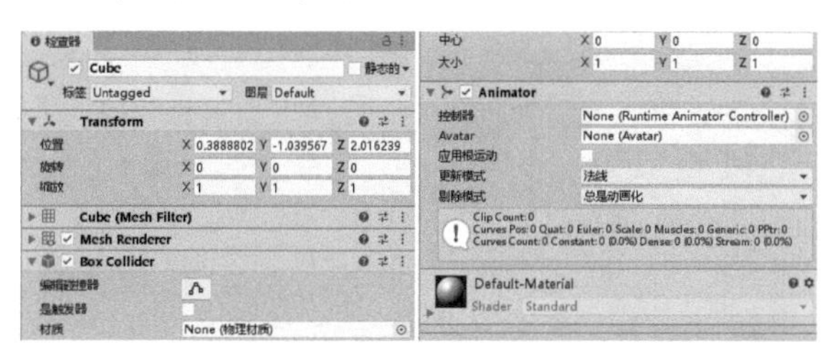

图7-28

重要参数介绍

控制器：该动画组件使用的动画控制器。

Avatar（替身）：该动画使用的骨骼映射。

应用根运动：是否使用动画本身的位移旋转。

更新模式：设定动画何时更新。

剔除模式：设定动画的剔除模式。

7.2.2 动画控制器

每一个Animator组件都会关联一个动画控制器文件，而在动画控制器文件中，我们可以设定Animator组件中包含的动画与动画之间的过渡、动画属性及动画层等多种动画功能，使用起来十分方便。

1.动画组件的添加

Animator组件添加成功后，同样也需要执行“面板>动画>动画”菜单命令打开“动画”面板创建一个动画剪辑，操作方式与Animation组件的相同；区别在于当创建了一个新的动画剪辑后，会自动在“项目”面板中创建动画控制器，并关联到Animator组件中，“检查器”面板如图7-29所示。

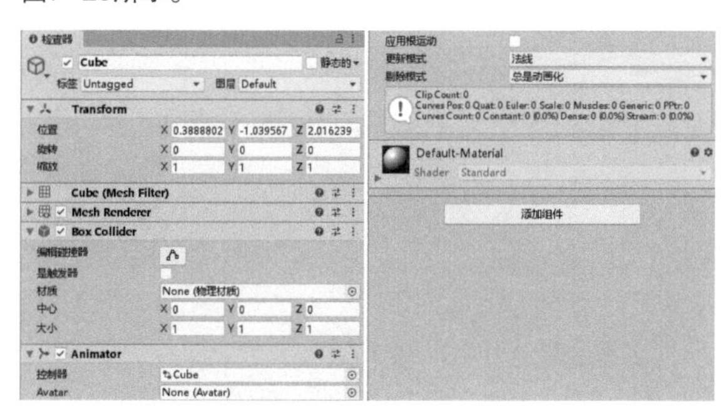

图7-29

除此之外，还可以在“项目”面板中执行“创建>动画器控制器”命令来手动创建动画控制器并与Animator组件进行关联，如图7-30所示。

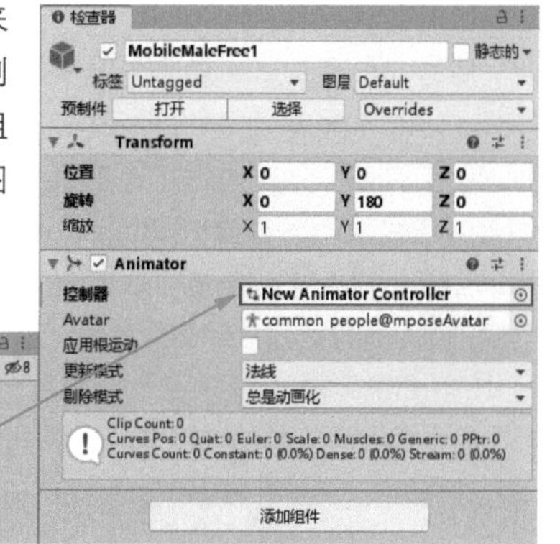

图7-30

在“项目”面板中双击创建的动画控制器打开“动画器”面板，在该面板中可以看到3个初始节点，Entry代表动画控制器的入口节点；Any State代表任意状态节点，可在该节点制作任意状态到某个状态的过渡；Exit代表退出节点，如图7-31所示。

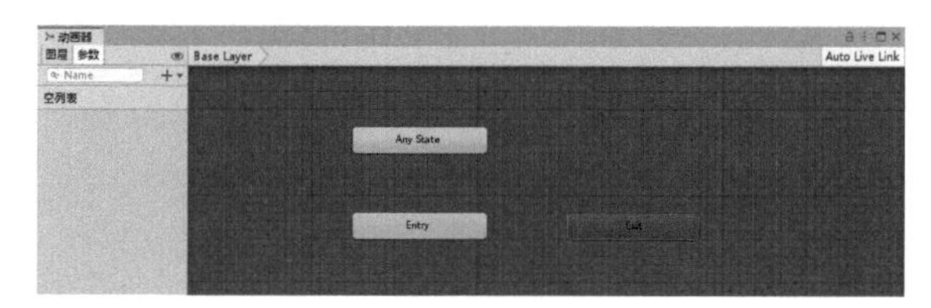

图7-31

技巧提示

在“动画器”面板中，按住鼠标滚轮不放移动鼠标指针可拖曳视图，滚动鼠标滚轮可进行面板的缩放。在实际的工作中，使用这些快捷操作可以让我们对动画控制器的使用更加得心应手。

2.动画状态的过渡

执行“窗口>资源商店”菜单命令，在资源商店中下载并导入Yuna:Anime-Style Character For Games And VRChat（人物角色资源）和RPG Character Animation Pack FREE（角色动作资源）。将“项目”面板中的Yuna 3d-Anime Style/Yuna Prefab角色模型导入场景中。然后在“项目”面板中执行“创建>动画器控制器”命令创建一个动画控制器，并关联到角色的Animator组件上，如图7-32所示。

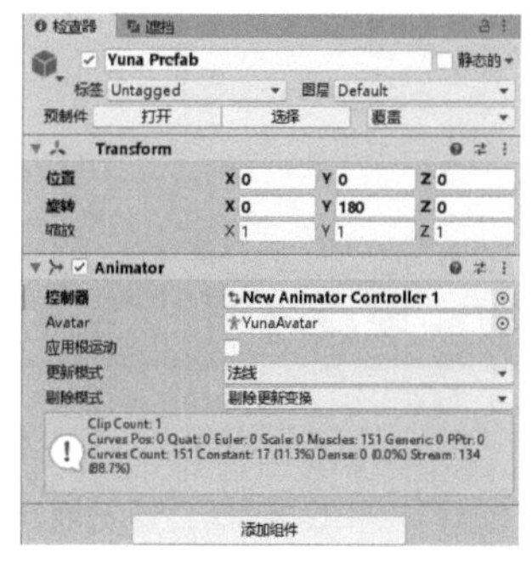

图7-32

在“项目”面板中的RPG Character Animation Pack FREE/Animations/Unarmed文件夹中包含了多个动画模型，选择动画模型就可以看到其中包含的动画。然后将RPG-Character@Unarmed-Idle动画拖入“动画器”面板，会自动生成一个Idle状态，并且会自动关联Idle动画，即有一条线从Entry连向Unarmed-Idle状态；也就意味着当动画开始播放时直接进入Idle状态，并播放Idle动画。运行游戏后，选择要播放动画的角色，可以看到“动画器”面板中的Idle动画也会显示一个进度条，代表当前执行该动画，如图7-33所示，动画效果如图7-34所示。

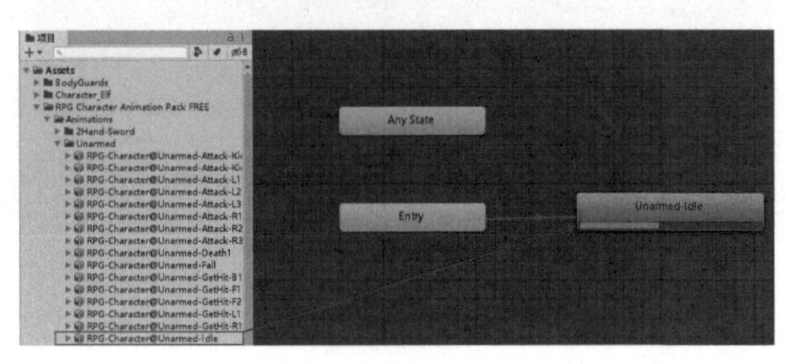

图7-33

图7-34

技巧提示

Unity一般使用FBX格式的模型和动画。如果希望进行复杂建模操作，那么一般会先使用3ds Max、Maya等软件进行模型和动画的制作，再导出为FBX格式的文件，最后导入Unity中进行使用。

7.2.3 使用脚本切换动画

在动画控制器中，一般会导入多种状态的动画，如站立、行走和攻击等状态，而状态之间的切换就需要通过编写脚本来进行控制。

1.完成两个状态的切换

在上节中，我们学习了为角色添加动画控制器并添加默认的站立动作，接下来我们继续为动画控制器添加其他动画。找到“项目”面板中的RPG Character Animation Pack FREE/Animations/Unarmed/RPG-Character@Unarmed-Run-Forward动画并将其拖曳到“动画器”面板中，如图7-35所示。

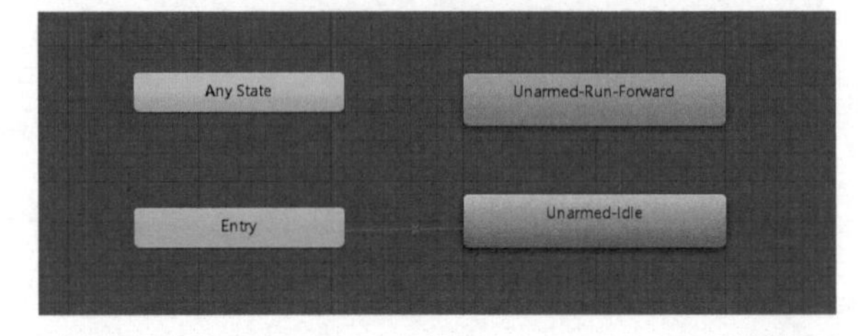

图7-35

选择Idle状态并单击鼠标右键，选择“创建过渡”选项，然后单击Run状态，即可创建一个过渡，表示允许从Idle状态过渡到Run状态，如图7-36所示。

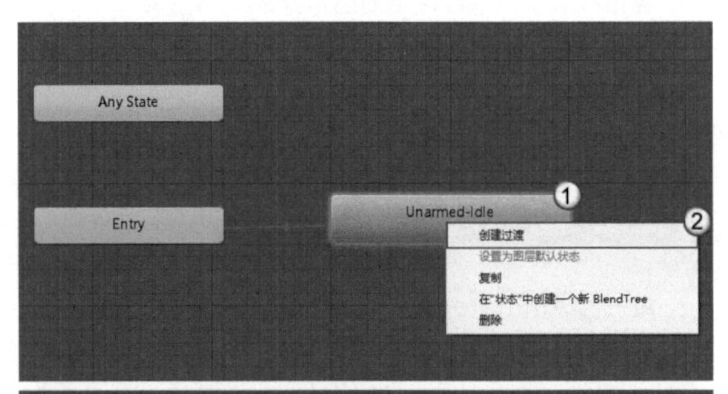

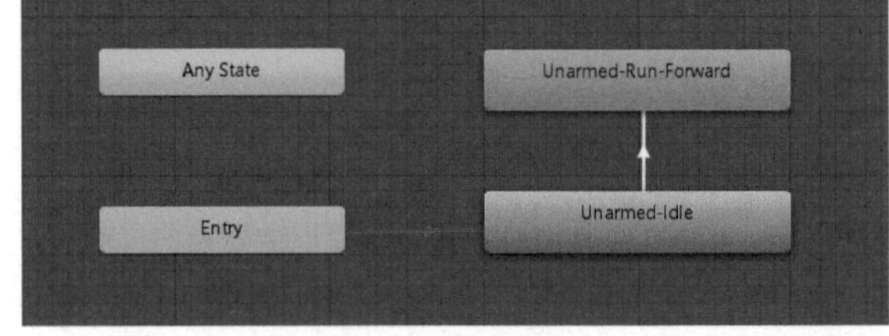

图7-36

同样，选择Run状态并单击鼠标右键，选择“创建过渡”选项，然后单击Idle状态，即可创建一个过渡，表示允许从Run状态过渡到Idle状态，如图7-37所示。

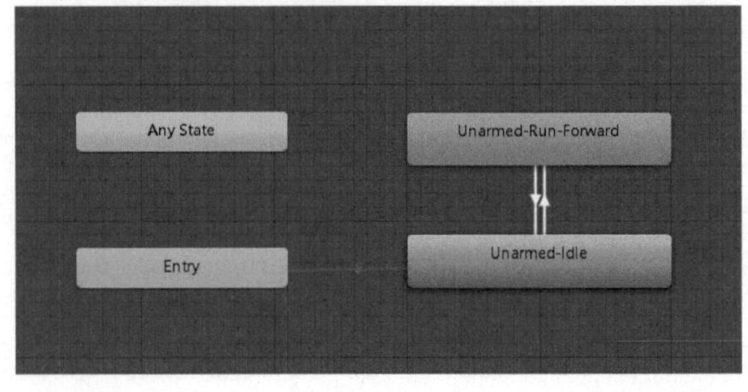

图7-37

2.有条件的状态切换

目前我们完成了两个状态的切换，即允许从站立过渡到跑步，也允许从跑步过渡到站立。但是在一般情况下我们会通过脚本来控制状态的切换，如我们需要在按下方向键的时候让状态变为跑步，松开方向键的时候让状态变为站立，这时就需要使用动画参数来配合脚本进行控制了。也就是说，使用参数来设定过渡所需的条件，然后在脚本中控制参数值来满足这一条件就可以完成状态间的过渡了。

动画参数一共有Float、Int、Bool和Trigger这4种类型，其中Trigger类型为单次触发类型。也就是说，如果将过渡条件设置为Trigger，那么每在代码中触发一次，状态就会过渡一次。除了Trigger外，其余3种类型为基本类型。在“动画器”面板中切换到“参数”选项卡，单击“创建”按钮+即可添加参数，如图7-38所示。

图7-38

在“动画器”面板中，选择从Idle到Run状态的过渡线，然后在“检查器”面板中找到Conditions（条件）一栏，其中保存了状态过渡的条件，单击“创建”按钮+即可为动画添加过渡条件，如图7-39所示。

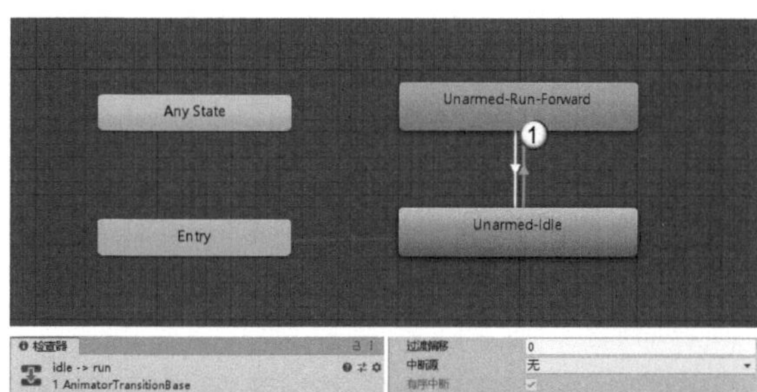

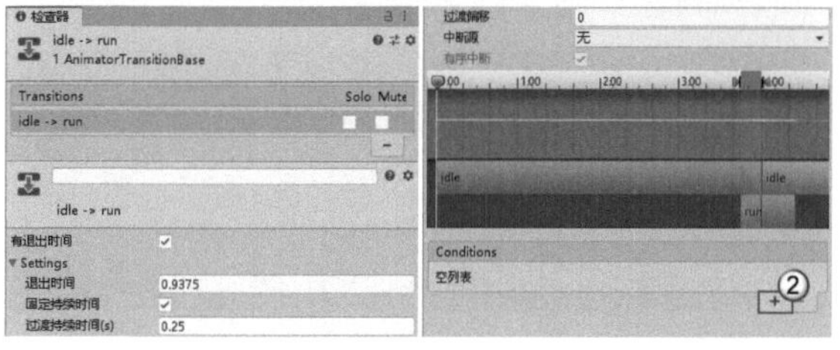

图7-39

重要参数介绍

有退出时间：影响动画过渡是否会播放到固定退出时间，勾选该选项后可能会使动画过渡有延迟。另外，“过渡持续时间”也影响着过渡的时间。

退出时间：当前状态退出时间的归一化时间。

过渡持续时间（s）：动画状态过渡的持续时间。

过渡偏移：下个状态的归一化起始时间。

操作演示：使用脚本控制跑步动画

素材位置 无
实例位置 实例文件>CH07>操作演示：使用脚本控制跑步动画
难易指数 ★★☆☆☆
学习目标 掌握动画状态的设置方法与基本动画的制作方法

本例将制作跑步动画，效果如图7-40所示。

图7-40

1.实现路径

01 下载并导入模型。

02 导入角色需要播放的站立和跑步动画。

03 完成角色从站立到跑步，以及从跑步到站立的状态切换。

技巧提示

本例使用7.2.2小节导入的Yuna：Anime-Style Character For Games And VRChat和RPG Character Animation Pack FREE进行制作。

2.操作步骤

01 将“项目”面板中的Yuna 3d-Anime Style/Yuna Prefab拖曳到场景视图中，并命名为Player，模型效果如图7-41所示。

图7-41

02 在“项目”面板中执行“创建>动画器控制器”命令创建一个动画控制器文件，然后将动画控制器文件关联到Player的Animator组件上，并双击该动画控制器文件。将“项目”面板中的Supercyan Character Pack Free Sample/Animations文件夹下的RPG-Character@Unarmed-Idle和RPG-Character@Unarmed-Run-Forward动画拖曳到打开的“动画器”面板中，如图7-42所示。

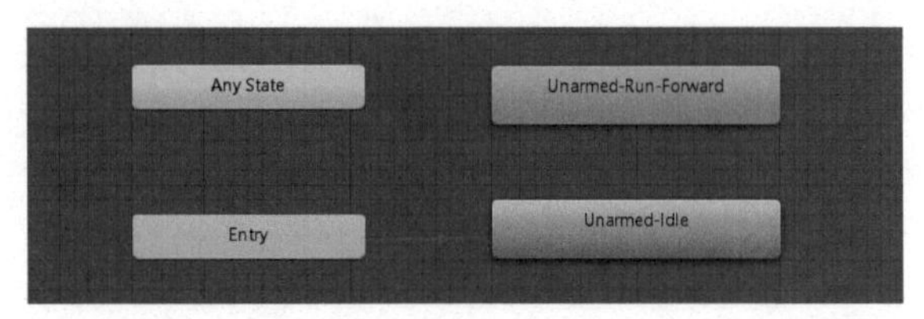

图7-42

03 选择Idle状态并单击鼠标右键，选择“创建过渡”选项，然后单击Run状态；选择Run状态并单击鼠标右键，选择“创建过渡”选项，然后单击Idle状态，制作两个状态间的过渡，如图7-43所示。

04 在“动画器”面板中切换到“参数”选项卡，单击“创建”按钮+创建一个Bool类型的参数，并将其命名为IsRun，如图7-44所示。

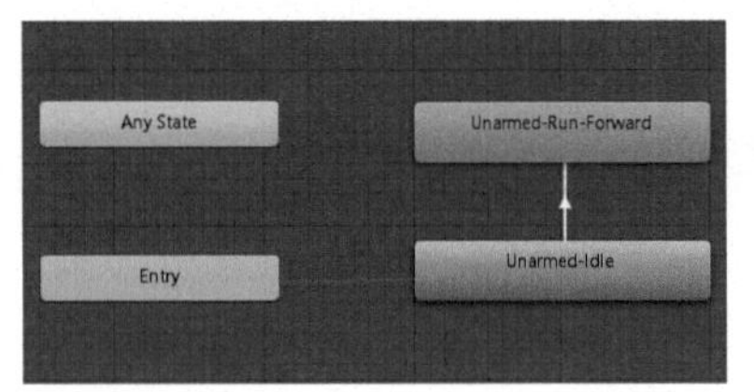

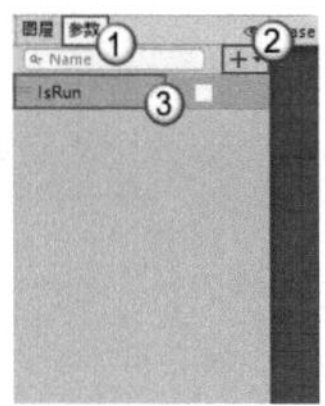

图7-43　图7-44

05 选择Idle状态到Run状态的过渡线，在“检查器”面板中的Condition(条件)列表中添加一个条件IsRun:true，代表当参数IsRun为true时，允许Idle状态过渡到Run状态；同样选择Run状态到Idle状态的过渡线，添加一个条件IsRun:false，设置当IsRun为false时，允许Run状态过渡到Idle状态；同时都取消勾选“有退出时间”选项，这样两个状态可以更快速地进行过渡，如图7-45和图7-46所示。

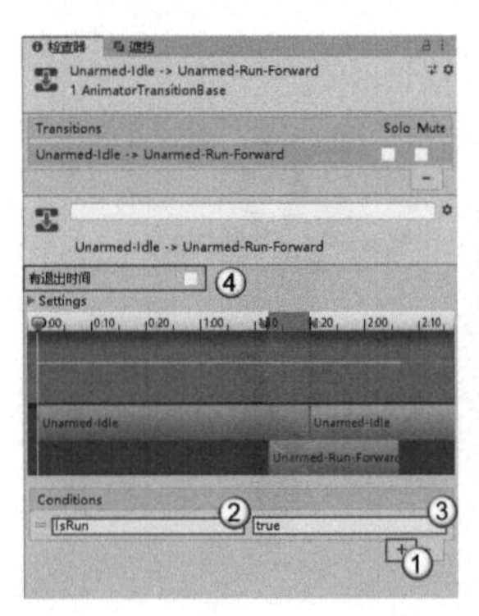

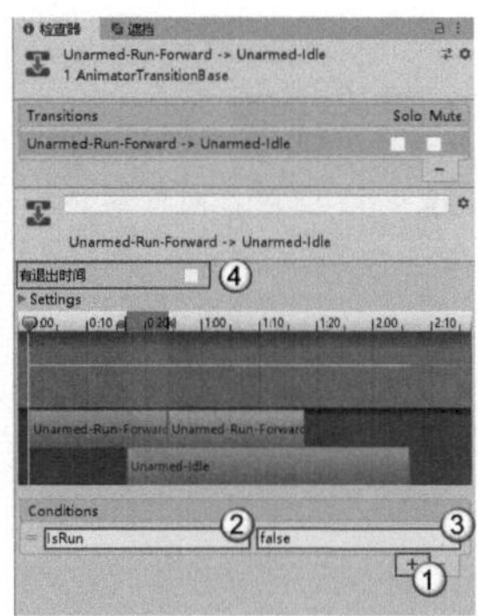

图7-45　图7-46

06 在“项目”面板中执行“创建>C#脚本”命令创建一个脚本，并命名为PlayerControl，然后将其添加到Player物体上。编写的脚本代码如下，运行结果如图7-47和图7-48所示。

输入代码

```
using UnityEngine;
public class PlayerControl : MonoBehaviour
{
  //动画器组件
  private Animator ani;
  void Start()
  {
    //获取动画器组件
    ani = GetComponent<Animator>();
  }

  void Update()
  {
    //按住鼠标左键
    if (Input.GetMouseButtonDown(0))
    {
      //设置动画参数IsRun为真
      ani.SetBool("IsRun", true);
    }
    //松开鼠标左键
    if (Input.GetMouseButtonUp(0))
    {
      //设置动画参数IsRun为假
      ani.SetBool("IsRun", false);
    }
  }
}
```

运行结果

图7-47

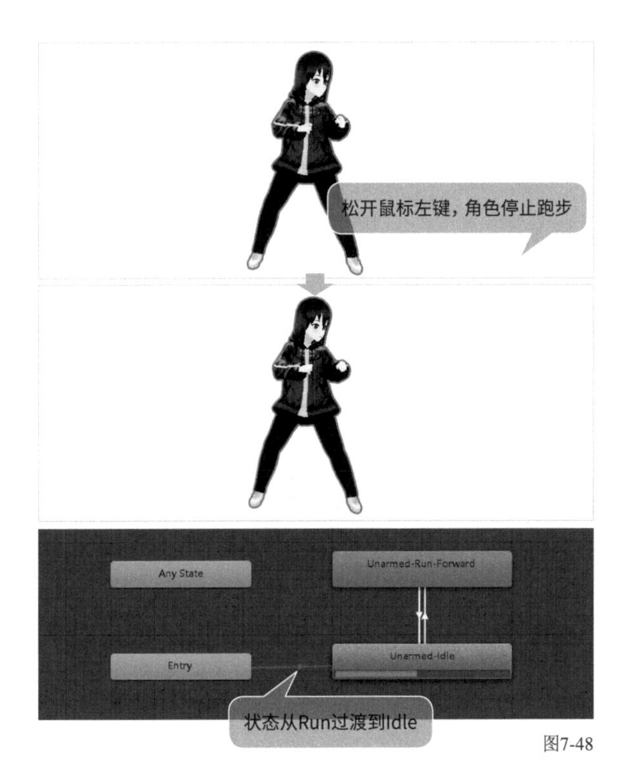

图7-48

7.2.4 动画剪辑常用属性

对于动画文件，我们也可以对一些常用的属性进行修改，下面以跑步动画为例进行说明。在“项目”面板中选择跑步动画文件，在“检查器”面板中可以看到4个选项卡，其中Model（模型）和Materials（材质）选项卡分别用于设置与模型和材质相关的内容。切换到Rig（操控）选项卡，如图7-49所示。

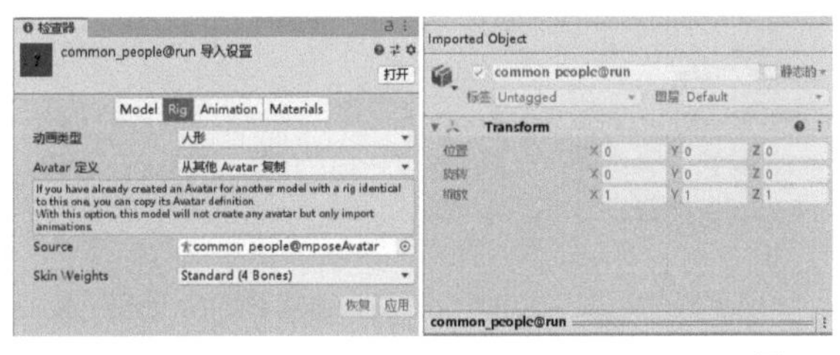

图7-49

重要参数介绍

动画类型：使用的动画类型，包括“无”“旧版”“泛型”“人形”。

无：不导入动画。

旧版：旧版本动画系统的动画。

泛型：通用动画，适合各种类型的动画。

人形：人形动画，一般是用于人体骨骼的动画。

Avatar定义：骨骼动画的来源。

Skin Weights（蒙皮权重）：设置骨骼数量和权重。

切换到Animation选项卡，其中包含大多数动画的属性设置，如图7-50所示。

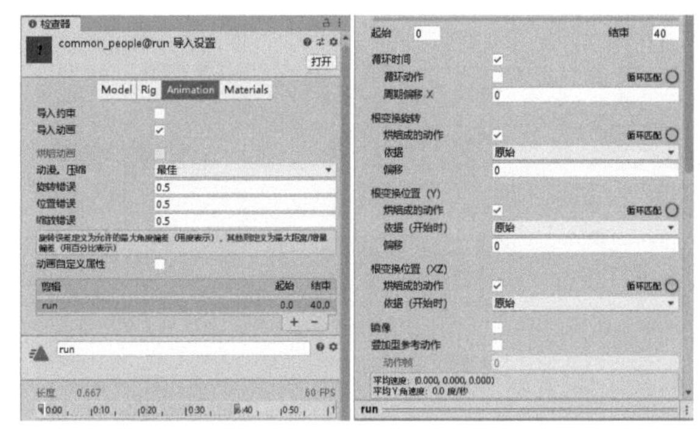

图7-50

重要参数介绍

导入约束：是否导入动画约束，一般在3D建模软件中有动画约束设置。

导入动画：是否导入包含的动画。

动漫压缩：也叫动画压缩，动画关键帧的压缩选项，关键帧过多会影响游戏的运行性能。

剪辑：包含的动画剪辑及每个剪辑的起始时间，单击“创建”按钮+可以创建新的动画剪辑。

循环时间：动画是否需要循环播放。

循环动作：自动过渡首尾动画，让动画更加流畅，这里的绿色图标代表首尾动画非常匹配。

周期偏移X：循环时间偏移量。

根变换旋转：控制旋转是否烘焙到骨骼动作中。

根变换位置：控制移动是否烘焙到骨骼动作中，如可以控制走路动画是否真的在游戏世界中产生位移。

镜像：控制动画剪辑是否左右镜像播放。

技巧提示

除此之外，该面板还可以对曲线、事件等内容进行控制，在后面的小节中将依次进行讲解。

7.2.5 编辑动画曲线

思考一个动画效果：当角色挥剑斩击时，我们希望随着挥剑时间的增加，给予的伤害也同步增长，挥剑声音的音量也会随之变化。这个需求有很多种解决方案，笔者将使用一种新的动画曲线技术来解决该需求。下面以前面的跑步动画为例，对动画曲线的编辑方式进行说明。

在Animation选项卡中为跑步动画添加曲线，展开“曲线”选项，单击“添加”按钮即可添加一条曲线；然后修改曲线名称为MyCurve，单击曲线图框对曲线进行编辑，编辑完成后单击“应用”按钮应用完成动画曲线的编辑，如图7-51所示。

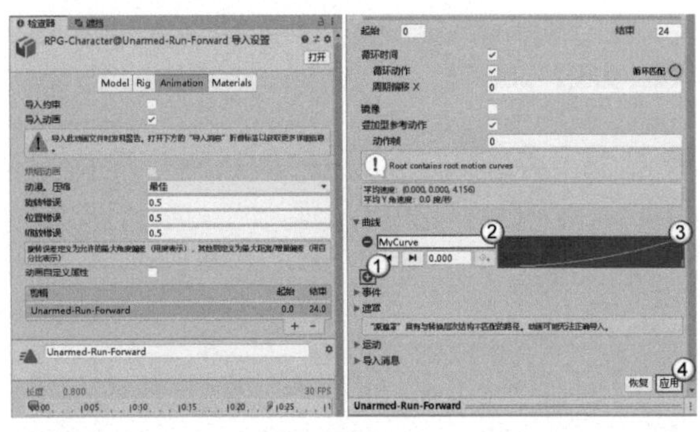

图7-51

在“动画器”面板中单击“创建”按钮+创建一个与曲线同名的Float类型的参数，如图7-52所示。

使用Yuna 3d - Anime Style/Yuna Prefab动画，并命名为Player，效果如图7-53所示。

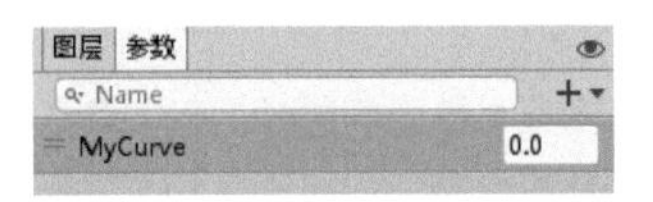

图7-52

图7-53

在“项目”面板中执行“创建>动画器控制器”命令创建一个动画控制器文件，并关联到Player的Animator组件上。双击动画控制器文件，将设置好的曲线动画拖曳到“动画器”面板中，如图7-54所示。

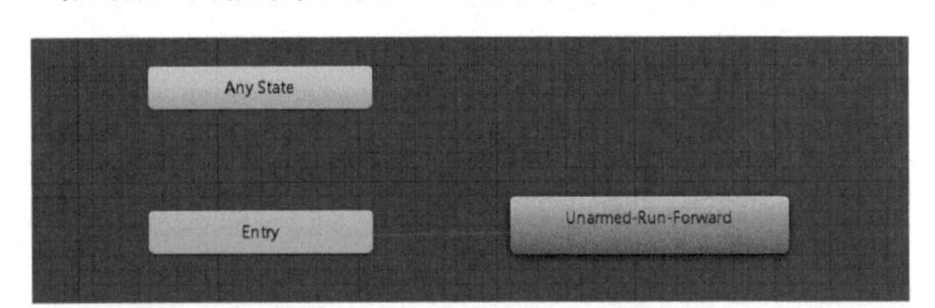

图7-54

在“项目”面板中执行“创建>C#脚本”命令创建一个脚本，并命名为CurveTest，然后将其挂载到Player物体上。编写的脚本代码如下，运行结果如图7-55所示。

输入代码

```
using UnityEngine;

public class CurveTest ： MonoBehaviour
{
    void Update()
    {
        //获取动画的曲线数值
        float curve = GetComponent<Animator>().GetFloat("MyCurve");
        //输出曲线数值，可以根据该数值实现不同的效果
        Debug.Log(curve);
    }
}
```

运行结果

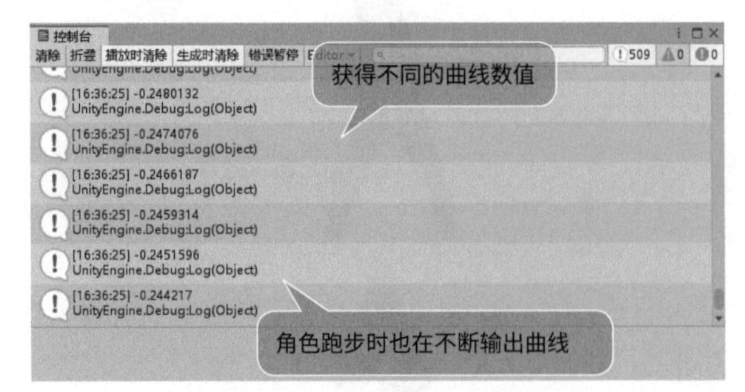

图7-55

7.2.6 Animator帧事件

在新版动画系统中使用帧事件的方式和旧版动画系统的类似，下面以前面的跑步动画为例，对动画帧事件的触发方式进行说明。在“检查器”面板中单击“添加事件”按钮来添加一个帧事件，添加完成后选择该事件，在“函数”中填写一个事件触发的函数名，这里填写AnimatorFunc，如图7-56所示。

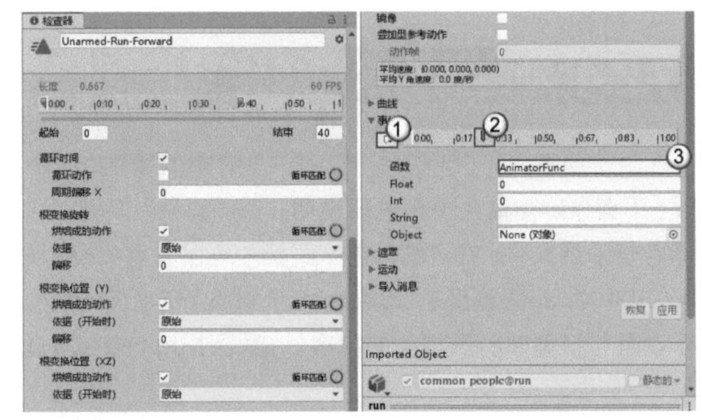

图7-56

技巧提示

如果读者觉得有必要，也可以给“函数”参数传入一些不同类型的参数。

使用Yuna 3d - Anime Style/Yuna Prefab动画，并命名为Player，效果如图7-57所示。

图7-57

在“项目”面板中执行“创建>动画器控制器”命令创建一个动画控制器文件，并关联到Player的Animator组件上。双击动画控制器文件，将跑步动画拖曳到“动画器”面板中，如图7-58所示。

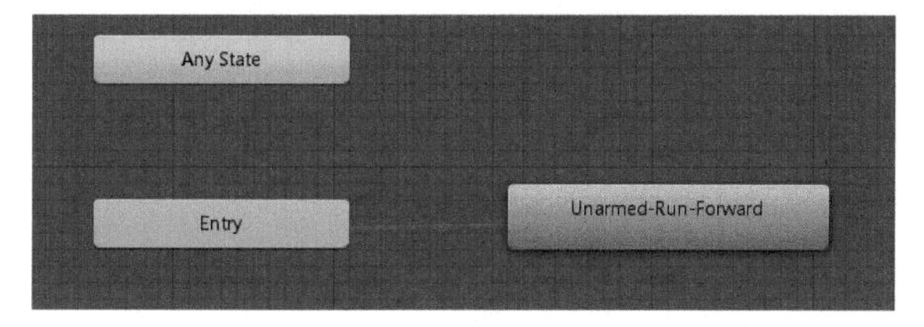

图7-58

在“项目”面板中执行“创建>C#脚本”命令创建一个脚本，并命名为EventTest，然后将其挂载到Player物体上。编写的脚本代码如下，运行结果如图7-59所示。

输入代码

```
using UnityEngine;

public class EventTest ： MonoBehaviour
{
  public void AnimatorFunc()
  {
    Debug.Log("触发事件");
  }
}
```

运行结果

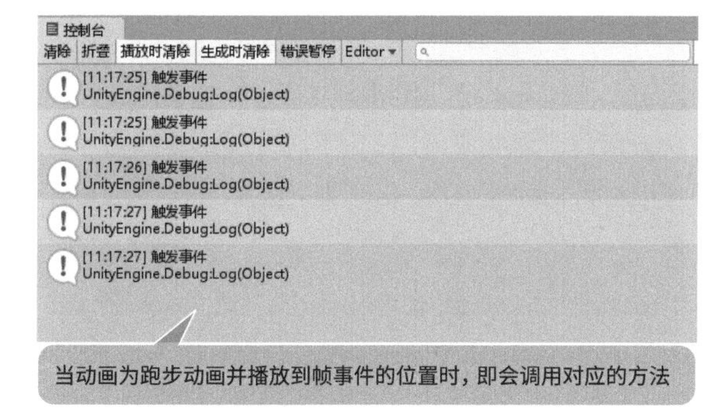

图7-59

7.2.7 混合动画

我们可以方便地完成动画状态之间的过渡，但是有时也会希望多个动画可以混合播放，这时候就需要用到混合树了。“动画器”面板除了可以添加普通的动画状态，还可以添加混合树状态。在一个混合树中一般会添加多个动画，然后通过不同的方式进行混合播放。

在“动画器”面板中的空白处单击鼠标右键，在弹出的菜单中选择“创建状态>从新混合树”选项，就可以创建一个新的混合树，如图7-60所示。

图7-60

混合树的使用方式与普通状态的使用方式相同，可以使用相同的方法对其添加动画状态间的过渡，如图7-61所示。

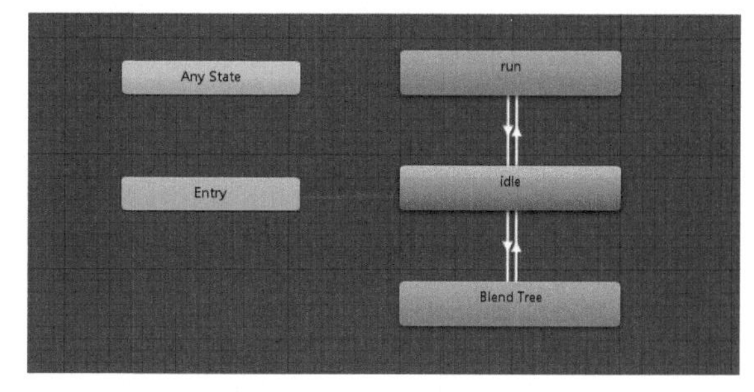

图7-61

双击混合树即可进入混合树编辑界面，在该界面中可以看到混合树节点，如图7-62所示。

选择该混合树节点，“检查器”面板中的参数即为混合树的相关属性，如图7-63所示。

图7-62

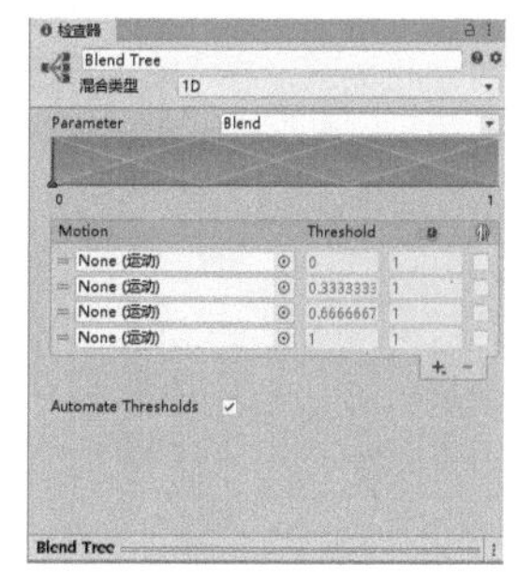

图7-63

重要参数介绍

混合类型：包含1D、2D和直接混合类型，默认为1D混合类型。

1D：使用单个参数来进行混合。

2D Simple Directional（**2D简单方向**）：一般表示在二维空间中的每个方向只有一个动作，如前进、后退、左移和右移。

2D Freeform Directional（**2D自由方向**）：一般表示在二维空间中的每个方向有多个动作，如前进方向有前方走路、前方蹲走和前方跑步等动作。

2D Freeform Cartesian（**2D自由笛卡儿**）：一般用在二维空间中的两个方向，表示除了方向外的其他含义，如速度、状态等。

直接：直接混合，精确地设置参数数值来控制动作的播放和混合。

Parameter（**参数**）：使用的参数。1D为一个，2D为两个。

Motion(动作): 融合的动作，可以添加多个动作，每个动作可以设置触发阈值，若参数到达该阈值就会使用该动作；此外还可以设置该动作动画的播放速度和镜像播放。

Automate Thresholds(自动阈值): 自动计算阈值并为每个动作分配阈值，取消勾选后可以手动为每个动作设定阈值。

7.2.8 动画层

当需要播放的动画数量过多时，除了可以使用混合树，还可以使用动画层来简化动画过渡。动画层更适合对动画进行分类，如一名战士手持不同武器，动作动画均会发生改变，这时候就可以使用动画层为手持不同武器的动作创建不同的动画层，从而更加清晰、方便地操作动画。

在“动画器”面板中切换到“图层”选项卡，单击“创建”按钮+添加图层，如图7-64所示。

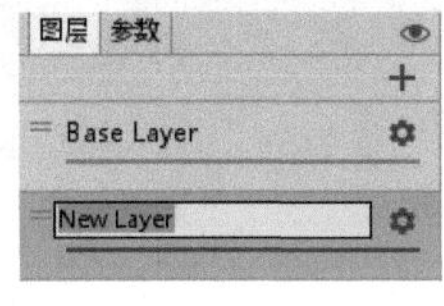

图7-64

创建图层后，可以看到“图层”选项卡中拥有Base Layer和New Layer两个动画层，每个图层都可以设置不同的动画关联。在“图层”选项卡中选择Base Layer，在该层中设置默认动画为站立动画，如图7-65所示。

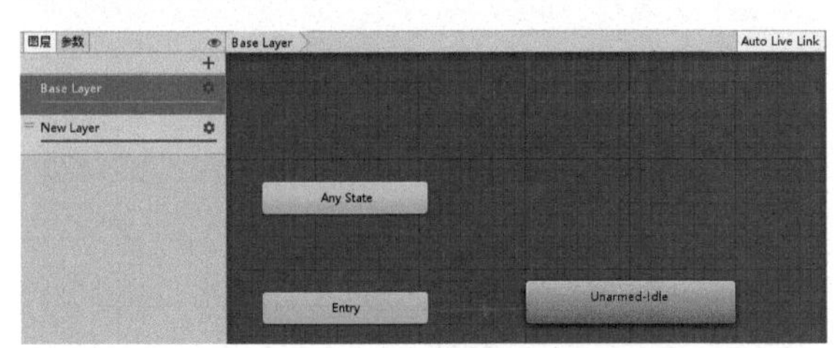

图7-65

选择New Layer层，设置默认动画为跑步动画，如图7-66所示。

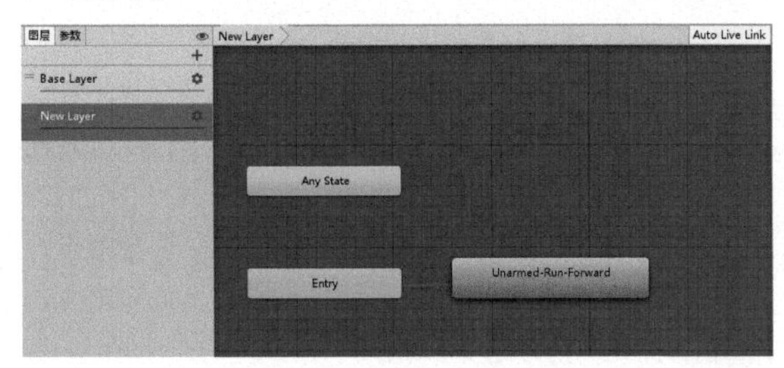

图7-66

这时候如果运行游戏，我们就会看到Base Layer层中的站立动画开始执行，而New Layer层中的跑步动画没有执行。这是动画层权重的原因，即“动画器”按照每个图层的权重来进行动画的播放和混合。单击New Layer层中的“设置”按钮可进行权重的设置，在打开的面板中设置当前层的“权重”为1，如图7-67所示。再次运行游戏，执行的就是New Layer层中的跑步动画。

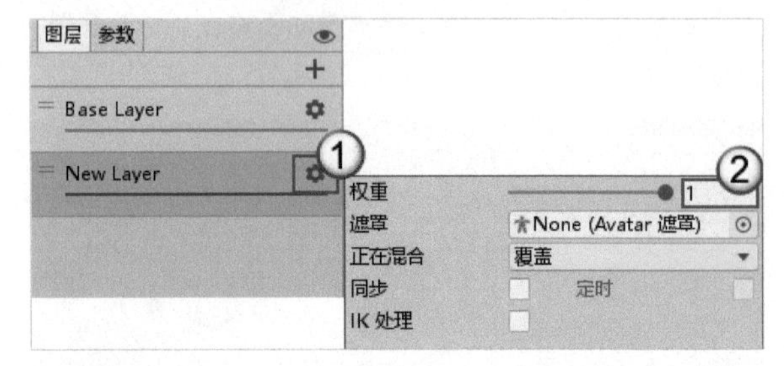

图7-67

技巧提示

在运行游戏时，我们只需要控制动画层的权重就可以更改整个动画的控制逻辑，使用起来非常方便。

技术专题：状态机的嵌套

除了可以创建混合树和动画层外，我们还可以创建子状态机来执行状态机的嵌套。子状态机可以让动画状态树更加清晰简单，如同一个图层中可能同时包含多个移动部分动画、攻击部分动画和受伤部分动画，这时候可以将相同部分的内容放到一个子状态机中，大大减少动画关联的复杂程度。

在“动画器”面板中的空白处单击鼠标右键，选择“创建子状态机”选项即可创建一个子状态机，子状态机的关联方式与普通动画状态的相同，如图7-68所示。

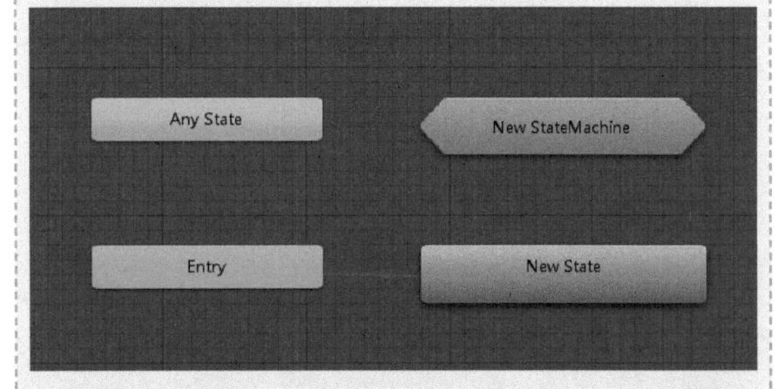

图7-68

双击子状态机，进入子状态机编辑面板，在该面板中同样可以创建动画状态和过渡。此外，该层会比普通层多一个Up状态，Up状态即代表上一层的动画状态机。当然，可以在“控制器”面板的左上角查看状态机间的关系，如图7-69所示。

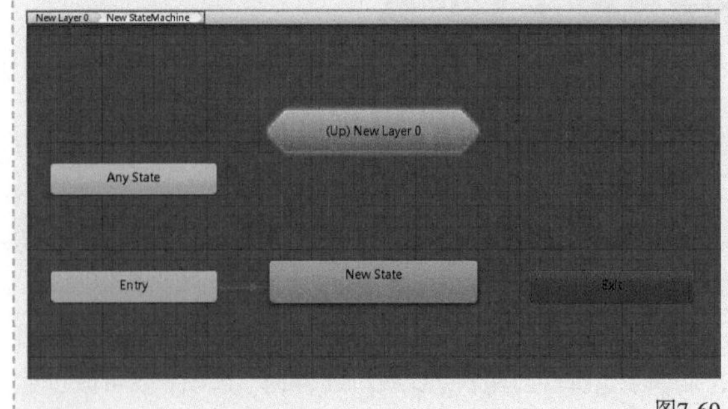

图7-69

7.2.9 Avatar遮罩

上一个小节实现了通过修改动画层的权重来改变该动画是播放跑步动画还是播放站立动画，但有时我们会希望对人物身体的不同部位进行多层动画的混合，如运行游戏时，下半身播放跑步动画，上半身播放攻击动画，那么这种情况就要用到遮罩了。

在“项目”面板中执行“创建>Avatar遮罩”命令创建一个遮罩文件，遮罩文件可以关联到动画层中的“遮罩”选项框中，如图7-70所示。

选择该遮罩文件，在“检查器”面板中观察人形遮罩图，绿色部分代表当前层使用的身体部分，红色部分代表当前层未使用的身体部分，如图7-71所示。单击身体的某个部分，就可以进行使用和非使用状态的切换。

图7-70

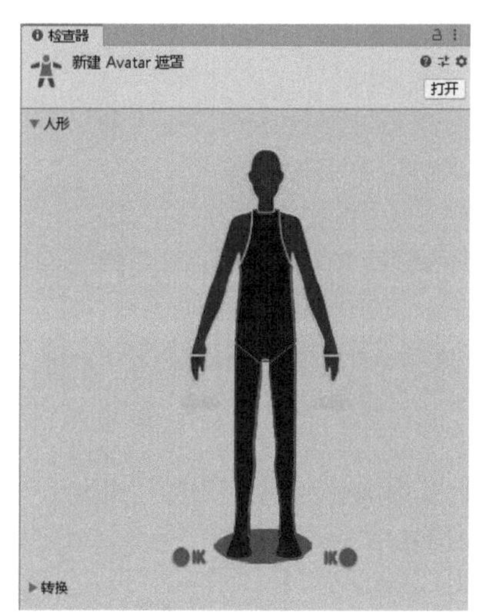

图7-71

实例：播放混合动画

素材位置 无

实例位置 实例文件>CH07>实例：播放混合动画

难易指数 ★★★☆☆

学习目标 掌握动画层和遮罩的使用方法

本例将实现播放混合动作的动画，下半身播放移动动画，上半身播放攻击动画，效果如图7-72所示。

图7-72

1.实现路径

01 导入角色需要播放的移动和攻击动画。

02 在两个动画层中分别实现角色的移动和攻击动画。

03 使下半身播放移动动画，上半身播放攻击动画。

2.操作步骤

01 执行“窗口>资源商店”菜单命令，在打开的资源商店中搜索并导入Bodyguards（人物模型）和RPG Character Mecanim Animation Pack FREE（动画素材）。资源导入完成后，将“项目”面板中的BodyGuards/Meshes/SkelMesh_Bodyguard_03预制件拖曳到“层级”面板中，并命名为Player，模型效果如图7-73所示。

图7-73

02 执行“项目”面板的“创建>动画器控制器”命令创建一个动画控制器文件，并将该文件关联到Player的Animator组件的“控制器”选项框中，如图7-74所示。

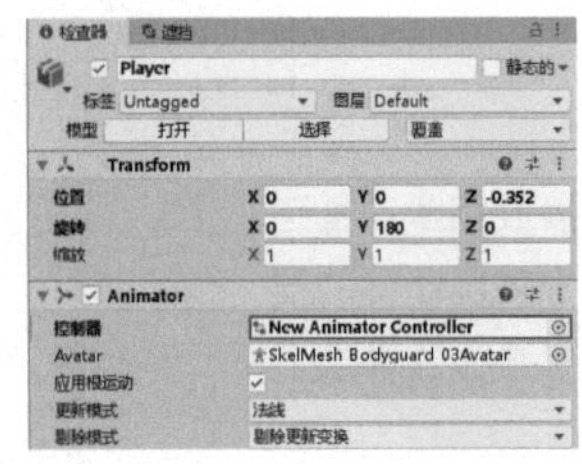

图7-74

03 双击创建好的动画控制器文件，在打开的“动画器”面板中，将“项目”面板中的RPG Character Animation Pack FREE/Animations/Unarmed/RPG-Character@Unarmed-Attack-L3（攻击动画）拖曳到“动画器”面板中，如图7-75所示，游戏的运行情况如图7-76所示。

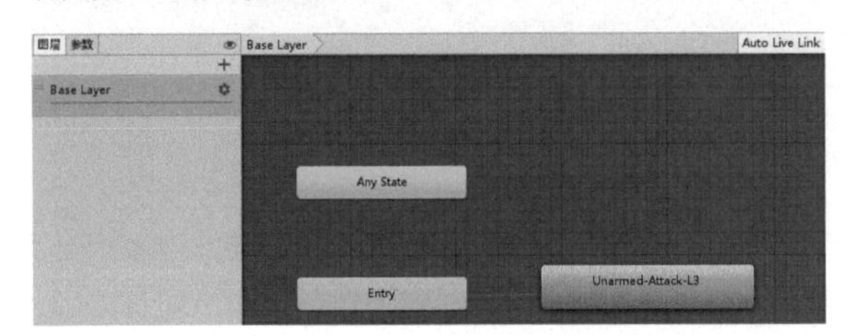

图7-75

图7-76

04 在“动画器”面板中，单击“图层”选项卡中的“创建”按钮+创建一个新的图层，如图7-77所示。

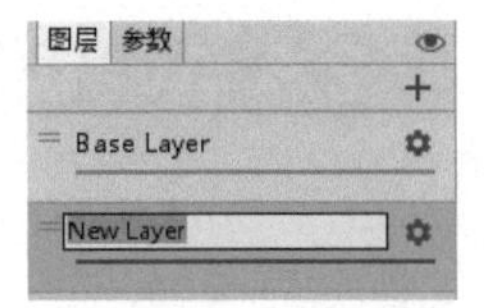

图7-77

05 在新的New Layer层中，将“项目”面板中的RPG Character Animation Pack FREE/Animations/Unarmed/RPG-Character@Unarmed-Strafe-Forward（移动动画）拖曳到“动画器”面板中，如图7-78所示。可以看到目前依然只播放了Base Layer层中的攻击动画，而没有播放New Layer层中的移动动画，游戏的运行情况如图7-79所示。

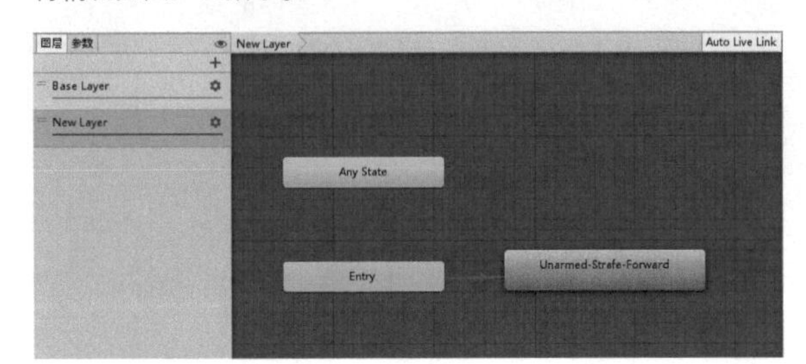

图7-78

图7-79

06 单击New Layer层中的“设置”按钮⚙，在弹出的面板中设置“权重”为1，如图7-80所示，游戏的运行情况如图7-81所示。

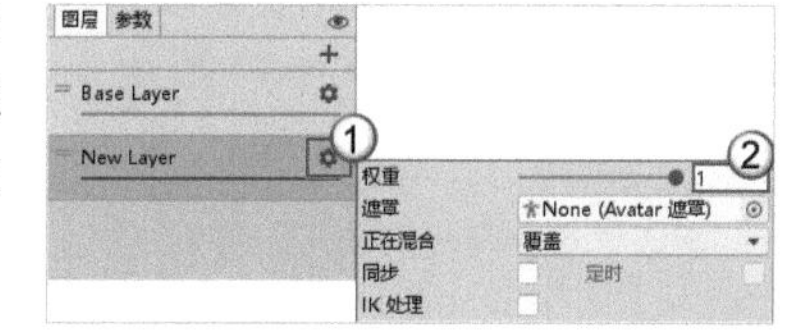

图7-80

运行游戏

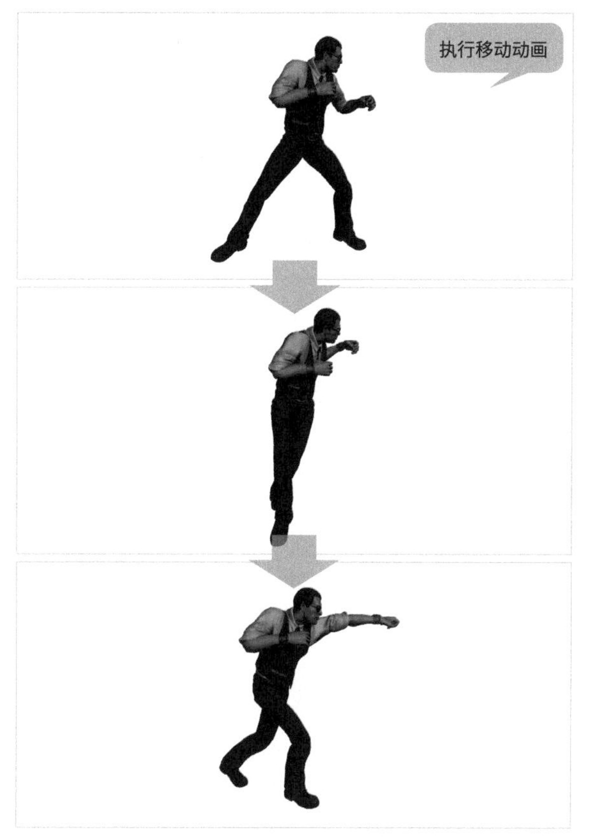

图7-81

07 在“项目”面板中执行“创建>Avatar遮罩”命令创建一个遮罩文件，再次单击New Layer层中的“设置”按钮⚙，在弹出的面板中关联创建的遮罩文件，如图7-82所示。

08 因为我们希望身体和左臂不受New Layer层的影响，且播放Base Layer层中的攻击动画，所以双击创建好的遮罩文件，设置身体和左臂为红色，如图7-83所示。再次运行游戏，游戏的运行情况如图7-84所示。

图7-82

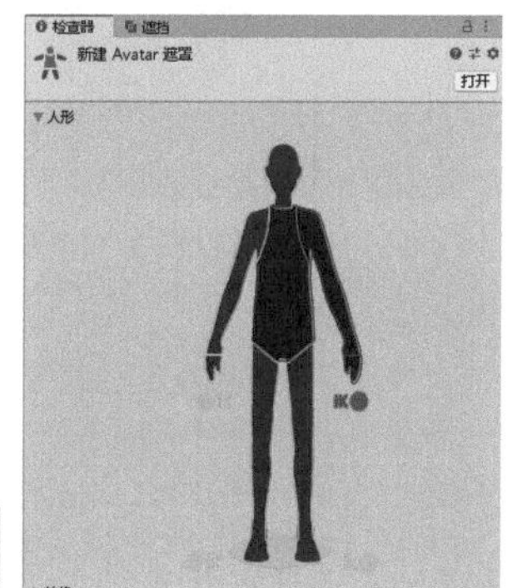

图7-83

运行游戏

图7-84

7.2.10 反向动力学

在制作游戏的过程中，我们常常会听到IK这个词，IK的全称是Inverse Kinematic，也就是反向动力学。正常情况下我们认为动画应该是这样的顺序：如抬起手臂指向一个物体，应该是从手臂驱动到手腕，然后驱动到手指，再指向物体。但是在游戏中常常使用反向动力学来实现该事件，即先确定手的位置，再反向推算手腕、手臂的位置。掌握反向动力学，可以让我们创建的角色更具有真实感，下面做一个简单的示例。

本例使用Bodyguards和RPG Character Animation Pack FREE。先将“项目”面板中的BodyGuards/Meshes/SkelMesh_Bodyguard_02预制件拖曳到“层级”面板中，并命名为Player。在“层级”面板中执行“创建>3D对象>球体”命令创建一个球体，并命名为Target，场景效果如图7-85所示。

图7-85

在“项目”面板中执行“创建>动画器控制器”命令创建一个动画控制器文件，并将该文件关联到Player的Animator组件的“控制器”选项框中。双击创建好的动画控制器文件，在打开的“动画器”面板中，将“项目”面板中的RPG Character Animation Pack FREE/Animations/Unarmed/RPG-Character@Unarmed-Idle拖曳到“动画器”面板中，使角色默认播放站立动画，如图7-86所示。

图7-86

单击Base Layer层中的“设置”按钮，然后勾选“IK处理”选项，使其被激活，如图7-87所示。

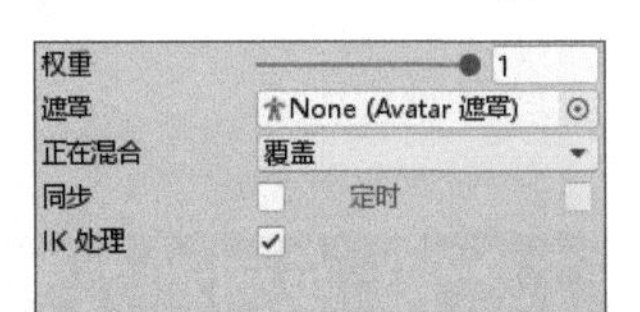

图7-87

在“项目”面板中执行“创建>C#脚本”命令创建一个脚本，并命名为IKControl，然后将其挂载在Player物体上。编写的脚本代码如下，运行结果如图7-88所示。

输入代码

```
using UnityEngine;
public class IKControl ： MonoBehaviour
{
  //IK看向的目标物体，这里关联为创建的球体
  public Transform Target;
  //动画器组件
  private Animator ani;
  void Start()
  {
    //获取动画器组件
    ani = GetComponent<Animator>();
  }
  //IK事件均写在此方法中，参数为层索引
  private void OnAnimatorIK(int layerIndex)
  {
    //设置头部IK的权重
    ani.SetLookAtWeight(1);
    //设置头部IK注视的目标位置
    ani.SetLookAtPosition(Target.position);
    //设置右手IK的位置权重，除此还可设置左手与双脚的权重
    ani.SetIKPositionWeight(AvatarIKGoal.RightHand, 1);
    //如果需要影响旋转，可以设置旋转权重
    //ani.SetIKRotationWeight(AvatarIKGoal.RightHand, 1);
    //设置右手IK位置，除此外也可设置IK旋转（ani.SetIKRotation()）
    ani.SetIKPosition(AvatarIKGoal.RightHand, Target.position);
  }
}
```

运行结果

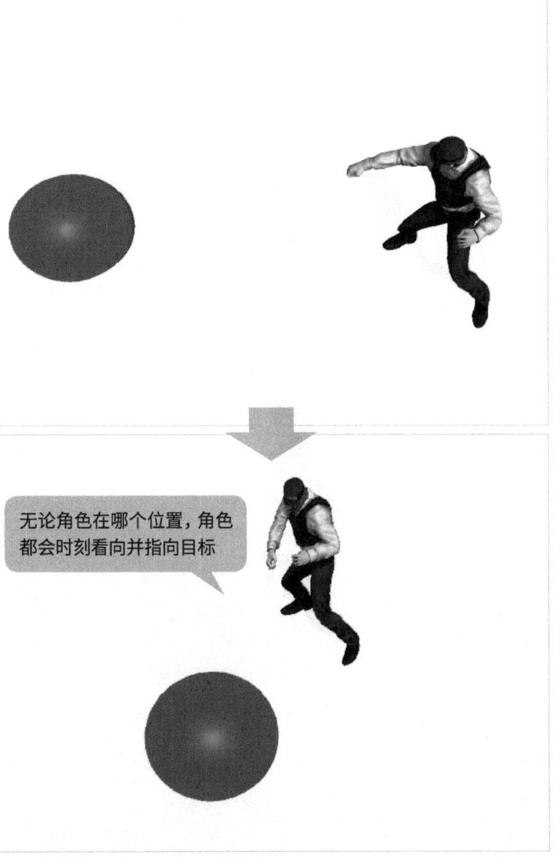

图7-88

技巧提示

学会了反向动力学，就可以使用少量动画给角色制作出大量动画，而且动画间的连贯性较好，不会令人感到突兀。例如，当角色走在斜坡上时，脚掌会贴合地面；当角色击打敌人时，能准确地贴合到敌人受攻击的部位；当角色在城市中行走时，周围的NPC都转头看向角色等。

实例：动作游戏动画的切换

素材位置 无
实例位置 实例文件>CH07>实例：动作游戏动画的切换
难易指数 ★★★☆☆
学习目标 掌握角色动画的使用方法和动画切换的思路

本例将制作连贯的角色动画，如图7-89所示。

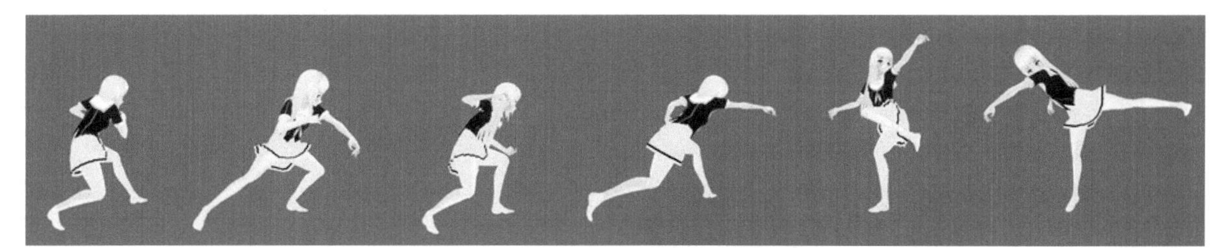

图7-89

1.实现路径

01 导入角色的站立动画。

02 导入角色需要播放的起跳和下落动画，实现角色的跳跃功能。

03 攻击动作是游戏角色的核心，但是往往也较为复杂，本例选择制作一个简单的三连击。按攻击键后，播放一号攻击动画，在攻击结束前，按攻击键播放二号攻击动画，同样在二号攻击结束前按攻击键播放三号攻击动画。

2.操作步骤

01 执行“窗口>资源商店”菜单命令，在打开的资源商店中搜索并导入Rin New: Anime-Styie Character For Games And VRChat和RPG Character Animation Pack FREE。资源导入完成后，将“项目”面板中的Rin New 3d-Anime Style/Rin New Prefab预制件拖曳到“层级”面板中，并命名为Player，如图7-90所示。

图7-90

02 在“项目”面板中执行“创建>动画器控制器”命令创建一个动画控制器文件，并将该文件关联到Player的Animator组件中的“控制器”选项框中。双击创建好的动画控制器文件，在打开的“动画器”面板中，将“项目”面板中的RPG Character Animation Pack FREE/Animations/Unarmed/RPG-Character@Unarmed-Idle拖曳到“动画器”面板中，如图7-91所示，动画效果如图7-92所示。

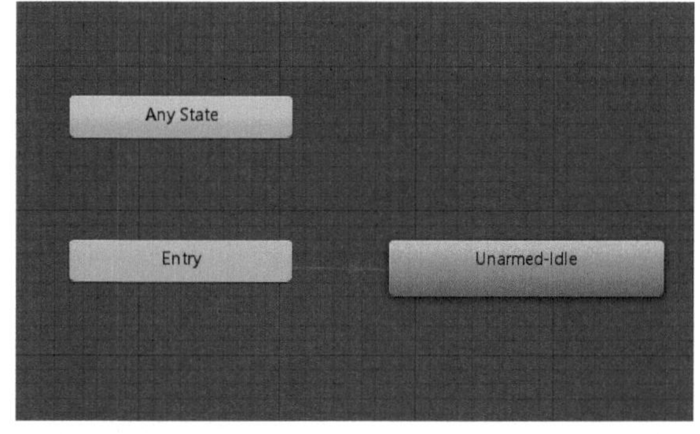

图7-91

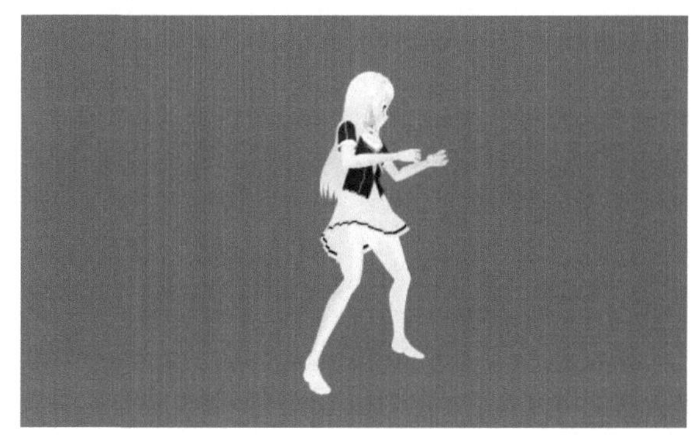

图7-92

03 在“动画器”面板中切换到“参数”选项卡，单击“创建”按钮+创建一个Float类型的参数，并将其命名为RunSpeed。在“动画器”面板中单击鼠标右键，选择“创建状态>从新混合树”选项创建一个混合树，并在“检查器”面板中将其重命名为Move，如图7-93所示。

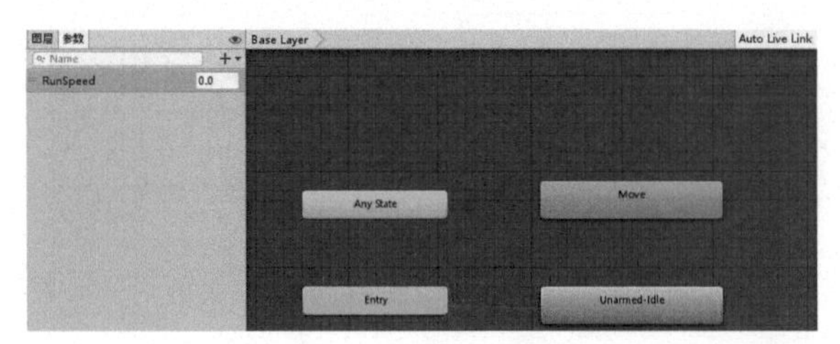

图7-93

04 创建站立状态和混合树之间的过渡。在"动画器"面板中选择Move，然后单击鼠标右键，选择"创建过渡"选项，产生与Unarmed-Idle的关联；选择Unarmed-Idle，然后单击鼠标右键，选择"创建过渡"选项，产生与Move的关联，如图7-94所示。

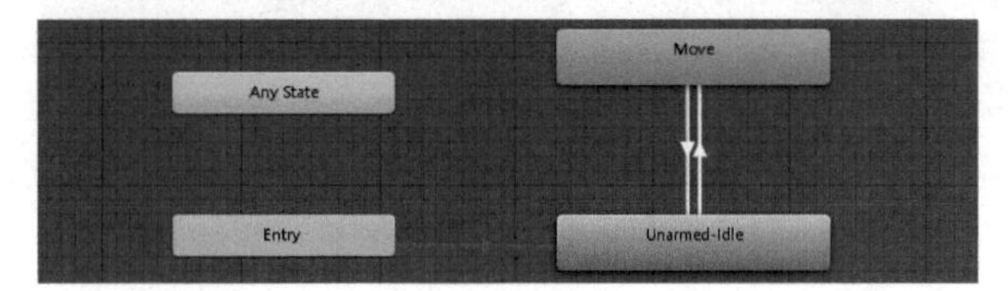

图7-94

技巧提示

动画资源中提供了两个移动动画，一个为慢走动画，一个为跑步动画。本例通过按方向键让角色慢走移动，按Shift键切换为跑步移动，目前大多数动作游戏均使用这种移动方式。

05 单击从Unarmed-Idle到Move的过渡线，设置从站立到移动状态的过渡条件为RunSpeed大于0.2；同样单击从Move到Unarmed-Idle的过渡线，设置从移动到站立状态的过渡条件为RunSpeed小于0.2，如图7-95和图7-96所示。

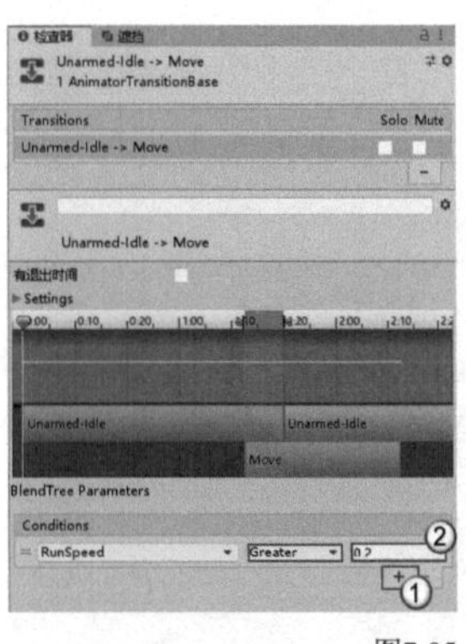

图7-95

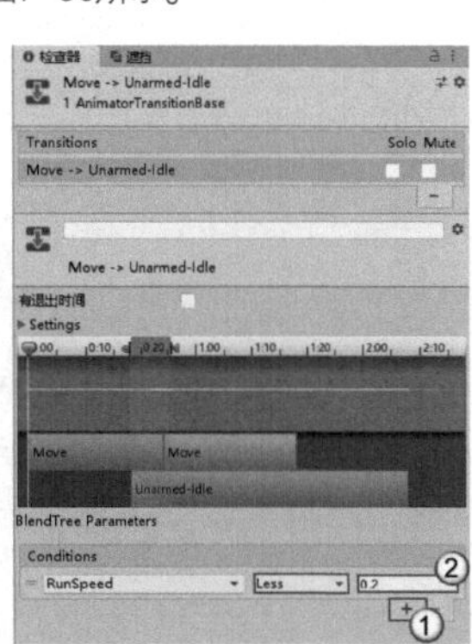

图7-96

06 双击Move状态打开混合树，为混合树设置两个动画；然后设置两个动画的Threshold（阈值）选项分别为1和2，并取消勾选Automate Thresholds选项，如图7-97所示。

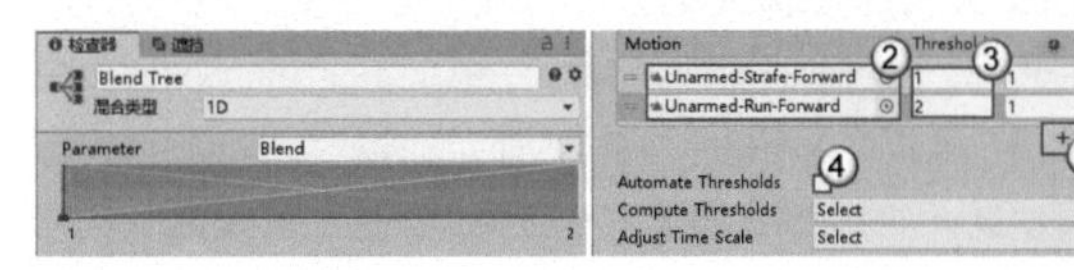

图7-97

07 在"项目"面板中执行"创建>C#脚本"命令创建一个脚本，并命名为PlayerControl，然后将其添加到Player物体上。编写的脚本代码如下，游戏的运行情况如图7-98所示。

输入代码

```
using UnityEngine;

public class PlayerControl : MonoBehaviour
{
  private Animator ani;
  void Start()
  {
    ani = GetComponent<Animator>();
  }

  void Update()
  {
    //获取水平轴数值，这里我们简单示例，所以仅用水平轴
    float horizontal = Input.GetAxis("Horizontal");
    //按下左Shift键
    if (Input.GetKey(KeyCode.LeftShift))
    {
      //这里用最简单的方式将水平轴数值范围从0~1扩展到0~2
      horizontal *= 2;
    }
    //设置动画参数，0为站立，1为移动，2为跑步
    ani.SetFloat("RunSpeed", horizontal);
  }
}
```

运行游戏

按←键（快捷键为D）播放慢走动画

按Shift键切换为跑步动画

图7-98

技巧提示

在播放动画的时候，如果遇到报错，那么可查看动画中是否包含帧事件；如果包含了帧事件，那么实现帧事件或删除帧事件均可解决。

08 在“动画器”面板中切换到“参数”选项卡，单击“创建”按钮+创建一个Trigger类型的参数，并将其命名为Jump；然后将“项目”面板中的RPG Character Animation Pack FREE/Animations/Unarmed/RPG-Character@Unarmed-Jump拖曳到“动画器”面板中，该动画文件包含两个跳跃动画，一个为起跳动画，另一个为落地动画，如图7-99所示。

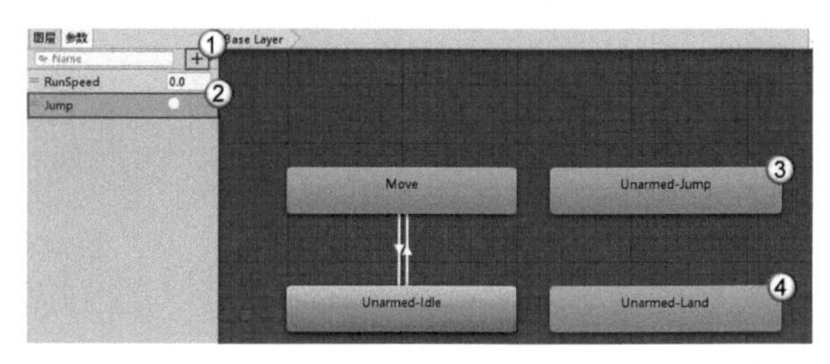

图7-99

09 在“动画器”面板中选择Unarmed-Idle，然后单击鼠标右键，选择“创建过渡”选项，产生与Unarmed-jump的关联；选择Unarmed-jump，然后单击鼠标右键，选择“创建过渡”选项，产生与Unarmed-Land的关联；选择Unarmed-Land，然后单击鼠标右键，选择“创建过渡”选项，产生与Unarmed-Idle的关联，过渡效果如图7-100所示。

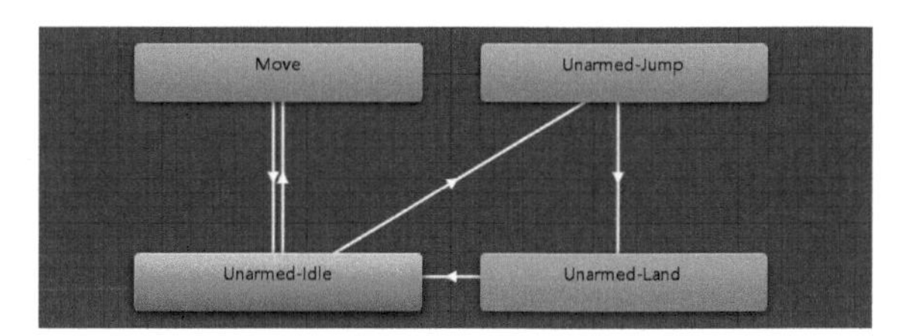

图7-100

10 单击从Unarmed-Idle到Unarmed-Jump的过渡线，在“检查器”面板中单击Conditions选项中的“创建”按钮+，增加过渡条件Jump，如图7-101所示。

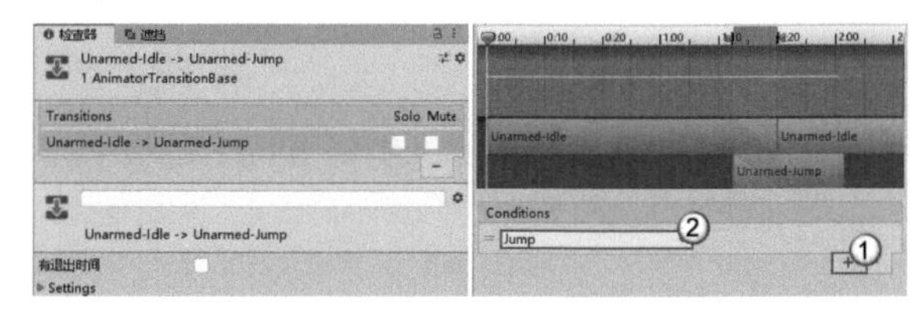

图7-101

11 其他过渡均不设置条件，这样当上一个状态执行完成后就会自动过渡到下一个状态。接下来在PlayerControl脚本中添加跳跃部分，编写的脚本代码如下，游戏的运行情况如图7-102所示。

输入代码

```
using UnityEngine;

public class PlayerControl ： MonoBehaviour
{
    private Animator ani;
    void Start()
    {
        ani = GetComponent<Animator>();
    }

    void Update()
    {
        //获取水平轴数值，这里我们简单示例，所以仅用水平轴
        float horizontal = Input.GetAxis("Horizontal");
        //按下左Shift键
        if (Input.GetKey(KeyCode.LeftShift))
        {
            //这里用最简单的方式将水平轴数值范围从0～1扩展到0～2
            horizontal *= 2;
        }
        //设置动画参数，0为站立，1为移动，2为跑步
        ani.SetFloat("RunSpeed", horizontal);
        //跳跃
        if (Input.GetKeyDown(KeyCode.Space))
        {
            ani.SetTrigger("Jump");
        }
    }
}
```

运行游戏

图7-102

12 在“动画器”面板中切换到“参数”选项卡，单击“创建”按钮➕创建一个Trigger类型的参数，并将其命名为Attack。导入的动画资源中包含多个攻击动画，这里将“项目”面板中的RPG Character Animation Pack FREE/Animations/Unarmed文件夹下的Unarmed-Attack-L1、Unarmed-Attack-R2和Unarmed-Attack-Kick-L1动画导入“动画器”面板中，如图7-103所示。

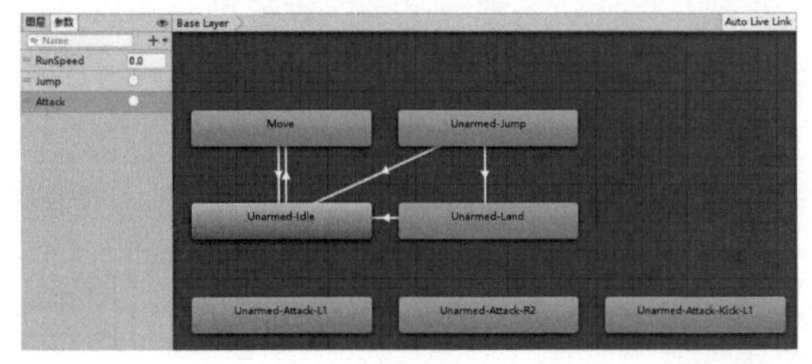

图7-103

13 在“动画器”面板中选择Unarmed-Attack-L1，然后单击鼠标右键，选择“创建过渡”选项，产生与Unarmed-Attack-R2的关联；选择Unarmed-Attack-R2，然后单击鼠标右键，选择“创建过渡”选项，产生与Unarmed-Attack-Kick-L1的关联；选择Unarmed-Attack-Kick-L1，然后单击鼠标右键，选择“创建过渡”选项，产生与Unarmed-Idle的关联；选择Unarmed-Attack-R2，然后单击鼠标右键，选择“创建过渡”选项，产生与Unarmed-Idle的关联；选择Unarmed-Attack-L1，然后单击鼠标右键，选择“创建过渡”选项，产生与Unarmed-Idle的关联；选择Unarmed-Idle，然后单击鼠标右键，选择“创建过渡”选项，产生与Unarmed-Attack-L1的关联，过渡效果如图7-104所示。

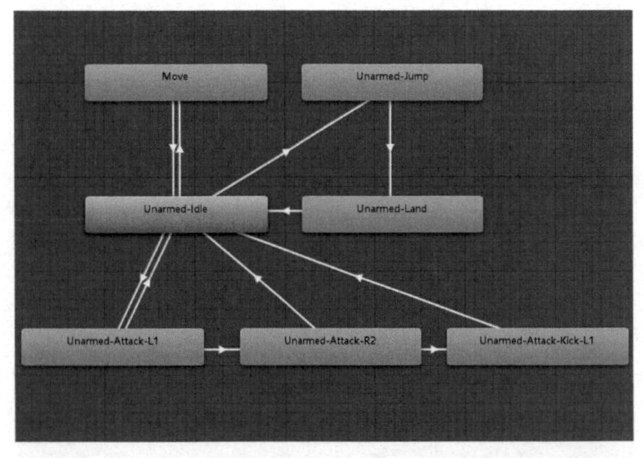

图7-104

14 单击从Unarmed-Idle到Unarmed-Attack-L1的过渡线，在“检查器”面板中单击“创建”按钮➕，增加过渡条件Attack；单击从Unarmed-Attack-L1到Unarmed-Attack-R2的过渡线，在“检查器”面板中单击“创建”按钮➕，增加过渡条件Attack；单击从Unarmed-Attack-R2到Unarmed-Attack-Kick-L1的过渡线，在“检查器”面板中单击“创建”按钮➕，增加过渡条件Attack，如图7-105~图7-107所示。

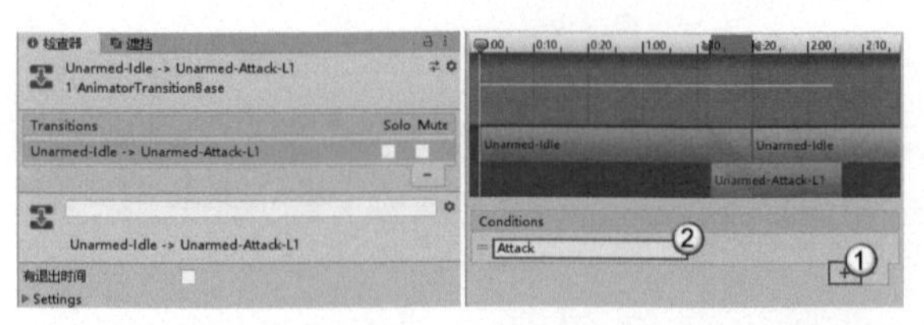

图7-105

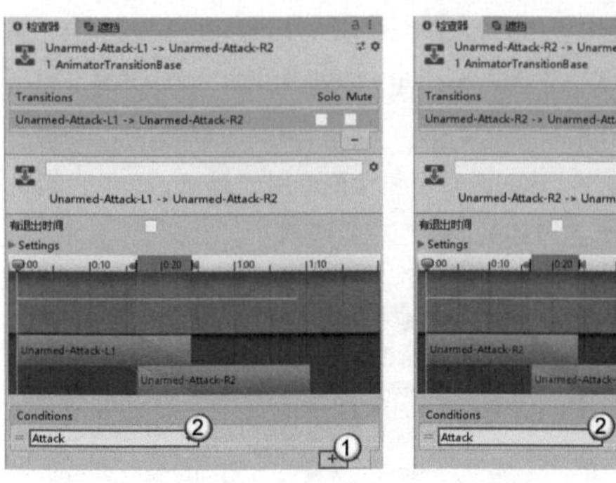

图7-106 图7-107

15 在PlayerControl脚本中修改如下代码，修改完成后，游戏的运行情况如图7-108所示。

输入代码

```
using UnityEngine;

public class PlayerControl ： MonoBehaviour
{
    private Animator ani;
    void Start()
    {
        ani = GetComponent<Animator>();
    }

    void Update()
    {
        //获取水平轴数值，这里我们简单示例，所以仅用水平轴
        float horizontal = Input.GetAxis("Horizontal");
        //按下左Shift键
        if (Input.GetKey(KeyCode.LeftShift))
        {
            //这里用最简单的方式将水平轴数值范围从0～1扩展到0～2
            horizontal *= 2;
        }
        //设置动画参数，0为站立，1为移动，2为跑步
        ani.SetFloat("RunSpeed", horizontal);

        //跳跃
        if (Input.GetKeyDown(KeyCode.Space))
        {
            ani.SetTrigger("Jump");
        }

        //攻击
        if (Input.GetKeyDown(KeyCode.U))
        {
            ani.SetTrigger("Attack");
        }
    }
}
```

运行游戏

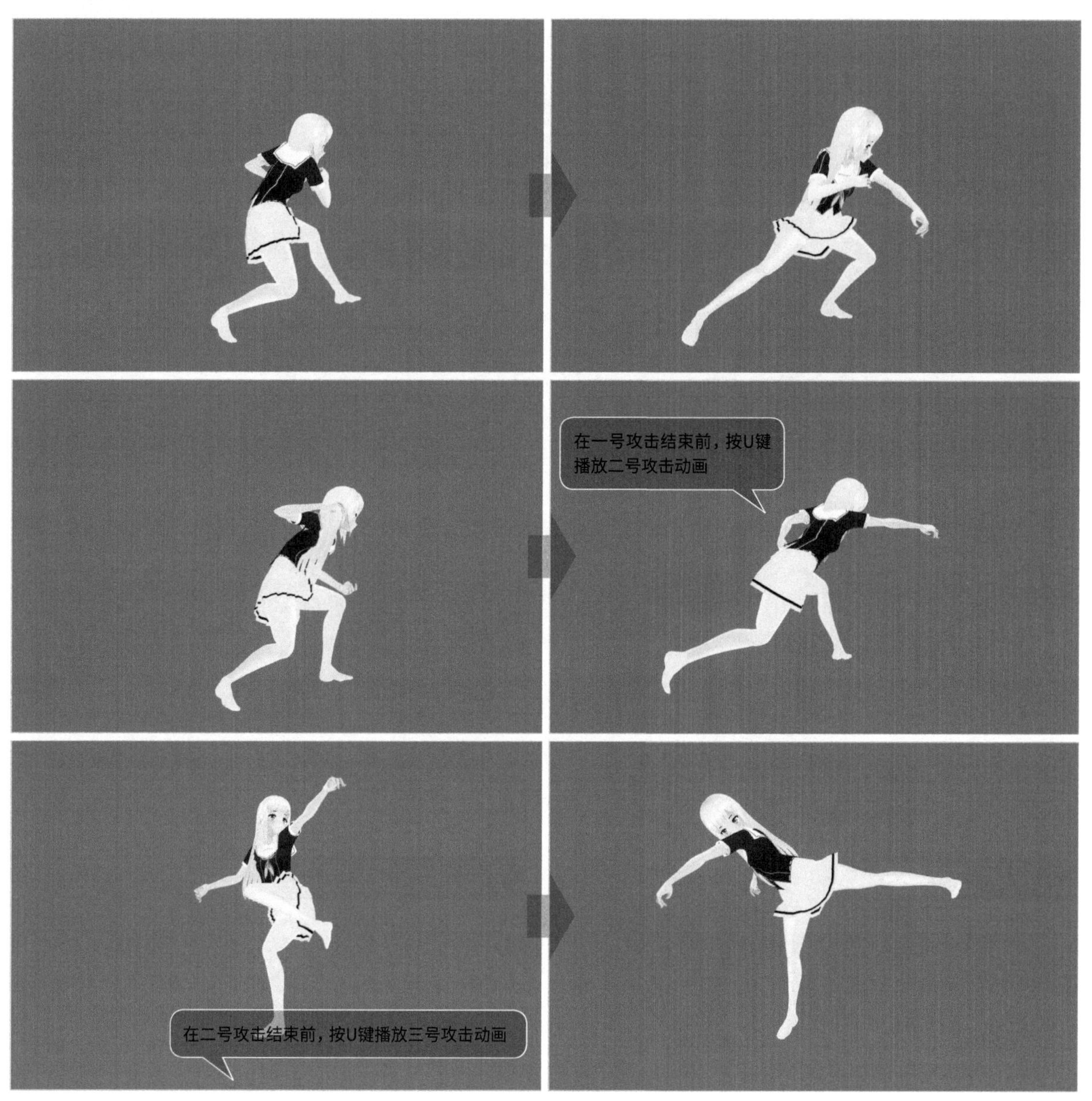

图7-108

7.3 综合案例：潜入游戏

素材位置 无
实例位置 实例文件>CH06> 综合案例：潜入游戏
难易指数 ★★★★☆
学习目标 掌握潜入游戏的制作方式，理解游戏与动画的联系

本例将制作潜入游戏，效果如图7-109所示。

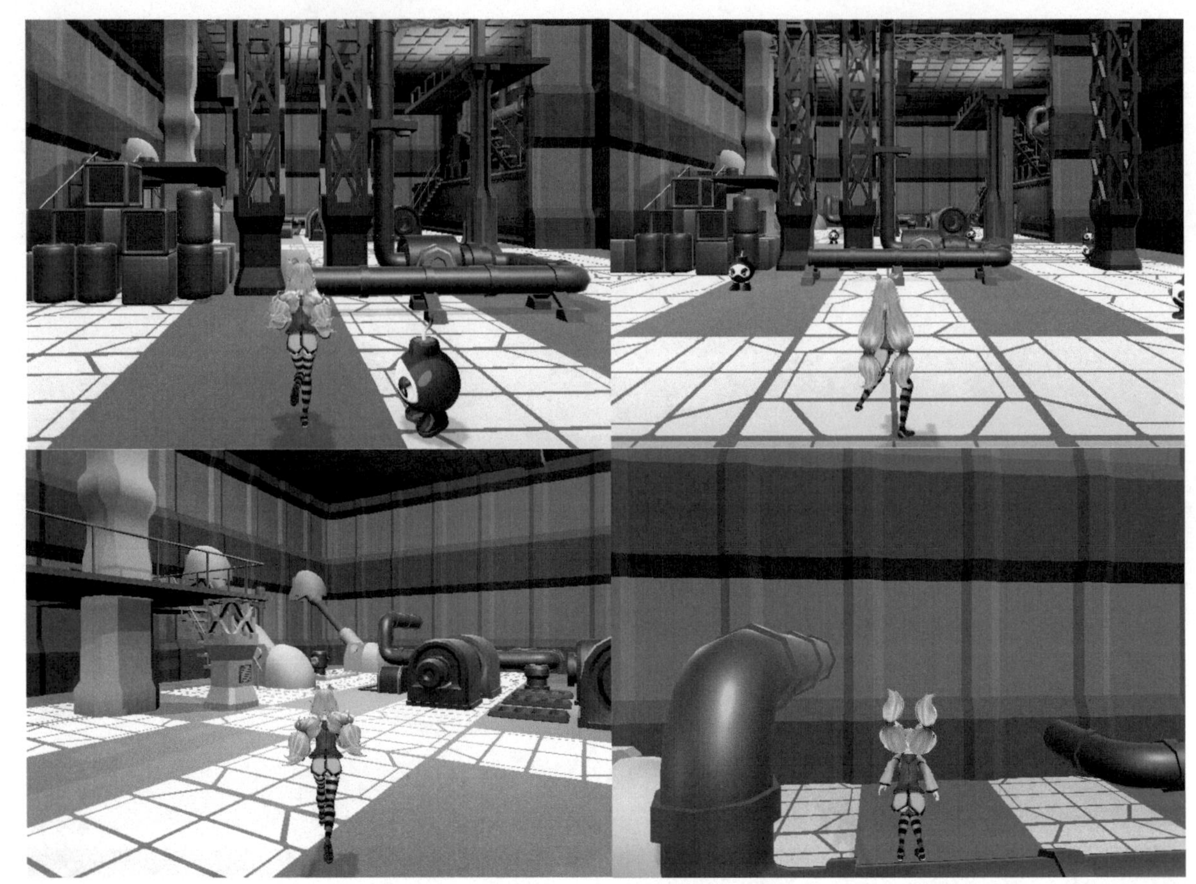

图7-109

7.3.1 游戏描述

在制作游戏之前，了解游戏的玩法有助于掌握技术点的使用方法并理解游戏的制作逻辑。

1.玩法介绍

在本例的潜入游戏中，玩家控制角色在迷宫中四处走动，但是注意不要被敌人发现，在一定距离内接触敌人则游戏失败，若角色避开所有敌人并找到终点则游戏胜利。

2.实现路径

01 下载资源并导入场景和角色。

02 导入角色需要播放的站立、跑步、起跳和下落动画，实现角色的跑步动画、移动动画和跳跃动画。

03 添加敌人的判断功能，当距离角色大于3m时，不会运动；当角色进入到3m内，追踪角色，并在2s内发生自爆。

04 为地图创建终点，当角色完成敌人的躲避并到达终点时，游戏胜利。

7.3.2 创建项目

01 执行“窗口>资源商店”菜单命令，在资源商店中下载并导入Snaps Prototype|Sci-Fi/Industrial（该资源为游戏场景资源）。资源导入完成后，双击“项目”面板中的AssetStoreOriginals/_SNAPS_PrototypingAssets/SciFi_Industrial/SampleScenes/SciFi_Industrial_SampleLayout，场景效果如图7-110所示。

图7-110

02 在“层级”面板中执行“创建>灯光>定向光”命令为场景添加一个灯光，然后执行“窗口>资源商店”菜单命令，在资源商店中下载并导入“Unity-Chan!”Model。资源导入完成后，将“项目”面板中的unity-chan!/Unity-chan!Model/Art/Models/unitychan预制件拖曳到场景中，并命名为Player，如图7-111所示。

图7-111

03 让摄像机跟随角色，将Main Camera设置为Player的子物体。并在Transform组件中设置“位置”的Y属性为2、Z属性为-4，如图7-112所示。

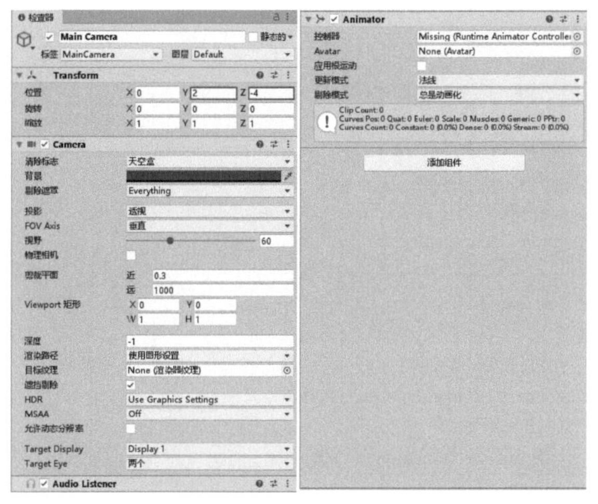

图7-112

7.3.3 制作角色动画

01 在“项目”面板中执行“创建>动画器控制器”命令创建一个动画控制器文件，并命名为PlayerController，然后将该文件关联到Player的Animator组件上，接着为Player添加Capsule Collider和Rigidbody组件。修改Capsule Collider组件的参数，设置“中心”的Y属性为0.75、“半径”为0.23、“高度”为1.5；修改Rigidbody组件的参数，勾选“冻结旋转”选项，最后设置“标签”为Player，如图7-113所示。

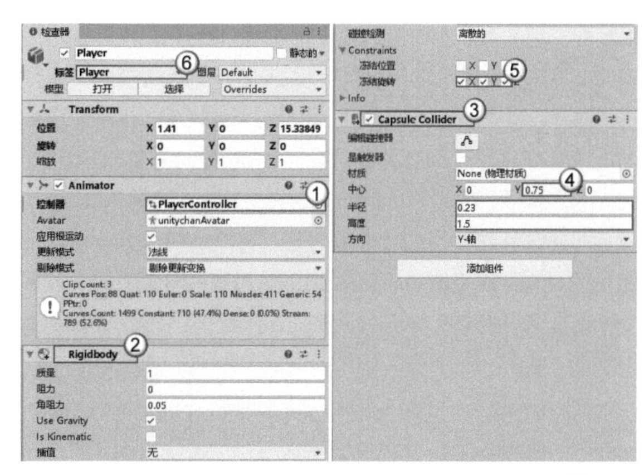

图7-113

02 执行“窗口>资源商店”菜单命令，在资源商店中下载并导入RPG Character Mecanim Animation Pack FREE（动作资源）。资源导入完成后，双击“项目”面板中的PlayerController打开“动画器”面板，然后将“项目”面板中的RPG Character Animation Pack FREE/Animations/Unarmed文件夹下的RPG-Character@Unarmed-Idle拖曳到“动画器”面板中；接着切换到“参数”选项卡，单击“创建”按钮**+**创建一个Bool类型的参数，并将其命名为IsRun；再创建一个Trigger类型的参数，并将其命名为Jump，如图7-114所示。

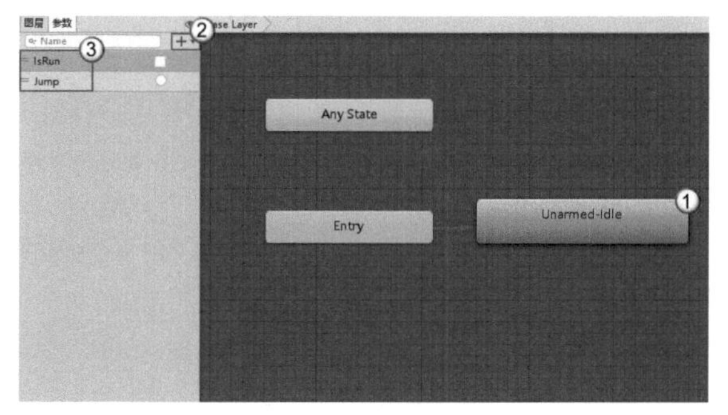

图7-114

03 将“项目”面板中的unity-chan!/Unity-chan!Model/Art/Animation文件夹下的unitychan_RUN00_F、unitychan_JUMP00拖曳到“动画器”面板中，如图7-115所示。

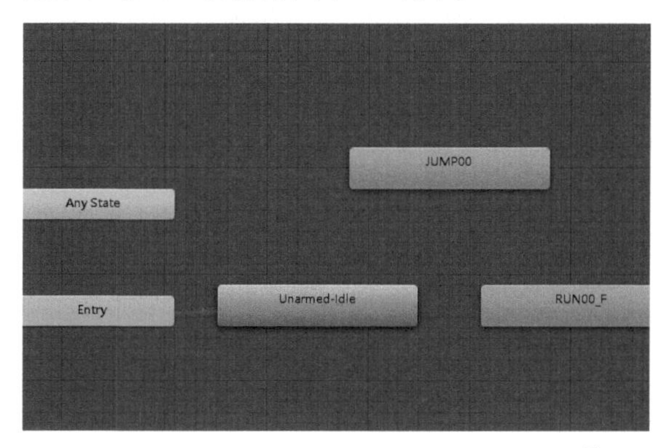

图7-115

04 在“动画器”面板中选择Unarmed-Idle，然后单击鼠标右键，选择“创建过渡”选项，产生与RUN00_F的关联；选择RUN00_F，然后单击鼠标右键，选择“创建过渡”选项，产生与JUMP00的关联；选择JUMP00，然后单击鼠标右键，选择“创建过渡”选项，产生与Unarmed-Idle的关联；选择RUN00_F，然后单击鼠标右键，选择“创建过渡”选项，产生与Unarmed-Idle的关联；选择Unarmed-Idle，然后单击鼠标右键，选择“创建过渡”选项，产生与JUMP00的关联，过渡效果如图7-116所示。

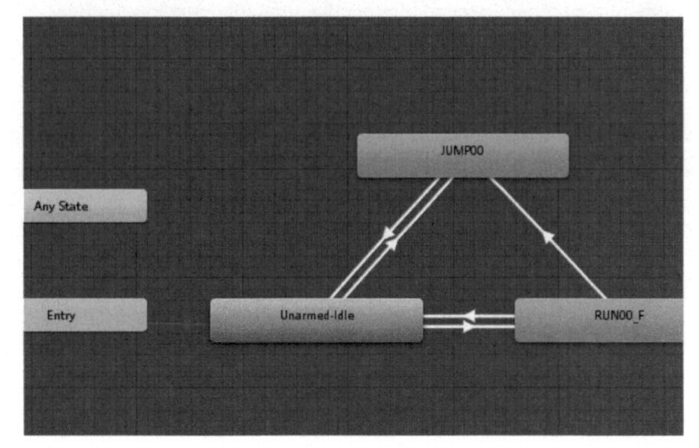

图7-116

05 单击从Unarmed-Idle到RUN00_F的过渡线，在“检查器”面板中单击“创建”按钮+，增加过渡条件IsRun：true；单击从RUN00_F到Unarmed-Idle的过渡线，在“检查器”面板中单击“创建”按钮+增加过渡条件IsRun：false；将从Unarmed-Idle过渡到JUMP00的条件设置为触发Jump，将从RUN00_F过渡到JUMP00的条件设置为触发Jump。另外，除了从JUMP00到Unarmed-Idle的过渡，其余过渡均需取消勾选“有退出时间”选项，如图7-117～7-120所示。

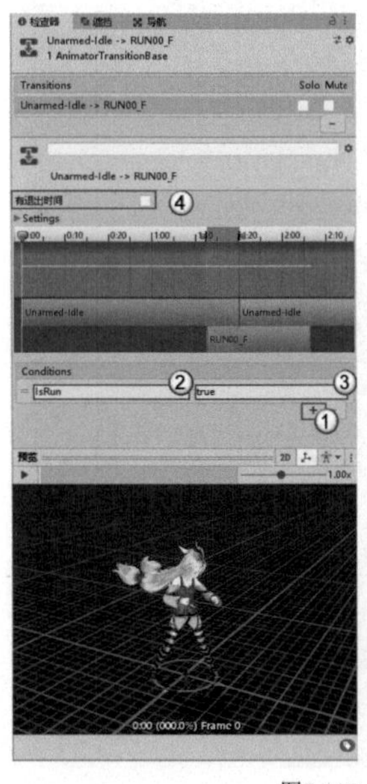

图7-117

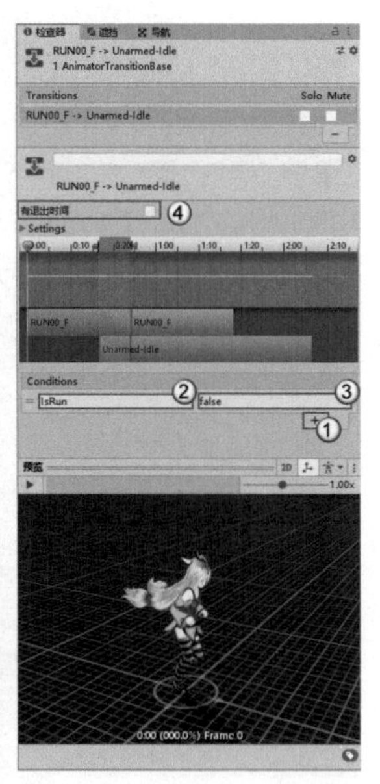

图7-118

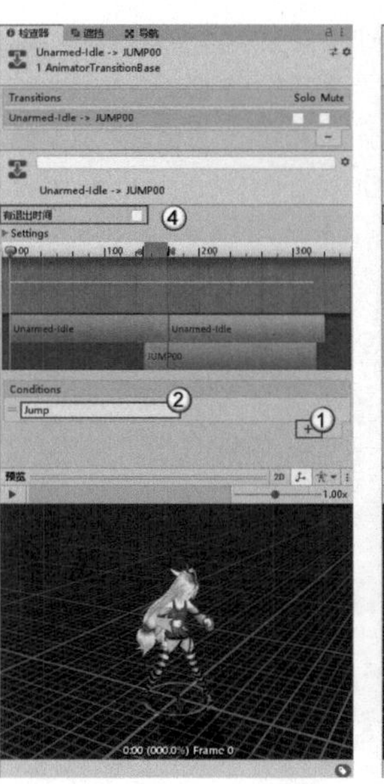

图7-119

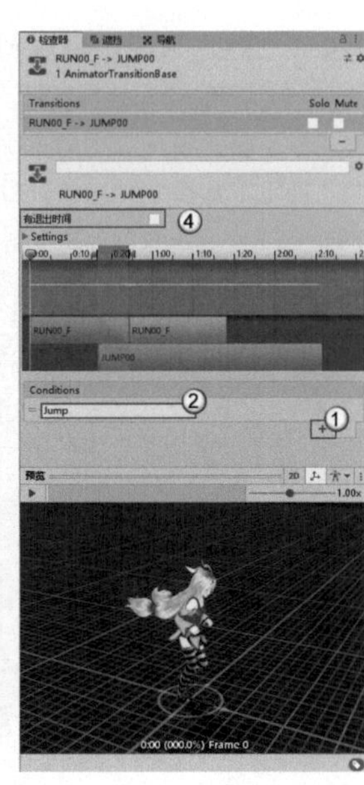

图7-120

06 在“项目”面板中执行“创建>C#脚本”命令创建一个脚本，并命名为PlayerControl，然后挂载到Player物体上。编写的脚本代码如下，游戏的运行情况如图7-121所示。

输入代码

```
using UnityEngine;

public class PlayerControl ： MonoBehaviour
{
  //动画器组件
  private Animator ani;
  //刚体组件
  private Rigidbody rbody;

  void Start()
  {
    //获取动画器组件
    ani = GetComponent<Animator>();
    //获取刚体组件
    rbody = GetComponent<Rigidbody>();
    //隐藏鼠标指针
    Cursor.visible = false;
    Cursor.lockState = CursorLockMode.Locked;
  }

  void Update()
  {
    //获取垂直轴数值
    float vertical = Input.GetAxis("Vertical");
    //获取水平轴数值
    float horizontal = Input.GetAxis("Horizontal");
    if (vertical != 0 || horizontal != 0)
    {
      //前后移动
      transform.position += transform.forward * 3 * Time.deltaTime * vertical;
```

```
        //左右移动
        transform.position += transform.right * 2 * Time.deltaTime * horizontal;
        //播放跑步动画
        ani.SetBool("IsRun", true);
    } else
    {
        //停止播放跑步动画
        ani.SetBool("IsRun", false);
    }

    //按下空格键后，如果当前没有播放跳跃动画则播放
    if (Input.GetKeyDown(KeyCode.Space) && !ani.GetCurrentAnimatorStateInfo(0).IsName("JUMP00"))
    {
        //跳跃
        rbody.AddForce(Vector3.up * 300);
        //跳跃动画
        ani.SetTrigger("Jump");
    }

    //获取鼠标指针的x轴
    float mouseX = Input.GetAxis("Mouse X");
    //旋转角色
    transform.Rotate(Vector3.up, mouseX * 30 * Time.deltaTime);
  }
}
```

运行游戏

图7-121

07 为了解决跳跃动画延迟的问题，选择“项目”面板中的unity-chan!/Unity-chan!Model/Art/Animations/unitychan_JUMP00（跳跃动画），在“检查器”面板中找到“长度”一栏，然后将动画缩短为图7-122所示的时间，游戏的运行情况如图7-123所示。

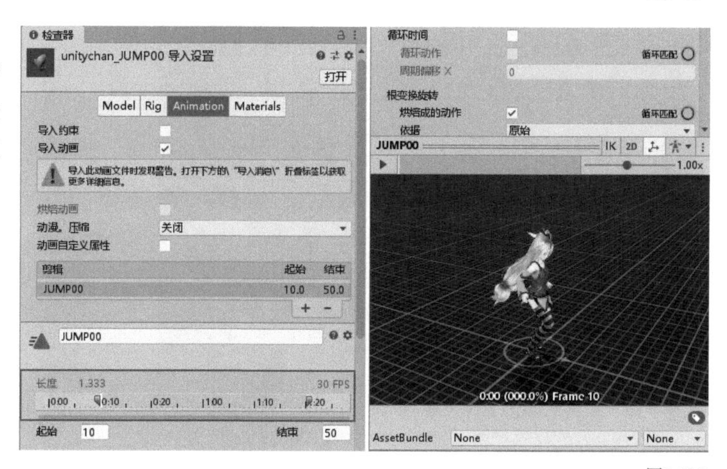

图7-122

运行游戏

图7-123

7.3.4 添加敌人

01 执行“窗口>资源商店”菜单命令，在资源商店中下载并导入3D Monster Bomb!!。资源导入完成后，将“项目”面板中的JKT ART/mon 00/Mon_00预制件拖曳到场景中，并命名为Enemy，如图7-124所示。

图7-124

02 预制件中已经自动创建了Animator组件并已与动画控制器文件关联，我们只需要在脚本中使用即可。在“项目”面板中执行“创建>C#脚本”命令创建一个脚本，并命名为EnemyControl，然后将其挂载到Enemy物体上，如图7-125所示。

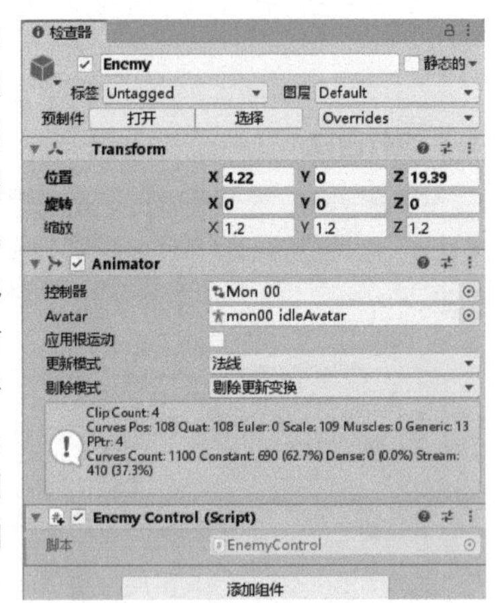

图7-125

03 双击EnemyControl脚本，编写如下代码，游戏的运行情况如图7-126所示。

输入代码

```
using UnityEngine;

public class EnemyControl ： MonoBehaviour
{
    //动画器组件
    private Animator ani;
    //攻击目标
    private GameObject target = null;
    //计时器
    private float timer = 0;
    //血量
    int hp = 1;
    void Start()
    {
```

```
        //获取动画器组件
        ani = GetComponent<Animator>();
    }

    void Update()
    {
        //如果没有攻击目标
        if (target == null)
        {
            //获取附近3m内的游戏物体
            Collider[] colliders = Physics.OverlapSphere(transform.position, 3);
            //遍历游戏物体
            foreach (Collider collider in colliders)
            {
                //判断游戏物体是否是角色
                if (collider.tag == "Player")
                {
                    //是角色，将角色设置为目标
                    target = collider.gameObject;
                }
            }
        }
        else
        {
            //有攻击目标，看向目标
            transform.LookAt(target.transform.position);
            //开启计时器
            timer += Time.deltaTime;
            //2s内移动
            if (timer < 2f)
            {
                //向目标移动
                transform.position += transform.forward * Time.deltaTime * 3;
                //播放移动动画
                ani.SetBool("walk", true);
                //判断和目标的距离
                float dis = Vector3.Distance(transform.position, target.transform.
position);
                //如果距离小于0.5f
                if (dis < 0.5f)
                {
                    //不再继续倒计时了，直接爆炸
                    timer = 2;
                }
            }
            else
            {
                //如果敌人存活
                if (hp > 0)
                {
                    //设置死亡状态
                    hp = 0;
                    //停止移动
                    ani.SetBool("walk", false);
                    //2s后爆炸
                    ani.SetTrigger("attack01");
                    //2s后销毁自身
                    Destroy(gameObject, 2f);
                    //获取附近2m内的游戏物体
                    Collider[] colliders = Physics.OverlapSphere(transform.position,
2);
                    //遍历游戏物体
                    foreach (Collider collider in colliders)
                    {
                        //判断游戏物体是否是角色
                        if (collider.tag == "Player")
                        {
                            //是角色，证明爆炸攻击到角色，游戏结束
                            Debug.Log("游戏失败");
                        }
                    }
                }
            }
        }
    }
}
```

运行游戏

当角色被敌人发现，敌人发生爆炸，玩家游戏失败

将该敌人制作为一个预制件，并在场景中添加大量敌人

图7-126

7.3.5 添加终点

01 在“层级”面板中执行“创建>3D对象>立方体”命令在场景中创建一个立方体，将立方体放置到希望玩家胜利的位置，本例设置在场景的右上角，如图7-127所示。

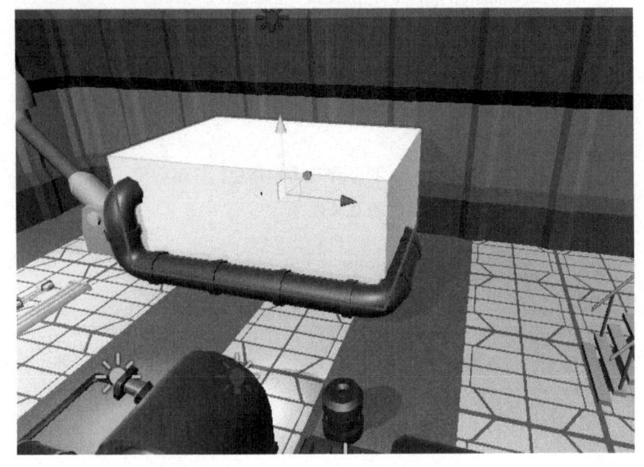

图7-127

02 设置完成后，将立方体隐藏，这里只需要移除立方体的Mesh Renderer组件即可，同时将立方体设置为触发器，因此勾选Box Collider(组件的“是触发器”选项，如图7-128所示。

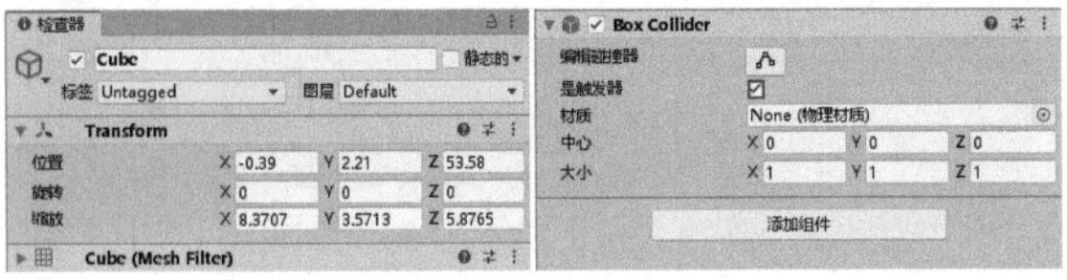

图7-128

03 在“项目”面板中执行“创建>C#脚本”命令创建一个脚本，并命名为CubeControl，然后将其挂载到Cube物体上。编写的脚本代码如下，游戏的运行情况如图7-129和图7-130所示。

输入代码

```
using UnityEngine;

public class CubeControl ： MonoBehaviour
{
  //进入触发区域
  private void OnTriggerEnter(Collider other)
  {
    //判断是否为角色触发
    if (other.tag == "Player")
    {
      //是角色进入区域，输出游戏胜利
      Debug.Log("游戏胜利");
      //游戏停止
      Time.timeScale = 0;
    }
  }
}
```

运行游戏

图7-129

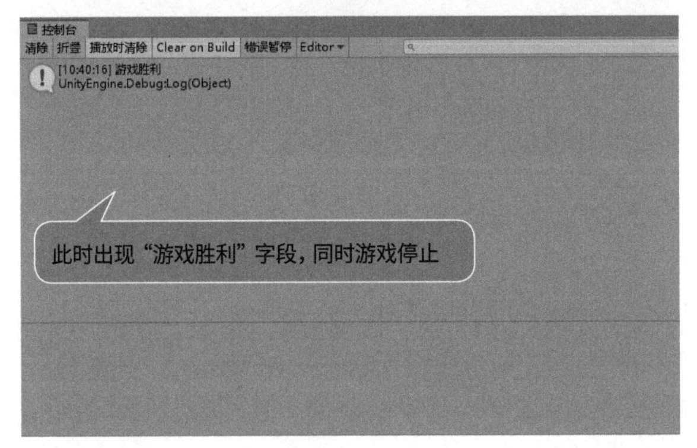

图7-130

技巧提示

学完第9章的UI内容后，读者可自行为本例制作胜利界面。

第 8 章 导航系统

■ 学习目的

Unity 内置的导航系统可以让用户轻松地控制游戏角色进行移动。该系统通过内部计算来获取允许行走的区域，然后控制游戏角色，使其智能地在场景中避开各种障碍物并沿着合适的路线移动到目标位置。本章就将带领大家学习导航系统。

■ 主要内容

- 导航系统的使用方法
- 导航网格的烘焙方法
- 导航代理的使用方法
- 导航障碍物的使用方法
- 导航网格链接的使用方法
- 导航区域的设置

8.1 导航网格区域

我现在遇到一个问题，当前游戏中角色的移动是通过更改位置坐标来实现的，可是一旦我的角色碰到障碍物就会被阻挡或直接穿过障碍物，我怎么样做才能让它绕过障碍物？

Unity提供的导航系统就可以做到。不管是你的角色还是敌人，只要使用导航系统就可以轻松满足你的需求，绕过障碍物不再是难事！

8.1.1 生成导航网格

导航网格就是游戏中的可通过区域。我们只需要指定游戏场景中的哪些游戏物体需要参与导航网格的计算，Unity就可以自动生成导航网格。在生成导航网格之前，需要创建一个供角色移动的场景区域。为了方便读者更好地理解导航区域与角色之间的关系，这里使用一个平面表示地面，使用一些立方体表示障碍物，如墙壁、高台、台阶和斜坡等，如图8-1所示。

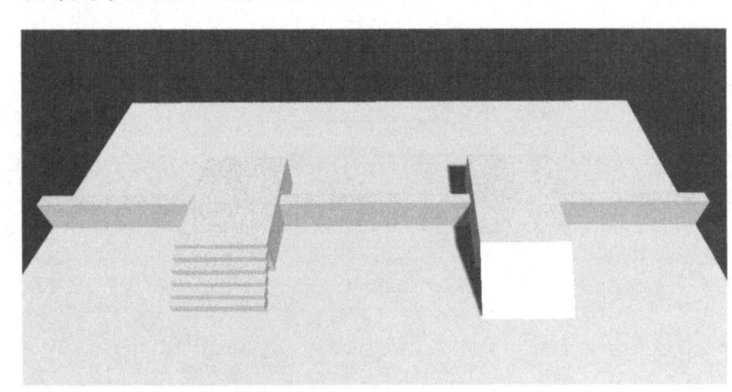

图8-1

因为添加的地面和所有的立方体均会用于导航移动或者作为障碍物，所以选择地面和所有的立方体，然后在"检查器"面板中展开"静态的"下拉列表并选择Navigation Static（导航静态）选项，如图8-2所示。

执行"窗口>AI>导航"菜单命令打开"导航"面板，在面板中提供了"代理""区域""烘焙"和"对象"4个选项卡。这里切换到"烘焙"选项卡，单击Bake（烘焙）按钮 Bake 即可进行导航网格的烘焙，如图8-3所示。

图8-2

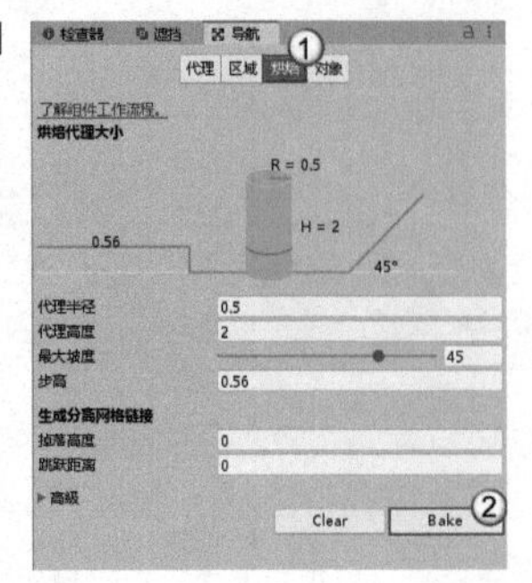

图8-3

烘焙完成后，在场景视图中就会出现烘焙网格，网格内的区域就是允许导航的区域，如图8-4所示。

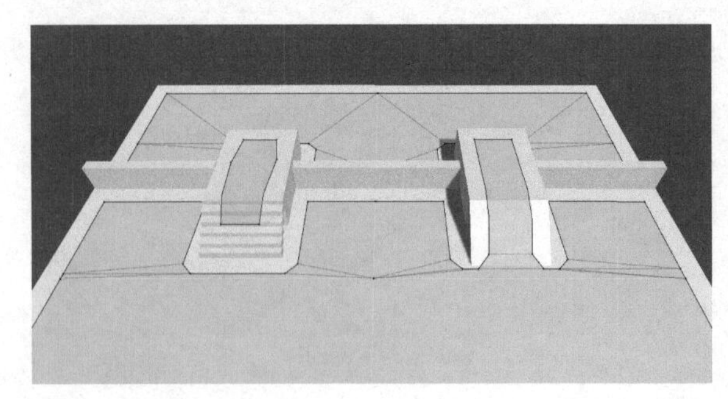

图8-4

技术专题：导航静态设置

在制作游戏时，所有可能参与导航的物体，无论是移动路径还是障碍物等，均需要选择Navigation Static选项，这时导航系统就会在烘焙时对其进行计算并产生网格。而除了上述方式可以设置Navigation Static（导航静态）选项外，选择需要参与导航计算的物体，在"导航"面板的"对象"选项卡中同样也可以设置Navigation Static选项，如图8-5所示。

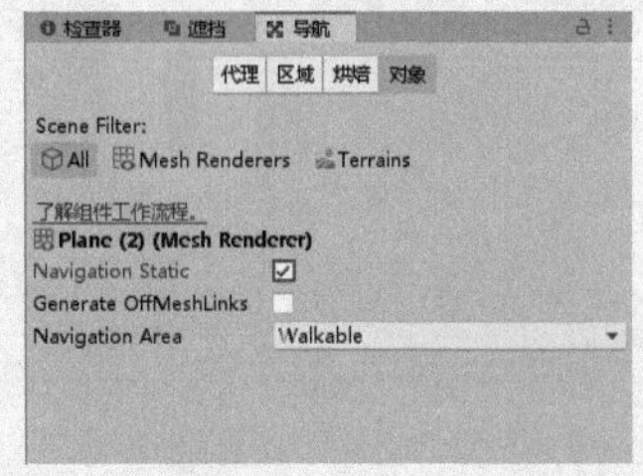

图8-5

8.1.2 导航烘焙属性

当烘焙完成后，或许你会发现烘焙网格并没有将地面区域填满，如地面周围有很多空白区域没有在网格之内。这是由于在烘焙时，系统是根据烘焙代理的参数值进行计算的，因此我们可以认为烘焙代理就是角色的"模特"。系统会根据角色的高低、半径等数据对行走区域进行计算，确定可以移动的安全区域。接下来对烘焙属性依次进行讲解，"导航"面板如图8-6所示。

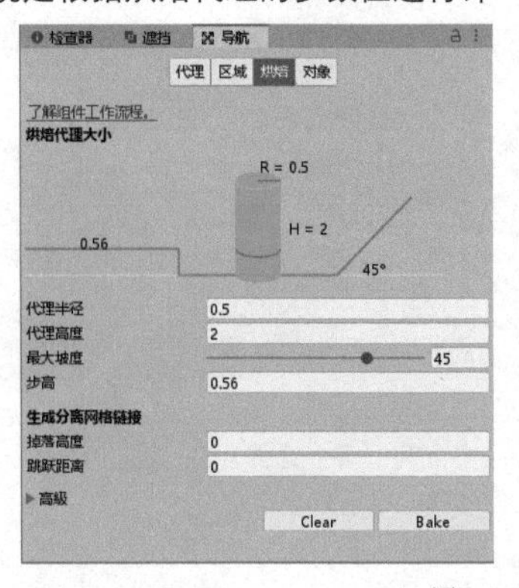

图8-6

重要参数介绍

代理半径：烘焙代理的半径，半径越小，烘焙后的网格区域面积越大。

代理高度：烘焙代理的高度，会影响烘焙后的门或桥洞等的高度是否能供物体通过。

最大坡度：烘焙代理可以走上去的最大坡度。

步高：烘焙代理可以走上去的最大台阶高度。

掉落高度：允许烘焙代理掉落的高度。

跳跃距离：允许烘焙代理在网格间跳跃的最大距离。

8.2 导航代理

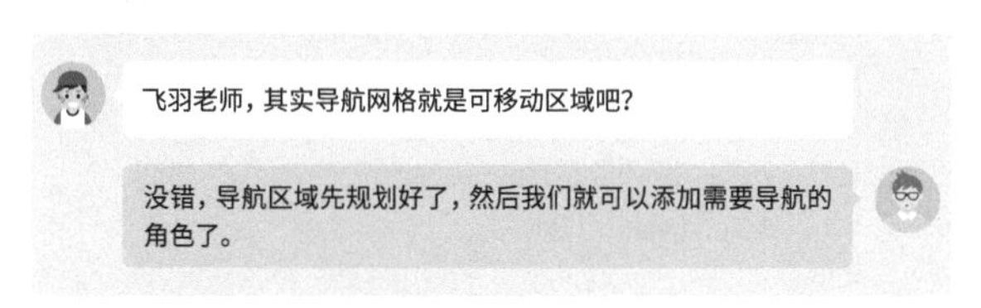

8.2.1 导航网格代理

导航网格代理是一个单独的组件，为游戏角色添加Nav Mesh Agent（导航网格代理）组件后，该角色就会拥有在导航网格区域中进行导航移动的功能。

1.添加组件

为了方便读者更好地理解导航区域与角色之间的关系，这里使用胶囊体表示游戏角色，并为其添加Nav Mesh Agent组件，“检查器”面板如图8-7所示。添加完该组件后会发现在胶囊体的外层有一个新的边框，该边框就是网格代理，如图8-8所示。当我们通过Nav Mesh Agent组件对障碍躲避的半径和高度进行修改时，该边框也会随之变化，导航系统会根据该边框的半径和高度进行导航和障碍物的躲避。

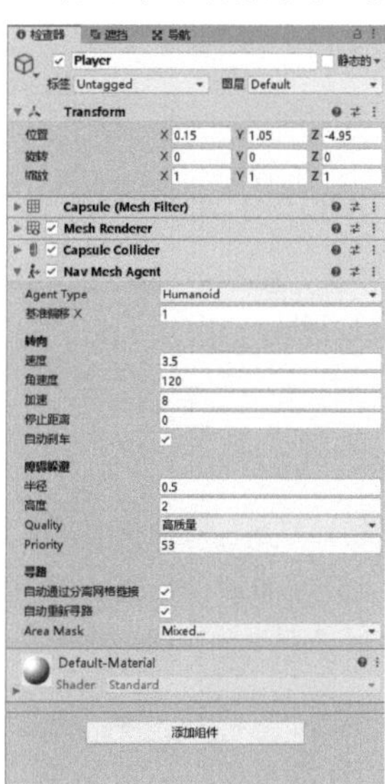

图8-7

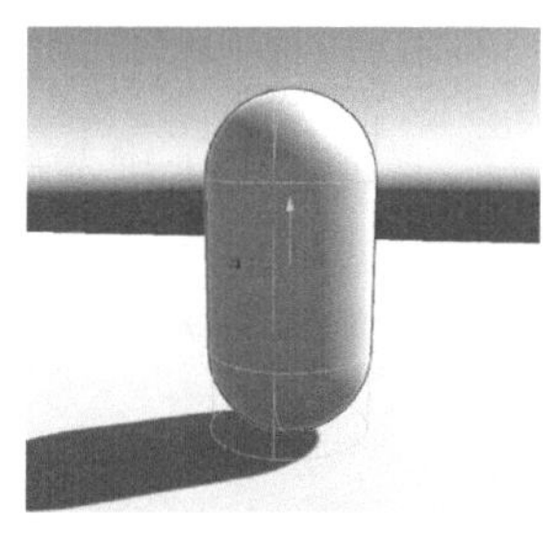

图8-8

重要参数介绍

Agent Type（**代理类型**）：代理类型可在打开的“导航”面板中进行删除，如图8-9所示。我们可以在游戏中为不同的角色添加多个代理类型，代理类型的属性参数和烘焙代理的属性参数相同，下面就不进行赘述了。

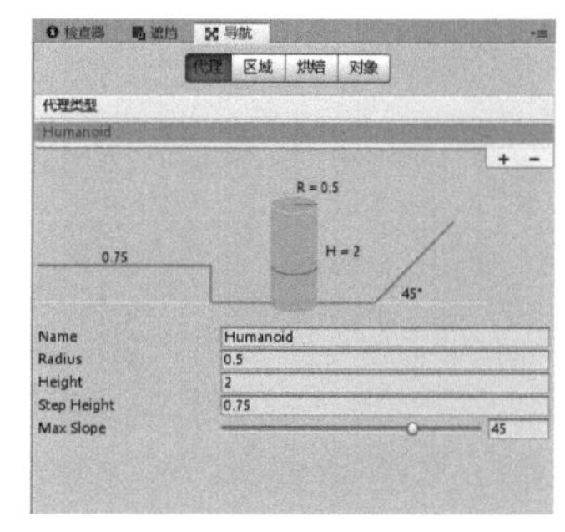

图8-9

基准偏移X：导航偏移，修改后可以看到导航代理发生了偏移，如图8-10所示。

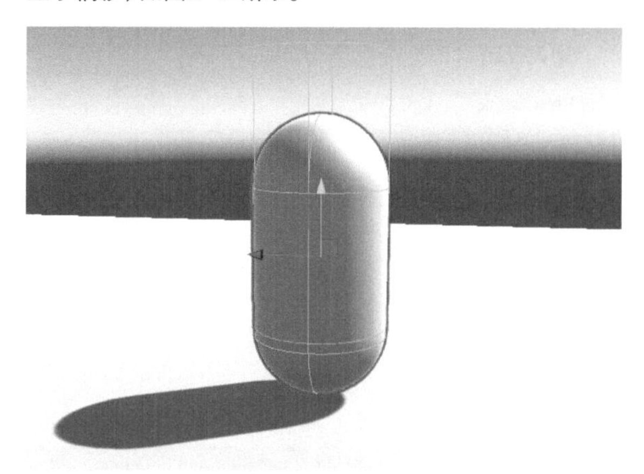

图8-10

速度：导航网格代理的最大移动速度。

角速度：导航网格代理的旋转角速度。

加速：导航网格代理的加速度。

停止距离：距离目标位置多远停止导航。

自动刹车：到达目标位置后自动减速至停止。

半径：导航网格代理用来计算障碍躲避的半径。

高度：导航网格代理用来计算障碍躲避的高度。

Quality（**质量**）：躲避障碍质量，质量越高，躲避时的计算越精细，同时性能消耗越大。

Priority（**优先级**）：多个导航网格代理的躲避优先级，数值越大，优先级越高。

自动通过分离网格链接：是否自动通过网格代理链接。

自动重新寻路：是否自动重新进行寻路。

Area Mask（**区域**）：该导航网格代理允许通过的区域。

2.使用脚本控制导航射线

当场景中的导航网格已经烘焙完成并且游戏角色的Nav Mesh Agent组件设置完成后，我们就可以为游戏角色添加脚本，在脚本中控制导航进行移动。在脚本中将单击的场景位置作为目标点，使游戏角色朝向目标点移动，并最终到达目标点，如图8-11所示。

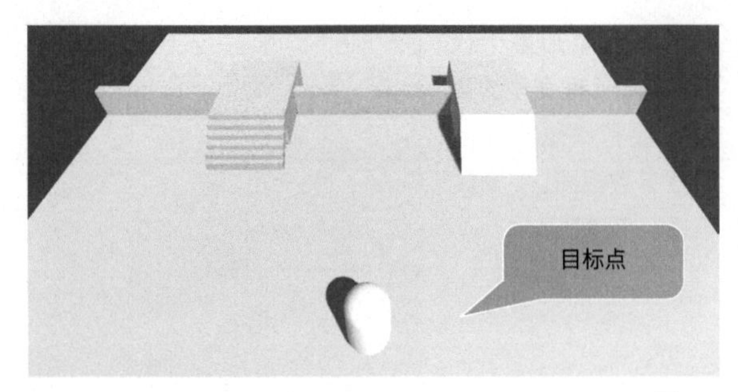

图8-11

在“项目”面板中执行“创建>C#脚本”命令创建一个脚本，并命名为PlayerControl，接着将其添加到Player物体上。编写的脚本代码如下，运行结果如图8-12所示。

输入代码

```
using UnityEngine;
//导航系统需要的名称空间
using UnityEngine.AI;

public class PlayerControl : MonoBehaviour
{
  //导航网格代理组件
  private NavMeshAgent agent;
  void Start()
  {
    agent = GetComponent<NavMeshAgent>();
  }

  void Update()
  {
    //单击鼠标右键
    if (Input.GetMouseButtonDown(1))
    {
      //获取鼠标指针射线
      Ray ray = Camera.main.ScreenPointToRay(Input.mousePosition);
      //碰撞信息
      RaycastHit hit;
      //射线碰撞检测
      bool res = Physics.Raycast(ray, out hit);
      //如果射线碰撞到游戏物体
      if (res)
      {
        //获取碰撞点
        Vector3 point = hit.point;
        //移动到碰撞点，设置导航网格代理的目标位置
        agent.SetDestination(point);
      }
    }
  }
}
```

运行结果

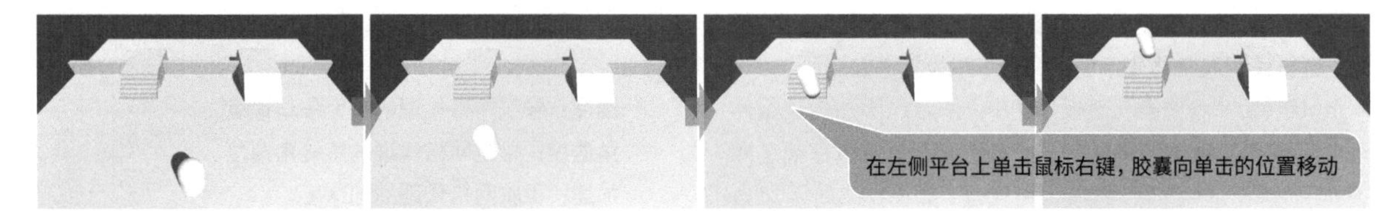

图8-12

8.2.2 添加障碍物

在上一小节中，烘焙好的墙体是作为静态障碍物存在的，即在游戏中该障碍物并不能发生移动，但是在游戏中我们常常会遇到动态障碍物。也就是说，游戏在运行时该障碍物也是可以移动的，那么这时候就需要使用Nav Mesh Obstacle（导航网格障碍）组件了。

1.添加组件

如果我们希望中间的这堵墙体为动态障碍物，如图8-13所示，在游戏运行过程中，我们可以随时移动或删除该墙体，那么就需要选择该墙体，为其添加Nav Mesh Obstacle组件，如图8-14所示。

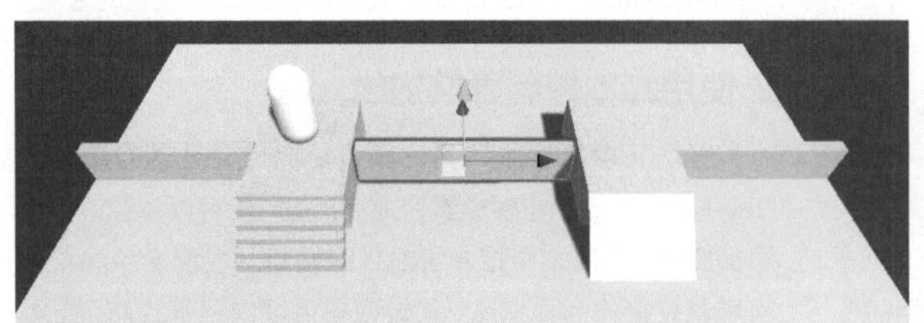

图8-13

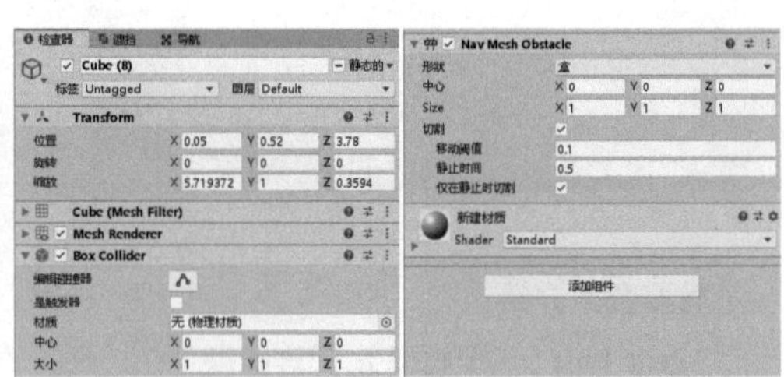

图8-14

重要参数介绍

形状：障碍物的形状，可选择盒状或胶囊状。

中心：障碍物的中心点。

Size（尺寸）：障碍物的尺寸。

切割：不切割则会作为普通障碍物；切割则会对网格进行切割，并对可移动区域进行修改。

移动阈值：移动距离超过阈值时才会进行切割。

静止时间：障碍物静止时间到达该值后才会进行切割。

仅在静止时切割：是否只在静止时进行切割。

2.设置导航障碍物

如果我们需要设置某个物体为动态障碍物，除了要为其添加Nav Mesh Obstacle组件，还要为该物体取消勾选“静态的”选项。选择中间的墙体，取消勾选“静态的”选项并重新进行导航网格的烘焙，如图8-15所示。烘焙完成后的导航网格如图8-16所示。

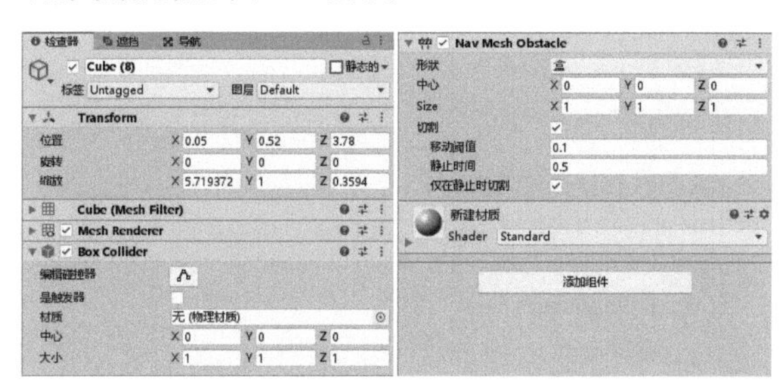

图8-15

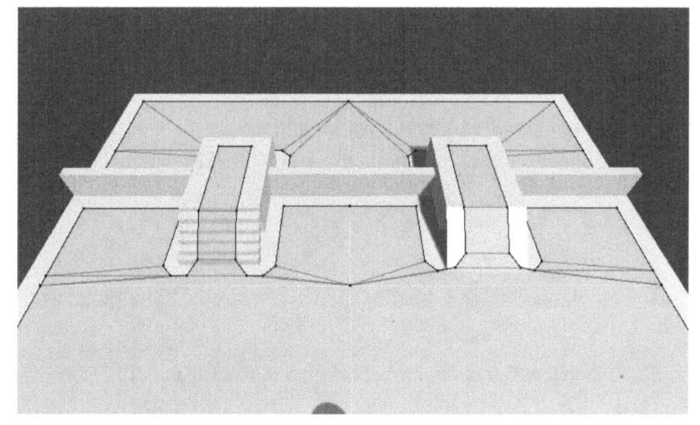

图8-16

运行游戏后，角色因识别到该墙体为障碍物而无法穿过墙体，如图8-17所示。

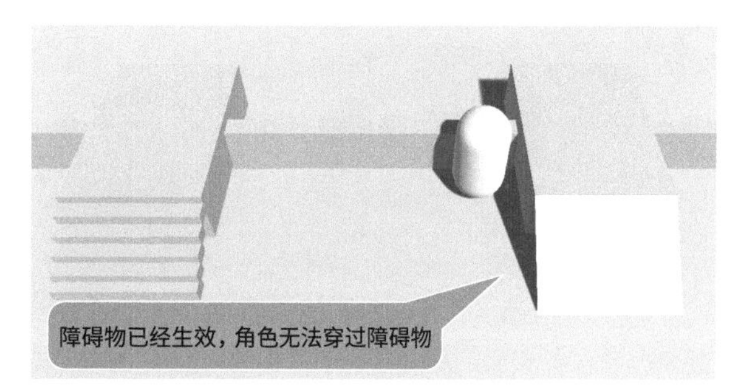

图8-17

将动态障碍物（墙体）向旁边移动，移动完成后无须再次烘焙。我们可以从图8-18中发现，虽然没有再次进行烘焙，但是网格已经显示出了重新烘焙后的结果，动态障碍物的特点也就显示出来了。

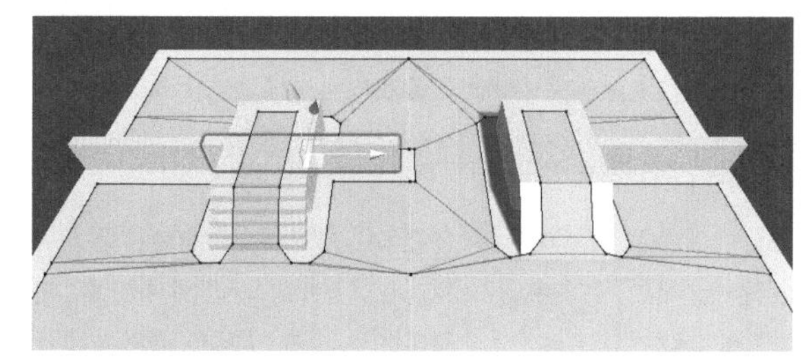

图8-18

技术专题：障碍物的网格切割

在为障碍物添加Nav Mesh Obstacle组件后，除了可以在组件中设置障碍物的形状和大小，还可以进行网格的动态切割。而网格的切割实际上会消耗计算机的性能，所以我们可以通过增大移动阈值和增加静止时间来减少动态障碍物移动时的切割次数。除此之外，我们还可以勾选“仅在静止时切割”选项，勾选该选项能保证障碍物在运动过程中不会进行网格切割。如果取消勾选该选项，那么障碍物在移动时也会进行切割，切割的次数就会大大增多。

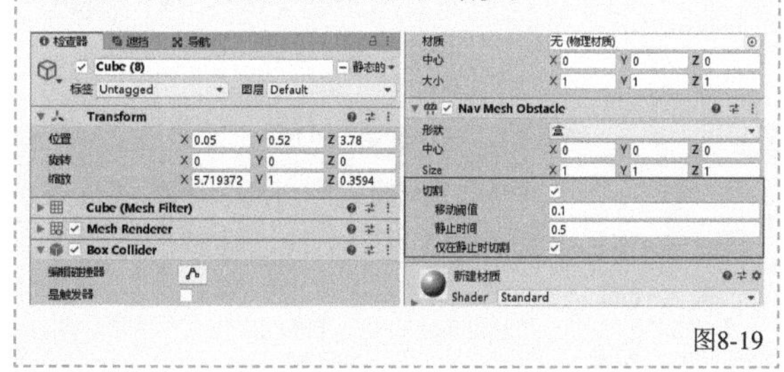

图8-19

操作演示：躲避障碍物

素材位置 无

实例位置 实例文件>CH08>操作演示：躲避障碍物

难易指数 ★☆☆☆☆

学习目标 掌握导航网格障碍组件的使用方法，通过控制障碍物来影响NPC的移动路线

本例将实现障碍物的躲避，效果如图8-20所示。

图8-20

1.实现路径

01 创建一个胶囊体作为游戏角色。

02 创建一个平面作为地面，设置Navigation Static C（导航静态）选项并进行导航烘焙。

03 创建一个立方体作为动态障碍物。

04 使游戏角色上下移动。

05 玩家控制动态障碍物阻碍游戏角色的移动。

2.操作步骤

01 在“层级”面板中执行“创建>3D对象>平面”命令在场景中创建一个平面，并命名为Plane。在其Transform组件中设置“缩放”的X属性为2，Y属性为2，Z属性为2；在“层级”面板中执行“创建>3D对象>胶囊”命令创建一个胶囊体，并命名为NPC，如图8-21所示。

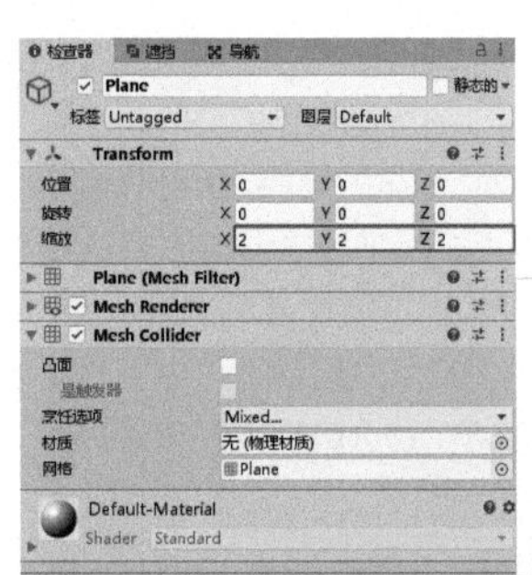

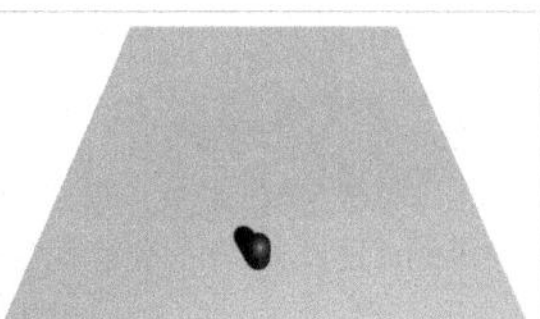

图8-21

02 在“项目”面板中执行“创建>C#脚本”命令创建一个脚本，并命名为NPCControl；然后将其添加到NPC物体上，同时为NPC添加Nav Mesh Agent组件，编写的脚本代码如下。

输入代码

```
using UnityEngine;
using UnityEngine.AI;

public class NPCControl : MonoBehaviour
{
    //导航网格代理组件
    private NavMeshAgent agent;
    //目标点
    private Vector3 targetPos;
    //到达目标点
    private bool isArrived = false;

    void Start()
    {
        //获取导航网格代理组件
        agent = GetComponent<NavMeshAgent>();
        //获取目标点
        targetPos = transform.position + new Vector3(0, 0, 10);
        //向目标点移动
        agent.SetDestination(targetPos);
    }

    //这里我们让角色来回移动
    void Update()
    {
        //获取距离目标点的位置
        float dis = Vector3.Distance(transform.position, targetPos);
        //如果与目标点的距离小于0.1
        if (agent.remainingDistance < 0.1f)
        {
            //重新设置目标点
            if (isArrived)
            {
                //到达起始点
                isArrived = false;
                //设置目标点向前移动
                targetPos = transform.position + new Vector3(0, 0, 10);
            } else
            {
                //到达目标点
                isArrived = true;
                //目标点向后移动
                targetPos = transform.position - new Vector3(0, 0, 10);
            }
            //向目标点移动
            agent.SetDestination(targetPos);
        }
    }
}
```

03 选择Plane，然后执行“窗口>AI>导航”菜单命令打开“导航”面板，切换到“对象”选项卡，勾选Navigation Static（导航静态）选项，如图8-22所示。

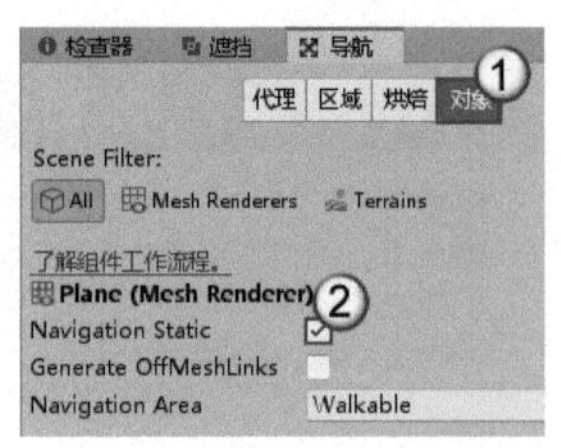

图8-22

04 在“导航”面板中切换到“烘焙”选项卡，单击Bake按钮 Bake 进行烘焙，如图8-23所示，运行结果如图8-24所示。

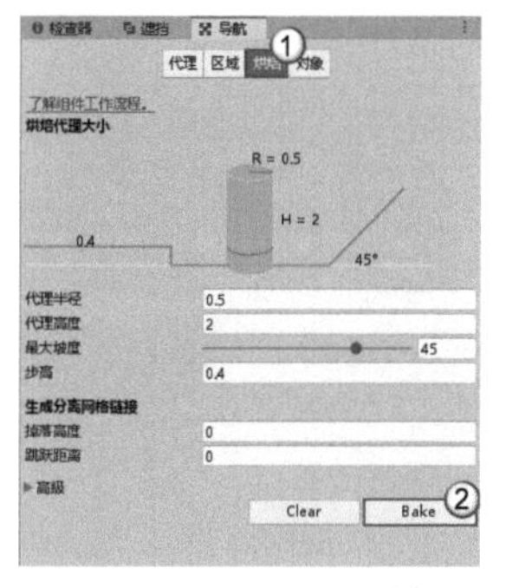

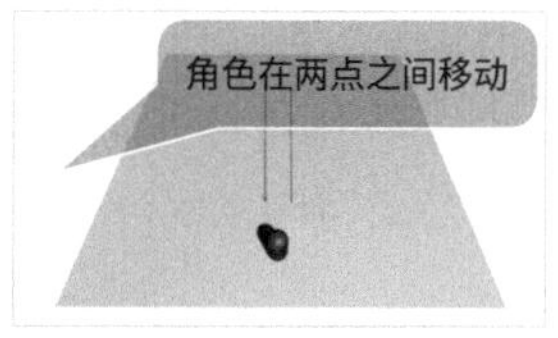

图8-23　　　图8-24

05 在“层级”面板中执行“创建>3D对象>立方体”命令创建一个立方体，并命名为Player。在该立方体的Transform组件中设置“位置”的X属性为-0.15，Y属性为1，Z属性为-3；设置“缩放”的X属性为8，Y属性为2，Z属性为0.4，如图8-25所示。

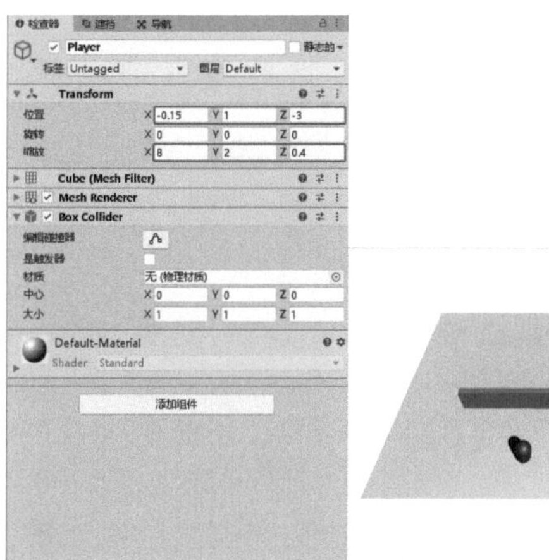

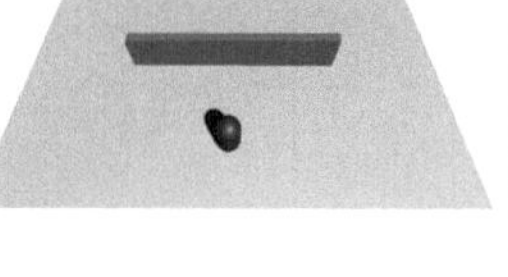

图8-25

06 在“项目”面板中执行“创建>C#脚本”命令创建一个脚本，并命名为PlayerControl；然后将其挂载到Player物体上，并为Player添加Nav Mesh Obstacle组件，编写的脚本代码如下，运行结果如图8-26所示。

输入代码

```
using UnityEngine;

public class PlayerControl : MonoBehaviour
{
    void Update()
    {
        //获取水平轴
        float horizontal = Input.GetAxis("Horizontal");
        //移动自身
        transform.position += transform.right * horizontal * 0.3f;
    }
}
```

运行结果

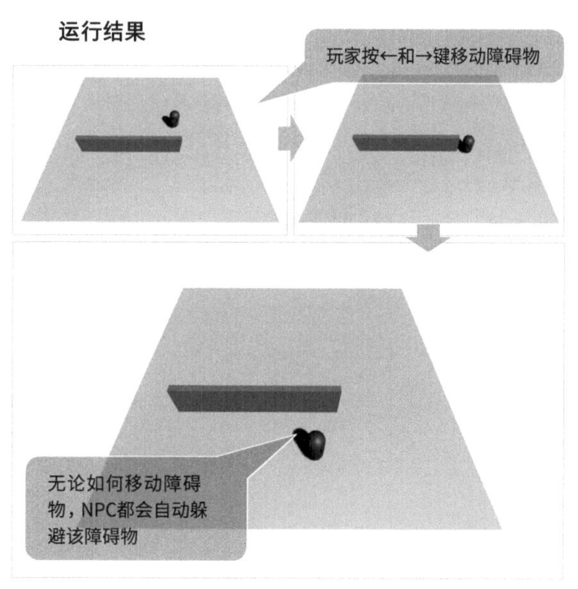

图8-26

8.3 设置导航网格链接

飞羽老师，如果导航系统只能在网格上移动，那么我该怎么制作角色从高台跳下的动作呢？高台和地面的网格肯定是没有联系的。

不只是你说的这种情况，只要我们希望导航网格代理在两个不相连的网格间移动，就都可以使用导航网格链接来实现。

8.3.1 代理角色的掉落高度与跳跃距离

接下来在网格之间设置网格链接。在进行导航烘焙时，可以在“烘焙”选项卡中看到“生成分离网格链接”，其中包含“掉落高度”和“跳跃距离”两个选项，我们将其分别设置为2和10，这意味着在该数值内允许导航从高台掉落并在高台之间进行跳跃，如图8-27所示。

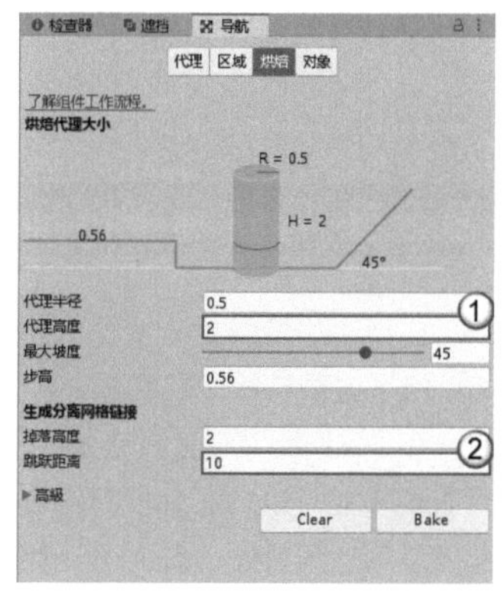

图8-27

重要参数介绍

掉落高度：代理掉落的最大高度。

跳跃距离：代理跳跃的最远距离。

但是这时候重新烘焙并不会起作用，需要指定使用网格链接的游戏物体。选择场景中的两个高台，我们希望这两个高台有掉落与跳跃的功能，在“导航”选项卡中切换到“对象”选项卡，然后勾选Generate OffMeshLinks（生成导航链接）选项，如图8-28所示。

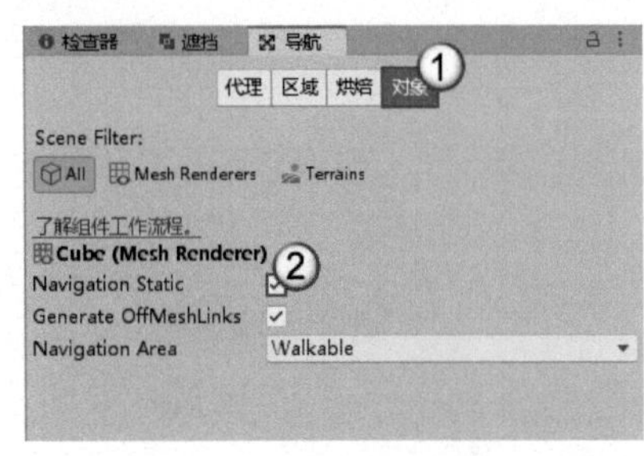

图8-28

重新进行烘焙，可以看到在两个高台的附近自动生成了链接，角色除了可以在导航区域中进行移动，还可以在这些链接间移动，如图8-29所示。

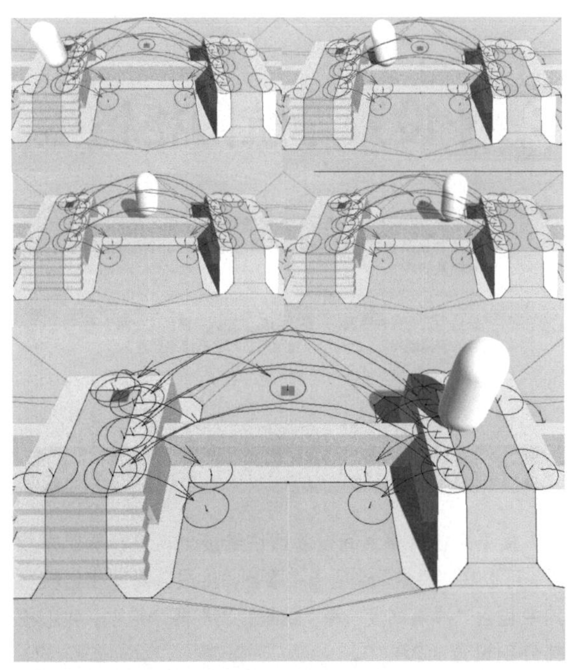

图8-29

8.3.2 导航网格链接

上一个小节讲解了如何在网格之间添加线状的网格链接，但是这些链接比较死板，我们只能通过设置“掉落高度”和“跳跃距离”来自动生成网格链接。而在某些情况下我们希望可以自己来控制网格间的链接，也就是希望能指定从某点到另外一点生成一个链接，那么就需要用到Off Mesh Link（分离网格链接）组件了。

1.添加组件

创建一个立方体，并为其添加Off Mesh Link组件，如图8-30所示。

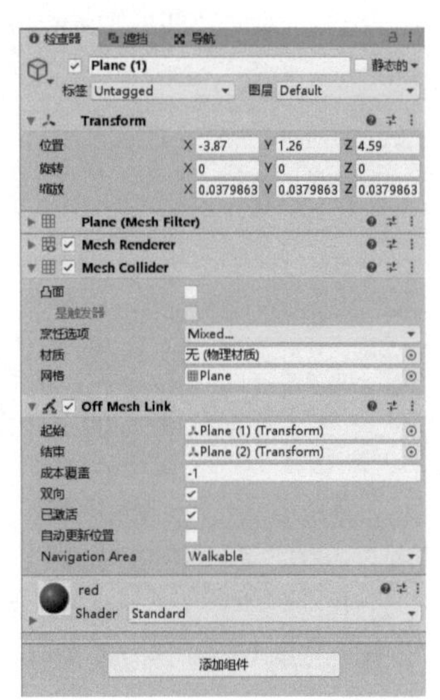

图8-30

重要参数介绍

起始：网格链接起始位置的游戏物体。

结束：网格链接结束位置的游戏物体。

成本覆盖：网格链接花费的成本，后面小节中将专门对成本进行讲解。

双向：是否允许双向移动。

已激活：是否已激活该网格链接。

自动更新位置：勾选“自动更新位置”选项后，当起始或结束处的对象移动时，会更新网格链接。

Navigation Area（导航区域）：网格链接属于的导航区域。

2.设置分离网格链接物体

创建一个平面，然后在Transform组件中设置“缩放”的X属性为0.03，Y属性为0.03，Z属性为0.03；接着将该平面复制一份，并将两个平面物体放在希望进行网格链接的两个位置，如图8-31所示。

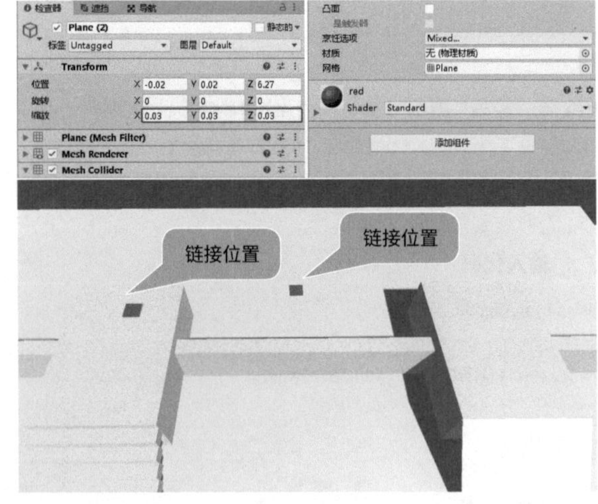

图8-31

选择其中一个平面物体，为其添加Off Mesh Link组件；然后将两个平面物体分别放在“起始”和“结束”选项框中，如图8-32所示。即可看到两个平面物体生成了网格链接，如图8-33所示。

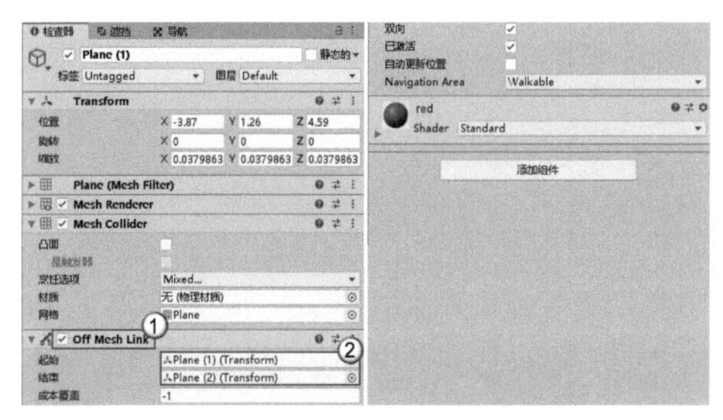

图8-32

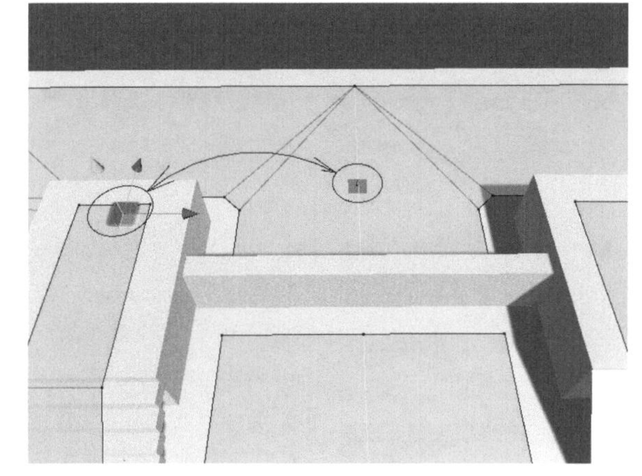

图8-33

8.4 设置导航区域

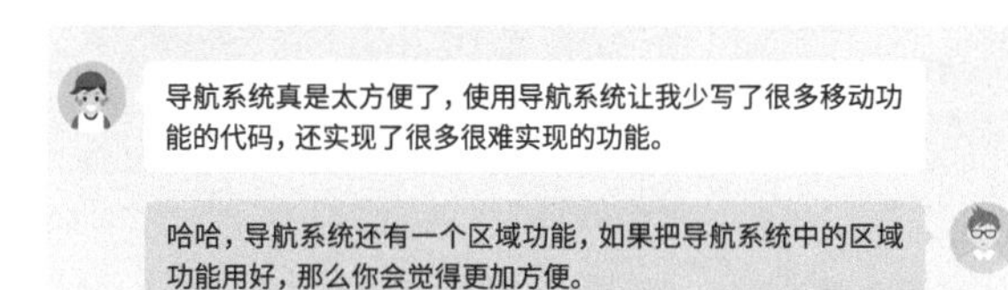

8.4.1 设置模拟区域

在游戏开发的过程中，有时候不仅需要通过导航系统进行普通的位置移动，可能还需要对地面区域进行设置，让不同的游戏角色可以在不同的区域做不同的导航动作。例如，普通角色不能在河面上移动，飞翔角色和水中角色可以在河面上移动。要实现这个需求就要进行区域的设置。

在“导航”面板的“区域”选项卡中，我们一共可以设置32个区域，其中默认设置了3个区域，剩下的区域我们可以自定义，此外每个区域都会有对应的颜色和成本，如图8-34所示。

图8-34

8.4.2 设置区域成本

在设置区域时，有一项设置为“成本”，每个区域都有其对应的“成本”，如图8-35所示。我们可以将“成本”理解为导航代理网格移动时消耗的体力，如穿过普通区域的“成本”为1，穿过河流区域的“成本”为5，那么导航系统在计算推荐路线时会将“成本”计算在内，所以角色可能不会直接穿过河流区域到达目标点，而是会绕过河流区域，从普通区域移动到目标点。

设置完河流的“成本”，再次运行游戏即可看到导航代理网格按照图8-36所示的方式进行了移动。

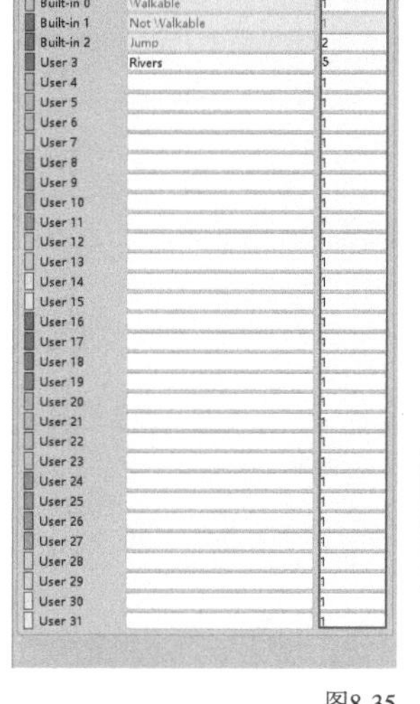

图8-35

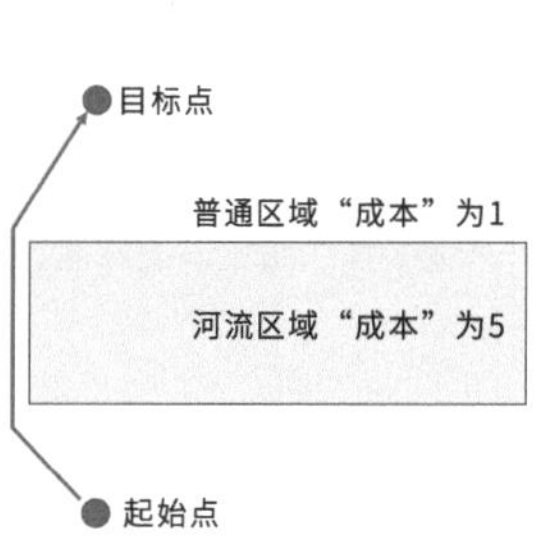

图8-36

技巧提示

角色在普通区域移动1m会消耗1点体力，在河流里移动1m会消耗5点体力。现在角色从起始点到目标点会经过一条河流，如果绕过河流需要在普通区域移动4m，消耗4点体力；穿过河流移动需要移动1m，消耗5点体力，这时绕过河流会比穿过河流移动更省体力，那么角色就会选择绕过河流进行移动。如果我们修改起始点和目标点的位置，角色绕过河流需要在普通区域移动8m，消耗8点体力；穿过河流移动需要移动1m，消耗5点体力，这时绕过河流会比穿过河流移动更费体力，那么角色就会选择穿过河流进行移动。

操作演示：河流导航区域

素材位置　无
实例位置　实例文件>CH08>操作演示：河流导航区域
难易指数　★★☆☆☆
学习目标　理解智能导航的实际应用

本例将实现角色导航智能通过河流区域，效果如图8-37所示。

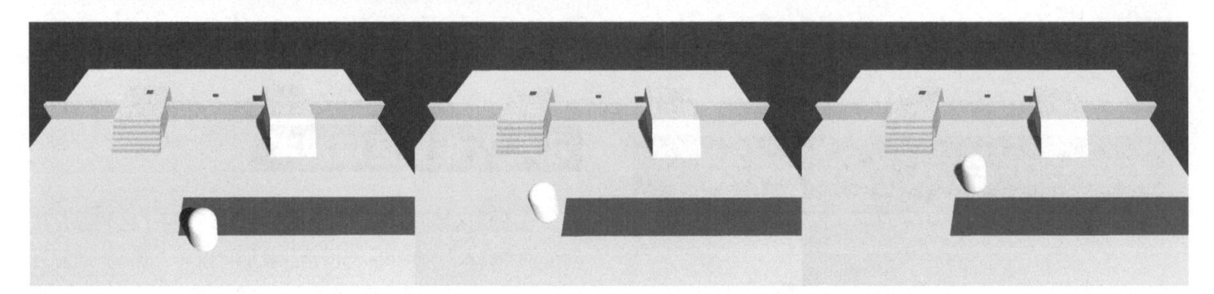

图8-37

1.实现路径

01 设置一个河流区域并设置“成本”。

02 创建河流，并设置Navigation Static（导航静态）选项和河流区域。

03 重新烘焙，用鼠标右键单击河对面，角色根据“成本”选择移动方式。

技巧提示

本例使用8.3.2小节搭建的场景进行制作。

2.操作步骤

01 执行“游戏对象>3D对象>平面”菜单命令在场景中创建一个平面，用于模拟河流区域，如图8-38所示。

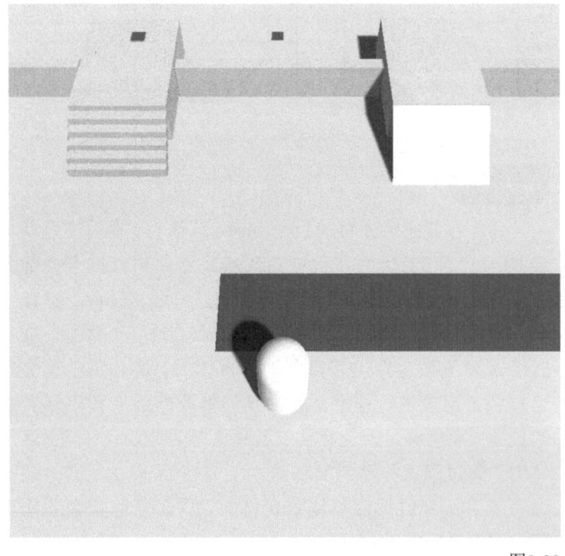

图8-38

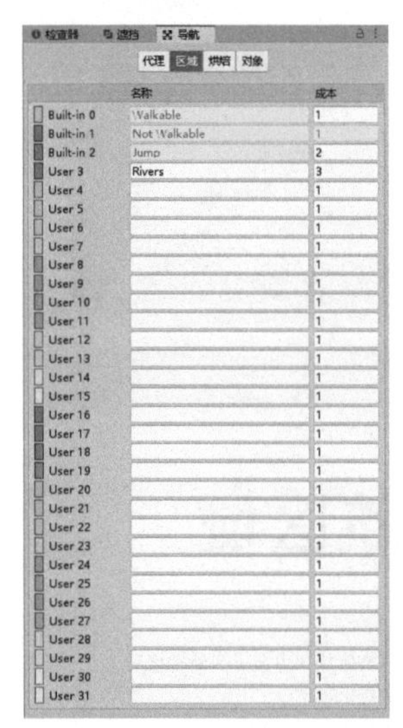

02 在“导航”面板中切换到“区域”选项卡，添加一个新区域Rivers，并设置“成本”为3，如图8-39所示。

03 选择河流平面，切换到“对象”选项卡，然后勾选Navigation Static选项，设置Navigation Area为Rivers，如图8-40所示。

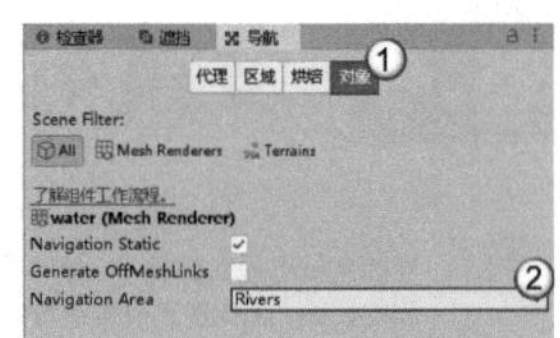

图8-39　　图8-40

04 设置完成后，在“烘焙”选项卡中单击Bake按钮 Bake 重新进行烘焙，即可看到河流区域的颜色发生了改变，代表使用了自定义区域，如图8-41所示，运行结果如图8-42所示。

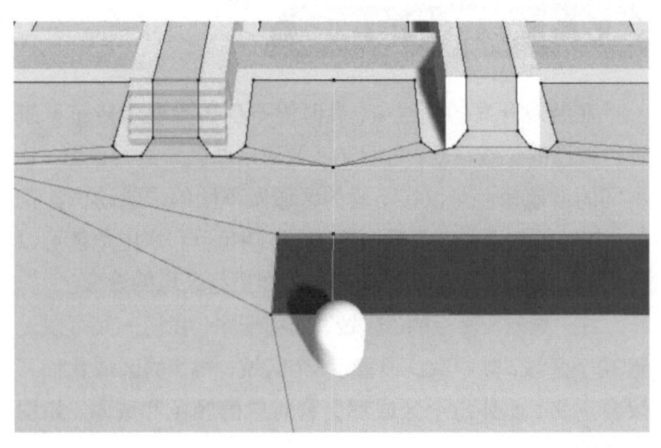

图8-41

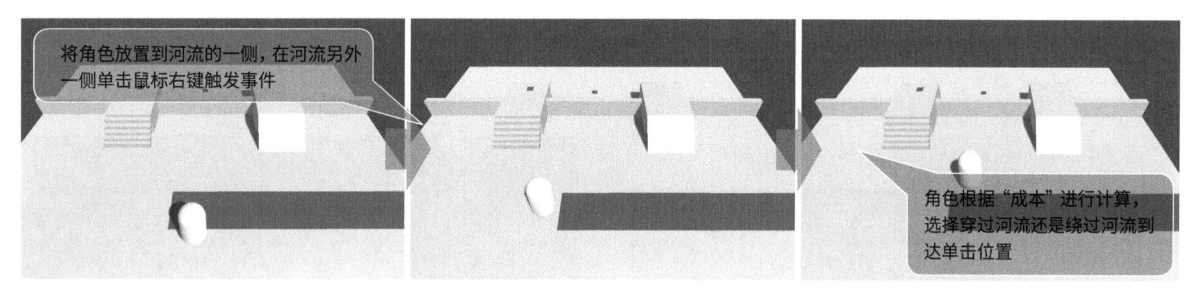

图8-42

实例：穿越斑马线

素材位置 无
实例位置 实例文件>CH08>实例：穿越斑马线
难易指数 ★★☆☆☆
学习目标 掌握导航区域的使用方法

本例将制作穿越斑马线游戏，效果如图8-43所示。

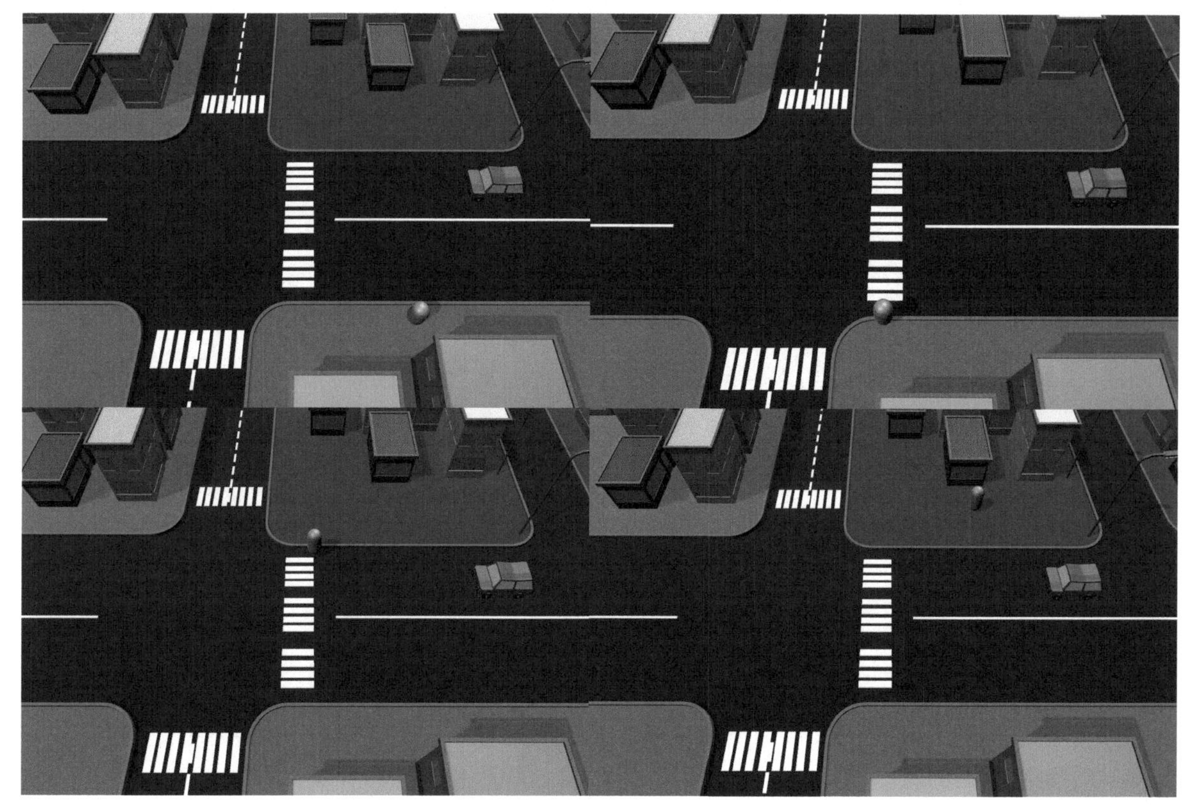

图8-43

1.实现路径

01 下载并导入资源。

02 添加导航区域和对应的成本。

03 为道路设置对应的导航区域并进行烘焙。

04 创建游戏角色并为该角色添加导航功能。

05 实现角色过马路时自动找到人行道并从该区域穿过。

2.操作步骤

01 执行“窗口>资源商店”菜单命令，在资源商店中下载并导入Simple City-Low Poly Assets。资源导入完成后，双击“项目”面板中的Urban/scenes/urban，场景效果如图8-44所示。

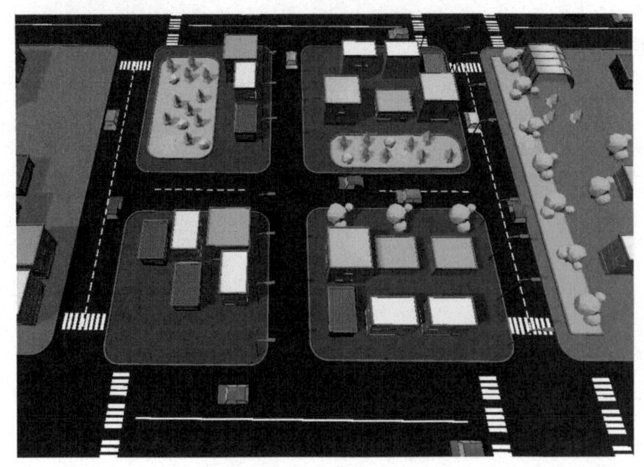

图8-44

02 该场景中没有内置摄像机，所以在“层级”面板中执行“创建>摄像机”命令为场景创建一个摄像机。然后为摄像机设置一个MainCamera标签，并将摄像机朝向图8-45所示的位置。

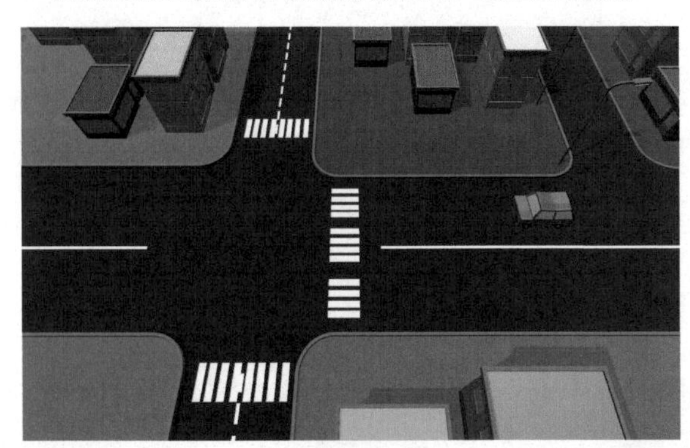

图8-45

03 执行“窗口>AI>导航”菜单命令打开“导航”面板，然后切换到“区域”选项卡，接着添加两个区域，即Road和Marking，分别代表道路和人行道；最后设置Road的“成本”为100，Marking的“成本”为2，如图8-46所示。

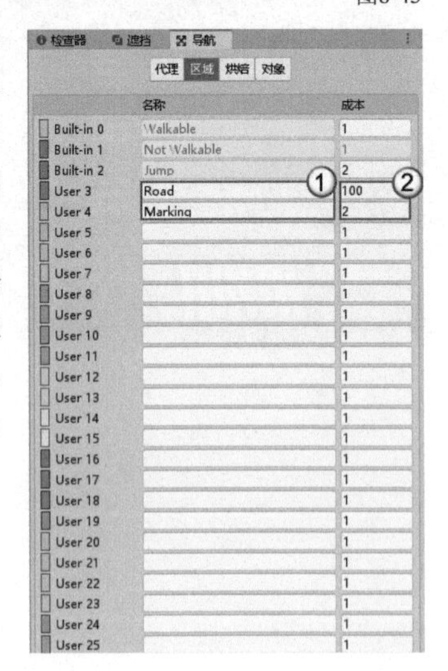

	名称	成本
Built-in 0	Walkable	1
Built-in 1	Not Walkable	1
Built-in 2	Jump	2
User 3	Road	100
User 4	Marking	2
User 5		1
User 6		1
User 7		1
User 8		1
User 9		1
User 10		1
User 11		1
User 12		1
User 13		1
User 14		1
User 15		1
User 16		1
User 17		1
User 18		1
User 19		1
User 20		1
User 21		1
User 22		1
User 23		1
User 24		1
User 25		1

图8-46

04 在“层级”面板中执行“创建>3D对象>立方体”命令创建一个立方体，并命名为Marking；然后对立方体进行缩放，使其与人行道区域重合，如图8-47所示。

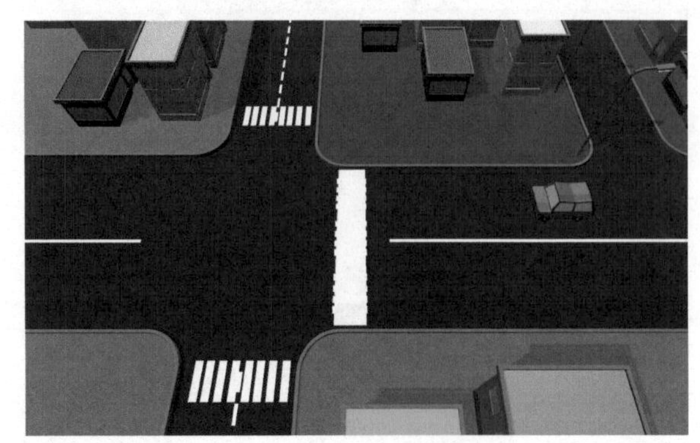

图8-47

05 选择人行道两边的地面物体，如图8-48所示。然后在“导航”面板中切换到“对象”选项卡，勾选Navigation Static选项，并设置Navigation Area为默认的Walkable，如图8-49所示。

06 选择“层级”面板中的Plane，然后在“导航”面板中切换到“对象”选项卡，勾选Navigation Static选项，并设置Navigation Area为Road，如图8-50所示。

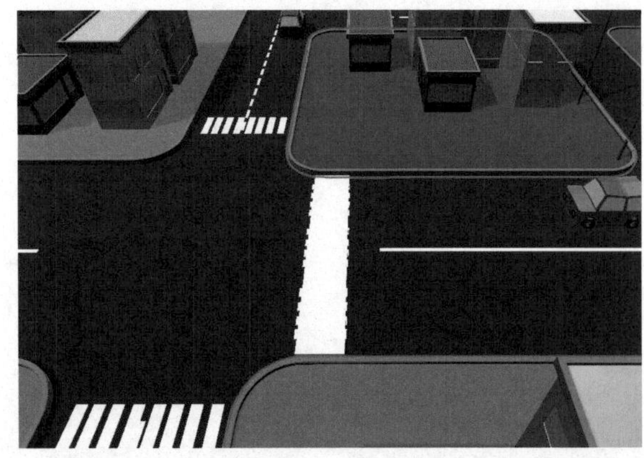

图8-48

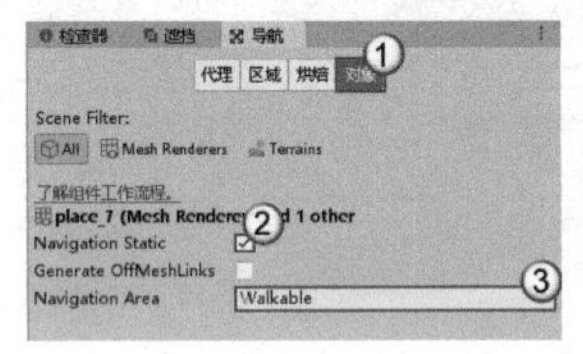

图8-49

图8-50

07 选择“层级”面板中的Maring，然后在“导航”面板切换到“对象”选项卡，勾选Navigation Static选项，并设置Navigation Area为Marking，如图8-51所示。

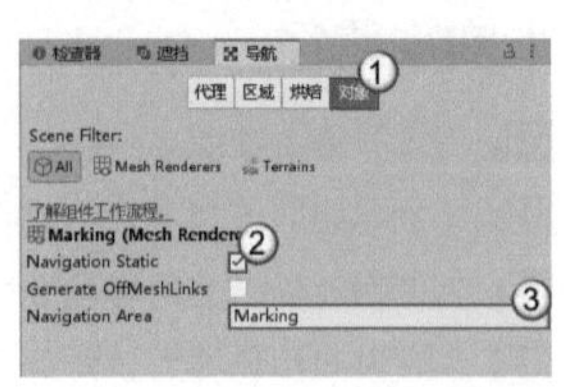

图8-51

08 在“导航”面板中切换到“烘焙”选项卡，然后在“烘焙”选项卡中单击Bake按钮 Bake 进行导航网格的烘焙，如图8-52所示。

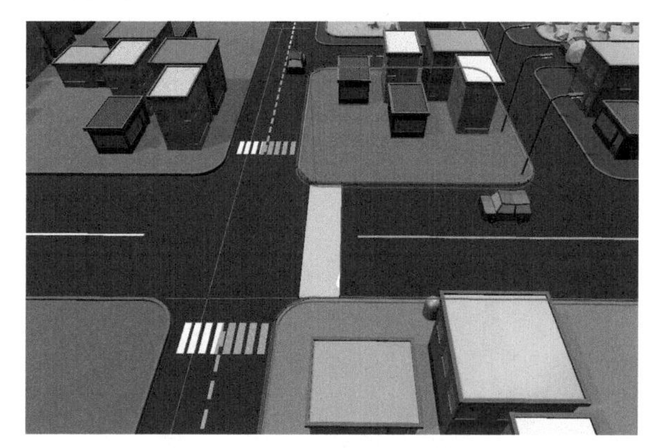

图8-52

09 选择“层级”面板中的Marking，使其处于未激活状态，如图8-53所示。

图8-53

10 在“层级”面板中执行“创建> 3D对象>胶囊”命令创建一个胶囊体，并命名为Player，然后为其添加Nav Mesh Agent组件，如图8-54所示。

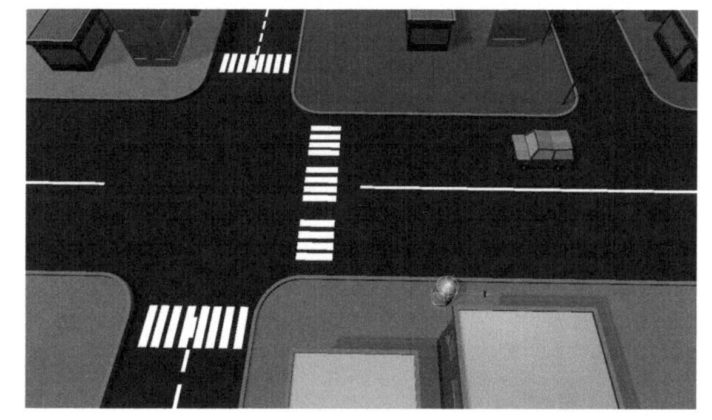

图8-54

11 在“项目”面板中执行“创建>C#脚本”命令创建一个脚本，并命名为PlayerControl，然后将其挂载到Player物体上。编写的脚本代码如下，游戏的运行情况如图8-55所示。

输入代码

```
using UnityEngine;
using UnityEngine.AI;

public class PlayerControl : MonoBehaviour
{
    //导航网格代理组件
    private NavMeshAgent agent;

    void Start()
    {
        agent = GetComponent<NavMeshAgent>();
    }

    void Update()
    {
        //单击鼠标右键
        if (Input.GetMouseButtonDown(1))
        {
            //获取鼠标指针射线
            Ray ray = Camera.main.ScreenPointToRay(Input.mousePosition);
            //碰撞信息
            RaycastHit hit;
            //射线碰撞检测
            bool res = Physics.Raycast(ray, out hit);
            //如果射线碰撞到游戏物体
            if (res)
            {
                //获取碰撞点
                Vector3 point = hit.point;
                //移动到碰撞点，设置导航网格代理的目标位置
                agent.SetDestination(point);
            }
        }
    }
}
```

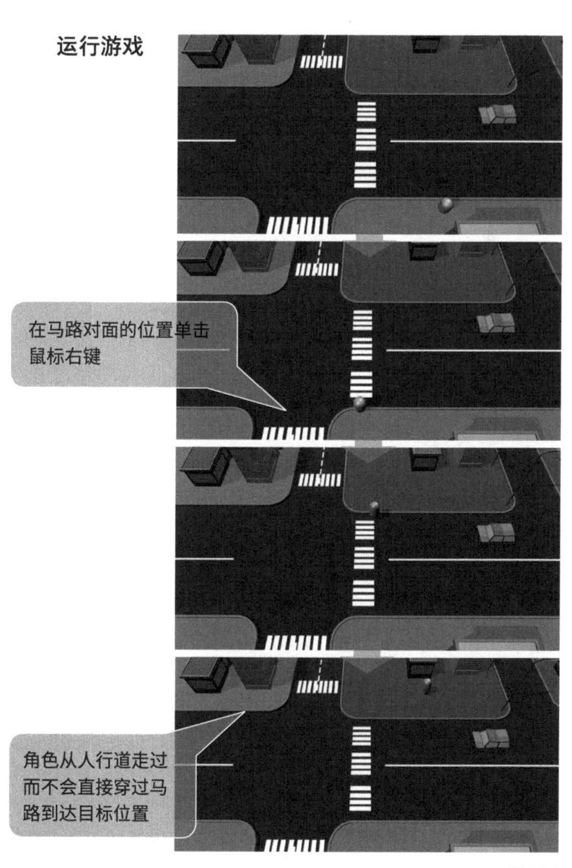

图8-55

8.5 综合案例：塔防游戏

素材位置　无
实例位置　实例文件>CH08>综合案例：塔防游戏
难易指数　★★★★☆
学习目标　掌握塔防游戏的制作方法，理解游戏中导航与路线、地图的联系

本例将制作塔防游戏，效果如图8-56所示。

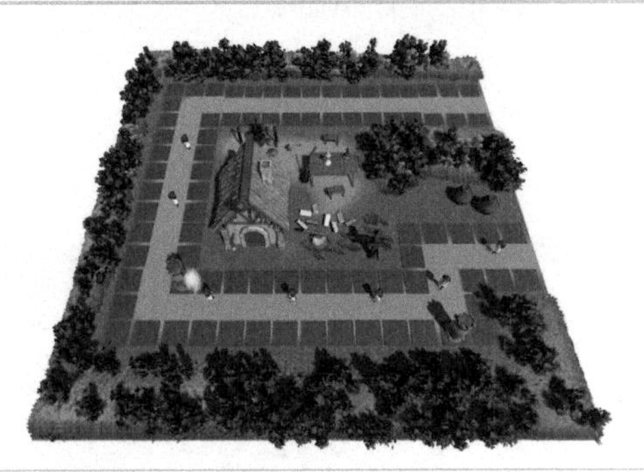
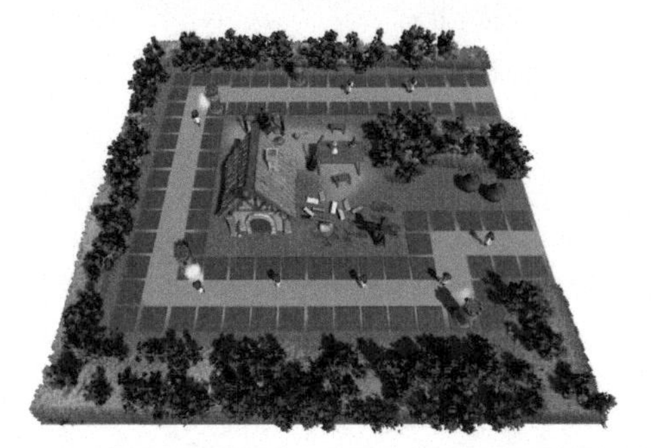

图8-56

8.5.1 游戏描述

在制作游戏之前，了解游戏的玩法有助于掌握技术点的使用方法并理解游戏的制作逻辑。

1.玩法介绍

在本例的塔防游戏中，敌人不断从出生点生成，注意不可让敌人到达终点。玩家通过控制炮台攻击敌人来进行防守，每0.2s可发起一次攻击；玩家可不断进行攻击，击中目标则完成防守任务。

2.实现路径

01 下载并导入资源。

02 创建炮台及生成炮台的地板物体。

03 设置敌人的行走路线并进行导航烘焙。

04 创建敌人孵化器，并将孵化器放置到路线起始位置。

05 添加炮台的攻击功能，当发现敌人路过后，转向敌人并创建子弹物体。

06 添加子弹的攻击功能，子弹自动向敌人飞去，并对敌人造成伤害。

07 扩展并完善游戏场景。

8.5.2 创建炮台和地板

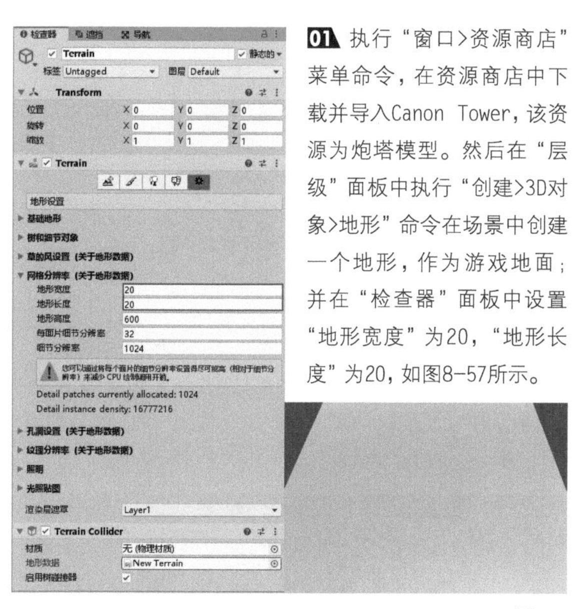

图8-57

01 执行“窗口>资源商店”菜单命令，在资源商店中下载并导入Canon Tower，该资源为炮塔模型。然后在“层级”面板中执行“创建>3D对象>地形”命令在场景中创建一个地形，作为游戏地面；并在“检查器”面板中设置“地形宽度”为20，“地形长度”为20，如图8-57所示。

02 在场景中添加一个立方体，并命名为Floor，作为游戏中的地板（炮台只允许放在地板上），然后调整立方体在*y*轴方向上的缩放，创建完成后的效果如图8-58所示。

03 选择“项目”面板中的Canon Tower/Prefabs/Tower预制件，在Transform组件中设置“缩放”的X属性为0.3，Y属性为0.3，Z属性为0.3，如图8-59所示。

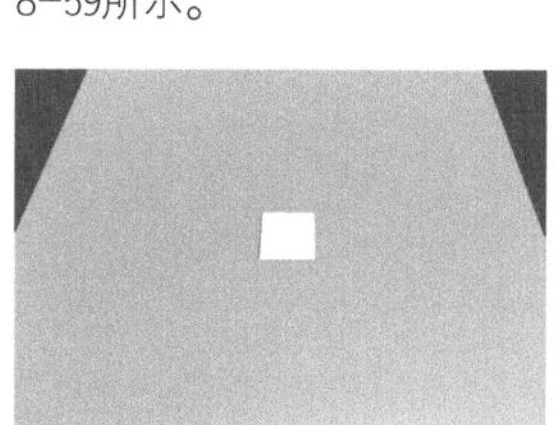

图8-58

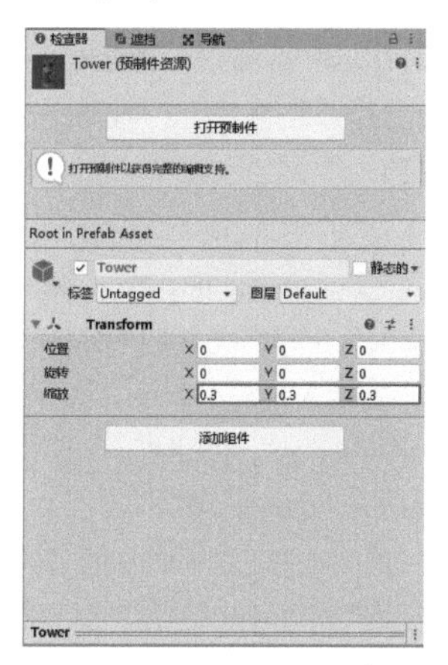

图8-59

04 在“项目”面板中执行“创建>C#脚本”命令创建一个脚本，并命名为FloorControl，然后将其挂载到Floor物体上。编写的脚本代码如下，游戏的运行情况如图8-60所示。

输入代码

```
public class FloorControl : MonoBehaviour
{
    //炮台，关联下载资源中的CanonTower/Prefabs/Tower炮台预制件
    public GameObject TowerPre;

    //在地板上单击鼠标左键调用
    private void OnMouseUpAsButton()
    {
        //判断是否包含子物体
        if (transform.childCount == 0)
        {
            //如果不包含子物体则证明没有炮台，建立炮台
                GameObject tower = Instantiate(TowerPre,transform.
position,Quaternion.identity);
            //设置炮台为地板的子物体
            tower.transform.SetParent(transform);
        }
    }
}
```

运行游戏

图8-60

05 选择“层级”面板中的Floor物体，并在“导航”面板中切换到“对象”选项卡，然后勾选Navigation Static选项，如图8-61所示。然后将其拖曳到“项目”面板中制作为预制件，接着删除“层级”面板中的Floor。

图8-61

8.5.3 设置敌人进攻路线

01 使用地板预制件在地面上布置一个敌人进攻道路并进行烘焙，效果如图8-62所示。

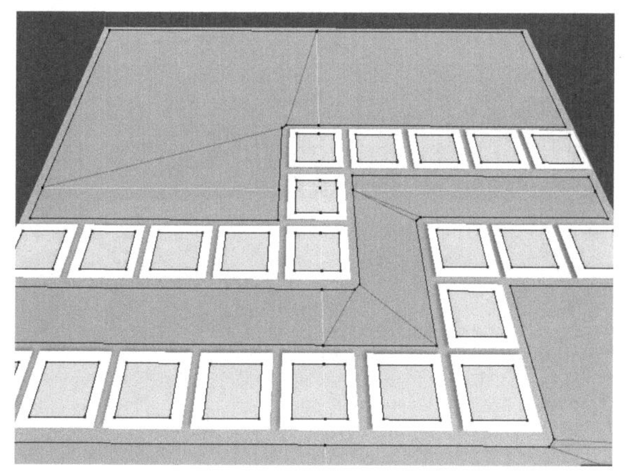

图8-62

02 执行“面板>AI>导航”菜单命令打开“导航”面板，切换到“烘焙”选项卡，因为本例不允许角色上坡，所以设置“最大坡度”和“步高”均为0，然后单击Bake按钮 Bake ，如图8-63所示。

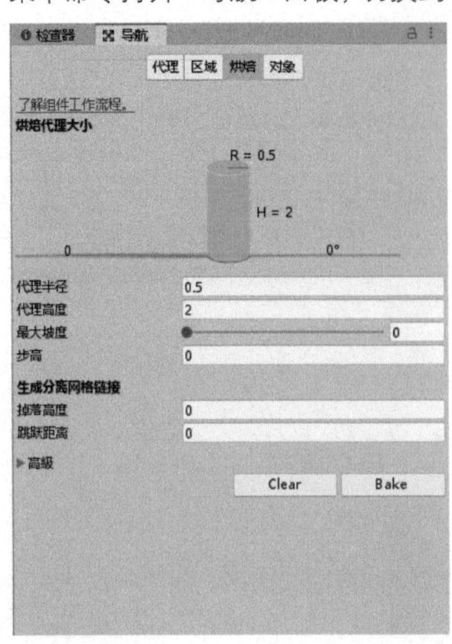

图8-63

03 在路线的前端和后端创建一个空物体，并分别命名为StartPoint和EndPoint，作为敌人移动的起始点和目标点，如图8-64所示。

图8-64

8.5.4 创建敌人孵化器

01 执行“窗口>资源商店”菜单命令，在资源商店中下载并导入Character Pack:Free Sample；然后在场景中导入MobileMaleFree1预制件，并命名为Enemy，同时为其设置一个Enemy标签，并为其添加Capsule Collider组件，如图8-65所示。

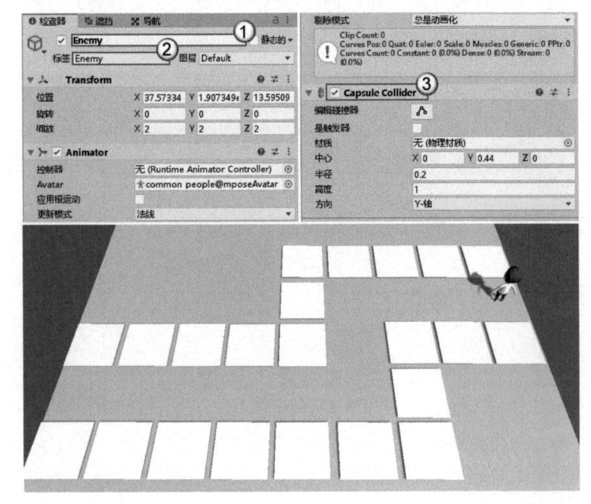

图8-65

02 在“项目”面板中执行“创建>动画器控制器”命令创建一个动画控制器文件，并将该文件关联到Enemy的Animator组件上，如图8-66所示。

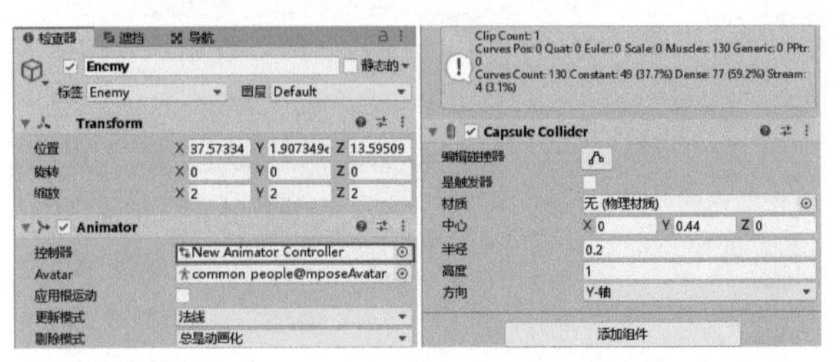

图8-66

03 双击新创建的动画控制器文件，打开“动画器”面板。因为本例的敌人只执行跑步动画，所以只需要将“项目”面板中的Supercyan Character Pack Free Sample/Animations/common_people@run拖曳到“动画器”面板中，如图8-67所示。

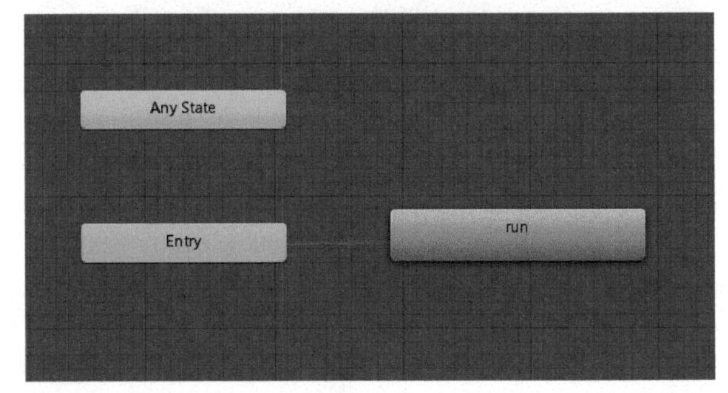

图8-67

04 在“项目”面板中执行“创建>C#脚本”命令创建一个脚本，并命名为EnemyControl，然后将其添加到Enemy物体上，同时为Enemy添加Nav Mesh Agent组件。编写的脚本代码如下，游戏的运行情况如图8-68所示。

输入代码

```
//导航需要额外引用此名称空间
using UnityEngine.AI;
public class EnemyControl : MonoBehaviour
{
    //目标点EndPoint
    private Transform EndPoint;
    //导航网格代理组件
    private NavMeshAgent agent;
    //血量
    private int hp = 10;

    void Start()
    {
        //获取目标点
        EndPoint = GameObject.Find("EndPoint").transform;
        //获取导航网格代理组件
        agent = GetComponent<NavMeshAgent>();
        //设置导航目标点
        agent.SetDestination(EndPoint.position);
```

```
    }

    void Update()
    {
        //如果与目标点的距离十分接近，那么这里可以使用agent.
//remainingDistance或计算两点间的距离
        float dis = Vector3.Distance(transform.position, EndPoint.position);
        if (dis < 0.5f)
        {
            //删除敌人，这里代表没有防守住敌人
            Debug.Log("敌人跑掉啦");
            Destroy(gameObject);
        }
    }

    //受到攻击
    public void GetDamage()
    {
        //减少血量
        hp--;
        if (hp <= 0)
        {
            //死亡，销毁自己
            Destroy(gameObject);
        }
    }
}
```

运行游戏

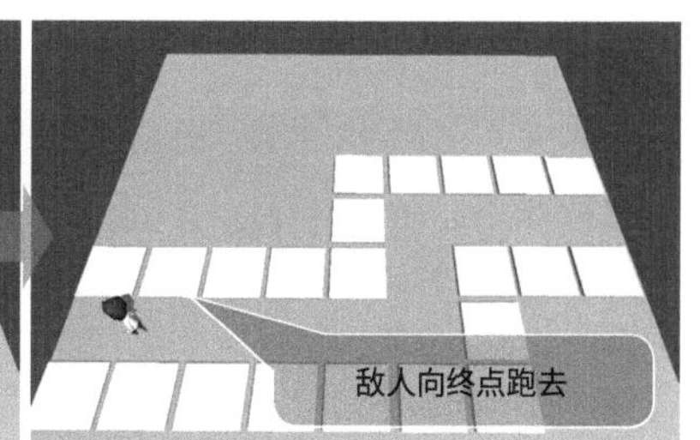

图8-68

05 将“层级”面板中的Enemy拖曳到“项目”面板中生成预制件，并删除场景中的Enemy物体，接下来敌人会持续不断地从路线起始点处产生。在“项目”面板中执行“创建>C#脚本”命令创建一个脚本，并命名为EnemyManager，然后添加到起始点的空物体上。编写的脚本代码如下，游戏的运行情况如图8-69所示。

输入代码

```
public class EnemyManager : MonoBehaviour
{
    //关联制作好的敌人预制件
    public GameObject EnemyPre;
    //计时器
    private float timer = 0;

    void Update()
    {
        //计时器时间增加
        timer += Time.deltaTime;
        //每2s创建一个敌人
        if (timer > 2)
        {
            //重置计时器
            timer = 0;
            //在起始点创建一个敌人，与起始点旋转相同
            Instantiate(EnemyPre, transform.position, transform.rotation);
        }
    }
}
```

运行游戏

图8-69

8.5.5 创建炮弹

01 执行“窗口>资源商店”菜单命令，在资源商店中导入Cartoon FX Free，如图8-70所示。资源导入完成后，将“项目”面板中的JMO Assets/Cartoon FX/CFX4 Prefabs/Fire/CFX4 Fire预制件拖曳到“层级”面板中，并命名为Bullet，作为游戏中的炮弹。

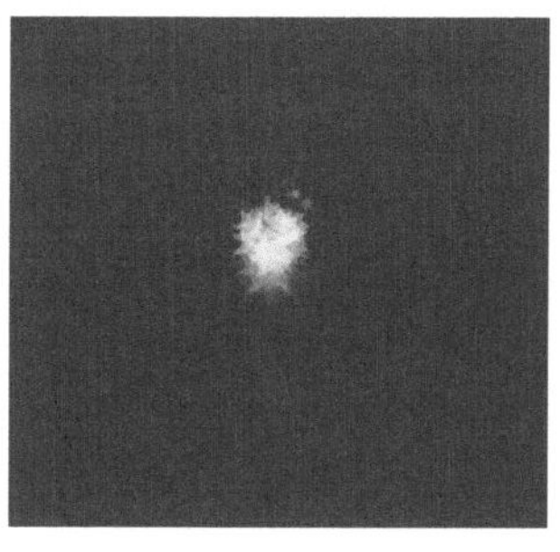

图8-70

02 选择Bullet，在“检查器”面板中设置该粒子效果的“模拟空间”为“世界”，如图8-71所示。

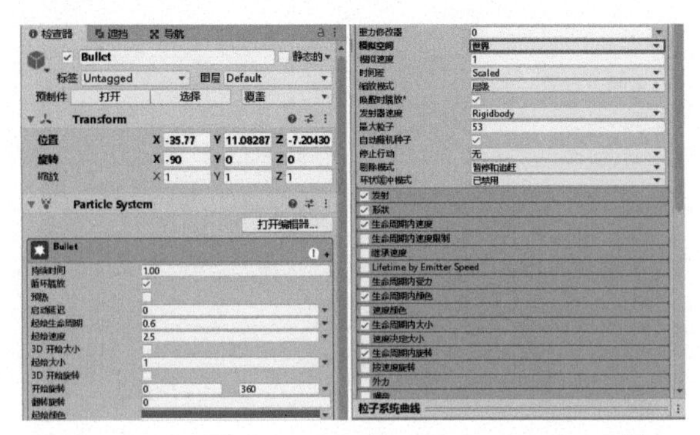

图8-71

03 在“项目”面板中执行“创建>C#脚本”命令创建一个脚本，并命名为BulletControl，然后将其添加到Bullet物体上。编写的脚本代码如下。

输入代码

```
public class BulletControl : MonoBehaviour
{
    //目标敌人
    public EnemyControl enemy;

    void Update()
    {
        //如果目标敌人存在
        if (enemy != null)
        {
            //获取炮弹和敌人间的距离
            float dis = Vector3.Distance(transform.position, enemy.transform.
position);
            if (dis > 0.5f)
            {
                //转向目标敌人
                transform.LookAt(enemy.transform);
                //向前方移动
                transform.Translate(Vector3.forward * 3 * Time.deltaTime);
            }
            else
            {
                //碰到敌人，让敌人受伤
                enemy.GetDamage();
                //销毁自己
                Destroy(gameObject);
            }
        }
        else
        {
            //如果目标为空，销毁自己
            Destroy(gameObject);
        }
    }
}
```

04 代码编写完成后，将Bullet拖曳到“项目”面板中制作为一个预制件，然后删除“层级”面板中的Bullet。

8.5.6 设置炮台

01 将“项目”面板中的Canon Tower/Prefabs/Tower预制件拖曳到场景视图中；然后为炮台添加Sphere Collider和Rigidbody组件，添加碰撞器后，需要勾选“是触发器”选项，触发范围就是炮台的攻击范围；最后在Rigidbody组件中勾选Is Kinematic选项，防止炮台因受到物理影响而产生运动，如图8-72所示。

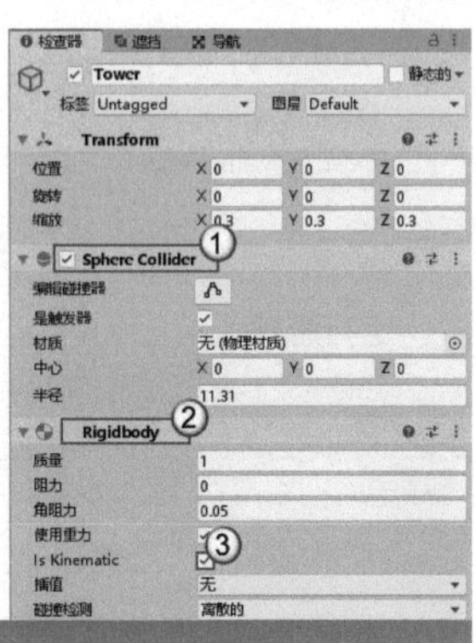

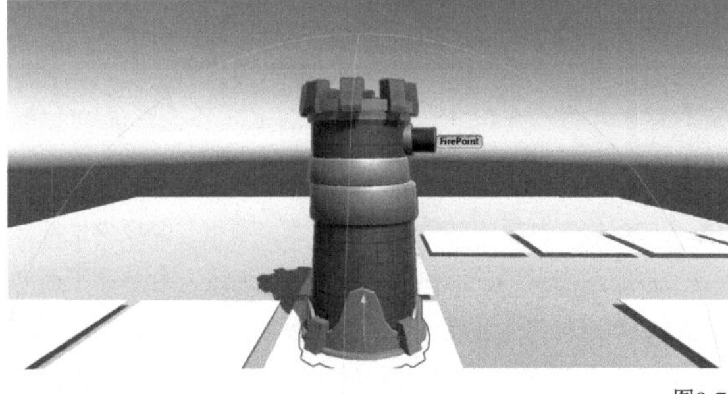

图8-72

技巧提示

产生碰撞或事件触发的条件就是必须存在刚体，因此此处添加的刚体是为了让炮弹的触发有效。

02 我们可以看到Tower中包含两个子物体，一个子物体为炮台的上半部分，另一个子物体为炮台的下半部分。对炮台来说，上半部分的炮台负责转动和攻击，因此需要创建一个空物体作为炮弹的发射点。在“层级”面板中执行“创建>创建空对象”命令创建一个空物体，并命名为FirePoint，然后将FirePoint设置为炮台的子物体，设置完成后的层级关系如图8-73所示。

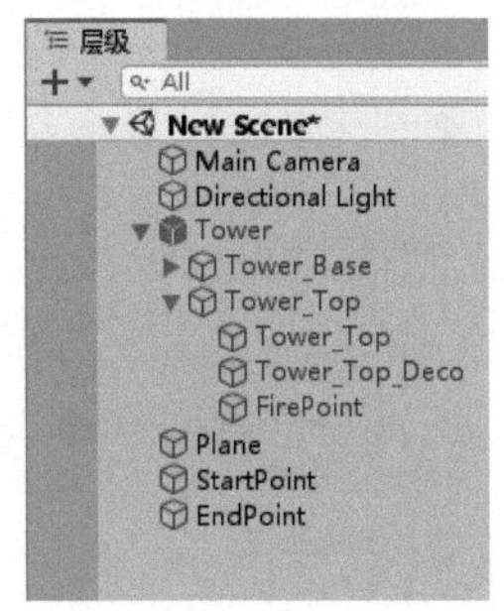

图8-73

03 在“项目”面板中执行“创建>C#脚本”命令创建一个脚本，并命名为TowerControl，然后将其挂载到Tower炮台上，编写的脚本代码如下。脚本编写完成后不要忘记关联脚本变量，然后保存Tower预制件的修改，最后将Tower从“层级”面板中删除。游戏的运行情况如图8-74所示。

输入代码

```
public class TowerControl : MonoBehaviour
{
  //关联炮台的上半部分
  public Transform Tower;
  //关联炮弹预制件
  public GameObject BulletPre;
  //关联开火点
  public Transform FirePoint;
  //目标
  private GameObject target;
  //计时器
  private float timer = 0;

  void Update()
  {
    //计时器计时
    timer += Time.deltaTime;
    //如果目标不为空
    if (target != null)
    {
      //转向目标
        Tower.LookAt(new Vector3(target.transform.position.x, Tower.
transform.position.y, target.transform.position.z));
      //0.2s可以发射1发炮弹
      if (timer > 0.2f)
      {
        //重置时间
        timer = 0;
        //攻击目标
          GameObject bullet = Instantiate(BulletPre, FirePoint.position,
FirePoint.rotation);
        //设置炮弹的攻击目标
            bullet.GetComponent<BulletControl>().enemy = target.
GetComponent<EnemyControl>();
      }
    }
    else
    {
      //如果当前没有目标，判断周围3m内是否有碰撞体；
//如果当前有目标，获取全部碰撞体
      Collider[] colliders = Physics.OverlapSphere(transform.position, 3);
      //遍历所有碰撞体
      foreach (Collider collider in colliders)
      {
        //如果是敌人
        if (collider.tag == "Enemy")
        {
          //设置为新目标
          target = collider.gameObject;
          return;
        }
      }
    }
  }

  //有物体进入触发
  private void OnTriggerEnter(Collider other)
  {
    //如果进来的游戏物体是敌人
    if (other.tag == "Enemy")
    {
      //如果没有攻击目标
      if (target == null)
      {
        //就设置该敌人为攻击目标
        target = other.gameObject;
      }
    }
  }
  //有物体离开时触发
  private void OnTriggerExit(Collider other)
  {
    //如果离开的是敌人
    if (other.tag == "Enemy")
    {
      //如果离开的敌人为当前攻击目标
      if (target == other.gameObject)
      {
        //丢失目标
        target = null;
      }
    }
  }
}
```

运行游戏

图8-74

8.5.7 完善场景

01 基础的游戏功能完成后，我们就可以开始完善游戏场景了。由于目前游戏中敌人的运动路线较短，因此可以优化地面。选择地面物体，将地面的长宽从20×20修改为40×40，如图8-75所示。然后将Tower、Floor、StartPoint和EndPoint物体放置到合适的位置，并复制多个Floor物体来延长游戏线路，如图8-76所示。

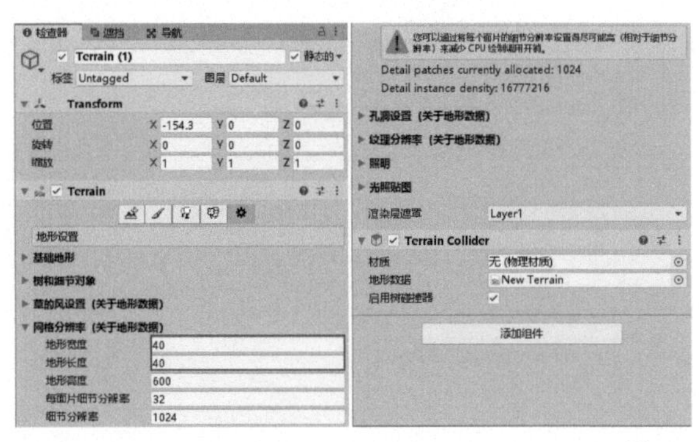

图8-75

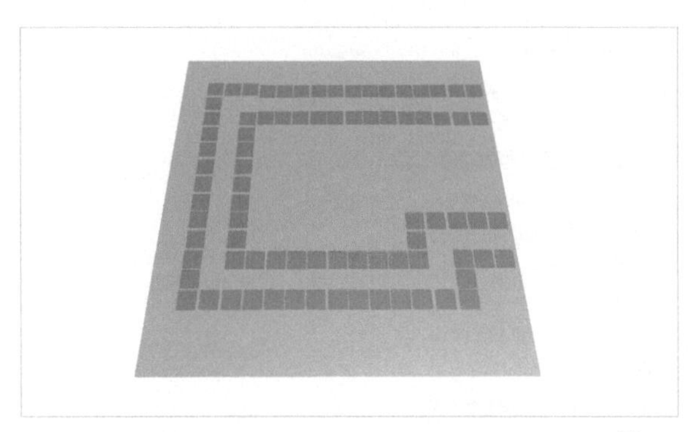

图8-76

02 使用地形工具为场景添加树木、草地，使场景获得优化，如图8-77所示。

03 执行“窗口>资源商店”菜单命令，在资源商店中下载并导入Whitch's house、Standard Assets。资源导入完成后，将“项目”面板中的Bizulka/Witchs_house/Prefabs文件夹下的预制件布置到场景中，如图8-78所示。游戏的运行情况如图8-79所示。

图8-77

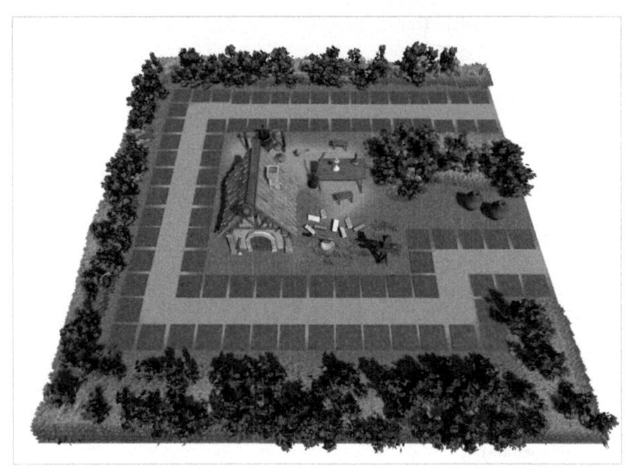

图8-78

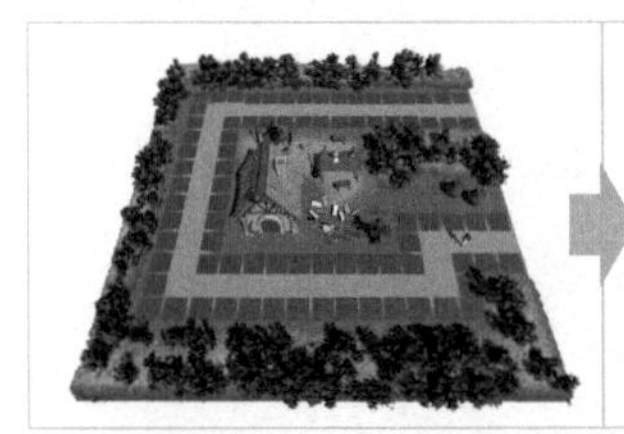

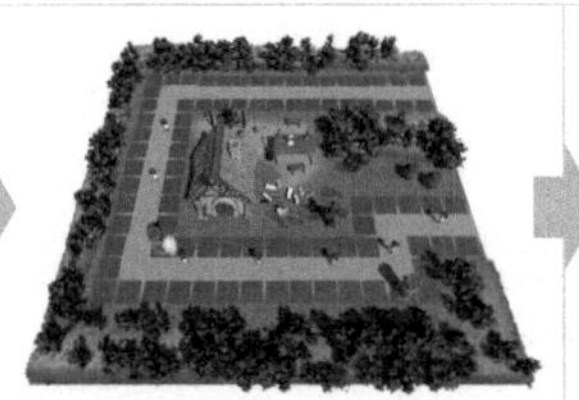
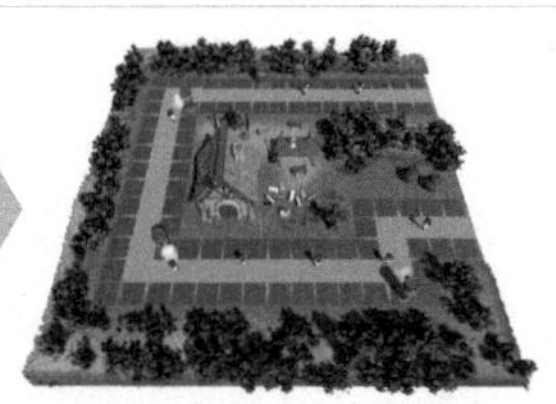

图8-79

技巧提示

本例中的场景布置思路仅供参考，读者可根据自己的喜好选择合适的资源完善场景。

第9章 游戏界面系统

■ 学习目的

当一款游戏运行后，玩家的第一印象就是游戏界面，美观的游戏界面可以让玩家在进入游戏前就对游戏内容充满期待；而进入游戏后，美观的界面又可以把游戏提升一个档次，更利于让玩家被游戏的风格吸引。除了美观，通过游戏界面来完成良好的用户交互，提供给玩家一个完美的游戏体验也是非常重要的。

■ 主要内容

- UI系统的基础控件
- 常用UI控件的使用方法
- UI布局组件的使用方法
- UI控件的位置布局方法
- UI遮罩组件的使用方法
- 游戏界面的制作方法

9.1 了解UI基础控件

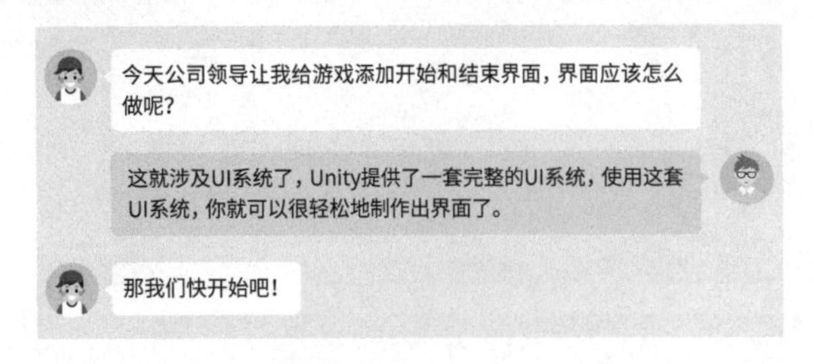

9.1.1 创建一个画布

画布就是UI的容器。在游戏的界面中，同一个界面中可能包含大量的UI控件，如图片、按钮、下拉列表框和滑动条等，为了更加方便地对所有的控件进行管理，需要把这些控件放置到同一个容器中，这个容器就是UI系统中的画布。

1.画布的创建

在“层级”面板中执行“创建>UI>Canvas”命令在场景中创建一个画布，同时将场景视图设置为2D模式，如图9-1所示。在创建画布的同时，“层级”面板中将自动添加EventSystem物体，该物体用于监听与UI交互的输入事件，如键盘和鼠标、触摸等。选择场景中的画布，在“检查器”面板中可以看到画布的相关组件，如图9-2所示。

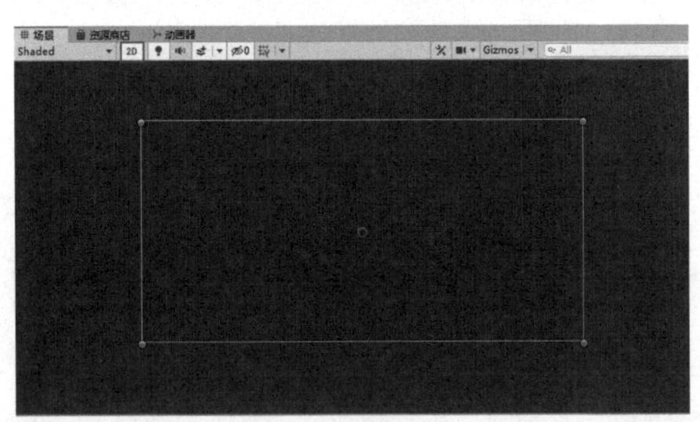

图9-1

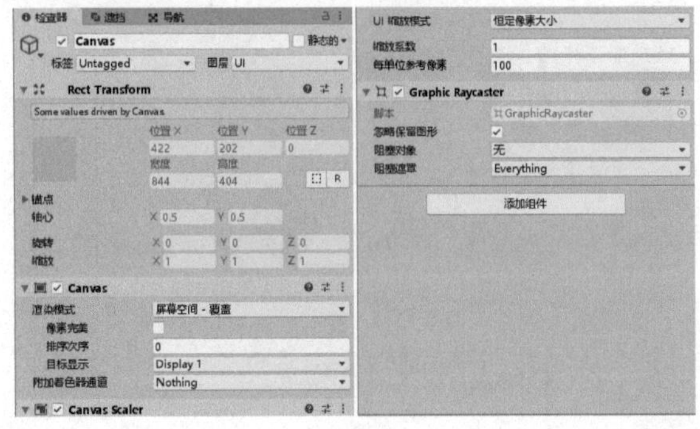

图9-2

技巧提示

Unity中的画布是制作UI的必备组件，一般画布的大小就代表了游戏视图的大小。只有放在画布中的UI控件才会被显示，同时在画布中的控件会根据层级顺序进行遮挡，也就是在同一层级中，下层的控件会遮盖上层的控件，如图9-3所示；Image在Image2之上，所以Image被Image2覆盖。

图9-3

2.画布的渲染模式

画布共包含3种渲染模式，在不同的情况下需要使用不同的渲染模式。在“层级”面板中执行“创建>UI>图像”命令在场景中创建一个图像，单击创建好的Image图像并选择一张图片，下面使用该图片与一个立方体演示不同渲染模式的区别。

屏幕空间-覆盖

在“屏幕空间-覆盖”模式下，可将UI组件绘制到屏幕的顶层，也就是在该模式下，UI组件会覆盖所有的游戏物体，如图9-4所示。

图9-4

屏幕空间-摄像机

在“屏幕空间-摄像机”模式下，UI组件是使用摄像机渲染的，同时UI组件会永远面向摄像机，并根据与摄像机的距离来决定渲染顺序，所以游戏物体既可以被UI覆盖，又可以覆盖UI，如图9-5所示。

图9-5

世界空间

在“世界空间”模式下，UI组件是使用摄像机渲染的，但是UI组件不一定一直面向摄像机，在该模式下可以像控制普通游戏物体一样控制UI画布进行旋转、缩放等操作，如图9-6所示。

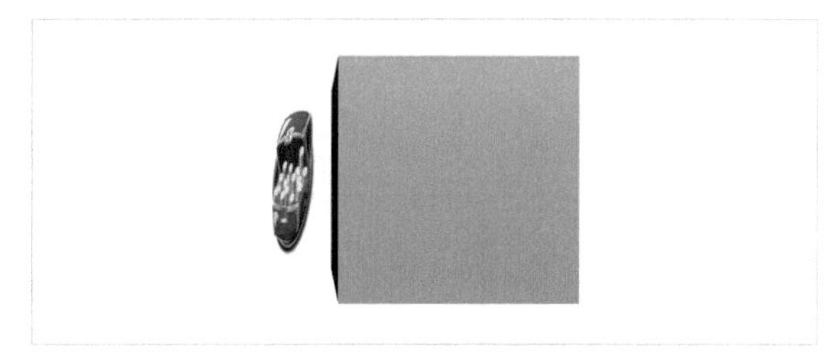

图9-6

9.1.2 控制UI控件的位置布局

在前面的章节中，3D游戏物体进行的移动、缩放和旋转等操作都是通过其附带的Transform组件进行的。与3D游戏物体的操作方式相似，每一个UI控件都会包含一个Rect Transform（矩形转换）组件。Rect Transform组件控制了该UI控件的位置、大小、锚点、轴心、旋转和缩放等属性，如图9-7所示。

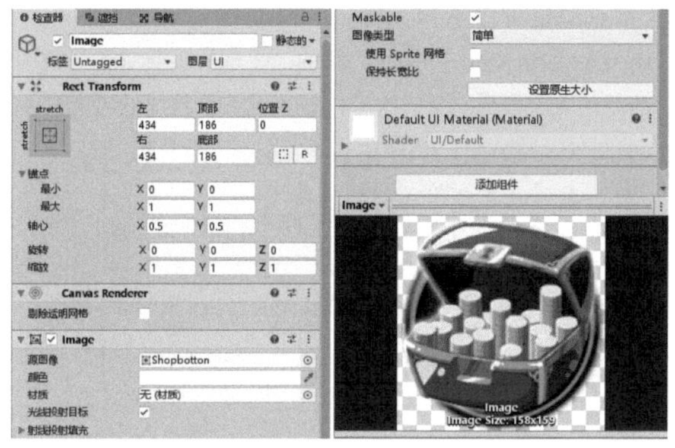

图9-7

重要参数介绍

位置X/Y/Z： UI控件在画布中的轴心点相对于锚点的位置。

左、右、顶部、底部： 4个边缘相对于锚点的位置。

最小： 左下角锚点位置，父控件的左下角为（0,0），右上角为（1,1）。

最大： 右上角锚点位置，父控件的左下角为（0,0），右上角为（1,1）。

轴心： 轴心点的位置，左下角为（0,0），右上角为（1,1）。

旋转： 3个轴向的旋转数值。

缩放： 3个轴向的缩放数值。

1.轴心点

轴心点在UI控件中是很重要的概念，当我们对UI控件进行修改时，无论是移动其位置还是对其进行旋转、缩放等操作，都是以轴心点为基础进行的。每个UI控件的轴心点都可以设置为不同的坐标来适应不同的布局需求，轴心点的坐标以当前UI控件的左下角（0,0）和右上角（1,1）坐标进行计算。我们可以在Rect Transform组件中修改轴心点的数值，“检查器”面板如图9-8所示。

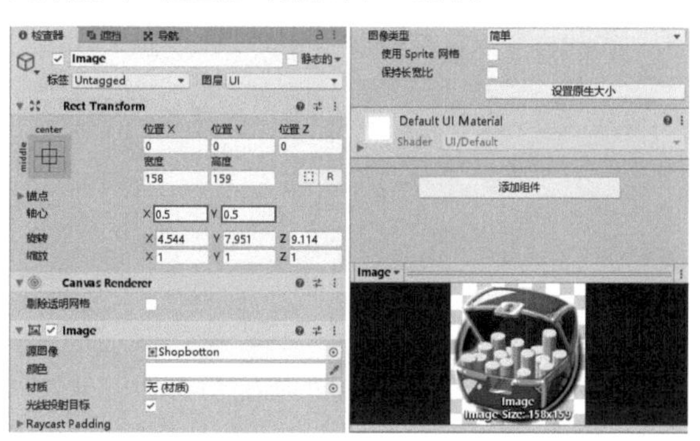

图9-8

当修改了坐标后，轴心点即可进行移动。轴心点在场景视图中用蓝色圆圈来表示。除了可以直接设置轴心点的坐标数值，还可以通过拖曳蓝色圆圈来设置轴心点的位置，如图9-9所示。

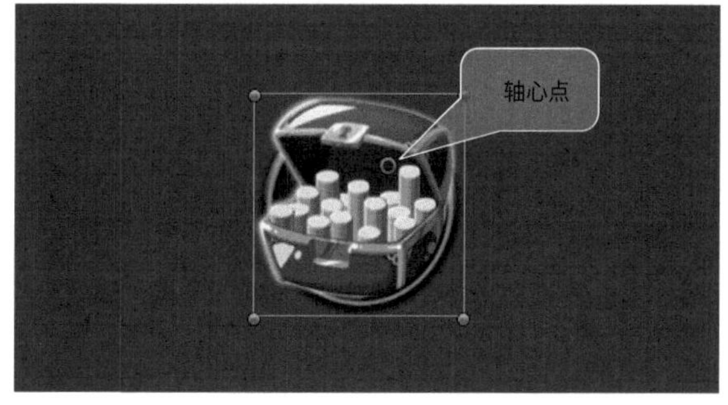

图9-9

技巧提示

拖曳轴心点时，需保证当前的工具设置为“轴心”模式，如图9-10所示，否则将无法拖曳轴心点。

图9-10

2.锚点

Unity作为一款跨平台的游戏引擎，其游戏可能会在多种设备中运行，不同的设备显示的分辨率有可能是不同的；即使是同一款手机游戏，不同手机的分辨率也各不相同。所以如果希望做出的游戏界面可以适配不同的分辨率，那么就要对锚点的功能有所了解。

普通锚点

在普通状态下的锚点，其坐标的移动方式和轴心点的移动方式类似，区别在于锚点的移动是相对于父视图的。也就是说，如果将锚点设置为(0,0)，那么该锚点将会位于父视图的左下角位置，而不是在自己的左下角位置，如图9-11所示。

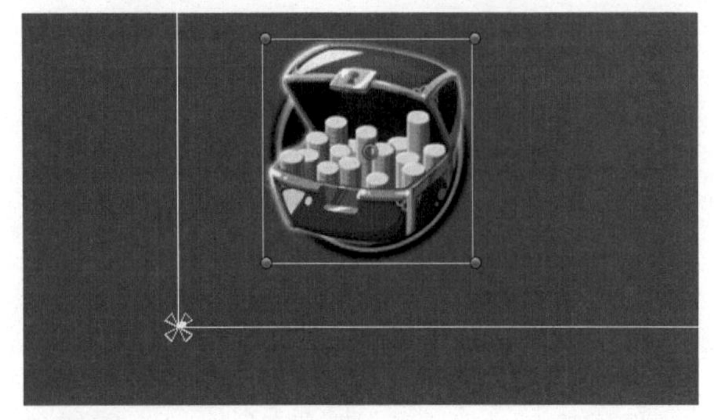

图9-11

锚点分散

在锚点为单点的情况下对父视图进行缩放，子视图不会随之缩放。若希望子视图随父视图缩放，就需要将锚点分散开。选择锚点其中的一个“三角形”进行拖曳，即可将锚点分散开，如图9-12所示。

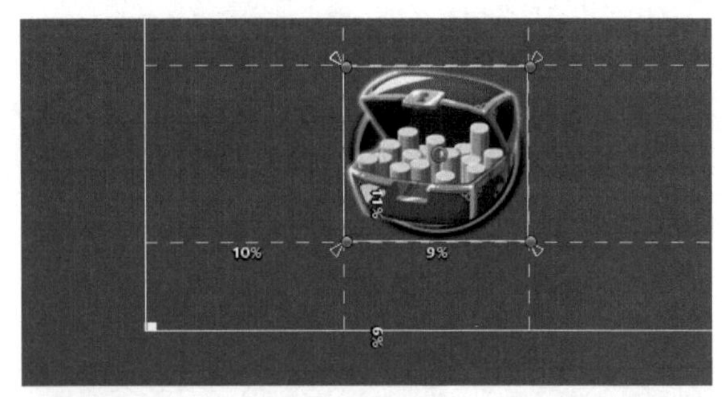

图9-12

技巧提示

在锚点为单点的情况下，可以认为锚点和轴心点的位置和距离是不会改变的，如同用一根绳索将两点牵引在一起一样。因为轴心点和锚点的位置不变，而锚点位于父视图的左下角，所以无论父视图如何变化，该UI控件永远都会位于左下角的固定位置。通过这种特性我们就可以将不同的UI控件固定在父视图的不同边角处。

锚点缩放

锚点分散开后，当缩放父视图时，锚点会因保持距离百分比而进行位置的移动，所以子视图也会进行缩放。你也可以让子视图只在某个方向上进行缩放，如只希望子视图的宽度随父视图缩放，如图9-13所示。

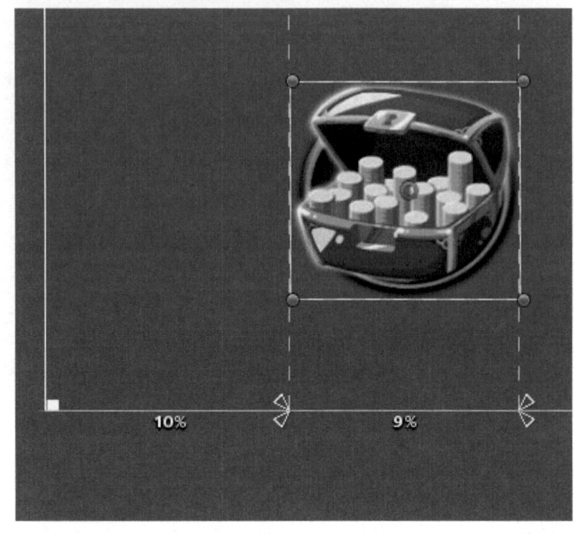

图9-13

锚点预设

Unity还为图片提供了锚点预设，方便用户快速设置锚点的位置。选择需要改变锚点的UI控件，在Rect Transform组件中单击左上角的“矩形”图标，即可展开“锚点预设”面板，选择对应的锚点预设，就能快速将锚点调整到预设的位置，如图9-14所示。

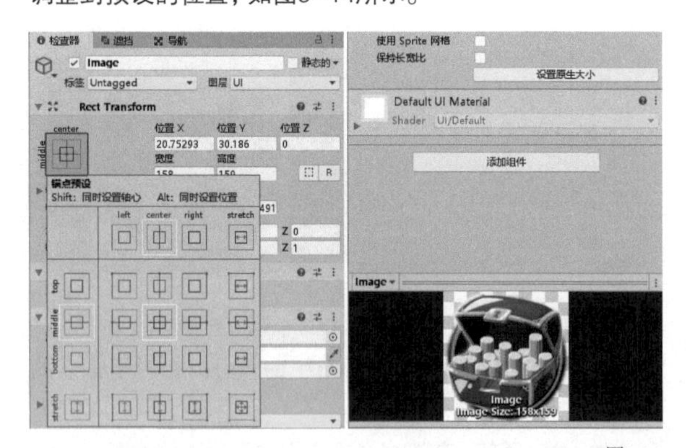

图9-14

操作演示：界面自适应布局

素材位置 无
实例位置 实例文件>CH09>操作演示：界面自适应布局
难易指数 ★★☆☆☆
学习目标 掌握锚点的使用方法

本例将实现界面自适应布局，效果如图9-15～图9-17所示。

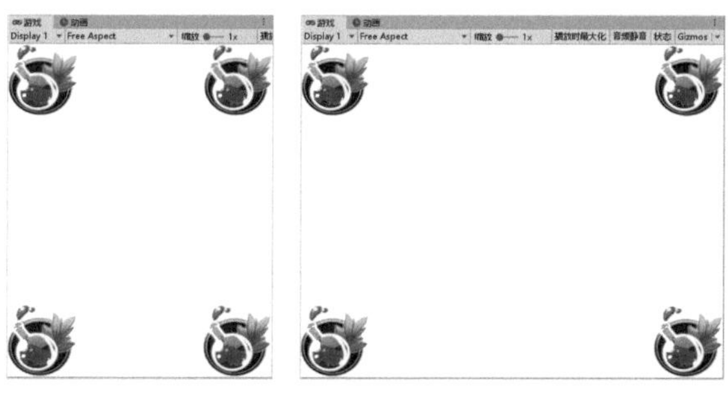

图9-15　　图9-16

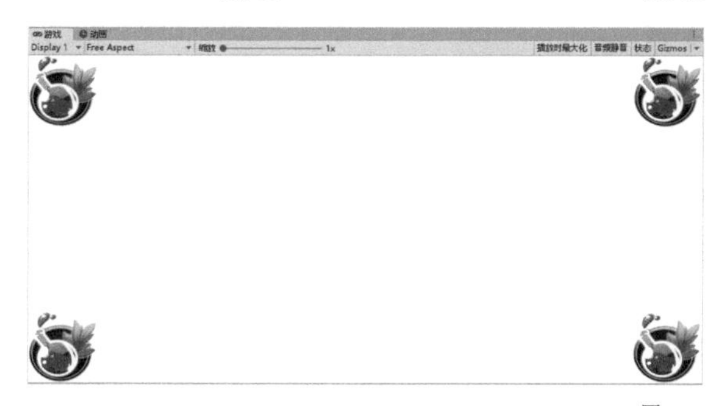

图9-17

1.实现路径

01 下载并导入资源。

02 创建图像并为其设置源图像。

03 将链接的图像放置在画布的4个角落。

04 通过锚点预设将锚点设置在每个图像的合适位置。

2.操作步骤

01 执行“窗口>资源商店”菜单命令，在资源商店中下载并导入Fantasy Free GUI。该资源中包含很多UI图像资源，如图9-18所示。

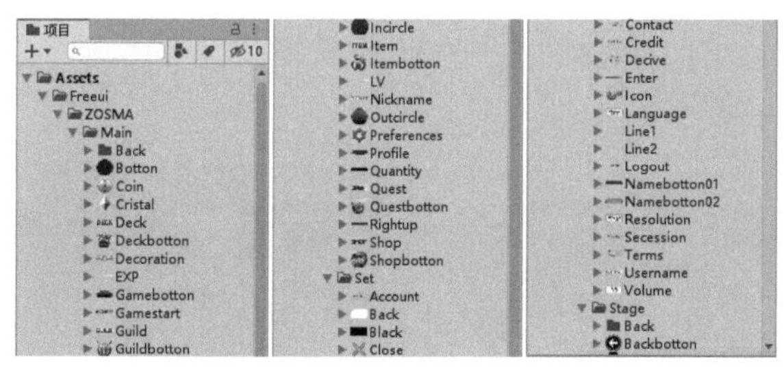

图9-18

02 在“层级”面板中执行“创建>UI>Canvas”命令创建一个画布，如图9-19所示。

图9-19

03 在“层级”面板中执行“创建>UI>图像”命令在画布中创建一个图像，然后设置“源图像”为Itembotton，如图9-20所示。

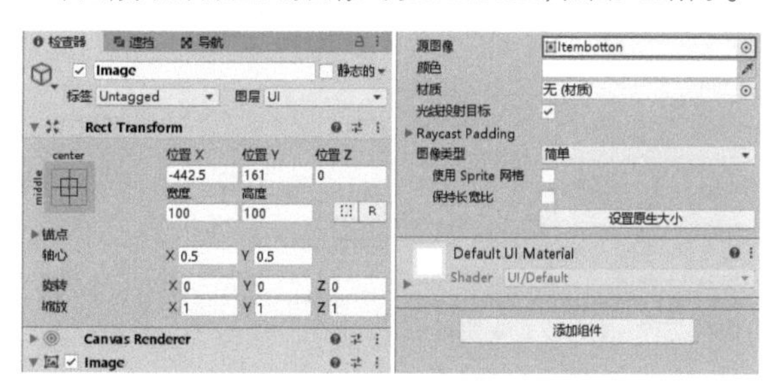

图9-20

04 将图像复制3份，然后将这4个图像分别放置在画布的4个角落，并保证与画布的角点对齐，如图9-21所示，游戏视图如图9-22所示。

图9-21

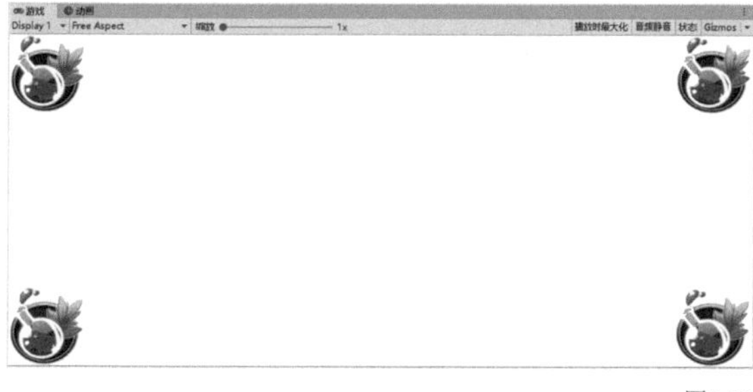

图9-22

05 一般游戏成品都会自动适应多种分辨率，拖曳游戏视图的边缘（改变游戏视图的分辨率）查看游戏视图的效果，这时在4个角落的UI图像均已无法正常显示，如图9-23所示。

图9-23

06 将游戏视图拖曳回图9-22所示的正常模式，然后在场景中选择左上角的图像，在“检查器”面板中选择锚点预设将锚点设置在左上角，如图9-24所示。

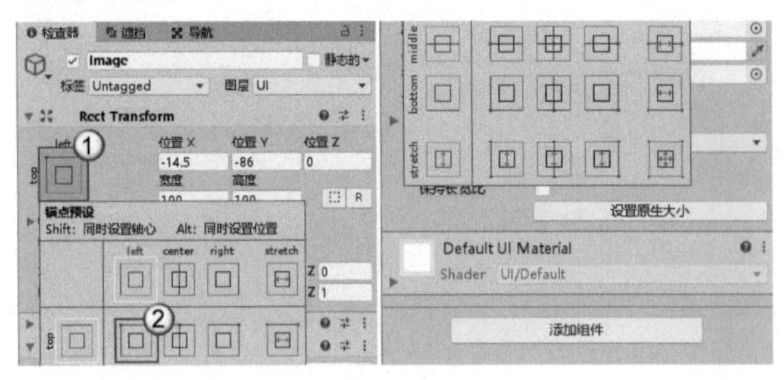

图9-24

07 按照同样的方法，将右上角的图像的锚点设置在右上角，将左下角的图像的锚点设置在左下角，将右下角的图像的锚点设置在右下角，如图9-25所示。

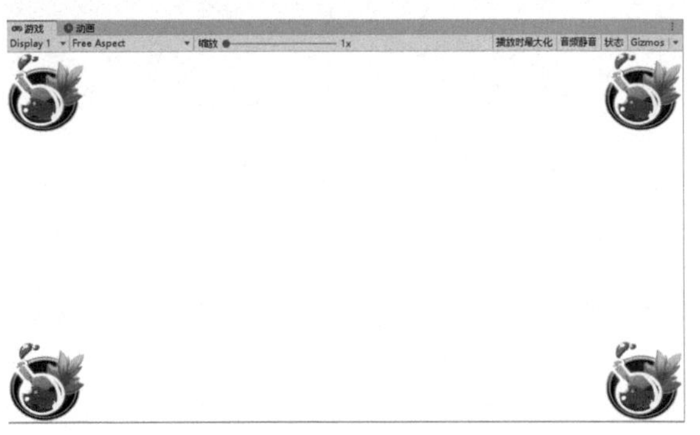

图9-25

08 拖曳游戏视图，随意更改其分辨率，4个图像均可正常显示出来，如图9-26～图9-28所示。

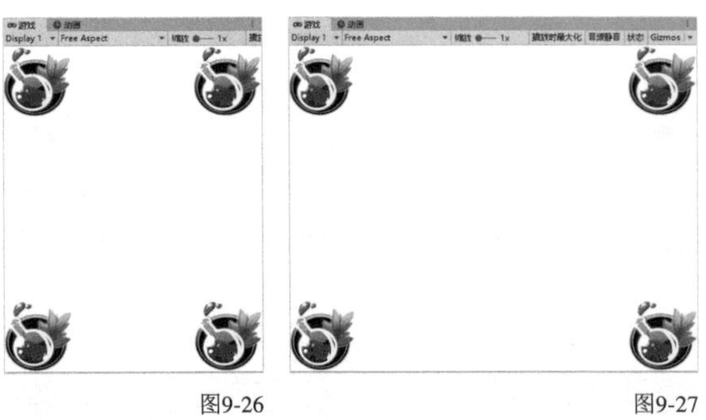

图9-26　　图9-27

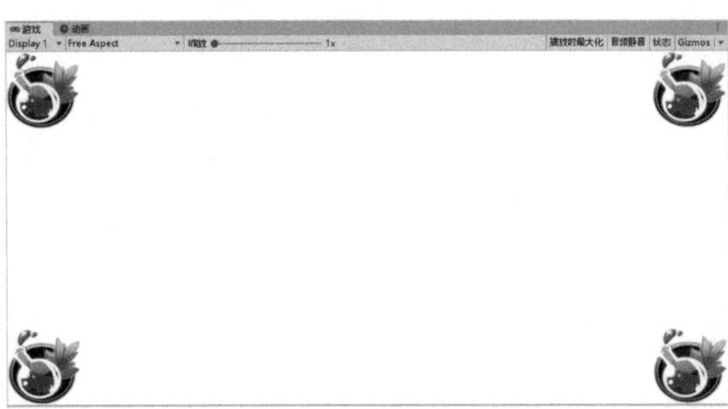

图9-28

9.2 常用UI控件

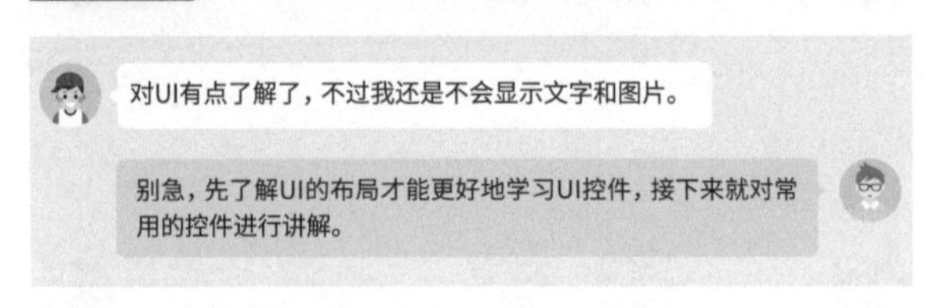

9.2.1 图像

Unity通常使用图像控件来显示图片，在“层级”面板中执行“创建>UI>图像”命令即可创建一个图像控件，如图9-29所示。选择创建好的图像控件，可在“检查器”面板中对其进行设置，如图9-30所示。

图9-29

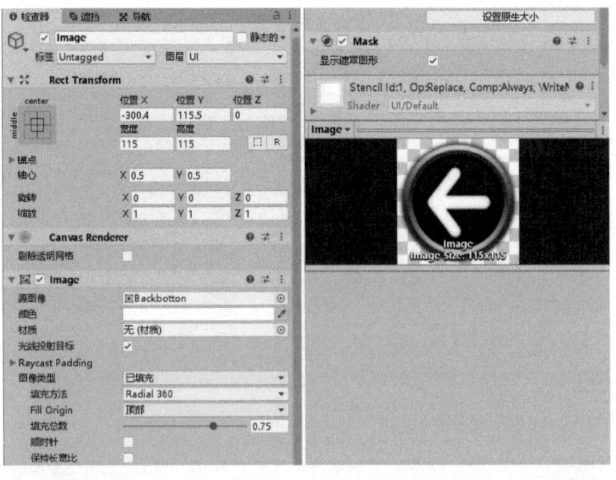

图9-30

技巧提示

通常可向Unity中导入图片或从资源商店下载一些图片来进行显示，Unity支持BMP、EXR、GIF、HDR、IFF、JPG、PICT、PNG、PSD、TGA和TIFF图片格式。

重要参数介绍

源图像：显示图片资源，支持Sprite类型。在“项目”面板中选择一张图片，在“检查器”面板中看到该图片的“纹理类型”，将其设置为Sprite（2D和UI）即可进行使用，如图9-31所示。

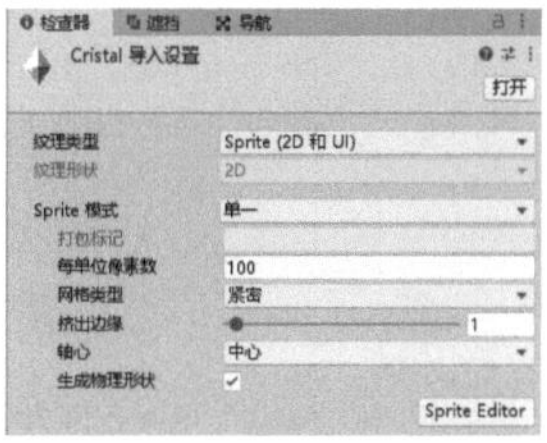

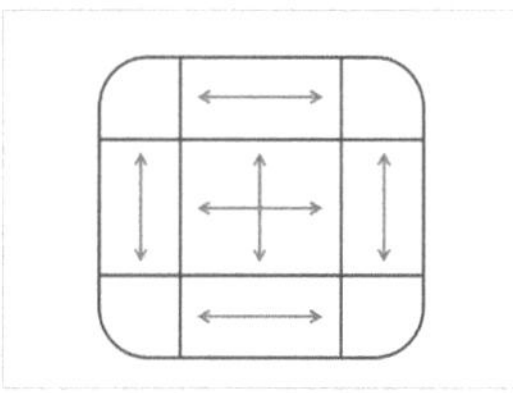

图9-31

颜色：希望与图片叠加显示的颜色。

材质：如果希望图片使用材质显示，那么就需要为其添加一个材质球，一般不需要设置。

光线投射目标：是否允许进行射线检测，不勾选该选项，射线就检测不到该目标。

图像类型：图像支持4种类型进行显示，接下来对其进行详细说明。

简单：正常显示图片。当图像控件拉伸时，该模式也会将显示的图片进行拉伸，如图9-32所示。

已切片：显示九宫格图片。当九宫格图片拉伸时，它的4个角域不会进行拉伸，4条边会单方向进行拉伸，中间区域会进行正常拉伸，如图9-33所示。

图9-32

图9-33

技术专题：制作九宫格图片

在图片的“检查器”面板中，单击Sprite Editor（精灵编辑器）按钮Sprite Editor，如图9-34所示，打开“Sprite编辑器”面板。

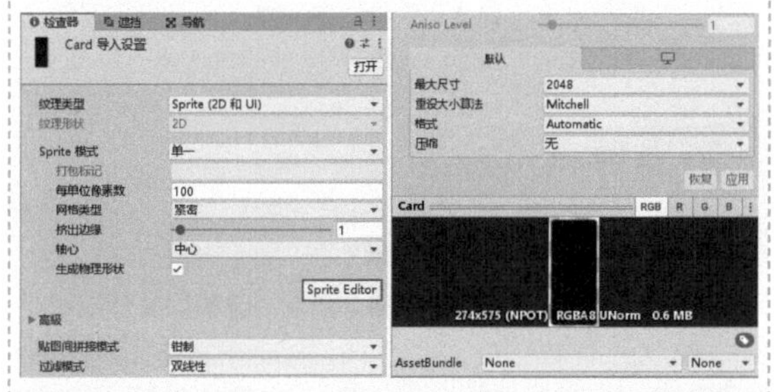

图9-34

如果打不开“Sprite编辑器”面板，那么就需要先启用精灵插件，再将其打开。执行“窗口>Package Manager”菜单命令，在弹出的面板中选择2D Sprite（2D精灵）选项，待切换到相应的界面后单击右下角的“安装”按钮安装，如图9-35所示。

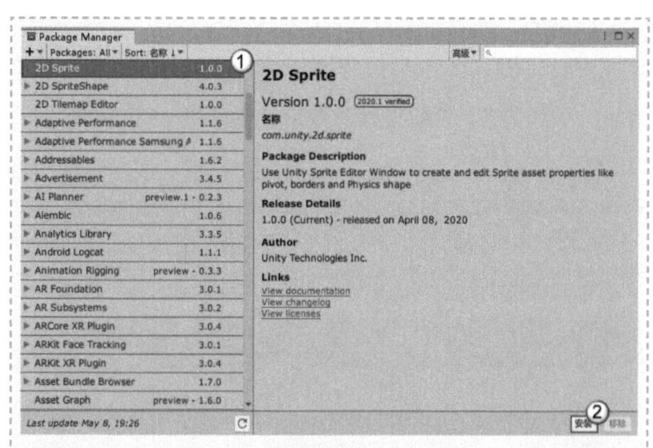

图9-35

打开“Sprite编辑器”面板后，将图片的4条边向内进行拖曳，最后单击“应用”按钮应用就可以形成九宫格了，如图9-36所示。

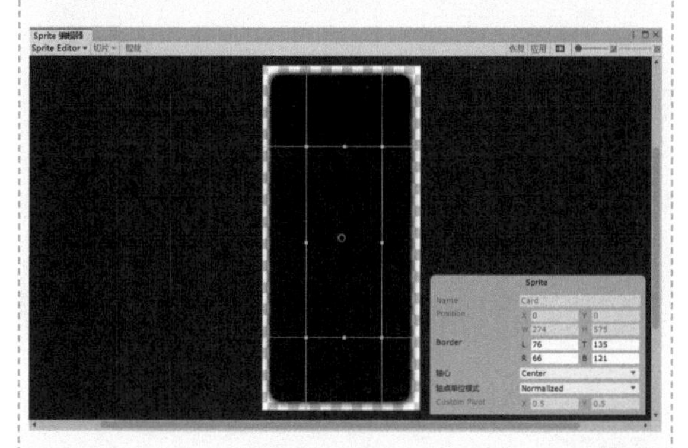

图9-36

以切片模式显示该图的效果如图9-37所示。如果切片模式显示的效果不理想，那么可以提高图像的Pixels Per Unit Multiple（单位像素）数值。

图9-37

已平铺：平铺模式在拉伸图像控件时不会对图片进行拉伸，而是对其进行重复显示，如图9-38所示。

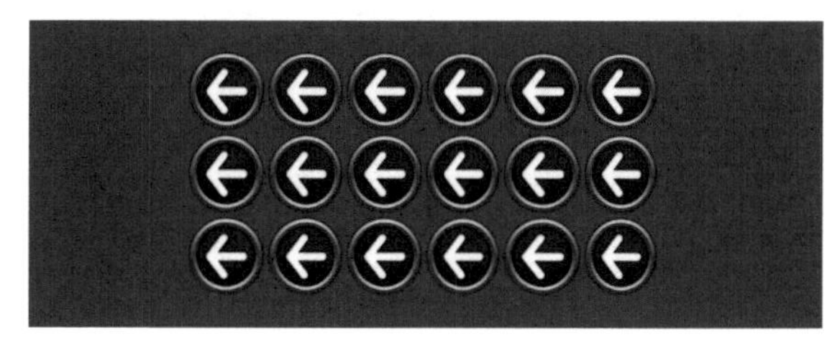

图9-38

已填充：可设置多种填充方法，通过设置“填充总数”来填充对应的内容；如选择一种“填充方法”进行设置，并显示0.75的内容，参数设置及效果分别如图9-39和图9-40所示。

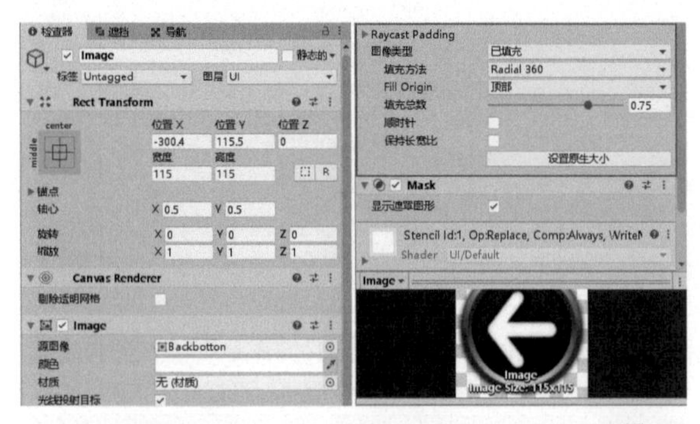

图9-39

图9-40

技巧提示

除了图像控件，还有原始图像控件，原始图像控件可以显示多种图片纹理，甚至可以对其进行UV设置。如果获取了一张非Sprite（精灵）类型的图片，那么可以尝试使用原始图像控件进行显示。

9.2.2 各类文本

除了需要显示图片，我们还会在UI中进行各类文本的显示，Unity提供了文本控件供我们使用。在“层级”面板中执行“创建>UI>文本”命令即可创建一个文本控件，如图9-41所示。选择创建好的文本控件，“检查器”面板如图9-42所示。

图9-41

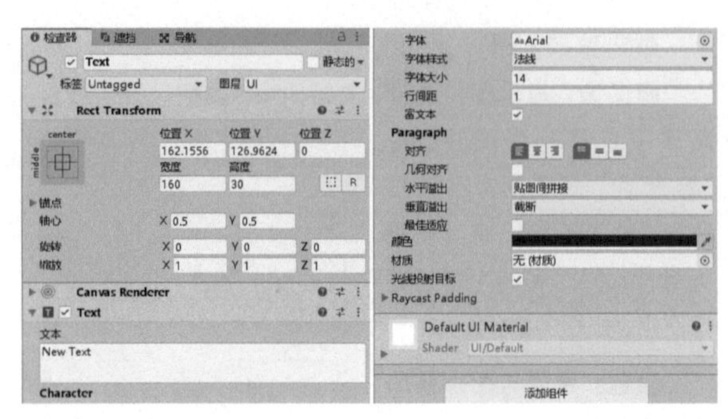

图9-42

重要参数介绍

文本：显示的文本内容。

字体：使用的字体，可以使用从外部导入的字体。

字体样式：字体的显示风格。

字体大小：文字的大小。

行间距：行间距的大小。

富文本：如果勾选该选项，即可支持富文本语法。

对齐：设置对齐方式为水平或垂直对齐。

几何对齐：是否使用文字的图形进行位置的几何对齐。

水平溢出：是否允许文字在水平方向上超出文本框，允许则不会换行。

垂直溢出：是否允许文字在垂直方向上超出文本框。

最佳适应：根据控件宽与高自适应文本显示大小。

颜色：文本显示的颜色。

材质：如果希望文本使用材质进行显示，那么就需要为其添加一个材质球，一般不需要设置。

光线投射目标：是否允许进行射线检测，不勾选该选项，射线就检测不到该目标。

技巧提示

除了普通的文本控件外，在创建的UI菜单中（也就是在“层级”面板中）执行“创建>UI”命令，在出现的菜单中可以看到Text-TextMeshpro选项，该控件为Unity收购的第三方文本控件，功能和效果均强于自带的文本控件。如果文本控件的效果满足不了需求，那么可以尝试使用该控件来显示文本。

技术专题：增加文本效果

除了文本的基本设置外，若想为文本添加一些特殊效果，那么就需要添加效果组件来实现。这里添加Outline（轮廓）和Shadow（阴影）效果组件，参数设置和效果分别如图9-43和图9-44所示。

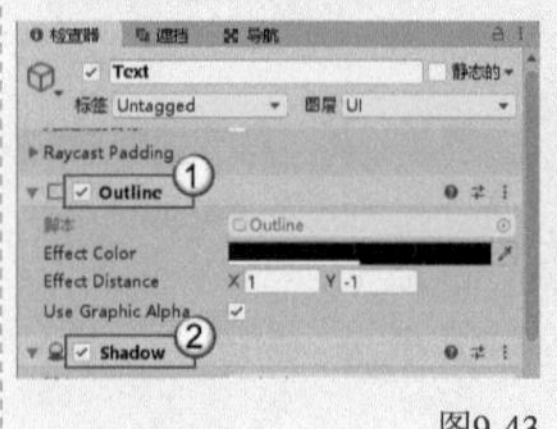

图9-43

图9-44

9.2.3 按钮

按钮是用来进行用户交互并触发事件的常用控件，在各类游戏中都缺少不了按钮，甚至可以说，只要有UI就会有按钮。在“层级”面板中执行“创建>UI>Button”命令即可创建一个按钮控件，如图9-45所示。选择创建好的按钮控件，“检查器”面板如图9-46所示。

图9-45

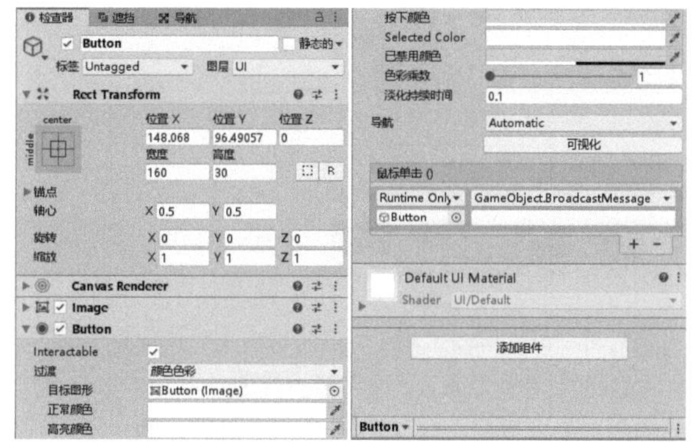

图9-46

重要参数介绍

Interactable（交互）：用于设置该控件是否可以进行交互。

过渡： 用于设置按钮状态改变时的过渡动画，默认使用颜色过渡，此外还可以使用精灵和动画过渡。

导航： 创建多个按钮时，允许使用↑、↓、←、→键控制选择的按钮。默认为自动导航，也可设置为横向、竖向等。单击“可视化”按钮 可视化 即可看到当前的导航信息。

鼠标单击： 按钮的事件面板，单击“创建”按钮+即可为按钮添加一个单击事件，每次单击按钮均会触发该事件。每个事件包含4个区域，左下角区域需要选择一个对象，右上角区域需要选择该对象包含的组件方法。有参数时，在右下角区域填入参数即可。

技巧提示

在“层级”面板或场景视图中都可以看出按钮控件由一个文本控件和一个图像控件组成，如果不需要其中的某个控件，那么可以对其进行删除，如将文本控件删除，只保留图像控件。

9.2.4 文本框

文本框在UI中也是必不可少的一部分，我们可以使用文本框来进行文字的输入，从而实现游戏中的登录、注册等功能。在“层级”面板中执行“创建>UI>InputField”命令即可创建一个文本框，如图9-47所示。选择文本框控件，“检查器”面板如图9-48所示。

图9-47

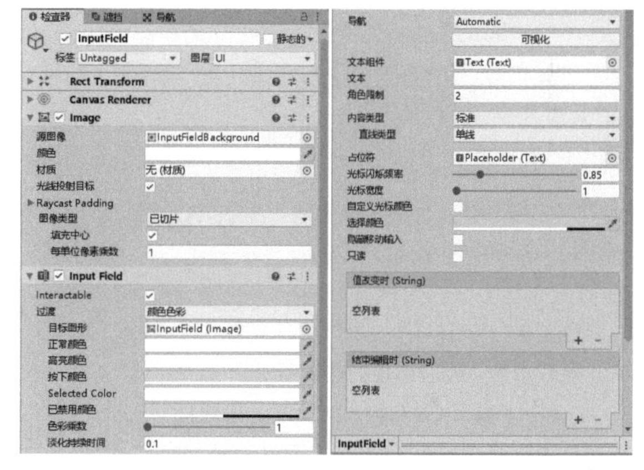

图9-48

重要参数介绍

文本： 显示的文本内容。

角色限制： 可输入的最多字符数量。

内容类型： 设置可输入的类型，如仅允许输入整数或密码。

直线类型： 是否允许多行输入，默认为“单线”。

光标闪烁频率： 鼠标光标的闪烁频率。

光标宽度： 鼠标光标的显示宽度。

自定义光标颜色： 鼠标光标是否使用自定义颜色。

值改变时（String）： 当文本框中的内容改变时会调用添加的事件。

结束编辑时（String）： 当结束编辑时会调用添加的事件。

技巧提示

在“层级”面板中可以看到一个文本输入框主要由3个控件组成：一个图片控件用于显示输入背景；两个文本控件，一个用于显示占位提示字符，也就是图中的“Enter text...”，另一个用于显示用户输入的字符。

9.2.5 选项

复选框在完善选择功能时非常有用，如在制作注册信息界面时需要提供性别选项。在“层级”面板中执行“创建>UI>Toggle”命令即可创建一个复选框控件，如图9-49所示。选择创建好的复选框控件，“检查器”面板如图9-50所示。

图9-49

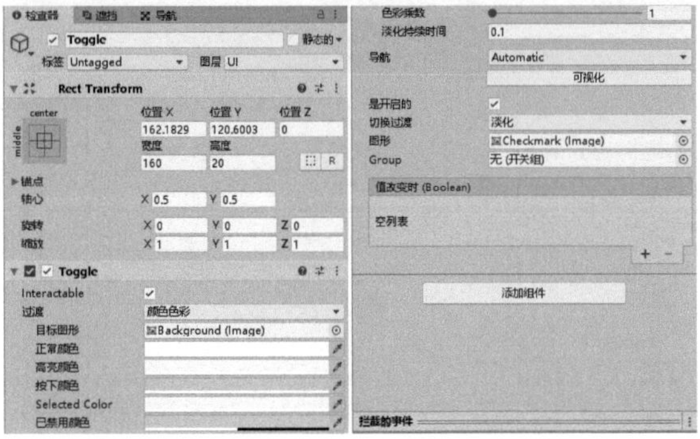

图9-50

重要参数介绍

是开启的：当前选项的选择状态。

Group（组）：该参数十分重要，当希望多个选项中只有一个被选择，如性别选项不可能同时选择男、女，可以在任意物体上添加Toggle Group（开关组）组件，然后将开关组组件赋予该选项，有同样开关组组件的复选框就不允许有多个选项被选择了。

值改变时（Boolean）：复选框的选项状态改变时会调用的事件。

技术专题：制作复选框

在“层级”面板中执行“创建>UI>Toggle”命令创建一个复选框控件，并命名为Toggle1，然后修改子物体Label的文本为“男”；在“层级”面板中执行“创建>UI>Toggle”命令创建一个复选框控件，并命名为Toggle2，然后修改子物体Label的文本为“女”。选择Toggle1，为其添加Toggle Group组件，如图9-51所示。

图9-51

选择Toggle1与Toggle2，在Toggle（开关）组件中设置Group为Toggle1（Toggle Group），如图9-52所示。运行游戏后，可以看到复选框已经实现了，我们只能在多个选项中选择一个，如图9-53所示。

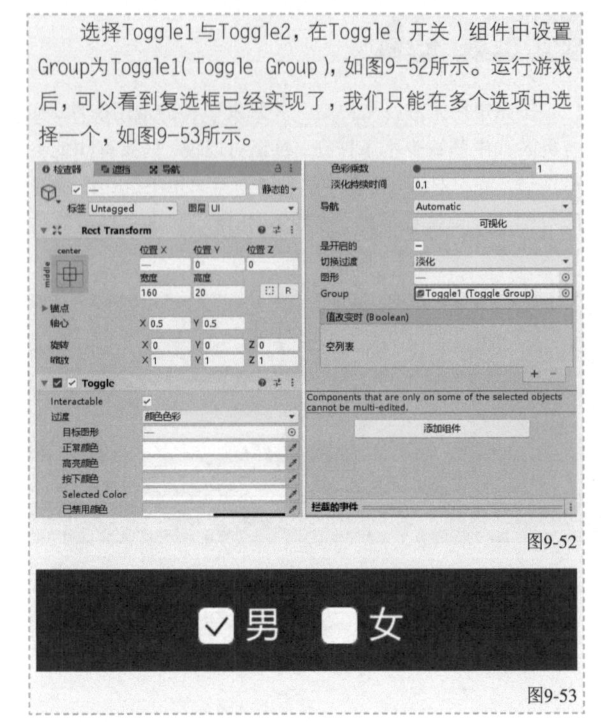

图9-52

图9-53

9.2.6 下拉列表框

当选项的个数过多时，一般会使用下拉列表框来显示，在制作注册信息界面、选择球类运动项目时需要使用下拉列表框。在“层级”面板中执行“创建>UI>Dropdown”命令即可在场景中创建一个下拉列表框控件，如图9-54所示。选择创建好的下拉列表框控件，“检查器”面板如图9-55所示。

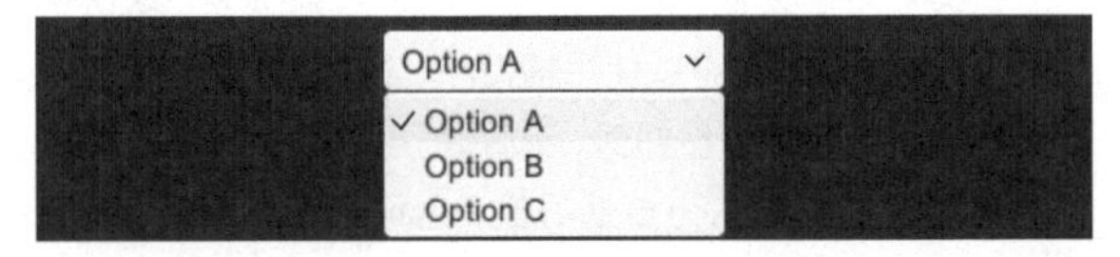

图9-54

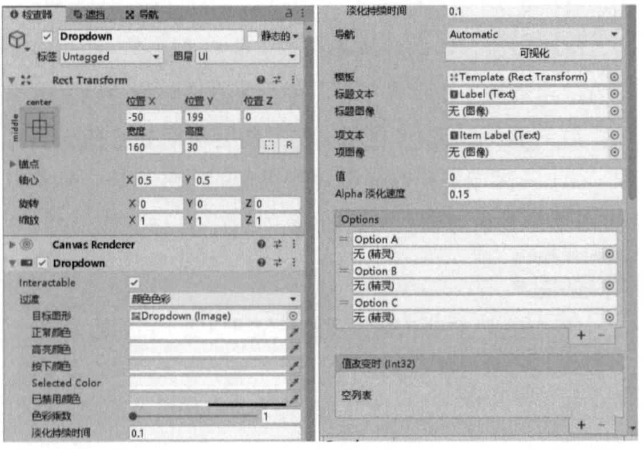

图9-55

重要参数介绍

值：当前选择的选项的索引，索引从0开始。

Options（选项）：添加或移除下拉列表框中的选项。

值改变时（Int32）：选项改变时会调用的事件。

技术专题：用脚本设置球类运动项目

在Options选项框中进行单击可添加选项，但是有时我们需要设置的选项可能会非常多，如制作一个球类运动项目的下拉列表，在面板上添加选项就过于复杂了，我们可以编写代码进行选项的添加。在“层级”面板中执行“创建>UI>Dropdown”命令在场景中创建一个下拉列表框控件，如图9-56所示。

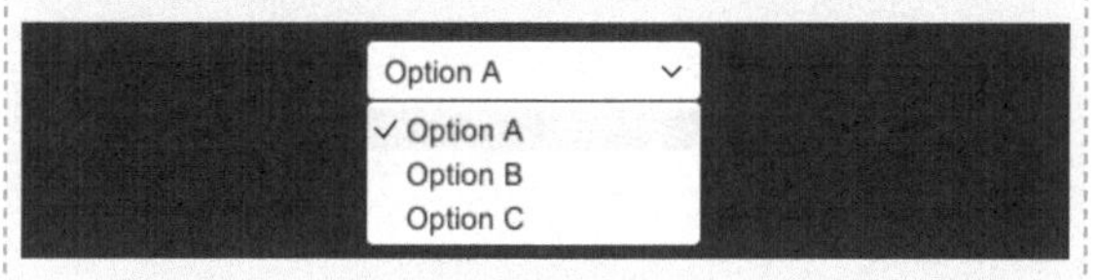

图9-56

在“项目”面板中执行“创建>C#脚本”命令创建一个脚本，并命名为DropDownTest，然后将脚本挂载到创建的下拉列表框控件上。编写的脚本代码如下，运行结果如图9-57所示。

输入代码

```
using UnityEngine;
using UnityEngine.UI;
public class DropDownTest : MonoBehaviour
{
  //下拉列表框组件
  private Dropdown dropDown;
  void Start()
  {
    //获取下拉列表框组件
    dropDown = GetComponent<Dropdown>();
    //获取当前选项
    var options = dropDown.options;
    //修改当前选项，这里我们添加一个新选项
    options.Add(new Dropdown.OptionData("乒乓球"));
    options.Add(new Dropdown.OptionData("篮球"));
    //将修改完的选项设置回下拉列表框
    dropDown.options = options;
  }
}
```

运行结果

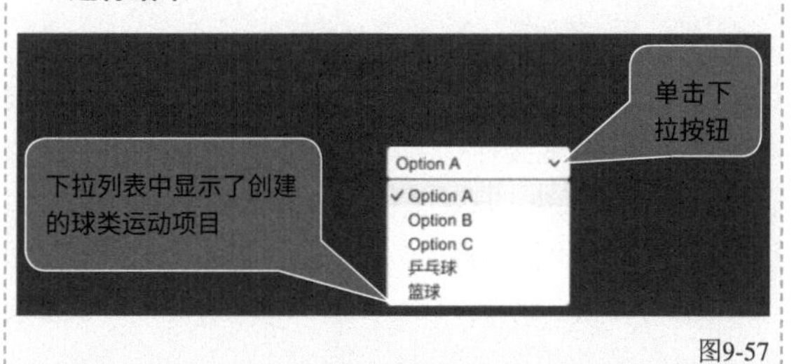

图9-57

9.2.7 滚动视图

滚动视图控件是一个非常常用的复合控件，可以在一个小区域内通过滚动的方式显示大量内容，如游戏中的好友列表就是一个滚动视图。在“层级”面板中执行“创建>UI>Scroll View”命令即可创建一个滚动视图控件，如图9-58所示。选择创建好的滚动视图控件，“检查器”面板如图9-59所示。

图9-58

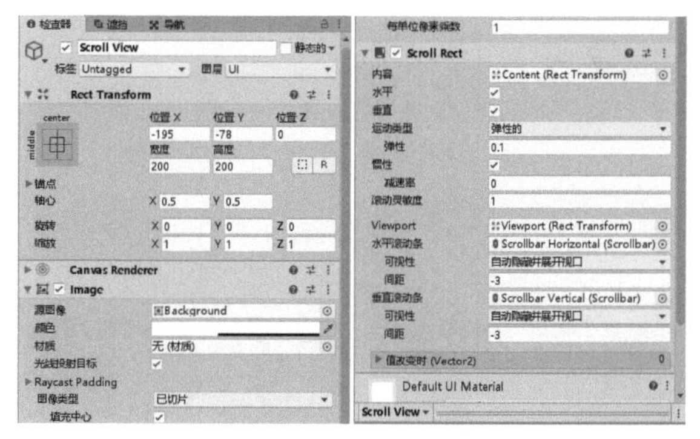

图9-59

重要参数介绍

水平：是否允许在水平方向上滚动。

垂直：是否允许在垂直方向上滚动。

运动类型：滚动时的类型设置。

惯性：是否开启拖曳后的惯性移动。

减速率：停止移动时的减速率，1为不会停止，0为立刻停止。

滚动灵敏度：鼠标滚轮的操作灵敏度。

水平滚动条：对水平方向滚动条的引用及设置。

垂直滚动条：对垂直方向滚动条的引用及设置。

技巧提示

滚动视图是由两个滚动条和一个显示区域构成的。滚动条由一个垂直方向的滚动条和一个水平方向的滚动条构成。另外，还可以在“层级”面板中执行“创建>UI>Scrollbar”命令单独创建一个滚动条控件。滚动视图的显示区域由Viewport视图和Content视图构成，如图9-60所示。Viewport视图包含了一个遮罩组件，遮罩组件会隐藏超出该视图范围的子视图内容，所以Viewport视图代表了真正显示

出的视图区域。Content视图为需要显示的视图，如图9-61所示。因此，该视图可能非常大，甚至远大于显示屏幕的大小，在一般情况下我们会将其他控件（如图像控件）添加到Content视图中作为子物体存在。

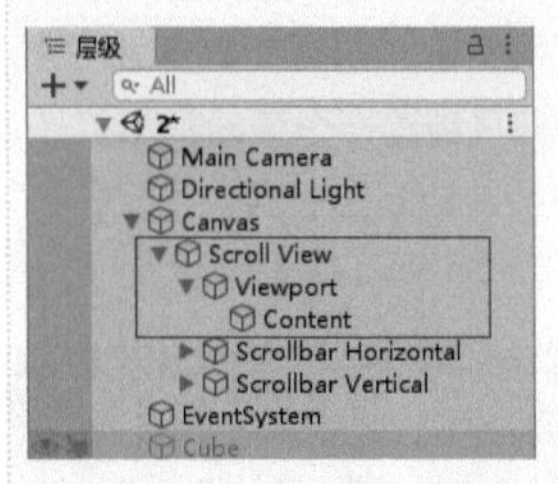

图9-60

图9-61

在Content视图中填充的内容也可通过代码来添加，添加完成后确保没有超出Content视图即可完成滚动视图的制作。有时滚动视图中的Content视图包含的内容可能会非常多，所以常常会配合一些自动布局的组件来显示，常用的UI组件会在9.3节中单独进行讲解。

技术专题：制作滚动视图

滚动视图的使用稍微有些复杂，在“层级”面板中执行“创建>UI>Scroll View”命令创建一个滚动视图控件，如图9-62所示。

创建一个图像控件，并将其设置为“层级”面板中Canvas/Scroll View/Viewport/Content的子物体，如图9-63所示。

图9-62

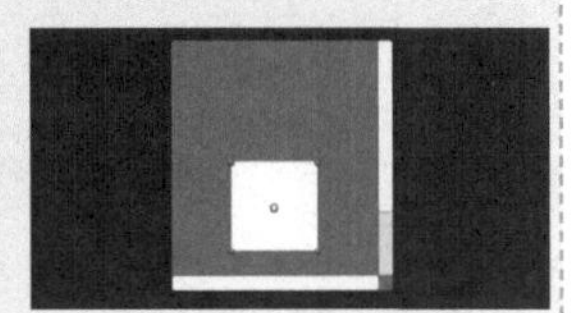

图9-63

设置图像为“项目”面板中的任意一张图片，如图9-64所示。然后复制多个Image图片，均设置为“层级”面板中Canvas/Scroll View/Viewport/Content的子物体，并进行垂直布局，注意不要超过Canvas/Scroll View/Viewport/Content的高度，如图9-65所示。

图9-64

图9-65

运行游戏，在滚动视图中按住鼠标左键拖曳滚动条，即可看到滚动效果，如图9-66所示。

图9-66

9.2.8 滑动条

在制作游戏的过程中，常常会让玩家在一个数字范围内进行选择，如调节音量大小。在“层级”面板中执行“创建>UI>Slider”命令即可创建一个滑动条控件，滑动条的左侧为最小值，右侧为最大值，如图9-67所示。选择创建好的滑动条控件，“检查器”面板如图9-68所示。

图9-67

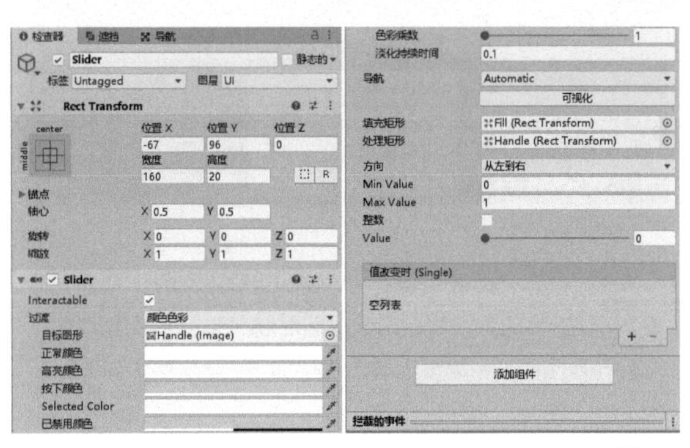

图9-68

重要参数介绍

方向：滑动条从最小值到最大值的方向。

Min Value（**最小值**）：滑动条的最小值。

Max Value（**最大值**）：滑动条的最大值。

整数：是否只允许使用整数。

Value（**值**）：滑动条的当前数值。

值改变时（Single）：当滑动条数值改变时调用的事件。

技巧提示

若需要控制某个数字在某个范围之间，就可以通过滑动条来实现。滑动条的两端分别为数字的最小值和最大值，滑块所处的位置就是当前值。

9.2.9 面板

在游戏界面中，一般在同一个界面中会包含大量的零散控件，这时候就需要对它们进行分类管理，也就是将一系列的控件放到同一个面板上进行管理。如将与角色相关的控件放到角色面板中、与技能相关的控件放到技能面板中、与物品相关的控件放到物品面板中、与任务相关的控件放到任务面板中、与装备相关的控件放到装备面板中。图9-69所示的面板包括了头像、角色名称、血条等内容。在“层级”面板中执行“创建>UI>Panel”命令即可在场景中创建一个面板控件，如图9-70所示。

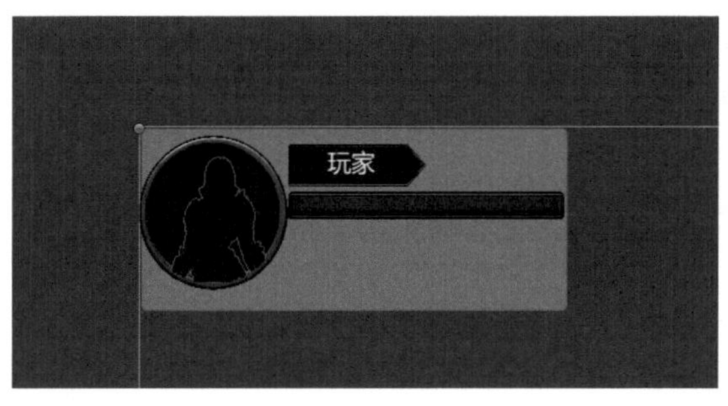

图9-69

图9-70

技巧提示

创建完成后的面板也是一个图像控件，只是功能与图像控件有区别：图像控件是用来显示图片的，而面板控件一般用作父视图来管理其中的子视图控件。

实例：游戏主界面的应用

素材位置　无
实例位置　实例文件>CH09>实例：游戏主界面的应用
难易指数　★★☆☆☆
学习目标　熟悉游戏主界面的内容，掌握UI控件的使用方法

本例将制作游戏主界面，效果如图9-71所示。

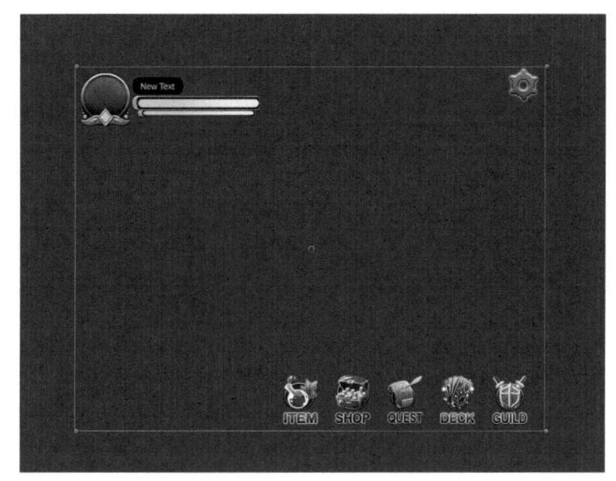

图9-71

1.实现路径

01 创建一个角色面板，并将与角色相关的图像放到角色面板中。
02 创建一个应用面板，并将与应用相关的图像放到应用面板中。
03 创建一个设置面板，并将与设置相关的图像放到设置面板中。

技巧提示

本例使用“操作演示：界面自适应布局”导入的Fantasy Free GUI进行制作。

2.操作步骤

01 在“层级”面板中执行“创建>UI>Panel”命令在场景中创建一个面板控件并放在左上角，并命名为LeftTop，同时将锚点也放在左上角，如图9-72所示。

图9-72

02 在“层级”面板中执行“创建>UI>图像”命令创建6个图像控件，均设置为LeftTop的子物体，用于显示角色的信息。然后分别设置这6个图像控件的“源图像”为“项目”面板中Freeui/ZOSMA/Main文件夹下的Outcircle、Decoration、Quantity、Profile、Exp和Exp，并将它们排列为图9-73所示的样式。

图9-73

03 按照同样的方式在场景中创建一个面板控件并放在右下角，同时将锚点也放在右下角。然后在面板上添加10个图像控件，用于显示游戏的信息，接着分别设置这10个图像控件中的"源图像"为"项目"面板中Freeui/ZOSMA/Main文件夹下的Itembotton、Item、Shopbotton、Shop、Questbotton、Quest、Deckbotton、Deck、Guildbotton和Guild，并将它们排列为图9-74所示的样式。

图9-74

04 按照同样的方式在场景中创建一个面板并放在右上角，同时将锚点也放在右上角。然后在面板上添加一个按钮控件，并设置该按钮的"源图像"为"项目"面板中的Freeui/ZOSMA/Main/Preferences，并将其排列为图9-75所示的样式。

图9-75

05 将游戏主界面的相关信息排列完成后，在场景中删除所有面板图片，最终效果如图9-76所示。

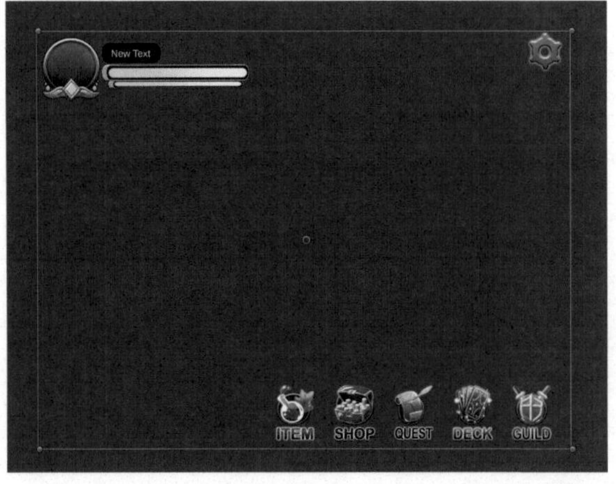

图9-76

9.3 常用UI组件

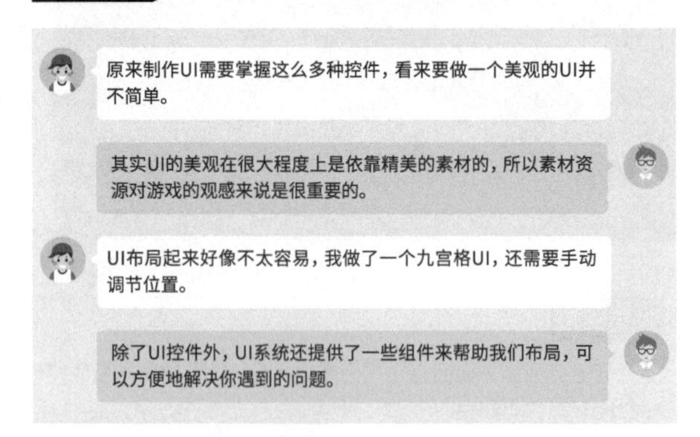

9.3.1 遮罩组件

在前面的"滚动视图"中我们已经讲过了遮罩组件，遮罩组件本身并不是一个UI元素，只是对UI的一种显示限制。遮罩组件可以将子视图超出父视图的部分隐藏，而仅显示与父视图区域一样大的内容。这里创建一个图像控件，再为该图像控件添加一个子图像控件，子图像控件可添加任意一张图片，如图9-77所示。我们可以看到在正常情况下，子视图覆盖在父视图上方，并且超出父视图的部分也可以正常显示。

图9-77

选择父视图为其添加Mask（遮罩）组件，添加完成后，效果如图9-78所示。由于父视图的遮罩，因此子视图仅显示了一部分内容。

图9-78

技巧提示

虽然遮罩组件的使用频率并不算很高，但是在制作UI的过程中会涉及一些独特的功能，所以一定要清楚遮罩组件的用法和效果，为以后制作复杂的UI打下基础。

9.3.2 内容尺寸适应器

本小节讲解在UI制作中比较常用的布局组件，也就是Content Size Fitter（内容尺寸适应器）组件，该组件在文字布局方面十分有用，主要用于调节文本的长度。在“层级”面板中执行“创建>UI>文本”命令创建一个文本控件，并在其中填写大量文字，如图9-79所示。

图9-79

我们可以看到，由于文本长度超出了文本控件的大小，因此文字没有被全部显示出来，可以通过放大文本控件来显示全部文字。这时如果我们添加并设置Content Size Fitter组件，就不需要对文本控件的大小进行修改，因为文本控件会根据文字内容的多少而自动修改大小。下面就为创建的文本控件添加Content Size Fitter组件，并将“垂直适应”设置为Preferred Size（优选尺寸），如图9-80所示。这时文本控件中的内容就全部被显示出来了，效果如图9-81所示。

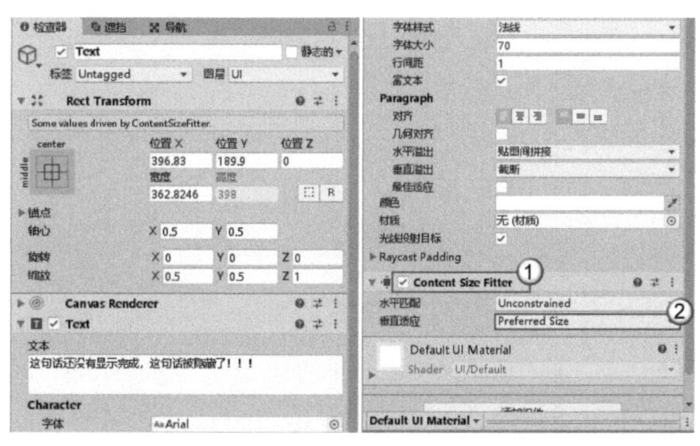

图9-80

图9-81

9.3.3 垂直和水平布局组

除了可以调节文本的长度，还可以通过垂直或水平的方式来进行自动布局，如大多数游戏中的好友列表都会以垂直的方式进行布局，图片预览区域则会以水平的方式进行布局。添加Horizontal Layout Group（水平布局组）组件，子物体就会自动变为水平布局，“检查器”面板如图9-82所示。

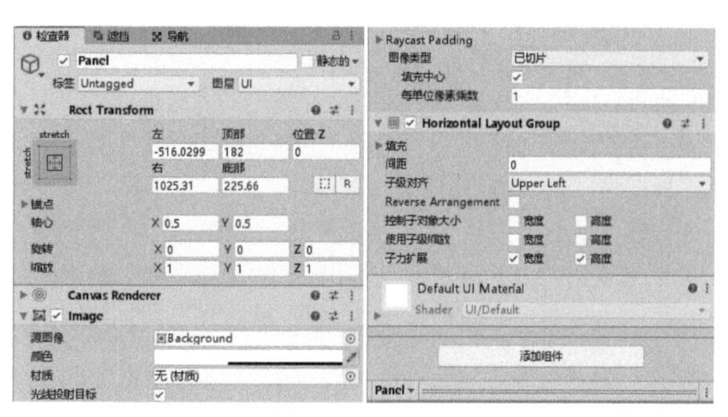

图9-82

重要参数介绍

填充：布局组边缘内部的填充。

间距：布局组之间的距离。

子级对齐：布局组的对齐方式。

控制子对象大小：是否控制子对象的大小。

使用子级缩放：是否使用子级的缩放。

子力扩展：是否对子元素进行扩展来进行空隙填充。

技巧提示

Vertical Layout Group（垂直布局组）组件也是同样的添加方式，在此不进行赘述。

9.3.4 网格布局组

以网格方式呈现多个物体也是游戏UI中比较常见的布局方式，如游戏角色的背包界面，其中的物品格子就会以网格方式展示出来。网格布局组的使用方式和水平、垂直布局组的使用方式类似，添加Grid Layout Group（网格布局组）组件，“检查器”面板如图9-83所示。

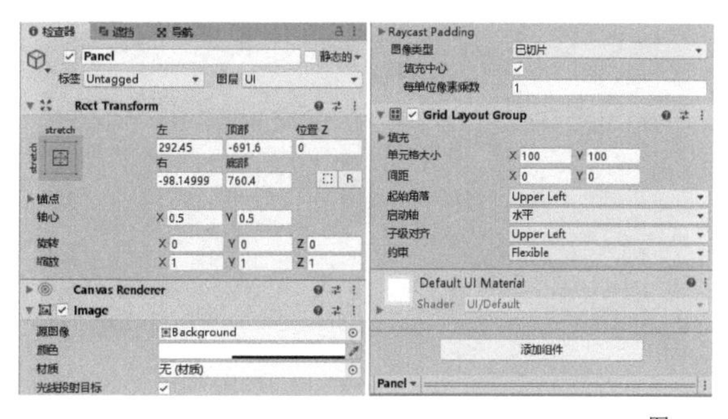

图9-83

重要参数介绍

填充：布局组边缘内部的填充。

单元格大小：每个元素的大小。

间距：布局组之间的距离。

起始角落：首个元素的位置。

启动轴：使用哪个轴作为主方向进行填充。

子级对齐：布局组的对齐方式。

约束：设置水平或垂直方向上的数量进行约束。

技术专题：以网格方式平铺图像

在“层级”面板中执行“创建>UI>Panel”命令创建一个面板控件，如图9-84所示。

在“层级”面板中执行“创建>UI>图像”命令创建一个图像控件，并将其作为面板控件的子平面；然后将Cristal设置为该图像控件的源图像，效果如图9-85所示。

图9-84

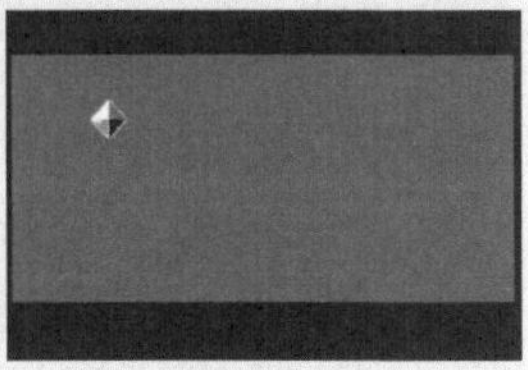

图9-85

复制多个图像控件，均设置为面板控件的子平面，并随意进行摆放，效果如图9-86所示。

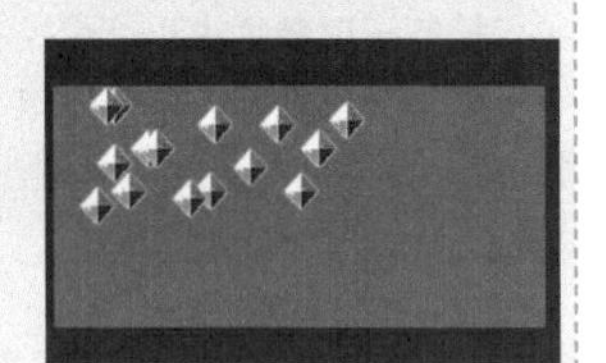

图9-86

此时控件的位置是随机的，现在为它们的父平面，也就是面板控件添加Grid Layout Group组件，如图9-87所示。

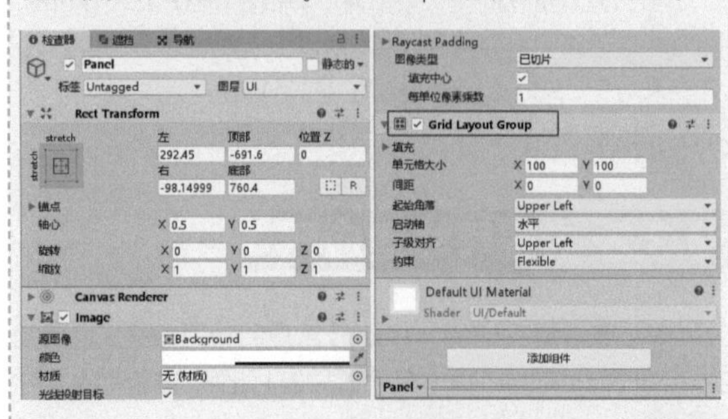

图9-87

组件添加完成后，面板控件的子平面已呈现网格布局样式，效果如图9-88所示。

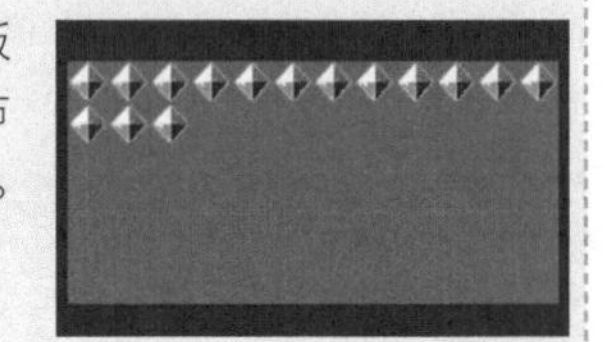

图9-88

除了可以添加Grid Layout Group组件对图像进行水平布局外，还可以使用Horizontal Layout Group组件和Vertical Layout Group组件对图像进行水平和垂直方向的布局，如图9-89所示。

图9-89

实例：背包界面的应用

素材位置　无

实例位置　实例文件>CH09>实例：背包界面的应用

难易指数　★★★☆☆

学习目标　熟悉游戏背包界面的组成元素，掌握UI控件与布局组件的使用方法

本例将制作背包界面，效果如图9-90所示。

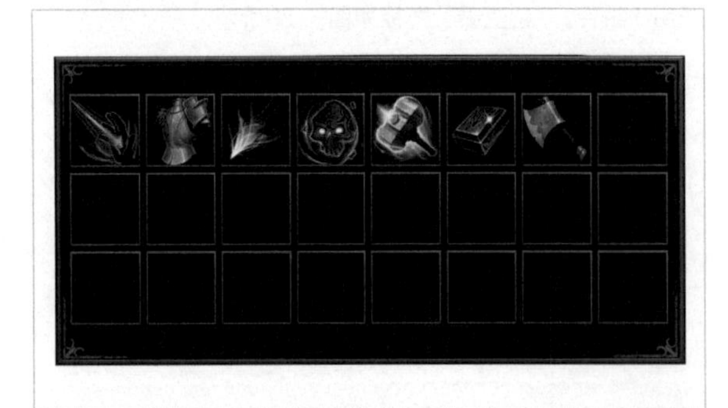

图9-90

1.实现路径

01 下载并导入资源。

02 添加背包背景。

03 添加背包格子。

04 添加Grid Layout Group组件进行布局。

2.操作步骤

01 执行“窗口>资源商店”菜单命令，在资源商店中下载并导入GUI-Parts，如图9-91所示。

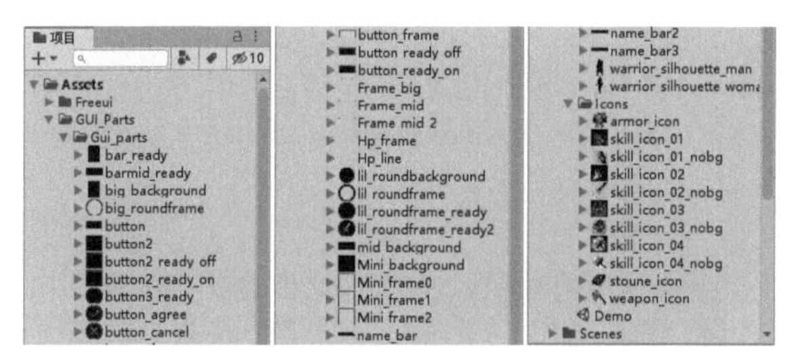

图9-91

02 在“层级”面板中执行“创建>UI>图像”命令在场景中创建一个图像控件，并命名为Background。然后设置其“源图像”为“项目”面板中的GUI_Parts/Gui_parts/barmid_ready，接着将锚点与画布对齐，效果如图9-92所示。

图9-92

03 在“层级”面板中执行“创建>UI>图像”命令创建一个图像控件，并命名为Grid。然后将其设置为Background的子物体，接着设置其“源图像”为“项目”面板中的GUI_Parts/Gui_parts/ Mini_background，效果如图9-93所示。

图9-93

04 为背包格子添加边缘，使格子看起来更有立体感。在“层级”面板中执行“创建>UI>图像”命令创建一个图像，并命名为Border。然后将其设置为Grid的子物体，接着设置其“源图像”为“项目”面板中的GUI_Parts/Gui_parts/Mini_frame0，最后将Grid放在Background的左上角位置，效果如图9-94所示。

图9-94

05 在“层级”面板中执行“创建>UI>图像”命令创建一个图像控件，并命名为Item。然后将其设置为Grid的第一个子物体，“层级”面板如图9-95所示，效果如图9-96所示。

图9-95

图9-96

06 将Item设置为非激活状态，然后将Grid拖曳到“项目”面板中制作为一个预制件，并为Background添加Grid Layout Group组件，效果如图9-97所示。

图9-97

07 复制多个Grid，并填充到Background中，效果如图9-98所示。

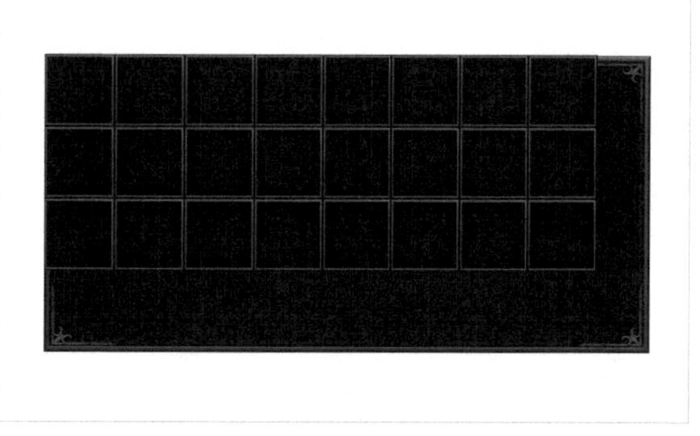

图9-98

08 修改Grid Layout Group组件的参数，设置“左”为20，“顶部”为50，“单元格大小”为100×100，“间距”为5×5，如图9-99所示，效果如图9-100所示。

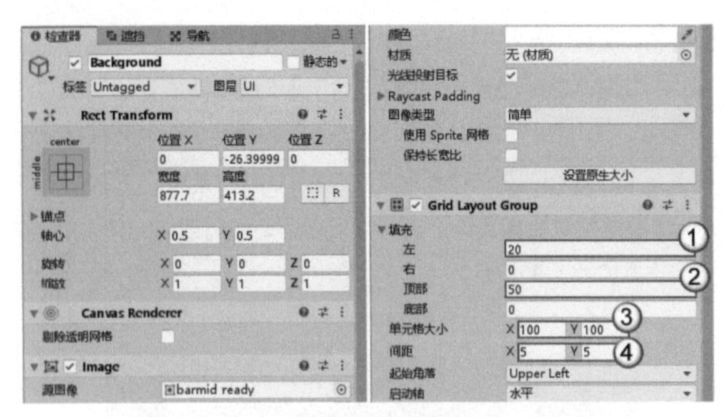

图9-99

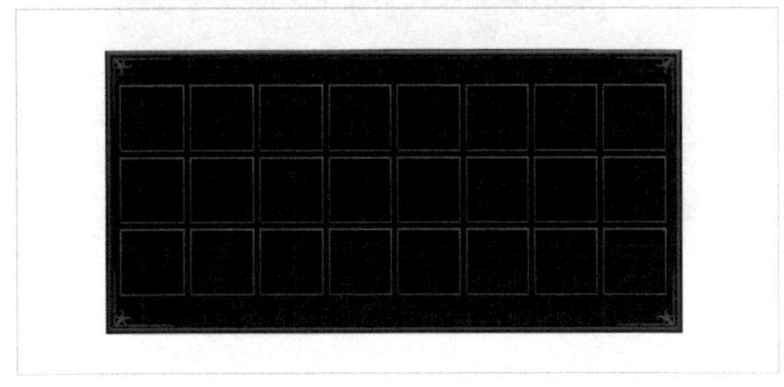

图9-100

09 如果需要在某个格子中显示物品，那么只需要将对应格子的Item激活，并添加对应的物品图片即可。物品图片位于“项目”面板的GUI_Parts/Icons文件夹中，将所有的图像拖曳到Grid中，效果如图9-101所示。

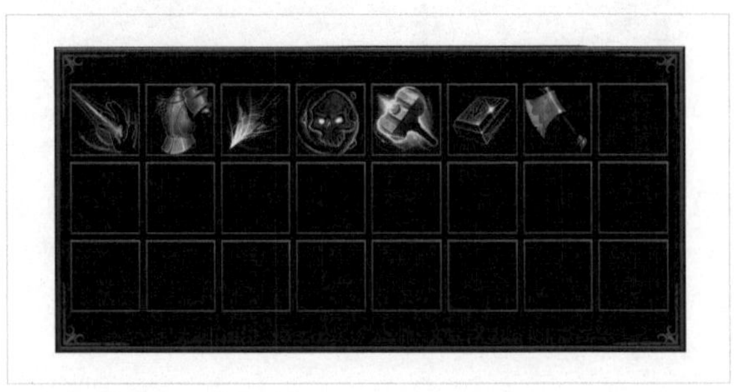

图9-101

技巧提示

本例制作了基本的背包界面并手动设置了显示的物品，读者学习了数据的使用后，可通过读取JSON或XML格式的数据来动态地设定背包中显示的物品。

9.4 综合案例：对话游戏

素材位置 无
实例位置 实例文件>CH09>综合案例：对话游戏
难易指数 ★★★★☆
学习目标 掌握对话游戏的制作方法及使用脚本控制UI的方法

本例将制作对话游戏，效果如图9-102和图9-103所示。

对话一

图9-102

对话二

图9-103

9.4.1 游戏描述

在制作游戏之前，了解游戏的玩法有助于掌握技术点的使用方法并理解游戏的制作逻辑。

1.玩法介绍

在本例的对话游戏中，玩家可通过单击鼠标左键完成对话和场景的切换；并可浏览本局游戏的大致剧情，体验由两种剧情表现的游戏效果。

技巧提示

本例制作的游戏属于文字冒险类游戏，这类游戏常常以精彩的剧情作为卖点，配合文案、图片和动画体现出如阅读小说一般的效果，具有很强的互动性，如《极限逃脱》系列、《弹丸论破》系列和《秋之回忆》系列等都是人们较为熟知的文字冒险类游戏。制作一款文字冒险游戏，核心就在于对话内容的切换，而该内容就是由UI控件构成的。

2.实现路径

01 下载资源。

02 导入人物及背景，并创建对话框。

03 通过对话数据类生成多个对话对象，通过对话管理类处理对话逻辑。

04 添加判断功能，当玩家单击鼠标左键时，如果单击的是消息，则切换消息；如果单击的是背景，则切换背景。

9.4.2 导入资源

执行“窗口>资源商店”菜单命令，在资源商店中下载并导入Fungus。为了方便使用，在“项目”面板中执行“创建>文件夹”命令创建一个新的文件夹，并命名为Resources，然后将FungusExamples/Sherlock/Portraits/John、FungusExamples/Sherlock/Images、FungusExamples/TheHunter/Sprites和Fungus/Textures文件夹中的人物图片放入Resources文件夹中，完成后删除Fungus和FungusExamples文件夹，如图9-104所示。

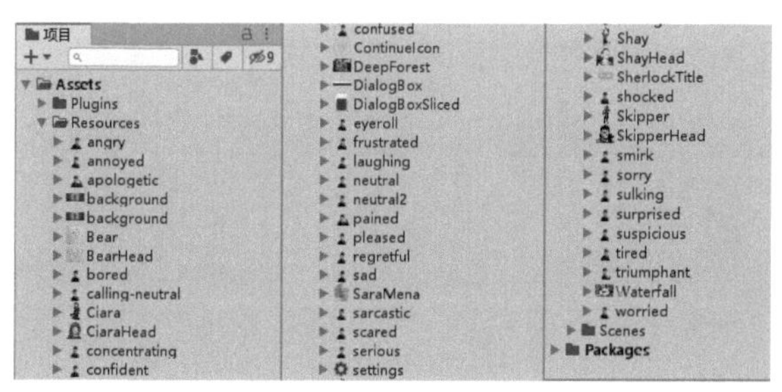

图9-104

9.4.3 对话界面

01 在“层级”面板中执行“创建>UI>图像”命令创建一个图像控件，并命名为Bg，然后设置其“源图像”为“项目”面板中的Resources/background，效果如图9-105所示。

图9-105

02 在“层级”面板中执行“创建>UI>图像”命令创建一个图像控件，并命名为Head，然后设置其“源图像”为“项目”面板中的Resources/apologetic，效果如图9-106所示。

图9-106

03 在“层级”面板中执行“创建>UI>图像”命令创建一个图像控件，并命名为DialogImage，然后设置其“源图像”为“项目”面板中的Resources/DialogBoxSliced。在“层级”面板中执行“创建>UI>文本”命令在场景中创建一个文本控件，并命名为NameText，然后将其设置为DialogImage的子物体，用于显示对话人物的名字。按照同样的方式创建第2个文本控件，并命名为ContentText，也将第2个文本控件设置为DialogImage的子物体，用于显示对话内容，效果如图9-107所示。

图9-107

9.4.4 对话脚本

01 制作对话游戏往往需要先创建一个对话数据类，该类生成的每一个对象都是一句对话；如果需要多句对话，那么生成多个对象即可，接下来开始创建一个对话数据类。在“项目”面板中执行“创建>C#脚本”命令创建一个脚本，并命名为Message，编写的脚本代码如下。

输入代码

```
//对话数据类，每个对象对应一句对话
public class Message
{
    //对话角色名称
    public string Name;
    //对话内容
    public string Content;
    //对话头像
    public string ImageName;
}
```

02 有了对话数据类，我们还需要创建一个对话管理类，该类用于管理所有的对话数据对象，并处理整个项目中的对话逻辑。在本例中我们需要通过单击鼠标左键来切换对话，接下来开始创建对话管理类。在“项目”面板中执行“创建>C#脚本”命令创建一个脚本，并命名为MessageManager，然后将该脚本挂载到Canvas游戏物体上。编写的脚本代码如下，游戏的运行情况如图9-108所示。

输入代码

```
using System.Collections.Generic;
using UnityEngine;
using UnityEngine.UI;

public class MessageManager : MonoBehaviour
{
    //关联头像图像
    public Image HeadImage;
    //关联对话角色名称文本
    public Text NameText;
    //关联对话文本
    public Text ContentText;
    //该数组中保存了我们的完整对话
    public List<Message> messages;
    //当前的对话位置索引
    private int index = 0;

    void Start()
    {
        //创建数组对象
        messages = new List<Message>();
        //创建3个对话对象并赋值，然后将它们都添加到数组中
        Message msg = new Message() { Name = "小王", Content = "开门，有没有人在家啊？", ImageName = "angry" };
        messages.Add(msg);
        msg = new Message() { Name = "小王", Content = "家里没人吗？", ImageName = "neutral" };
        messages.Add(msg);
        msg = new Message() { Name = "小王", Content = "怎么回事，天天都没人在家。", ImageName = "sorry" };
        messages.Add(msg);
```

```
    }
    //获取一句对话，如果对话结束返回null
    Message GetMessage()
    {
        //如果索引没有越界
        if (index < messages.Count)
        {
            //返回索引位置的对话，并且让索引值自增
            return messages[index++];
        }
        //索引越界，返回null
        return null;
    }

    void Update()
    {
        //单击鼠标左键
        if (Input.GetMouseButtonDown(0))
        {
            //获取一句对话
            Message msg = GetMessage();
            //如果对话不为null，则证明当前有对话
            if (msg != null)
            {
                //获取头像名称，通过Resources文件夹动态加载图像
                HeadImage.sprite = Resources.Load<Sprite>(msg.ImageName);
                //显示对话角色名称
                NameText.text = msg.Name;
                //显示对话内容
                ContentText.text = msg.Content;
            }
        }
    }
}
```

运行游戏

图9-108

技巧提示

在学完后面几章有关数据的内容后，你也可以通过JSON或其他格式保存对话，以动态地从文件中加载对话。

9.4.5 切换人物及背景

01 双击Message脚本并对其进行修改，修改的代码如下。

输入代码

```
//对话类型，这里添加一个对话类型的枚举，并添加消息与背景两个类型
public enum MessageType{
    Message,
    Background
}
//对话数据类，每个对象均对应一句对话
public class Message
{
    //对话类型枚举，默认为对话类型
    public MessageType type = MessageType.Message;
    //对话角色名称
    public string Name;
    //对话内容
    public string Content;
    //对话头像
    public string ImageName;
    //背景图像
    public string Background;
}
```

02 修改消息管理器，双击MessageManager脚本并对其进行修改。修改的代码如下，游戏的运行情况如图9-109所示。

输入代码

```
using System.Collections.Generic;
using UnityEngine;
using UnityEngine.UI;

public class MessageManager : MonoBehaviour
{
    //关联背景图像
    public Image BgImage;
    //关联头像图像
    public Image HeadImage;
    //关联对话角色名称文本
    public Text NameText;
    //关联对话文本
    public Text ContentText;
    //该数组中保存了我们的完整对话
    public List<Message> messages;
    //当前的对话位置索引
    private int index = 0;

    void Start()
    {
        //创建数组对象
        messages = new List<Message>();
        //创建对话对象并赋值，然后将它们都添加到数组中
```

```
        Message msg = new Message() { Name = "小黄", Content = "请问探险森林怎么走？", ImageName = "ShayHead" };
        messages.Add(msg);
        msg = new Message() { Name = "小枣", Content = "您要去探险森林吗？我带您去。", ImageName = "CiaraHead" };
        messages.Add(msg);
        msg = new Message() { Name = "小黄", Content = "非常感谢！", ImageName = "ShayHead" };
        messages.Add(msg);
        //更换背景
        msg = new Message() {type = MessageType.Background, Background = "DeepForest" };
        messages.Add(msg);
        //继续对话
        msg = new Message() { Name = "小枣", Content = "这里就是探险森林了，祝您探险愉快。", ImageName = "CiaraHead" };
        messages.Add(msg);
    }
    //获取一句对话，如果对话结束则返回null
    Message GetMessage()
    {
        //如果索引没有越界
        if (index < messages.Count)
        {
            //返回索引位置的对话，并且让索引值自增
            return messages[index++];
        }
        //索引越界，返回null
        return null;
    }

    void Update()
    {
        //单击鼠标左键
        if (Input.GetMouseButtonDown(0))
        {
            //进行对话
            Message();
        }
    }

    //将对话内容提取成一个方法
    void Message(){
        //获取一句对话
        Message msg = GetMessage();
        //如果对话不为null，证明当前有对话
        if (msg != null)
        {
            //如果是消息
            if(msg.type == MessageType.Message){
                //获取头像名称，通过Resources文件夹动态加载图像
                HeadImage.sprite = Resources.Load<Sprite>(msg.ImageName);
                //显示对话角色名称
                NameText.text = msg.Name;
                //显示对话内容
                ContentText.text = msg.Content;
            }
            //如果是背景
            if(msg.type == MessageType.Background){
                //获取背景名称，通过Resources文件夹动态加载图像
                BgImage.sprite = Resources.Load<Sprite>(msg.Background);
                //如果是切换背景，则自动开始下一句对话
                Message();
            }
        }
    }
}
```

运行游戏

图9-109

技巧提示

除此之外，读者还可以添加音乐、特效等功能进行扩展。

第10章 2D游戏开发

■ 学习目的

2D 游戏仍然具有大量的玩家，也正因如此，如今依然涌现了一批高质量的 2D 游戏。而这些 2D 游戏几乎都是用 Unity 开发的，因为 Unity 提供了专供 2D 游戏使用的组件，可以让我们快速制作 2D 游戏。本章将带领大家学习 2D 游戏是如何开发的。

■ 主要内容

- 精灵的使用方法
- 瓦片地图的使用方法
- 2D物理系统的使用方法
- 2D碰撞器的使用方法
- 2D动画系统的使用方法
- 2D游戏的制作方法

10.1 制作2D游戏

使用Unity开发3D游戏真的很简单，前面的知识已经能够让我制作出一款很棒的3D游戏了！

不仅可以开发3D游戏，Unity还可以进行2D游戏的开发。2D游戏的制作原理与3D游戏的相同，只需将制作3D游戏的部分组件换成2D的就可以了。下面就来看一看如何用Unity开发2D游戏吧。

10.1.1 创建2D项目

与3D游戏的制作方式相同，在创建工程项目时，需要先选择2D类型的模板进行2D游戏的制作，如图10-1所示。

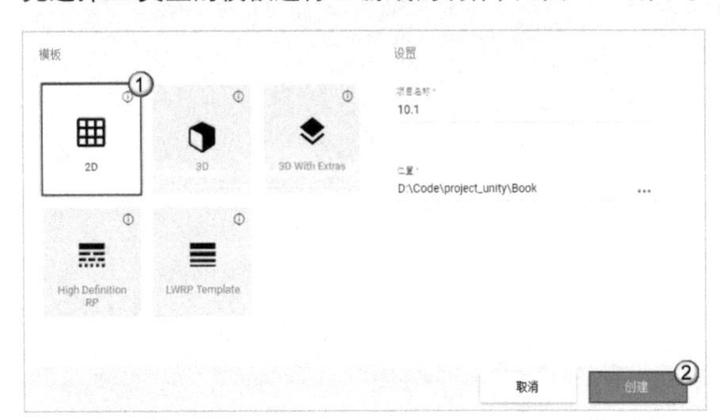

图10-1

技巧提示

在今天看来，虽然3D游戏的新作层出不穷，但是2D游戏仍然拥有大量玩家，如《愤怒的小鸟》和《星露谷物语》等游戏都是近年来比较成功的2D游戏，同样也是我们可以进行参考和学习的对象。

创建完成后进入Unity，在“检查器”面板中可以看到2D项目和3D项目的区别，那就是默认摄像机使用“正交”投影模式，并且不需要灯光，如图10-2所示。

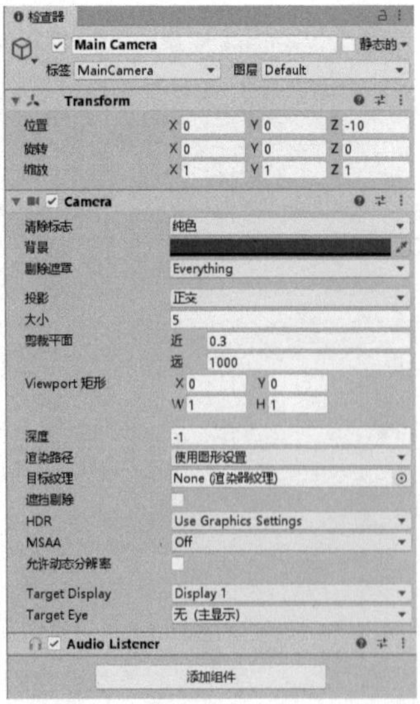

图10-2

技巧提示

摄像机的“大小”默认为5。在制作2D游戏时我们可以通过修改该数值来改变画面显示大小。

10.1.2 创建精灵

在创建精灵之前，需要加载并导入2D资源，下面以资源商店中的Backyard Top-Down Tileset资源为例对精灵进行说明。资源导入完成后，在“项目”面板中单击Backyard-Free/sample_ground，“检查器”面板如图10-3所示。

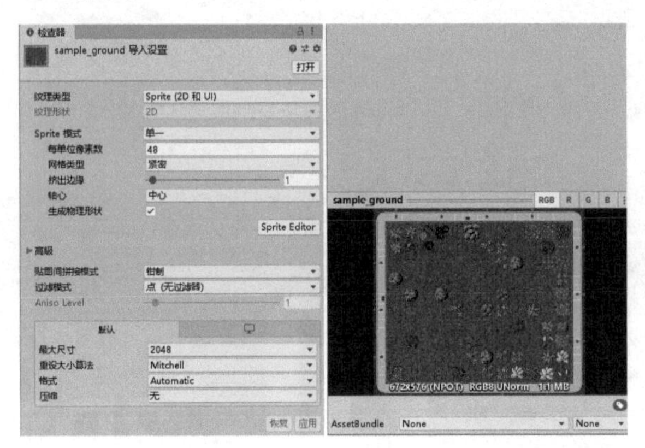

图10-3

精灵是2D游戏开发中的核心概念，这里将提到两个精灵，第1个精灵是指所有的图片素材，如果需要进行2D游戏开发，那么就要在“检查器”面板中将图片的“纹理类型”设置为Sprite（2D和UI）。从图10-3所示我们可以看到，从资源商店中下载的2D素材的“纹理类型”默认就是Sprite（2D和UI）。

第2个精灵是指在2D游戏开发中，画面中的所有内容都是以精灵的方式呈现的。选择“项目”面板中的Backyard-Free/sample_ground，然后将该素材拖曳到场景视图中的任意位置生成精灵游戏物体；也可以通过在“层级”面板中执行“创建>2D对象>精灵”命令来手动创建精灵，创建的精灵游戏物体包含了Sprite Renderer（精灵渲染器）组件，如图10-4所示。

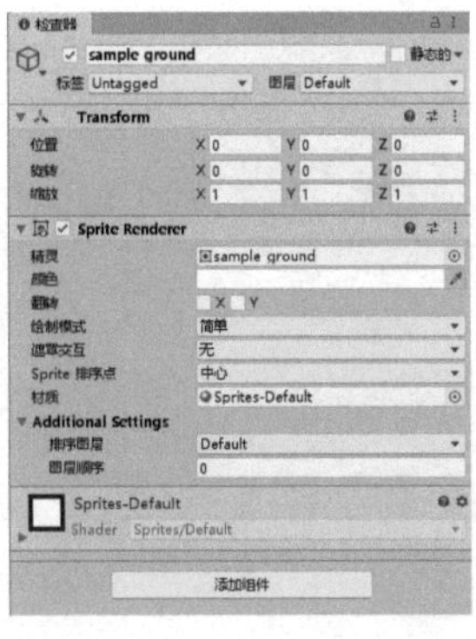

图10-4

重要参数介绍

精灵：需要进行渲染的精灵素材。

颜色：需要进行渲染的颜色。

翻转：在x轴或y轴上进行翻转。

绘制模式：有“简单”“切片”和“平铺”模式，与UI中的图像类似。

遮罩交互：与精灵遮罩的交互方式。

Sprite排序点： 确定用于排序的精灵位置。

材质： 渲染精灵使用的材质。

排序图层： 该精灵位于的图层。

图层顺序： 覆盖优先级，数值大的精灵会覆盖数值小的精灵。

10.2 瓦片地图

今天我听同事说想要研究2D游戏开发就必须了解瓦片地图，这个瓦片地图是什么？

你想想，3D游戏中的地图是怎么组成的？是通过一点一点地添加模型组成的。2D游戏中的地图也是一个道理，它也是通过大量的图片拼接而成的，这个拼接的地图就是瓦片地图。说不如做，我们来看一下瓦片地图是如何制作的吧。

10.2.1 创建瓦片地图

瓦片地图的创建方式十分简单，在“项目”面板中选择Backyard-Free/sample_ground，在“检查器”面板中可以看到该图片素材的“Sprite模式”为“多个”，说明该瓦片素材包含了多张图片，如图10-5所示。

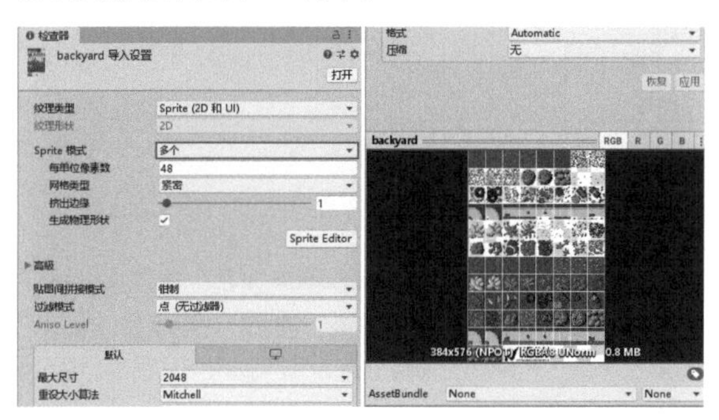

图10-5

单击Sprite Editor按钮 Sprite Editor ，在打开的“Sprite编辑器”面板中可以看到该素材内包含了很多张图片，包含地面、斜坡和石头等，这里素材已经切割完毕，如图10-6所示。

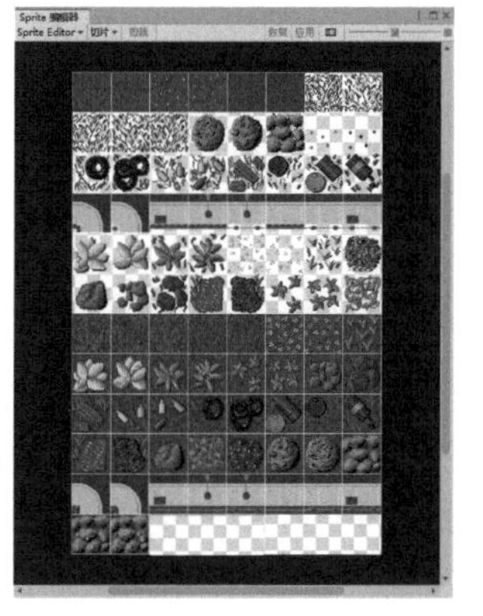

图10-6

技术专题：切片的3种类型

从资源商店下载的2D瓦片素材大多都是已切割好的，但是如果我们使用自己的素材，那么就需要自己进行切片。将素材切片并不难，在“项目”面板中选择需要切片的瓦片素材，然后在“检查器”面板中设置“Sprite模式”为“多个”，接着单击Sprite Editor按钮 Sprite Editor ，在弹出的“Sprite编辑器”面板中单击“切片”按钮 切片 ，选择“类型”后即可进行切片，如图10-7所示。

一般来说，切片的“类型”有“自动”“Grid By Cell Size”“Grid By Cell Count”3种。当切片的“类型”为“自动”时，选择好每个切片的轴心（系统默认为中心），单击“切片”按钮 切片 后，系统开始计算并切片，如图10-8所示。

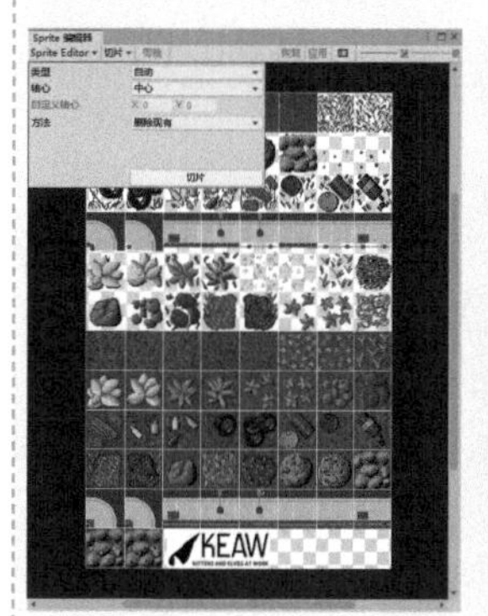

图10-7

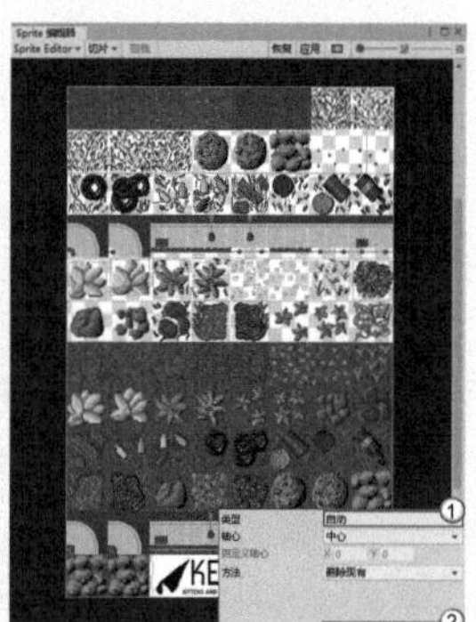

图10-8

当切片的“类型”为Grid By Cell Size时，会通过设置切片的像素大小来进行切片，如设置“像素大小”为48×48，单击“切片”按钮 切片 后，系统会以该像素为单位进行切片，如图10-9所示。

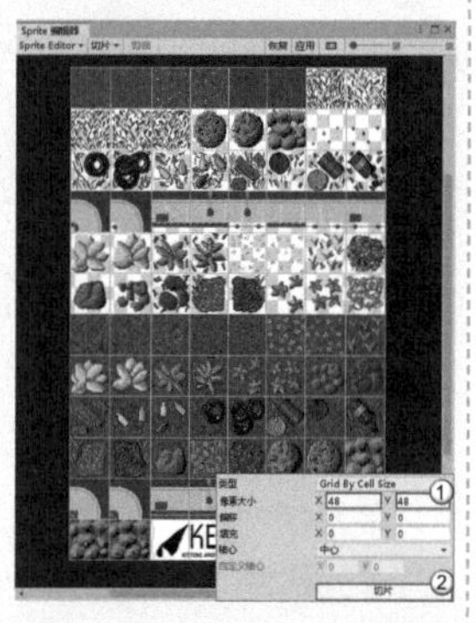

图10-9

当切片的“类型”为Grid By Cell Count时，会通过设置列与行来进行切片，如设置“列&行”为8列12行，单击“切片”按钮 切片 后，系统会以设定的列与行值来进行切片，如图10-10所示。

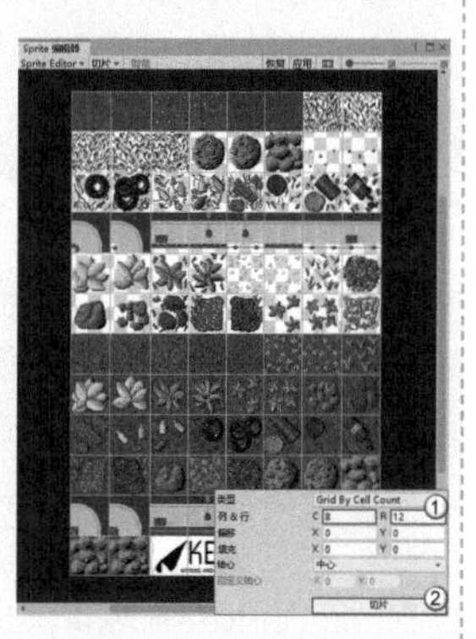

图10-10

切片完成后，选择一个切片，可以对该切片进行更加详细的设置，如图10-11所示。也可以按Delete键删除该切片。

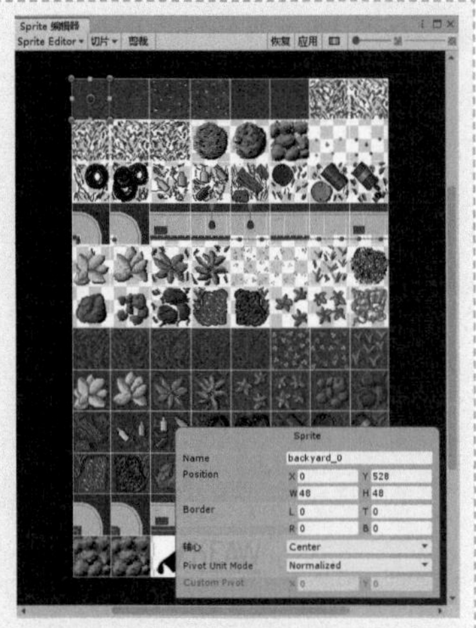

图10-11

1.Grid（网格）

准备好瓦片素材后，即可在场景中添加瓦片地图。在"层级"面板中执行"创建>2D对象>瓦片地图"命令，即可创建一个Grid游戏物体和一个Tilemap子物体，如图10-12所示。选择Grid游戏物体，"检查器"面板如图10-13所示。

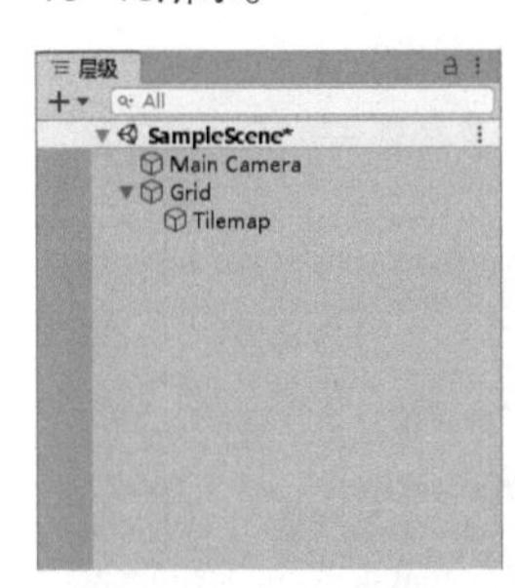

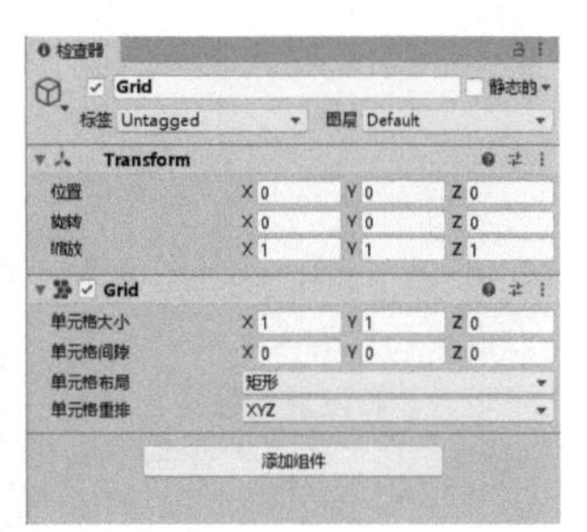

图10-12　　图10-13

重要参数介绍

单元格大小：每个单元格的大小。

单元格间隙：单元格之间的间隙大小。

单元格布局：单元格的布局样式。

单元格重排：按照选定轴将单元格重新排列。

2.Tilemap（瓦片地图）

Tilemap游戏物体即为瓦片地图，我们也可以创建多个Tilemap游戏物体并配合使用命名。我们可以将Tilemap想象成一个空白的画布，接下来开始学习怎样在画布上绘制地图。执行"面板>2D>平铺调色板"菜单命令，打开"平铺调色板"面板，展开"创建新调色板"面板，然后单击"创建"按钮 创建 ，接着在弹出的文件夹中选择保存的路径，即可在编辑器上创建一个New Palette（调色板），如图10-14所示。

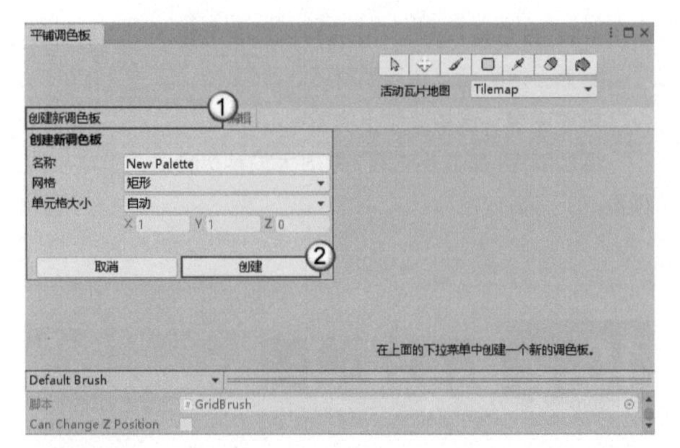

图10-14

技巧提示

因为版本不同，所以如果Unity中不包含"面板>2D>平铺调色板"菜单命令，那么可执行"面板>Package Manager"菜单命令，在弹出的面板中找到Tilemap Editor 2D（2D瓦片地图编辑器）选项，然后单击右下角的Install（安装）按钮 Install ，如图10-15所示。

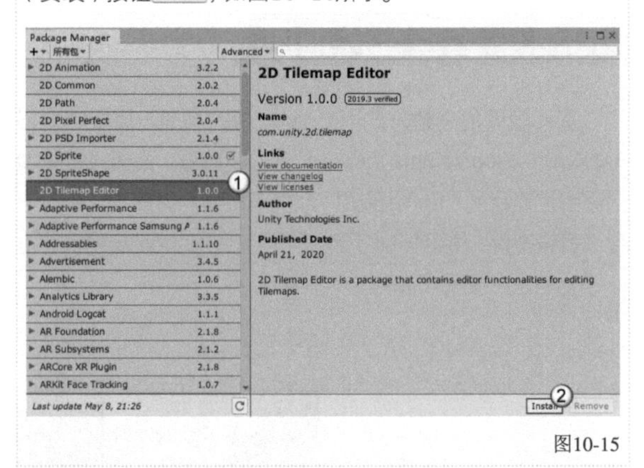

图10-15

创建完成后，在该项目对应的文件夹中会生成一个预制件，这时不需要对该预制件进行修改。将"项目"面板中的Backyard-Free/backyard拖入"平铺调色板"面板中，如图10-16所示。

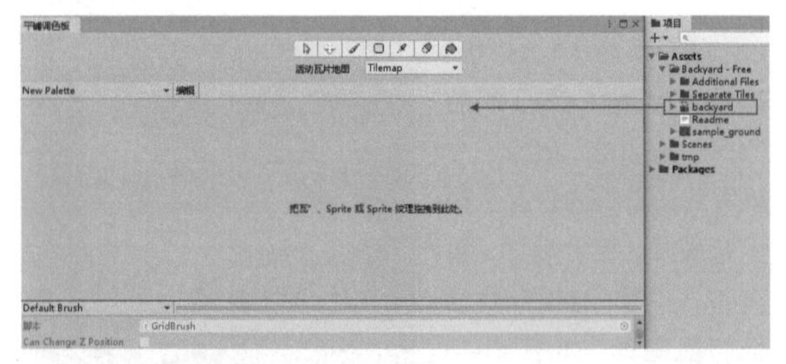

图10-16

在弹出的文件夹中选择瓦片的生成位置，可创建新文件夹并重命名，由该文件夹保存瓦片内容。保存完成后，所有的瓦片内容都将显示在"平铺调色板"面板中，如图10-17所示。

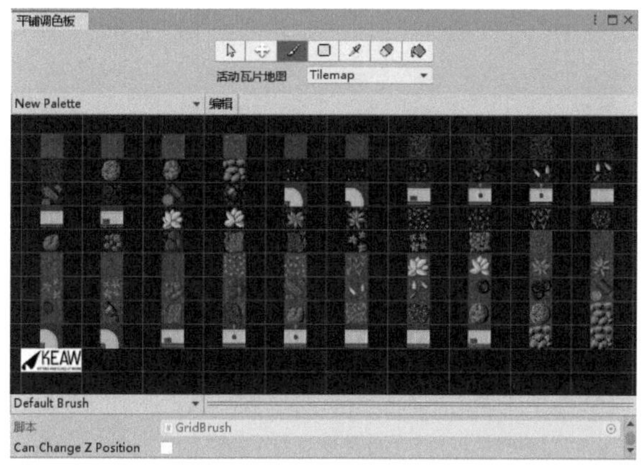

图10-17

技巧提示

创建地图时需要保存地图文件，在拖曳素材时同样需要选择保存路径，以便保存切片文件，读者不需要知道相关操作原理，按照要求保存即可。

10.2.2 绘制瓦片地图

在“平铺调色板”面板中选择工具，然后选择一个切片，即可在场景中进行地图的绘制，如图10-18所示。

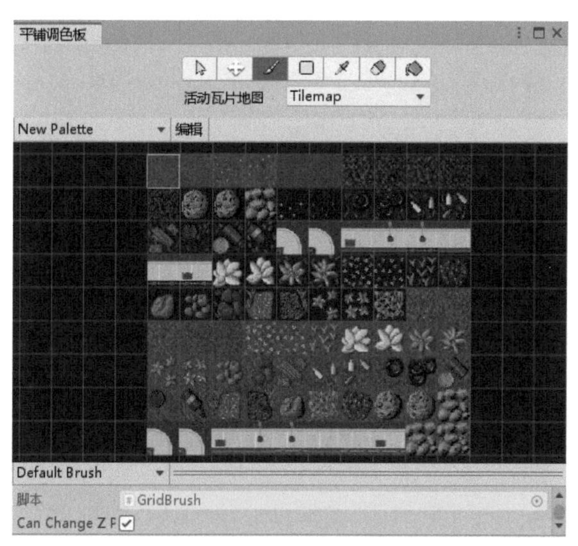

图10-18

重要工具介绍

选择：在场景中选择一个区域的格子。

移动：移动选择的格子。

笔刷：使用选择的瓦片在场景中进行绘制，如图10-19所示。

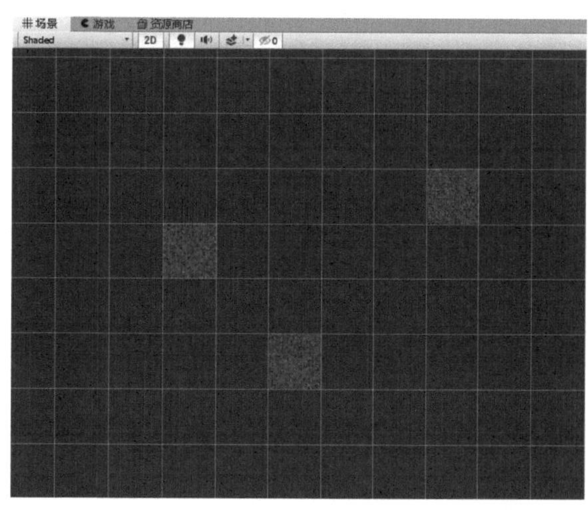

图10-19

矩形：使用选择的瓦片在场景中进行区域绘制，如图10-20所示。

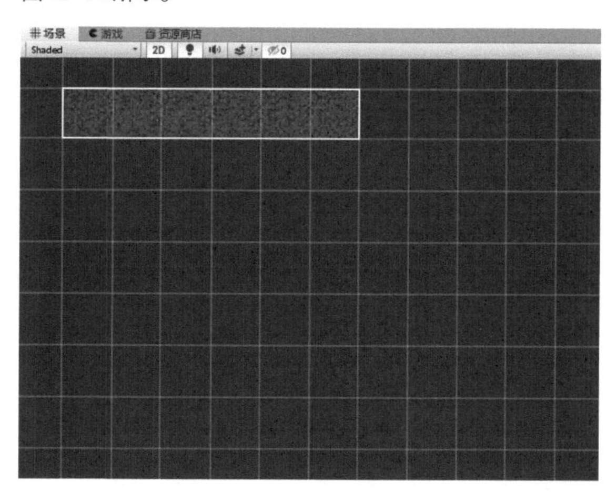

图10-20

拾取：更改当前绘制的瓦片为场景中选择的瓦片。

橡皮：擦除在场景中绘制的瓦片。

填充：在场景中填充瓦片。

操作演示：绘制花园

素材位置 无

实例位置 实例文件>CH10>操作演示：绘制花园

难易指数 ★★☆☆☆

学习目标 掌握精灵切片的使用方法

本例将绘制2D游戏的地图，效果如图10-21所示。

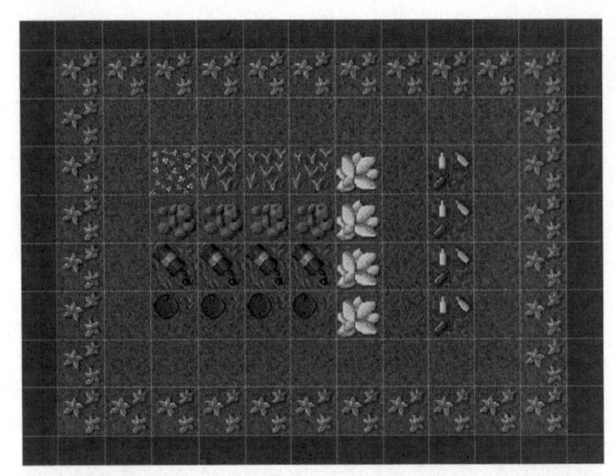
图10-21

1.实现路径

01 下载并导入资源。

02 创建一个瓦片地图。

03 将下载的资源导入“平铺调色板”面板中。

04 从“平铺调色板”面板中选择对应的图案绘制花园。

2.操作步骤

01 执行“窗口>资源商店”菜单命令，在资源商店中下载并导入Backyard Top-Down Tileset，如图10-22所示。

02 在“项目”面板中选择Backyard-Free/backyard，然后在“检查器”面板中单击Sprite Editor按钮Sprite Editor，在打开的“Sprite编辑器”面板中可以看到下载的素材是已经切割完毕的，如图10-23所示。

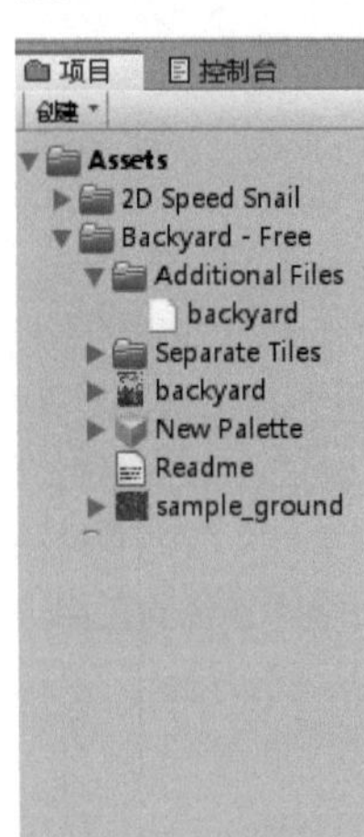

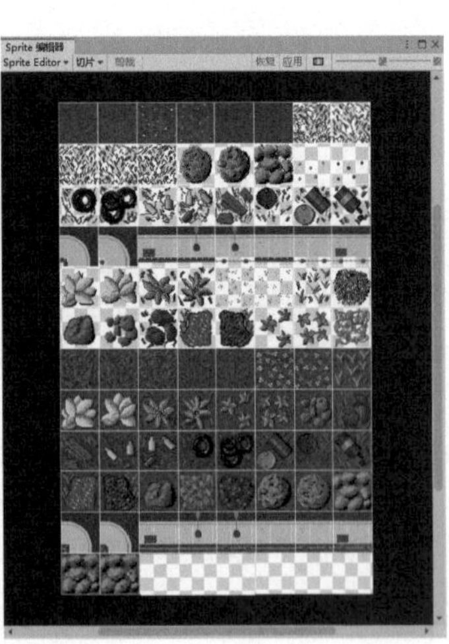

图10-22　图10-23

03 准备好瓦片素材后，在场景中添加瓦片地图。在“层级”面板中执行“创建>2D对象>瓦片地图”命令，然后执行“窗口>2D>平铺调色板”菜单命令打开“平铺调色板”面板，展开“创建新调色板”面板，单击“创建”按钮创建创建一个New Palette，如图10-24所示。

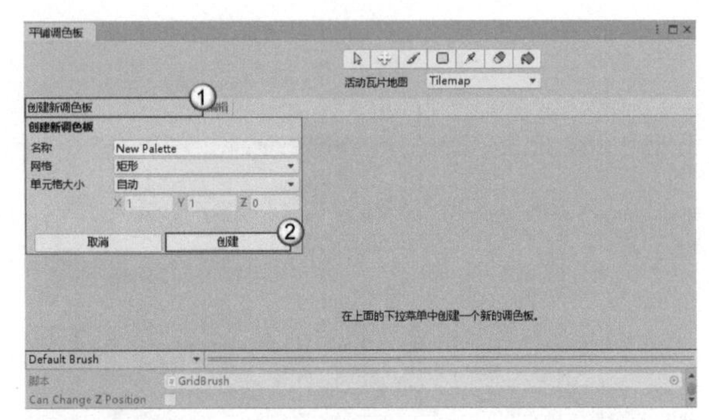

图10-24

04 创建完成后，在该项目对应的文件夹中会生成一个预制件，这时不需要对该预制件进行修改。将“项目”面板中的Backyard-Free/backyard拖入“平铺调色板”面板中，如图10-25所示。

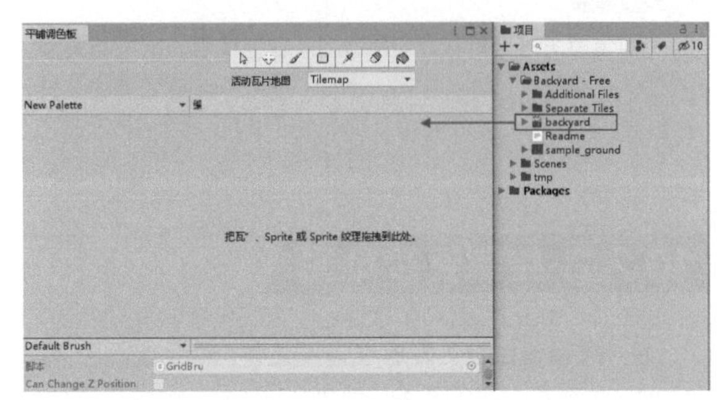

图10-25

05 拖曳完成后，在弹出的文件夹中选择瓦片的生成位置，创建新文件夹并命名为tile。然后在场景视图中选择第一个切片素材，接着使用“矩形”工具绘制尺寸为11像素×8像素的地图，如图10-26所示，效果如图10-27所示。

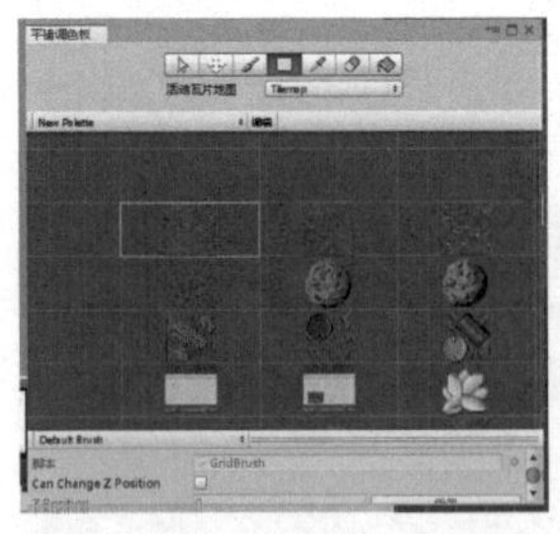

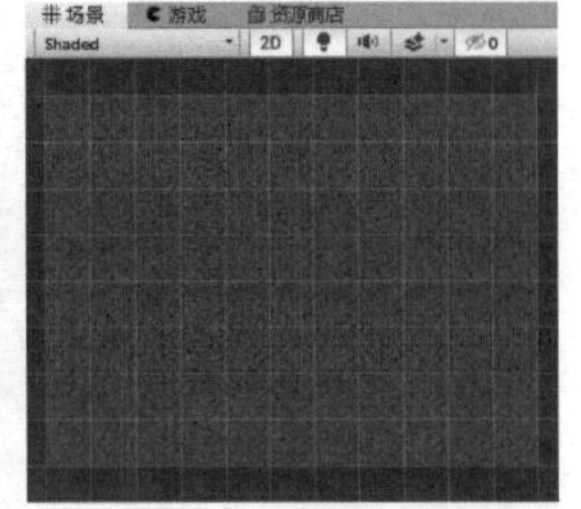

图10-26　图10-27

06 使用“平铺调色板”面板中的工具绘制花园图案，选择图10-28所示的切片素材，绘制完成后的效果如图10-29所示。

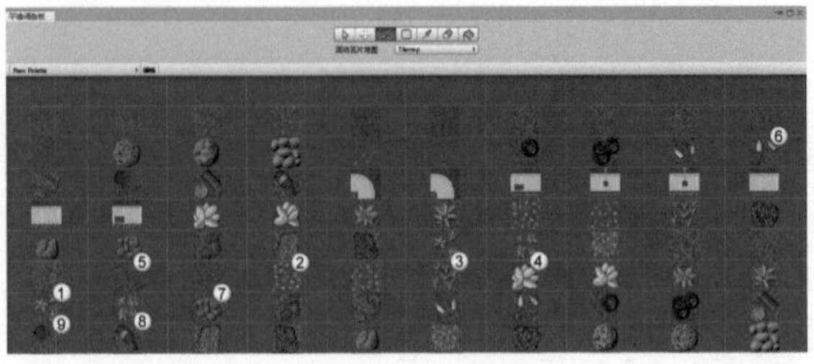

图10-28

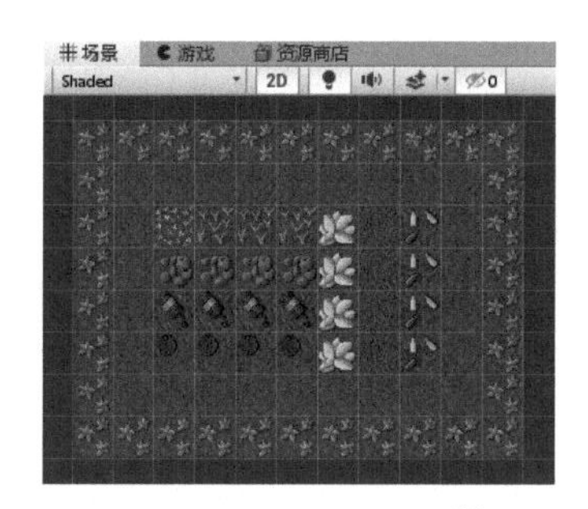

图10-29

10.3 2D物理与动画

制作2D游戏简直太有趣了，我已经停不下来了！不过如果我要制作一个角色，并为它添加物理效果，那么方法和制作3D游戏的一样吗？

方法基本相同，只是不能再用3D项目中的组件，Unity提供了一系列2D项目专用的物理组件，我们一起来认识一下。

10.3.1 精灵刚体与碰撞

在资源商店中下载并导入2D Speed Snail，然后在“项目”面板中将2D Speed Snail/Assets/Scenes/Example/Ground 9Slice 0000拖曳到场景视图中，效果如图10-30所示。

图10-30

该游戏物体将作为一个简单的地面，对其进行拉伸并放大后，我们就应该为其添加一个碰撞器组件。2D游戏物体有一系列专用的碰撞器组件，可以选择为该地面添加Box Collider 2D（2D盒状碰撞器）组件，并设置合适的碰撞“大小”，如图10-31所示。

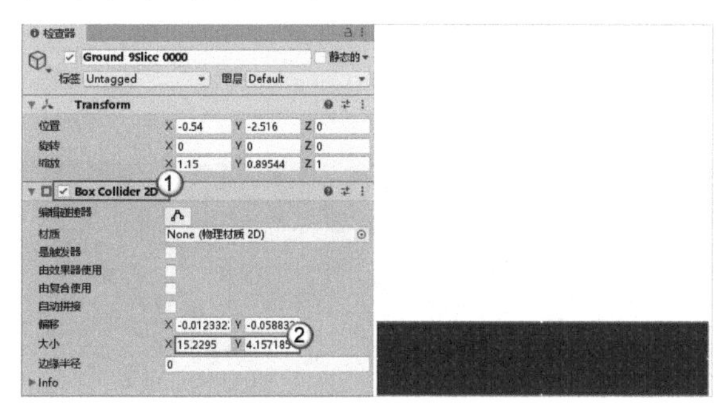

图10-31

技术专题：放大游戏物体后如何不失真

在制作2D游戏的过程中，我们或多或少都需要对游戏物体进行拉伸并放大，但是当放大后，会发现游戏物体出现了失真效果，如图10-32所示。

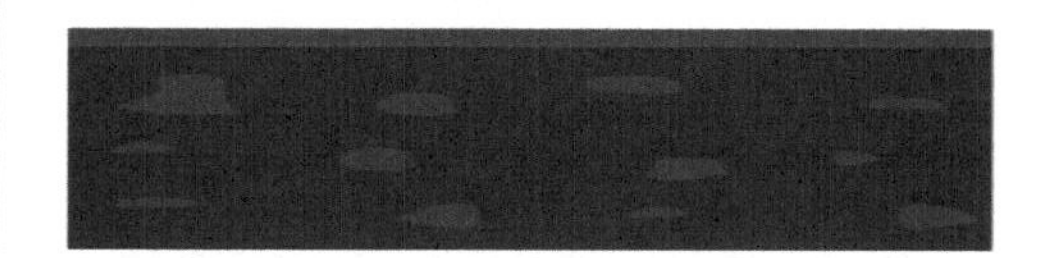

图10-32

如果希望游戏物体不因拉伸而失真，而是用平铺的方式来显示，那么处理的方法就很简单了。选择游戏物体，然后设置“绘制模式”为“已平铺”，如图10-33所示。这时场景中的地面已经显示为平铺效果，如图10-34所示。

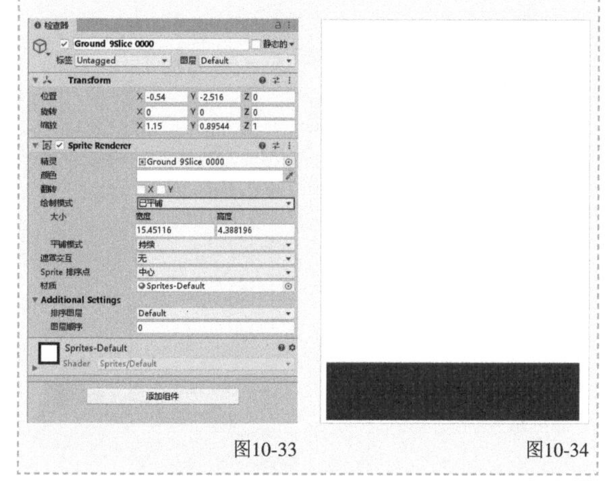

图10-33 图10-34

创建一个角色，使其与地面发生碰撞。在“项目”面板中将2D Speed Snail/Assets/Sprites/IDLE/IDLE_Snail_0000拖曳到场景视图中，效果如图10-35所示。

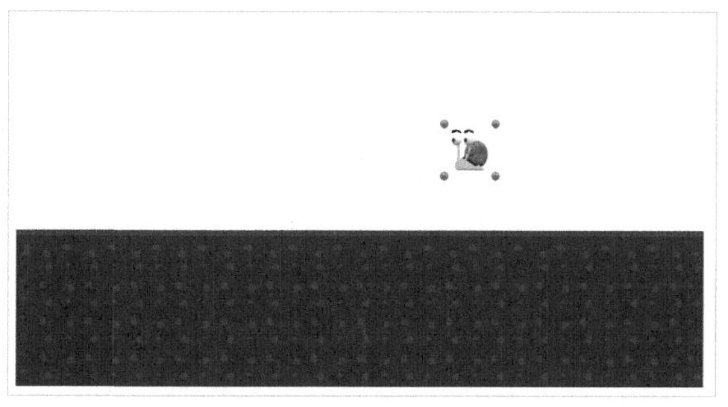

图10-35

为角色添加Rigidbody 2D（2D刚体）组件和Circle Collider 2D（2D圆形碰撞器）组件，如图10-36所示，运行结果如图10-37所示。

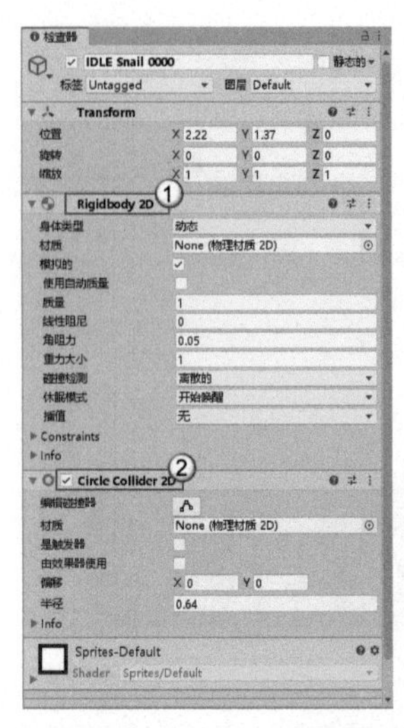

图10-36

图10-37

技术专题：冻结角色旋转

如果不希望角色向下滚动，那么只需要在Circle Collider 2D组件中勾选“冻结旋转”选项，如图10-38所示。角色在下斜坡时便不会滚动，如图10-39所示。

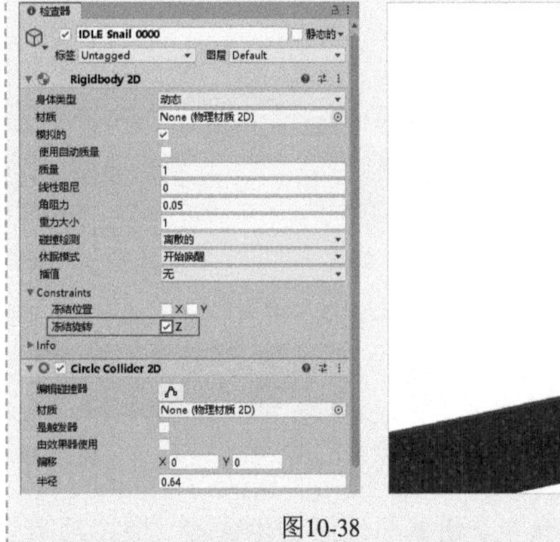

图10-38

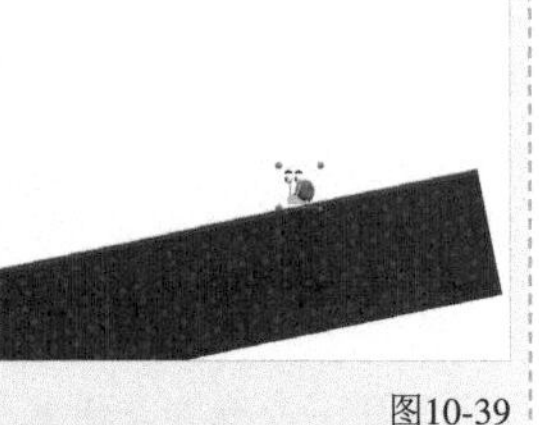

图10-39

10.3.2 瓦片地图碰撞器

给单个精灵添加碰撞器非常容易，但是一个瓦片地图是由多个切片组成的，一个切片一个切片地添加碰撞器太困难了，而且也会浪费大量时间。Unity为我们提供了一个组件，可简单地为瓦片地图添加碰撞器。

1.添加碰撞器

要为瓦片地图添加碰撞器，可以选择Tilemap游戏物体，然后为其添加Tilemap Collider 2D（2D瓦片地图碰撞器）组件。注意瓦片地图碰撞器并不在组件的2D物理分类中，而在瓦片地图的分类中，添加完成后的“检查器”面板如图10-40所示。

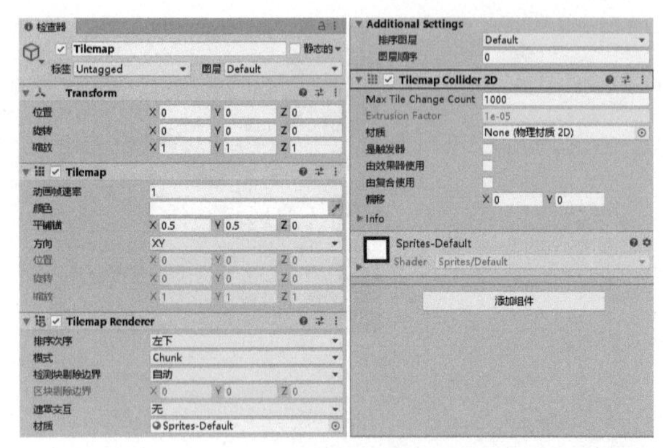

图10-40

完成组件的添加后，每一个瓦片图块都被绿色的碰撞器边缘包围了起来，也就完成了每一个切片的碰撞器的添加，如图10-41所示。

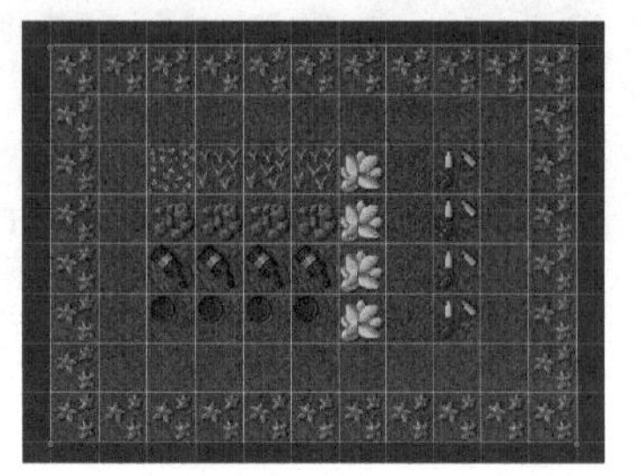

图10-41

2.修改碰撞模式

如果想修改物体的碰撞模式，那么需要在“项目”面板中选择创建好的瓦片，如tile/backyard_0，然后在“检查器”面板中设置“碰撞器类型”为“网格”，如图10-42所示。修改完成后，游戏中的碰撞模式已经发生了改变，精灵碰撞和网格碰撞的区别如图10-43所示。

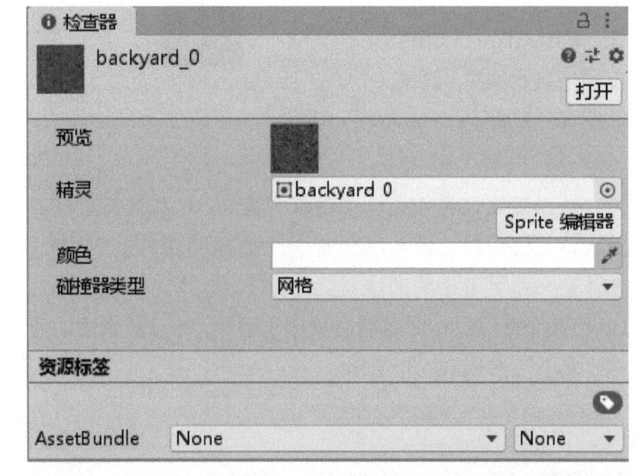

图10-42

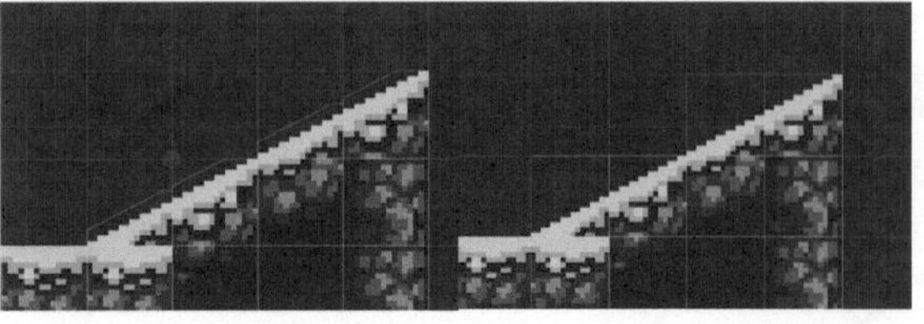

图10-43

10.3.3 2D动画

在2D游戏中，需要使用多张图片进行帧动画的制作。在10.3.1小节中我们制作了一个蜗牛角色在斜坡上移动，现在我们来为该蜗牛角色制作一个站立动画。选择蜗牛角色，然后为其添加Animator（动画器）组件，接着在“项目”面板中执行“创建>动画器控制器”命令创建一个动画控制文件并关联到Animator组件，如图10-44所示。

图10-44

在“项目”面板中双击创建好的动画控制器文件，打开“动画器”面板，这时候可以看到其中没有任何一个动画，如图10-45所示。

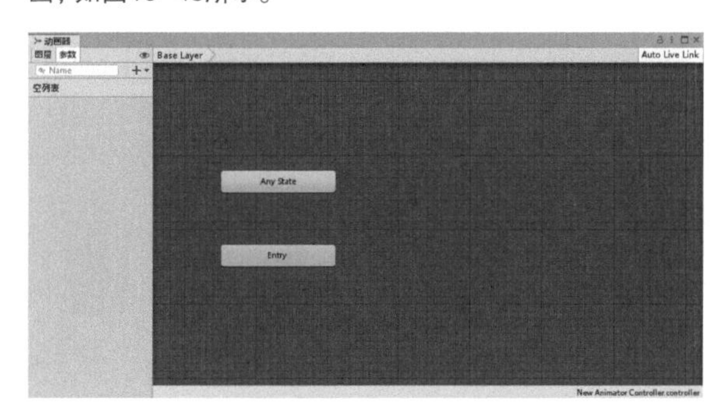

图10-45

在“层级”面板选择2D Speed Snail/Assets/Sprites/IDLE/IDLE_Snail_0000，然后执行“面板>动画>动画”菜单命令打开“动画”面板，如图10-46所示。接着单击“创建”按钮 创建 并将新创建的动画命名为idle。

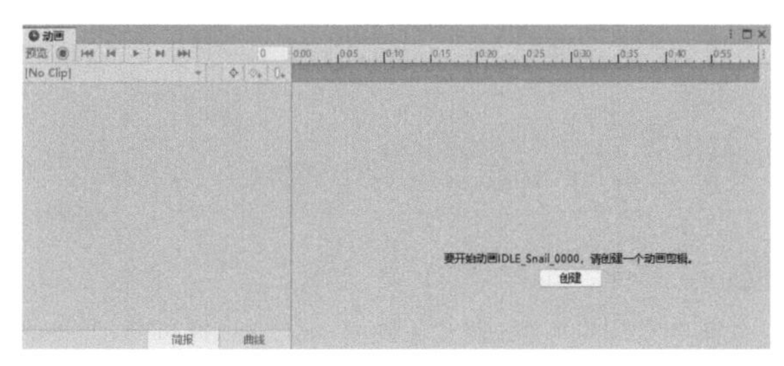

图10-46

选择“项目”面板的2D Speed Snail/Assets/Sprites/IDLE文件夹内的全部图片素材，然后都拖曳到“动画”面板中，如图10-47所示，效果如图10-48所示。

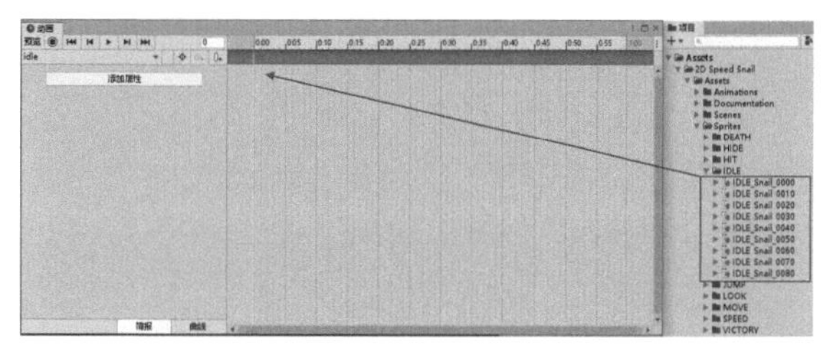

图10-47

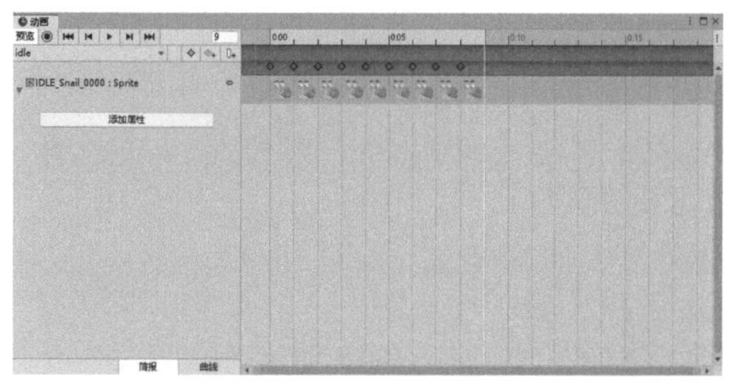

图10-48

这时“动画器”面板中也出现了该动画，并将其设置为默认动画，如图10-49所示，运行结果如图10-50所示。

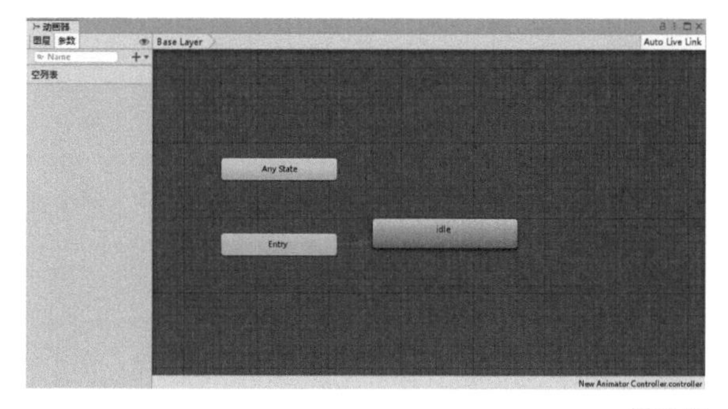

图10-49

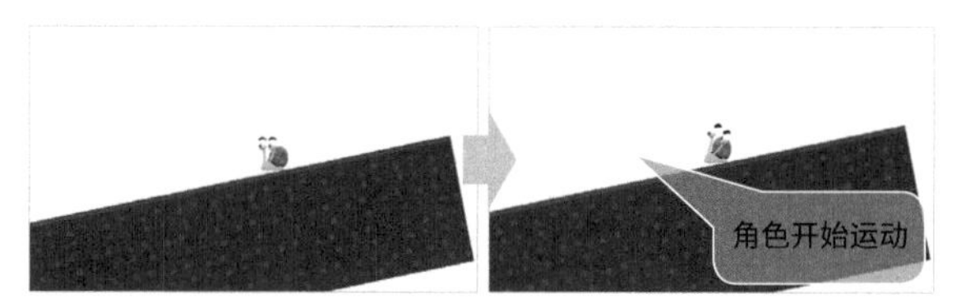

图10-50

技巧提示

如果需要创建其他动画，那么在“动画”面板中执行“idle>创建新剪辑”命令创建一个新剪辑即可，如图10-51所示。

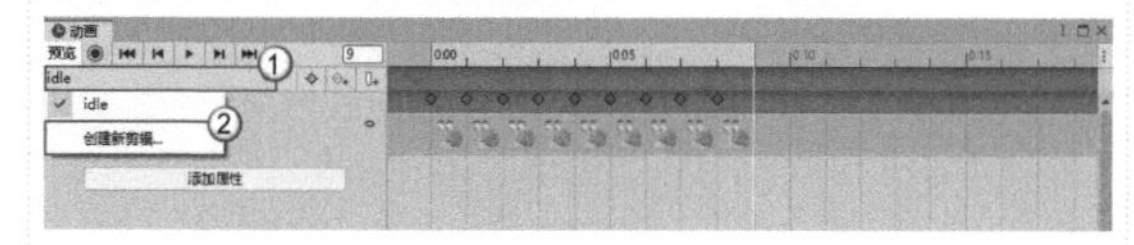

图10-51

实例：跳一跳

素材位置　无
实例位置　实例文件>CH10>实例：跳一跳
难易指数　★★★☆☆
学习目标　掌握2D物理系统和动画的使用方法

本例将制作角色弹跳的2D游戏，效果如图10-52所示。

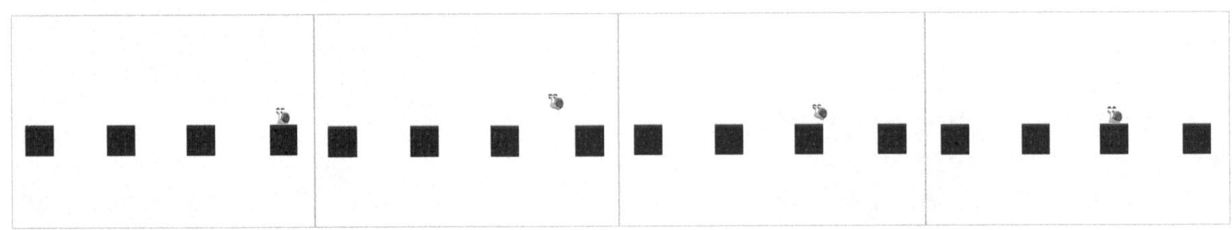

图10-52

1.实现路径

01 下载并导入素材资源。

02 创建地面物体，并复制多个。

03 创建角色并为其设置动画器和物理组件。

04 为角色编写脚本，增加跳跃功能。

技巧提示

本例使用10.3.1小节导入的2D Speed Snail进行制作。

2.操作步骤

01 将“项目”面板中的2D Speed Snail/Assets/Scenes/Example/Ground 9Slice 0000拖曳到场景视图中，效果如图10-53所示。并命名为Ground，同时设置“标签”为Ground，然后为其添加Box Collider 2D组件，如图10-54所示。

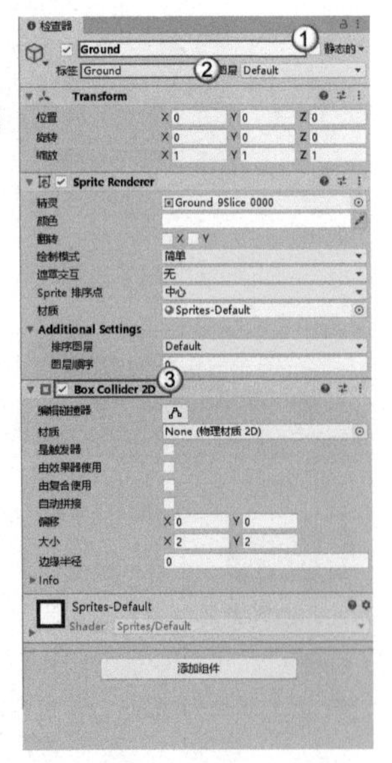

图10-53　图10-54

02 在“层级”面板中选择Ground游戏物体并复制3个，然后将它们分隔开进行布局，间距保持相同即可，如图10-55所示。

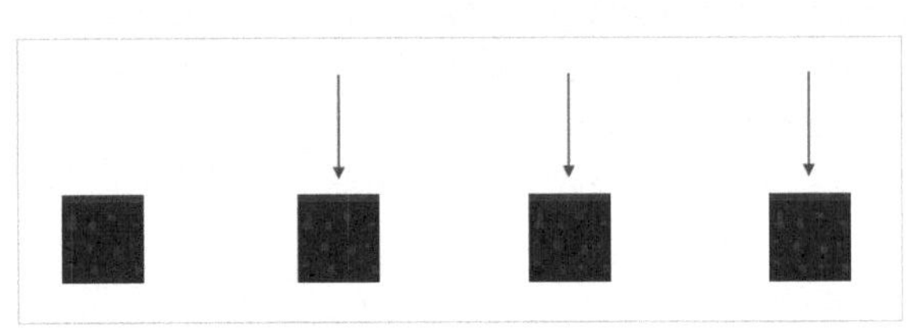

图10-55

03 将“项目”面板中的2D Speed Snail/Assets/Sprites/IDLE/IDLE_Snail_0000拖曳到场景视图中，效果如图10-56所示。并命名为Player，然后为其添加Rigidbody 2D组件和Circle Collider 2D组件。为了防止角色旋转，还需要在Rigidbody 2D组件中勾选“冻结旋转”选项，如图10-57所示。

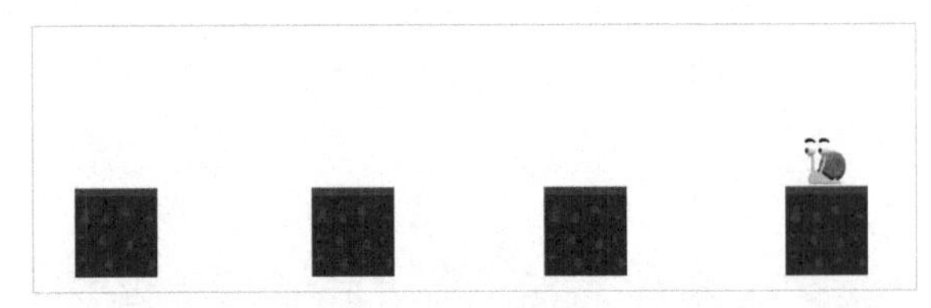

图10-56

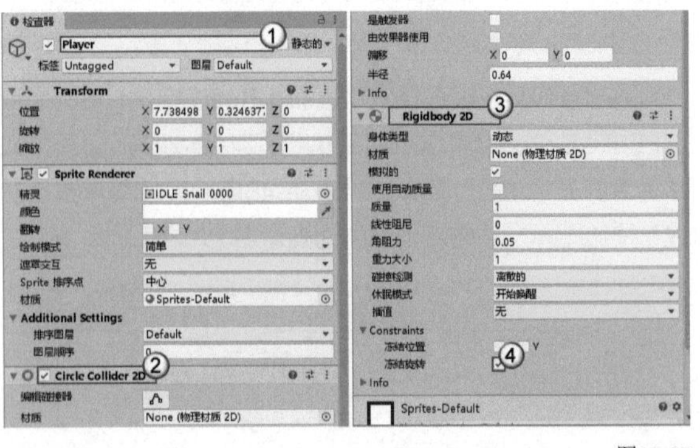

图10-57

04 为Player添加Animator组件，然后在“项目”面板中执行“新建>动画器控制器”命令创建一个动画控制器文件，并将该文件关联到Animator组件上，如图10-58所示。

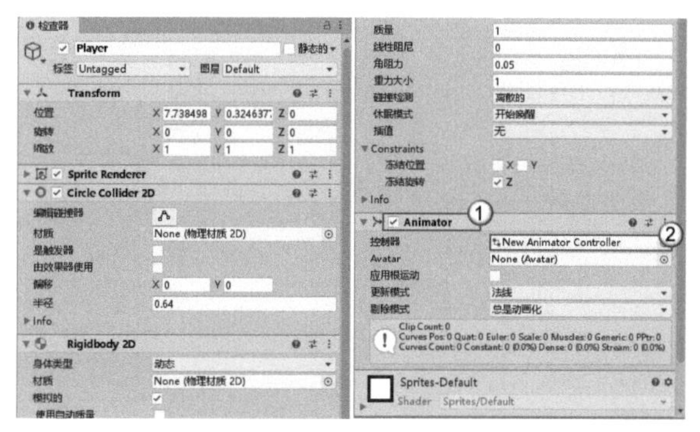

图10-58

05 双击步骤04创建的动画控制文件打开“动画器”面板，切换到“参数”选项卡，单击“创建”按钮+添加一个Trigger类型的参数，并命名为Jump；然后在“项目”面板中将2D Speed Snail/Assets/Animations文件夹中的IDLE_Snail、JUMPstart_Snail和JUMPend_Snail拖曳到“动画器”面板中，如图10-59所示，并取消勾选JUMPstart _Snail和JUMPend_Snail的“循环时间”选项，如图10-60和图10-61所示。

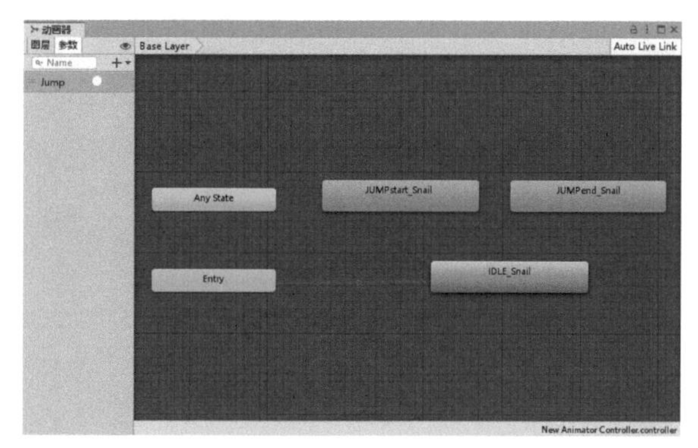

图10-59

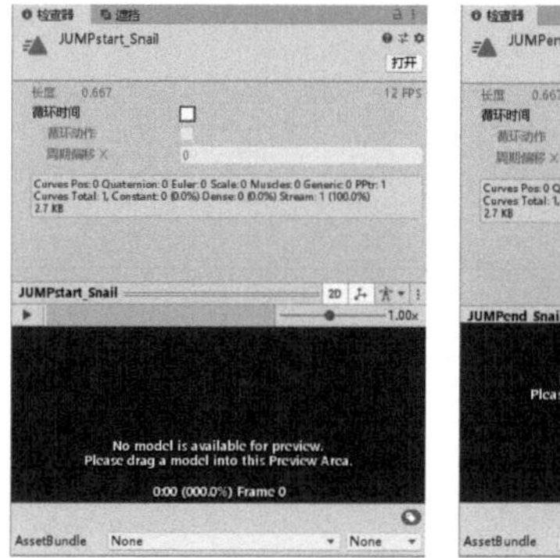

图10-60

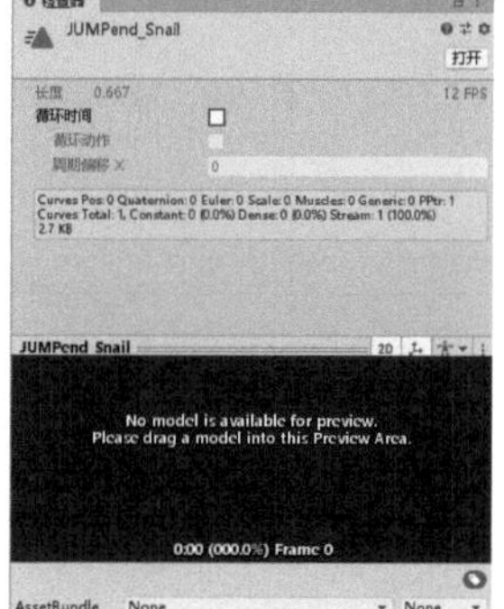

图10-61

06 在“动画器”面板中选择JUMPstart_Snail，然后单击鼠标右键，选择“创建过渡”选项，产生与JUMPend_Snail的关联；选择JUMPend_Snail，然后单击鼠标右键，选择“创建过渡”选项，产生与IDLE_Snail的关联；选择IDLE_Snail，然后单击鼠标右键，选择“创建过渡”选项，产生与JUMPstart_Snail的关联，如图10-62所示。

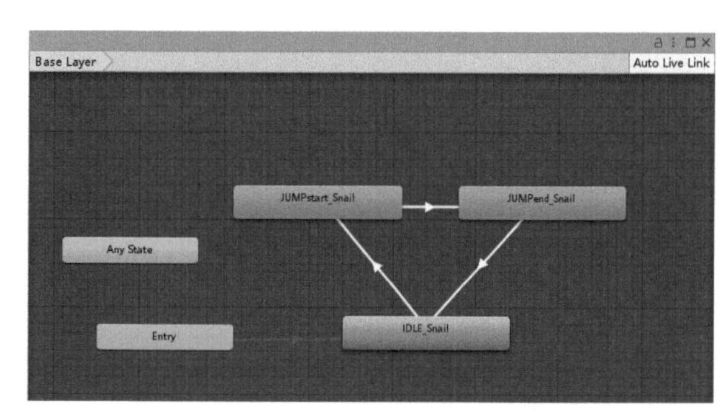

图10-62

07 单击IDLE_Snail到JUMPstart_Snail的过渡线，然后在“检查器”面板中单击“创建”按钮+，选择Conditions（条件）为Jump，并取消勾选“有退出时间”选项，如图10-63所示。

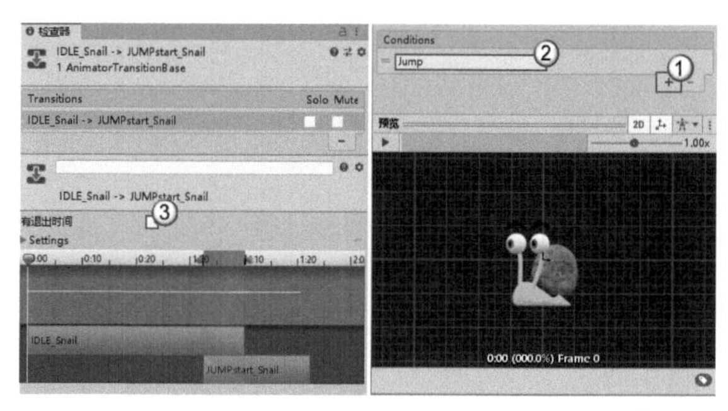

图10-63

08 在“项目”面板中执行“创建>C#脚本”命令创建一个脚本，并命名为PlayerControl，然后挂载到Player物体上。编写的脚本代码如下，游戏的运行情况如图10-64所示。

输入代码

```
using UnityEngine;

public class PlayerControl : MonoBehaviour
{
    //2D刚体
    private Rigidbody2D rbody;
    //动画器组件
    private Animator ani;
    //是否碰到地面
    private bool isGround = false;
    //计时器
    private float timer = 0;
    void Start()
    {
        //获得刚体组件
        rbody = GetComponent<Rigidbody2D>();
        //获得动画器组件
        ani = GetComponent<Animator>();
    }

    void Update()
    {
        //按下鼠标左键
        if (Input.GetMouseButtonDown(0))
```

```
    {
        //初始化计时器时间
        timer = 0;
    }
    //按住鼠标左键
    if (Input.GetMouseButton(0))
    {
        //计时中
        timer += Time.deltaTime;
    }
    //松开鼠标左键并且角色位于地面上
    if (Input.GetMouseButtonUp(0) && isGround == true)
    {
        //给刚体一个向左上方的力
        rbody.AddForce(new Vector2(-1, 1) * timer * 200);
        //播放跳跃动画
        ani.SetTrigger("Jump");
    }
}
//这里注意，碰撞与触发的方法也要用2D游戏对应的方法
//开始碰撞
private void OnCollisionEnter2D(Collision2D collision)
{
    //如果碰到地面
    if (collision.collider.tag == "Ground")
    {
        isGround = true;
    }
}
//结束碰撞
private void OnCollisionExit2D(Collision2D collision)
{
    //如果离开地面
    if (collision.collider.tag == "Ground")
    {
        isGround = false;
    }
}
}
```

运行游戏

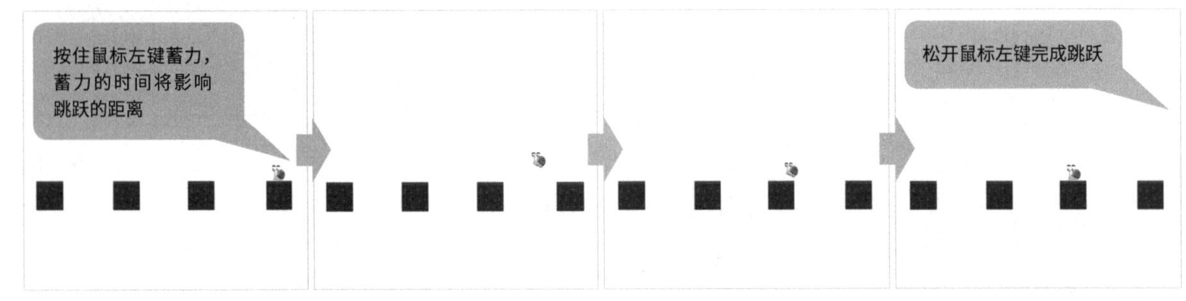

图10-64

10.4 综合案例：小岛历险记

素材位置 无
实例位置 实例文件>CH10>综合案例：小岛历险记
难易指数 ★★★☆☆
学习目标 掌握2D横版游戏的制作方法，了解2D游戏的开发流程

本例将制作岛屿冒险的2D游戏，效果如图10-65所示。

图10-65

10.4.1 游戏描述

在制作游戏之前，了解游戏的玩法有助于掌握技术点的使用方法并理解游戏的制作逻辑。

1.玩法介绍

在本例的小岛历险游戏中，玩家控制角色在场景中四处走动，可以通过跑步和跳跃等动作吃到场景中的果实，并对吃到的果实计数。

2.实现路径

01 下载并导入资源，然后绘制小岛地图。

02 为游戏添加主要角色，导入角色需要播放的站立、跑步、起跳和下落动画，实现角色的跑步动画、移动动画和跳跃动画。

03 为游戏添加一个事件，当角色碰到果实的时候，可以吃掉果实；为游戏添加果实，当角色碰到果实的时候，果实被销毁；为游戏添加计分界面，当角色碰到果实的时候，显示吃掉的果实个数。

10.4.2 冒险小岛

先从资源商店中下载一个瓦片素材资源，然后使用瓦片素材来拼接一个2D游戏场景。

01 创建一个新的工程，执行“窗口>资源商店”菜单命令，在资源商店中下载并导入Sunnyland，如图10-66所示。

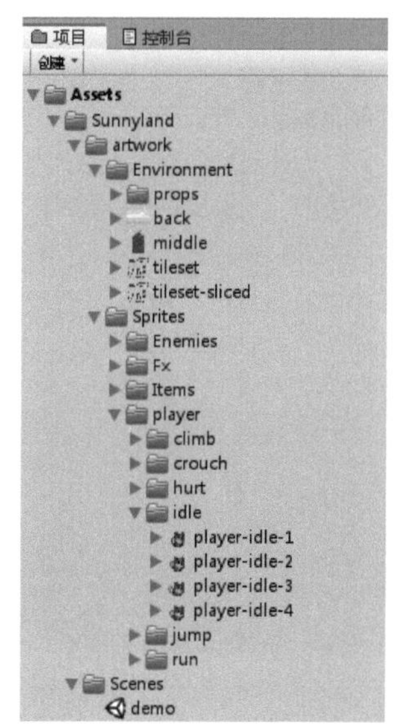

图10-66

02 在“项目”面板中选择Sunnyland/artwork/Environment/tileset-sliced，然后在“检查器”面板中单击Sprite Editor按钮Sprite Editor，该素材内包含了地面、斜坡和石头等资源，如图10-67所示。接下来需要拼接这些内容，并创建一个完整的地图。

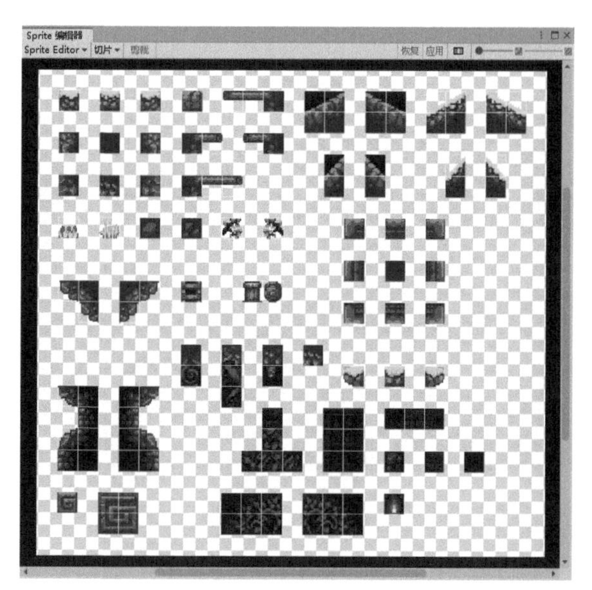

图10-67

03 在“层级”面板中执行“创建>2D对象>瓦片地图”菜单命令，然后执行“面板>2D>平铺调色板”菜单命令打开“平铺调色板”面板，接着单击“创建”按钮创建在编辑器上创建一个新调色板，如图10-68所示。

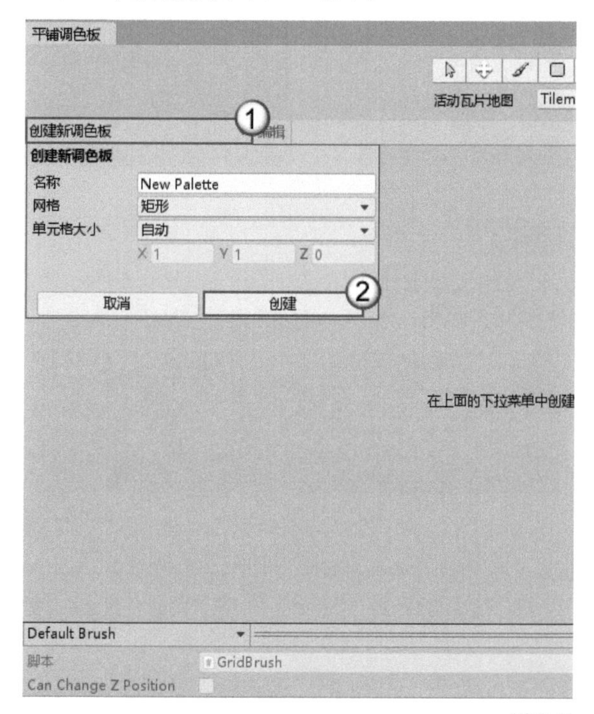

图10-68

04 将“项目”面板中的Sunnyland/artwork/Environment/tileset-sliced拖曳到“平铺调色板”面板中，系统会让我们选择瓦片的生成位置，这里创建一个新文件夹，将瓦片都放到该文件夹中。保存完成后，就能在“平铺调色板”面板中看到瓦片内容，如图10-69所示。

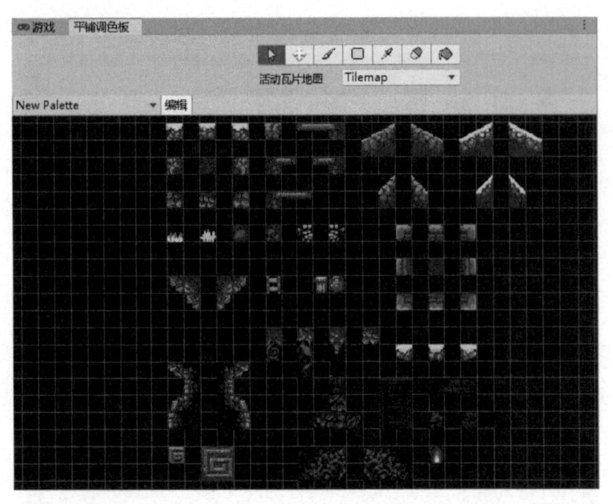

图10-69

05 在绘制地图之前，需要对瓦片的大小进行设置。每个瓦片的大小均为16像素×16像素，但是格子的默认大小为1像素×1像素。因为图片默认使用了1:100的像素比例，所以这里需要将格子的大小调整为0.16×0.16，即与素材的瓦片大小相同。在“层级”面板中选择Grid游戏物体，然后设置“单元格大小”的X属性为0.16，Y属性为0.16，如图10-70所示，效果如图10-71所示。

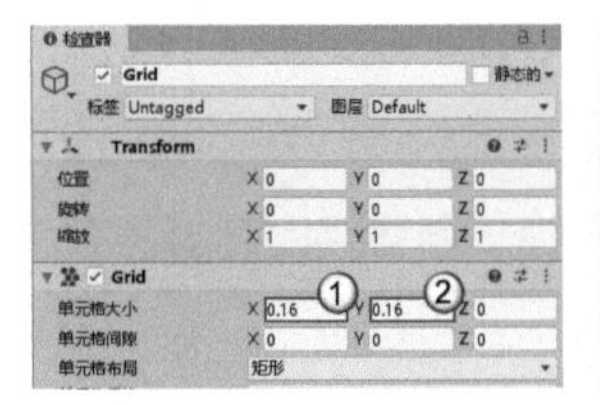

图10-70

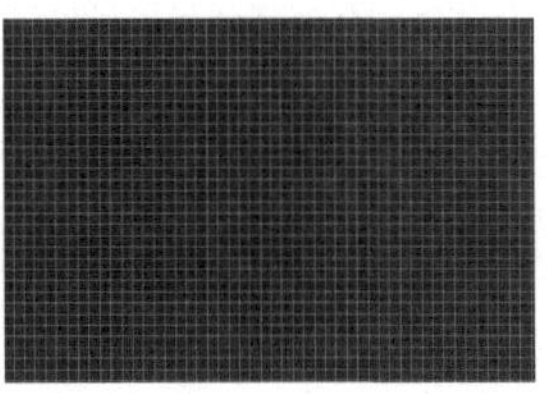

图10-71

技巧提示

如果没有对瓦片的大小进行设置，那么填充的图案将无法占据全部的格子，如图10-72所示。

图10-72

06 设置完成后，摄像机区域的格子变得十分紧凑，所以在“层级”面板中选择Main Cinema，然后在Camera(摄像机)组件中设置“大小”为1，如图10-73所示，效果如图10-74所示。

图10-73

图10-74

07 绘制地图的顺序是先拖曳背景，再拼接瓦片。将“项目”面板中的Sunnyland/artwork/Environment/back拖曳到场景视图中，效果如图10-75所示。

图10-75

08 在“平铺调色板”面板中选择瓦片，然后在场景中使用工具进行地图的绘制，绘制完成后的效果如图10-76所示。

图10-76

技巧提示

如果添加的背景将瓦片覆盖了，那么可选择“层级”面板中的back游戏物体，然后在Sprite Renderer组件中设置“图层顺序”为-1或更小，如图10-77所示。若在后续的操作中遇到同样的问题，也是一样的方法。

图10-77

09 在“层级”面板中选择Tilemap游戏物体，设置“标签”为Ground然后添加Tilemap Collider 2D组件，添加完成后的“检查器”面板如图10-78所示。

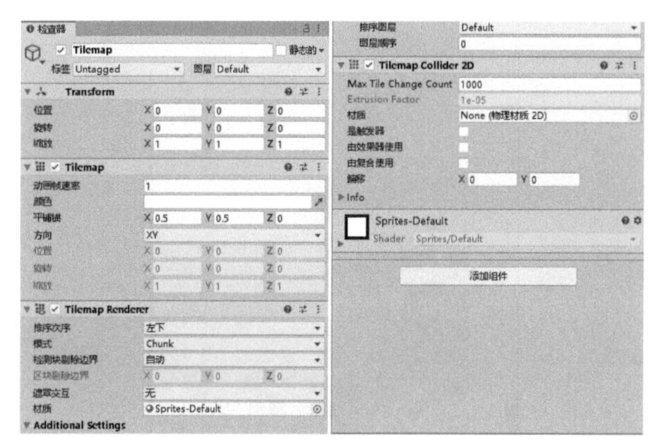

图10-78

10.4.3 添加角色

01 在“项目”面板中将Sunnyland/Sprites/player/idle/player-idle-1拖曳到场景视图中生成一个角色精灵。为了确保精灵在背景的上方，在Sprite Renderer组件中设置“图层顺序”为1，如图10-79所示。

图10-79

02 为角色添加Rigidbody 2D组件和Capsule Collider 2D（2D胶囊碰撞器）组件。由于角色永远都不会旋转，因此需要在Rigidbody 2D组件中勾选“冻结旋转”选项，防止角色旋转，如图10-80所示。

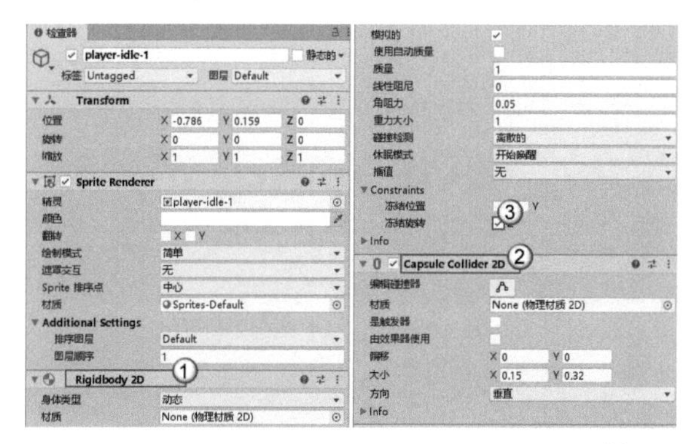

图10-80

1.添加站立动画

01 在“项目”面板的Sunnyland/artwork/Sprites/player文件夹下可以看到每一个子文件夹中都包含了一个角色动画，先用idle来制作一个动画。为角色添加Animator（动画器）组件，然后在“项目”面板中执行“创建>动画器控制器”命令创建一个动画控制器文件，并且关联到角色的Animator组件上，如图10-81所示。

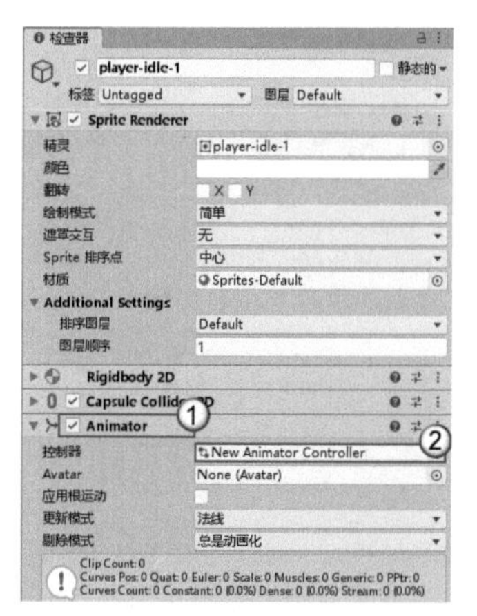

图10-81

02 选择player-idle-1，执行“窗口>动画>动画”菜单命令，打开“动画”面板，然后单击“创建”按钮 创建 创建一个动画，如图10-82所示。并将该动画命名为idle。

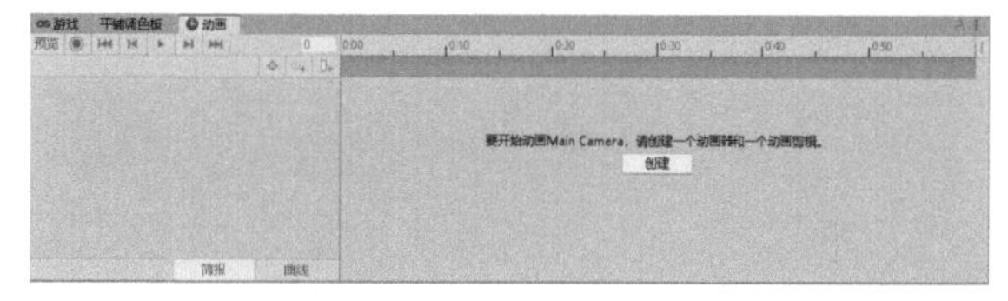

图10-82

03 框选idle动画需要的4张图片，并将它们拖入“动画”面板的时间轴中，如图10-83所示。

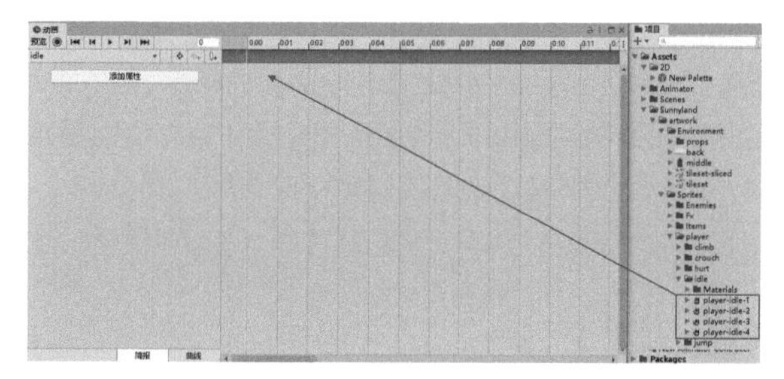

图10-83

04 添加完成后，每一张图片都会自动生成一个关键帧，所以默认一帧切换一张图片。读者可以根据需求适当地拉伸关键帧，增加每一张图片的停留时间，调整后的效果如图10-84所示，游戏的运行情况如图10-85所示。

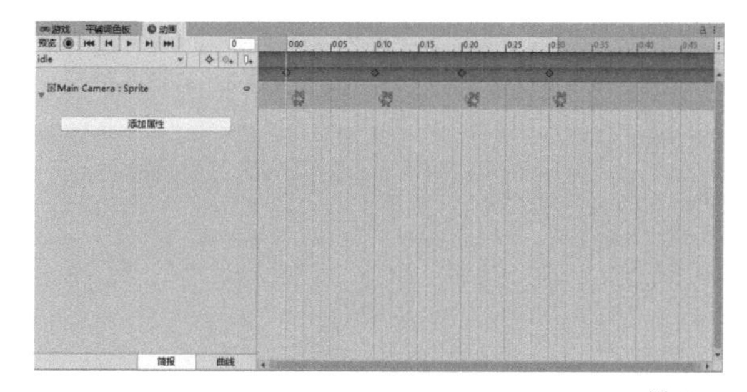

图10-84

运行游戏

图10-85

2.实现又跳又跑

01 在“动画”面板中执行“idle>创建新剪辑”命令创建一个新动画剪辑，如图10-86所示。

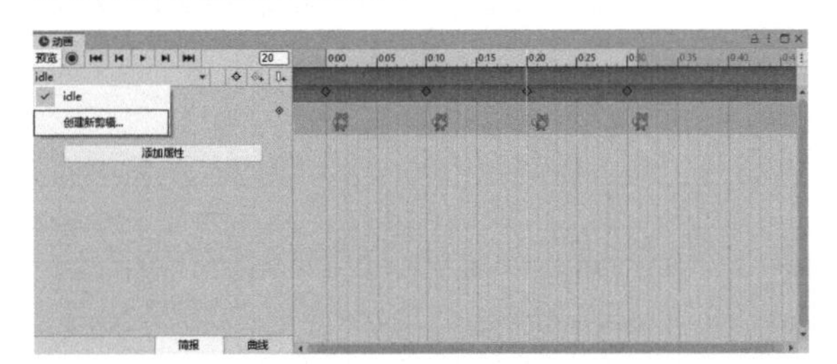

图10-86

02 将步骤01创建的动画剪辑命名为jump，该动画剪辑使用的动画素材为“项目”面板的Sunnyland/artwork/Sprites/player/jump文件夹中的素材，添加完成后的效果如图10-87所示。

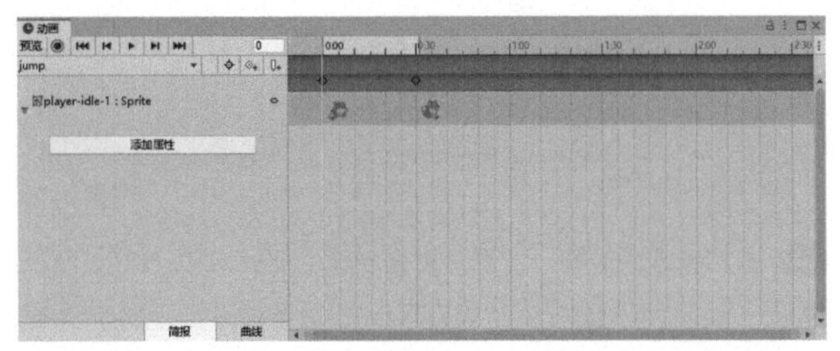

图10-87

03 创建一个动画剪辑，并命名为run。该动画剪辑使用的动画素材为“项目”面板的Sunnyland/artwork/Sprites/player/run文件夹中的素材，添加完成后的效果如图10-88所示。

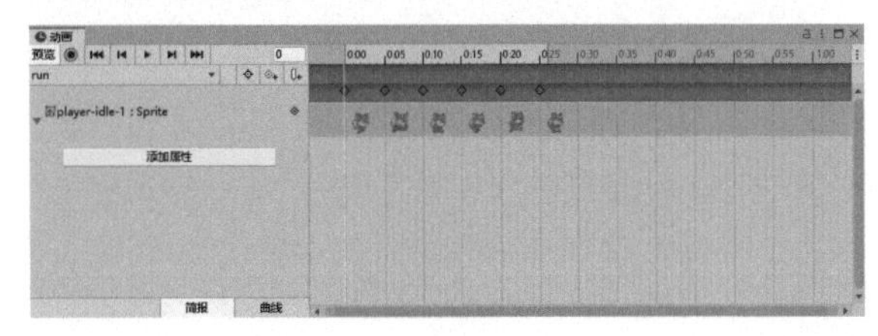

图10-88

04 双击创建的动画控制器文件打开“动画器”面板，之前创建的动画已经显示在其中。然后切换到“参数”选项卡，单击“创建”按钮+添加两个bool类型的参数，并分别命名为IsRun、IsJump，如图10-89所示。

图10-89

05 在“动画器”面板中选择idle，然后单击鼠标右键，选择“创建过渡”选项，产生与jump的关联；选择jump，然后单击鼠标右键，选择“创建过渡”选项，产生与run的关联；选择run，然后单击鼠标右键，选择“创建过渡”选项，产生与idle的关联；选择jump，然后单击鼠标右键，选择“创建过渡”选项，产生与idle的关联；选择idle，然后单击鼠标右键选择，“创建过渡”选项，产生与run的关联，如图10-90所示。

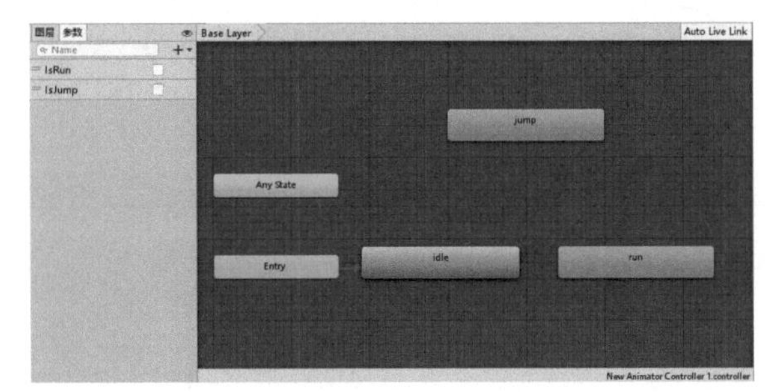

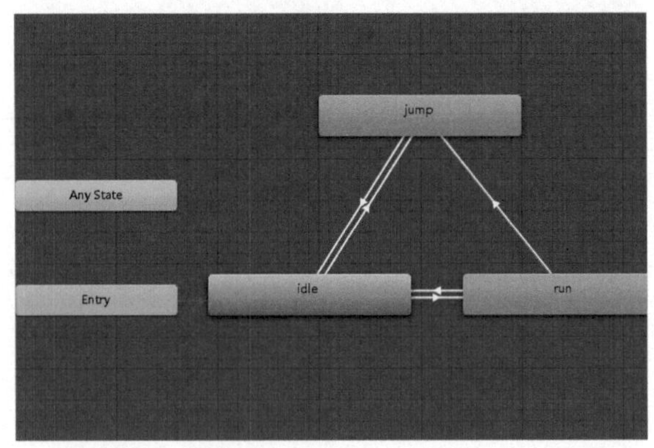

图10-90

06 单击从idle到run的过渡线，在“检查器”面板中单击“创建”按钮+，增加过渡条件IsRun：true；单击从run到idle的过渡线，在“检查器”面板中单击“创建”按钮+，增加过渡条件IsRun：false；单击从idle到jump的过渡线，在“检查器”面板中单击“创建”按钮+，增加过渡条件IsJump：true；单击从jump到idle的过渡线，增加过渡条件IsJump：false；单击从run到jump的过渡线，在“检查器”面板中单击“创建”按钮+，增加过渡条件IsJump：true。条件设置完成后，取消每一个过渡的过渡时间，也就是取消勾选“有退出时间”选项，如图10-91~图10-95所示。

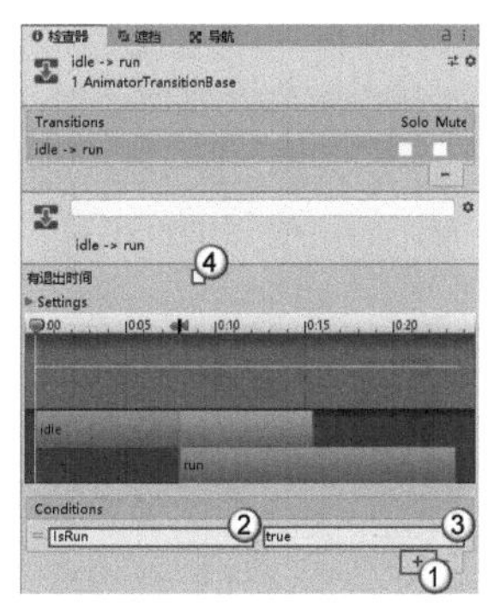

图10-91

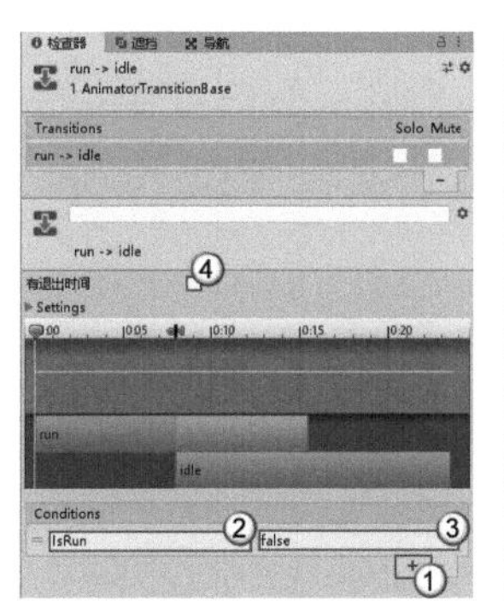

图10-92

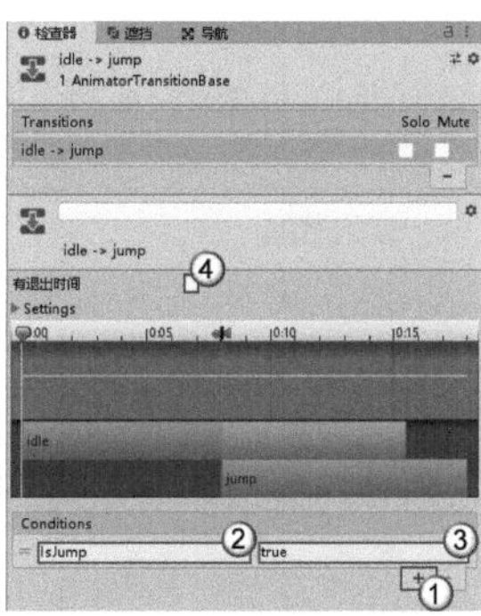

图10-93

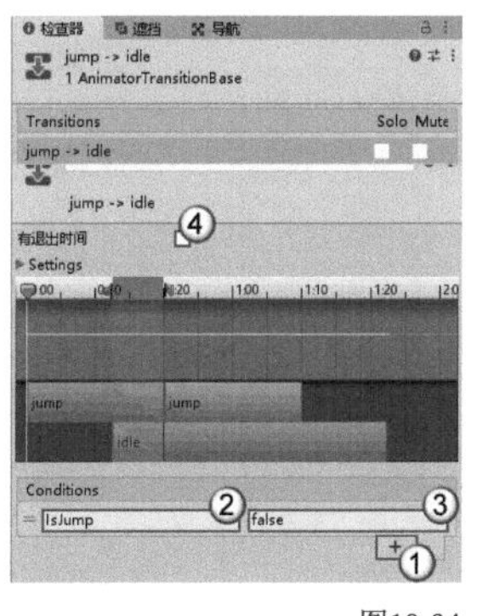

图10-94

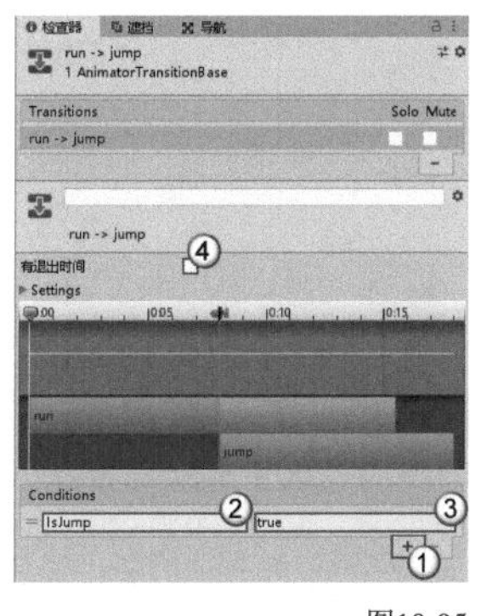

图10-95

07 这时默认的动画都是循环播放的，在“项目”面板中选择Sunnyland/jump，然后在“检查器”面板中取消勾选“循环时间”选项，将其设置为单次播放，如图10-96所示。

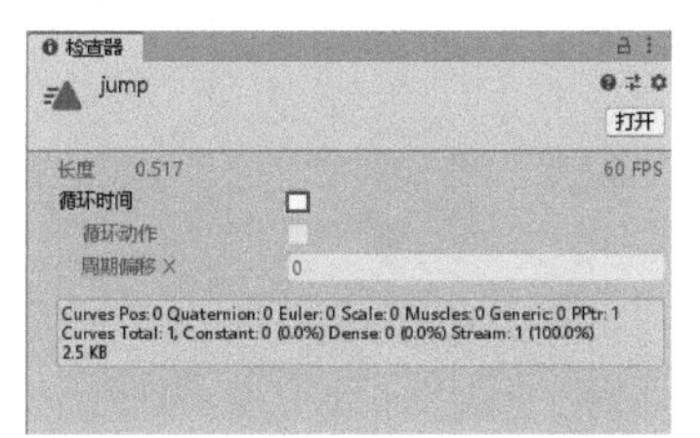

图10-96

3.角色控制

执行“资源>创建>C#脚本”菜单命令创建一个脚本，并命名为PlayerControl，然后挂载到player-idle-1上。编写的脚本代码如下，游戏的运行情况如图10-97所示。

输入代码

```
using UnityEngine;

public class PlayerControl : MonoBehaviour
{
  //动画控制器组件
  private Animator ani;
  //刚体组件
  private Rigidbody2D rbody;
  //是否在地面上
  private bool isGround;

  void Start()
  {
    //获得动画器组件
    ani = GetComponent<Animator>();
    //获得刚体组件
    rbody = GetComponent<Rigidbody2D>();
  }

  void Update()
  {
    //水平轴
    float horizontal = Input.GetAxis("Horizontal");
    //如果轴值不为0，证明按了移动键
    if (horizontal != 0)
    {
      //移动角色
      transform.Translate(Vector2.right * horizontal * Time.deltaTime);
      //翻转角色
      GetComponent<SpriteRenderer>().flipX = horizontal > 0 ? false : true;
      //播放跑步动画
      ani.SetBool("IsRun", true);
    } else
    {
      //播放站立动画
      ani.SetBool("IsRun", false);
    }

    //如果按下I键并且角色在地面上
    if (Input.GetKeyDown(KeyCode.I) && isGround == true)
    {
      //给一个跳跃的力
      rbody.AddForce(Vector2.up * 150);
    }
  }

  //注意碰撞方法与3D游戏的不同
  private void OnCollisionEnter2D(Collision2D collision)
  {
    //如果碰撞到地面，这里注意需要给Tilemap游戏物体添加一个Ground标签
    if (collision.collider.tag == "Ground")
    {
      //当前角色在地面上
      isGround = true;
```

```
        //取消播放跳跃动画
        ani.SetBool("IsJump", false);
      }
    }
    //注意，碰撞方法与3D游戏的不同
    private void OnCollisionExit2D(Collision2D collision)
    {
      //如果离开地面
      if (collision.collider.tag == "Ground")
      {
        //当前角色不在地面上
        isGround = false;
        //播放跳跃动画
        ani.SetBool("IsJump", true);
      }
    }
}
```

运行游戏

图10-97

10.4.4 吃果实得分

为该游戏增加趣味性，让角色吃掉果实并实时记录分数。

1.吞掉果实

01 在“项目”面板中将Sunnyland/artwork/Sprites/Items/cherry文件夹中的樱桃果实全选并拖曳到场景视图中，效果如图10-98所示。为了防止果实被遮挡，同样也需要在Sprite Renderer组件中设置“图层顺序”为1。

图10-98

技巧提示

将果实图片全部拖入场景中，不但创建了一个精灵，而且这些图片自动生成了一个默认动画，省去了创建动画的步骤，使得动画的制作十分方便。

02 为果实添加Circle Collider 2D组件，并勾选“是触发器”选项，如图10-99所示。

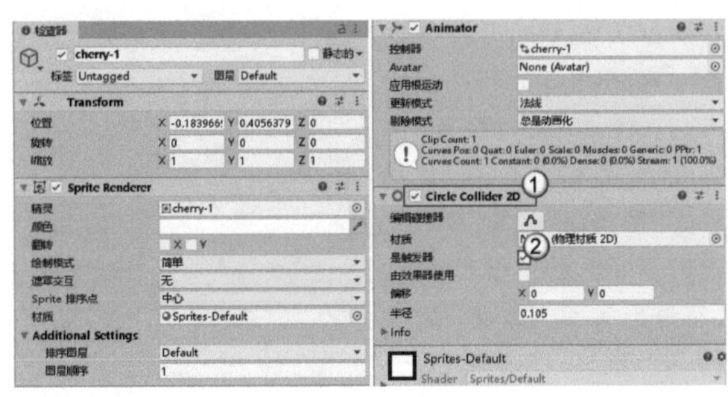

图10-99

03 执行“资源>创建>C#脚本”菜单命令创建一个脚本，并命名为CherryControl，然后挂载到cherry-1物体上。编写的脚本代码如下。

输入代码

```
using UnityEngine;

public class CherryControl : MonoBehaviour
{
  private void OnTriggerEnter2D(Collider2D collision)
  {
    //给角色添加tag值Player
    //如果碰到的是角色
    if (collision.tag == "Player")
    {
      //销毁自身
      Destroy(gameObject);
    }
  }
}
```

04 将果实制作成预制件，并在场景视图中添加多个果实，如图10-100所示，游戏的运行情况如图10-101所示。

图10-100

运行游戏

图10-101

2.获得奖励

01 在“层级”面板中执行“创建>UI>图像”命令创建一个图像控件，并设置其“源图像”为cherry-1，如图10-102所示。然后执行“创建>UI>文本”命令创建一个文本控件，且“文本”默认为×0，如图10-103所示。因为这两个UI控件均需放在左上角，所以将锚点也设置在屏幕的左上角，如图10-104所示。

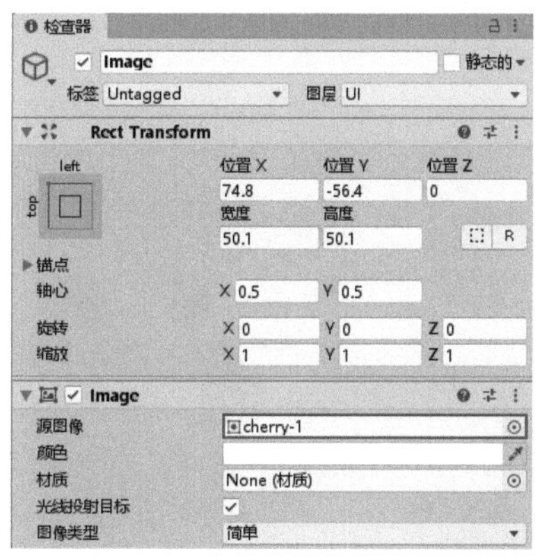

图10-102

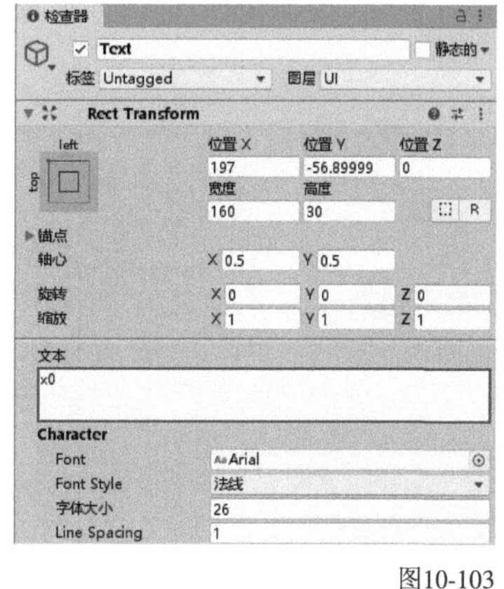

图10-103

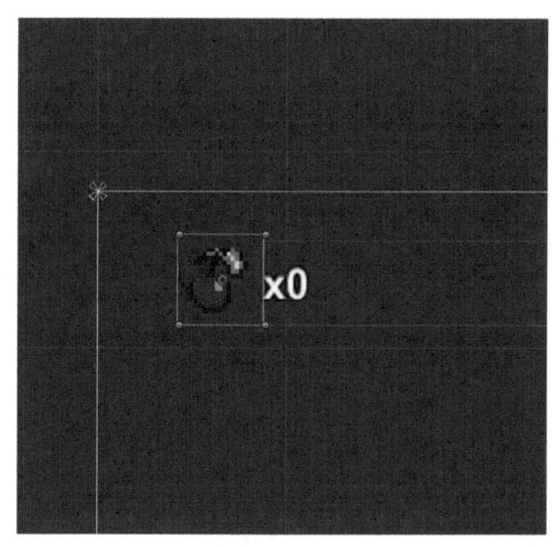

图10-104

02 执行“资源>创建>C#脚本”菜单命令创建一个脚本，并命名为UIManager，然后挂载到Canvas物体上。编写的脚本代码如下。

输入代码

```
using UnityEngine;
using UnityEngine.UI;

public class UIManager : MonoBehaviour
{
  //单例变量
  public static UIManager Instance;
  //关联文本控件
  public Text ScoreText;
  //当前分数
  public int Score = 0;
  void Awake()
  {
    //设置单例
    Instance = this;
  }
  //加分
  public void AddScore()
  {
    Score++;
    ScoreText.text = "x" + Score;
  }
}
```

03 双击CherryControl脚本并添加一行代码，说明在果实消失前增加分数。编写的脚本代码如下，游戏的运行情况如图10-105所示。

输入代码

```
sing UnityEngine;

public class CherryControl : MonoBehaviour
{
    private void OnTriggerEnter2D(Collider2D collision)
    {
        //给角色添加tag值Player
        //如果碰到的是角色
        if (collision.tag == "Player")
        {
            //添加分数
            UIManager.Instance.AddScore();
            //销毁自身
            Destroy(gameObject);
        }
    }
}
```

运行游戏

图10-105

第11章 游戏中的数据与网络

■ 学习目的

制作游戏避免不了对数据的处理，如游戏中的每一名角色都有各自的数据、每个物品都保存着自己的数据、每个任务也有属于自己的数据。当数据的量过大时，整理和存储数据就十分重要，此外网游还有大量数据涉及网络通信等内容。本章将介绍数据与网络的相关知识，帮助读者处理和操作游戏数据。

■ 主要内容

- JSON数据格式的应用
- XML数据格式的应用
- SQLite数据库的应用
- 多线程的使用方法
- 网络请求的使用方法
- Socket的使用方法

11.1 常用数据格式

飞羽老师，我现在遇到一个难题，我用第9章的方式制作游戏对话，但是当对话的数量过多时，将对话都添加到类里就很麻烦了，有没有更好一些的解决方法呢？

针对这种情况，可以先了解数据格式相关的知识，你可以使用JSON、XML等格式将对话内容保存到文件中，然后在使用的时候动态地从文件中读取对话，这样就会方便很多。

那我常常听别人说用数据库存储数据，数据库和JSON、XML又有什么区别呢？

你可以理解JSON和XML为格式，它们只是把信息进行了排版，如果需要对信息进行存储，那么你还需要把JSON或XML写进文件。而数据库本身就是用来存储数据的，接下来我们就来分别看看这些内容吧。

技巧提示

为了更好地解释这些常用数据在游戏中的应用，下面用例子进行讲解。

11.1.1 轻量数据格式JSON

JSON是一种非常轻量的数据交换格式，它的格式和层次都比较简洁，因此容易被读取，同时也可以很方便地进行数据解析。JSON格式主要由对象和数组组成，配合数字、字符串和布尔值来进行各类数据的描述。

1.对象

这里我们编辑一条数据，该数据描述了一个角色，该角色的姓名为“汤姆”，年龄为40。如果将该信息用代码描述出来，那么你应该立刻就能想到创建一个类并添加姓名和年龄属性来生成对象“汤姆”的信息。在JSON中，我们同样可以使用对象的方式描述“汤姆”。

JSON数据的基本格式为“名称:值”，{}符号代表一个对象，因此我们可以用如下方式来描述“名字为汤姆，年龄为40的人”的数据。

```
{
  "name":"汤姆",
  "age":40
}
```

从上述描述可知，{}代表对象“汤姆”，对象中包含的多个属性用“,”分隔，属性名称和属性值之间用“:”分隔。

技巧提示

属性值可以是数字、字符串、布尔值、数组、对象或null。

2.数组

对角色“汤姆”的数据进行修改，改为“一个名字为汤姆并且年龄为40的人与一个名字为杰瑞并且年龄为18的人”，这时候该如何使用JSON进行描述呢？

我们可以看到该条数据在角色“汤姆”的基础上添加了角色“杰瑞”。除此之外，我们还可以添加更多的角色，当角色数量过多时，描述就变得复杂了。在C#编程中，这种问题通常使用数组来解决，我们也可以在JSON中使用同样的方式来解决这类问题。在JSON中使用数组存放“汤姆”和“杰瑞”两条信息的格式如下。

```
{
  "Persons":[
    {
      "name":"汤姆",
      "age":40
    },
    {
      "name":"杰瑞",
      "age":18
    }
  ]
}
```

从上述描述可知，[]代表了一个数组，数组中包含的多个内容用“,”分隔。在上述JSON中，最外层添加了一个对象，准确来说，就是一个对象里面有一个Persons属性。Persons的值为一个数组，数组中有两个角色对象，分别为“汤姆”和“杰瑞”。

3.JSON的创建和解析

当JSON格式了解清楚后，我们就可以尝试在代码中进行JSON的创建和解析。创建一个立方体，并命名为JSON；然后创建一个脚本，并命名为JSONTest，接着将该脚本挂载到JSON上。编写的脚本代码如下，运行结果如图11-1所示。

输入代码

```
using UnityEngine;
using System;

//该类对应JSON最外层的对象，JSON中的每一个类型的对象，
//我们都要创建一个同样的名称与属性的类对应
[Serializable]//代表该类可以序列化
public class Persons
{
  public Person[] persons;
}

//该类对应JSON的Persons数组中的人物描述对象
[Serializable]
public class Person
{
  //对应名称
```

```
    public string name;
    //对应年龄
    public int age;
}
//如果JSON中还包含其他意义的对象，在此继续为对象添加类就可以了

public class JSONTest : MonoBehaviour
{
    void Start()
    {
        //首先我们来创建一个上面描述的JSON
        //有两个Person，所以这里创建两个对象
        Person p1 = new Person();
        p1.name = "汤姆";
        p1.age = 40;
        Person p2 = new Person();
        p2.name = "杰瑞";
        p2.age = 18;
        //有一个外层对象，对象中包含一个Person数组
        Persons persons = new Persons();
        persons.persons = new Person[] { p1, p2 };
        //将该结构转化为JSON格式数据
        string JSONStr = JsonUtility.ToJSON(persons);
    //输出JSON会看到与我们上述想要的格式相同，为
{"persons":[{"name":"汤姆","age":40},{"name":"杰瑞","age":18}]}
        Debug.Log(JSONStr);

        //接下来我们解析该数据,首先解析最外层
        Persons newPersons = JsonUtility.FromJSON<Persons>(JSONStr);
        //取出汤姆对象
        Person person = persons.persons[0];
        //输出汤姆名称判断是否解析成功，这里输出汤姆，
//你也可以通过该方法输出其他信息
        Debug.Log(person.name);
    }
}
```

运行结果

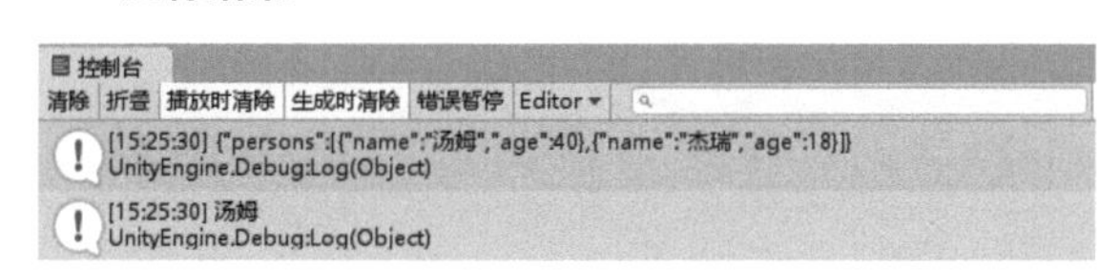

图11-1

从上述描述可知，我们创建了“汤姆”和“杰瑞”两个对象，然后将它们转化为JSON格式的字符串并输出在“控制台”面板的第一行，这时我们就可以对该字符串进行本地存储或网络交互。在后3行代码中我们通过该字符串又成功将字符串恢复成“汤姆”和“杰瑞”两个对象，完成了JSON数据的解析操作。作为示例，上述代码在同一文件中进行了JSON的创建和解析两个操作。不过在大多数时候，我们只会进行其中的一个操作，如创建一个JSON字符串后存储在本地或发送到网络；或是从本地、网络中获取到一个JSON字符串，然后只对其进行解析。注意不管是创建JSON还是解析JSON，都不要忘记创建JSON中对应的类。

想象一下，如果你的游戏中有一个角色对象，该对象中保存了很多角色数据，现在你希望将该对象和对象中的所有数据都保存到本地，在下次打开游戏时再读取出来，该如何操作？这里你可以将角色对象转化为JSON格式的字符串，然后将字符串保存到本地；当第二次打开游戏的时候，再从本地读取出字符串，并解析成角色对象就可以了。

技巧提示

除了Unity自带的API可以进行JSON解析，资源商店中还有很多可用于JSON解析的第三方框架也非常实用，大家可以进行尝试。

11.1.2 可扩展标记语言XML

XML的全称为Extensible Markup Language，同JSON一样，也是一种很常用的数据格式语言。因为XML为标记语言，所以如果你了解同样为标记语言的HTML，那么可能会发现它们两者之间的结构非常相似。

1.使用XML语法进行解析

XML由元素节点组成，每一个元素节点可以包含一个元素值，如“<name>汤姆</name>”代表名称为name的元素中有一个元素值“汤姆”。同时元素之间可以相互嵌套，如“<person><name>汤姆</name></person>”代表名称为person的元素中有一个子元素name，而name的元素值为“汤姆”。接下来用一个XML示例进行讲解。

创建一个脚本，并命名为test；然后在“项目”面板中选择该脚本，单击鼠标右键，选择“在资源管理器中显示”选项，打开脚本所在的文件夹后，将test.cs修改为test.xml；最后在“项目”面板中双击该文件。编辑的代码如下。

输入代码

```
<?xml version="1.0" encoding="utf-8"?>
<root>
  <persons>
    <person id="1">
      <name>汤姆</name>
      <age>40</age>
    </person>
    <person id="2">
      <name>杰瑞</name>
      <age>18</age>
    </person>
  </persons>
</root>
```

从上述描述可知，XML的首行为声明部分，代表该文档是一个XML文档，声明尽量不要省略。从第二行开始为最外层的元素，通常叫作根元素，每个XML文档只允许包含一个根元素，从根元素的内部开始就可以包含多个元素了。我们还可以看到person元素中有“<person id="1"></person>”的写法，其中“id="1"”代表一个元素属性，每一个元素都可以包含多个属性，属性间用空格进行分隔。下面进行XML解析，创建一个立方体，并命名为XMLCube，然后在“项目”面板中执行“创建>C#脚本”命令创建一个脚本，并命名为XMLTest，接着将该脚本挂载到XMLCube上。编写的脚本代码如下，运行结果如图11-2所示。

输入代码

```
using System.Xml;
using UnityEngine;

public class XMLTest : MonoBehaviour
{
  void Start()
  {
    //这里我们读取“层级”面板中创建的XML文件并进行解析
    //首先这里需要一个XML文档类，用来解析XML
    XmlDocument doc = new XmlDocument();
    //读取XML文件，也可以用doc.LoadXml加载XML字符串
    doc.Load(Application.dataPath + "/test.xml");
   //读取完成，开始解析，获取XML根节点。这里为了使用方便，
//强制转换类型为XmlElement
    XmlElement rootElement = doc.LastChild as XmlElement;
    //获取根节点的第1个子节点persons
    XmlElement persons = rootElement.FirstChild as XmlElement;
    //因为persons有多个子节点，所以这里我们遍历子节点
    foreach (XmlElement xmlElement in persons)
    {
      //获取属性id
      string id = xmlElement.GetAttribute("id");
      //获取名称，这里用另外一种方法获取第1个节点，并获取其中
的值
      string name = xmlElement.ChildNodes[0].InnerText;
      //获取年龄，年龄为第2个子节点
      string age = xmlElement.ChildNodes[1].InnerText;
      //输出id、名称和年龄，查看解析结果
      Debug.Log("id:" + id + " name:" + name + " age:" + age);
      //输出结果为id:1 name:汤姆 age:40 与 id:2 name:杰瑞 age:18
    }
  }
}
```

运行结果

控制台
清除 折叠 播放时清除 生成时清除 错误暂停 Editor
[15:24:20] id:1 name:汤姆 age:40
UnityEngine.Debug:Log(Object)
[15:24:20] id:2 name:杰瑞 age:18
UnityEngine.Debug:Log(Object)
XML中的数据解析并提取出来

图11-2

2.使用XPath语法进行解析

前面的脚本使用的解析方法是从根部开始向内部逐层解析，但是当层级过多时，该方法会稍显烦琐。如果你对XPath语法有所了解，那么也可以使用XPath语法进行解析。将脚本修改为如下代码，运行结果如图11-3所示。

输入代码

```
using System.Xml;
using UnityEngine;

public class XmlTest : MonoBehaviour
{
  void Start()
  {
    //首先这里需要一个XML文档类，用来解析XML
    XmlDocument doc = new XmlDocument();
     //使用XPath语法进行解析
    //这里使用绝对路径查找name元素，也可以使用相对路径，
//相对路径会查找文档中所有的name元素
    //除此之外，你还可以使用其他XPath语法进行匹配解析
    XmlNodeList list = doc.SelectNodes("/root/persons/person/name");
    //遍历与Xpath匹配的元素节点
    foreach (XmlElement ele in list)
    {
      //可以看到输出汤姆和杰瑞
      Debug.Log(ele.InnerText);
    }
  }
}
```

运行游戏

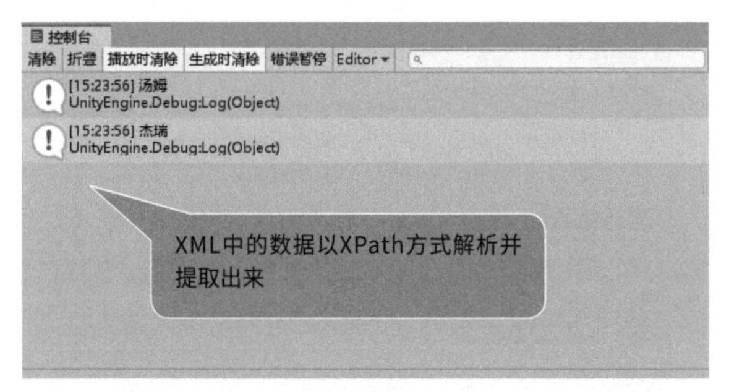

图11-3

11.1.3 CSV与Excel

JSON和XML是目前较为常用的两种格式，除此之外，还有一些格式可能会在游戏开发中见到，如CSV和Excel。Excel为电子表格，因为十分易于编辑，所以有些程序员会选择使用Excel来进行信息的描述和存储。Comma-Separated Values（简称CSV）使用“,”分割的方法进行数据描述，我们使用CSV格式来描述“汤姆”和“杰瑞”这两个角色的信息，内容如下。

```
汤姆,40
杰瑞,18
```

技巧提示

用CSV格式来描述内容的方式十分简单，使用字符串分割的方式就可以将信息解析出来。但是它的缺点也是十分明显的，如描述性较差（当数据量庞大时很难明白其中的一项数据代表什么内容），所以笔者依然推荐大家使用JSON和XML格式来进行数据的描述。

实例：制作物品数据

素材位置　无

实例位置　实例文件>CH11>实例：制作物品数据

难易指数　★★★☆☆

学习目标　加深对数据格式的理解，掌握制作物品数据的方法

1.实现路径

01 创建一个XML文件，使用XML格式编写小血瓶和铁剑的信息。

02 创建一个脚本，用于读取XML文件并解析，并将两个物品的信息保存到数组中。

2.操作步骤

01 创建一个新场景，添加一个XML文件，并命名为item.xml。该文件包含了物品信息，下面只添加小血瓶和铁剑两个物品，使用Visual Studio编辑如下内容。

输入代码

```
<?xml version="1.0" encoding="utf-8"?>
<items>
  <item id="1000">
    <name>小血瓶</name>
    <description>使用后增加100血量</description>
    <type>消耗品</type>
    <hp>100</hp>
    <attack>0</attack>
  </item>
  <item id="1001">
    <name>铁剑</name>
    <description>使用后增加10点攻击力</description>
    <type>武器</type>
    <hp>0</hp>
    <attack>10</attack>
  </item>
</items>
```

02 创建一个脚本，然后将其挂载到任意游戏物体上，使用脚本进行物品的XML文件的解析，脚本代码如下。

输入代码

```
using System.Collections.Generic;
using System.Xml;
using UnityEngine;

//物品类型，这里只简单分两个类型
public enum Type
{
  //普通
  normal,
  //武器
  weapon
}

//物品类
public class Item
{
  //物品id
  public string ID;
  //物品名称
  public string Name;
  //物品描述
  public string Description;
  //物品类型
  public Type type;
  //物品用于增加血量
  public string Hp;
  //物品用于增加攻击力
  public string Attack;
}

public class ItemReader : MonoBehaviour
{
  //物品数组
  public List<Item> Items = new List<Item>();

  void Start()
  {
    //XML文档类
    XmlDocument doc = new XmlDocument();
    //读取XML文档
    doc.Load(Application.dataPath + "/item.xml");
    //获取根节点
    XmlElement rootElement = doc.LastChild as XmlElement;
    //遍历根节点
    foreach(XmlElement itemEle in rootElement)
    {
```

```
        //创建一个物品类
        Item item = new Item();
        //物品id
        item.ID = itemEle.GetAttribute("id");
        //物品名称
        item.Name = itemEle.ChildNodes[0].InnerText;
        //物品描述
        item.Description = itemEle.ChildNodes[1].InnerText;
        //物品类型
        item.type = itemEle.ChildNodes[2].InnerText == "武器" ? Type.
weapon : Type.normal;
        //物品血量
        item.Hp = itemEle.ChildNodes[3].InnerText;
        //物品攻击力
        item.Attack = itemEle.ChildNodes[4].InnerText;
        //将该物品添加到数组中
        Items.Add(item);
      }
      //之后该数组就包含了所有的物品信息了,
//可以将此类设置为单例类并添加一些单例方法,
//以便在程序各处使用物品信息
  }
}
```

11.1.4 SQLite

在开发游戏的过程中，数据的存储是时常需要进行的。在数据量较小的情况下，我们可以将数据转为JSON或XML格式的字符串，然后通过写入文件的方式来对数据进行存储。当数据量过大并且数据之间存在关系时，写入文件就满足不了我们的需求了，这时候就需要使用数据库。

数据库的种类有很多，但是大多数的数据库是用于服务端的，因此并不适用于开发游戏，所以下面将会讲解一个十分轻量且功能强大的数据库，也就是SQLite。SQLite目前已经更新到SQLite3，运行该数据库所占用的内存比较少，其处理数据的速度非常快，十分适用于嵌入式开发，所以Android或iOS平台的游戏开发都会对SQLite青睐有加。

在使用SQLite的过程中，每一个数据库就是一个单独的文件，同时在该数据库中存在多张表，每张表中都保存了不同类型的信息。我们可以将SQLite中的表想象为一个普通的表格，第一行的表头在SQLite中一般叫作字段，如姓名是一个字段、年龄也是一个字段；表格中其余的每一行都对应了一条数据。对数据库进行操作就需要使用数据库语句了，下面介绍一些常用的数据库语句。

1.创建表

创建一个名为Person的表，该表中包含ID、名称和年龄3个字段，并设置ID字段为主键。注意一个表中只能有一个主键，主键的值是唯一且不为空的。

```
CREATE TABLE PERSON(ID INTEGER PRIMARY KEY, NAME TEXT,
AGE INTEGER);
```

创建一个名为Person的表，然后将ID设置为自增，在向表中添加数据时，如果不设置ID，那么会自动进行增加。

```
CREATE TABLE PERSON(ID INTEGER PRIMARY KEY
AUTOINCREMENT, NAME TEXT, AGE INTEGER);
```

2.删除表

删除表的方式也很简单，这里删除Person表。

```
DROP TABLE PERSON;
```

3.增加数据

向Person表中添加一条数据。

```
INSERT INTO PERSON(ID, NAME, AGE) VALUES(1,'汤姆', 40);
```

另外，添加数据也可以使用省略写法。

```
INSERT INTO PERSON VALUES(2,'杰瑞', 18);
```

如果表中的ID设置为自增，那么可以在添加数据时省略ID。

```
INSERT INTO PERSON(NAME,AGE) VALUES('莉莉', 20);
```

4.查找数据

查看Person表中所有的数据。

```
SELECT * FROM PERSON;
```

查看Person表中指定字段的数据。

```
SELECT NAME,AGE FROM PERSON;
```

查看Person表中的数据行数。

```
SELECT COUNT(*) FROM PERSON;
```

查看Person表中的数据并排序(升序或降序)。

```
SELECT * FROM PERSON ORDER BY ID ASC/DESC;
```

查看Person表中name为汤姆的数据。

```
SELECT * FROM PERSON WHERE NAME='汤姆';
```

查看Person表中name为汤姆且id为1的数据。

```
SELECT * FROM PERSON WHERE NAME='汤姆' AND ID=1;
```

查看Person表中的前5条数据。

```
SELECT * FROM PERSON LIMIT 5;
```

5.删除数据

删除Person表中name为汤姆的数据。

```
DELETE FROM PERSON WHERE NAME='汤姆';
```

删除Person表中的全部数据。

```
DELETE FROM PERSON;
```

6.修改数据

修改Person表中name为汤姆的数据，将其年龄修改为45。

```
UPDATE PERSON SET AGE=45 WHERE NAME='汤姆';
```

实例：操作数据库

素材位置 素材文件>CH11>实例：操作数据库
实例位置 实例文件>CH11>实例：操作数据库
难易指数 ★★★☆☆
学习目标 加深对数据库的理解

1.实现路径

01 向项目中导入Sqlite3插件。
02 编写代码并连接数据库。
03 编写代码创建一个表。
04 编写代码并对该表进行增、删、查、改等数据库操作。

2.操作步骤

在Unity中进行数据库的操作。在“项目”面板中执行“创建>文件夹”命令创建一个文件夹，并命名为Plugins，然后在该文件夹中导入“素材文件>CH11>实例：操作数据库>Mono.Data.Sqlite.dll、sqlite3.dll”。数据库常用操作的脚本代码如下，运行结果如图11-4所示。

输入代码

```
using UnityEngine;
using Mono.Data.Sqlite;

public class SqliteTest : MonoBehaviour
{
  //数据库连接
  SqliteConnection connection;
  //数据库命令
  SqliteCommand command;


  void Start()
  {
    //打开数据库
    Open();
    //创建表
    CreateTable();
    //增加一条语句
    Insert();
    //查询数据库
    Select();
    //关闭数据库
    Close();
  }

  void CreateTable()
  {
    //创建表命令IF NOT EXISTS表示该表不存在时才会创建
    command = new SqliteCommand("CREATE TABLE IF NOT EXISTS
PERSON(ID INTEGER PRIMARY KEY AUTOINCREMENT, NAME
TEXT, AGE INTEGER)", connection);
    //执行命令
    command.ExecuteNonQuery();
    //结束命令
    command.Dispose();
  }

  void Insert()
  {
     //插入数据命令，这里也可以拼接字符串来插入自己需要的变量数据
    //如果执行删除或修改命令只需要修改语句即可，代码不变，
//这里就不做演示了
    command = new SqliteCommand("INSERT INTO
PERSON(NAME,AGE) VALUES('汤姆', 40)", connection);
    //执行命令
    command.ExecuteNonQuery();
    //结束命令
    command.Dispose();
  }

  void Select()
  {
    //查询数据库语句
    command = new SqliteCommand("SELECT * FROM PERSON",
connection);
    //执行命令,返回查询对象
    SqliteDataReader reader = command.ExecuteReader();
    //遍历每行数据
    while (reader.Read())
    {
      //取出每一行的id
      int id = reader.GetInt32(0);
      //取出每一行的姓名
      string name = reader.GetString(1);
      //取出每一行的年龄
      int age = reader.GetInt32(2);
      //输出该行的信息
      Debug.Log("id:" + id + " name:" + name + " age:" + age);
    }
  }

  void Open()
  {
    //数据库路径
    string path = Application.persistentDataPath + "/" + "data.db";
    Debug.Log(path);
    //创建连接对象
```

```
        connection = new SqliteConnection("Data Source=" + path);
        //打开数据库
        connection.Open();
    }

    void Close()
    {
        //关闭数据库
        connection.Close();
    }
}
```

运行结果

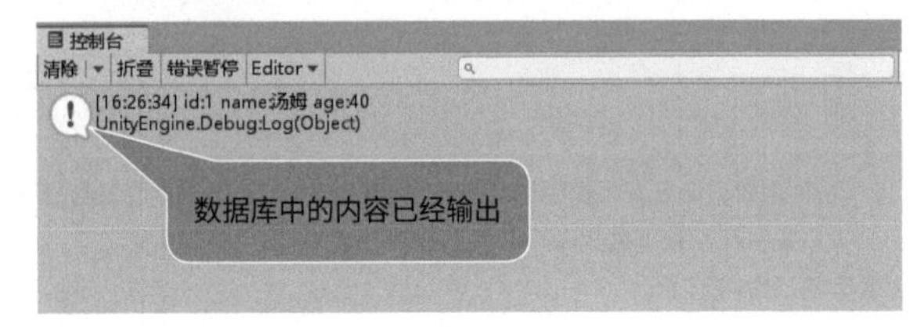

图11-4

11.2 多线程

以前在制作应用程序时我常常使用多线程，是不是在Unity中也要经常使用多线程呢?

Unity对多线程的支持并不十分全面，所以除非在制作一些大数据操作、网络操作或复杂逻辑计算时可以考虑使用，其他时候还是不要使用多线程了。

11.2.1 多线程的使用

Unity是以主线程为生命周期线程进行循环的，所以在使用Unity开发游戏的过程中，创建一个子线程，并且在子线程中进行Unity的API操作是被禁止的，如在子线程中调用创建游戏物体的方法就是不被允许的。但是在开发游戏的过程中，依然可能会面临其他大量的耗时操作，如数据的处理，网络信息的传输，读、写文件操作和复杂的逻辑计算等，这时候还是可以使用多线程来帮忙的。下面讲解C#中多线程的创建和使用方法，代码如下，运行结果如图11-5所示。

输入代码

```
using System.Threading;
using UnityEngine;

public class ThreadTest : MonoBehaviour
{
    void Start()
    {
        //创建多线程
        ThreadStart ts = new ThreadStart(threadTest);
        Thread thread = new Thread(ts);
        //开始多线程
        thread.Start();
    }

    void threadTest()
    {
        //该方法中的代码均在子线程中调用
        Debug.Log("线程中");
        //线程休眠
        Thread.Sleep(5000);
        Debug.Log("5s过去了");
    }
}
```

运行结果

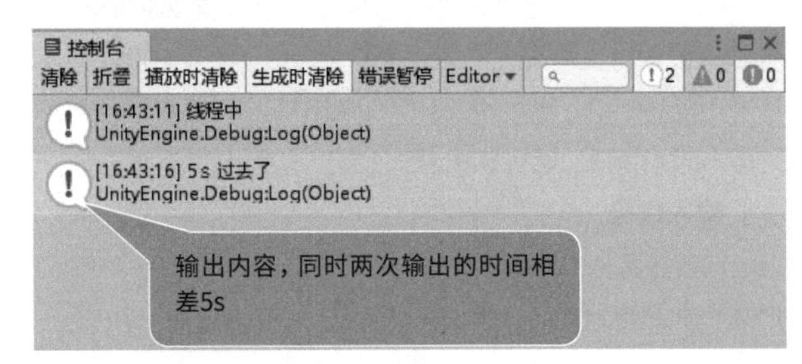

图11-5

11.2.2 协程的使用

对比多线程，使用Unity开发游戏则更推荐使用协程进行一些异步操作。协程在使用时与多线程类似，但其本质还是单线程。

技巧提示

协程并不是真的多线程，也不是真的异步执行，它只是解决异步的一种方式。

协程是通过方法开启的，当主线程调用协程方法后，也是由主线程执行协程方法中的代码。但是不同的是，协程中可能会有代码让主线程返回协程方法外继续执行主代码，当需要进行该操作的时候，主线程会返回协程方法继续执行其余代码。下面以一个例子说明什么是多线程方式，小A现在正在家里工作，这时候需要烧水，小A叫来小B，让小B烧水；小A继续做自己的工作，当水开了以后，小B把热水提供给小A。

下面来看另外一个版本，小A现在正在家里工作，这时候需要烧水，小A觉得烧水很简单，就自己去接好水并打开电源，但是烧水比较耗时，所以小A回去继续工作，当水烧好时，小A再回来使用热水，这就是协程方式。从这两个例子可以看出，第2种协程方式并没有使用新的线程，而是主线程自己完成了所有操作，但是又同时进行了工作和烧水两个操作。下面通过脚本实现上述事件。

1.使用协程方式

使用协程方式实现烧水事件，代码如下，运行结果如图11-6所示。

输入代码

```
using System.Collections;
using UnityEngine;

public class CoroutineTest : MonoBehaviour
{
  void Start()
  {
    Debug.Log("正在忙工作");
    Debug.Log("正在忙工作");
    Debug.Log("正在忙工作");
   //开始执行协程，去烧水，如果在协程执行中希望停止协程，
//可以使用Stop Coroutine或StopAllCoroutines
    StartCoroutine(Test());
    //烧完水回来继续工作，这时候水还没有烧好
    Debug.Log("继续工作");
    Debug.Log("继续工作");
    Debug.Log("继续工作");
  }

  //烧水协程，注意协程返回值需要设置为IEnumerator迭代器
  IEnumerator Test()
  {
    Debug.Log("开始烧水");
    //烧水中，这里我们假设需要5s
    //yield return为核心内容，这里会开始计时，
//并返回主方法中继续执行核心代码，而该方法剩下内容被暂停执行了
    //这里不仅可以返回WaitForSeconds类型，
//而且可以返回WWW、WaitUntil和null等类型
    yield return new WaitForSeconds(5);
    //5s后，到达计时时间，继续执行该方法的剩余部分
    Debug.Log("可以使用热水啦!");
  }
}
```

运行结果

图11-6

2.使用多线程

使用多线程实现烧水事件，看一看两者的效果是否相同，代码如下，运行结果如图11-7所示。

输入代码

```
using System.Threading;
using UnityEngine;

public class ThreadTest2 : MonoBehaviour
{
  void Start()
  {
    Debug.Log("正在忙工作");
    Debug.Log("正在忙工作");
    Debug.Log("正在忙工作");
    //开始执行多线程，创建一个多线程进行烧水操作，主线程并不参与
    ThreadStart ts = new ThreadStart(Test);
    Thread thread = new Thread(ts);
    thread.Start();
    //创建完线程后，主线程立刻继续执行
    Debug.Log("继续工作");
    Debug.Log("继续工作");
    Debug.Log("继续工作");
  }

  void Test()
  {
    Debug.Log("开始烧水");
    //模拟烧水等待时间，这里等待5s
    Thread.Sleep(5000);
    Debug.Log("可以使用热水啦！");
  }
}
```

运行结果

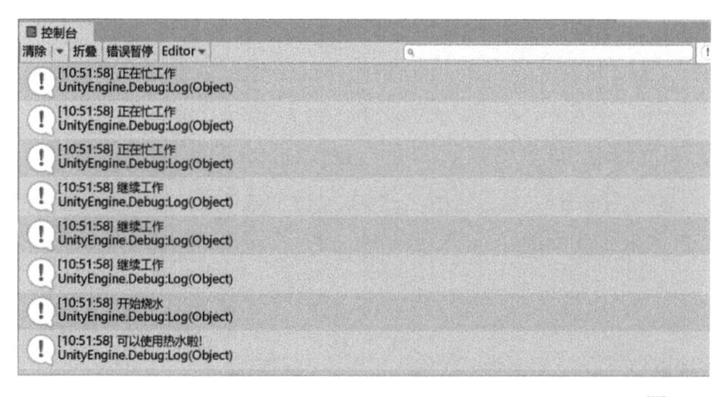

图11-7

从上述描述可知，由于脚本中使用了多线程，因此事件的输出顺序发生了变化，但是它的结果和协程方式的结果相同，都是等待了5s后使用热水。在上面的例子中，等待5s其实就是程序中的一些耗时操作，如我们在网络中下载数据并等待的过程或是从本地读取文件的过程；而最后的热水就是耗时操作的结果，如我们从网络下载完成的数据或是从本地文件中读取到的数据。

11.3 网络请求的使用

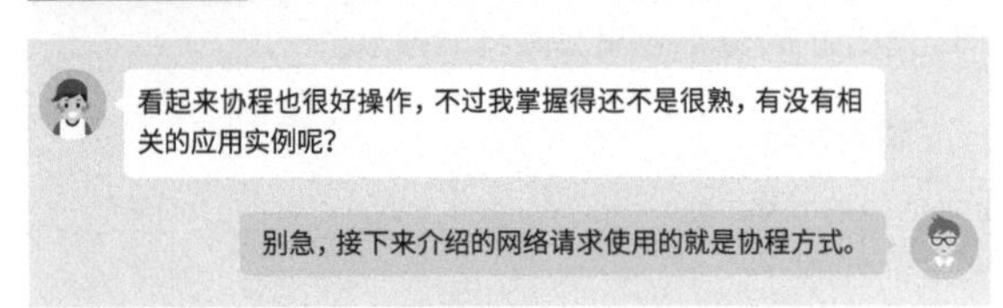

11.3.1 网络请求

前面我们学习了一些数据格式，如JSON、XML，还学习了从文件中读取数据进行解析并使用。但是在游戏的开发过程中，这些数据并不一定都是从文件中加载的，很多时候需要从网络中获取数据信息，这样就可以动态地获得最新数据并进行使用。既然涉及网络请求，那么在学习网络请求前，我们先要对网络请求的整个过程有所了解。

首先，了解网络接口的组成（简称API），如服务端提供的Get请求类型的API，得到了API后，我们才可以发送请求；其次，了解网络请求的过程，作为客户端，第一步需要与服务端进行TCP连接，连接完成后向服务端发送请求，然后等待服务端响应，当收到服务端的响应后，即可获取需要的数据，如图11-8所示。

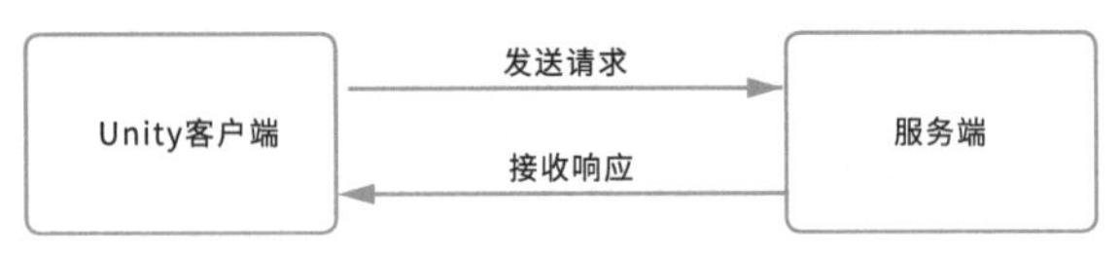

图11-8

技巧提示

网络请求的类型有很多种，本书使用的是常用的Get类型，Get类型表示客户端需要通过请求来获取服务端的数据资源。假定API为"http://xxx.xxx.xxx./abc/a.php?a=1&b=2"，这里的http表示使用的协议，xxx.xxx.xxx.表示服务器域名，/abc/a.php为服务端的请求路径，?a=1&b=2表示传递的两个参数分别为a和b。

11.3.2 搭建简易服务器

为了便于学习，可搭建一个简易的服务器。笔者不推荐使用常用的服务器软件（如IIS、Apache和Nginx等），这些软件使用起来较为复杂，我们只需要一个简单的且具有服务器功能的软件即可，因此使用MyWebServer来进行服务器的搭建。MyWebServer是一个轻量级的Web服务软件，非常适合我们学习，该软件的目录如图11-9所示。

名称	修改日期	类型	大小
gziptmp	2019/11/24 11:31	文件夹	
web	2019/11/24 13:49	文件夹	
asp.dll	2014/2/12 13:31	应用程序扩展	393 KB
asp.net.dll	2014/2/12 13:29	应用程序扩展	51 KB
httpd.ini	2013/9/16 22:18	配置设置	1 KB
MyWebServer.exe	2017/2/14 22:40	应用程序	658 KB
php.ini	2012/9/14 8:30	配置设置	46 KB
readme.txt	2016/12/3 13:50	文本文档	3 KB
server.ini	2015/6/16 22:13	配置设置	3 KB

图11-9

因为图11-9所示的Web目录为服务器的根目录，所以这里将11.1.2小节中创建的test.xml文件放入Web目录中，然后双击MyWebServer.exe即可看到应用界面，如图11-10所示。

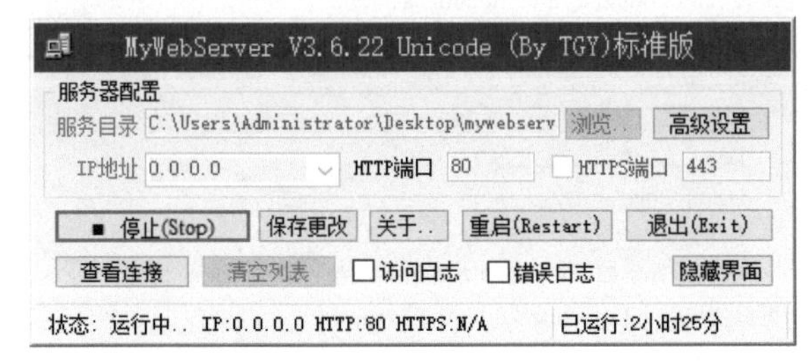

图11-10

11.3.3 网络请求的基本使用方法

服务器搭建完成后，就可以创建脚本进行网络请求了，代码如下。

输入代码

```
using System.Collections;
using UnityEngine;
using UnityEngine.Networking;

public class wwwTest : MonoBehaviour
{
    void Start()
    {
        //开启协程，进行Get请求
        StartCoroutine(GetTest());
        //如果接口是Post类型，开启协程，进行Post请求
        //StartCoroutine(PostTest());
    }

    IEnumerator GetTest()
    {
        //创建一个Get类型的请求，请求的内容其实就是我们的test.JSON
        UnityWebRequest request = UnityWebRequest.Get("http://127.0.0.1/
test.xml");
        //发送请求并开始等待响应
        yield return request.SendWebRequest();
        //如果请求遇到错误
        if (request.isHttpError || request.isNetworkError)
```

```
        {
            //输出错误
            Debug.Log(request.error);
        } else
        {
            //如果没错误，输出响应中的内容，这里会输出JSON文件中的内容
            Debug.Log(request.downloadHandler.text);
            //这里就可以对XML开始解析了，解析与之前相同，就不再赘述了
        }
    }

    IEnumerator PostTest()
    {
        //如果这里是Post请求
        WWWForm form = new WWWForm();
        //添加Post参数
        form.AddField("key", "value");
        //form.AddBinaryData("key", data);
        //创建一个Pose类型的请求
        UnityWebRequest request = UnityWebRequest.Post("http://xxx.xxx.xxx", form);
        //发送请求并开始等待响应
        yield return request.SendWebRequest();
        //如果请求遇到错误
        if (request.isHttpError || request.isNetworkError)
        {
            //输出错误
            Debug.Log(request.error);
        }
        else
        {
            //如果没错误，输出响应中的内容，这里会输出XML文件中的内容
            Debug.Log(request.downloadHandler.text);
            //这里就可以对JSON开始解析了，解析与之前相同，就不再赘述了
        }
    }
}
```

运行该脚本后，可以看到test.xml文件中的内容被输出，下面就可以进行XML解析了，解析方法与11.1.2小节中的相同，在此就不赘述了。通过这种方式，我们可以轻松地获取网络中的JSON或XML等格式的数据来进行解析，当然也可以通过网络请求获取网络中的图片、音乐等其他类型资源来使用。

11.3.4 Socket与TCP/IP

现在我们已经可以通过网络请求从服务端获取数据，但是网络请求是基于请求和响应的方式来实现的，也就是说只有客户端发起一个请求，服务端才能返回一个响应，这类似一问一答的方式。如果客户端不发起请求，那么服务端是不会主动给客户端发送消息的，所以网络请求更适用于客户端从服务端获取一些数据，而不太适用于进行频繁的数据通信。例如，当我们制作一款网游时，至少会包含多个客户端和一个服务端，登录的客户端要随时与服务端进行通信，以获取服务端的一些数据，同时服务端也要随时知道每个客户端的当前状态等信息。这时我们就要使用套接字，也就是Socket进行通信了。

在了解Socket之前，先要明白什么是TCP/IP，TCP/IP也叫网络通信协议，是在网络中进行通信时使用的基本协议。如果你对它感兴趣，那么可以进行更深一步的了解。Socket可以说是对TCP/IP的封装，即Socket可以使用TCP/IP来进行通信。当使用Socket进行编程时，我们一般会使用TCP/IP中的TCP或UDP进行通信，下面讲解一下TCP与UDP的区别。

1.TCP

TCP即传输控制协议，提供面向连接、保证数据可靠性的传输服务。当使用TCP进行数据传输时，会先在双方之间通过3次“握手”创建一个TCP连接，然后基于连接进行双向的数据传输；并且在传输数据的时候提供超时重发、检验数据和保证数据顺序正确等功能，确保数据能够完整地按照先后顺序从一端传输到另一端。

2.UDP

UDP即用户数据报协议。与TCP不同，UDP是面向无连接的通信协议，也是数据不可靠的协议，并且发送端发送的数据并不一定会以相同的顺序到达接收端。但是由于不需要建立连接，因此可以很容易地实现一对多的广播发送，并且传播速度十分快，在数据准确性要求不高的情况下可以选择使用UDP。

实例：Socket通信

素材位置　无
实例位置　实例文件>CH11>实例：Socket通信
难易指数　★★★☆☆
学习目标　加深对网络请求的理解

1.实现路径

01 使用Visual Studio创建一个控制台应用，功能为Socket通信的监听消息端。

02 使用Visual Studio创建一个控制台应用，功能为Socket通信的消息发送端。

03 先打开监听消息端应用，再打开消息发送端应用，监听消息端就会收到消息。

技巧提示

Socket通信至少需要同时运行两个应用程序，所以为了方便，这里使用的两个项目都将使用Visual Studio中的“控制台应用”类型项目进行编写。接下来制作一个监听消息端，再制作一个消息发送端。

2.操作步骤

01 创建一个控制台应用，作为监听消息端。应用Visual Studio，然后选择“控制台应用”选项，单击“下一步”按钮 下一步(N) ，如图11-11所示。

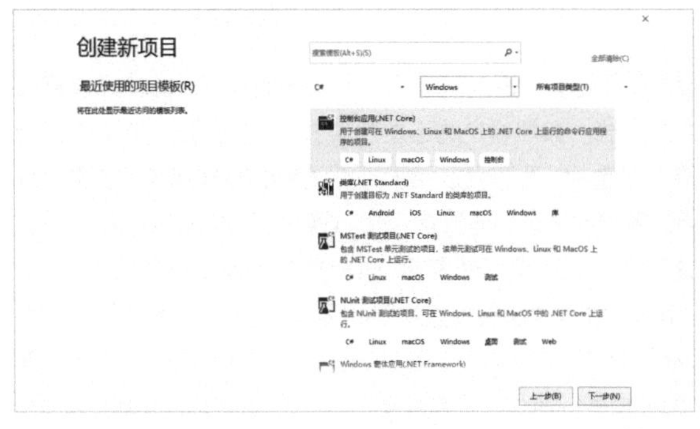

图11-11

02 编写监听消息端的代码，如下。

输入代码

```
using System;
using System.Net;
using System.Net.Sockets;
using System.Text;
using System.Threading;

namespace _11._4Socket
{
  class Program
  {
    //监听套接字
    static Socket listenSocket;
    static void Main(string[] args)
    {
      //创建一个TCP模式监听套接字
      //listenSocket = new Socket(AddressFamily.InterNetwork,
SocketType.Stream, ProtocolType.Tcp);
      //如果要创建UDP模式
      //listenSocket = new Socket(AddressFamily.InterNetwork,
SocketType.Dgram, ProtocolType.Udp);
      //绑定监听的端口
      IPEndPoint ip = new IPEndPoint(IPAddress.Parse("127.0.0.1"),
5556);
      listenSocket.Bind(ip);
      //设定监听的最大数量
      listenSocket.Listen(10);
      //开启新线程来监听
      Thread thread = new Thread(Listen);
      thread.IsBackground = true;
      thread.Start();
      //防止终端立刻退出
```

```
        Console.ReadKey();
    }

    static void Listen()
    {
        //开始监听
        Console.WriteLine("开始监听");
        //循环监听
        while (true)
        {
            //接收到一个新的客户端连接
            Socket newSocket = listenSocket.Accept();
            Console.WriteLine("有客户端连接");
            //数据缓存
            byte[] bs = new byte[1024];
            //接收数据
            newSocket.Receive(bs);
            //将数据转为字符串并输出
            Console.WriteLine(newSocket.RemoteEndPoint.ToString() + ":" +
new UTF8Encoding().GetString(bs) + "\n");
        }
    }
  }
}
```

03 同样使用Visual Studio创建一个控制台应用，并作为消息发送端，然后编写消息发送端的代码。所需代码如下，运行结果如图11-12所示。

输入代码

```
using System.Net;
using System.Net.Sockets;
using System.Text;

namespace Client
{
  class Program
  {
    static Socket socket;
    static void Main(string[] args)
    {
        //创建Socket
        socket = new Socket(AddressFamily.InterNetwork, SocketType.
Stream, ProtocolType.Tcp);
        //连接要发送消息的目标ip与端口，
//这里ip与端口一定要与监听消息端相同
        IPEndPoint ip = new IPEndPoint(IPAddress.Parse("127.0.0.1"),
5556);
        socket.Connect(ip);
        //发送消息
        socket.Send(new UTF8Encoding().GetBytes("你好"));
    }
  }
}
```

运行结果

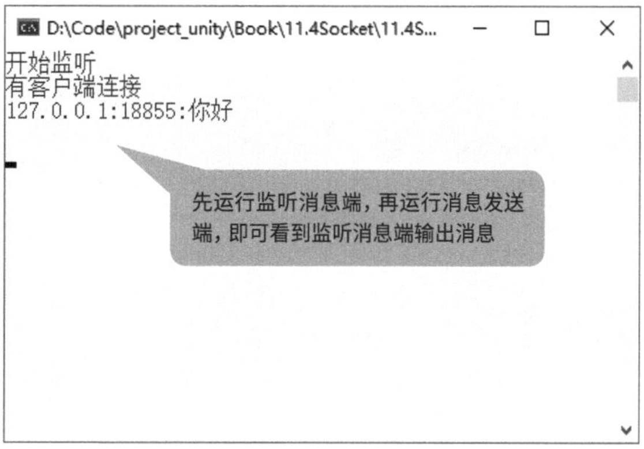

```
D:\Code\project_unity\Book\11.4Socket\11.4S...
开始监听
有客户端连接
127.0.0.1:18855:你好
```

先运行监听消息端，再运行消息发送端，即可看到监听消息端输出消息

图11-12

11.4 综合案例：登录请求

素材位置 无
实例位置 实例文件>CH11>综合案例：登录请求
难易指数 ★★★★☆
学习目标 对网络通信与数据解析有更深刻的了解

11.4.1 项目描述

01 使用MyWebServer进行服务器的搭建。

02 编写ASP服务器脚本，该脚本用于验证登录的账号与密码是否正确，并返回JSON数据。

03 创建登录的UI。

04 实现网络请求，完成登录流程。

11.4.2 搭建服务器

01 打开MyWebServer服务器目录中的Web文件夹，然后在文件夹中创建一个TXT格式的文本文件，打开后输入以下代码。

输入代码

```
<%
  name = request.queryString("name")
  pwd = request.queryString("pwd")
  if name="test" and pwd="123456" then
    response.Write("{""code"":""0"", ""info"":""success""}")
  else
    response.Write("{""code"":""1"", ""info"":""failed""}")
  end if
%>
```

02 编写完成后将该文件重命名为test.asp，该脚本即为简易登录API。脚本中设置了登录账号为test，密码为123456，调用该API后会获得一串JSON数据，代表是否登录成功。打开服务器软件，在任意一个浏览器中输入API进行测试，API地址为http://127.0.0.1/test.asp?name=test&pwd=123456，测试页面如图11-13所示。

127.0.0.1/test.asp?name=test&pwd=123456

{'code':'0', 'info':'success'}

图11-13

技巧提示

如果账号与密码的参数传入错误，那么测试页面如图11-14所示。

127.0.0.1/test.asp?name=test&pwd=113456

{'code':'1', 'info':'failed'}

图11-14

11.4.3 添加登录UI控件

01 在"层级"面板中执行"创建>UI>图像"命令创建一个图像控件，并命名为Bg，作为登录界面中的背景，如图11-15所示。

图11-15

02 在"层级"面板中执行"创建>UI>文本"命令创建一个文本控件，并命名为Logo。然后设置其"文本"为"游戏登录"，字体大小为55，字体样式为"加粗"，如图11-16所示，接着将其设置为Bg的子物体。

图11-16

03 创建一个文本控件，并命名为NameText，然后设置其"文本"为"账号"；按照同样的步骤再创建一个文本控件，并命名为PwdText，接着设置其"文本"为"密码"；最后将创建的两个控件均设置为Bg的子物体，效果如图11-17所示。

04 在"层级"面板中执行"创建>UI>Input Field"命令创建一个文本框，并命名为NameField，再创建一个文本框，并命名为PwdField，最后将创建的两个控件均设置为Bg的子物体，效果如图11-18所示。

图11-17

图11-18

05 在"层级"面板中执行"创建>UI>Button"命令创建一个按钮控件，并命名为LoginButton，然后在"层级"面板中选择Button的子物体Text，再设置"文本"为登录，如图11-19所示。

图11-19

11.4.4 创建登录界面

在"项目"面板中执行"创建>C#脚本"命令创建一个脚本，并挂载到Canvas物体上。脚本代码如下，运行结果如图11-20所示。

输入代码

```
using System.Collections;
using UnityEngine;
using UnityEngine.Networking;
using UnityEngine.UI;

public class LoginControl : MonoBehaviour
```

```
{
  //关联账号文本框
  public InputField NameFiled;
  //关联密码文本框
  public InputField PwdField;

  //登录事件，设置为"登录"按钮的单击事件
  public void LoginClick()
  {
    //拼接API
    string url = "http://127.0.0.1/test.asp?name=" + NameFiled.text +
"&pwd=" + PwdField.text;
    //开启请求协程
    StartCoroutine(Login(url));
  }

  IEnumerator Login(string url)
  {
    //创建一个请求
    UnityWebRequest request = UnityWebRequest.Get(url);
    //发送请求
    yield return request.SendWebRequest();
    //判断错误
    if (request.isHttpError || request.isNetworkError)
    {
      //输出错误
      Debug.Log(request.error);
    } else
    {
      //获得服务器返回的JSON数据，输出查看
      Debug.Log(request.downloadHandler.text);
    }
  }
}
```

运行结果

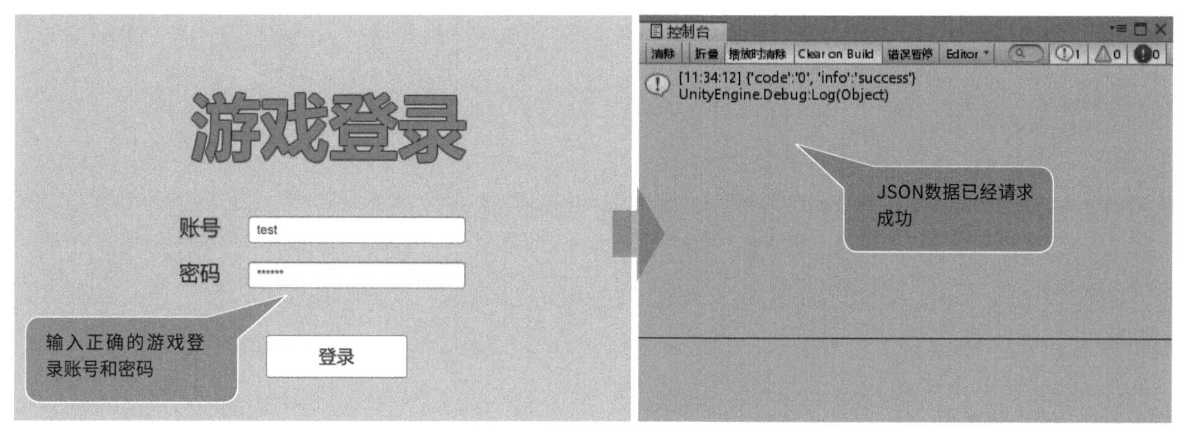

图11-20

11.4.5 解析登录数据

获得JSON数据后进行解析与登录，将脚本修改为如下代码。

输入代码

```
using System.Collections;
using UnityEngine;
using UnityEngine.Networking;
using UnityEngine.UI;
using System;

//登录信息类
[Serializable]
public class LoginInfo
{
  //登录编码
  public string code;
  //登录信息
  public string info;
}

public class LoginControl : MonoBehaviour
```

```
{
  //关联账号文本框
  public InputField NameFiled;
  //关联密码文本框
  public InputField PwdField;

  //登录事件，设置为“登录”按钮的单击事件
  public void LoginClick()
  {
    //拼接API
    string url = "http://127.0.0.1/test.asp?name=" + NameFiled.text + "&pwd=" + PwdField.text;
    //开启请求协程
    StartCoroutine(Login(url));
  }

  IEnumerator Login(string url)
  {
    //创建一个请求
    UnityWebRequest request = UnityWebRequest.Get(url);
    //发送请求
    yield return request.SendWebRequest();
    //判断错误
    if (request.isHttpError || request.isNetworkError)
    {
      //输出错误
      Debug.Log(request.error);
    } else
    {
      //获得服务器返回的JSON数据，输出查看
      //Debug.Log(request.downloadHandler.text);
      //进行JSON解析
      LoginJSON(request.downloadHandler.text);
    }
  }

  //添加JSON解析方法
  void LoginJSON(string JSON)
  {
    //解析JSON为
    LoginInfo info = JsonUtility.FromJSON<LoginInfo>(JSON);
    if (info.code == "0")
    {
      Debug.Log("登录成功");
      //这里一般可以添加切换场景等内容，代表游戏登录成功
    }
    else
    {
      Debug.Log("登录失败");
      //这里可以添加一些登录失败的内容，如提示等
    }
  }
}
```

技巧提示

到此为止，登录游戏的请求操作就制作完成了，我们回顾一下本例的制作要点。先得到一个API，然后通过API进行网络请求，请求到JSON数据后进行解析，判断是否登录成功。掌握了以上内容后，你就已经掌握了网络请求的使用方式了，在有网络需求的游戏的开发过程中，服务端人员可能会给我们很多个API，并告诉我们各API的功能和格式，我们需要做的就是拿到这些API，然后逐个进行请求和解析，最终完成整个项目。

第12章 使用设计模式完善代码

■ 学习目的

我们已经学习了通过编写脚本来实现游戏的各种功能，但是当脚本中的代码越来越多时会出现一些复杂程度上或是代码逻辑上的问题，这时候就需要用一些固定的解决方案来帮助我们解决这些问题。这些解决方案不仅可以解决代码框架结构的问题，而且可以很好地降低代码间的耦合度。这些解决方案就是设计模式。

■ 主要内容

- 状态模式的使用方法
- 单例模式的使用方法
- 工厂模式的使用方法
- 外观模式的使用方法
- 观察者模式的使用方法
- 简易消息框架的制作方法

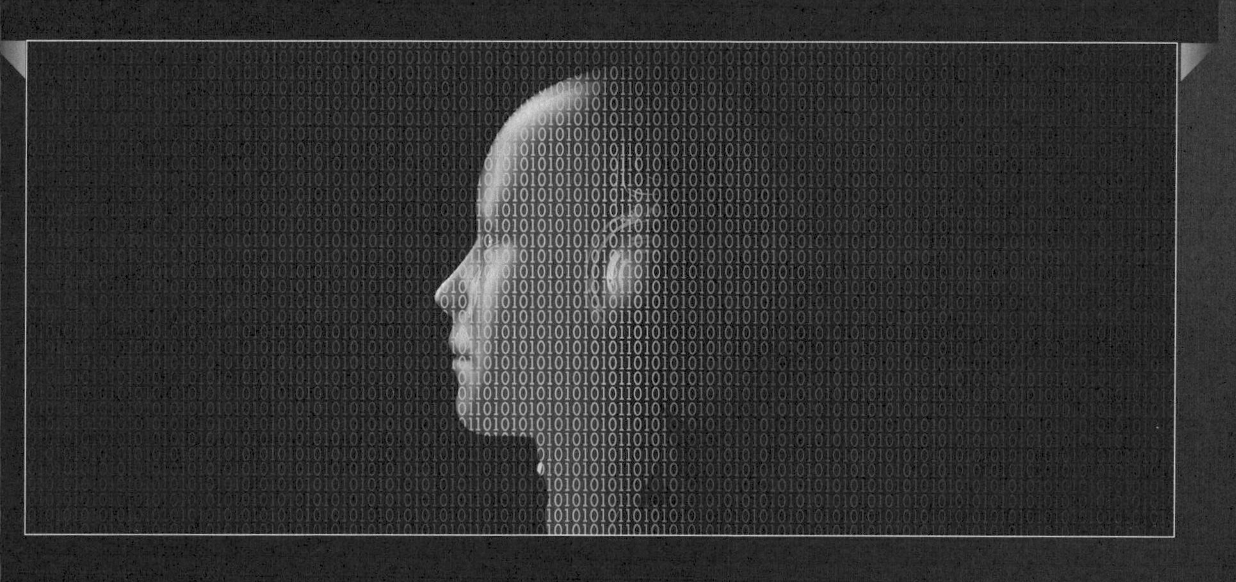

12.1 代码的状态

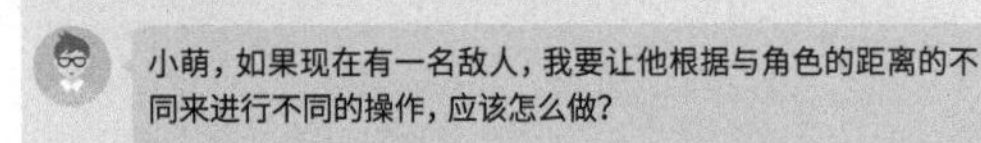

这个简单呀，用if语句进行判断，然后对每个距离都判断一次，再编写不同距离的代码。

但是这样就变成了面向过程思维了，而且当代码过多或判断条件过多的时候，代码看起来可能会非常乱。这里我就来告诉你另一个解决的办法，那就是使用状态模式。

12.1.1 理解状态模式

当对象内部的状态发生改变时，其实也就是改变了它的行为，让对象看起来好像更改了类一样，这就是状态模式。状态模式在游戏开发中非常常用，接下来举几个例子来介绍什么是状态。

先以一名学生来举例，学生在日常生活中可以分为几个状态，如睡觉、吃饭、娱乐和上课等；我们还可以通过学生的动作来区分其状态，如站立、躺下、坐着、走路和跑步等；甚至还可以通过学生的精神状态来区分其状态，如疲倦、低迷、正常和精神饱满等。

再以一个游戏中的敌人来举例，按照动作来区分，可以分为站立、行走、攻击、倒地和跳跃等状态；按照行为来区分，可以分为巡逻、追踪、战斗和死亡等状态。

通过上述举例，相信大家对状态已经有所了解，读者可以尝试自己列举一些物体的状态。在上述例子中，当对象状态发生改变时，其行为也会发生变化，但是对象依然还是同一个对象。如站立的敌人变成行走的敌人，虽然还是同一个敌人，但是其行为发生了变化，即从站立变成了行走。

12.1.2 非状态模式代码示例

分析一段很简单的代码，代码如下。

输入代码

```
using UnityEngine;

public class Student
{
  //接收时间，执行该时间段学生做的事
  public void Run(int time)
  {
    if (time > 22 || time < 7)
    {
      Debug.Log("睡觉");
    } else if (time >=7 && time <=18)
    {
      Debug.Log("上课");
    }else
    {
      Debug.Log("休息");
    }
  }
}

public class Test: MonoBehaviour
{
  void Start()
  {
    Student student = new Student();
    //做18点时的事情
    student.Run(18);
    //做22点时的事情
    student.Run(22);
  }
}
```

上述代码中包含了学生类和主类，学生类中包含了一个方法，即接收不同的时间并做不同的事情，这里我们直接执行了要做的事情。但是如果每件事情都非常复杂，都包含了大量代码，并且时间段分得非常详细，如24小时中每个小时都做不同的事，这时候就会出现大量的if语句和代码，这些代码都会包含在同一个方法中，就会显得十分混乱了。

实例：状态模式的代码实现

素材位置　无
实例位置　实例文件>CH12>实例：状态模式的代码实现
难易指数　★★★★☆
学习目标　掌握状态模式的使用方法

1.实现路径

01 针对12.1.2小节中的问题，我们需要转换一下思路来实现上述代码的内容。

02 创建一个状态的基类。

03 为睡觉、休息和学习分别创建一个状态类并继承状态基类。

04 修改代码，在不同的时间段加载不同的状态。

2.操作步骤

将睡觉、上课和休息3个阶段的代码分别封装到3个状态中，学生类中只需要判断不同的时间段并加载不同的状态来实现就可以了，修改的脚本代码如下。

输入代码

```
using UnityEngine;

//抽象状态类，这里作为每个状态的父类
public abstract class State
{
    //每个状态都要实现的抽象方法
    public abstract void Run();
}

//睡觉状态
public class SleepState : State
{
    public override void Run()
    {
        Debug.Log("睡觉状态的执行代码");
    }
}

//休息状态
public class PlayState : State
{
    public override void Run()
    {
        Debug.Log("休息状态的执行代码");
    }
}

//学习状态
public class StudyState : State
{
    public override void Run()
    {
        Debug.Log("学习状态的执行代码");
    }
}

//学生类
public class NewStudent
{
    //每名学生都包含一个当前的状态
    public State state;

    //接收时间，并切换学生该时间段的状态
    public void Run(int time)
    {
        if (time > 22 || time < 7)
        {
            state = new SleepState();
        }
        else if (time >= 7 && time <= 18)
        {
            state = new StudyState();
        }
        else
        {
            state = new PlayState();
        }
        //调用该状态
        state.Run();
    }
}

public class StateTest : MonoBehaviour
{
    void Start()
    {
        NewStudent student = new NewStudent();
        //做18点时的事情
        student.Run(18);
        //做22点时的事情
        student.Run(22);
    }
}
```

技巧提示

本例的代码结构相对比较简单，而使用状态模式后的代码量相对增多了，但是也可以很明显地看到上述代码的逻辑更加清晰。当状态数量过多或每个状态内的代码逻辑过于复杂时，还可以将每个状态类放到不同的脚本文件中，这样就可以将多个状态拆分到多个文件中，这样逻辑就会更加清晰。同时状态模式还有一个好处，那就是可以很方便地进行状态的复用，如本例中有学生类并且拥有一个睡觉状态，这时我们再加一个工人类或教师类，可以很方便地让这3个类使用同一个睡觉状态，所以当代码量越多、逻辑越复杂时更能体现状态模式的好处。

12.2 把复杂的代码封装起来

状态模式太好用了！我将做的一个小程序使用状态模式分成了停止状态、运行状态、暂停状态和设置状态后，感觉清晰了很多。

当然了，设计模式肯定都有它存在的价值，用得越熟练，价值也就越高。我们再来看一个可以简化代码结构的常用模式吧。

12.2.1 理解外观模式

为子系统提供一组统一的高层接口，使子系统更加容易使用，这就是外观模式。外观模式可以将代码的复杂性封装起来并对外提供一个访问接口，让编程人员在使用的时候仅仅需要调用访问接口，而不需要关心内部复杂代码的实现和功能。

在游戏的开发过程中，我们避免不了将游戏常用的功能封装为系统来进行使用，如游戏中都会有音乐、音效，我们就可以封装一个音频管理系统；游戏中可能会有多种类型的物品，我们就可以封装一个物品管理系统；游戏中可能会有任务模块，并允许玩家进行任务的接收和拒绝，我们就可以封装一个任务管理系统。总之，在游戏的制作过程中，我们会封装大量的系统，使我们的开发更加便捷。当系统封装得过多的时候，我们可以使用外观模式来管理这些系统，以进一步地优化我们的代码。

在上一节中我们使用状态模式来对学生类进行了代码优化，这里我们可以把学生看作一个系统。除了学生，可能还有教师、工人和家长等不同系统，状态模式可以对这些系统分别进行优化。但是当系统本身的数量增加后，使用起来依然有些复杂，这时就可以使用外观模式来对这些系统进行封装。

12.2.2 非外观模式代码示例

使用基础方式实现在主程序中直接调用多个系统中的代码，代码如下。

输入代码

```
using UnityEngine;

//这里创建一个学生系统
public class StudentSystem
{
  public void Run()
  {
    Debug.Log("我是学生系统");
  }
}

//这里创建一个老师系统
public class TeacherSystem
{
  public void Run()
  {
    Debug.Log("我是老师系统");
  }
}

//这里创建一个工人系统
public class WorkerSystem
{
  public void Run()
  {
    Debug.Log("我是工人系统");
  }
}

public class FacadeTest : MonoBehaviour
{
  void Start()
  {
    //这里如果想调用学生系统
    StudentSystem studentSystem = new StudentSystem();
    studentSystem.Run();
    //如果调用教师系统
    TeacherSystem teacherSystem = new TeacherSystem();
    teacherSystem.Run();
  }
}
```

上述代码中包含了学生系统、老师系统和工人系统3个系统，当我们希望调用某个系统时，会去实例化该系统；或通过单例得到该系统对象，然后使用系统中的内容。但是当系统数量过多时，我们会看到项目中随时都在直接调用各个系统，不仅看上去十分杂乱，还很难进行代码的修改。

实例：外观模式的代码实现

素材位置　无

实例位置　实例文件>CH12>实例：外观模式的代码实现

难易指数　★★★☆☆

学习目标　掌握外观模式的使用方法

1.实现路径

01 通过外观模式重新实现12.2.2小节中的代码。

02 创建学生、老师和工人系统类。

03 创建一个外观类，并对学生、老师和工人系统进行封装。

04 在主程序中直接使用外观类提供的接口调用方法。

2.操作步骤

将所有系统都封装到一个单独的外观类中，在该外观类中对常用的系统方法都添加对外的接口方法，修改的脚本代码如下。

输入代码

```
using UnityEngine;

//这里创建一个学生系统
public class StudentSystem
{
    public void Run()
    {
        Debug.Log("我是学生系统");
    }
}

//这里创建一个老师系统
public class TeacherSystem
{
    public void Run()
    {
        Debug.Log("我是老师系统");
    }
}

//这里创建一个工人系统
public class WorkerSystem
{
    public void Run()
    {
        Debug.Log("我是工人系统");
    }
}

//创建一个外观类
public class Facade
{
    //3个系统
    StudentSystem studentSystem;
    TeacherSystem teacherSystem;
    WorkerSystem workerSystem;
    public Facade()
    {
        //初始化3个系统
        studentSystem = new StudentSystem();
        teacherSystem = new TeacherSystem();
        workerSystem = new WorkerSystem();
    }

    //将子系统方法进行封装
    public void StudentRun()
    {
        studentSystem.Run();
    }

    public void TeacherRun()
    {
        teacherSystem.Run();
    }

    public void WorkerRun()
    {
        workerSystem.Run();
    }
}

public class FacadeTest : MonoBehaviour
{
    void Start()
    {
        //创建一个外观类
        Facade facade = new Facade();
        //这里如果想调用学生系统
        facade.StudentRun();
        //如果调用教师系统
        facade.TeacherRun();
    }
}
```

技巧提示

虽然外观模式多添加了一个类，但是可以将子系统全部封装起来，所以在使用的时候不用知道有几个子系统或子系统都有什么接口，直接调用外观类提供的接口就可以了，使用起来十分方便。

12.3 单一的对象

设计模式太有用了，我的代码终于不再杂乱了，突然想到前几章提过的单例模式，是不是也是设计模式之一呢？

嗯嗯，没错，一般设计模式是指GoF的23种设计模式，单例模式也是其中之一，那么接下来我们就来详细看一下单例模式吧。

12.3.1 理解单例模式

保证一个类只有一个对应的对象，并提供一个访问该对象的方法，这就是单例模式。

在游戏的开发过程中，编写的类并不是都会生成多个对象的，有时仅需要某些类生成唯一的对象。我们现在已经知道在制作游戏的过程中会包含多个游戏系统类，如游戏管理系统类、UI管理系统类、游戏音乐管理系统类、游戏数据管理系统类和游戏场景管理系统类等，这些系统类往往只需要生成一个对象。我们也可以想象在生活中，一个公司中有一个领导和无数个员工，如果在程序中实现，那么应该创建一个领导类和一个员工类，员工类会创建很多个对象来对应每个员工，但是领导类只会创建一个对象，我们通过唯一的领导对象来对员工进行管理。

12.3.2 非单例模式代码示例

创建一个员工类和一个领导类，并让领导类对员工类进行管理，代码如下。

输入代码

```
using System.Collections.Generic;
using UnityEngine;

//员工类
public class Worker
{
  //员工姓名
  public string Name;
}

//领导类
public class Leader
{
  //员工数组
  private List<Worker> workers = new List<Worker>();

  //添加员工
  public void AddWorker(string WorkerName)
  {
    //创建一个员工对象
    Worker worker = new Worker();
    //设置员工名称
    worker.Name = WorkerName;
    //将员工添加到员工数组中
    workers.Add(worker);
  }

  //查看员工
  public void Check()
  {
    //遍历员工数组
    foreach (Worker worker in workers)
    {
      //输出员工姓名
      Debug.Log(worker.Name);
    }
  }
}

public class SingletonTest : MonoBehaviour
{
  void Start()
  {
    func1();
    func2();
  }

  //使用该方法为领导类添加员工
  void func1()
  {
    //这里我们创建一个领导对象
    Leader leader = new Leader();
    //向领导对象中增加员工
    leader.AddWorker("员工1");
    leader.AddWorker("员工2");
  }

  //使用该方法查看领导类管理的员工
  void func2()
  {
    //创建第2个领导对象
    Leader leader = new Leader();
    //查看领导管理的员工
    leader.Check();
  }
}
```

从上述代码可知，没有任何一个员工的信息被输出，因此仔细查看，发现代码中有着很明显的问题：实际上添加员工和查看员工时分别调用的是两个领导对象。除此之外，上述代码描述得非常简单，如果在实际的项目中，那么可能包含几十个或上百个脚本，其中很多脚本都有可能会对领导类进行添加或查看操作。这时候为了防止这种问题产生，我们就要保证领导对象只能存在一个。

实例：单例模式的代码实现

素材位置 无
实例位置 实例文件>CH12>实例：单例模式的代码实现
难易指数 ★★★☆☆
学习目标 掌握单例模式的使用方法

1.实现路径

01 通过单例模式解决12.3.2小节代码中出现的问题。

02 创建一个员工类。

03 创建一个领导类，并在该类中创建管理员工的数组与方法。

04 将领导类设置为单例类。

2.操作步骤

01 将领导类设置为单例类，就可以保证领导类只会有一个对应对象了，修改的脚本代码如下。

输入代码

```
using System.Collections.Generic;
using UnityEngine;

//员工类
public class Worker
{
    //员工姓名
    public string Name;
}

//领导类
public class Leader
{
    //唯一的领导对象
    private static Leader instance = null;
    //员工数组
    private List<Worker> workers = new List<Worker>();

    //给外界开放一个接口，用于访问唯一的领导对象
    public static Leader Instance
    {
        get
        {
            //如果还没有领导对象，实例化一个领导对象
            if (instance == null)
            {
                instance = new Leader();
            }
            return instance;
        }
    }

    //私有化构造方法，防止外界实例化该对象
    private Leader() { }

    //添加员工
    public void AddWorker(string WorkerName)
    {
        //创建一个员工对象
        Worker worker = new Worker();
        //设置员工名称
        worker.Name = WorkerName;
        //将员工添加到员工数组中
        workers.Add(worker);
    }

    //查看员工
    public void Check()
    {
        //遍历员工数组
        foreach (Worker worker in workers)
        {
            //输出员工姓名
            Debug.Log(worker.Name);
        }
    }
}

public class SingletonTest : MonoBehaviour
{
    void Start()
    {
        func1();
        func2();
    }

    //使用该方法为领导类添加员工
    void func1()
    {
        //向领导对象中增加员工
        Leader.Instance.AddWorker("员工1");
        Leader.Instance.AddWorker("员工2");
    }

    //使用该方法查看领导类管理的员工
    void func2()
    {
        //查看领导管理的员工
        Leader.Instance.Check();
    }
}
```

02 运行上述代码后，就可以看到员工信息被正常输出了。但是需要注意，一般的类都可以使用上述方式设置为单例类；但是如果是组件类，由于我们控制不了组件类的实例化过程，因此就要使用下述方法将其设置为单例类，代码如下。

输入代码

```
using UnityEngine;

public class NewBehaviourScript : MonoBehaviour
{
    public static NewBehaviourScript Instance;

    void Awake()
    {
        Instance = this;
    }
}
```

12.4 定义一种观察者模式

最近我想给项目增加暂停功能，当玩家单击“暂停”按钮后，游戏系统和画面都会暂停，这个怎么实现呢？我现在是在暂停按钮事件中直接获得各个系统对象来让所有系统暂停，但是后期修改起来比较麻烦，而且耦合度太高，有没有其他方案呢？

这种情况你可以尝试一下观察者模式，把主动变为被动，把一对一变成一对多；当暂停的时候发送一个暂停消息，让需要暂停的系统接收该消息，它们接收到了后做各自的暂停动作就可以了。

12.4.1 理解观察者模式

观察者模式定义了一个一对多的依赖关系，让多个观察者监听同一个主体对象，当主体对象发生变化时，会通知所有的观察者，使观察者可以自己进行更新。

在日常生活中，我们常常会在休息的时候看电视或直播，这个动作其实就是一种观察者模式。可以想象一下，很多人在电视机前观看同一场足球比赛，比赛解说员就是被监听的对象，看电视的人就是观察者。当解说员解说比赛的时候，并不知道谁会听自己的节目，也不知道自己现在是说给谁听的，但是还是会进行解说，完成自己的任务；而看电视的人听到解说员的进球解说后，可能会有不同的表现，可能高兴，可能难过，甚至可能气得关掉电视。

12.4.2 非观察者模式代码示例

实现3名观众观看球赛的一段简单代码如下。

输入代码

```
using UnityEngine;

//观众1
public class Viewer1
{
   public void Run()
   {
      Debug.Log("大笑");
   }
}
//观众2
public class Viewer2
{
   public void Run()
   {
      Debug.Log("难过");
   }
}
//观众3
public class Viewer3
{
   public void Run()
   {
      Debug.Log("关掉电视");
   }
}

public class TV : MonoBehaviour
{
```

```
    //3名观众
    Viewer1 viewer1;
    Viewer2 viewer2;
    Viewer3 viewer3;
    void Start()
    {
        viewer1 = new Viewer1();
        viewer2 = new Viewer2();
        viewer3 = new Viewer3();
    }

    void Update()
    {
        //单击鼠标左键，让3名观众做各自的事情
        if (Input.GetMouseButtonDown(0))
        {
            viewer1.Run();
            viewer2.Run();
            viewer3.Run();
        }
    }
}
```

上述代码运行后，每单击一次鼠标左键，都会调用一个观众方法来执行观众的动作，这里可以看到调用方法的时候是主动进行调用的。想象一下，这里一共只有3名观众，如果有100名观众呢？每次调用的时候难道要依次调用100名观众的方法？再想象一下，如果代码中不仅要对这一处进行调用，而需要对多处进行调用，那么调用方法的代码量就成倍增加了。

实例：观察者模式的代码实现

素材位置 无
实例位置 实例文件>CH12>实例：观察者模式的代码实现
难易指数 ★★★☆☆
学习目标 掌握观察者模式的使用方法

1.实现路径

01 通过观察者模式重新实现12.4.2小节中的代码。
02 创建一个观众接口。
03 创建多个观众类并继承观众接口。
04 创建一个TV类。
05 实现TV类对观众类的消息发送功能。

2.操作步骤

创建一个接口来实现观众看电视的观察者模式代码，修改的脚本代码如下。

输入代码

```
using System.Collections.Generic;
using UnityEngine;

//观众接口
public interface Viewer
{
    void Run();
}
```

```
//观众1
public class Viewer1 : Viewer
{
    public void Run()
    {
        Debug.Log("大笑");
    }
}
//观众2
public class Viewer2 : Viewer
{
    public void Run()
    {
        Debug.Log("难过");
    }
}
//观众3
public class Viewer3 : Viewer
{
    public void Run()
    {
        Debug.Log("关掉电视");
    }
}
//TV类
public class TV
{
    //监听的观众
    public List<Viewer> viewers = new List<Viewer>();

    //添加观察者
    public void Add(Viewer viewer)
    {
        viewers.Add(viewer);
    }

    //移除观察者
    public void Remove(Viewer viewer)
    {
        viewers.Remove(viewer);
    }
    //调用观察者的方法
    public void Run()
    {
        foreach (Viewer viewer in viewers)
        {
            viewer.Run();
        }
    }
}

public class ObserverTest : MonoBehaviour
{
    TV tv;
    void Start()
    {
        //实例化3名观众，将观众添加到监听数组中
        tv = new TV();
        tv.Add(new Viewer1());
        tv.Add(new Viewer2());
        tv.Add(new Viewer3());
    }

    void Update()
    {
        //单击鼠标左键，让TV类发送一条消息。观众们具体做什么、调用哪个方法，不用管理
        if (Input.GetMouseButtonDown(0))
        {
            tv.Run();
        }
    }
}
```

技巧提示

对电视来说，它只负责发送消息，并不知道谁接收该消息，谁执行什么方法；而对观众来说，其只会监听消息，没消息不会调用任何事件，监听到消息就调用对应事件，而不去在意谁发送的消息。这样我们就降低了代码的耦合性，对优化代码的整体结构框架都有帮助，同时也便于后期进行修改。

12.5 创建多对象的推荐方式

设计模式还真是好用啊，只掌握了常用的这几种，我的代码结构就和以前完全不一样了！

没错，以后有时间你还可以学习其他的设计模式，让你的代码更加灵活。我们最后来学习一个创建对象的设计模式吧。

12.5.1 理解工厂模式

定义一个创建对象的接口，让子类决定实例化哪一类，让类的实例化延迟到子类中进行，这就是工厂模式。

工厂模式提供了一种创建多种类型的对象的方式。试想一下，如果有不同品牌的汽车，那么购买汽车的人并不会关心汽车的生产过程，购买人只需要提供购买汽车的型号，就会得到对应型号的汽车，这个其实就是工厂模式。好比一个工厂只有一个入口和一个出口，入口提供型号，出口直接获得对应型号的汽车，而工厂内发生的事情我们并不关心。

12.5.2 非工厂模式代码示例

下面看一段生产汽车对象的示例代码，如下。

输入代码

```
using UnityEngine;

//汽车抽象类
public abstract class Car
{
    public abstract void Run();
}

public class Bmw : Car
{
    public override void Run()
    {
        Debug.Log("宝马");
    }
}

public class Benz : Car
{
    public override void Run()
    {
        Debug.Log("奔驰");
    }
}

public class Audi : Car
{
    public override void Run()
    {
        Debug.Log("奥迪");
    }
}

public class FactoryTest : MonoBehaviour
{
    void Start()
    {
        //创建3种不同类型的汽车
        Bmw bmw = new Bmw();
        bmw.Run();
        Benz benz = new Benz();
        benz.Run();
        Audi audi = new Audi();
        audi.Run();
    }
}
```

从上述代码可知，该代码最终创建了3个汽车对象。由于这里的汽车类型只有3种，因此当类型增加得越来越多的时候，使用这种方式就不太方便了。

实例：工厂模式的代码实现

素材位置　无
实例位置　实例文件>CH12>实例：工厂模式的代码实现
难易指数　★★★☆☆
学习目标　掌握工厂模式的使用方法

1.实现路径

01 通过工厂模式重新实现12.5.2小节中的代码。

02 创建一个汽车抽象类。

03 创建多个汽车类并继承汽车抽象类。

04 创建一个汽车工厂类。

05 通过工厂类进行汽车的实例化。

2.操作步骤

本例通过工厂类实现汽车的实例化，修改的脚本代码如下。

输入代码

```
using UnityEngine;

//汽车抽象类
public abstract class Car
{
  public abstract void Run();
}

public class Bmw : Car
{
  public override void Run()
  {
    Debug.Log("宝马");
  }
}

public class Benz : Car
{
  public override void Run()
  {
    Debug.Log("奔驰");
  }
}

public class Audi : Car
{
  public override void Run()
  {
    Debug.Log("奥迪");
  }
}
//汽车类型
public enum CarType
{
  Bmw,
  Benz,
  Audi
}
//工厂类
public class Factory
{
  //创建汽车对象的方法，这里将3种汽车的实例化方法封装起来
  public static Car Create(CarType type)
  {
    Car car = null;
    switch (type)
    {
      case CarType.Bmw:
        car = new Bmw();
        break;
      case CarType.Benz:
        car = new Benz();
        break;
      case CarType.Audi:
        car = new Audi();
        break;
    }
    return car;
  }
}

public class FactoryTest : MonoBehaviour
{
  void Start()
  {
    //创建3种不同类型的汽车，这里看到实例化方法被封装起来了，
//所以调用我们自己的创建方法就可以了，不必在意内部的创建过程
    Car bmw = Factory.Create(CarType.Bmw);
    bmw.Run();
    Car benz = Factory.Create(CarType.Benz);
    benz.Run();
    Car audi = Factory.Create(CarType.Audi);
    audi.Run();
  }
}
```

技巧提示

在创建对象时，由于类的实例化过程已经被隐藏了起来，因此使用了统一的创建方法。这样当类型数量过多的时候，使用起来会十分方便，并且具有很好的扩展性，可以随时对封装的类进行修改或添加。

12.6 综合案例：简易消息框架

素材位置　无
实例位置　实例文件>CH10>综合案例：简易消息框架
难易指数　★★★★☆
学习目标　掌握简易游戏消息框架的制作方法，理解各种设计模式

12.6.1 项目描述

01 创建一个消息类、消息中心类和消息基类，实现基础的消息框架。

02 创建一个音频管理类，使用单例的方式实现该管理类，并且在消息中心类中进行注册。

03 创建一个物品管理类，使用单例的方式实现该管理类，并且在消息中心类中进行注册。

04 除了上述两个管理类，还可以实现其他很多管理类。

05 通过消息框架进行发送消息的测试。

12.6.2 消息基类

在“项目”面板中执行“创建>C#脚本”命令创建一个脚本，并命名为MonoBase，编写的脚本代码如下。

输入代码

```
using System.Collections.Generic;
using UnityEngine;

//消息类
public class Message
{
  //消息体，除此之外还可以添加多个消息属性
  public object Object;
}

//消息中心类
public class MessageCenter
{
  //需要接收消息类的集合
  public static List<MonoBase> Managers = new List<MonoBase>();

  //注册类，代表该类需要接收消息
  public static void RegisterMessageClass(MonoBase monoBase)
  {
    //注册类
    Managers.Add(monoBase);
  }

  //发送消息
  public static void SendCustomMessage(Message message)
  {
    //遍历需要接收消息的类
    foreach (MonoBase mb in Managers)
    {
      //发送消息
      mb.ReceiveCustomMessage(message);
    }
  }
}

//消息基类
public class MonoBase : MonoBehaviour
{
  //发送消息
  public void SendCustomMessage(Message message)
  {
    //发送消息
    MessageCenter.SendCustomMessage(message);
  }
  //接收消息
  public virtual void ReceiveCustomMessage(Message message)
  {

  }
}
```

12.6.3 音频管理类

在“层级”面板中执行“创建>空对象”命令创建一个空物体，并命名为AudioManager。然后在“项目”面板中执行“创建>C#脚本”命令创建一个脚本，并命名为AudioManager；接着将其添加到创建的空物体上，编写的代码如下。

输入代码

```
using UnityEngine;

//音频管理器类
public class AudioManager : MonoBase
{
  //单例
  public static AudioManager Instance;
  void Awake()
  {
    //为单例赋值
    Instance = this;
    //声明该类，证明该类需要接收消息
    MessageCenter.RegisterMessageClass(this);
  }

  //接收消息类
  public override void ReceiveCustomMessage(Message message)
  {
    Debug.Log("音频管理器类：我接收到消息了，" + message.Object);
  }

  //其他该类的功能实现
  //
}
```

12.6.4 物品管理类

在“层级”面板中执行“创建>空对象”命令创建一个空物体，并命名为ItemManager。然后在“项目”面板中执行“创建>C#脚本”命令创建一个脚本，并命名为ItemManager；接着将其添加到创建的空物体上，编写的代码如下。

输入代码

```
using UnityEngine;
```

```
//物品管理器类
public class ItemManager : MonoBase
{
  //单例
  public static ItemManager Instance;
  void Awake()
  {
    //为单例赋值
    Instance = this;
    //声明该类，证明该类需要接收消息
    MessageCenter.RegisterMessageClass(this);
  }

  //接收消息类
  public override void ReceiveCustomMessage(Message message)
  {
    Debug.Log("物品管理器类：我接收到消息了，" + message.Object);
  }

  //其他该类的功能实现
  //……
}
```

技巧提示

除了创建好的用来进行示例的两个管理类，在游戏的制作过程中往往还需要创建更多的管理类。由于管理类的基础框架相同，因此这里就不再创建其他管理类了。

12.6.5 框架测试

在“层级”面板中执行“创建>空对象”命令创建一个空物体，并命名为Test。然后在“项目”面板中执行“创建>C#脚本”命令创建一个脚本，并命名为Test；接着将其添加到创建的空物体上，编写的代码如下，运行结果如图12-1所示。

输入代码

```
using UnityEngine;

public class Test : MonoBase
{
  void Update()
  {
    //单击鼠标左键
    if (Input.GetMouseButtonDown(0))
    {
      //给管理类发送消息
      SendCustomMessage(new Message() { Object = (object)"这是测试用的消息" });
    }
  }
}
```

运行结果

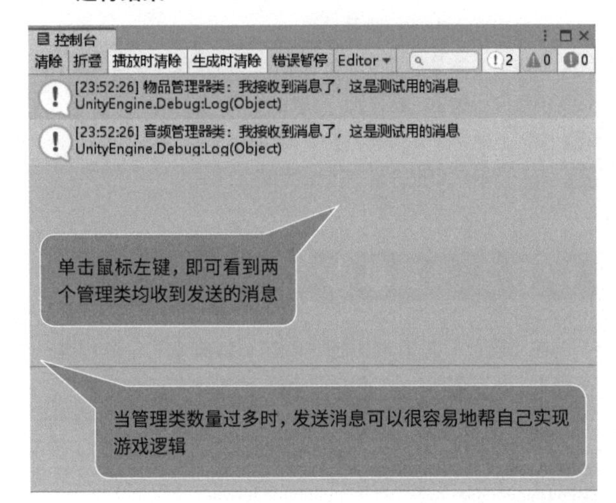

图12-1

第13章 Lua与人工智能

■ 学习目的

游戏开发结束并上线后，常常会出现一些紧急 Bug 需要修复，如果每次修复 Bug 都要重新编码并上传新版本就太耗费精力了，这时候热更新就派上用场了。另外，有时候为了让游戏角色的特性鲜明，我们会为 NPC 和敌人编写不同的人工智能代码来表现不同角色的特性，这时候人工智能就很重要了。

■ 主要内容

- 使用Lua编程
- xLua的使用
- 使用xLua进行热修复
- 人工智能
- 有限状态机
- 人工智能小游戏的制作

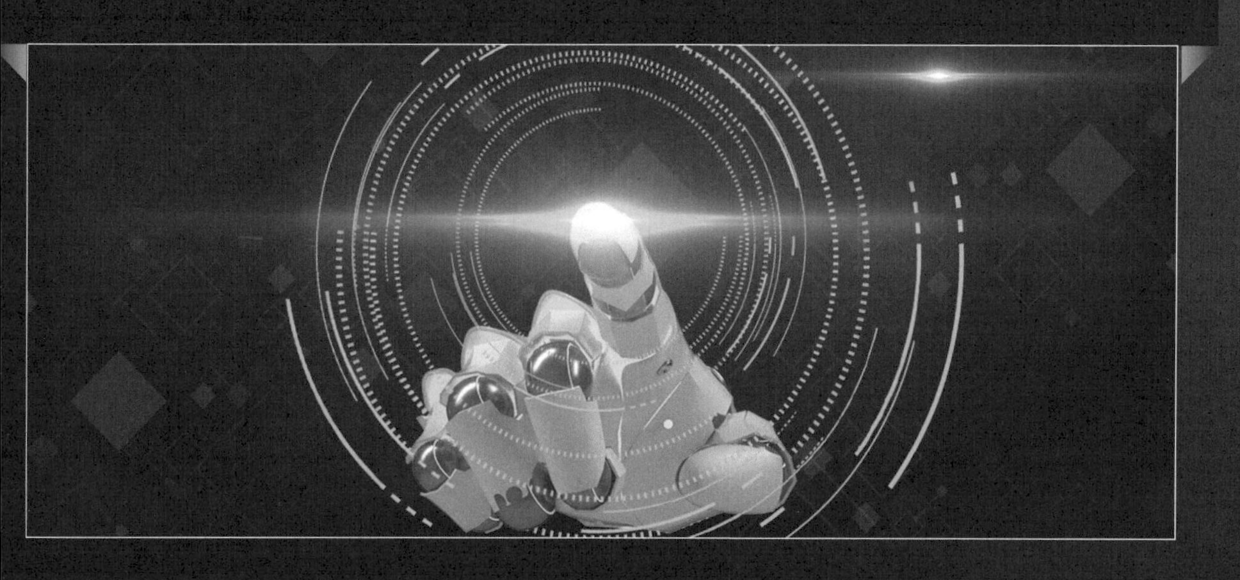

13.1 游戏领域的热门语言

今天公司要求我学习Lua语言，Unity不是用C#的吗，为什么要学Lua呢？

哈哈，实际上作为一名合格的游戏开发者，Lua脚本语言是必须要掌握的，很多游戏引擎都支持使用Lua来进行部分编程。下面我们就先来简单地学习Lua脚本语言，了解Lua语言为什么会这么重要吧。

13.1.1 Lua脚本语言

Lua是一种非常精炼的脚本语言，因为Lua是基于C语言编写而成的，所以可以灵活地应用于各个平台上，同时它的解释器也非常简洁。虽然Lua十分简洁，但是也意味着Lua本身并没有给程序员提供很多很强大的库，所以Lua并不太适合作为主语言来进行独立的应用和开发。但是即便如此，Lua仍然依靠高嵌入性和高效率的特点深受各方面尤其是游戏开发方面的程序员的喜爱，我们熟悉的《魔兽世界》和《仙剑奇侠传》等游戏都使用过Lua作为脚本开发语言。下面通过一段代码来讲解Lua语言的基本语法，代码如下。

```
--这里代表单行注释
--[[这里代表
多行注释]]

--这里我们输出Lua中常用的数据类型，注意Lua是弱语言类型，
//也就意味着同一个变量可以被赋予不同类型的值
--这里nil表示一个无效空值
print(nil)
--布尔类型
print(true)
print(false)
--数字
print(6)
print(6.66)
--字符串
print("Lua语言")
print("Lua".."语言")
--表
--这里用表来代替数组，在Lua中索引值默认从1开始
local tb = {"数据1","数据2","数据"}
tb[3] = "数据3"
--这里用表来代替哈希表或字典
local tb2 = {key1 = "value1", key2 = "value2", "value3"}
tb2.key1 = "value4"
tb2["key1"] = "value5"
--输出表1
for k, v in pairs(tb) do
  print(k .. "-" .. v)
end
--while循环
local a = 0
while(a < 10)
do
  print(a)
  a = a + 1
end
--for循环，从0到10
for a=0,10 do
  --if语句，~=相当于c#中的!=
  if(a ~= 3) then
    print(a)
  end
end

--for循环，从0到10，步进为3，这里就会输出0369
for a=0,10,3 do
  print(a)
end

--函数
function GetNum(a,b)
  return a + b
end

print(GetNum(3,5))
```

13.1.2 xLua的使用

在游戏开发环境中，目前网游的数量远远多于单机游戏，所以提及游戏开发就避免不了更新的话题。制作一款网游，无论是计算机端还是手机端的，除了定期更新外，可能时刻都需要进行逻辑和Bug的更新和修改。如果每次更新和修改都需要关闭服务器，那么可能会损失大量玩家，这时候使用热更新就可以很方便地做到在不更新游戏版本的情况下修复逻辑和Bug了。在Unity中，我们常常使用Lua作为热更新的脚本语言，所以当前已经有多种解决方案可以让开发者实现C#和Lua的交互使用。本书使用xLua进行Unity与Lua的交互。xLua具有为Unity、.Net和Mono等C#环境增加Lua脚本编程的能力。借助xLua我们可以很方便地对Lua和C#进行相互调用，所以我们通过xLua就可以方便地使用Lua语言进行编程并实现热修复等功能。

在GitHub上搜索并下载xLua，下载完成后，将其中的

Assets、Tools文件夹导入Unity项目的工程文件夹中，如图13-1所示。

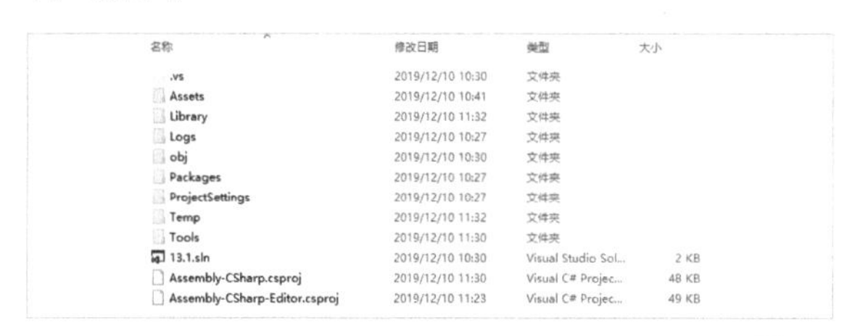

图13-1

导入完成后，我们开始实现在C#中调用Lua脚本。在“层级”面板中执行“创建>空对象”命令创建一个空物体，并命名为LuaTest。然后在“项目”面板中执行“创建>C#脚本”命令创建一个脚本，并命名为LuaTest；接着将其添加到创建的空物体上，代码如下。

输入代码

```
using UnityEngine;
using XLua;

//C#的一个示例类
public class NPC
{
    public string Name;

    public NPC(string name)
    {
        Name = name;
    }
}

public class LuaTest : MonoBehaviour
{
    //Lua环境
    LuaEnv lua;
    void Start()
    {
        //创建一个Lua虚拟机
        lua = new LuaEnv();
        //执行lua语句，在C#中调用lua语句
        lua.DoString("print('你好，我是lua')");
        //文件加载方式，这里我们在“项目”面板中创建一个Resources文件夹，
//并在文件夹中创建一个脚本，然后在“资源管理器”中打开该文件夹；
//将脚本文件改名为luaTest.lua.txt，在该文件中即可编写lua代码
        //lua.DoString("require 'luaTest'");

        //在lua语句中调用C#()方法
        lua.DoString("CS.UnityEngine.Debug.Log('你好，我是C#')");
        //在lua中创建一个C#类的对象
        lua.DoString(@"
            local npc = CS.NPC('杰瑞')
            print(npc.Name)
        ");
    }

    private void OnDestroy()
    {
        //释放
        lua.Dispose();
    }
}
```

实例：使用xLua实现热修复

素材位置 无
实例位置 实例文件>CH13>实例：使用xLua实现热修复
难易指数 ★★★☆☆
学习目标 掌握C#代码的热修复方法

1.实现路径

01 导入xLua。

02 开启热修复功能。

03 编写脚本实现C#代码的热修复功能。

技巧提示

xLua可以帮助我们在不用更新游戏版本的情况下进行代码的热修复。这个功能非常实用，如用C#代码编写一个类，其中可能有一个方法出现了Bug，如果在正常情况下修复该Bug，那么我们就需要更新游戏版本，并配合游戏服务器进行调试，调试没问题后发布新版本并强制用户更新。但是使用xLua就可以编写一个修复方法来替换出现的Bug，实现热修复功能，等到下次更新版本的时候再真正地修复该Bug。

2.操作步骤

01 执行“文件>生成设置>玩家设置>Player”菜单命令，然后在“脚本定义符号”文本框中输入HOTFIX_ENABLE，即开启热修复功能，如图13-2所示。

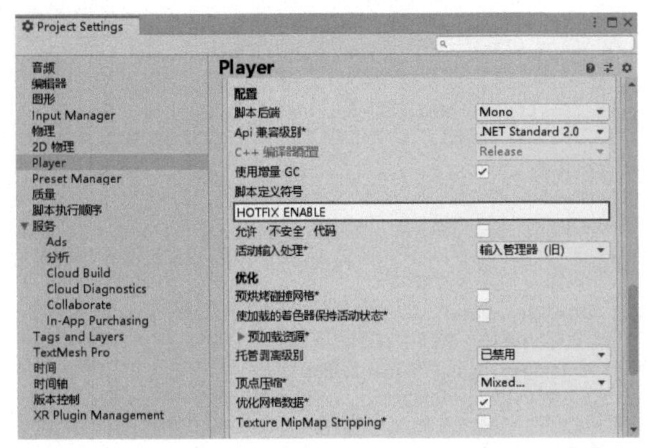

图13-2

02 在“层级”面板中执行“创建>空对象”命令创建一个空物体，并命名为LuaTest2。然后在“项目”面板中执行“创建>C#脚本”命令创建一个脚本，并命名为LuaTest2；接着将其添加到创建的空物体上，编写的代码如下。

输入代码

```
using UnityEngine;
using XLua;

//需要热修复的类
[Hotfix]
public class Person
{
  public void Say()
  {
    Debug.Log("我是C#的方法");
  }
}

public class LuaTest2 : MonoBehaviour
{
  void Start()
  {
    //实例化一个Person对象
    Person person = new Person();
    //第1次调用Say()方法
    person.Say();
    //创建Lua环境
    LuaEnv lua = new LuaEnv();
    //运行lua()方法，该方法的参数分别为C#的类、方法名、替换的方法
    lua.DoString(@"
      xlua.hotfix(CS.Person,’Say’,function()
        print(‘我是lua的方法’)
      end)
    ");
    //第2次调用Say()方法
    person.Say();
  }
}
```

03 执行“XLua>Generate Code”菜单命令，再次执行“XLua>Hotfix Inject In Editor”菜单命令进行注入操作，然后运行项目，即可正常运行，如图13-3所示。这里两次调用了同一个Say方法，但是结果却不同，可以看到该方法被动态改变了，后期配合服务器时，我们只需要动态更新Lua文件，就可以做到随时进行热修复了。

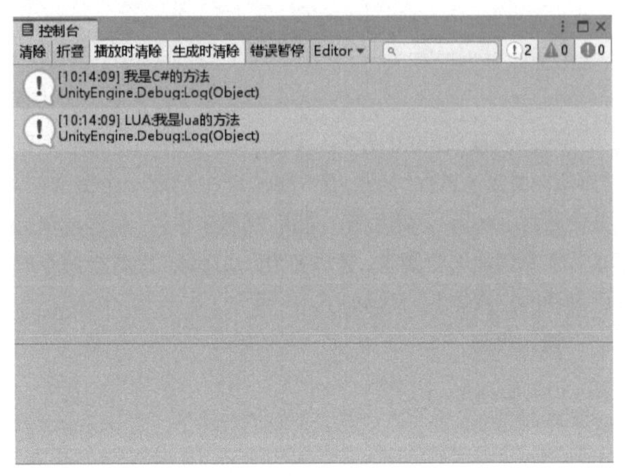

图13-3

技巧提示

由于xLua官方的更新较慢，因此如果Unity在导入xLua后报错，请尝试使用低版本的Unity来使用xLua。

13.2 人工智能

飞羽老师，为什么到现在感觉学到了好多知识，但是总是觉得制作出来的NPC不太灵活呢？

哈哈，那是因为你的游戏中几乎没有用到人工智能，而游戏角色缺少了人工智能就像是缺少了灵魂。

13.2.1 模拟视觉感知

人工智能是指通过模拟人的思维模式来进行智能活动，在游戏的开发过程中，一般是指让游戏角色可以像人一样进行活动。本书将使用一种简单的方案来实现人工智能，我们可以用上个章节学习的状态模式来表示角色的当前状态。例如，敌人角色可以使用状态模式，并将其分为巡逻、追踪、攻击和死亡等状态进行活动，然后让角色产生感知来进行思考，做出动作和状态上的改变；如果敌人正在巡逻，突然看到前方有敌人，那么开始追踪敌人；如果看不到敌人，那么就维持巡逻状态继续巡逻。

技巧提示

对于这种感知，我们可以使用范围感知，如角色距离敌人几米之内，敌人一定会发现角色。这种感知实现起来十分简单，只需要在敌人身上创建一个触发器，然后设定好范围，并时刻监听进入该触发器的角色即可。除此之外，还可以使用视觉感知，在敌人前方添加一条射线，以便时刻判断敌人前方有哪些物体。通过视觉感知，我们甚至可以做到如果角色监测到前方有敌人，那么角色可以开始追踪敌人；如果角色监测到前方有墙壁，那么就转身离开。除此之外，还可以使用听觉感知，如敌人听到周围有角色后，巡逻速度会加快。当然，还可以使用其他方式进行感知，或综合使用多种感知方式。

视觉感知是使用较多的感知类型，我们可以使用单条射线来模拟视线，也可以使用锥形来模拟视觉范围，如图13-4所示。

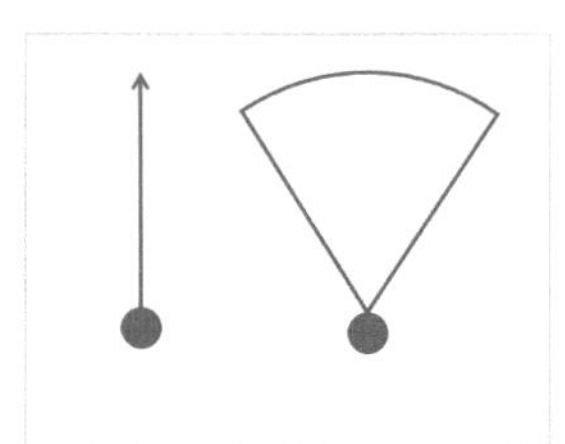

图13-4

下面使用代码来模拟简单的视觉感知。在“层级”面板中执行“创建>对象>胶囊”命令创建一个胶囊体，并命名为AITest。然后在“项目”面板中执行“创建>C#脚本”命令创建一个脚本，并命名为AITest，接着将其添加到创建的胶囊体上。编写的代码如下，运行结果如图13-5所示。

输入代码

```
using UnityEngine;

public class AITest : MonoBehaviour
{
  void Update()
  {
    //向前方发出一条射线
     Ray ray = new Ray(transform.position + Vector3.up * 0.5f, transform.
forward);
    //碰撞信息
    RaycastHit hit;
    //射线碰撞检测
    bool res = Physics.Raycast(ray, out hit, 2);
    if (res)
    {
      //如果产生碰撞，这里简单地输出碰撞到的物体的名称
      Debug.Log(hit.collider.name);
    }
    //在场景视图中显示射线
     Debug.DrawRay(transform.position + Vector3.up * 0.5f, transform.
forward, Color.red, 2);
  }
}
```

运行结果

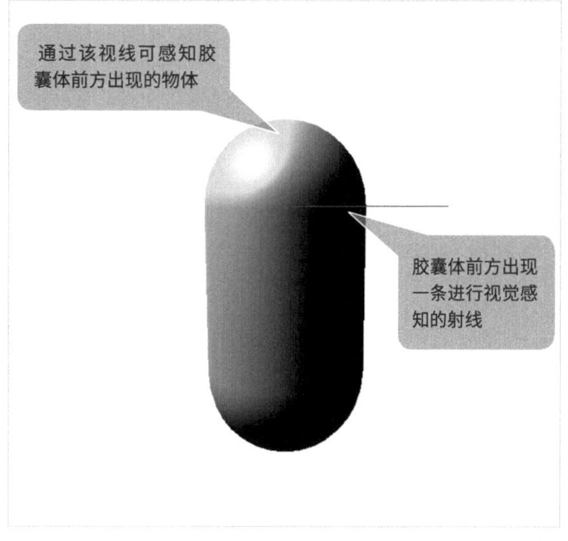

图13-5

13.2.2 有限状态机

我们在前面已经学习了状态模式，如果你已经对状态模式有所了解，那么接下来介绍的有限状态机就会非常容易上手。有限状态机（finite-state machine，FSM）是表示有限个状态及在这些状态之间的转移和动作等行为的数学计算模型。有限状态机除了包含有限个状态外，还包含状态间的过渡动作。在游戏的开发过程中，常常会遇到一个物体具有多种事件或状态的情况，这时我们就会使用if或switch语句来进行判断，然后在不同的情况下执行不同的代码。在这种情况下我们都可以尝试将其抽象成一个有限状态机来进行分析，一个简单的状态机关系如图13-6所示。

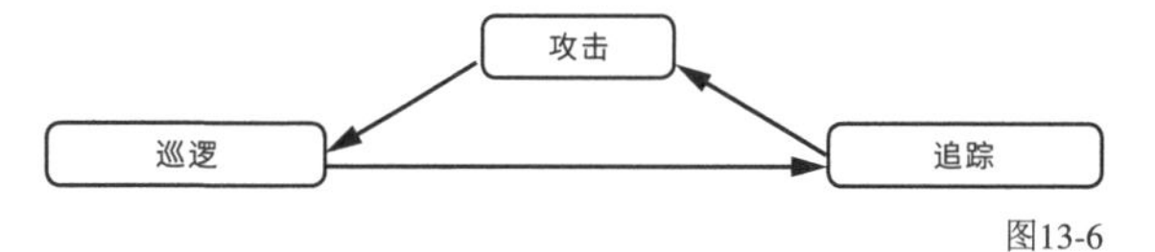

图13-6

从图13-6所示可知，一个敌人NPC拥有3种状态，分别为攻击、巡逻和追踪。在正常情况下，敌人NPC在巡逻状态时会在场景中自由行动，当遇到角色时进入追踪状态；在追踪状态时，敌人NPC将时刻判断与角色的距离；当角色进入攻击距离后进入攻击状态；在攻击状态时击败角色，然后继续进行巡逻。

技巧提示

在游戏的制作过程中可能还会有更多种状态，这里只是用基本的3种状态来举例。

实例：有限状态机的实现

素材位置 无

实例位置 实例文件>CH13>实例：有限状态机的实现

难易指数 ★★★★☆

学习目标 掌握有限状态机的实现方法，了解基本的框架内容

1.实现路径

01 创建一个状态抽象类。

02 创建多个状态类并继承状态基类。

03 创建一个状态机管理类。

04 在主要代码中通过状态机管理类实现状态的切换。

2.操作步骤

01 创建一个状态抽象类，编写的脚本代码如下。

输入代码

```
using UnityEngine;
//状态抽象类
public abstract class FSMState
{
  //进入状态回调
  public abstract void OnEnter();
  //在状态中回调
  public abstract void OnUpdate();
}

//示例状态1
public class State1 : FSMState
{
  public override void OnEnter()
  {
    Debug.Log("进入状态1");
  }

  public override void OnUpdate()
  {
    Debug.Log("状态1中");
  }
}

//示例状态2
public class State2 : FSMState
{
  public override void OnEnter()
  {
    Debug.Log("进入状态2");
  }

  public override void OnUpdate()
  {
    Debug.Log("状态2中");
  }
}
```

02 创建一个状态机管理类，编写的脚本代码如下。

输入代码

```
//状态机管理类
public class FSMManager
{
  //当前状态
  private FSMState currentState = null;

  //切换状态
  public void ChanageState(FSMState state)
  {
    currentState = state;
    //调用进入状态方法
    currentState.OnEnter();
  }

  //更新状态
  public void OnUpdate()
  {
    //如果当前状态不为空
    if (currentState != null)
    {
      //更新当前状态
      currentState.OnUpdate();
    }
  }
}
```

03 创建一个测试类，并挂载到任意一个游戏物体上，编写的脚本代码如下。

输入代码

```
using UnityEngine;

public class FSMTest : MonoBehaviour
{
  //状态机
  public FSMManager manager;

  void Start()
  {
    //实例化状态机
    manager = new FSMManager();
    //设置初始状态
    manager.ChanageState(new State1());
  }

  void Update()
  {
    //单击鼠标左键
    if (Input.GetMouseButtonDown(0))
    {
      //状态1
      manager.ChanageState(new State1());
    }
    //单击鼠标右键
    if (Input.GetMouseButtonDown(1))
    {
      //状态2
      manager.ChanageState(new State2());
    }
    //更新状态机
    manager.OnUpdate();
  }
}
```

运行结果

当单击鼠标左键时会切换到状态1，单击鼠标右键的时候会切换到状态2。这就是比较简单的状态机了。

技巧提示

除此之外，还可以对状态机进行扩展，如除了有状态地进入回调，还可以加上状态离开回调。

13.3 综合案例：NPC智能巡逻

素材位置　无
实例位置　实例文件>CH13>综合案例：NPC智能巡逻
难易指数　★★★☆☆
学习目标　掌握NPC智能巡逻游戏的制作方法，理解人工智能的概念

本例将实现NPC智能巡逻游戏的制作，效果如图13-7所示。

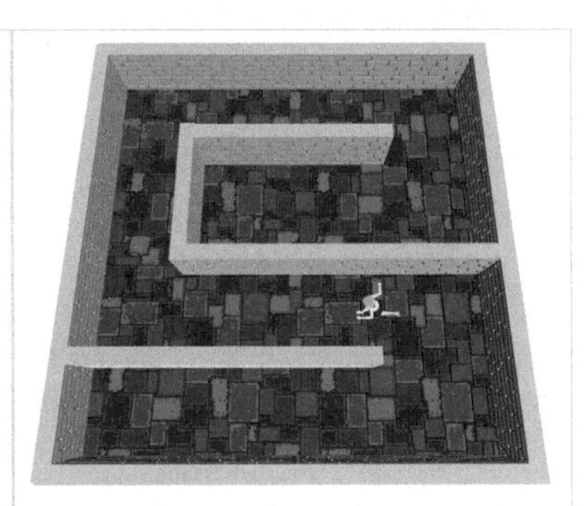

图13-7

13.3.1 游戏描述

在制作游戏之前，了解游戏的玩法有助于掌握技术点的使用方法并理解游戏的制作逻辑。

1.玩法介绍

角色在场景中自行移动，并在碰撞到墙壁后自行更改移动路线。

2.实现路径

01 创建一个迷宫游戏场景。
02 创建角色并关联角色动画。
03 让角色通过射线来模拟简单的视线。
04 通过视觉感知来随机改变角色的移动路线。

13.3.2 迷宫初成

01 创建一个简单场景，该场景中包含很多的墙体。执行“窗口>资源商店”菜单命令打开资源商店，搜索并下载Voxel Castle Pack Lite。资源导入完成后，将“项目”面板的Pup Up Productions/Voxel Castle Pack Lite/Prefabs/Floors文件夹中的地板预制件拖曳到场景视图中，效果如图13-8所示。

图13-8

02 将“项目”面板的Pup Up Productions/Voxel Castle Pack Lite/Prefabs/Walls文件夹中的墙体预制件拖曳到场景视图中，并组建成一个基本的迷宫场景，效果如图13-9所示。

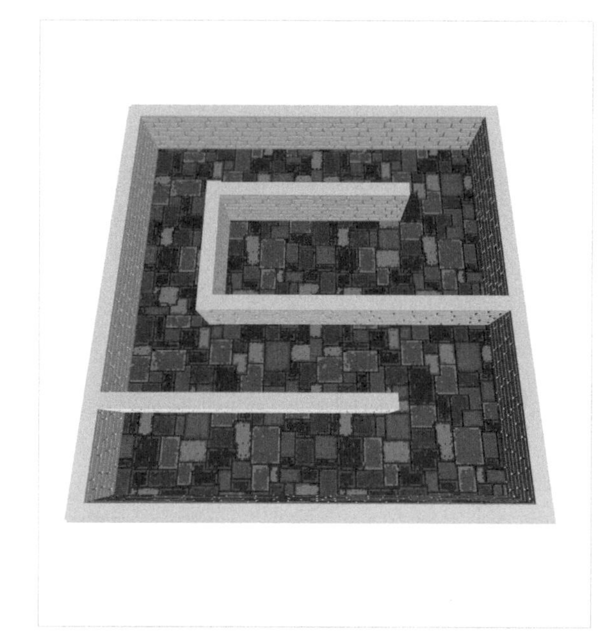

图13-9

13.3.3 NPC动画

01 执行“窗口>资源商店”菜单命令打开资源商店，搜索并下载Rin: Anime-Style Character For Games And VRChat。资源导入完成后，将“项目”面板中的Rin 3d - Anime Style/Rin Prefab预制件拖曳到场景中的迷宫中，并命名为NPC，效果如图13-10所示。

图13-10

02 在“项目”面板中执行“创建>动画器控制器”命令创建一个动画控制器文件，并关联到NPC的Animator组件，如图13-11所示。

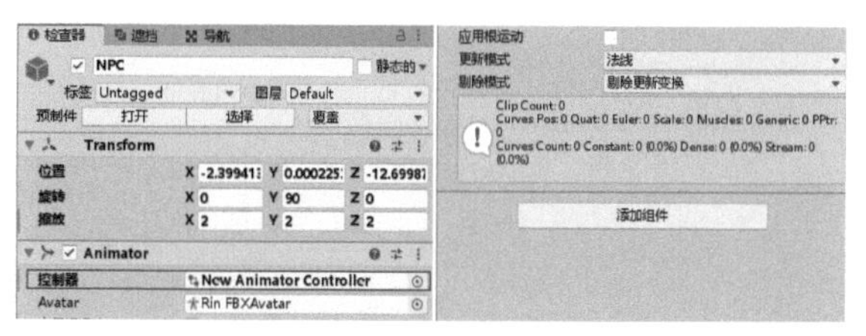

图13-11

03 在“项目”面板中双击创建的动画控制器文件，打开“动画器”面板，将“项目”面板中的Rin 3d - Anime Style/Female Animations/Run拖曳到“动画器”面板中，如图13-12所示。

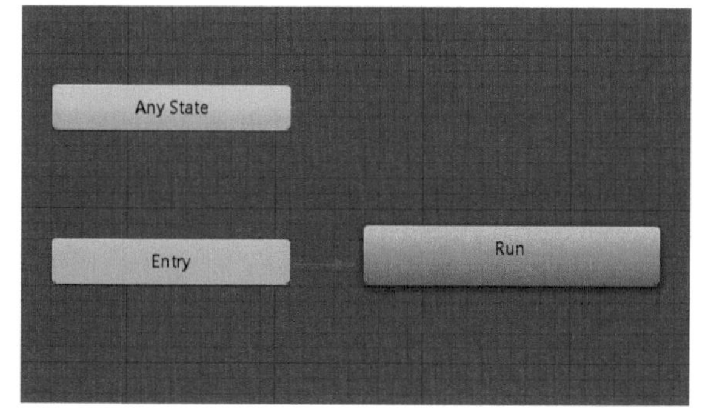

图13-12

13.3.4 NPC巡逻

在“项目”面板中执行“创建>C#脚本”命令创建一个脚本，并命名为NPCControl，然后将其挂载到NPC物体上。编写的脚本代码如下，游戏的运行情况如图13-13所示。

输入代码

```
using UnityEngine;

public class NPCControl : MonoBehaviour
{
    void Update()
    {
        //判断前方是否有墙壁，如果有，则传递旋转角度参数
        Ray(Random.Range(0,2) == 0? 90 : -90);
        //向前方移动
        transform.Translate(Vector3.forward * 3 * Time.deltaTime);
    }

    //前方是否有墙壁
    bool Ray(float angle)
    {
        //向前方发出一条射线
        Ray ray = new Ray(transform.position + Vector3.up * 0.5f, transform.forward);
        //碰撞信息
        RaycastHit hit;
        //射线碰撞检测
        bool res = Physics.Raycast(ray, out hit, 2);
        if (res)
        {
            //旋转角度
            transform.Rotate(transform.up, angle);
            //继续判断旋转后是否碰撞到墙壁
            Ray(angle);
        }
        return res;
    }
}
```

运行游戏

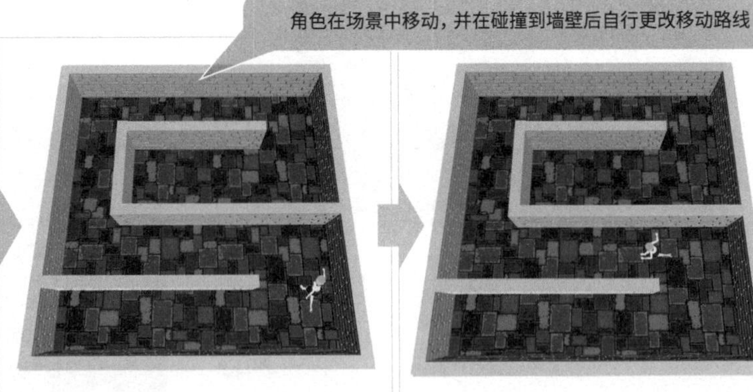

图13-13

第14章 虚拟现实与增强现实

■ 学习目的

近些年来，虚拟现实与增强现实的概念逐渐火热，虚拟现实可以让人在虚拟世界中有身临其境之感，增强现实则可以结合虚拟与现实的内容与信息。Unity 不但可以帮助我们创建各个平台中的游戏和动画，而且可以轻松地制作出与虚拟现实和增强现实相关的应用。

■ 主要内容

- 增强现实
- Vuforia的安装
- 虚拟现实
- SteamVR的使用
- 在VR世界中的移动
- VR游戏的制作

14.1 增强现实

前一段玩了一款非常火爆的游戏，叫“精灵宝可梦GO”，这种类型的游戏好有趣啊，是怎么制作的呢？

这是对游戏应用了增强现实，如果你对增强现实这个词比较陌生，那么它的简称AR你一定听说过，接下来我们就来学习AR的使用吧。

14.1.1 增强现实

增强现实（Augmented Reality，AR）是一种将虚拟内容和现实内容进行融合的技术，也可以说是对现实内容的补充技术。该技术将摄像头获取的影像进行数据分析，然后与屏幕上的虚拟内容进行结合和交互。增强现实除了可以用于制作游戏外，目前在医学、工业、建筑和教育等领域也有实际应用。

技巧提示

在了解增强现实之前，我们要先了解目前常用的增强现实硬件，目前流行的Android平台和iOS平台的手机上已经拥有大量的增强现实应用。如果你从来没有体验过增强现实，可以打开手机上的应用商城，搜索AR关键字，就会看到很多与增强现实有关的应用，下载其中一个体验增强现实的效果。除了移动平台，目前也出现了很多增强现实的头戴式显示器，如Microsoft HoloLens、Google Glass和Magic Leap等设备，这些头戴式显示器可以更加便捷地让我们体验到虚拟和现实结合的震撼效果。

增强现实的潜力非常大，很多行业、品牌商都已经开始将增强现实技术应用到自己的项目中，所以增强现实的SDK（Software Development Kit，软件开发工具包）目前也非常多。其中Vuforia就是一款属于PTC旗下的增强现实SDK，也是目前使用频率较高的一款增强现实SDK。在Unity中使用SDK来制作增强现实效果是十分简单的，本书也会基于Vuforia进行制作。

14.1.2 Vuforia

打开Vuforia的官网，然后单击Register（注册）Register注册账号，如图14-1所示。注册完成后登录该网站，然后继续进行后面的操作。

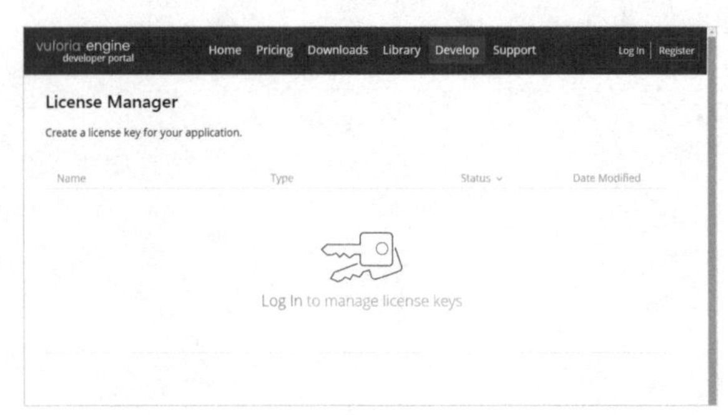

图14-1

技巧提示

访问速度可能较慢或无法访问，可稍作等待或刷新处理。

每一个AR的应用都需要为其单独申请一个密钥。登录成功后，需单击Get Development Key（获取开发密钥）按钮Get Development Key，如图14-2所示。

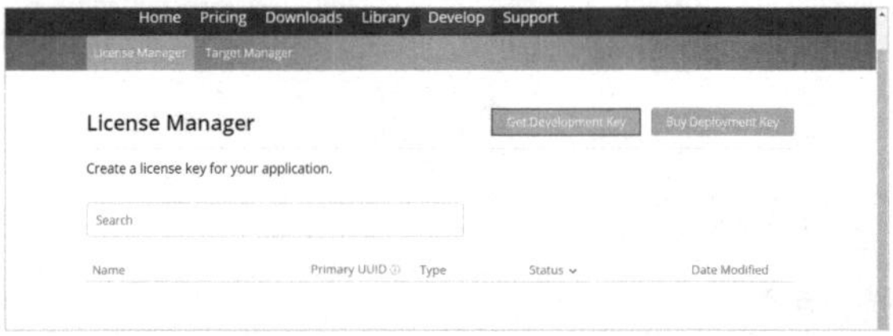

图14-2

在新的页面中填写密钥名称，然后单击Confirm（确认）按钮Confirm，如图14-3所示，即可完成密钥的创建，如图14-4所示。

图14-3

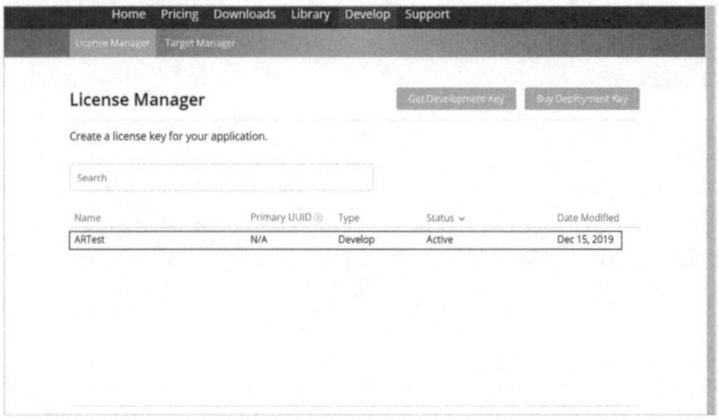

图14-4

单击添加好的密钥，在弹出的页面中可以看到一串字符，如图14-5所示。该字符就是获取的开发密钥，将其进行复制或保存，以供后续使用。

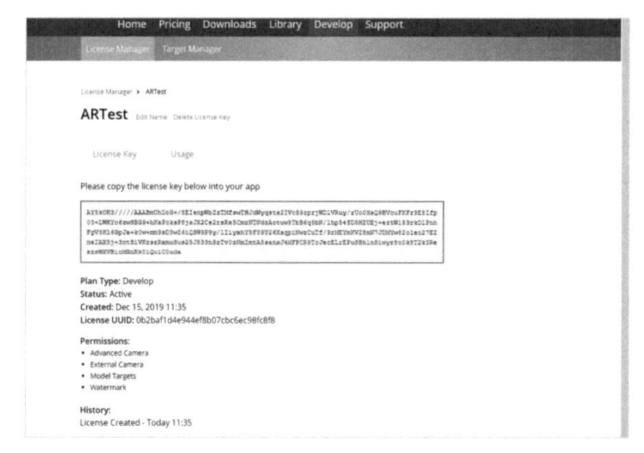

图14-5

切换到Target Manager（目标管理）选项卡，单击Add Database（添加数据）按钮 Add Database 添加图像数据，如图14-6所示。

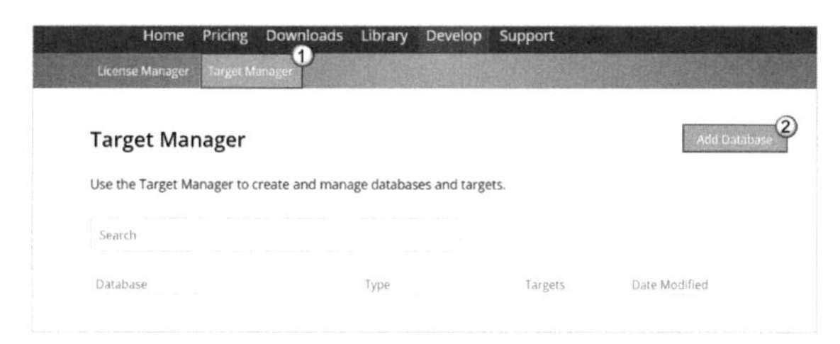

图14-6

在弹出的页面中输入Database（数据）的名称，如VRTest，然后单击Create（创建）按钮 Create ，如图14-7所示。

图14-7

单击Add Database按钮 Add Database ，如图14-8所示，在弹出的页面中单击Add Target（添加目标）按钮 Add Target ，如图14-9所示。

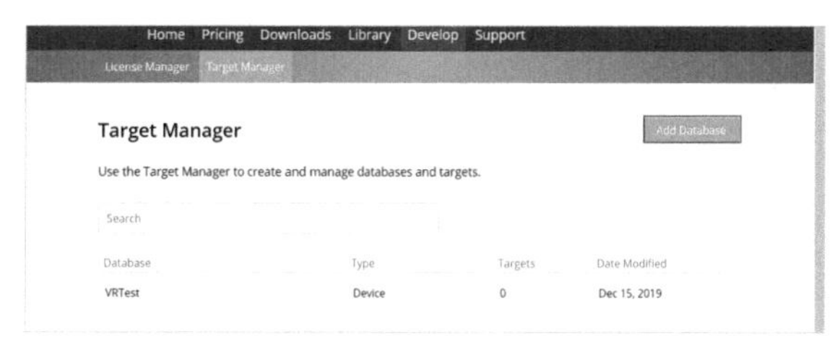

图14-8

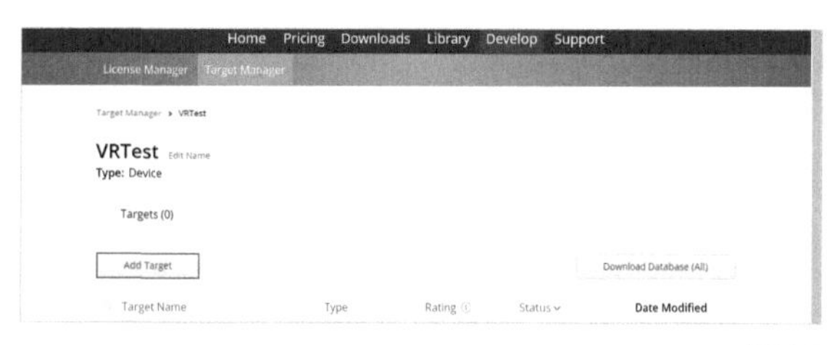

图14-9

这里选择Single Image（单图片）选项来添加单张图片，单击Browse（浏览）按钮 Browse... 选择一张本地图片，并输入图片的宽度和名称，最后单击Add按钮 Add ，如图14-10所示。

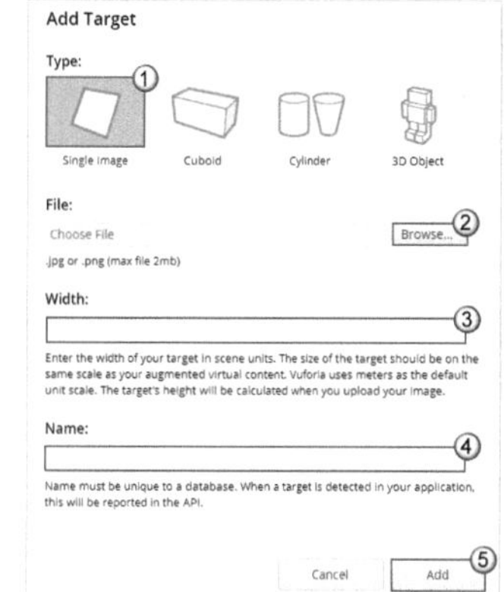

图14-10

技巧提示

选择任意图片即可，但是图像画面尽量不要太过复杂。

图片载入完成后，单击Download Database（下载数据）按钮 Download Database (All) ，如图14-11所示。

图14-11

技巧提示

创建的内容中出现了评级（Rating），星级越高，代表识别度越好。

在弹出的页面中选择Unity Editor（Unity编辑器）选项，然后单击Download按钮 Download 对其进行下载，如图14-12所示。

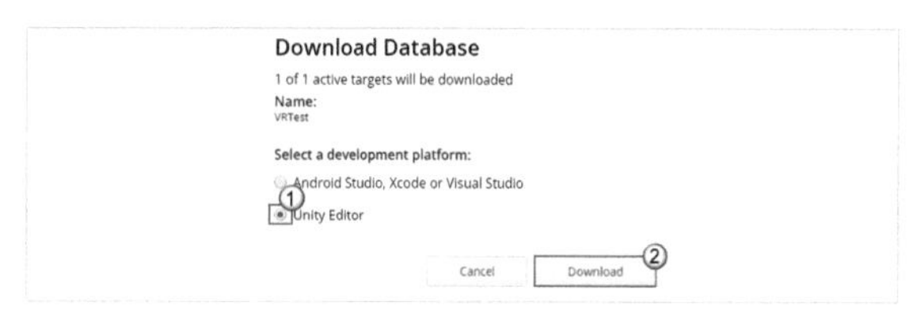

图14-12

实例：在Unity中使用Vuforia

素材位置　无

实例位置　实例文件>CH14>实例：在Unity中使用Vuforia

难易指数　★★★☆☆

学习目标　掌握增强现实的使用方法

1.实现路径

01 开启Vuforia Engine AR（Vuforia增强现实引擎）框架。

02 在Unity中设置我们已经申请好的密钥。

03 添加一个模型并设置为AR模型。

技巧提示

本例使用14.1.2小节中下载的文件进行制作。

2.操作步骤

01 创建一个Unity项目，双击14.1.2小节中下载完成的文件，并将其导入Unity中。然后执行“面板>Package Manager”菜单命令，在弹出面板的左侧列表中选择Vuforia Engine AR选项；接着单击Install按钮 Install 完成Vuforia的导入，如图14-13所示。

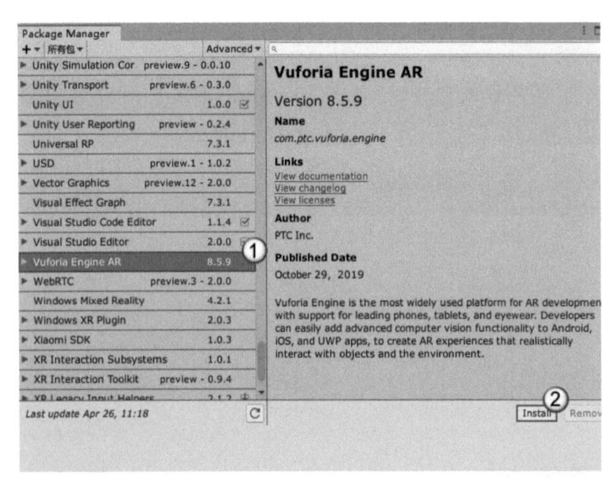

图14-13

技巧提示

不同版本的Unity对Vuforia的整合方式不同，如果按照上述操作导入不了Vuforia，那么可以通过网络查找对应的Unity版本导入Vuforia的方法。

02 准备工作完成后，就可以开始在Unity中实现AR。先删除场景中的主摄像机；然后在“层级”面板中执行“创建>Vuforia Engine>AR Camera”命令创建一个AR摄像机。选择AR摄像机，在“检查器”面板中单击Open Vuforia Engine configuration（Vuforia引擎设置）按钮 Open Vuforia Engine configuration ，如图14-14所示。

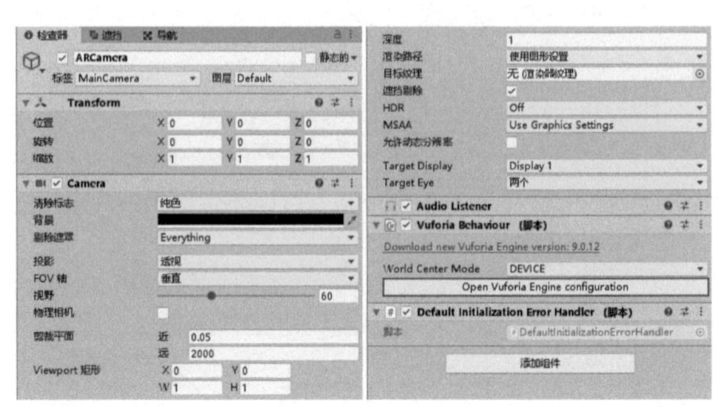

图14-14

03 在打开的Vuforia设置界面中，将密钥填入App License Key（添加密钥）文本框中，如图14-15所示。

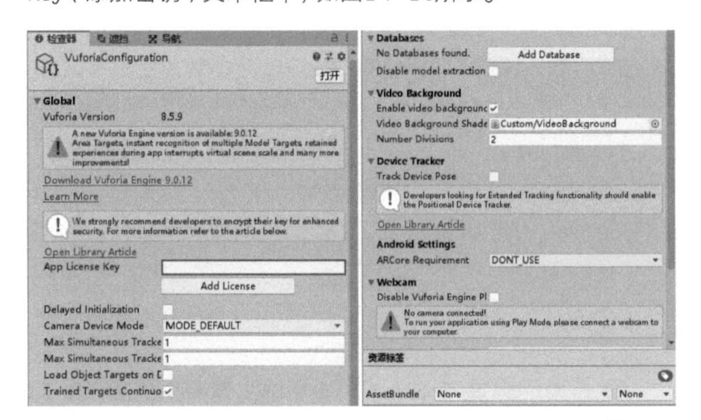

图14-15

技巧提示

将在14.1.2小节保存的密钥复制粘贴到App License Key文本框中。

04 在“层级”面板中执行“创建>Vuforia Engine>图像”命令，即可在场景中创建一个平面图像。执行“窗口>资源商店”菜单命令，在打开的资源商店中搜索并导入Character Pack: Free Sample。将“项目”面板中的Supercyan Character Pack Free Sample /Prefabs/Base/Mobile/MobileMaleFree1拖曳到场景视图中的图像上，并在“层级”面板中将该模型设置为图像的子物体；最后将AR摄像机放置到模型的顶部，并旋转摄像机的方向使摄像方向朝下，如图14-16所示，这时游戏的运行情况如图14-17所示。

技巧提示

该平面上显示的图像为之前在14.1.2小节中设置的图像。

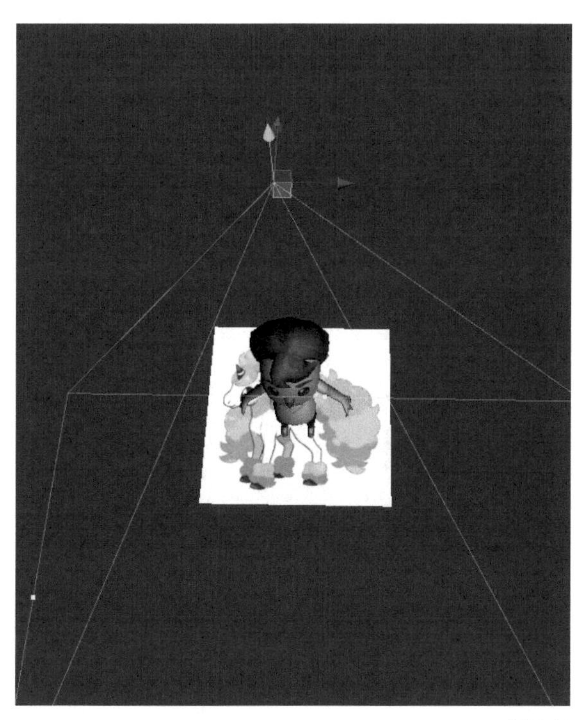

图14-16

运行游戏

图14-17

技巧提示

如果是打包到手机端，那么使用手机打开App后就会自动打开摄像机；如果是在计算机上进行调试，那么计算机中需要有一个摄像头来代替手机摄像头。除此之外，AR还有多种用法，既可以将图像打印到照片上，又可以打印到T恤上，只要摄像头照到图像，就会显示出模型。更多用法请在Vuforia官网对开发文档进行查询和了解。

14.2 虚拟现实

小萌啊，既然说到了AR，那你知道什么是VR吗？

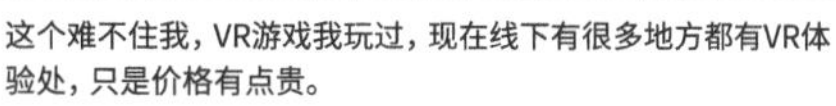

这个难不住我，VR游戏我玩过，现在线下有很多地方都有VR体验处，只是价格有点贵。

哈哈，那你知道VR游戏是怎么制作的吗？

不清楚了，但是感觉能让人身处其中，它的制作一定很难。

只要掌握了VR插件的使用方法，其实制作起来并不难，你现在掌握的技术就已经可以制作出非常好玩的VR游戏了，接下来我们就来学习VR游戏是如何制作的。

14.2.1 VR环境搭建

虚拟现实（Virtual Reality，VR）是使用计算机创建虚拟环境的一种技术，如果说AR是对现实世界的补充，那么VR就是创建出一个虚拟的世界，它拥有更好的沉浸式效果。与AR的开发方式不同，开发VR必须拥有一套VR设备，如图14-18所示。可以使用HTC Vive、Oculus Rift s等其中任意一台设备来进行VR的开发，下面以Oculus Rift s为例讲解虚拟环境的搭建。

图14-18

搭建VR环境分为两步，首先在Unity中进行VR设备的连接，因此需要下载VR环境资源。将Oculus Rift s连接到计算机上，待安装完官方驱动软件后，执行“窗口>资源商店”菜单命令打开资源商店，搜索并下载SteamVR Plugin，如图14-19所示。

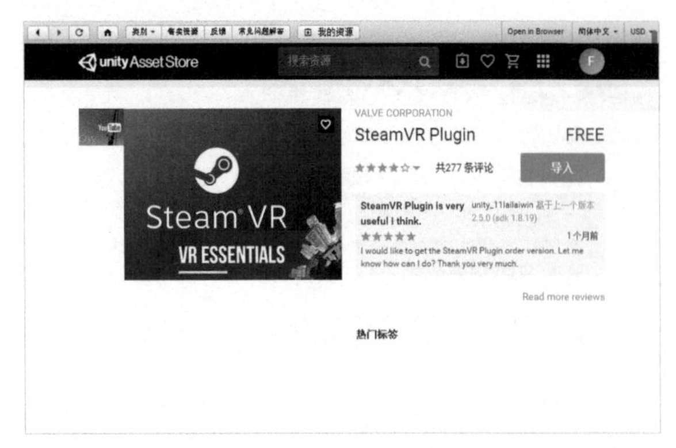

图14-19

接下来搭建VR场景，因此需要下载VR场景资源。执行“窗口>资源商店”菜单命令打开资源商店，搜索并下载Nature Starter Kit 2。资源导入完成后，双击“项目”面板中的NatureStarterKit2/Scene/Demo，场景效果如图14-20所示。

图14-20

14.2.2 进入VR世界

进入VR世界，即将玩家置入，以玩家作为第一人称视角来体验VR世界。将“项目”面板中的SteamVR/InteractionSystem/Core/Prefabs/Player预制件拖曳到场景视图中，然后将其放置到地面，如图14-21所示，运行结果如图14-22所示。

图14-21

图14-22

实例：Unity在VR世界中的应用

素材位置 无
实例位置 实例文件>CH14>实例：Unity在VR世界中的应用
难易指数 ★★★★☆
学习目标 掌握在VR世界中抓取、瞬移的方法

1.实现路径

01 在VR中创建用于操作的物体。

02 添加交互组件。

03 实现物体的抓取功能并监听事件。

04 添加瞬移预制件并实现VR的瞬移功能。

技巧提示

本例使用14.2.1小节中导入的Nature Starter Kit 2进行制作。

2.操作步骤

01 在“层级”面板中执行“创建>3D对象>立方体”命令创建一个立方体，然后将其放置在Player附近，如图14-23所示。

图14-23

02 创建完成后，为该立方体添加Rigidbody组件，再为该立方体逐个添加Interactable组件、Interactable Hover Events（交互事件）组件和Throwable（抛出）组件，如图14-24所示，游戏的运行情况如图14-25所示。

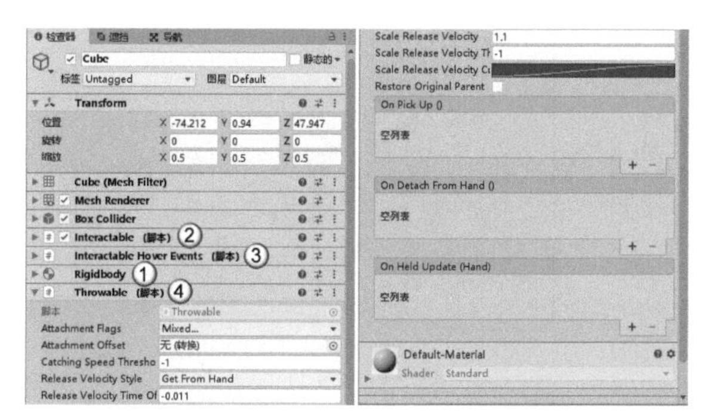

图14-24

运行游戏

图14-25

技巧提示

这里需要详细地对这3个组件的作用进行说明，Interactable组件为交互组件，所有要进行交互的物体都必须有这个基础组件才可以进行交互。Interactable Hover Events组件为手柄碰到物体时的事件监听组件，在“检查器”面板中可以看到4个事件（On Hand Hover Begin和On Hand Hover End为手柄开始接触和结束接触物体时调用的事件；On Attached To Hand和On Detached From Hand为物体附加到手上和物体从手中移除时调用的事件）。Throwable组件则提供了抛出物体的功能。

03 执行“资源>创建>C#脚本”菜单命令创建一个脚本，然后将其挂载到立方体上。编写的脚本代码如下。

输入代码

```
using UnityEngine;

public class CubeTest : MonoBehaviour
{
    public void OnHandHoverBegin()
    {
        Debug.Log("碰到物体");
    }

    public void OnHandHoverEnd()
    {
        Debug.Log("离开物体");
    }

    public void OnAttachedToHand()
    {
        Debug.Log("拿起物体");
    }

    public void OnDetachedFromHand()
    {
        Debug.Log("丢掉物体");
    }
}
```

04 在“检查器”面板中找到Interactable Hover Events组件，该组件中有4个事件，分别为On Hand Hover Begin（碰到物体）、On Hand Hover End（离开物体）、On Attached To Hand（拿起物体）、On Detached From Hand（丢掉物体）事件，将它们依次关联到上述脚本中对应的事件，如图14-26所示。运行结果如图14-27所示。

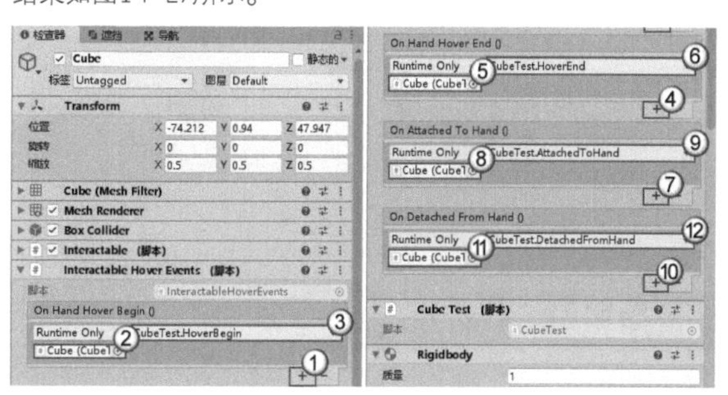

图14-26

运行结果

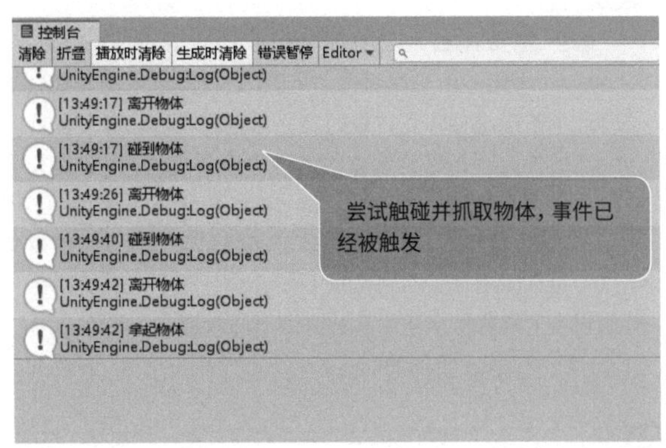

图14-27

05 在VR世界中，角色常常会通过指定某个区域或某个点的方式来进行移动，如果游戏中的角色需要支持移动功能，那么就要在“层级”面板中再添加一个预制件。在“项目”面板中找到SteamVR/InteractionSystem/Teleport/Prefabs文件夹，其中包含了两个预制件，将Teleporting预制件拖曳到场景视图中，就能够使场景中的角色具有瞬移功能。但是这时要注意，系统不允许玩家随意控制角色进行瞬移，所以需要在场景中设定允许瞬移的点。这时将文件夹中的另一个TeleportPoint预制件拖曳到场景视图中，并将其放在希望进行瞬移的点处，这里我们在小路上设置两个允许瞬移的点，如图14-28所示，游戏的运行情况如图14-29所示。

图14-28

运行游戏

图14-29

14.3 综合案例：VR保龄球

素材位置 无
实例位置 实例文件>CH14>综合案例：VR保龄球
难易指数 ★★★★☆
学习目标 掌握虚拟游戏的制作方法与VR的编程方法

本例将制作VR保龄球游戏，效果如图14-30所示。

图14-30

14.3.1 游戏描述

在制作游戏之前，了解游戏的玩法有助于掌握技术点的使用方法并理解游戏的制作逻辑。

1.玩法介绍

在VR环境中抓取保龄球，进行保龄球击打游戏。每扔出一次保龄球后，场景中都会自动生成新的保龄球，同时每隔5s击倒的球瓶就可恢复，因此玩家可不断抛出保龄球。

2.实现路径

01 下载并导入资源。

02 实现扔保龄球的功能。

03 持续生成保龄球。

04 自动更新被击倒的球瓶。

14.3.2 VR可视化

01 创建一个项目，删除“层级”面板中的Camera；然后执行“窗口>资源商店”菜单命令打开资源商店，搜索并下载Bowling:Kegel&Ball（确保已经下载SteamVR Plugin），如图14-31所示。

图14-31

02 导入资源后，在“项目”面板的Bowling Kegel&Ball/Prefabs文件夹下找到Ball和Kegel预制件，选择Ball预制件，并为其添加Rigidbody组件和Sphere Collider组件，如图14-32所示。按照同样的思路，为Kegel预制件添加Rigidbody组件和Capsule Collider组件，如图14-33所示。

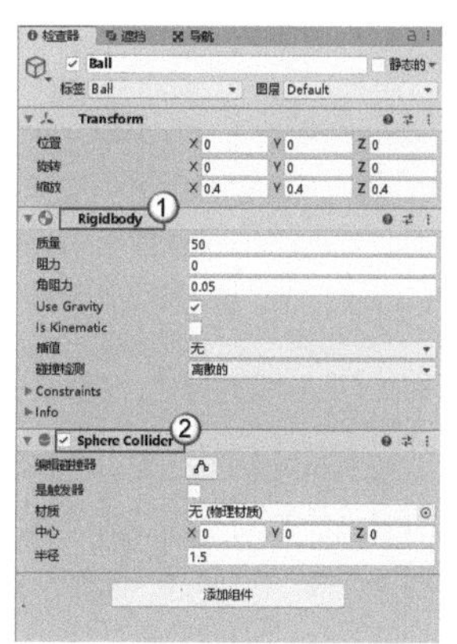

图14-32

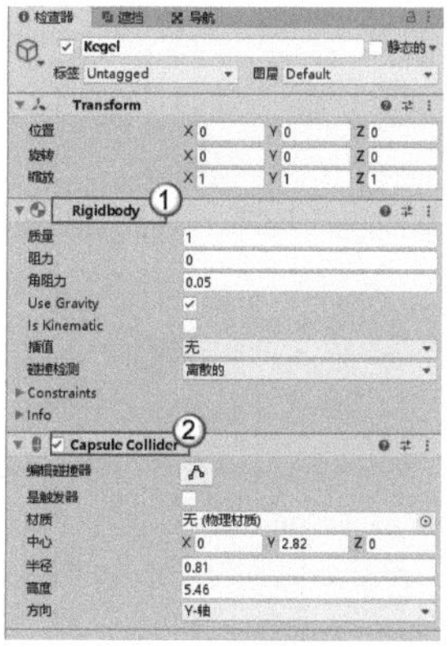

图14-33

03 在“层级”面板中执行“创建>3D对象>平面”命令创建一个平面，然后将保龄球和球瓶分别放置到图14-34所示的位置。

图14-34

14.3.3 抓取与投掷

01 将“项目”面板中的SteamVR/InteractionSystem/Core/Prefabs/Player预制件拖曳到场景视图中，并放置到要投球的位置，如图14-35所示。

图14-35

02 选择Ball预制件，并为其逐个添加Interactable组件、Interactable Hover Events组件和Throwable组件，让保龄球可以被玩家抓取；这时运行游戏，玩家可以抓取保龄球并向前投掷，如图14-36所示。

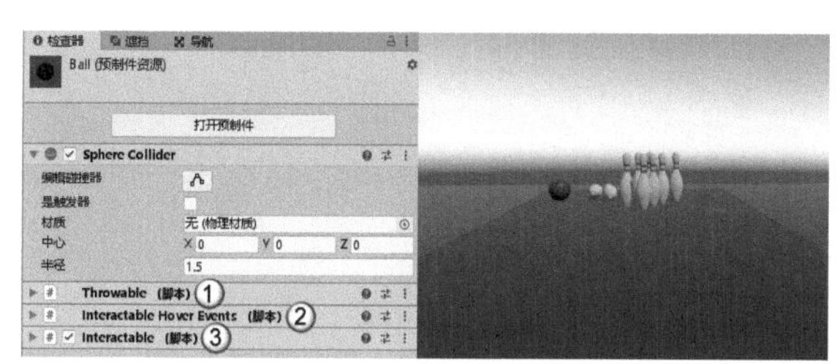

图14-36

技巧提示

在抓取保龄球时，如果感觉保龄球有些轻，那么可以增加保龄球和球瓶的“质量”，如图14-37所示。

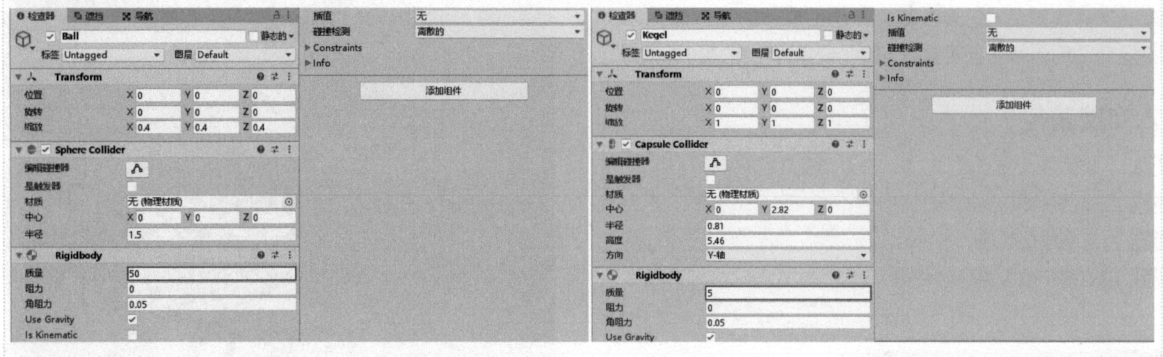

图14-37

14.3.4 持续生成

在目前的游戏中，每扔出一次保龄球后，就没办法扔出第2个保龄球，游戏无法持续进行。但是在真实的游戏中，场景中应该自动生成新的保龄球，所以需要创建一个脚本来监听周围是否还有保龄球，当发现周围没有保龄球后，开始创建新的保龄球。在“项目”面板中选择Bowling Kegel & Ball/Prefabs/Ball预制件，然后在“检查器”面板中为其设置一个Tag值，并命名为Ball。在“层级”面板中执行“创建>空对象”命令创建一个空物体，并命名为BallPoint，然后将空物体摆放在保龄球的出生点位置。在“项目”面板中执行“创建>C#脚本”命令创建一个脚本，并命名为BallPoint，然后将其挂载到空物体上。编写的脚本代码如下，游戏的运行情况如图14-38所示。

输入代码

```
using UnityEngine;

public class BallPoint : MonoBehaviour
{
    //关联保龄球预制件
    public GameObject BallPrefab;
    //计时器
    private float timer = 0;

    void Update()
    {
        //做一个简单的循环计时器，每3s检查一次周围是否有保龄球
        timer += Time.deltaTime;
        if (timer > 3)
        {
            //重置计时器
            timer = 0;
            //检查周围3m内有没有保龄球
            Collider[] colliders = Physics.OverlapSphere(transform.position, 3);
            //判断是否有保龄球
            bool isContain = false;
            foreach (Collider collider in colliders)
            {
                if (collider.tag == "Ball")
                {
                    //有保龄球
                    isContain = true;
```

```
            }
        }
        //如果没有保龄球，则创建一个
        if (isContain == false)
        {
            GameObject.Instantiate(BallPrefab, transform.position, Quaternion.identity);
        }
    }
  }
}
```

运行游戏

图14-38

14.3.5 自动更新

01 目前每个球瓶在场景中都是独立的游戏物体，这样不太方便对球瓶进行管理，所以接下来我们为这些球瓶创建一个父物体来进行统一管理。在"层级"面板中执行"创建>空对象"命令创建一个空物体，并命名为Kegels；然后将该物体放置到球瓶处，接着在"层级"面板中设置Kegels为所有球瓶的父物体，再将Kegels拖曳到"项目"面板中生成一个预制件；再次创建一个空物体，并命名为KegelPoint，将其放置在Kegels处，最后将其作为Kegels的父物体，如图14-39所示。

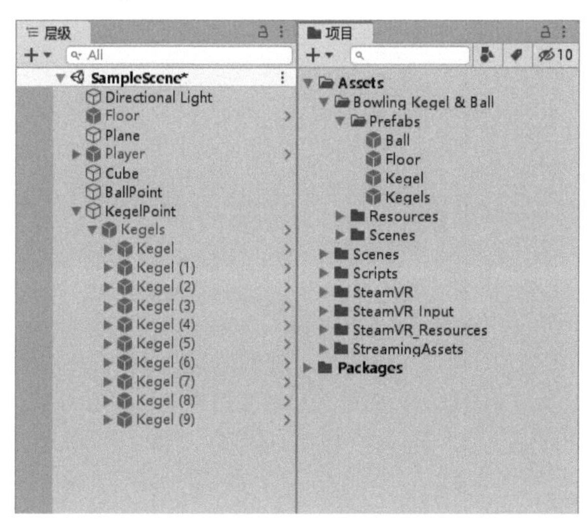

图14-39

02 在"层级"面板中选择KegelPoint物体，然后为其添加Box Collider组件，并勾选"是触发器"选项，如图14-40所示。

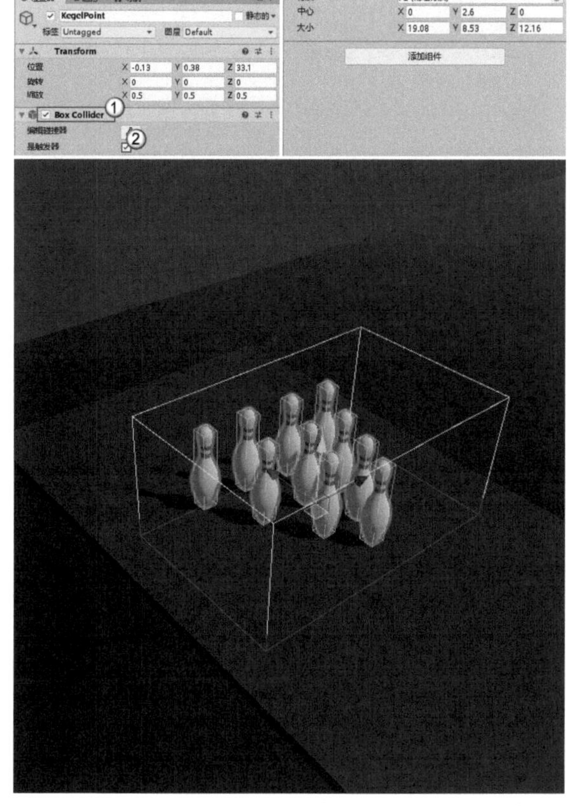

图14-40

03 在"项目"面板中执行"创建>C#脚本"命令创建一个脚本，并命名为KegelPoint，然后将其添加到"层级"面板中的KegelPoint物体上。编写的脚本代码如下，游戏的运行情况如图14-41所示。

输入代码

```
using UnityEngine;

public class KegelPoint : MonoBehaviour
{
    //关联我们创建好的球瓶群的预制件
    public GameObject KegelsPrefab;
```

```
//判断进到触发区域内的物体是否为保龄球
private void OnTriggerEnter(Collider other)
{
    if (other.tag == "Ball")
    {
        //如果是保龄球进入区域,5s后更新
        Invoke("CreateBalls", 5f);
    }
}

void CreateBalls()
{
    //删除原球瓶
    Destroy(transform.GetChild(0).gameObject);
    //创建新球瓶
    GameObject kegels = GameObject.Instantiate(KegelsPrefab, transform.position, transform.rotation);
    //设置父子关系
    kegels.transform.SetParent(transform);
}
}
```

运行游戏

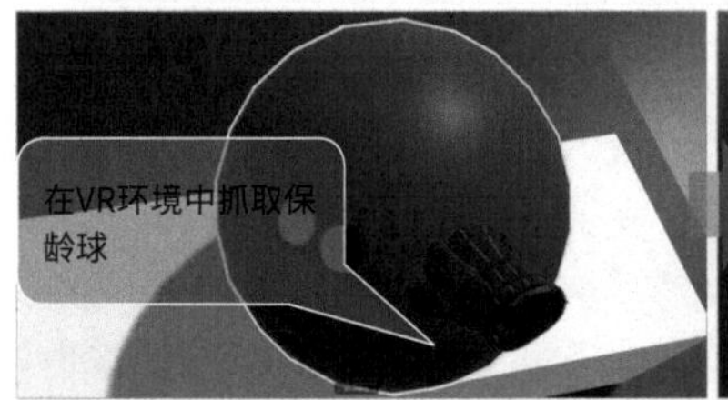

图14-41

第15章 项目部署

■ 学习目的

我们知道 Unity 游戏引擎的一大特点就是支持跨平台，当游戏团队制作完一款游戏成品后，可能会在第一时间进行主要平台的游戏部署。在此之后，如果还希望将游戏发布到其他平台，那么稍加修改，就可以十分方便地对其他各个平台进行游戏部署，实现“一处开发，处处运行”的目的。

■ 主要内容

- 使用AssetBundle加载资源
- 使用AssetBundle加载依赖
- Windows和Mac OS平台部署
- Android平台部署
- iOS平台部署
- 游戏项目的打包设置

15.1 使用AssetBundle管理资源

飞羽老师，我的游戏制作完成了，也添加了热更新功能，但是总感觉热更新比较麻烦，尤其是当需要热更新的文件过多的时候。

那是因为你没有使用AssetBundle，使用AssetBundle不但可以方便地管理更新资源，还可以让热更新更加简单好用。

15.1.1 生成AssetBundle

AssetBundle是Unity提供的资源文件压缩包，它可以将项目中用到的模型、纹理、场景、预制件和媒体文件等资源压缩到单个文件中，便于我们进行资源管理；同时还可以动态地加载资源，常常配合热更新进行使用。创建AssetBundle需要使用编辑器脚本编程，先创建一个新的工程项目，然后在“项目”面板中创建两个文件夹，分别为AssetBundle和Editor，最后在Editor文件夹中创建一个脚本。脚本代码如下。

输入代码

```
using UnityEngine;
//引入编辑器命名空间
using UnityEditor;

public class BuildBundle : Editor
{
  //在Unity菜单栏上创建一个Custom菜单，
//并给其添加一个菜单项BuildBundles
  //给其绑定一个方法Build()，当单击BuildBundles时会调用Build()方法
  [MenuItem("Custom/BuildBundles")]
  static void Build()
  {
    Debug.Log("测试");
  }
}
```

技巧提示

除此之外，Unity还推出了一个新的资源管理系统，即Addressable；但是目前大量项目仍然使用AssetBundle，所以本书依然使用AssetBundle进行讲解。

代码编写完成后，我们不用运行项目就可以看到菜单栏中已经显示了Custom（自定义）菜单，如图15-1所示。

文件 编辑 资源 游戏对象 组件 Custom 窗口 帮助

图15-1

创建一个立方体，然后将其拖曳到“项目”面板中生成预制件。选择该预制件，在“检查器”面板中可以看到与AssetBundle相关的设置，如图15-2所示。我们可以看到AssetBundle提供了两个下拉列表框，均默认为None（空）选项，也就代表该文件不会被打包到AssetBundle中。对于两个下拉列表框，我们都可以通过单击None选项来创建新的文本内容。

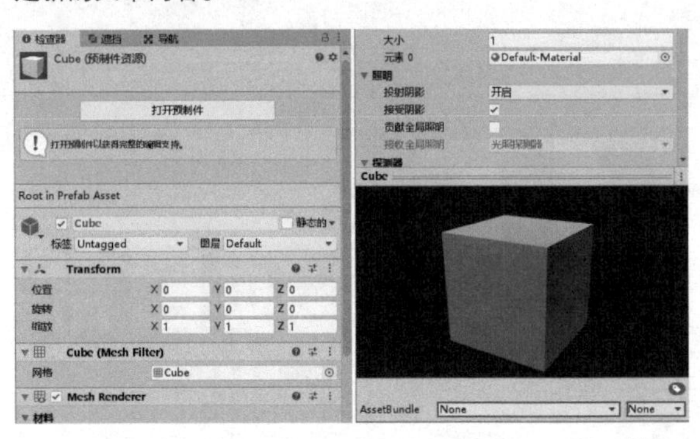

图15-2

第1个下拉列表框的内容为AssetBundle生成的文件名，第2个下拉列表框的内容为AssetBundle生成的扩展名。如果多个文件设置的名称相同，则会被打包到同一个文件中，下面设置一个名称为custom.ab的文件，如图15-3所示。

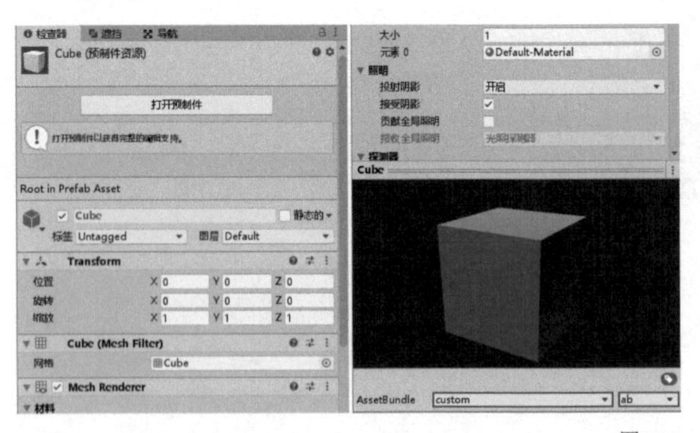

图15-3

对脚本内容进行完善，在Build方法中添加以下代码。

输入代码

```
//打包AssetBundle，参数依次为打包路径、打包选项、打包平台
BuildPipeline.BuildAssetBundles(Application.dataPath + "/AssetBundle",
BuildAssetBundleOptions.None, BuildTarget.StandaloneWindows64);
```

代码修改完成后，执行“Custom>BuildBundles”菜单命令，待进度条刷新完成后，选择“项目”面板中的

AssetBundle文件夹，然后单击鼠标右键，选择“在资源管理器中显示”选项，如图15-4所示。

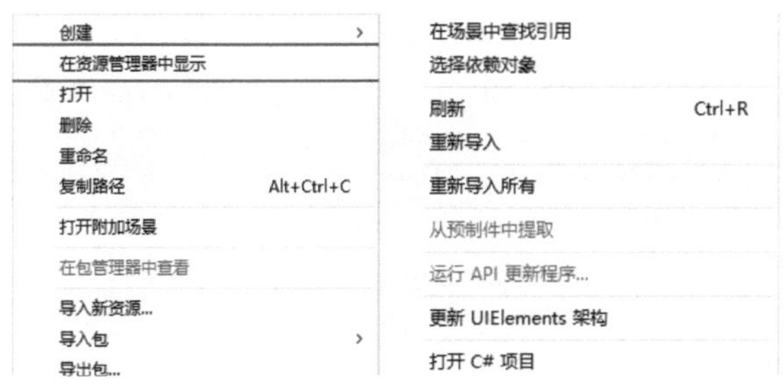

图15-4

这时我们可以在文件夹中看到4个文件，如图15-5所示。其中AssetBundle文件包含了所有关于AssetBundle的信息，custom.ab文件包含了打包好的预制件。除此之外，这两个文件都有对应的MANIFEST文件，MANIFEST文件可以通过记事本查看，在该文件中可以看到包含的资源和依赖，文件内容如下。

名称	修改日期	类型	大小
AssetBundle	2019/12/18 16:46	文件	1 KB
AssetBundle.manifest	2019/12/18 16:46	MANIFEST 文件	1 KB
custom.ab	2019/12/18 16:46	AB 文件	27 KB
custom.ab.manifest	2019/12/18 16:46	MANIFEST 文件	1 KB

图15-5

```
……
//包含的资源
Assets:
- Assets/Cube.prefab
//包含的依赖
Dependencies: []
```

15.1.2 使用AssetBundle加载资源

打包完成后，由于Cube预制件已经包含在custom.ab中，因此可以将Cube预制件删除。在“层级”面板中执行“创建>创建空对象”命令创建一个空物体，并命名为Test；然后在“项目”面板中执行“创建>C#脚本”命令创建一个脚本，并命名为AssetBundleTest；接着将脚本拖曳到Test物体上。编写的脚本代码如下。

输入代码

```
using UnityEngine;

public class AssetBundleTest : MonoBehaviour
{
    void Start()
    {
        //AssetBundle文件路径
        string path = Application.dataPath + "/AssetBundle/custom.ab";
        //读取AssetBundle文件
        AssetBundle ab = AssetBundle.LoadFromFile(path);
        //从AssetBundle文件中加载Cube预制件
        GameObject CubePre = ab.LoadAsset<GameObject>("Cube");
        //实例化Cube
        Instantiate(CubePre);
    }
}
```

运行游戏后可以看到，虽然Cube预制件已经被删除，但是依然会从AssetBundle文件中加载Cube预制件并实例化，如图15-6所示。

图15-6

15.1.3 使用AssetBundle加载依赖

资源加载完成后，我们现在可以对资源进行打包和加载了。

1.生成mat.ab包

资源不一定是单独存在的，有时候会遇到有依赖关系的资源，下面对其进行说明。在“层级”面板中执行“创建>3D对象>球体”命令创建一个球体，并命名为Sphere，然后将其拖曳到“项目”面板中生成预制件；在“项目”面板中执行“创建>材质”命令创建一个材质，并命名为red，然后设置其颜色为（R:255，G:0，B:0），最后将该材质拖曳给Sphere预制件，如图15-7所示。

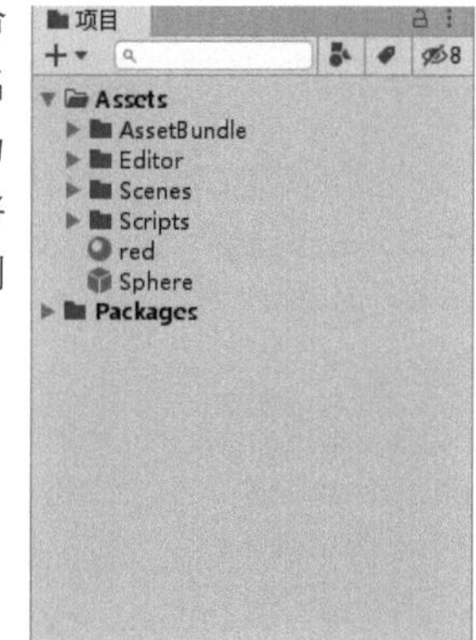

图15-7

Sphere预制件依赖于red材质，如果我们需要将Sphere和red这两个资源进行AssetBundle打包，那么可以将它们放到同一个包中，然后正常加载即可。但是在游戏的开发过程中常常会出现多个模型资源使用同一个材质的情况，为了方便，我们可能会将模型和资源分别进行打包。这里我们就可以将Sphere和red设置为不同的AssetBundle名称，如图15-8和图15-9所示。

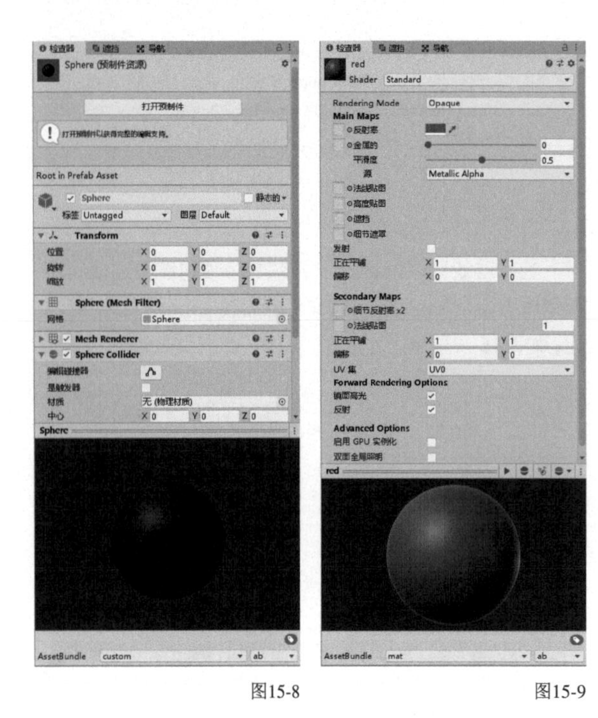

图15-8　　图15-9

执行“Custom>BuildBundles”菜单命令对资源进行打包，打包完成后可以看到现在除了custom.ab包外还有mat.ab包，如图15-10所示。

名称	修改日期	类型	大小
AssetBundle	2019/12/20 12:07	文件	2 KB
AssetBundle.manifest	2019/12/20 12:06	MANIFEST 文件	1 KB
AssetBundle.manifest.meta	2019/12/18 21:15	META 文件	1 KB
AssetBundle.meta	2019/12/18 21:15	META 文件	1 KB
custom.ab	2019/12/20 12:06	AB 文件	2 KB
custom.ab.manifest	2019/12/20 12:06	MANIFEST 文件	1 KB
custom.ab.manifest.meta	2019/12/18 21:15	META 文件	1 KB
custom.ab.meta	2019/12/18 21:15	META 文件	1 KB
mat.ab	2019/12/20 12:07	AB 文件	26 KB
mat.ab.manifest	2019/12/20 12:07	MANIFEST 文件	1 KB
mat.ab.manifest.meta	2019/12/20 12:07	META 文件	1 KB
mat.ab.meta	2019/12/20 12:07	META 文件	1 KB

图15-10

Sphere是依赖于red材质的，也就意味着custom.ab是依赖于mat.ab的。除此之外，在MANIFEST文件中也可以查看依赖关系，通过记事本打开AssetBundle.manifest，内容如下。

```
ManifestFileVersion: 0
CRC: 2196081996
AssetBundleManifest:
 AssetBundleInfos:
  Info_0:
   Name: custom.ab
   Dependencies:
    Dependency_0: mat.ab
  Info_1:
   Name: mat.ab
   Dependencies: {}
```

该文件包含了两个重要信息，一个是目前的打包信息，即custom.ab和mat.ab；另一个是包之间的依赖关系，即custom.ab依赖于mat.ab。

2.使用加载的包

当存在依赖关系时，需要先加载依赖包，再加载要使用的包。我们可以在游戏开始运行的时候通过读取AssetBundle.manifest文件来读取所有的依赖并进行加载，然后就可以正常使用所有的包了，示例代码如下。

```
using UnityEngine;

public class AssetBundleTest2 : MonoBehaviour
{
  void Start()
  {
    //获取AssetBundle所在的路径
    string path = Application.dataPath + "/AssetBundle/AssetBundle";
    //加载文件
    AssetBundle ab = AssetBundle.LoadFromFile(path);
    //读取MANIFEST文件
    AssetBundleManifest mf = ab.LoadAsset<AssetBundleManifest>("AssetBundleManifest");
    //获取custom.ab的依赖
    string[] strs = mf.GetAllDependencies("custom.ab");
    //遍历依赖名称
    foreach (string name in strs)
    {
      //加载所有的依赖
      AssetBundle.LoadFromFile(Application.dataPath + "/AssetBundle/" + name);
    }
    //获取custom.ab的路径
    path = Application.dataPath + "/AssetBundle/custom.ab";
    //读取AssetBundle文件
    ab = AssetBundle.LoadFromFile(path);
    //从AssetBundle文件中加载Sphere预制件
    GameObject SpherePre = ab.LoadAsset<GameObject>("Sphere");
    //实例化Sphere
    Instantiate(SpherePre);
  }
}
```

15.2 游戏部署

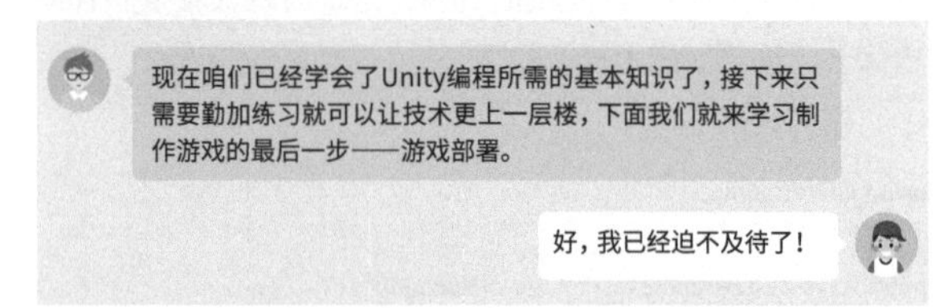

15.2.1 打包设置

在打包游戏之前，我们需要先对游戏进行一些打包设置。执行“文件>生成设置”菜单命令，打开Build Settings（生成设置）对话框，在该对话框中我们可以设置需要打包的场景和导出的平台，将需要打包的场景全部添加到场景列表中，并选择对应的平台完成打包，如图15-11所示。

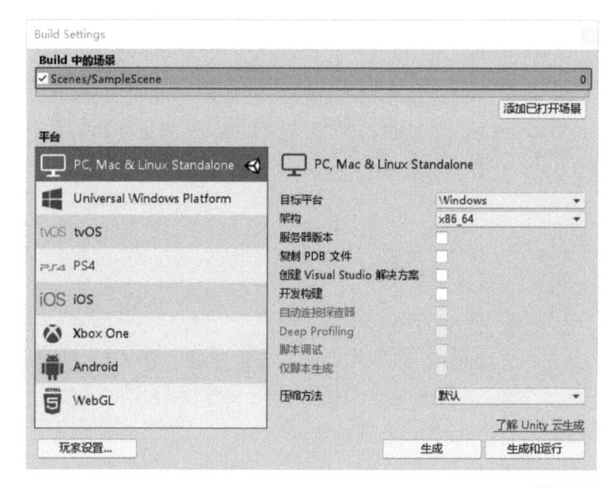

图15-11

在单击“生成”按钮［生成］完成打包之前，需要先单击“玩家设置”按钮［玩家设置...］打开Project Settings面板，然后在新的设置界面中设置图标、版本等内容，如图15-12所示。

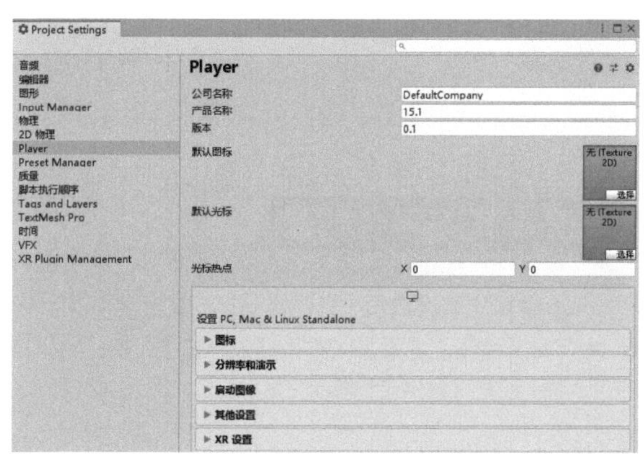

图15-12

重要参数介绍

公司名称：游戏公司的名称。

产品名称：游戏产品的名称。

版本：游戏的版本号。

默认图标：默认的游戏图标。

默认光标：默认的鼠标指针。

光标热点：鼠标指针的作用点位置。

图标：各种分辨率图标的详细设置。

分辨率和演示：游戏全屏和显示的相关设置。

启动图像：游戏启动时的图像或动画设置。

其他设置：游戏的渲染及其他配置设置。

XR设置：虚拟现实等设置。

15.2.2 Windows和Mac平台部署

Window和Macintosh平台的部署十分简单，只需要在Build Settings（生成设置）对话框中切换打包平台为PC端，然后单击“生成”按钮［生成］即可，如图15-13所示。

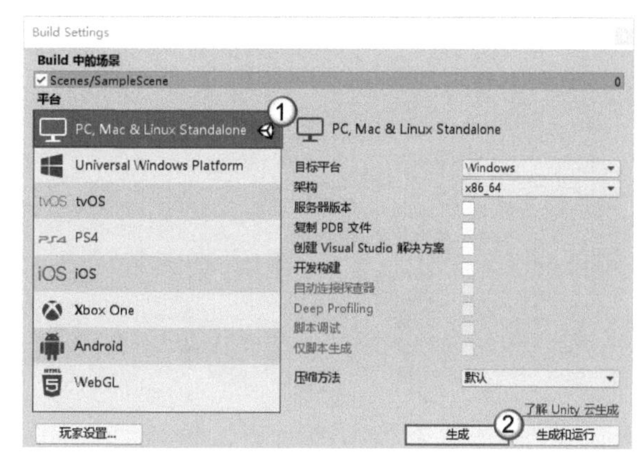

图15-13

选择游戏存放的文件夹路径后，即可生成完毕。打开该文件夹，然后双击游戏所对应的执行文件就能运行游戏了，如图15-14所示。

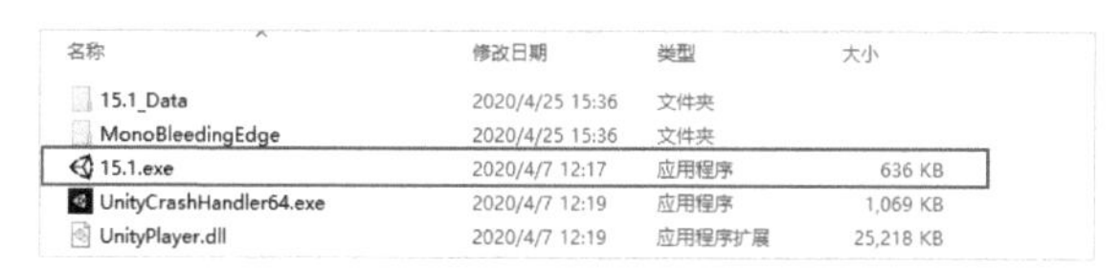

图15-14

15.2.3 Android平台部署

Android平台的部署也非常简单，确保Android模块安装完成后，打开需要打包的工程项目，在Build Settings对话框中单击“切换平台”按钮［切换平台］将打包平台切换为Android即可，如图15-15所示。

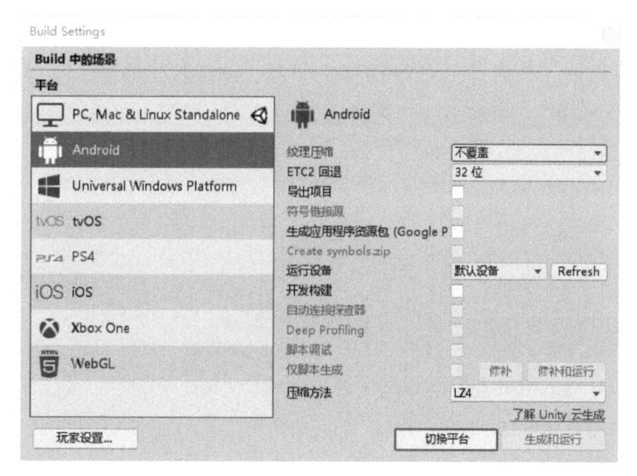

图15-15

平台切换完成后，先不要急着生成，先确保已经设置了Android平台需要的包名，并设置了版本号等其他选项后再生成，如图15-16所示。

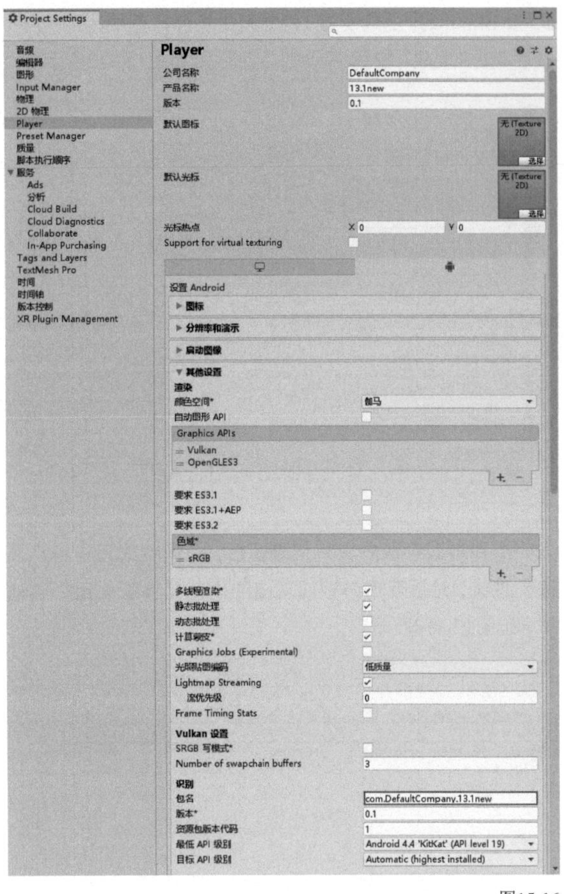

图15-16

技巧提示

包名的命名规则一般为"com.设置的公司名称.自定义的项目名称"。一般Unity项目所在的路径中不允许包含中文，否则可能会打包失败。

设置完成后，返回Build Settings对话框中单击"生成"按钮［生成］，选择保存路径后，就会在该路径中生成APK文件，如图15-17所示。最后将其发送到Android手机上进行安装测试即可。

图15-17

技术专题：安装Android或iOS模块

如果在安装Unity时没有选择Android或iOS模块，后期对其进行单独安装也可以。打开Unity Hub，在安装界面中单击"更多"按钮⋮，如图15-18所示。

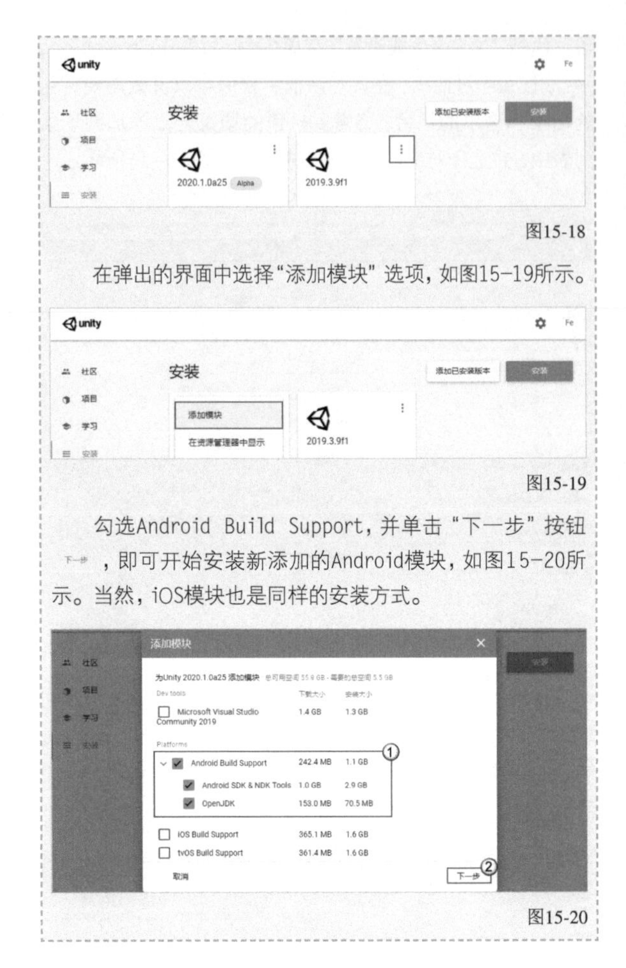

图15-18

在弹出的界面中选择"添加模块"选项，如图15-19所示。

图15-19

勾选Android Build Support，并单击"下一步"按钮［下一步］，即可开始安装新添加的Android模块，如图15-20所示。当然，iOS模块也是同样的安装方式。

图15-20

15.2.4 iOS平台部署

iOS模块安装完成后，打开需要打包的工程项目，在Build Settings（生成设置）对话框中单击"切换平台"按钮［切换平台］将打包平台切换为iOS平台，如图15-21所示。

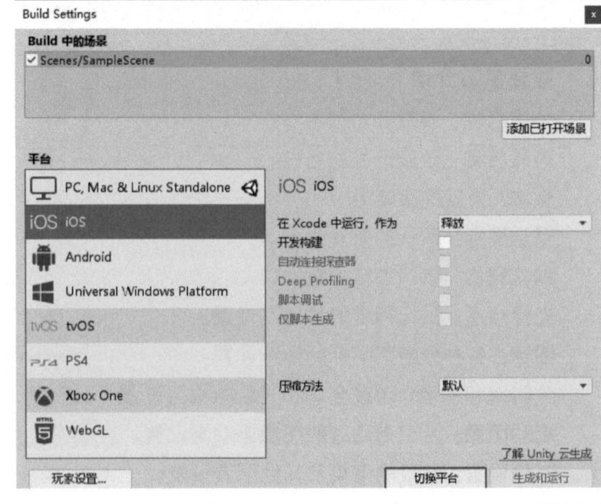

图15-21

技巧提示

iOS平台的部署方式与Android平台的类似，在进行部署之前，需要添加iOS模块，如图15-22所示。

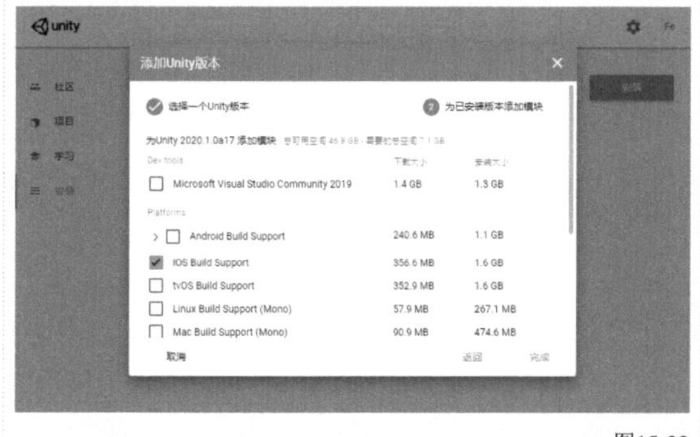

图15-22

单击“生成”按钮 生成 ，选择保存的文件夹即可生成一个新的工程项目。由于是iOS平台，单击“生成”按钮 生成 后不会直接生成iOS文件，而会生成Xcode工程。Xcode是运行在mac OS上的开发工具，这里需要将该工程项目放到mac OS上，并使用Xcode打开，然后进行部署即可，如图15-23所示。

图15-23

15.3 综合案例：Android平台的部署

素材位置 无
实例位置 实例文件>CH15>综合案例：Android平台的部署
难易指数 ★★★☆☆
学习目标 掌握Android平台项目的部署方法

15.3.1 项目描述

Windows平台的部署非常简单，所以本章最后通过部署一个Android平台的应用来结束我们的学习旅程。

技巧提示

本例使用“综合案例：NPC智能巡逻”游戏进行Android平台的部署。

15.3.2 部署准备

01 确保已经在Unity Hub中安装了Android Build Support模块，如图15-24所示。

02 确保该项目所保存的路径中没有中文，然后将“实例文件>CH13>综合案例：NPC智能巡逻”项目文件夹移动到没有中文的路径下，然后打开该项目，如图15-25所示。

图15-24

图15-25

15.3.3 部署设置

01 执行“文件>项目设置”菜单命令打开Build Settings对话框，然后选择Android平台，如图15-26所示。

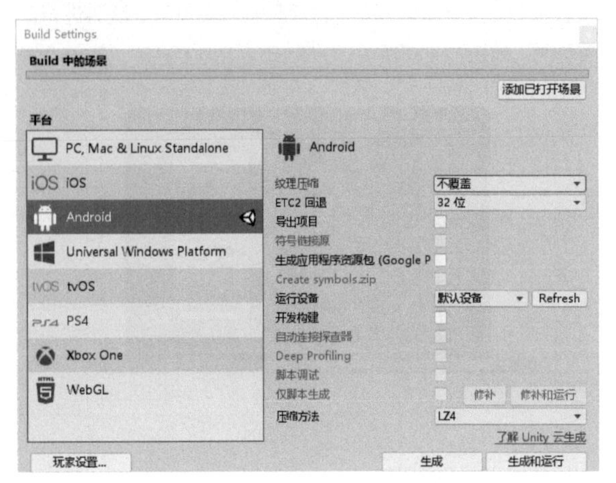

图15-26

02 单击“添加已打开场景”按钮 添加已打开场景 或将“项目”面板中的场景文件直接拖曳到“Build中的场景”列表中，然后单击“玩家设置”按钮 玩家设置... ，如图15-27所示。

图15-27

技巧提示

如果项目中有多个场景，那么都要添加到“Build中的场景”列表中。

03 在打开的Project Settings面板中，设置“公司名称”为feiyu，“产品名称”为Test，“版本”为0.1，在“默认图标”处选择“素材文件>CH15>综合实例：Android平台的部署示例>Logo.jpg”作为默认图标，如图15-28所示。

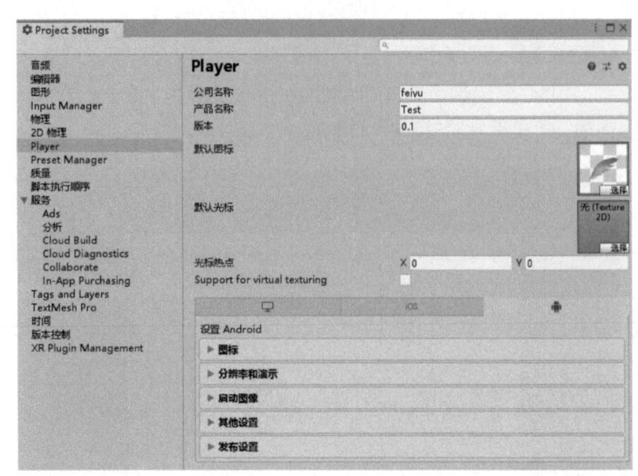

图15-28

04 在“分辨率和演示”一栏中设置与分辨率相关的选项，并且设置游戏的横、竖屏和允许旋转的方向。这里使用默认设置即可，如图15-29所示。

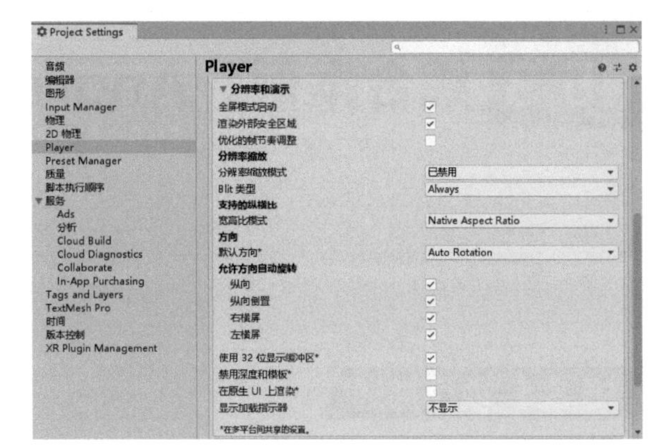

图15-29

05 在“启动图像”一栏中设置启动画面中的Logo和背景，同样使用默认设置即可；然后单击“创建”按钮 + 添加自定义Logo；接着单击“预览”按钮 预览 查看Logo效果，如图15-30所示。

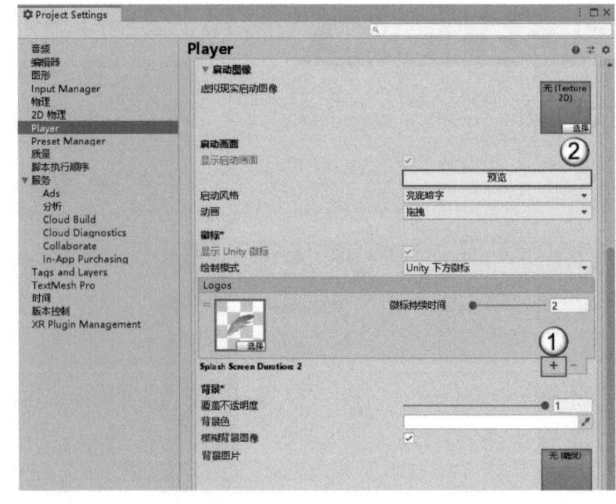

图15-30

06 在游戏视图中查看Logo的预览画面，如图15-31所示。

图15-31

技术专题：按顺序显示两个启动Logo

在上面的预览界面中，我们可以看到一个画面中同时显示了两个Logo，除了我们增加的自定义Logo，还有一个Unity的Logo。但有时候我们不希望让它们同时显示，而是逐个进行显示，这时就可以将“绘制模式”修改为“所有顺序”，如图15-32所示，运行结果如图15-33所示。

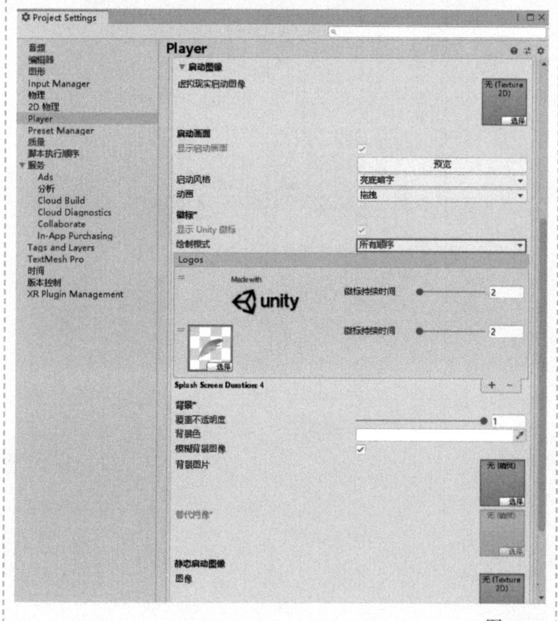

图15-32

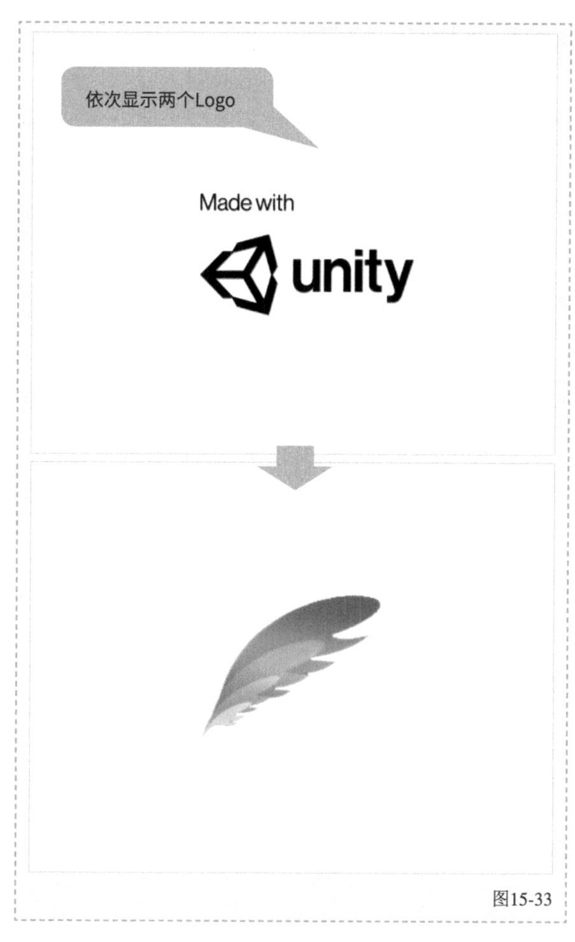

图15-33

07 展开“其他设置”一栏，设置“包名”为com.feiyu.test，如图15-34所示。到此为止，部署的基本设置就完成了。

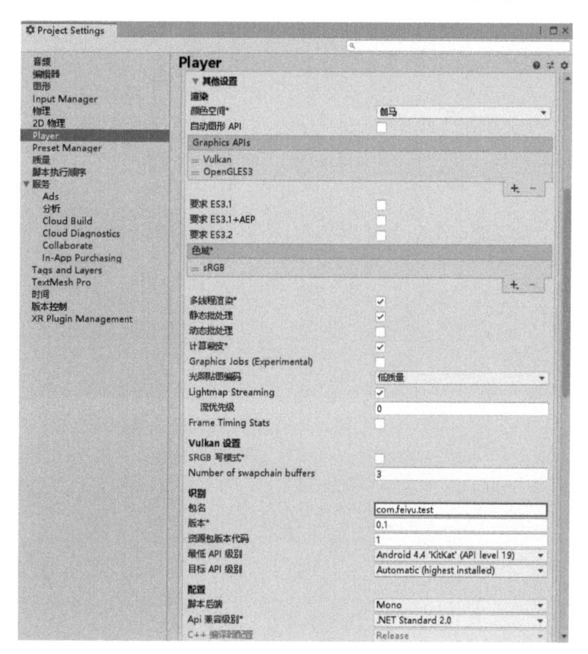

图15-34

15.3.4 打包APK

01 返回Build Settings对话框，如图15-35所示，单击“生成”按钮 生成 。在弹出的对话框中选择保存路径，并设置文件名称为test。

02 文件保存完成后，打开对应的文件夹，即可看到打包好的APK文件，如图15-36所示。

03 将APK文件发送到Android手机，然后在Android手机中单击收到的APK文件进行安装。安装完成后即可在手机桌面上找到应用图标，如图15-37所示。

图15-35

图15-36

图15-37

04 单击图标进入游戏，即可看到我们设置的Logo界面，如图15-38和图15-39所示。

05 Logo加载完成后即可进入游戏画面，如图15-40所示。

图15-38

图15-39

图15-40

第16章 综合案例：角色扮演游戏

■ 学习目的

在前面的章节中我们学习了 Unity 的基础操作、物理系统、粒子系统、动画系统、导航系统、游戏界面系统和数据与网络等内容，相信大家已经能够制作大部分小游戏，但是在制作游戏的未来道路中，依然有很多知识需要我们进行不断地学习和钻研。本章将通过制作一款动作游戏来对前面的知识内容进行总结和回顾。

■ 主要内容

- 制作角色在游戏中的状态
- 制作敌人在游戏中的状态
- 制作NPC在游戏中的状态
- 任务系统在游戏中的实际应用
- UI系统在游戏中的实际应用
- 技能系统在游戏中的实际应用

素材位置 无
实例位置 实例文件>CH16>综合案例：角色扮演游戏
难易指数 ★★★★★
学习目标 掌握大型游戏的制作方法，了解3D游戏的开发流程

16.1 圣域之战

本例将制作一款角色扮演游戏，效果如图16-1所示。

图16-1

16.1.1 玩法介绍

在古老的亚特拉斯帝国中，和平已经持续了上千年，有一天邪恶力量开始苏醒，无数生物因受到邪恶力量的影响而产生变异。王子为了解决变异问题，在帝国中进行调查并开始了一段奇异的冒险，故事就从这里开始。

在本例的角色扮演游戏中，我们需要控制王子亚瑟在游戏世界中进行冒险，即通过控制主角亚瑟与NPC进行对话来触发后续事件。当然，主角可以选择拒绝接受NPC发布的任务。游戏场景中的变异石头人是随机生成的，石头人可追踪主角并发起攻击，主角用普通攻击和后天所学的技能两种攻击方式来保卫自己。当石头人被击杀时，可能掉落血瓶，主角拾取血瓶后立即补充血量。

16.1.2 实现路径

01 下载资源，导入场景和角色。

02 为角色编写一个有限状态机，实现移动和攻击功能并完成动画状态的关联。

03 添加敌人，当角色进入敌人的追踪范围内时，敌人会进行追踪；当角色进入敌人的攻击范围内时，敌人会进行攻击。

04 制作一个XML任务系统。

05 添加触发事件的NPC，并完成对话系统。

06 制作血条UI、对话UI和伤害数值UI。

07 为角色添加不同的技能，不同的技能拥有不同的伤害值。

08 为敌人添加死亡后掉落血瓶物体的功能。

1.按键一览

本例游戏的操作按键及功能介绍如表16-1所示。

表16-1

按键	功能
W	让角色向前方移动
A	让角色向左边移动
S	让角色向后方移动
D	让角色向右边移动
F	与NPC对话
Alt	呼出鼠标指针
鼠标左键	角色攻击方式一
鼠标右键	角色攻击方式二

2.人物一览

本例游戏的出场人物及背景如表16-2所示。

表16-2

出场人物	形象	描述
亚瑟		主角。亚特拉斯帝国中唯一的王子，左手持黄金盾，右手持巨剑，掌握多种魔法攻击技能，攻守兼备，是一名近战英雄。
玛尔		NPC。因为家园受到变异石头人的入侵，所以发出通告，希望有人可以帮助自己消灭入侵家园的石头人。
变异石头人		入侵者。曾经性格温顺，在亚特拉斯帝国中与人类共同生活，之后邪恶力量入侵亚特拉斯，石头人发生变异，开始攻击人类。

3.动画一览

本例游戏的动画类型如表16-3所示。

表16-3

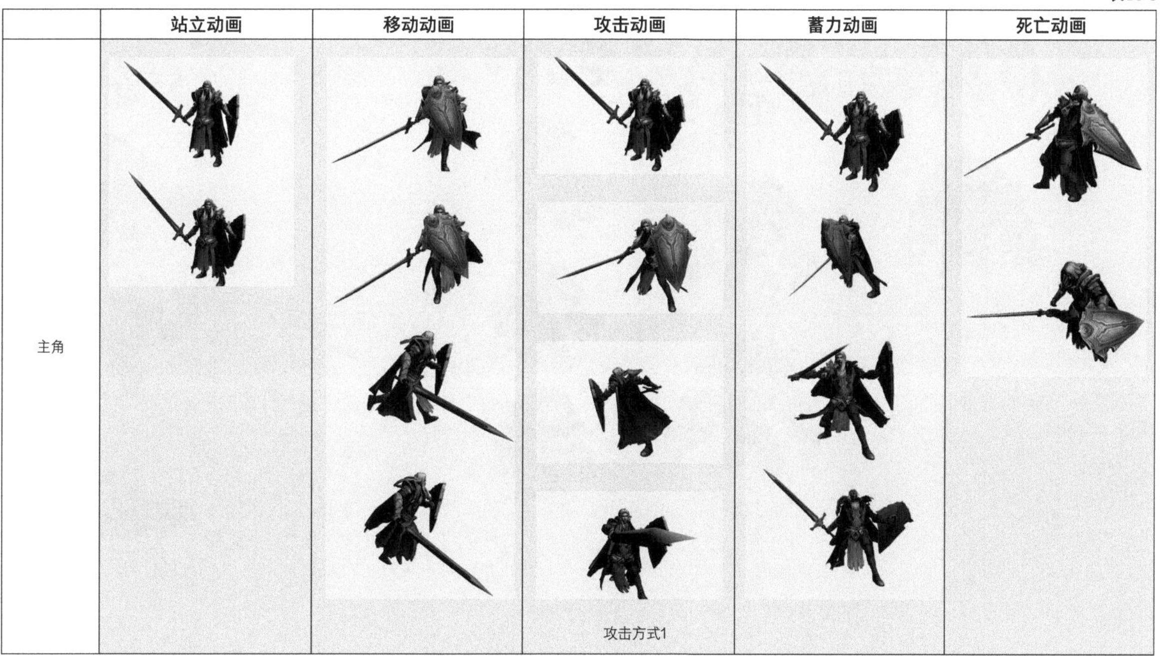

	站立动画	移动动画	攻击动画	蓄力动画	死亡动画
主角			攻击方式1		

续表

	站立动画	移动动画	攻击动画	蓄力动画	死亡动画
主角			攻击方式2		
NPC					
入侵者					

4.技能一览

本例游戏涉及的技能动画如表16-4所示。

表16-4

拆解 名称	动画1	动画2	动画3	动画4	动画5
光护盾					
突进斩	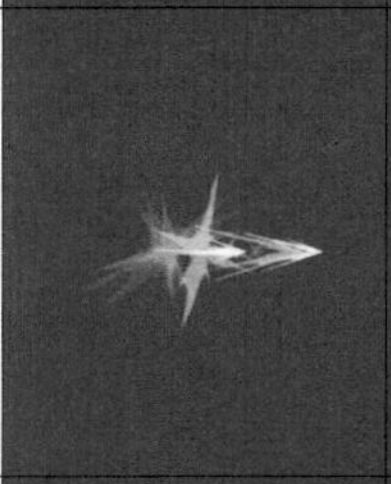				
冲击波		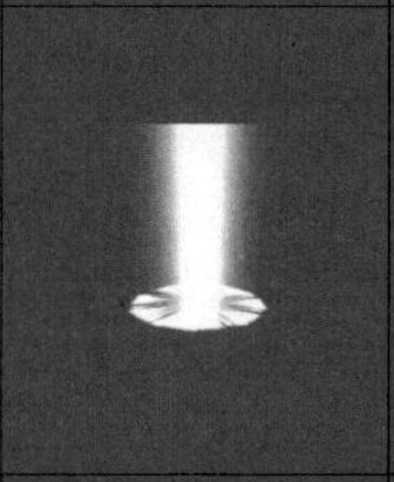	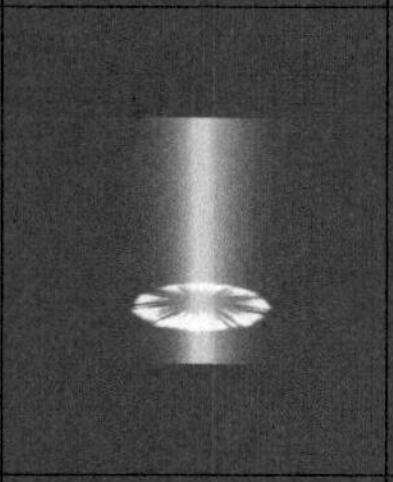	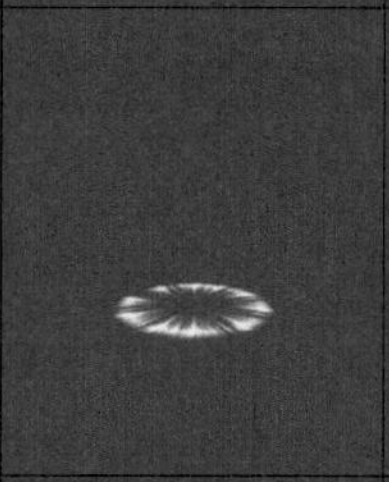	
量能波		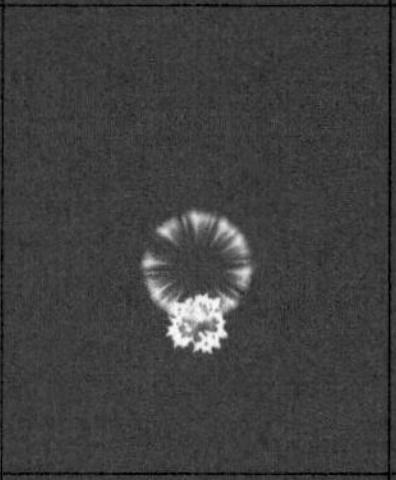	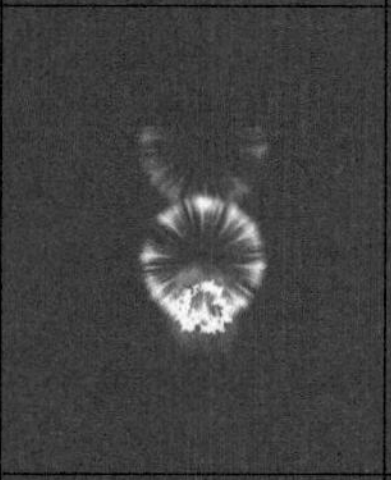		
鬼影		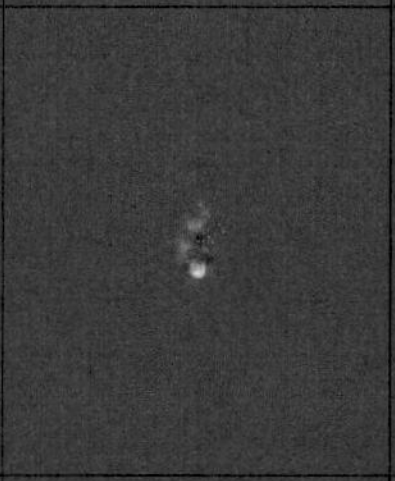	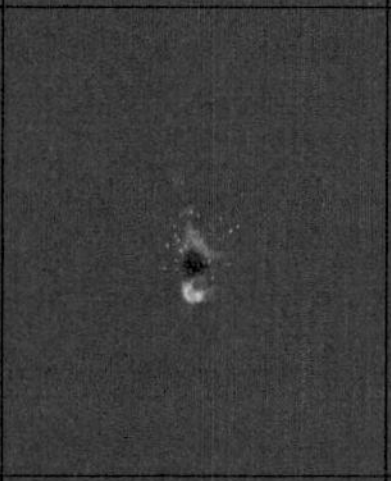		
气旋		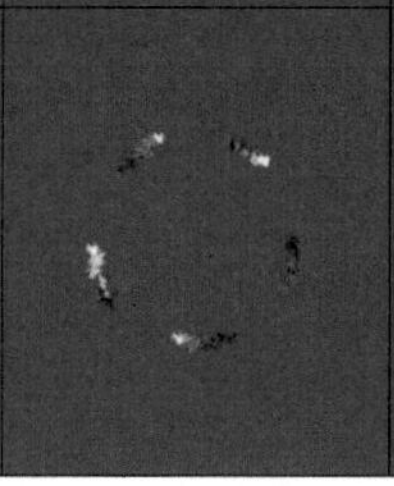	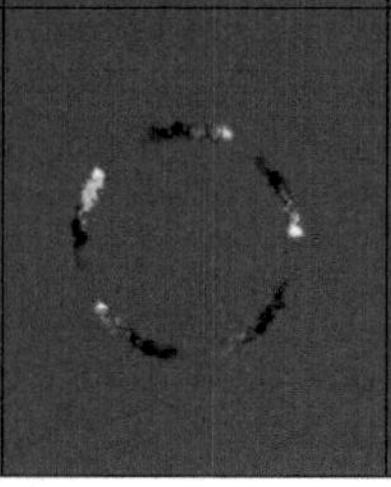	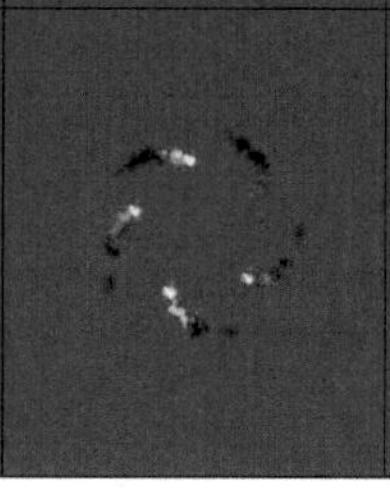	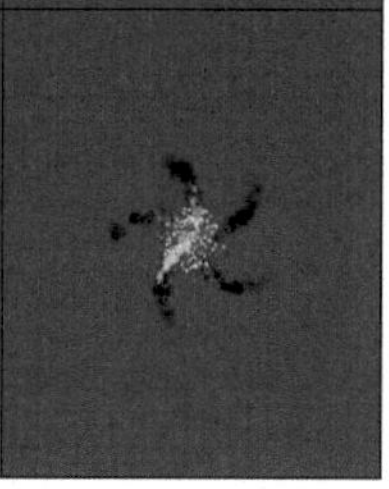

16.2 古老的亚特拉斯帝国

第一次制作大型游戏，我们需不需要先设定一下游戏背景呢？

哈哈，当然了，我们这次制作的游戏的背景就是在古老的亚特拉斯帝国，其中除了有人类，还有一些石头人。邪恶力量的复生使石头人发生变异并开始攻击人类。游戏的主角，也就是亚特拉斯帝国的王子亚瑟开始了拯救帝国的旅程。

这个游戏听起来很不错呀！

哈哈，设定好游戏背景，我们才能准备对应的素材开始游戏的制作。

16.2.1 帝国崛起

01 执行“窗口>资源商店”菜单命令，在资源商店中下载并导入Flooded_Grounds。资源导入完成后，双击“项目”面板中的Flooded_Grounds/Scenes/Scene_A，场景效果如图16-2所示。

图16-2

02 打开该场景后先运行一次游戏，因为大家所使用的Unity的版本各不相同，有些版本可能会出现场景报错的情况。如果发现游戏不能运行，那么这里需要进行简单的修改，将“项目”面板中的Flooded_Grounds/PostProcessing/Edit/PropertyDrawers/MinDrawer脚本修改为如下代码，即可正常运行。游戏的运行情况如图16-3所示。

输入代码

```
using UnityEngine;
using UnityEngine.PostProcessing;

namespace UnityEditor.PostProcessing
{
  [CustomPropertyDrawer(typeof(UnityEngine.MinAttribute))]
  sealed class MinDrawer ： PropertyDrawer
  {
    public override void OnGUI(Rect position, SerializedProperty property, GUIContent label)
    {
      UnityEngine.MinAttribute attribute = (UnityEngine.MinAttribute)base.attribute;

      if (property.propertyType == SerializedPropertyType.Integer)
      {
        int v = EditorGUI.IntField(position, label, property.intValue);
        property.intValue = (int)Mathf.Max(v, attribute.min);
      }
      else if (property.propertyType == SerializedPropertyType.Float)
      {
        float v = EditorGUI.FloatField(position, label, property.floatValue);
        property.floatValue = Mathf.Max(v, attribute.min);
      }
      else
      {
        EditorGUI.LabelField(position, label.text, "Use Min with float or int.");
      }
    }
  }
}
```

运行游戏

图16-3

03 本例不使用场景中提供的角色和UI，因此删除“层级”面板中的FpsController游戏物体和Canvas游戏物体。然后在“层级”面板中执行“创建>空对象”命令创建一个空物体，并命名为Other；接着将“层级”面板中的所有物体均设置为Other的子物体，方便后期进行管理。设置完成后，效果如图16-4所示。

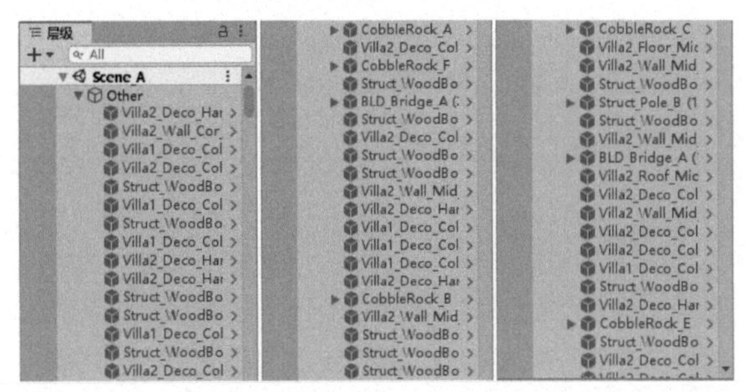

图16-4

04 在“层级”面板中执行“创建>摄像机”命令创建一个摄像机，并命名为Camera，然后设置“标签”为MainCamera，如图16-5所示。

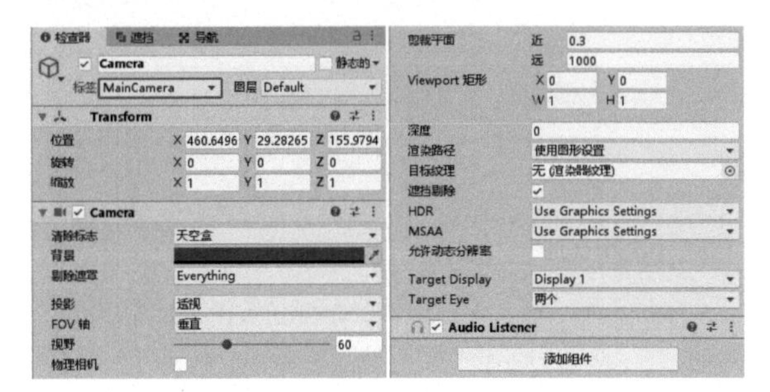

图16-5

16.2.2 歌声悠扬

01 大多数游戏项目都会包含音乐内容，但该项目中我们不会统一播放音乐和音效，大家可以添加自己喜欢的音乐和音效进行播放，这里封装一个音频管理单例类。在“层级”面板中执行“创建>空对象”命令创建一个空物体，并命名为AudioManager。然后在“项目”面板中执行“创建>C#脚本”命令创建一个脚本，也将其命名为AudioManager，接着将脚本挂载到AudioManager物体上。编写的脚本代码如下。

输入代码

```
using UnityEngine;

public class AudioManager ： MonoBehaviour
{
  //单例
  public static AudioManager Instance;
  //背景音乐播放器
  private AudioSource bgmPlayer;
  //音效播放器
  private AudioSource sePlayer;

  void Awake()
  {
    //单例
    Instance = this;
    //添加一个音乐播放器组件
    bgmPlayer = gameObject.AddComponent<AudioSource>();
    //设置音乐循环播放
    bgmPlayer.loop = true;
    //添加一个音效播放器组件
    sePlayer = gameObject.AddComponent<AudioSource>();
  }

  //播放音乐，将参数填写为“项目”面板的Resources文件夹中的音乐文件路径
  public void PlayBgm(string path)
  {
    //如果当前音乐没有播放
    if (bgmPlayer.isPlaying == false)
    {
      //从Resources文件夹中读取一个音频文件
      AudioClip clip = Resources.Load<AudioClip>(path);
      //设置播放器的音频片段
      bgmPlayer.clip = clip;
      //播放
      bgmPlayer.Play();
    }
  }
  //停止播放音乐
  public void StopBgm(string path)
  {
    //如果音乐正在播放
    if (bgmPlayer.isPlaying == true)
    {
      //停止播放音乐
      bgmPlayer.Stop();
    }
  }
  //播放音效
  public void PlaySe(string path)
  {
    //从Resources文件夹中读取一个音频文件
    AudioClip clip = Resources.Load<AudioClip>(path);
    //播放音效
    sePlayer.PlayOneShot(clip);
  }
}
```

02 将自己喜欢的音乐、音效文件放置到“项目”面板中的Resources文件夹中，然后在项目需要播放音乐、音效的地方直接调用该脚本即可。例如，在脚本中执行AudioManager.Instance.PlayBgm(“bg.mp3”)命令，即可播放Resources文件夹中的bg.mp3背景音乐。

16.3 主角：新手上路

游戏场景好漂亮啊！接下来是不是该制作主角了？

嗯，我们这就开始制作主角，也就是亚特拉斯帝国的王子亚瑟，并且我们还需要实现角色的移动功能和摄像机的跟随功能。

16.3.1 游览新手村

01 执行“窗口>资源商店”菜单命令，在资源商店中下载并导入Fantasy Chess RPG Character-Arthur。资源导入完成后，将“项目”面板中的Fantasy Chess RPG Character-Arthur/prefaps/arthur_01预制件拖曳到场景视图中，并命名为Player，然后为Player设置一个Player标签，模型效果如图16-6所示。

图16-6

02 为Player添加Capsule Collider和Rigidbody组件，如图16-7所示。在“层级”面板中执行“创建>空对象”命令在场景中创建一个空物体，并命名为MainCamera，然后在“检查器”面板中将其“位置”属性数值设置得与Player相同。

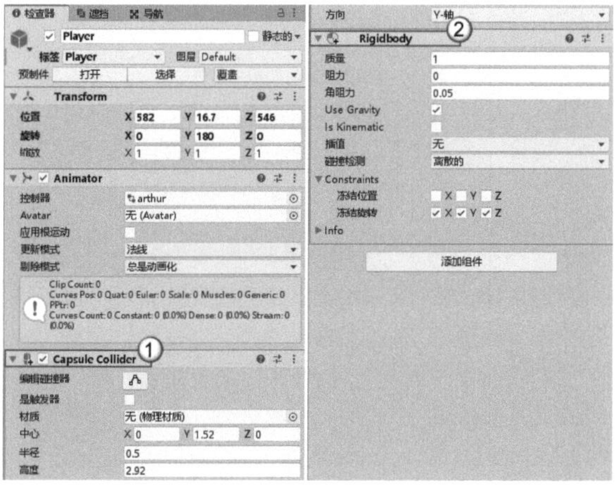

图16-7

03 将Camera设置为MainCamera的子物体，然后将它移动到主角身后，如图16-8所示。

图16-8

04 完善摄像机的旋转功能。在“项目”面板中执行“创建>C#脚本”命令创建一个脚本，并命名为CameraControl，然后将其挂载到MainCamera物体上。编写的脚本代码如下，游戏的运行情况如图16-9所示。

输入代码

```
using UnityEngine;
public class CameraControl ： MonoBehaviour
{
  //主角
  private Transform player;
  //保存向量
  private Vector3 dir;
  void Start()
  {
    //获取主角
    player = GameObject.FindWithTag("Player").transform;
    //获取向量
    dir = player.transform.position - transform.position;
  }

  void Update()
  {
    //刷新摄像机的位置
    transform.position = player.transform.position - dir;
    //如果鼠标指针为呼出状态，则不做任何事
    if (Cursor.lockState == CursorLockMode.None)
    {
      return;
    }
    //获取鼠标指针x轴的数值
    float mouseX = Input.GetAxis("Mouse X");
    //旋转摄像机
    transform.Rotate(Vector3.up, mouseX * 90 * Time.deltaTime);
  }
}
```

运行游戏

图16-9

05 在“项目”面板中执行“创建>C#脚本”命令创建一个脚本，并命名为PlayerControl，然后将其挂载到Player物体上。编写的脚本代码如下，游戏的运行情况如图16-10所示。

输入代码

```
using UnityEngine;

public class PlayerControl ： MonoBehaviour
{
  //刚体组件
  private Rigidbody rBody;
  void Start()
  {
    //获取刚体组件
    rBody = GetComponent<Rigidbody>();
    //隐藏鼠标指针
    Cursor.lockState = CursorLockMode.Locked;
  }

  void Update()
  {
    //主角与摄像机同步旋转
    transform.rotation = Camera.main.transform.parent.rotation;
    //获取水平轴
    float horizontal = Input.GetAxis("Horizontal");
    //获取垂直轴
    float vertical = Input.GetAxis("Vertical");
    //获取移动向量
    Vector3 dir = new Vector3(horizontal, 0, vertical);
    //如果按下了移动键
    if (dir != Vector3.zero)
    {
      //纵向移动
      rBody.velocity = transform.forward * vertical * 4;
      //横向移动
      rBody.velocity += transform.right * horizontal * 2;
    }
    //按下Alt键
    if (Input.GetKeyDown(KeyCode.LeftAlt))
    {
      //显示鼠标指针
      Cursor.lockState = Cursor.lockState == CursorLockMode.Locked ? CursorLockMode.None ： CursorLockMode.Locked;
    }
  }
}
```

运行游戏

图16-10

16.3.2 活动身手

主角已经可以做出基本的移动动作了，但是还没有动画来执行该动作，接下来我们就来为主角编写一个简单的有限状态机并实现各个状态的动画。

1.角色动画

01 选择“层级”面板中的Player，然后双击Animator组件中的arthur（控制器）文件，在打开的“动画器”面板中删除除arthur_idle_01以外的动画，如图16-11所示。

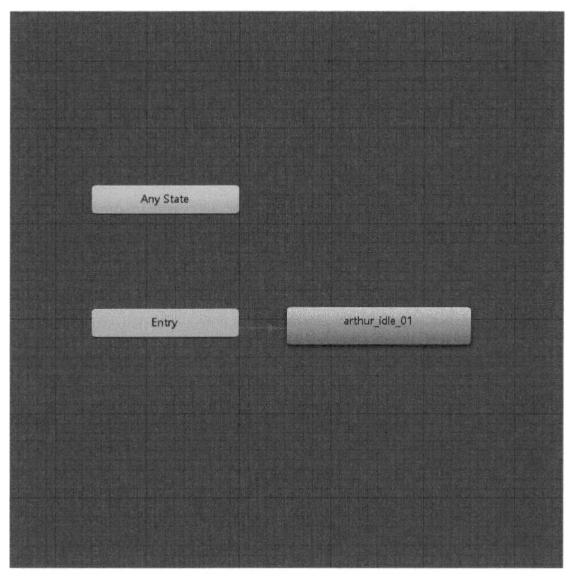

图16-11

02 目前资源中的动画全部都是一次性播放的动画，我们需要将站立和跑步动画设置为循环播放的动画。选择“项目”面板中的Fantasy Chess RPG Character - Arthur/models/arthur_idle_01，在“检查器”面板中勾选“循环时间”选项，如图16-12所示。设置完成后，也对Fantasy Chess RPG Character - Arthur/models/arthur_walk_01进行同样的设置，如图16-13所示。

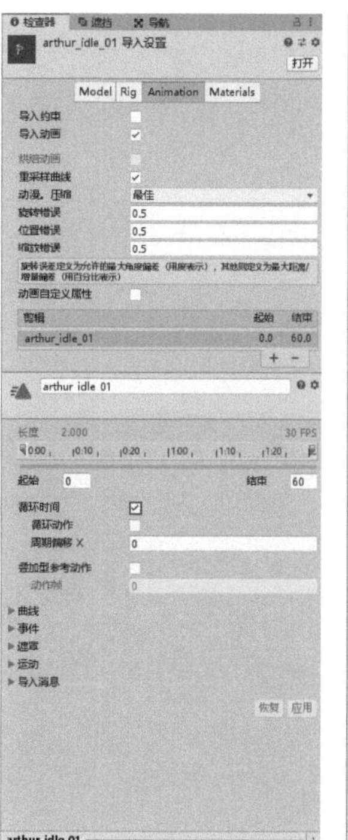

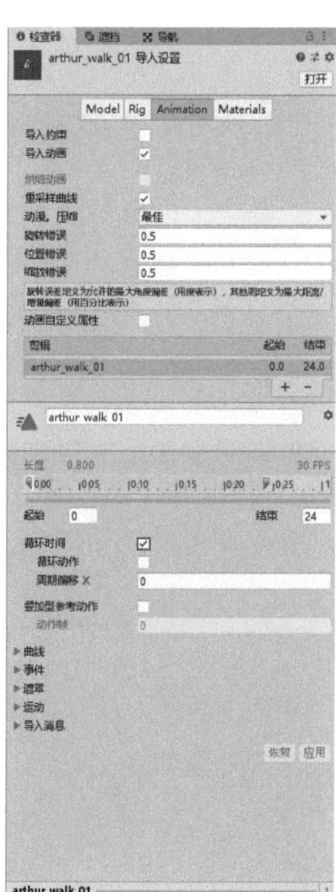

图16-12　　图16-13

03 将“项目”面板的Fantasy Chess RPG Character - Arthur/models/文件夹内的arthur_active_01、arthur_attack_01、arthur_dead_01、arthur_passive_01和arthur_walk_01拖曳到“动画器”面板中，如图16-14所示。

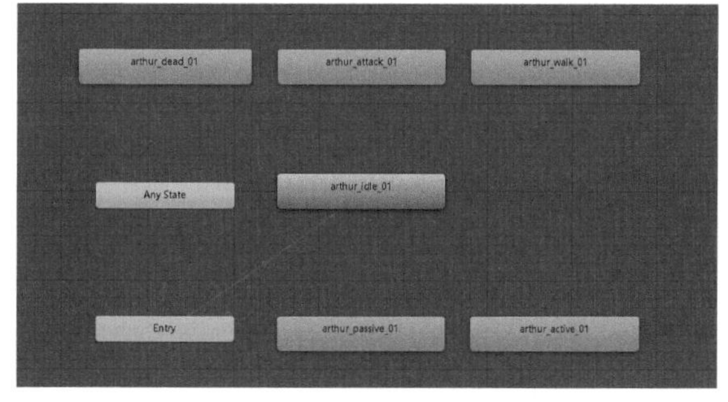

图16-14

04 在“动画器”面板中选择arthur_idle_01，然后单击鼠标右键选择“创建过渡”选项，产生与arthur_attack_01的关联；选择arthur_attack_01，然后单击鼠标右键选择“创建过渡”选项，产生与arthur_idle_01的关联；选择arthur_idle_01，然后单击鼠标右键选择“创建过渡”选项，产生与arthur_walk_01的关联；选择arthur_walk_01，然后单击鼠标右键选择“创建过渡”选项，产生与arthur_idle_01的关联；选择arthur_idle_01，然后单击鼠标右键选择“创建过渡”选项，产生与arthur_active_01的关联；选择arthur_active_01，然后单击鼠标右键选择“创建过渡”选项，产生与arthur_walk_01的关联；选择arthur_walk_01，然后单击鼠标右键选择“创建过渡”选项，产生与arthur_attack_01的关联；选择arthur_active_01，然后单击鼠标右键选择“创建过渡”选项，产生与arthur_passive_01的关联；选择arthur_passive_01，然后单击鼠标右键选择“创建过渡”选项，产生与arthur_idle_01的关联；选择Any State，然后单击鼠标右键选择“创建过渡”选项，产生与arthur_dead_01的关联；选择arthur_dead_01，然后单击鼠标右键选择“创建过渡”选项，产生与arthur_idle_01的关联；选择Entry，然后单击鼠标右键选择“创建过渡”选项，产生与arthur_idle_01的关联，过渡效果如图16-15所示。

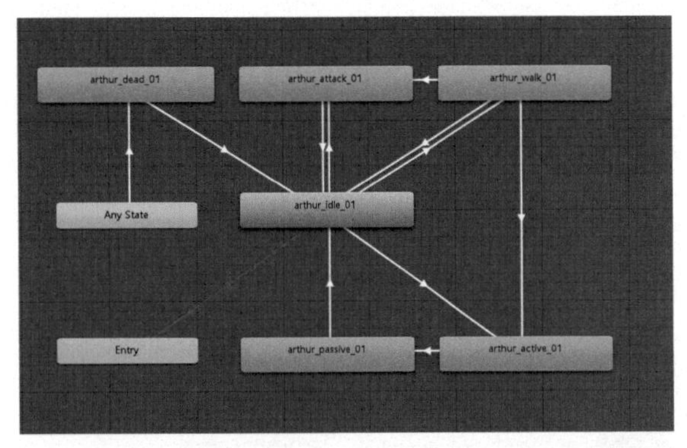

图16-15

05 在“动画器”面板中切换到“参数”选项卡，然后添加5个参数。单击“创建”按钮+创建一个Bool类型的参数，并将其命名为Run；单击“创建”按钮+创建一个Trigger类型的参数，并将其命名为Die；单击“创建”按钮+创建一个Trigger类型的参数，并将其命名为Revive；单击“创建”按钮+创建一个Trigger类型的参数，并将其命名为Attack；单击“创建”按钮+创建一个Trigger类型的参数，并将其命名为Attack2，如图16-16所示。

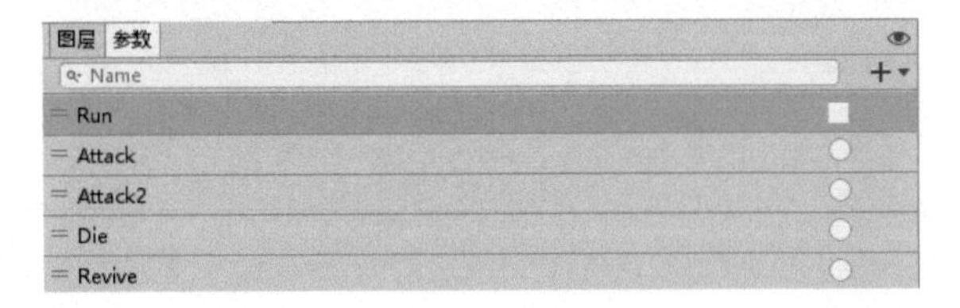

图16-16

06 单击从arthur_idle_01到arthur_walk_01的过渡线，在“检查器”面板中单击“创建”按钮+，增加过渡条件Run:true；单击从arthur_walk_01到arthur_idle_01的过渡线，在“检查器”面板中单击“创建”按钮+，增加过渡条件Run:false；单击从Any State到arthur_dead_01的过渡线，在“检查器”面板中单击“创建”按钮+，增加过渡条件Die；单击从arthur_dead_01到arthur_idle_01的过渡线，在“检查器”面板中单击“创建”按钮+，增加过渡条件Revive；单击从arthur_idle_01到arthur_attack_01的过渡线，在“检查器”面板中单击“创建”按钮+，增加过渡条件Attack；单击从arthur_walk_01到arthur_attack_01的过渡线，在“检查器”面板中单击“创建”按钮+，增加过渡条件Attack；单击从arthur_idle_01到arthur_active_01的过渡线，在“检查器”面板中单击“创建”按钮+，增加过渡条件Attack2；单击从arthur_walk_01到arthur_active_01的过渡线，在“检查器”面板中单击“创建”按钮+，增加过渡条件Attack2，如图16-17~图16-24所示。

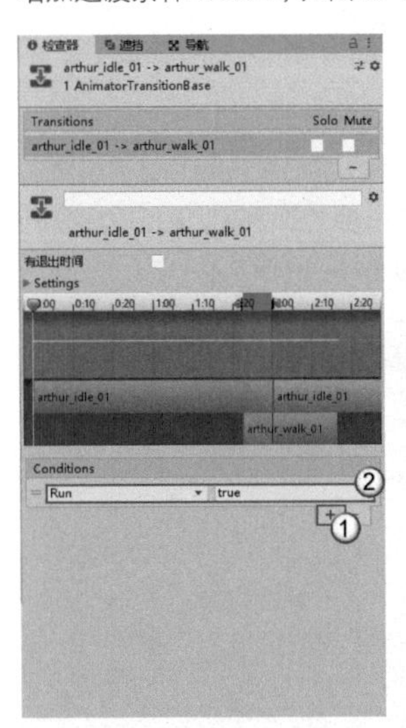

图16-17

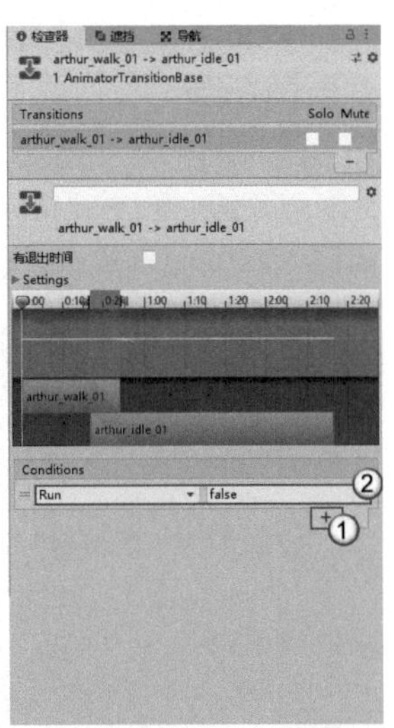

图16-18

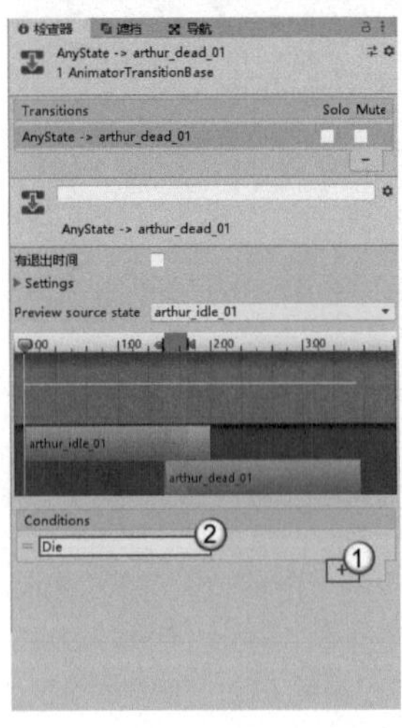

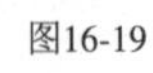

图16-19

图16-20

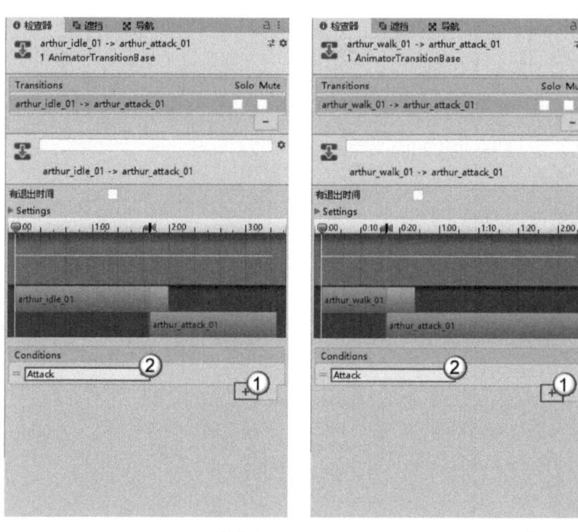

图16-21　　图16-22

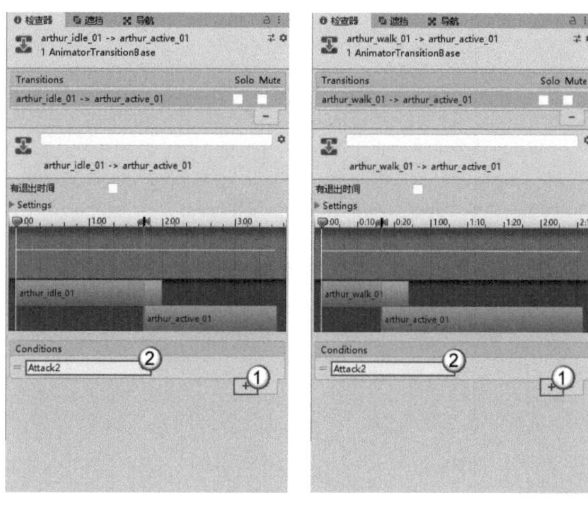

图16-23　　图16-24

07 添加几个动画事件，在“项目”面板中选择Fantasy Chess RPG Character - Arthur/models/arthur_attack_01，在“检查器”面板中展开“事件”一栏，然后将时间线移动到0:20处，添加一个Attack1_1动画事件；将时间线移动到0:55处，添加一个Attack1_2动画事件；将时间线移动到1:00处，添加一个AttackEnd动画事件，如图16-25~图16-27所示。

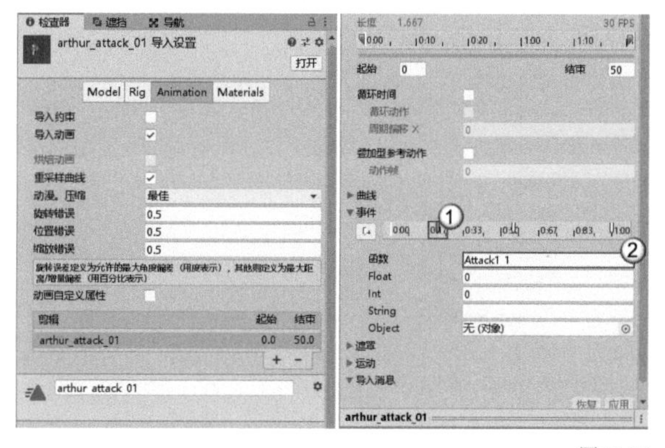

图16-25

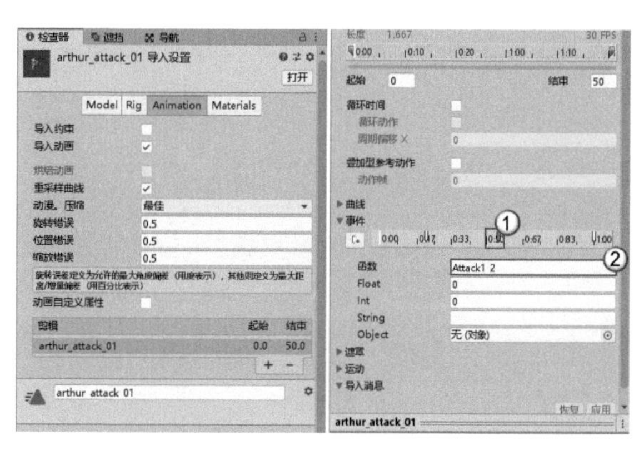

图16-26

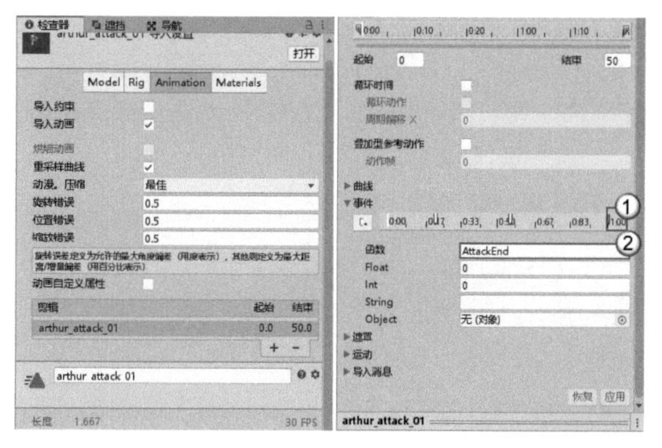

图16-27

08 按照同样的方式，在“项目”面板中选择Fantasy Chess RPG Character - Arthur/models/arthur_passive_01，在“检查器”面板中展开“事件”一栏，然后将时间线移动到0:35处，添加一个Attack2_1动画事件；将时间线移动到0:60处，添加一个Attack2_2动画事件；将时间线移动到1:00处，添加一个AttackEnd动画事件，如图16-28~图16-30所示。

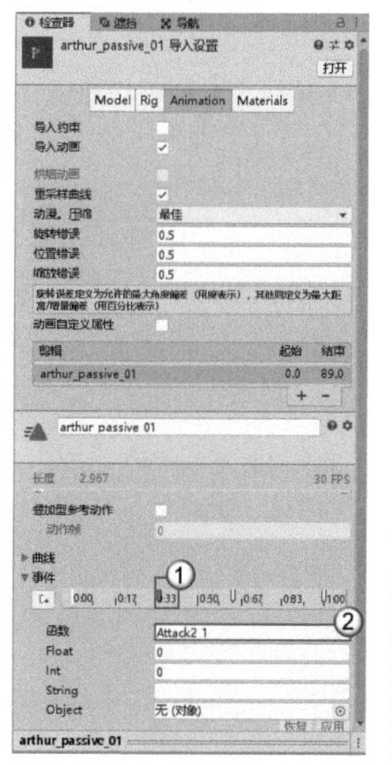

图16-28

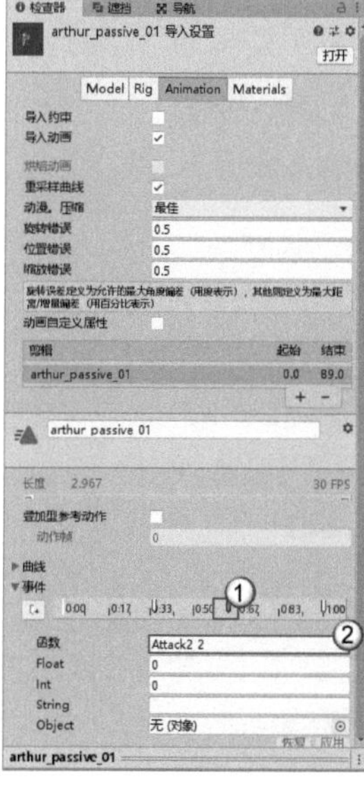

图16-29

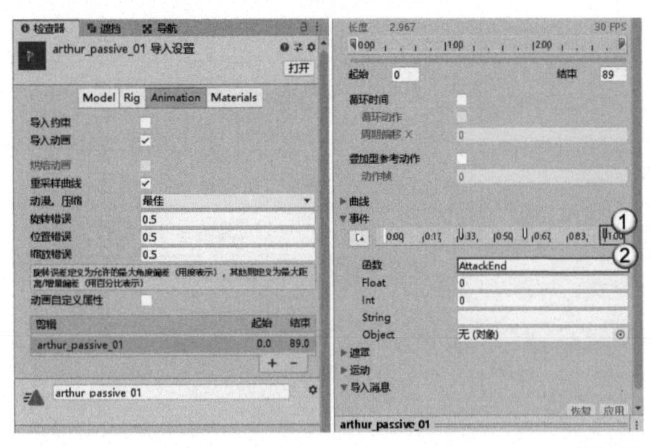

图16-30

09 按照同样的方式，在“项目”面板中选择Fantasy Chess RPG Character - Arthur/models/arthur_active_01，在“检查器”面板中展开“事件”一栏，然后将时间线移动到0:35处，添加一个Attack2 0动画事件，如图16-31所示。

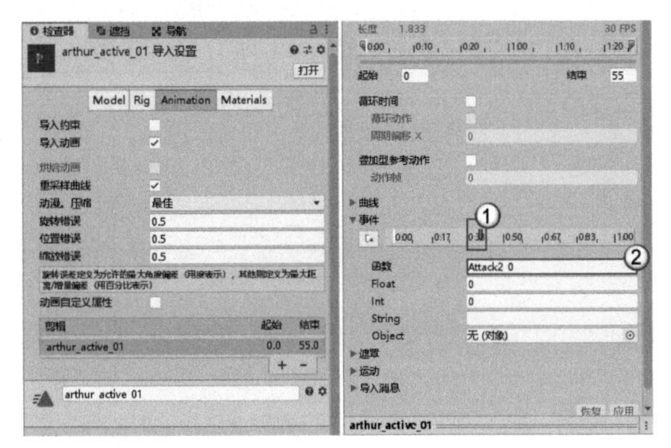

图16-31

2.主角状态

为主角添加状态，双击PlayerControl脚本，将其修改为如下代码，游戏的运行情况如图16-32所示。

输入代码

```
using UnityEngine;

//主角状态枚举
public enum PlayerState
{
    idle,
    run,
    die,
    attack,
    attack2
}

public class PlayerControl : MonoBehaviour
{
    //主角状态
    private PlayerState state = PlayerState.idle;
    //刚体组件
    private Rigidbody rBody;
    //动画器组件
    private Animator animator;
    //最大血量
    public int MaxHp = 100;
    //血量
    public int Hp = 100;
    void Start()
    {
        //获取刚体组件
        rBody = GetComponent<Rigidbody>();
        //获取动画器组件
        animator = GetComponent<Animator>();
        //隐藏鼠标指针
        Cursor.lockState = CursorLockMode.Locked;
    }

    void Update()
    {
        //按下Alt键
        if (Input.GetKeyDown(KeyCode.LeftAlt))
        {
            //显示鼠标指针
            Cursor.lockState = Cursor.lockState == CursorLockMode.Locked ?
CursorLockMode.None : CursorLockMode.Locked;
        }
        //如果鼠标指针为呼出状态，则不做任何事
        if (Cursor.lockState == CursorLockMode.None)
        {
            return;
        }
        //判断状态
        switch (state)
        {
            case PlayerState.idle:
                //允许旋转
                Rotate();
                //允许移动
                Move();
                //攻击
                Attack();
                //播放站立动画
                animator.SetBool("Run", false);
                break;
            case PlayerState.run:
                //允许旋转
                Rotate();
                //允许移动
                Move();
                //攻击
                Attack();
                //播放移动动画
                animator.SetBool("Run", true);
                break;
            case PlayerState.die:
                break;
            case PlayerState.attack:
```

```
            break;
        case PlayerState.attack2：
            break;
    }
}

//主角的旋转控制
void Rotate()
{
    //主角与摄像机同步旋转
    transform.rotation = Camera.main.transform.parent.rotation;
}

//主角的移动控制
void Move()
{
    //获取水平轴
    float horizontal = Input.GetAxis("Horizontal");
    //获取垂直轴
    float vertical = Input.GetAxis("Vertical");
    //获取移动向量
    Vector3 dir = new Vector3(horizontal, 0, vertical);
    //如果按下了移动键
    if (dir != Vector3.zero)
    {
        //纵向移动
        rBody.velocity = transform.forward * vertical * 4;
        //横向移动
        rBody.velocity += transform.right * horizontal * 2;
        //切换移动状态
        state = PlayerState.run;
    }
    else
    {
        //切换为站立状态
        state = PlayerState.idle;
    }
}

//攻击
void Attack()
{
    //单击鼠标左键攻击
    if (Input.GetMouseButtonDown(0))
    {
        //播放攻击动画
        animator.SetTrigger("Attack");
        //攻击状态
        state = PlayerState.attack;
    }
    //单击鼠标右键攻击
    if (Input.GetMouseButtonDown(1))
    {
        //播放攻击动画
        animator.SetTrigger("Attack2");
        //第2种攻击状态
        state = PlayerState.attack2;
    }
}

//结束攻击
void AttackEnd()
{
    //恢复为站立状态
    state = PlayerState.idle;
}

//受到攻击
public void GetDamage(int damage)
{
    //减小血量
    Hp -= damage;
    //如果血量为0
    if (Hp <= 0)
    {
        //变为死亡状态
        state = PlayerState.die;
        //播放一次死亡动画
        animator.SetTrigger("Die");
    }
}

//复活
public void Revive(Vector3 position)
{
    //如果是死亡状态
    if (state == PlayerState.die)
    {
        //复活
        animator.SetTrigger("Revive");
        //复活为站立状态
        state = PlayerState.idle;
        //复活位置
        transform.position = position;
    }
}

//攻击1_1
void Attack1_1()
{

}

//攻击1_2
void Attack1_2()
{

}

//攻击2_0
void Attack2_0()
{

}
```

```
    //攻击2_1
    void Attack2_1()
    {

    }

    //攻击2_2
    void Attack2_2()
    {

    }
}
```

运行游戏

图16-32

16.4 任务：击杀两个石头人

游戏主角太帅了，接下来是不是要添加敌人了？

别急，在游戏中，任务系统是必不可少的，接下来我们先配合XML解析来制作一个任务系统。

16.4.1 解析任务数据

01 在“项目”面板中添加一个quest.xml文件，使用第11章学习的XML知识来进行任务数据的保存，该文件的内容如下。

输入代码

```
<root>
  <quest>
    <id>1001</id>
    <name>击杀两个石头人</name>
    <enemyid>101</enemyid>
    <count>2</count>
    <reward>
      <money>100</money>
    </reward>
  </quest>
</root>
```

技巧提示

上述XML描述了一个id为1001的任务，该任务的名称为“击杀两个石头人”；石头人的id假设为101，在本例的游戏中需要击杀两个，击杀两个石头人后奖励金钱100。除了这些节点，读者还可以为本例游戏添加其他节点。

02 在“项目”面板中执行“创建>C#脚本”命令创建一个脚本，并命名为QuestDataManager，该脚本主要负责解析XML文件的内容。编写的脚本代码如下。

输入代码

```
using System.Collections.Generic;
using System.Xml;
using UnityEngine;

//任务数据，每个对象对应一个任务。这里为了代码清晰，仅添加了几个属性，
//实际上可能包含更多，如任务完成的物品奖励、经验奖励等
public class QuestData
{
  //任务id
  public int id;
  //任务名称
  public string name;
  //任务敌人id
  public int enemyId;
  //任务敌人个数
  public int count;
  //当前敌人个数
  public int currentCount;
  //任务金钱
  public int money;
}

//任务数据管理器
public class QuestDataManager
{
  //单例
  private static QuestDataManager instance;
  public static QuestDataManager Instance
  {
    get
    {
      if (instance == null)
      {
        instance = new QuestDataManager();
      }
      return instance;
    }
  }
  //任务集合
   public Dictionary<int, QuestData> QuestDic = new Dictionary<int, QuestData>();

  private QuestDataManager()
  {
    //解析任务Xml
    XmlDocument doc = new XmlDocument();
    //加载Xml文件，这里的Xml文件放到了“项目”面板的根路径下；//如果放在其他文件夹中，那么需要拼接文件夹名称
    doc.Load(Application.dataPath + "/quest.xml");
    //根元素
    XmlElement rootEle = doc.LastChild as XmlElement;
    foreach (XmlElement questEle in rootEle)
    {
      //创建一个任务对象
      QuestData qd = new QuestData();
      //设置任务id
        qd.id = int.Parse(questEle.GetElementsByTagName("id")[0].InnerText);
      //设置任务名称
      qd.name = questEle.GetElementsByTagName("name")[0].InnerText;
      //设置敌人id
        qd.enemyId = int.Parse(questEle.GetElementsByTagName("enemyid")[0].InnerText);
      //需要攻击的敌人个数
       qd.count = int.Parse(questEle.GetElementsByTagName("count")[0].InnerText);
      //添加到任务id
      QuestDic.Add(qd.id, qd);
    }
  }
    }
```

16.4.2 管理任务数据

除了需创建解析类外，我们还需要创建一个任务管理类，该类中会封装一些与任务相关的方法，以便我们使用。在“项目”面板中执行“创建>C#脚本”命令创建一个脚本，并将该脚本命名为QuestManager，编写的脚本代码如下。

输入代码

```
using System.Collections.Generic;
using UnityEngine;

public class QuestManager
{
  private static QuestManager instance;
  public static QuestManager Instance
  {
    get
    {
      if (instance == null)
      {
        instance = new QuestManager();
      }
      return instance;
    }
  }


  //任务列表
```

```
private List<QuestData> QuestList = new List<QuestData>();

//是否接受任务
public bool HasQuest(int id)
{
    //遍历已有的任务
    foreach (QuestData qd in QuestList)
    {
        //如果已经有该任务
        if (qd.id == id)
        {
            return true;
        }
    }
    return false;
}

//添加任务
public void AddQuest(int id)
{
    //如果没有接受该任务
    if (!HasQuest(id))
    {
        //接受该任务
        QuestList.Add(QuestDataManager.Instance.QuestDic[id]);
    }
}

//击杀了敌人
public void AddEnemy(int enemyid)
{
    //遍历任务
    for (int i = 0; i < QuestList.Count; i++)
    {
        QuestData qd = QuestList[i];
        //遍历任务中是否有该击杀敌人需求
        if (qd.enemyId == enemyid)
        {
            //有的话，增加击杀敌人任务完成数量
            qd.currentCount++;
            //如果敌人击杀完成数量大于需求数量，则任务完成
            if (qd.currentCount >= qd.count)
            {
                //任务完成，这里可以制作任务奖励、光效等内容
                Debug.Log("任务完成，这里可以制作任务奖励、光效等内容");
                //删除任务
                qd.currentCount = 0;
                QuestList.Remove(qd);
                //我们这里让主角显示一个光效
                //读取光效预制件
                GameObject go = Resources.Load<GameObject>("fx_hr_
arthur_pskill_03_2");
                //获取主角
                Transform player = GameObject.FindWithTag("Player").
transform;
                //创建光效
                GameObject.Instantiate(go, player.position, player.rotation);
            }
        }
    }
}
```

16.5 注意：出现敌人

任务系统原来是这么制作的，按照这个方法我就可以做出更多其他的任务了。

嗯，没错，多扩展自己的任务，就会对任务系统有更好的理解。在任务系统制作完成后，我们就需要制作另外两个内容，一是与任务相关的敌人，二是发布任务的NPC。这里我们先来制作敌人，也就是亚特拉斯中的变异石头人。

16.5.1 敌人靠近

01 执行“窗口>资源商店”菜单命令，在资源商店中下载并导入Mini Legion Rock Golem PBR HP Polyart。资源导入完成后，将“项目”面板中的Mini Legion Rock Golem PBR HP Polyart/Prefabs/PBR_Golem预制件拖曳到场景视图中，并命名为Enemy，然后为其设置一个Enemy标签，模型效果如图16-33所示。

图16-33

02 为Enemy添加Capsule Collider（胶囊碰撞器）组件和Rigidbody组件，如图16-34所示。

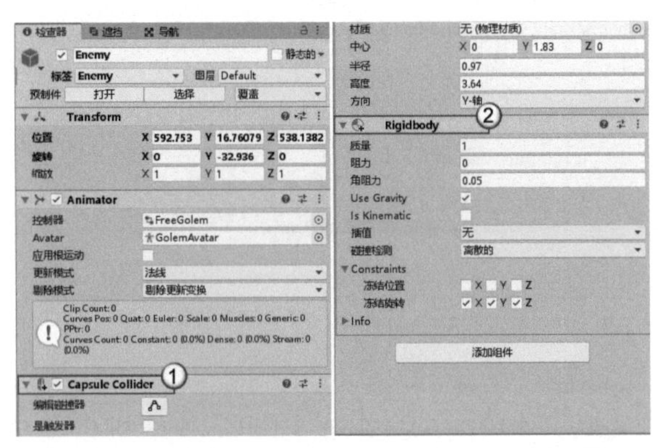

图16-34

03 双击Animator组件中的FreeGolem（控制器）文件，打开“动画器”面板，如图16-35所示。

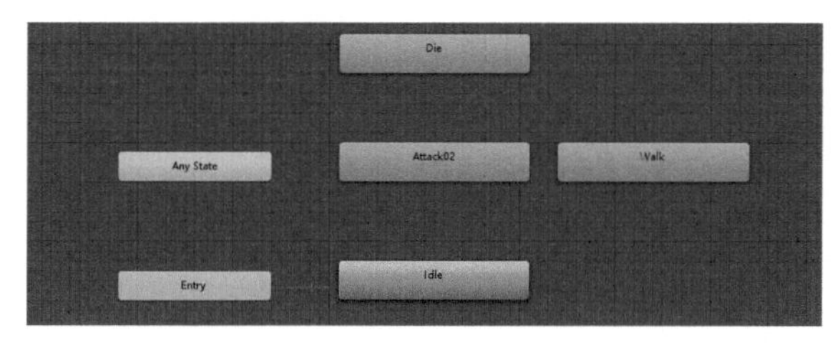

图16-35

04 在“动画器”面板中选择Walk，然后单击鼠标右键选择“创建过渡”选项，产生与Attack02的关联；选择Attack02，然后单击鼠标右键选择“创建过渡”选项，产生与idle的关联；选择idle，然后单击鼠标右键选择“创建过渡”选项，产生与Walk的关联；选择idle，然后单击鼠标右键选择“创建过渡”选项，产生与Attack02的关联；选择Walk，然后单击鼠标右键选择“创建过渡”选项，产生与idle的关联；选择Any State，然后单击鼠标右键选择“创建过渡”选项，产生与Die的关联，过渡效果如图16-36所示。

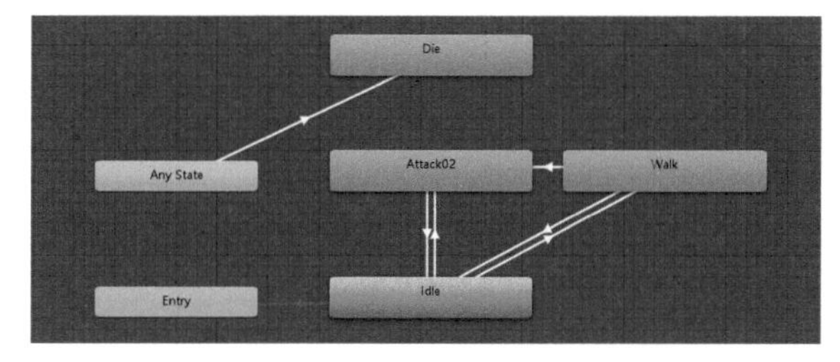

图16-36

05 在“动画器”面板中切换到“参数”选项卡，然后添加3个参数。单击“创建”按钮+创建一个Bool类型的参数，并将其命名为Run；单击“创建”按钮+创建一个Bool类型的参数，并将其命名为Attack；单击“创建”按钮+创建一个Trigger类型的参数，并将其命名为Die，如图16-37所示。

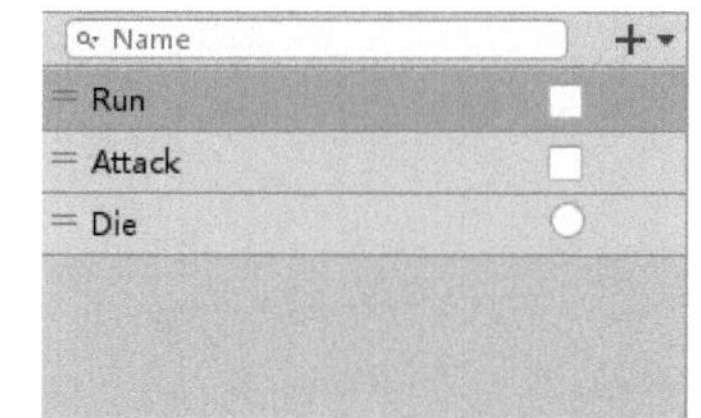

图16-37

06 单击从Idle到Walk的过渡线，在“检查器”面板中单击“创建”按钮+，增加过渡条件Run：true；单击从Walk到Idle的过渡线，在“检查器”面板中单击“创建”按钮+，增加过渡条件Run：false；单击从Walk到Attack02的过渡线，在“检查器”面板中单击“创建”按钮+，增加过渡条件Attack：true；单击从Idle到Attack02的过渡线，在“检查器”面板中单击“创建”按钮+，增加过渡条件Attack：true；单击从Attack02到Idle的过渡线，在“检查器”面板中单击“创建”按钮+，增加过渡条件Attack：false；单击从Any State到Die的过渡线，在“检查器”面板中单击“创建”按钮+，增加过渡条件Die，如图16-38～图16-43所示。

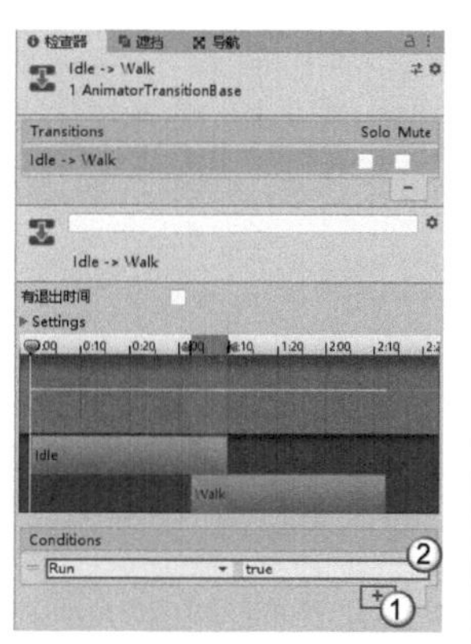

图16-38

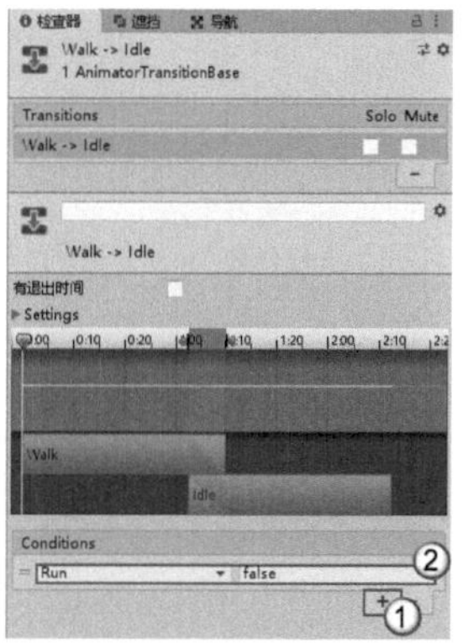

图16-39

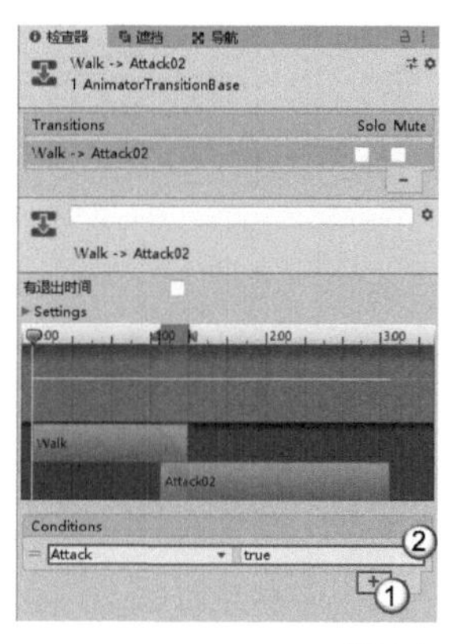

图16-40

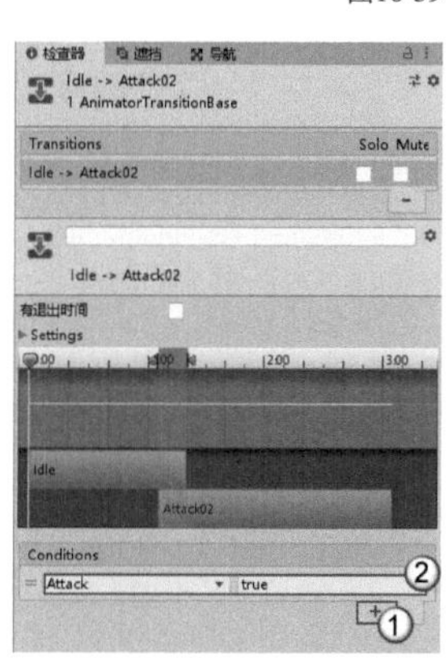

图16-41

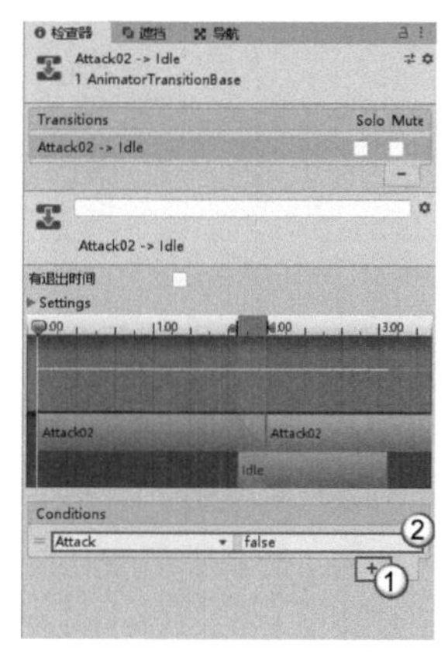

图16-42

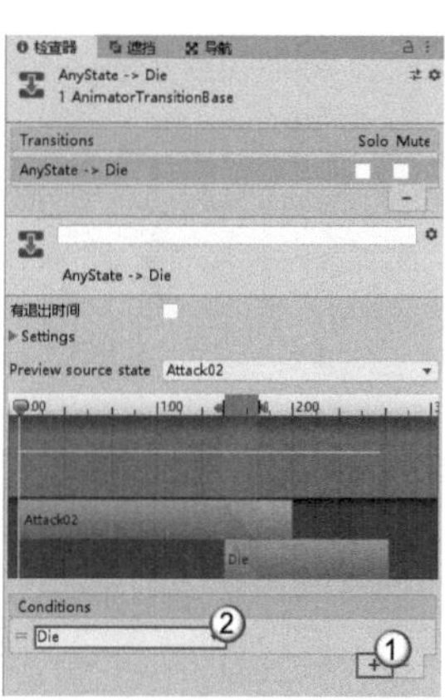

图16-43

07 在“项目”面板中执行“创建>C#脚本”命令创建一个脚本，并命名为EnemyControl，然后将其添加到Enemy物体上。编写的脚本代码如下，游戏的运行情况如图16-44所示。

输入代码

```
using UnityEngine;

public class EnemyControl : MonoBehaviour
{
    //敌人id
    public int ID = 101;
    //主角
```

```
    public PlayerControl player;
    //血量
    public int Hp = 100;
    //攻击力
    public int Attack = 20;
    //出生点位置
    private Vector3 position;
    //动画器组件
    private Animator animator;
    //攻击计时器
    private float timer = 1;
    //当前是否正在攻击
    private bool isAttack = false;
    void Start()
    {
        //获取主角脚本
        player = GameObject.FindWithTag("Player").GetComponent<
PlayerControl>();
        //获得出生点位置
        position = transform.position;
        //获取动画器组件
        animator = GetComponent<Animator>();
    }

    void Update()
    {
        //如果主角死亡，则停止一切动作
        if (player.Hp <= 0 || Hp <= 0)
        {
            //停止播放攻击与移动动画
            animator.SetBool("Run", false);
            animator.SetBool("Attack", false);
            return;
        }
        //获取与主角的距离
        float distance = Vector3.Distance(player.transform.position, transform.
position);
        //如果在周围7m内没发现主角
        if (distance > 7f)
        {
            //距离出生点超过1m
            if (Vector3.Distance(transform.position, position) > 1f)
            {
                //转向出生点
                transform.LookAt(new Vector3(position.x, transform.position.y,
position.z));
                //向前移动，也可使用导航系统代替
                transform.Translate(Vector3.forward * 2 * Time.deltaTime);
                //播放移动动画
                animator.SetBool("Run", true);
            } else
            {
                //停止播放移动动画
                animator.SetBool("Run", false);
            }
        } else if (distance > 3f)
        {
            //如果与主角的距离在3到7m之间，则朝主角移动
            //转向玩家
            transform.LookAt(new Vector3(player.transform.position.x,
transform.position.y, player.transform.position.z));
            //向前移动，这里我们直接移动，如果需要也可使用导航功能移动
            transform.Translate(Vector3.forward * 2 * Time.deltaTime);
            //播放移动动画
            animator.SetBool("Run", true);
            //保证当前不在攻击状态
            isAttack = false;
            animator.SetBool("Attack", false);
        } else
        {
            //3m内停止移动，开始攻击
            //停止播放移动动画
            animator.SetBool("Run", false);
            //转向玩家
            transform.LookAt(new Vector3(player.transform.position.x,
transform.position.y, player.transform.position.z));
            //攻击
            animator.SetBool("Attack", true);
            //如果不在攻击状态
            if (isAttack == false)
            {
                //设置为攻击状态
                isAttack = true;
                //将计时器重置为1
                timer = 1;
            }
            //计时器时间增加
            timer += Time.deltaTime;
            //这里我们用不同于主角的攻击方法，
//使用计时器来计算什么时候打出伤害
            //攻击时间为2s，我们在1s的时候打出伤害
            if (timer >= 2)
            {
                timer = 0;
                //打出伤害
                player.GetDamage(Attack);
            }
        }
    }

    //受到攻击
    public void GetDamage(int damage)
    {
        if (Hp > 0)
        {
            //减少血量
            Hp -= damage;
            //如果血量为0
            if (Hp <= 0)
            {
                //播放一次死亡动画
                animator.SetTrigger("Die");
                //给任务系统报告，击杀了一个ID为101的敌人
                QuestManager.Instance.AddEnemy(ID);
                //销毁自己
                Destroy(gameObject, 2f);
            }
        }
    }
}
```

运行游戏

图16-44

16.5.2 敌人孵化器

01 创建一个敌人孵化器，让敌人可以不断地在一个区域内自动创建。在“层级”面板中执行“创建>空对象”命令创建一个空物体，并命名为EnemyPoint，然后放置到图16-45所示的位置，作为本游戏的敌人生成点。

图16-45

02 在“项目”面板中执行“创建>C#脚本”命令创建一个脚本，并命名为EnemyPoint，然后将其挂载到“层级”面板中的EnemyPoint物体上。编写的脚本代码如下，游戏的运行情况如图15-46所示。

输入代码

```
using UnityEngine;
public class EnemyPoint ： MonoBehaviour
{
  //关联Enemy敌人预制件
  public GameObject EnemyPre;
  //敌人生成的数量
  public int Num = 3;
  //计时器
  private float timer;

  void Update()
  {
    //计时器时间增加
    timer += Time.deltaTime;
    //2s检测一次
    if (timer > 2)
    {
      //重置计时器
      timer = 0;
      //查看有几个敌人
      int n = transform.childCount;
      //如果没达到最多数量
      if (n < Num)
      {
        //随机确定一个位置
        Vector3 v = transform.position;
        v.x += Random.Range(-5, 5);
        v.z += Random.Range(-5, 5);
        //随机确定一个旋转
        Quaternion q = Quaternion.Euler(0, Random.Range(0, 360), 0);
        //创建一个敌人
        GameObject go = GameObject.Instantiate(EnemyPre, v, q);
        //设置父子关系
        go.transform.SetParent(transform);
      }
    }
  }
}
```

运行游戏

图16-46

16.6 紧急：血量减少

这个敌人孵化器能不能创建多个？

当然可以，如果将敌人孵化器放到场景的多个位置，那么这些位置都会出现敌人，效果会更好。接下来我们先给主角亚瑟制作一个血条吧，以便知道被敌人攻击后还剩多少血量。

16.6.1 满血血条

01 执行“窗口>资源商店”菜单命令，在资源商店中下载并导入RPG Unitframes #1—POWERFUL METAL和Fantasy Wooden GUI: Free。资源导入完成后，在“层级”面板中执行“创建>UI>图像”命令创建一个图像控件，并命名为Head；然后设置该图像控件的“源图像”为RPG Unitframe #1/img/uf_bg_halfelite；接着将锚点设置在左上角，如图16-47所示。

图16-47

02 在“层级”面板中执行“创建>UI>图像”命令创建一个图像控件，并命名为HeadMask；然后设置该图像控件的“源图像”为RPG Unitframe #1/img/ uf_frame_userpic_mask，并将该图像设置为Head的子物体；最后为HeadMask添加Mask组件，如图16-48所示。

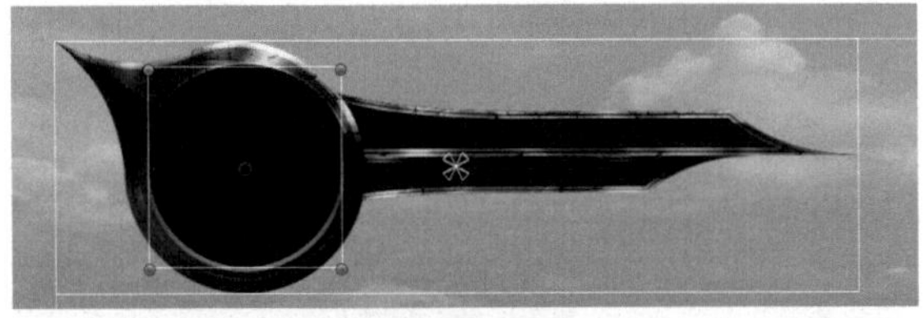

图16-48

03 在“层级”面板中执行“创建>UI>图像”命令创建一个图像控件，并命名为Image；然后设置该图像控件的“源图像”为Fantasy Wooden GUI Free/normal_ui_set A/ Exclamation_Yellow，并将该图像设置为HeadMask的子物体，如图16-49所示。

图16-49

04 在“层级”面板中执行“创建>UI>图像”命令创建一个图像控件，并命名为HpBar；然后设置该图像控件的“源图像”为RPG Unitframe #1/img/ uf_bar_b_health，并将该图像设置为Head的子物体；接着设置该图像的大小与血条背景大致相同，效果如图16-50所示。

图16-50

05 设置HpBar的“图像类型”为“已填充”，“填充方法”为“水平”，如图16-51所示。

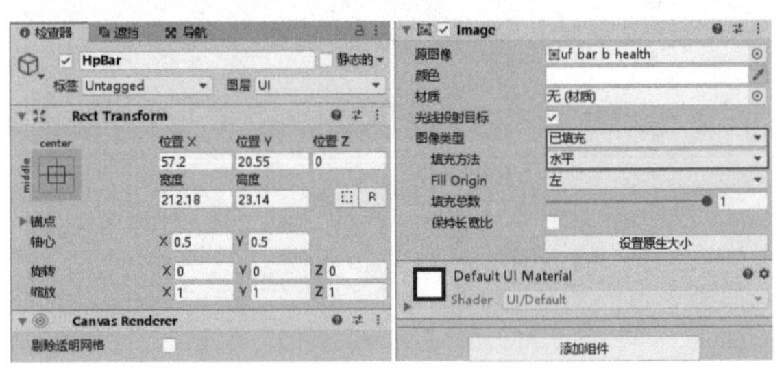

图16-51

16.6.2 更新血条

在“项目”面板中执行“创建>C#脚本”命令创建一个脚本，并命名为UIManager，然后将其挂载到Canvas物体上。编写的脚本代码如下，游戏的运行情况如图16-52所示。

输入代码

```
using UnityEngine;
using UnityEngine.UI;

public class UIManager ： MonoBehaviour
{
    //血条
    private Image hpBar;
    //主角
    private PlayerControl player;
    void Start()
    {
        //获取血条
        hpBar = transform.Find("Head").Find("HpBar").GetComponent<
Image>();
        //获取主角
        player = GameObject.FindWithTag("Player").GetComponent<
PlayerControl>();
    }

    void Update()
    {
```

```
        //更新血条
        hpBar.fillAmount = (float)player.Hp / player.MaxHp;
    }
}
```

运行游戏

图16-52

16.7 对话：找到玛尔

画面效果看起来很棒了！不过我们的任务系统好像还没使用吧？

别急，一步一步来，本节我们先来制作一个任务UI，并且让NPC发布任务。

16.7.1 任务UI

01 在“层级”面板中执行“创建>UI>图像”命令创建一个图像控件，并命名为Dialog，然后设置其“源图像”为Fantasy Wooden GUI Free/normal_ui_set A/UI board Large parchment，如图16-53所示。

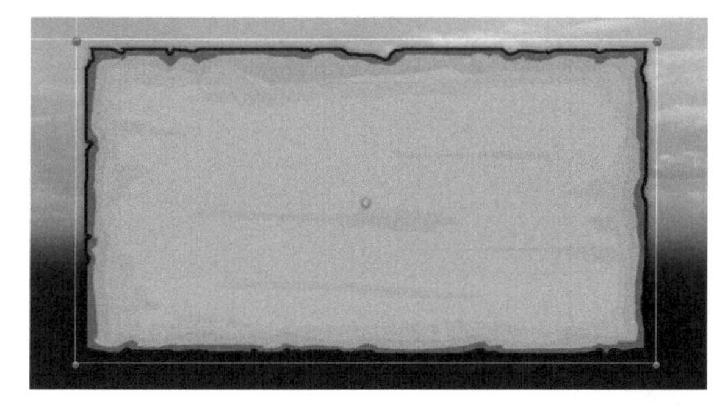

图16-53

02 在“层级”面板中执行“创建>UI>文本”命令创建一个文本控件，并命名为NameText；同样再创建一个文本控件，并命名为ContentText，将两个文本控件均设置为Dialog的子物体，如图16-54所示。

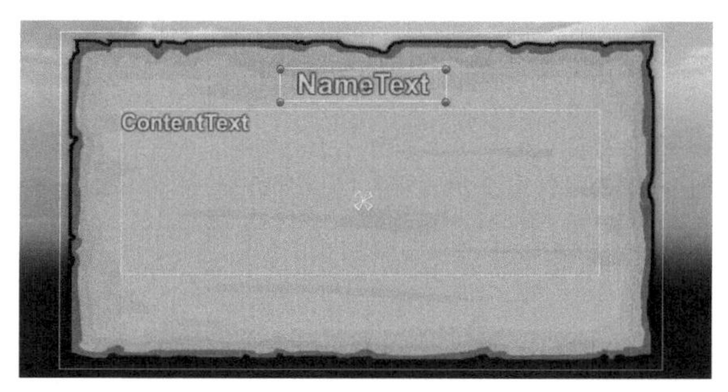

图16-54

03 在“层级”面板中执行“创建>UI>Button”命令创建一个按钮控件，并命名为AcceptButton，设置其“源图像”为Fantasy Wooden GUI Free/normal_ui_set A/TextBTN_Medium，然后输入“文本”为“接受”；同样再创建一个按钮控件，并命名为CancelButton，设置其“源图像”为Fantasy Wooden GUI Free/normal_ui_set A/Close Button，最后将两个按钮控件均设置为Dialog的子物体，如图16-55所示。

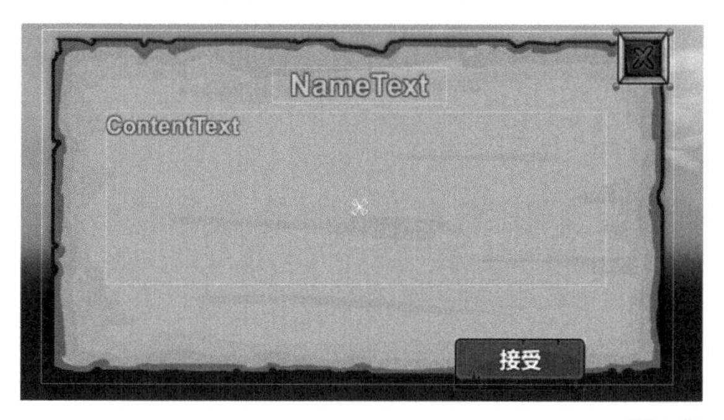

图16-55

04 双击UIManager脚本，并将其修改为如下代码。

输入代码

```
using UnityEngine;
using UnityEngine.UI;

public class UIManager : MonoBehaviour
{
    //单例
    public static UIManager Instance;
    //对话框
    private Image dialog;
    //血条
    private Image hpBar;
    //主角
    private PlayerControl player;
    //与该对话相关的任务id
    private int questid;

    void Awake()
    {
        //获取单例
        Instance = this;
        //获取血条
        hpBar = transform.Find("Head").Find("HpBar").GetComponent<Image>();
```

```
    //获取主角
    player = GameObject.FindWithTag("Player").GetComponent<
PlayerControl>();
    //获取对话框
    dialog = transform.Find("Dialog").GetComponent<Image>();
    //默认隐藏对话框
    dialog.gameObject.SetActive(false);
  }

  void Update()
  {
    //更新血条
    hpBar.fillAmount = (float)player.Hp / player.MaxHp;
  }

  //显示对话框，参数为对话标题、内容、相关的任务
  public void Show(string name, string content, int id = -1)
  {
    //呼出鼠标指针
    Cursor.lockState = CursorLockMode.None;
    //显示对话框
    dialog.gameObject.SetActive(true);
    //设置标题
    dialog.transform.Find("NameText").GetComponent<Text>().text =
name;
    //记录任务id
    questid = id;
    //判断该任务是否被接受
    if (QuestManager.Instance.HasQuest(id))
    {
      //已接受任务
      dialog.transform.Find("ContentText").GetComponent<Text>().text =
"你已经接受该任务了";
    }
    else
    {
      //若未接受任务，则直接显示任务名称
      dialog.transform.Find("ContentText").GetComponent<Text>().text =
content;
    }
  }

  //将AcceptButton的鼠标单击事件设置为该方法
  public void AcceptButtonClick()
  {
    //隐藏对话框
    dialog.gameObject.SetActive(false);
    //接受任务
    QuestManager.Instance.AddQuest(questid);
    //隐藏鼠标指针
    Cursor.lockState = CursorLockMode.Locked;
  }

  //将CancelButton的鼠标单击事件设置为该方法
  public void CancelButtonClick()
  {
    //隐藏对话框
    dialog.gameObject.SetActive(false);
    //隐藏鼠标指针
    Cursor.lockState = CursorLockMode.Locked;
  }
}
```

技巧提示

虽然任务对话界面已设置完成，但是现在并没有触发对话界面的方式，接下来需要创建一个NPC，单击NPC即可显示该对话框。

16.7.2 接受任务

01 执行“窗口>资源商店”菜单命令，在资源商店中下载并导入Girl with clothes.Worker set。资源导入完成后，保存当前的场景，然后双击“项目”面板中的Cattleya/DemoScene，并将该场景层中的girl1拖曳到“项目”面板中生成预制件。切换到场景视图，将“项目”面板中的girl1预制件拖曳到场景视图中，并命名为NPC，模型效果如图16-56所示。

图16-56

02 在“项目”面板中执行“创建>C#脚本”命令创建一个脚本，并命名为NPCControl，然后将其挂载到NPC上。编写的脚本代码如下，游戏的运行情况如图16-57所示。

输入代码

```
using UnityEngine;

public class NPCControl ： MonoBehaviour
{
  //NPC姓名
  public string Name = "村民";
  //NPC对话
  public string Content = "最近村外石头人比较多，快去击杀两个吧！";
  //任务id
  public int QuestID = 1001;
  //主角
  private Transform player;
```

```
    void Start()
    {
        //通过标签获取主角
        player = GameObject.FindGameObjectWithTag("Player").transform;
    }

    void Update()
    {
        //获得NPC和主角的距离
        float dis = Vector3.Distance(player.position, transform.position);
        //距离小于4m的时候，按下F键
        if (dis < 4 && Input.GetKeyDown(KeyCode.F))
        {
            //显示对话框
            UIManager.Instance.Show(Name, Content, QuestID);
        }
    }
}
```

运行游戏

图16-57

16.8 攻击：释放技能

太棒了，我又添加了几个任务和其他NPC，还添加了几种新的敌人，现在感觉已经快完成游戏了！

哈哈，自己扩展这个习惯非常好，继续保持。接下来我们为游戏完善一些效果，如技能特效、敌人的伤害值和敌人死亡后掉落物品等功能。

16.8.1 技能特效

在前面的游戏中，我们的主角亚瑟已经可以攻击敌人了，但是即便是做不同的攻击动作，也依然感觉比较枯燥，这是因为缺少了攻击特效。本小节我们就来为主角的攻击分别添加合适的特效。

1.基础特效

为了方便加载特效，将“项目”面板的Fantasy Chess RPG Character - Arthur/FX/FX_prefaps文件夹重命名为“Fantasy Chess RPG Character - Arthur/FX/Resources”，该文件夹中包含了角色的各种动作特效。接下来修改PlayerControl脚本的代码，游戏的运行情况如图16-58所示。

输入代码

```
public class PlayerControl : MonoBehaviour
{
    //其他代码保持不变，这里省略

    //受到攻击
    public void GetDamage(int damage)
    {
        //减少血量
        Hp -= damage;
        //如果血量为0
        if (Hp <= 0)
        {
            //死亡状态
            state = PlayerState.die;
            //播放一次死亡动画
            animator.SetTrigger("Die");
            //死亡3s后复活
            Invoke("Revive", 3f);
        }
    }

    //复活
    public void Revive()
    {
        //如果是死亡状态
        if (state == PlayerState.die)
        {
            //血量恢复
            Hp = MaxHp;
            //复活
            animator.SetTrigger("Revive");
            //复活为站立状态
            state = PlayerState.idle;
            //复活位置
            transform.position = transform.position;
        }
    }

    //对敌人造成伤害
    void Damage(int damage)
    {
        //获取3m内的物体
```

```
        Collider[] colliders = Physics.OverlapSphere(transform.position, 3f);
        //遍历物体
        foreach (Collider collider in colliders)
        {
            //判断是敌人并在60° 的攻击范围内
            if (collider.tag == "Enemy" && Vector3.Angle(collider.transform.
position - transform.position, transform.forward) < 60)
            {
                //敌人受到伤害
                collider.GetComponent<EnemyControl>().GetDamage(damage);
            }
        }
    }

    //特效
    void FX(string name, float desTime)
    {
        //加载特效预制件
        GameObject fxPre = Resources.Load<GameObject>(name);
        //实例化特效
        GameObject go = Instantiate(fxPre, transform.position, transform.
rotation);
        //删除特效物体
        Destroy(go, desTime);
    }

    //攻击1_1
    void Attack1_1()
    {
        //攻击
        Damage(20);
        //特效
        FX("fx_hr_arthur_attack_01_1", 0.5f);
    }

    //攻击1_2
    void Attack1_2()
    {
        //攻击
        Damage(20);
        //特效
        FX("fx_hr_arthur_attack_01_2", 0.5f);
    }

    //攻击2_0
    void Attack2_0()
    {
        //特效
        FX("fx_hr_arthur_pskill_03_1", 1f);
    }

    //攻击2_1
    void Attack2_1()
    {
        //攻击
        Damage(80);
        //特效
        FX("fx_hr_arthur_pskill_01", 1.8f);
    }

    //攻击2_2
    void Attack2_2()
    {
        //攻击
        Damage(20);
    }
}
```

运行游戏

图16-58

2.酷炫特效

目前有些技能的效果比较单调，现在需要完善技能效果。执行“窗口>资源商店”菜单命令，在资源商店中下载并导入Procedural fire，将“项目”面板中的ErbGameArt/Procedural fire/Prefabs/Magic fire pro red和ErbGameArt/Procedural fire/Prefabs/RotatorPS2拖曳到“项目”面板的Fantasy Chess RPG Character-Arthur/FX/Resources文件夹中以备使用。然后对PlayerControl脚本进行修改，游戏的运行情况如图16-59所示。

输入代码

```
using System.Collections.Generic;
using UnityEngine;

//主角状态枚举
public enum PlayerState
{
```

```
    idle,
    run,
    die,
    attack,
    attack2
}

public class PlayerControl ： MonoBehaviour
{
    //主角状态
    private PlayerState state = PlayerState.idle;
    //刚体组件
    private Rigidbody rBody;
    //动画器组件
    private Animator animator;
    //最大血量
    public int MaxHp = 100;
    //血量
    public int Hp = 100;
    //特效数组
    private List<Transform> fxList;
    void Start()
    {
        //获取刚体组件
        rBody = GetComponent<Rigidbody>();
        //获取动画器组件
        animator = GetComponent<Animator>();
        //隐藏鼠标指针
        Cursor.lockState = CursorLockMode.Locked;
        //实例化数组
        fxList = new List<Transform>();
    }

    void Update()
    {
        //按下Alt键
        if (Input.GetKeyDown(KeyCode.LeftAlt))
        {
            //显示鼠标指针
             Cursor.lockState = Cursor.lockState == CursorLockMode.Locked ?
CursorLockMode.None ： CursorLockMode.Locked;
        }
        //如果鼠标指针为呼出状态，则不做任何事
        if (Cursor.lockState == CursorLockMode.None)
        {
            return;
        }
        //判断状态
        switch (state)
        {
            case PlayerState.idle：
                //允许旋转
                Rotate();
                //允许移动
                Move();
                //攻击
                Attack();
                //播放站立动画
                animator.SetBool("Run", false);
                break;
            case PlayerState.run：
                //允许旋转
                Rotate();
                //允许移动
                Move();
                //攻击
                Attack();
                //播放移动动画
                animator.SetBool("Run", true);
                break;
            case PlayerState.die：
                break;
            case PlayerState.attack：
                break;
            case PlayerState.attack2：
                break;
        }
        //要删除的特效
        Transform fx = null;
        //刷新特效的位置
        foreach (Transform trans in fxList)
        {
            //特效移动
            trans.Translate(Vector3.forward * 20 * Time.deltaTime);
            //判断周围有没有敌人
            Collider[] colliders = Physics.OverlapSphere(trans.position, 1f);
            //遍历特效
            foreach (Collider collider in colliders)
            {
                //如果附近有敌人
                if (collider.tag == "Enemy")
                {
                    //敌人血量减少
                    collider.GetComponent<EnemyControl>().GetDamage(20);
                    //待删除的火焰特效
                    fx = trans;
                    //爆炸特效
                    //加载特效预制件
                        GameObject fxPre = Resources.Load<GameObject>
("Explosion");
                    //实例化特效
                     GameObject go = Instantiate(fxPre, collider.transform.position,
collider.transform.rotation);
                    //删除特效物体
                    Destroy(go, 2f);
                    break;
                }
            }
        }
        if (fx != null)
        {
            //将特效从数组中移除
            fxList.Remove(fx);
        }
    }

    //主角的旋转控制
    void Rotate()
    {
        //主角与摄像机同步旋转
        transform.rotation = Camera.main.transform.parent.rotation;
    }

    //主角的移动控制
    void Move()
```

```
{
    //获取水平轴
    float horizontal = Input.GetAxis("Horizontal");
    //获取垂直轴
    float vertical = Input.GetAxis("Vertical");
    //获取移动向量
    Vector3 dir = new Vector3(horizontal, 0, vertical);
    //如果按下了移动键
    if (dir != Vector3.zero)
    {
        //纵向移动
        rBody.velocity = transform.forward * vertical * 4;
        //横向移动
        rBody.velocity += transform.right * horizontal * 2;
        //切换移动状态
        state = PlayerState.run;
    }
    else
    {
        //切换为站立状态
        state = PlayerState.idle;
    }
}

//攻击
void Attack()
{
    //单击鼠标左键攻击
    if (Input.GetMouseButtonDown(0))
    {
        //播放攻击动画
        animator.SetTrigger("Attack");
        //攻击状态
        state = PlayerState.attack;
    }
    //单击鼠标右键攻击
    if (Input.GetMouseButtonDown(1))
    {
        //播放攻击动画
        animator.SetTrigger("Attack2");
        //第2种攻击状态
        state = PlayerState.attack2;
    }
}

//结束攻击
void AttackEnd()
{
    //恢复为站立状态
    state = PlayerState.idle;
}

//受到攻击
public void GetDamage(int damage)
{
    //减少血量
    Hp -= damage;
    //如果血量为0
    if (Hp <= 0)
    {
        //死亡状态
        state = PlayerState.die;
        //播放一次死亡动画
        animator.SetTrigger("Die");
        //死亡3s后复活
        Invoke("Revive", 3f);
    }
}

//复活
public void Revive()
{
    //如果是死亡状态
    if (state == PlayerState.die)
    {
        //血量恢复
        Hp = MaxHp;
        //复活
        animator.SetTrigger("Revive");
        //复活为站立状态
        state = PlayerState.idle;
        //复活位置
        transform.position = transform.position;
    }
}

//对敌人造成伤害
void Damage(int damage)
{
    //获取3m内的物体
    Collider[] colliders = Physics.OverlapSphere(transform.position, 3f);
    //遍历物体
    foreach (Collider collider in colliders)
    {
        //判断是敌人并在60°的攻击范围内
        if (collider.tag == "Enemy" && Vector3.Angle(collider.transform.position - transform.position, transform.forward) < 60)
        {
            //敌人受到伤害
            collider.GetComponent<EnemyControl>().GetDamage(damage);
        }
    }
}

//特效
Transform FX(string name, float desTime)
{
    //加载特效预制件
    GameObject fxPre = Resources.Load<GameObject>(name);
    //实例化特效
    GameObject go = Instantiate(fxPre, transform.position, transform.rotation);
    //删除特效物体
    Destroy(go, desTime);
    return go.transform;
}

//攻击1_1
void Attack1_1()
{
```

```
        //攻击
        Damage(20);
        //特效
        FX("fx_hr_arthur_attack_01_1", 0.5f);
    }

    //攻击1_2
    void Attack1_2()
    {
        //攻击
        Damage(20);
        //特效
        FX("fx_hr_arthur_attack_01_2", 0.5f);
        //添加能量火焰特效
        for (int i = 0; i < 5; i++)
        {
            //创建火焰特效
            Transform fire = FX("Magic fire pro red", 1f);
            //设置火焰特效的旋转
            fire.transform.rotation = transform.rotation;
            //设置不同的旋转角度
            fire.transform.Rotate(fire.transform.up, 15 * i - 30);
            //添加到特效数组
            fxList.Add(fire);
            //1s后清空特效数组
            Invoke("ClearFXList", 1f);
        }
    }

    //清空特效数组
    void ClearFXList()
    {
        fxList.Clear();
    }

    //攻击2_0
    void Attack2_0()
    {
        //特效
        FX("fx_hr_arthur_pskill_03_1", 1f);
        //增加一个特效
        FX("RotatorPS2", 4f);
    }

    //攻击2_1
    void Attack2_1()
    {
        //攻击
        Damage(80);
        //特效
        FX("fx_hr_arthur_pskill_01", 1.8f);
    }

    //攻击2_2
    void Attack2_2()
    {
        //攻击
        Damage(20);
    }
}
```

运行游戏

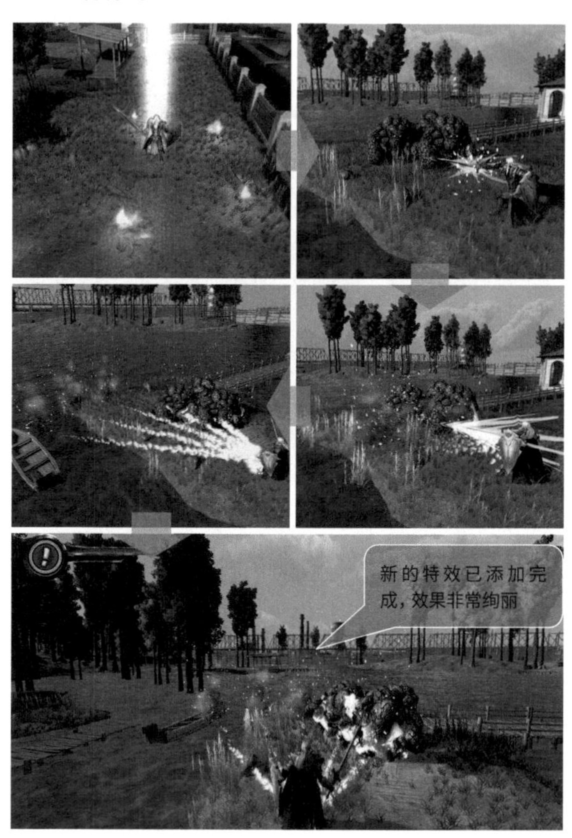

图16-59

16.8.2 伤害值

01 将"项目"面板中的Enemy预制件拖曳到场景视图中。然后在"层级"面板中执行"创建>UI>Canvas"命令创建一个画布控件，并将其设置为Enemy的子物体；接着设置Canvas的"渲染模式"为"世界空间"，"事件摄像机"为Camera（Camera），如图16-60所示。

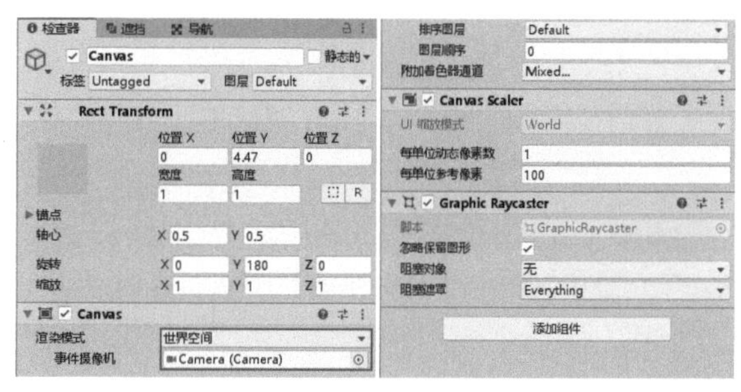

图16-60

02 在"层级"面板中执行"创建>UI>Text-TextMeshPro"命令创建一个文本控件，并命名为HpText；然后将其设置为Canvas的子物体；接着调整Canvas和HpText到合适的位置和大小，设置完成后的效果如图16-61所示。

图16-61

03 在“项目”面板中执行“创建>C#脚本”命令创建一个脚本，并命名为HpControl，然后将其挂载到新创建的HpText上。编写的脚本代码如下。

输入代码

```
using TMPro;
using UnityEngine;
public class HpControl ：MonoBehaviour
{
    //计时器
    private float timer = 0;

    //设置数字
    public void SetText(string text)
    {
        GetComponent<TMP_Text>().text = text;
    }

    void Update()
    {
        //计时器时间增加
        timer += Time.deltaTime;
        //如果超过1s
        if (timer > 1f)
        {
            //销毁自身
            Destroy(gameObject);
        }
        //移动
        transform.Translate(Vector3.up * Time.deltaTime);
    }
}
```

04 将“层级”面板中的HpText拖曳到“项目”面板中生成预制件，并删除“层级”面板中的HpText物体。在“项目”面板中执行“创建>C#脚本”命令创建一个脚本，并命名为HpManager，然后将其挂载到新创建的Canvas物体上。编写的脚本代码如下。

输入代码

```
using UnityEngine;
public class HpManager ：MonoBehaviour
{
    //关联HpText预制件
    public GameObject HpTextPre;

    //伤害文字
    public void ShowText(string text)
    {
        //实例化文字预制件
        GameObject go = Instantiate(HpTextPre, transform);
        //设置文字内容
        go.GetComponent<HpControl>().SetText(text);
    }

    void Update()
    {
        //面向摄像机
        transform.rotation = Quaternion.LookRotation(Camera.main.transform.
forward);
    }
}
```

05 双击EnemyControl脚本，并将其修改为如下代码，游戏的运行情况如图16-62所示。

输入代码

```
using UnityEngine;
public class EnemyControl ：MonoBehaviour
{
    //省略代码……
    //受到攻击
    public void GetDamage(int damage)
    {
        if (Hp > 0)
        {
            //弹出伤害值
            GetComponentInChildren<HpManager>().ShowText("-" + damage);
            //减少血量
            Hp -= damage;
            //如果血量为0
            if (Hp <= 0)
            {
                //播放一次死亡动画
                animator.SetTrigger("Die");
                //给任务系统报告，击杀了一个ID为101的敌人
                QuestManager.Instance.AddEnemy(ID);
                //销毁自己
                Destroy(gameObject, 2f);
            }
        }
    }
}
```

运行游戏

图16-62

16.8.3 掉落宝物

01 执行“窗口>资源商店”菜单命令，在资源商店中下载并导入Potions, Coin And Box of Pandora Pack资源。资源导入完成后，在“项目”面板中执行“创建>C#脚本”命令创建一个脚本，并命名为PotionControl，然后将其挂载到“项目”面板中的RPG Pack/Prefabs/Bottle_Health预制件上。同时为该预制件添加一个触发器，如图16-63所示。

图16-63

技巧提示

如果希望主角拾取血瓶后不会自动使用而是添加到背包中，那么可以使用第9章“实例：背包界面的应用”中的方法并配合一个保存物品的数组列表，然后通过脚本让背包界面读取该数组中保存的物品。

02 双击PotionControl脚本，并对其进行修改。

输入代码

```
using UnityEngine;
public class PotionControl : MonoBehaviour
{
    //触发
    private void OnTriggerEnter(Collider other)
    {
        //如果是主角触发
        if (other.tag == "Player")
        {
            //获取主角脚本
            PlayerControl player = other.GetComponent<PlayerControl>();
            //增加血量
            player.Hp += 10;
            //判断是否超过上限
            if (player.Hp > player.MaxHp)
            {
                player.Hp = player.MaxHp;
            }
            //删除自己
            Destroy(gameObject);
        }
    }
}
```

03 敌人死亡后，让敌人掉落宝物。双击EnemyControl脚本，对其进行如下修改，游戏的运行情况如图16-64所示。

输入代码

```
using UnityEngine;
public class EnemyControl : MonoBehaviour
{
    //省略代码……
    //血瓶预制件，关联“项目”面板中的RPG Pack/Prefabs/Bottle_Health
    public GameObject PotionPre;
    //受到攻击
    public void GetDamage(int damage)
    {
        if (Hp > 0)
        {
            //弹出伤害值
            GetComponentInChildren<HpManager>().ShowText("-" + damage);
            //减少血量
            Hp -= damage;
            //如果血量为0
            if (Hp <= 0)
            {
                //掉落一个血瓶
                Instantiate(PotionPre, transform.position, transform.rotation);
                //播放一次死亡动画
                animator.SetTrigger("Die");
                //给任务系统报告，击杀了一个ID为101的敌人
                QuestManager.Instance.AddEnemy(ID);
                //销毁自己
                Destroy(gameObject, 2f);
```

```
            }
        }
    }
}
```

运行游戏

图16-64